普通高等教育“十一五”国家级规划教材

制药工程基础

（第二版）

段建利　郑穹　编著

图书在版编目(CIP)数据

制药工程基础/段建利,郑穹编著．—2版.—武汉：武汉大学出版社，2024.4

普通高等教育“十一五”国家级规划教材

ISBN 978-7-307-24247-0

Ⅰ.制…　Ⅱ.①段…　②郑…　Ⅲ.制药工业—化学工程—实验—高等学校—教材　Ⅳ.TQ46-33

中国国家版本馆CIP数据核字(2024)第028677号

责任编辑:胡　艳　　责任校对:汪欣怡　　版式设计:马　佳

出版发行：**武汉大学出版社**　(430072　武昌　珞珈山)

(电子邮箱：cbs22@whu.edu.cn　网址：www.wdp.whu.edu.cn)

印刷:湖北金港彩印有限公司

开本:787×1092　1/16　　印张:31.5　　字数:629千字　　插页:1

版次:2007年9月第1版　　2024年4月第2版

2024年4月第2版第1次印刷

ISBN 978-7-307-24247-0　　定价:65.00元

第二版前言

本教材第一版于2007年9月出版，至今已有十余年时间。在此期间，无论是制药生产技术还是制药行业管理要求，都发生了较大变化。而且，随着国内高校制药工程专业建设的发展，相应的专业教材也在不断细化、丰富和完善。在本书第一版前言中，作者已经指出：制药工程知识和能力的培养，在医、理模式药学教育中是不可或缺的，强调了复合型知识的重要性。“四新”专业建设、拔尖创新人才培养等一系列政策均强调“交叉融合”的理念，“厚基础、宽口径”的培养模式在我国高等教育中已经形成共识。

党的十八大以来，党中央全面推进健康中国建设，把保障人民健康放在优先发展的战略位置，确立了新时代卫生与健康工作方针，明确了建设健康中国的大政方针和行动纲领，为实现中华民族伟大复兴的中国梦打下坚实健康基础。党的二十大报告提出：人民健康是民族昌盛和国家强盛的重要标志。把保障人民健康放在优先发展的战略位置，完善人民健康促进政策。制药产业作为保障人民健康中的关键一环，其重要性不言而喻。近年来，我国医药产业规模不断扩大，医药产业也正处于转型升级中，中国和全球医药强国的差距正在逐步缩小，中国正处在由仿制药大国向仿制药强国、创新药强国转变的过程之中，制药工业已经成为国家综合实力的重要组成部分。制药行业的高质量快速发展必须要有一线高技能人才作为强有力支撑。“功以才成，业由才广”，培养掌握药品生产基础知识的药学专业人才迫在眉睫。

通过一本适用于非工科药学/制药工程专业的“制药工程基础”课程教材，如何在有限的教学学时内，既让学生建立工程知识的概念，又使学生对制药工业生产流程、工程设计以及药品生产相关的特殊要求等有一个系统的认识，是我们一直在思考的问题。“授人以鱼不如授人以渔”，本教材着眼于制药工程领域的最基本知识，以传统的“三传一反”中的“三传”为基础，同时，立足于制药工业的特点，力求使学生在较短时间内全面了解制药工程相关基础知识，在面对复杂的药品生产实际问题时，能够学以致用，并触类旁通，解决实际问题。

修订后的教材保持了第一版的体系和特色，对具体内容做了必要的修订、增删和补充，增强了教材的适用性。

1. 第四章“传质分离”在保留“精馏”的基础上，将第一版中“其他分离技术”中的“萃取技术”单独作为一个章节详细介绍；同时，新增“结晶技术”，删除原书中“其他分离技术”的内容。精馏作为最可靠的传质分离操作，在制药工业的溶剂回收中被广泛应用。萃取是制药工业中常用的分离手段，尤其适用于生物合成药物，在当下绿色低碳环保社会中，生物合成技术在药物生产中的应用越来越受到重视，不仅能降低生产成本，还能减轻企业的环保压力。结晶是一种经典的分离手段，对于制药工业来说，通过结晶操作还能控制原料药的晶型，进而影响药物制剂的稳定性和有效性，药物晶型已成为药品质量控制的一个关键点。

2. 将第一版第五至七章的内容整合为一章，内容包括：投影基本知识，复杂形体的视图，设备图、工艺流程图和管道图的绘制和识别。

3. 第一版第八章“反应器和化学反应工程学理论简介”中的“几种典型的制药化工反应器”和第九章“药物制剂设备简介”整合为一章，删除第一版中第八章中的部分内容。作为一门入门级的基础课程教材，本书只对制药生产设备做简要介绍，对制药设备的设计和相关计算不做涉及。

4. 药品生产是一个系统性的工程，需要众多企业、众多行业共同参与，任何一个环节出现问题，都会影响产品的最终质量。更为关键的是，药品虽然是商品，但因其“治病救人”的特殊性，故而只有合格品和不合格品之分。“欣弗事件”“齐二药事件”“鱼腥草注射剂事件”……时刻警醒着我们，药品行业必须依法生产、依法销售，才能切实为人民健康保驾护航。2011 年 1 月 17 日，原卫生部以第 79 号令发布《药品生产质量管理规范(2010 年修订版)》，根据其规定、要求以及陆续发布的相关附录，本教材重新编写了“药品生产中的有关特殊要求”。

5. 二十大报告首次用专章对“推进国家安全体系和能力现代化、坚决维护国家安全和社会稳定”作出论述，“坚持安全第一、预防为主”是原则和方针。药品生产过程中，生产设备自动化较高，设备功能复杂；药品生产常采用间歇性生产，工作区存在很多不确定的危险因素；生产原料，尤其是原料药的生产原料，大多具有一定的危险性，而且由于用量大，生产中的安全风险更高；一些生产还必须在高温高压下操作进行，因此，生产操作稍有疏忽，就会引发火灾、爆炸等事故，甚至造成人员伤亡，直接影响制药工业的可持续发展。为普及安全知识，强化安全意识，本教材新增第八章“生产安全”。

本教材由郑穹编写第一至三章，段建利编写第四至八章，经集体讨论后定稿。

本教材得到武汉大学本科生院“本科教育质量建设综合改革项目”的支持和资助；武汉大学药学院的领导、老师对本教材的再版给予了极大的鼓励和支持；本教材使用过程中，收到了老师和学生们对教材内容反馈的宝贵意见和建议，在此一并表示衷心的感谢。

由于作者水平和时间有限，本书部分内容的取舍、安排难免失当或存在错误，恳请读者不吝赐教。

除所列参考书目和资料外，本书还参考了若干零星素材，未能一一列出，特此说明，并对有关作者深表谢意。

作　者

2023年10月于武昌珞珈山

目　　录

第一章　绪　　论

本章学习要求

(1)了解制药工程的基本内涵及学习制药工程知识的重要性；

(2)了解制药工程与化学工程的关系，化学工程的发展过程和有关概念；

(3)了解本课程的学习方法；

(4)复习有关物理量及其单位，进一步熟悉SI单位制和常用物理量单位的换算。

第一节　制药工程的概念

从科学技术体系来看，制药工程是化学工程的深入发展和前沿分支；从生产过程来看，制药工程是药物工业生产的实践活动。

一、当代制药工业的快速发展促成制药工程学的产生

药物的研究和应用是人类防病治病的重要科学实践。从神农尝百草发展到现代的集研发、生产、营销为一身的跨国制药，经过了漫长的历程；但药学的发展速度越来越快、水平越来越高，始终与人类社会的发展、生产力的发展和科学技术的发展步伐保持一致。进入21世纪，随着人们生活水平的提高和社会老龄化以及疾病谱的变化，对医药提出了更高要求，也使得制药工业的发展达到一个欣欣向荣的新时期。这一点集中反映在医药行业的经济年增长率上。据统计，2001—2005年全球医药行业的年均增长率为10.2%，而同期全球经济年均增长率为2.4%；我国2000—2003年制药工业的年均增长率为18.9%，比同期全国国民生产总值的年增长率大致高出10个百分点。制药工业已成为国民经济各部门中增长最快的行业之一。

科学技术的发展从来就是与生产的发展息息相关的。现代制药工业奠定在19世纪化

学、医学、生物学等科学和工程技术发展的基础之上；20 世纪末制药工业的快速发展又必然促成药学、化学、生命科学、工程学和管理学等科学和技术的相互渗透，形成制药工程学这一新兴边缘学科。1995 年，在美国科学基金项目的资助下，美国新泽西州立大学创建和开始实施世界上第一个制药工程研究生教育计划，被认为是制药工程学科产生的标志。

二、制药工程的内涵

(一)制药过程概述

总体来说，制药过程可概括为两方面内容：原料药生产、制剂生产。

1. 原料药生产

原料药生产主要涉及三大领域：①化学(合成)制药；②天然药物制药(中草药生产及其有效成分的提取)；③生物技术制药。

原料药生产又分以下两个阶段：

第一阶段为药物成分的获得阶段，即将基本的原材料通过化学合成、微生物发酵、酶催化反应或(中药)提取等过程，获得含有药物有效成分的粗品。

第二阶段为药物成分的分离纯化阶段，即将药物粗品经过精馏、萃取、结晶、离子交换、色谱分析等一系列过程，使药物成分的纯度提高，同时降低杂质含量，使其纯度和杂质含量符合制剂加工的要求。

可见，原料药的生产过程本质上是化工生产，属于物流型生产①。

2. 制剂生产

原料药并不能直接作为药品。因为根据临床使用的要求，必须利用专门的设备将原料药加工成便于患者使用的、符合标准的某种形式，即制剂。由于药品是一种特殊的商品，它与人民的生命健康密切相关，因此，制剂的生产必须遵照《药品生产质量管理规范》(简称 GMP)要求，在特定的环境条件下进行。制剂经过包装，出厂才成为药品。因此，制药是应用化学合成方法或生物技术等手段以及各种分离单元操作②，实现药品工业化生产和制备成制剂的过程，参见图1-1。

① 按照工艺学分类，生产过程中，原料只改变其外形或物性，称为工件型(job shop)生产方式；原料不仅改变其外形和物性，还改变了物质结构和化学性质，称为物流型(flow shop)生产方式。

② 化工单元操作指从各种化学生产过程中以物理为主的处理方法概括成具有共同物理变化特点的基本操作，如混合、蒸发、过滤、精馏等。与之相似，将以化学为主的处理方法概括成具有相同化学反应特点的基本过程，则称化工单元过程，如氢化、硝化、水解、聚合等。

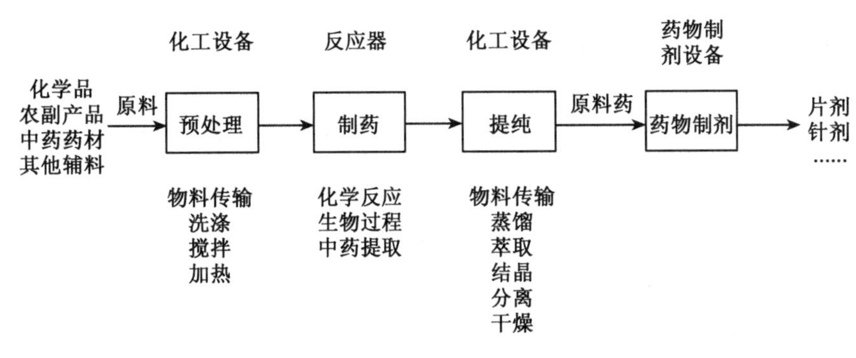

图 1-1 制药过程

(二)制药工程及制药工程的 onion 模型

制药工程不仅涉及药学、化学、生命科学、工程学和管理学等相关学科的专业理论知识，而且涉及大量工程技术手段和实践经验，它研究和解决原料药和制剂规模化生产过程中的工程技术问题，同时还包括实施 GMP 等法规，进行规范化管理，确保药品质量。这些充分反映出药品生产的全过程和特殊性。

制药工程涉及面非常广，包括：制药工艺、中试放大和优化、制药设备、材料及腐蚀、分离单元操作、换热等公用工程、制剂工程、GMP 管理、安全及环境、技术经济等问题。它们大致形成以制药工艺为核心的、不断增长的关系，如图 1-2 所示。

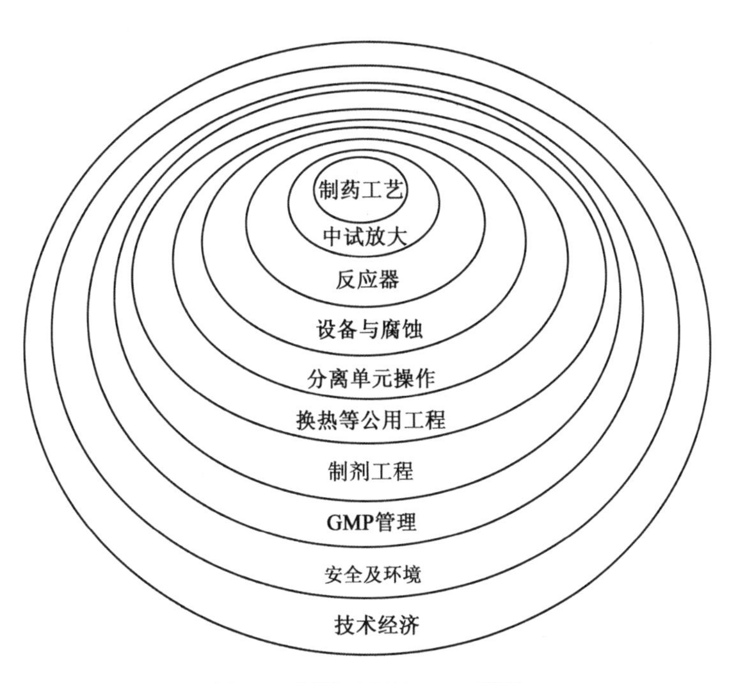

图 1-2 制药工程的 onion 模型

三、制药工程与药学其他领域的关系

通过以上论述可见，制药工程与药物化学、药效学、毒理学、药理学等药学分支的研究对象不同。后者研究的重点是药物药效、机理、质量、稳定性等问题；制药工程研究的重点是药品工业生产的实际问题。药学研究的成果必须通过制药工程制成合格的药品，才能体现其价值。当新药研究开始进入临床试用阶段，显示出一定疗效，并需要规模生产时，制药工程的问题就突显出来了。这时，必须考虑药物工业化生产的工艺路线，及其实现和优化等实际问题。

四、制药与化工的关系

制药与化工的关系源远流长，医药工业从来就是化学工业的重要组成部分。不仅国内现在的大型药厂或医药公司，历史上归口国家原化学工业部，国际上目前也公认医药产品属于精细化工产品，医药位于精细化工名目之首。

下面介绍化学工程发展的过程，以进一步说明制药工程是化学工程的深入发展和前沿分支。

第二节 化学工程发展的几个历史阶段和有关概念

原料药的生产过程本质上是化工生产，从图 1-1 可以看出，化学制药、生物制药、中药制药这些原料药的生产过程都是由化工单元过程和化工单元操作所组成。制药过程的许多环节和设备均使用着化学工程的术语。因此，有必要对化学工程发展的几个历史阶段作简单介绍，这些阶段都与相关领域提出和使用的一些新的概念或名词有关。化学工程是化学工业发展到一定阶段而形成，并随其发展而发展的。

一、“化学工程”的提出

19 世纪末，由于化学工业的兴起和发展，生产实践涉及的许多问题已经超出当时一般制造业知识，急需解决。1887 年，Davis 在英国曼彻斯特工学院作了一系列有关化学工程问题的讲演；1888 年，美国麻省理工学院设置的由 Norton 开始讲授“化学工程”课程，标志着“化学工程”(Chemical Engineering)开始形成一门新兴的学科。

二、化工“单元操作”的提出

1915 年，麻省理工学院 Little 提出了“单元操作”(Unit Operation)的概念，指出：任何

化工生产过程都可分成一系列基本操作，例如，流体流动、过滤、混合、加热、冷却、干燥、粉碎、蒸发、蒸馏等。单元操作就是使物料发生所要求的物理变化的这些基本操作的总称。只有将种类繁多的化工过程分解为单元操作来加以研究，才能揭示它们的共性规律。Walker 根据单元操作的概念，重组了化学工程课程的讲授和整个教学工作。

三、"化工原理"的提出

1923 年，麻省理工学院 Walker、Lewis 等合著了化学工程领域第一本教科书《化工原理》(*Principles of Chemical Engineering*)。书中内容包括流体流动、过滤、传热、蒸发、蒸馏、干燥、粉碎等单元操作，并对它们从理论上作了很好的总结和阐述。

化工原理和单元操作两个概念比较接近，二者均沿用至今。但化工原理的体系比较完整。"化工原理"也是化工专业一门核心课程的名称。

四、"三传"的提出

20 世纪 40 年代，化学工业的迅速发展，促使化学工程从经验向科学演变。经过对各种单元操作的分析、综合，发现所有的单元操作有着深层次的共同基本规律，它们可以概括成三种传递过程("三传")，即：

(1)动量传递过程(也称流体流动过程)，包括：流体输送、搅拌、沉降、过滤、离心分离、固体流态化等；

(2)热量传递过程，包括：加热、冷却、冷凝、蒸发等；

(3)质量传递过程，包括：吸收、蒸馏、吸附、萃取、结晶、干燥、膜分离等。

"三传"概念的形成标志化学工程发展到了新的阶段。

五、"化学反应工程"的提出

20 世纪 50 年代，一方面，石油化工的兴起，迫切要求有关设计反应器的理论；另一方面，随着科学技术的发展，特别是化学动力学和化工单元操作理论日趋成熟，加上计算机的应用，可以把化学反应规律与大规模装置中的传递过程规律综合起来进行分析和处理，使系统地研究工业反应器成为可能。1957 年，在荷兰 Amsterdan 召开了欧洲首次化学反应工程会议，正式提出了"化学反应工程"(Chemical Reaction Engineering，CRE)这一名词及其概念。经过几十年的发展，其理论基本成熟。化学反应工程已经成为以工业反应器为主要对象，研究工业规模化学反应过程及其设备的规律的学科。"化学反应工程"形成了"化学工程"中的一门独立的分支学科。从此，"三传一反"就成为化学工程的主要内容。"三传"，指动量传递、热量传递和质量传递；"一反"，指化学反应工程。

六、“化工系统工程”的提出

20 世纪 60 年代后，随着传递过程原理和化学反应工程的开拓，计算机应用于化学工程以解决过程的最优规划、最优设计、最优控制及最优操作，基础理论的成熟和数学模型化方法的普遍应用，促成了“化工系统工程”的诞生。

“系统工程”的概念首先是从自动化工程领域提出来的，并在管理学等领域不断发展。普遍认为，系统工程与其他工程学的不同在于，它是跨越许多学科的科学，是填补这些学科边界空白的一种边缘学科。钱学森还提出：“系统工程是组织管理系统的规划、研究、设计、制造、试验和使用的科学方法。”可见，化学工程发展到“化工系统工程”，包括更广泛的领域，意义也更深刻。

七、化学工程的发展现状

目前，化学工程吸收生物工程、医药、环境科学等领域的研究成果，继续深入发展。其中，包括制药工程。因此，制药工程是化学工程的深入发展和前沿分支。

化学工程的产生、发展及其与制药工程的关系参见图 1-3。

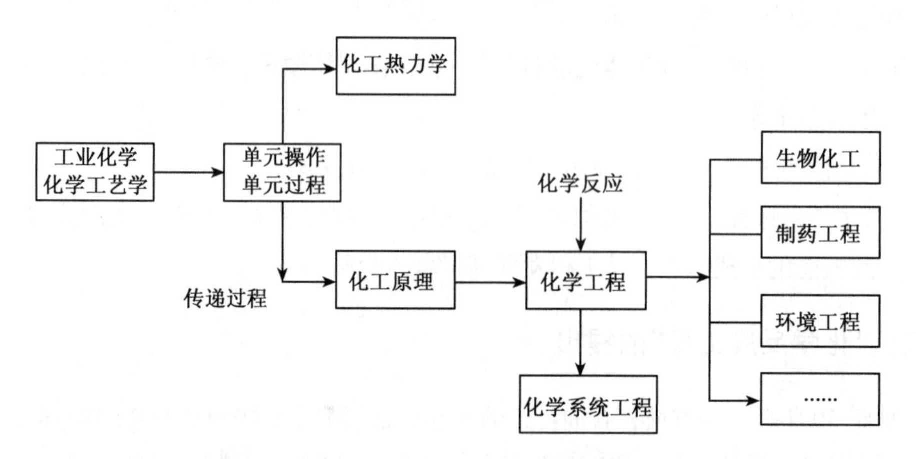

图 1-3　化学工程的产生、发展、及其与制药工程的关系示意图

第三节　制药工程基本知识的重要性和主要内容

一、制药工程基本知识的重要性

药学工作者为什么要了解药物工业化生产有关的工程问题呢？因为制药工程与实验室研究不同，而药学研究的成果必须通过制药工程制成合格的药品，才能体现其价值。适当

了解制药工程基本知识，拓宽视野，提高素质和实际能力，对药学工作者具有重要意义。

二、制药工业生产与实验室研究不同

新药的研制，首先是在实验室完成的。或是合成出一种新的药物，或是从大量配方中筛选到一种药物最佳配方，或是提出了一种药物新的生产方法，并从数种方案中经过比较实验，确定一种最好的方案。但是，这种实验室研究结果，只能说明该方案的可能性，还不能直接用于工业生产，因为实验室研究与工业生产情况有许多重大的不同之处，参见表1-1。一般来说，从实验室研究结果到工业生产，要经过一个开发过程。

表 1-1　**实验室研究与工业生产情况的主要不同之处**

比较内容	实验室研究	工业生产
目的	迅速打通路线，确定可行方案	提供大量产品，获得经济效益
规模	一般尽量小，通常按克计	在市场允许下，尽可能大
总的行为	研究人员层次高，工资占比较大，希望方便、省事、不算经济账	实用、强调经济指标； 人员工资占生产成本比例相对较少
原料	多用试剂进行研究，一般含量在 95% 以上，且往往对杂质含量有严格要求	使用工业原料，含量相对较低，杂质指标不明确，不严格
基本状态	物料少，设备小，流速低，趋于理想状态	处理物料量大，设备大，流速高，非理想化； 流动性质改变对传热、传质均有影响； 对连续式反应器而言，存在“返混”（具有不同停留时间物料的混合），对反应速率影响较大
反应温度及热效应	热效应小，体系热容小，易控制； 往往在恒温下进行反应	热效应大，体系热容大，不易控制； 很难达到恒温，有温度波动、温度梯度
操作方式	多为间歇式反应	倾向采用连续化，提高生产能力
设备条件	化学实验多用玻璃仪器进行； 多为常压； 可有无水、无氧操作等特殊措施	多在金属和非金属设备中进行，要考虑选材和选型； 易实现压力下反应，以改善反应状况； 希望在正常条件下进行

续表

比较内容	实验室研究	工业生产
物料	很少考虑回收，利用率低； 很少研究副反应、副产物	因经济和连续化以及单程转化率等原因，必须考虑物料回收、循环使用以及副产品联产等问题
三废	往往只要求减少量，很少处理	因三废量大，要考虑处理方法，以达到排放标准
能源	很少考虑	要考虑能量综合利用

首先，研究工作规模放大后，物料流动状态非理想化等因素，对物料输送和化学反应的影响突显出来。例如，物料在细管道中的流动是均匀的，如图 1-4(a)所示。放大后，大量的物料在较粗直径管道中输送，物料的流速不再均匀，出现梯度分布，如图 1-4(b)所示。这种流动状态的不同，对生产的许多过程可能造成影响，这是我们必须面对的基本事实。如何描述物料流动状态及其改变，是“三传”中动量传递过程(流体流动过程)要解决的基本问题。

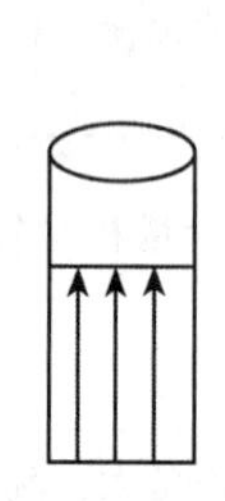

(a) 物料在细管道中的平推流示意图

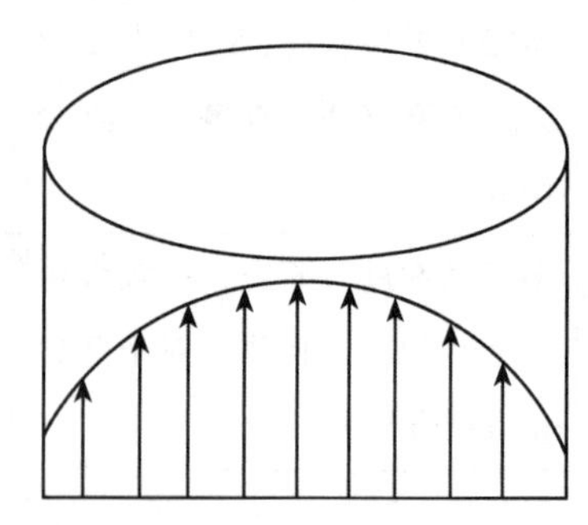

(b) 物料在粗管道中的流速梯度分布示意图

图 1-4　由于管径增大物料流动状态的改变(箭头长短示意流速)

其次，从有关热现象来看，实验室的仪器设备体积小，表面积与体积比较大，热量较容易通过其表面以传导或辐射的形式导出。即使是放热反应，往往还需靠外加热来维持反应所要求的温度。设备放大后，参加反应的物质增加，热现象将不同。对于放热反应，需要及时从反应器撤出一定的热量，来维持反应所要求的温度。更重要的事实是，反应器体积增大的比例比其表面积增加的比例要大得多。例如，某实验室用的圆柱形反应器体积为 V，表面积为 A，放大或扩大生产时，将其直径和长度均扩大 10 倍，反应器体积为 $1000V$，但反应器的表面积仅约 $100A$。与实验室相比，放大后的反应器导热表面的增加程度与反应器体积(相应涉及的反应物质的量)增加的程度不一致。此时，仅靠反应器表面导出反应热是远远不够的。可见，在小试时还需加热的放热反应，到中试和工业生产时就必须采取合适的撤热手段。如果解决不当，反应热不能及时移出，会产生“飞温”，使反应失控，甚至有发生爆炸的危险。如何计算这种传热问题，也是“三传”中热量传递要解决的基本问题之一。

从实验室小型研究到工业化大规模生产，许多因素对化学反应过程和有关单元操作有从量变到质变的影响。工业规模反应的反应物量大，反应器的空间也大，反应物在反应器中的浓度不均匀，形成一个浓度分布和温度分布，它们都与反应速度密切相关。因此，制药化工生产过程既不是实验研究的简单再现，也不是反应的直接放大。为了使实验室研究成果能顺利地开发放大，必须了解工业规模制药化学反应的特点，了解实验室研究与工业化生产之间的联系和差别。

化学制药与化学工程的关系比较清楚。生物制药与化学制药的主要不同在于用酶、基因等生物化学技术代替传统的化学反应，但是实际生产过程是基本相同的。此外，中药现代化问题中很重要的一项内容是，以中医药学和制剂学的要求为准则，运用现代化学工程理论、技术和设备，改造我国的中药工业，进一步提高中药制剂的质量和疗效。因此，了解和掌握有关药物生产的制药工程基本知识非常重要。

三、“制药工程基础”课程的基本内容

为了能够介绍最基本的制药工程知识、建立“制药工程”的一些概念、培育处理实际工程问题的能力和便于今后在本领域进一步学习，“制药工程基础”课程将介绍以下四大内容：

(1)制药化工基本理论，即化工原理(三传)的基本内容。

(2)制药工程基本设备知识，即结合现代化学反应工程(一反)的基本知识，介绍制药化工反应器为代表的设备。同时，介绍药物制剂设备。这样安排的原因是：根据药学专业的特点，将比较深奥的化学反应工程理论融合在实际设备知识之中，便于理解。

(3)制药工程图样的识别和绘制。图纸是工程界的语言，要学习制药工程、了解制药过程及其设备，必须具有一定的图样识别和绘制能力。这一部分内容在学科上涉及以画法几何和机械制图为基础的化工制图。

(4)GMP 和药物制剂等制药工程的特殊内容。

第四节　学习制药工程基础理论知识应注意的问题

从本书涉及内容来看，制图部分主要是通过实践培养技能，制药设备和药物制剂部分也主要在于了解，所以，学习的关键和困难在于制药工程基本理论知识方面，下面介绍其

特点和应该注意的几个问题。

一、经验公式

经验公式是化学工程领域的特点之一。在进行工程计算时，往往需要运用公式。化学工程涉及的公式有两大类：①根据物理现象规律建立的物理方程；②根据实验数据整理得到的经验公式。

由于实际生产过程复杂，涉及的变量较多，致使大多数化工单元操作不可能通过理论推导建立严格的物理方程。多数情况下，只能采用实验的方法进行研究，取得必要的实验数据，并进一步将有关物理量的关系曲线拟合成为数学表达式。近代采用数学模型方法，对有关过程进行理论分析，也获得了一些反映所研究过程规律的数学方程，但这些数学方程仍须通过实验验证后方能使用。

这种用理论分析和科学实验相结合得到的描述过程规律的数学方程，称为半理论、半经验方程式，简称经验公式。经验公式只能在一定的条件或范围使用。

二、制药工程中的数据类型和特点

(一)制药工程中的数据类型

制药工程中的数据，有如下四大类：

(1)物性数据。如物质的密度、比热容、黏度、焓、熵、生成热、自由能、蒸发潜热、导热系数等。这类数据通常可从手册上查取或从化工物性数据库中检索得到。

纯化合物的物性数据，一类是不随温度变化的基本常数，如分子量、常压凝固点、常压沸点、临界温度、临界压力等；另一类是温度的函数，其数值可以根据标准温度下的数值并通过关联式来计算。

(2)过程参数。这是一类与生产过程进行和操作条件有关的数据，如温度、压力、流速、流量等。

(3)结构参数。换热器、蒸馏塔、反应器等装置、设备各部分的直径、高度等几何尺寸，称为结构参数。

(4)无量纲参数。这是一类由各种变量和参数组成的无量纲的纯数值数群。

(二)无量纲参数

无量纲参数是制药工程中涉及的一类参数，这类参数往往非常重要，而且具有本学科的特点。

量纲是指一些被测物理量的种类。例如：长度，量纲以[L]表示；时间，量纲以[T]表示；质量，量纲以[M]表示。

利用量纲的概念，按照量纲分析法，可以导出某些特征数群。例如，根据实验、分析和研究，将影响管内流体流动类型的四个因素(管道直径 d、流体流速 u、密度 ρ 和黏度 μ)组合成一个数群，称为雷诺(Reynolds)准数，以 Re 表示。

$$\mathrm{Re}=\frac{du\rho}{\mu}$$

其量纲为

$$[\mathrm{Re}]=\left[\frac{du\rho}{\mu}\right]=\frac{\mathrm{m}\cdot\mathrm{m}\cdot\mathrm{s}^{-1}\cdot\mathrm{kg}\cdot\mathrm{m}^{-3}}{\mathrm{Pa}\cdot\mathrm{s}}=\frac{\mathrm{kg}\cdot\mathrm{m}^{-1}\cdot\mathrm{s}^{-1}}{\mathrm{N}\cdot\mathrm{m}^{-2}\cdot\mathrm{s}}$$

$$=\frac{\mathrm{kg}\cdot\mathrm{m}^{-1}\cdot\mathrm{s}^{-1}}{\mathrm{kg}\cdot\mathrm{m}\cdot\mathrm{s}^{-2}\cdot\mathrm{m}^{-2}\cdot\mathrm{s}}=\mathrm{kg}^{0}\cdot\mathrm{m}^{0}\cdot\mathrm{s}^{0}=1$$

说明雷诺准数无量纲。雷诺准数是判断管内流体流动类型的重要参数。

三、单位与单位制

(一)单位制

物理量由数值和单位两部分组成。必须记住，物理量的数值的大小都是与一定单位相对应的，没有单位的数值是没有意义的。此外，在同一物理方程中必须使用同一单位制。而且，经验公式中各物理量的单位必须采用指定的单位，即研究者整理数据时所采用的单位。

由于种种原因，自然科学和工程界使用过各种不同的单位制，例如：厘米·克·秒(cgs)制(物理制)、米·千克·秒制(米制)、米·千克力·秒制(重力制或工程制)以及英制单位等。尽管已经明确了国际单位制(SI)，但是，其他单位制在不同程度上仍然在使用，特别是在 SI 制产生前的资料中更是不可避免。因此，必须高度重视，熟悉单位制以及常用物理量单位之间的换算。查到一个公式或者数据，不能不考察其单位就直接套用。

(二)国际单位制(SI)

1960 年第 11 届国际计量大会决定在 MKS 制的基础上，引进电流单位安培 A、热力学温度单位开尔文 K、发光强度单位坎德拉 cd，构成一个以 6 个独立物理量的单位为基本单位的单位制，1971 年又引入第七个基本单位，即物质的量的单位摩尔(mol)，形成目前国际单位制(SI)的基本单位。SI 是国际上最先进的一种单位制。使用国际单位制，所有物理量的单位都可由这 7 个基本单位中的某几个单位按照物理定义或定律组合而成。

SI 的构成情况参见图 1-5。

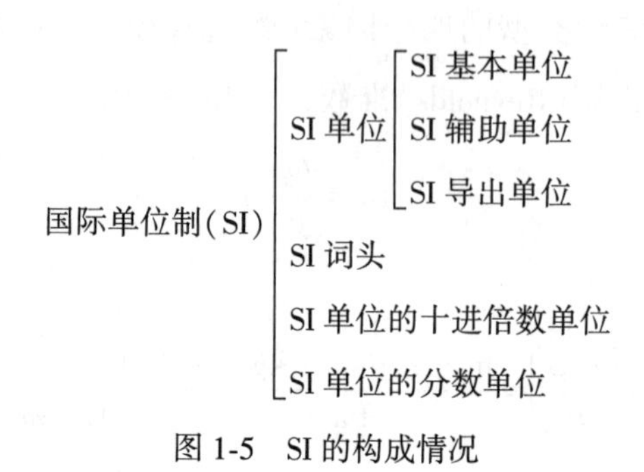

图 1-5 SI 的构成情况

1. SI 单位

国际单位制的单位包括：基本单位、辅助单位和导出单位。

SI 基本单位即指前述 7 个独立物理量的单位。

SI 辅助单位有平面角、立面角。

SI 导出单位是借助于乘或除的数学符号，通过定义代数式，用基本单位和(或)辅助单位表示的单位。例如，速度、加速度、密度、力、压强、能量、功率等物理量使用导出单位。

导出单位进一步可分为四类：

第一类为用 SI 基本单位的组合表示的 SI 导出单位，如 m/s、mol/m^3 等。

第二类为具有专门名称的 SI 导出单位，如 N、J、Pa 等。

第三类为用具有专门名称的 SI 导出单位表示的 SI 导出单位，如 Pa · s。

第四类为用 SI 辅助单位表示的 SI 导出单位。

使用具有专门名称的导出单位以及用它们表示的其他导出单位，往往更为简便、明确。例如：力的导出单位，使用 N，比 SI 基本单位的组合 $kg \cdot m/s^2$ 简明；功、能、热量的单位，使用 J，比用 SI 基本单位的组合 $kg \cdot m^2/s^2$ 要简便，意义更明确。

第一类和第二类 SI 导出单位使用较多，应该熟悉它们的来龙去脉，避免混淆和错误。

由两个或两个以上单位相乘构成的组合单位，一般应在单位符号之间加“ · ”隔开，以免发生误解。由两个或两个以上单位相除构成的组合单位，其表达上，可采用“负指数”和“斜线”两种形式，例如：$m \cdot s^{-1}$和 m/s 的意义相同；$W \cdot m^{-2} \cdot K^{-1}$和 $W/(m^2 \cdot K)$的意义相同。

有关常用物理量的单位情况参见表 1-2。

表 1-2　　**常用物理量的单位情况**

物理量	绝对单位制		重力单位制
	cgs 单位	SI 单位	工程单位
长度	cm	m	m
质量	g	kg	$kgf \cdot s^2/m$
力	$g \cdot cm/s^2 = dyn$	$kg \cdot m \cdot s^{-2} = N$	kgf
时间	s	s	s
速度	cm/s	$m \cdot s^{-1}$	m/s
加速度	cm/s^2	$m \cdot s^{-2}$	m/s^2
压强	$dyn/cm^2 = bar$	$N \cdot m^{-2} = Pa$	$kgf \cdot m^2$
密度	g/cm^3	$kg \cdot m^{-3}$	$kgf \cdot s^2/m^4$
黏度	$dyn \cdot s/cm^2 = P$	$N \cdot s \cdot m^{-2} = Pa \cdot s$	$kgf \cdot s/m^2$
温度	℃	K	℃
能量或功	$dyn \cdot cm = erg$	$N \cdot m = J$	$kgf \cdot m$
热量	cal	J	kcal
比热容	cal/(g · ℃)	$J \cdot kg^{-1} \cdot K^{-1}$	kcal/(kgf · ℃)
功率	erg/s	$J \cdot s^{-1} = W$	$kgf \cdot m/s$
热导率	cal/(cm · s · ℃)	$W \cdot m^{-1} \cdot K^{-1}$	kcal/(m · s · ℃)
传热系数	cal/(cm^2 · s · ℃)	$W \cdot m^{-2} \cdot K^{-1}$	kcal/(m^2 · s · ℃)
扩散系数	cm^2/s	$m^2 \cdot s^{-1}$	m^2/s

2. SI 词头

SI 词头用于构成大小不同的 SI 单位的倍数单位和分数单位，以适应不同学科或不同场合的需要。制药工程中常见重要 SI 词头见表 1-3。

表 1-3　　**制药工程中常见重要 SI 词头**

因数	词头名称	词头符号
10^{-1}	分	d
10^{-2}	厘	c
10^{-3}	毫	m
10^{-6}	微	μ
10^{-9}	纳	n
10^{-12}	皮	p
10^{9}	吉	G
10^{6}	兆	M
10^{3}	千	k

由于使用 SI 词头，SI 单位的十进倍数和分数单位都可由 SI 词头和 SI 单位构成(唯有 kg 例外，因为它本身就是由 g 和词头 k 构成)，数据的表达形式往往与一般幂指数形式不同。例如，词头符号所表示的因数大于或等于 10^6 时，用大写正体，如 G、M 等表示；词头符号所表示的因数小于或等于 10^3 时，用小写正体如 k、n 等来表示。

注意：有关公式表达式也往往用英文或希腊文字母作符号。为避免与单位符号的混淆，规定公式表达式的字母符号采用斜体，词头及单位的符号一般用小写正体，如 m、mol、kg；若单位名称来源于人名，单位符号的第一个字母用大写正体，如 A、J、Pa 等。SI 词头不可重叠使用。分母项一般也不用词头。

3. 法定单位制

1986 年起，我国以国际单位制为基础，根据我国具体情况，由国家选定国际单位制单位和一些习用的非国际单位制的单位，构成我国的法定单位制，简称法定单位制。制药化工领域常用法定单位参见表 1-4。

表 1-4 **制药化工常用法定单位**

基本单位			具有专门名称的导出单位			允许使用的单位		
物理量	单位名称	单位符号	物理量	单位名称	单位符号	物理量	单位名称	单位符号
长度	米	m	力	牛	N	体积	升	L
质量	千克(公斤)	kg	压强	帕	Pa	质量	吨	t
时间	秒	s	功 能量 热量	焦	J	时间	分	min
物质的量	摩尔	mol	功率	瓦	W	时间	小时	h
温度	开	K				温度	摄氏度	℃

(三)单位换算及其方法

由于历史原因，单位制几经改变。数据来源不同，单位不统一，特别是以往出版的手册、文献资料和书籍等仍然使用着非国际单位制。单位换算问题往往不可避免。

单位换算时的原则是：把单位和数值同时纳入换算。为谨慎起见，一般将需要改变单位的物理量的单位和数值列出，乘以两单位之间的换算因子。换算因子是用两种单位表达的同一物理量的之比。包括单位在内的任何换算因子都是纯数 1。例如，重力加速度在法定单位制中的单位与 cgs 制中的换算因子为

$$\frac{9.81\text{m/s}^2}{981\text{cm/s}^2}=\frac{1}{100}\text{m/cm}$$

四、几个常见物理量

(一)质量

采用 SI 制，解决了质量和重量及其单位长期混淆的问题。

质量和重量，是两个截然不同的概念。物体的质量是它所包含物质的多少，物体的重量则是它受地球引力(重力)的大小。一个物体的质量是不变的。而它受到的重力是可随物体距离地面的远近和处在的纬度改变而变化的。

SI 确定质量为其基本单位，以 kg(千克或者公斤)表示。

SI 制中没有“重量”这个物理量。“重量”属于“力”的范畴。

必须注意：在我国“重量”这一名词还在习用，说“重量”时，往往是指“质量”。

(二)力

力不是独立的物理量。力的 SI 单位是 $kg \cdot m \cdot s^{-2}$，但往往采用导出单位 N。

根据牛顿第二定律，使用相同单位制时，力、质量、加速度三者的关系由以下公式表示：

$$F=ma$$

1N 是作用在质量为 1kg 的物体上能够产生 $1m \cdot s^{-2}$的加速度所需用的力。

SI 制：　　$[F]=[ma]=kg \cdot m \cdot s^{-2}=N$(牛顿)

cgs 制：　　$[F]=[ma]=g \cdot cm \cdot s^{-2}=dyn$(达因)

历史上使用工程单位制时，kgf(千克力)是基本单位，1kgf 是质量为 1kg 的物质在重力加速度为 $9.807m \cdot s^{-2}$时所受的重力。即

$$1kgf=1kg\times 9.807m \cdot s^{-2}=9.81N$$

根据 SI 制，1kg 质量的物体受到的重力为 9.807N。根据工程制，1kg 质量的物体受到的重力为 1kgf。$1N=1kg \cdot m \cdot s^{-2}$和 1kgf=9.81N 是有关单位换算的桥梁。

(三)功或能

功的定义：物体在单位力作用下发生单位位移。

功或能使用导出单位：$N \cdot m$，即 J(焦耳)。其 SI 单位为

$$1J=1N \cdot m=1kg \cdot m^2 \cdot s^{-2}$$

(四)密度

密度ρ定义：单位体积物质的质量。

密度的SI单位和法定单位为$kg\cdot m^{-3}$。

许多手册中，密度采用物理单位制。

例如：在某条件下，水的密度为$1g\cdot cm^{-3}$，而采用SI单位制时，表示为$1000kg\cdot m^{-3}$。

$$1\frac{g}{cm^3}=\frac{g\times\frac{10^{-3}kg}{1g}}{cm^2\times\left(\frac{10^{-2}m}{1cm}\right)^3}=\frac{10^{-3}kg}{10^{-6}m^3}=1000\frac{kg}{m^3}$$

(五)压强

压强p定义为：单位面积承受的力。公式为

$$p=\frac{F}{A}$$

压强使用导出单位：$N\cdot m^{-2}$，即Pa(帕)，来自帕斯卡(Pascal)。

$$1Pa=1N\cdot m^{-2}=1J\cdot m^{-3}=1kg\cdot m^{-1}\cdot s^{-2}$$

压强的单位还有标准物理大气压(atm)、工程大气压(at)，以及mmHg(毫米汞柱)、mH_2O(米水柱)、bar(巴)或$kgf\cdot cm^{-2}$等，比较复杂，将在下一章中进一步介绍。

五、制药工程中的物理量和数据表达形式

根据有效数字表达的严格规定，数值应表示成大于或等于1且小于10的数字与10的幂的乘积的形式。但是，制药工程中，数据表达的形式有所不同，对有效数字运算的问题要求也不太严格。具体说明如下。

(一)数据的有效数字

有效数字位数是与测量精度、计算精度相符的数值的位数。有效数字的最后一位是存疑数字。非零数字前面的0，不属有效数字位数，而是数字因单位变化造成的结果。在单位变化时，有效数字位数保持不变。数值进行运算时，各数据有效数字位数应以有效数字位数最少的数字为准，先按“四舍六入五成双”的原则修约，再进行运算，且将结果保留至相同的有效数字。但是，应注意：

(1)工程计算往往需用通过查找算图读取某些数据，这一步骤不可能做到非常精确，读取数据的误差比较大；

(2)使用计算机和计算器进行计算，其制式可能不同，计算出的数值在一定范围有差别，这是正常的现象；

(3)许多计算结果往往需要根据经验再乘一个校正系数，校正系数可在一定范围选取，校正系数取得不同，最后的结论数值就不同；

(4)许多计算结果还要进行“圆整”，即只能依据符合一定标准和规格的尺寸，来进行有关计算。误差在一定范围的数值通过“圆整”，结果可能造成选取相同规格的材料或部件，也可能造成选取相邻规格的材料或部件；

以上因素均使数据的有效数字运算意义不大，一般采用3~4位有效数字进行运算和表达。

(二)制药工程数据的表达形式

由于SI单位的十进倍数和分数单位都可由SI词头和SI单位构成来表达。制药化学工程的数据往往不采取数字与10的幂的乘积的形式，而是选用SI单位的倍数单位和分数单位，将物理量的数值处于0.1~1000范围内来表达，形成本领域的特色。例如，0.000578m表示成0.578mm；28465Pa表示成28.465kPa；1.5×10^5W表示成150kW。

(三)物理量的代表符号

注意：各教材、资料对物理量的代表符号可能不同。涉及经验公式的物理量单位、有效数字的位数，甚至数值的表达和要求可能不同。所以，务必搞清楚有关符号的概念，不得混淆。

第二章　制药流体原料的输送和储存

本章学习要求

(1)了解流体的基本特征；

(2)掌握流体静力学方程及其应用；

(3)掌握流体流动有关基本概念：流速、连续性方程、黏度、层流和湍流、雷诺准数、压头；

(4)掌握伯努利方程，解决实际计算：管径选择、管道阻力、高位槽安装高度；

(5)了解流体传输设备的类型，离心泵基本要点。

制药工业生产过程中处理的物料大部分是流体。例如，我们熟悉的水和有机溶剂是液体，氨气、水蒸气是气体。液体和气体统称为流体。药厂通过管道连接各种制药设备(包括储槽)，借助于泵等流体输送机械的作用，或者在高位槽的位差、压缩空气的压力的作用下，完成对流体物料的输送和使用。

流体在管道中的流动、输送和测量均有规律可循。将流体按生产条件要求，从一个设备输送到另一个设备，就需要选用适宜的流动速度，或者确定输送管路的直径大小、确定设备高度，或者确定输送机械需要加入的外功，以选用输送设备等。这些问题都要应用流体流动规律的数学表达式来进行计算并解决。制药过程是伴随着化学反应以及热量、质量传递的物流型工艺过程。流体在设备内进行物理变化和化学变化的效果与流体流动状况直接相关。为了了解和控制生产过程，需要对管路或设备内的压强、流体流速及流量等一系列参数进行测定，以便合理地选用和安装测量仪表，而这些测量仪表的操作原理又多以流体的规律为依据。

流体流动基本原理也是热量传递和质量传递过程的基础。制药过程生产的传热、传质等过程，都是在流体流动的情况下进行的，设备的操作效率与流体流动状况有密切关系。

因此，研究流体流动对提高设备效率具有重要意义。

本章介绍流体流动的基本规律，讨论流体流过管道或设备时的速度分布、压力分布、能量损耗等问题。

第一节　流体的基本特征

流体的基本特征是具有流动性。流体无固定形状，其形状随容器的形状而变化，在外力作用下，流体内部发生相对运动。流体由大量分子组成，每个分子都在不停地做不规则的运动，相互间经常碰撞，在碰撞中交换动量和能量。流体的微观结构和运动，无论在时间或空间上都充满着不均匀性、离散性和随机性。然而，人们用仪器测到流体的宏观结构和运动，却明显地呈现出均匀性、连续性和确定性，如流体的压强、温度和速率等是确定的。流体的微观和宏观性质既截然不同，又和谐统一，形成流体运动的两个重要侧面。

为了摆脱复杂的分子运动造成的困境，从比较方便的宏观角度来研究流体的流动规律，提出连续介质假设。连续介质假设是流体力学的根本假设，主要观点如下：将流体视为由无数分子集团所组成的连续介质。每个分子集团称为质点，这些质点之间没有任何空隙，流体完全充满所占据的空间。这些质点在空间、在每个时刻都有确定的物理量，这些物理量是空间和时间的连续函数。因此，可以用数学分析工具去处理流体。流体质点是指微观上充分大、宏观上充分小的分子微团。流体质点尺度远比设备或管路小，但比分子大得多。从微观上看，流体质点分子微团的尺度充分大，其中包含大量分子。对分子团进行统计平均后可以得到描述体系特征参数的稳定数值，少数分子出入体系不影响这些参数的稳定平均数值。因此，从宏观上看，流体质点分子微团的平均物理量可看成均匀不变的。流体质点所具有的宏观物理量，如质量、速率、压强和温度等，满足一切相关的物理定律，如牛顿定律、质量能量守恒定律、热力学定律以及动量、热量和质量的传递定律。

总之，我们是从宏观的角度来研究流体的流动规律。流体是均匀的连续体，而不是含有大量分子的离散体。流体流动，是流体微团的位移，而不是个别分子的位移。

流体和固体对抗外力的情况不同。固体在静止时，既能承受法应力也能承受切应力。固体在静止时，它的界面上可以承受切应力，在一定程度上，固体可以不发生形变。而流体静止时，不能承受切应力，不能抵抗剪切变形。流体在剪切力的作用下的变形是无止境的，只要作用力存在，变形与运动将一直维持下去，即发生流体流动。流体的这种宏观性质称为流体的易流动性。因此，流体静止时，其界面只有法应力，而没有切应力。

表面接触的两固体之间作相对运动，必须施加作用力来克服接触表面存在的“摩擦力”，参见图 2-1(a)。流体也具有这种类似的抵抗外力影响的性质。将流体看成若干流体层，流体流动时，内部两层流体之间的相对运动同样受到两层流体本身的这种抵抗相对运动的“摩擦力”。相对于固体物体机械运动时的“摩擦力”而言，流体的这种“摩擦力”存在于流体内部，故将这种“摩擦力”称为流体的“内摩擦力”，参见图 2-1(b)。

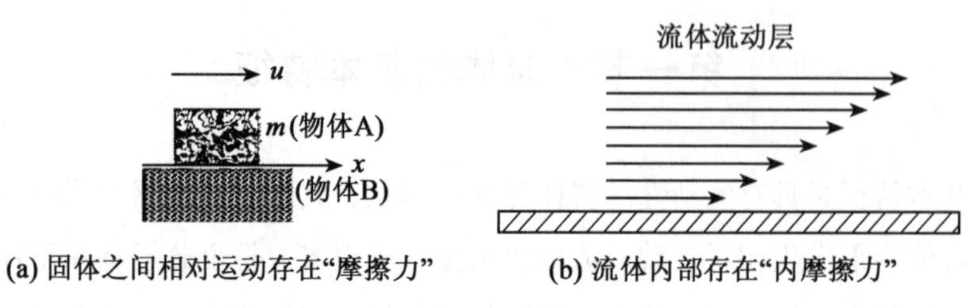

(a) 固体之间相对运动存在“摩擦力”　(b) 流体内部存在“内摩擦力”

图 2-1　固体和流体运动的比较

流体的“内摩擦力”是一种解释性的说法，其科学术语为：黏性。流体抵抗形变的性质称作黏性。黏性不同于物质的黏着性。流体的黏性只有在它运动时才显现出来。黏性是流体的基本特性之一。流体的黏性通过黏度这一物理量来说明。

第二节　流体静力学基本方程

流体静力学研究在外力作用达到平衡时、流体处于静止状态下的规律及其在工程实际中的应用。

一、描述流体的参数

(一)流体的密度

流体的密度 ρ 定义为：单位体积流体的质量。公式为

$$\rho=\frac{m}{V} \tag{2-1}$$

式中：ρ 为流体的密度，$kg \cdot m^{-3}$；m 为流体的质量，kg；V 为流体的体积，m^3。

密度的法定单位为 $kg \cdot m^{-3}$。必须注意：采用不同的单位制，密度的单位和数值都不同，往往需要换算。

温度和压力一定时，流体的密度为定值。压力变化时，其密度变化很小的流体，称为不可压缩流体；压力变化时，其密度有显著变化的流体，称为可压缩流体。在工程计算中，把液体视为不可压缩流体，其密度仅随温度发生变化。从有关手册上可查到常见液体的密度数据。由于液体密度随温度的变化不大，为简化问题，也常把液体密度视为常数。

气体比液体有较大的可压缩性，气体的密度随温度和压力的变化而变化。从手册中查得的气体密度往往是某一指定条件下的数值，在压力不太高、温度不太低时，从查得的某指定条件下的密度，按理想气体状态方程进行有关换算。

将密度的定义式(2-1)代入，对于一定质量的理想气体，体积、压强和温度之间的变化关系式为

$$\frac{pV}{T}=\frac{p'V'}{T'} \tag{2-2}$$

整理得

$$\rho=\rho'\frac{T'p}{Tp'} \tag{2-3}$$

式中：p 为气体的绝对压强，Pa；p'为手册中所指定绝对压强，Pa；T 为气体的绝对温度，K；T'为手册中所指定绝对温度，K；ρ'为手册中所查得密度。

某状态下理想气体的密度也可按气体状态方程进行计算。将密度的定义式(2-1)代入气体状态方程，得到

$$\rho=\frac{m}{V}=\frac{pM}{RT} \tag{2-4}$$

式中：p 为气体的压强，Pa；T 为气体的热力学温度，K；M 为气体分子的千摩尔质量，$kg\cdot kmol^{-1}$；R 为气体常数，$8.314J\cdot mol^{-1}\cdot K^{-1}$。

结合式(2-3)，得到

$$\rho=\frac{m}{V}=\frac{MT^{\circ}p}{22.4\times TP^{\circ}} \tag{2-5}$$

式中：p 为气体的绝对压强，Pa；P°为标准状态绝对压强，Pa；T 为气体的绝对温度，K；T°为手册中所指定绝对温度，K；M 为气体分子的千摩尔质量，$kg\cdot kmol^{-1}$。

对于液体混合物，若各组分在混合前后体积不变，可由下式求混合液体的平均密度：

$$\frac{1}{\rho}=\frac{x_1}{\rho_1}+\frac{x_2}{\rho_2}+\frac{x_3}{\rho_3}+\cdots+\frac{x_n}{\rho_n} \tag{2-6}$$

式中：ρ_1，ρ_2，…，ρ_n 分别为液体混合物中各纯组分的密度，$kg\cdot m^{-3}$；x_1，x_2，…，x_n 分别为液体混合物中各组分的质量分数。

对于气体混合物，各组分在混合前后质量不变，可由下式求混合液体的平均密度；

$$\frac{1}{\rho}=\frac{x_1}{\rho_1}+\frac{x_2}{\rho_2}+\frac{x_3}{\rho_3}+\cdots+\frac{x_n}{\rho_n} \tag{2-7}$$

式中：ρ_1，ρ_2，…，ρ_n 分别为气体混合物中各纯组分的密度，$kg\cdot m^{-3}$；y_1，y_2，…，y_n 分别为液体混合物中各组分的摩尔分数或体积分数。

（二）流体的静压强

1. 压强

压力是法向表面力，表面力与物体表面积成正比。单位面积上所承受的压力，称为压强(intensity of pressure)。

设 ΔA 为静止流体中任意小的面积，ΔF 为与 ΔA 相邻的流体微团垂直作用在该微元面积上的力，当 ΔA 无限小并趋近于一点时，其上的静压强(简称压强)为

$$p=\lim\frac{\Delta F}{\Delta A} \tag{2-8}$$

式中：F 为垂直作用于流体表面上的力，N；A 为作用面的面积，m^2。p 为流体的静压强，$N\cdot m^{-2}$ 或 Pa。

注意：工程技术上往往习惯地将压强称为压力，而把压力称为总压力。

压强的单位是 Pa，但因为种种原因还使用着一些其他单位，如 atm(标准物理大气压)、工程大气压(at)、毫米汞柱(mmHg)、米水柱(mH_2O)、巴(bar)或 $kgf\cdot cm^{-2}$ 等，它们之间的换算关系为：

$$1atm=1.0133\times10^5Pa=760mmHg=10.33mH_2O=1.0133bar=1.033kgf\cdot cm^{-2}$$

式中：kgf 称为公斤力，工程上为了使用和换算方便，常将 $1kgf\cdot cm^{-2}$ 近似地作为 1 个大气压，称为 1 工程大气压(1at)。于是：

$$1at=1kgf\cdot cm^{-2}=735.6mmHg=10mH_2O=0.9807bar=0.9807\times10^5Pa$$

2. 绝对压强、表压和真空度

流体压强的数据还涉及所采取的不同计量基准，从而有绝对压强、表压和真空度三个概念。

以绝对真空作为基准的压强，称为绝对压强，是流体体系的真实压强。

流体的压强可用测压仪表来测量。此时测量得出的是以当地大气压强(随温度、海拔高度等条件而改变)为基准的相对值，又分以下两种情况。

若体系的绝对压强比大气压强高，须采用“压强表”(往往称为“压力表”)来测量。压强表上的读数表示被测流体的绝对压强比大气压强高出的数值，称为表压，即

表压=绝对压强-大气压强

若被测流体的绝对压强比大气压强低，须采用“真空表”来测量。真空表上的读数表示被测流体的绝对压强低于大气压强的数值，称为真空度，即

真空度=大气压强-绝对压强

绝对压强、表压强与真空度三者之间的关系如图 2-2 所示。

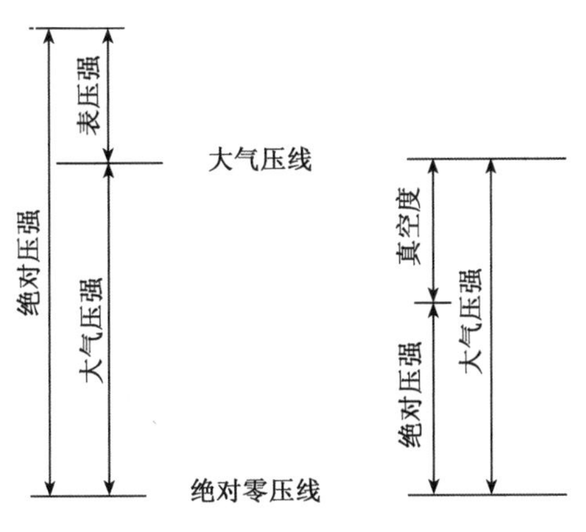

图 2-2　绝对压强、表压强和真空度的关系

为了避免绝对压强、表压、真空度三者的相互混淆，在涉及压强数据时，应该使用如 2×10^3Pa(表压)、2×10^3Pa(真空度)的方式明确其基准，达到科学表达目的，避免发生错误。

二、重力场中的流体静力学基本方程

(一)流体静力学基本方程式及其推导

描述静止流体内部压强随位置高低而变化的规律的数学表达式，称为流体静力学基本方程式。简明推导如下：在图 2-3 所示的容器中盛有密度具有恒定值 ρ 的静止流体，以容器底面为水平面基准，取一垂直于容器底面的立方体流体单元为考察体系，其上底面距容器底面高度 z_1，承受压强为 p_1，下底面距容器底面高度 z_2，承受压强为 p_2，底面面积均为 A。

对该立方体进行受力分析如下：其下底面受到向上作用的总压力 $F_2=p_2A$，取为正值。其上底面受到向下作用的总压力 $F_1=p_1A$，取为负值。立方体还受到向下作用的重力 $F=\rho gA(z_1-z_2)$，取为负值。由于静止流体没有切应力，而且上述三力达到平衡，三力之和为零，即

$$p_2A-p_1A-\rho gA(z_1-z_2)=0$$

简化后得到流体静力学基本方程式的一种表达式：

$$p_2=p_1+\rho g(z_1-z_2) \tag{2-9a}$$

流体静力学基本方程式可以有多种变换的形式。例如，如果将考察流体单元的点 1 置于容器的液面，设液面上方的压强为 p_0，距液面 h 深处的点 2 压强为 p(见图 2-4)，此情况下流体静力学基本方程式可写成如下形式：

$$p=p_0+\rho gh \tag{2-9b}$$

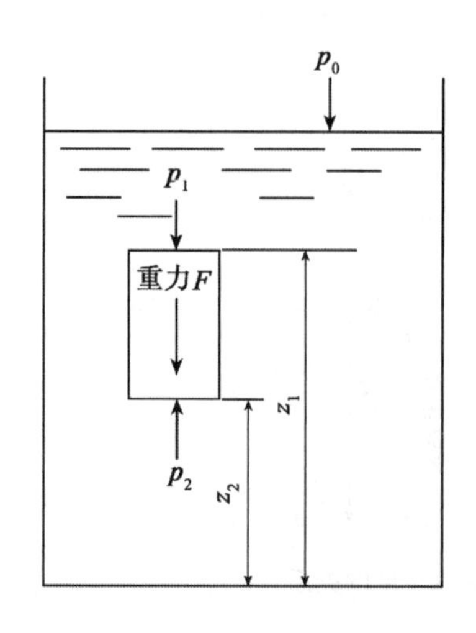

图 2-3　流体静力学基本方程式推导的模型

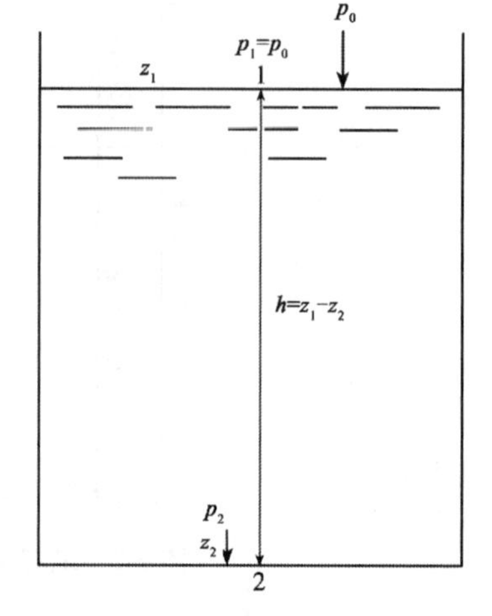

图 2-4　流体静力学基本方程式特殊形式

(二)流体静力学基本方程式的讨论

(1)由式(2-9b)可以看出，当容器液面上方的压强 p_0 一定时，静止液体内部任一点的压强仅与液体本身的密度 ρ 和该点距液面的深度 h 有关。

(2)由式(2-9b)还可以看出，在静止的、连续的同一液体内，处于同一水平面上各点的压强都相等，与液体所在容器的形状无关。

式(2-9b)计算表明，底面面积相等、形状和大小不同的容器，只要盛有等高度相同液体，则它们底部的压力都相等。该结果得到实验证实。可见，流体表现出与固体不同的特性。流体的这一不同于固体的特性，称为流体静力学矛盾。其原因在于：流体中的各质点的相对位置是在不断改变的。

③将式(2-9a)的两边同时除以 ρg，并进一步改写，得到

$$z_2+\frac{p_2}{\rho g}=z_1+\frac{p_1}{\rho g}(=\text{常数}) \tag{2-9c}$$

以后会看到，式(2-9c)是著名的伯努利方程式的一种特殊情况下的表达式。

通过式(2-9c)，将除以常数 ρg 后的“压强”与某种液体的“高度”联系起来了，说明“液柱”反映一定的压强或压强差。当用“液柱”的高度来表示压强或压强差时，必须注明是何种液体，否则就失去了意义。例如，$760mmHg=10.33mH_2O$。

虽然流体静力学基本方程式是通过恒密度的流体模型推导出来的，但实际上该方程式既适用于液体，也适用于气体。因为，从工程角度而言，气体密度随它在容器内的位置高低而改变的程度很小，可以忽略。此类的合理近似简化是解决工程问题的重要方法，应该学会应用。

值得注意的是，上述方程式只能用于静止的、连通着的、同一种连续的流体。在实际问题中，注意选择具有静止、连续、均一、水平特点的“等压面”，再建立相关的流体静力学基本方程式来解决有关问题。

三、流体静力学基本方程式的应用

(一)压强的测量

测量压强的仪表有液柱压差计、弹簧管压力表、压差传感器等。

图 2-5　弹簧管压力表

弹簧管压力表(图 2-5)是工业界广泛使用的一类测压仪表，其工作原理是：系统的压力作用于仪表的弹簧管，带动游丝所连的指针偏转，在表盘上显示系统的表压或真空度。

在工业弹簧管压力表因量程太大不适用的情况下，往往需要使用自制的“U”形管压差计。现结合流体静力学基本方程式的应用，介绍以流体静力学基本方程式为工作依据的“U”形管压差计。流体静力学基本方程式[式(2-9c)]说明：压强差的大小可以用一定高度的某种“液柱”来反映，这是“U”形管压差计和许多有关流体测量、控制问题的依据。

“U”形管压差计(亦称压力计、压强计等)的结构如图 2-6 所示。它是一根“U”形玻璃管，内装有某种液体作为指示液。指示液与被测的流体应不互溶，不起化学反应，其密度 ρ_0 应大于被测流体的密度 ρ，即 $\rho_0>\rho$。根据所测系统压力的大小和分辨率的要求，指示液可选择水、酒精、四氯化碳或水银等。

进行测量时，将“U”形管的两端分别与管道中的两处截面相连，若系统作用于压差计两端的压强不相等，且 $p_1>p_2$，“U”形管的两侧便出现指示液面的高度差 R。利用此压差计的读数 R 的值，就可以算出两截面的压力差 (p_1-p_2)。推导如下：

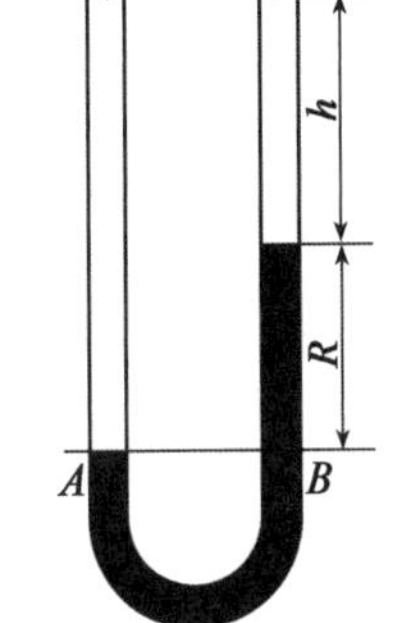

图 2-6　U 形管压差计

图 2-6 中，A、B 两点处在连通的同一种静止流体内，并且在同一水平面上，所以这两点的静压力相等，即

$$p_A=p_B$$

根据流体静力学基本方程，“U”形管左侧 A 点处：

$$p_A=p_1+\rho g(h+R)$$

同理，“U”形管右侧 B 点处：

$$p_B=p_2+\rho gh+\rho_0 gR$$

因为　$p_A=p_1+\rho g(h+R)=p_B=p_2+\rho gh+\rho_0 gR$

故压降为　$$\Delta p=p_1-p_2=(\rho_0-\rho)gR \tag{2-10a}$$

若被测量流体是气体，由于气体密度ρ比指示液密度ρ_0小得多，上式可简化为

$$\Delta p = p_1 - p_2 \approx \rho_0 g R \tag{2-10b}$$

式中，ρ_0和g是常数，因此，利用压差计的读数R，可以算出两截面的压力差(p_1-p_2)。

若将“U”形管一端与某一设备连接，另一端与大气相通，这时读数R所反映的是设备中流体的绝对压强与大气压强之差(表压或真空度)。

在实际应用中，“U”形管压差计还可以进一步改造成倾斜液柱压差计、微差压差计、串联压差计等形式，以适应量程方面的需要，因篇幅所限，不再详述。

(二)液位的测量

药厂工作时经常要了解储槽中液体原料的储存量，或要控制设备里的液面，因此，要进行液位的测量。大多数液位计的作用原理均遵循静止液体内部压强变化的规律。

小型容器(如计量槽、高位槽)液位的测量，可通过连通于设备的玻璃管液面计来直接观察，即在接近容器底部及液面上方的侧向器壁处各开一小孔，两孔分别与玻璃管液面计的上下端相连。由于$p_0+\rho g h_1 = p_0+\rho g h_2$，$h_1 = h_2$。玻璃管内所示的液面高度即为容器内的液面高度，见图2-7。

对于高大的储槽的液位测量，需要较复杂的装置，其原理也运用了静力学方程。图2-8所示为高大储槽的一种液位测量装置，它由平衡器(或称为扩大室)通过细管和“U”形水银压差计串联组成。平衡器与储槽液面上方相通，压差计的另一端与容器下方相通，平衡器内装有与储槽内相同的液体物料，料液高度控制在储槽液面允许的最大高度。由于扩大室的功能，其液面位置基本不变。当储槽内液面与平衡器液位等高时，压差计读数$R=0$；储槽内液位下降，压差计读数R增大。

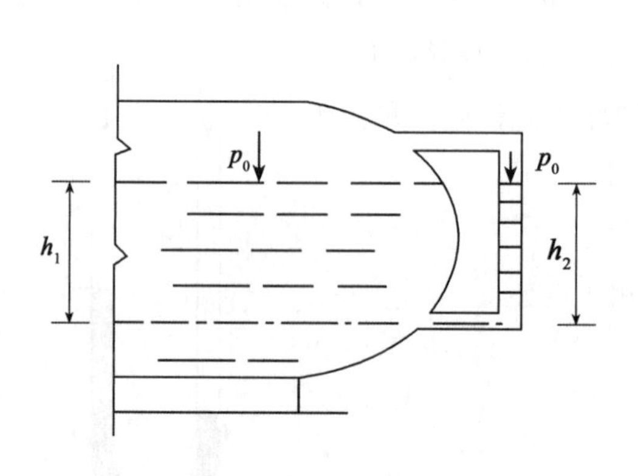

图2-7 玻璃管液面计观察设备内液面高度

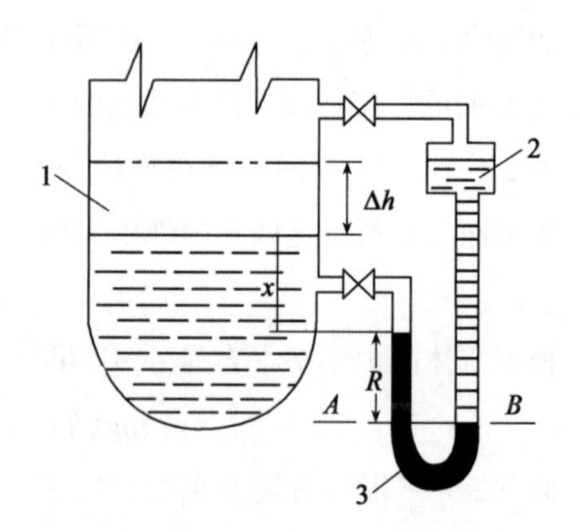

1—储槽；2—平衡器；3—“U”形管压差计

图2-8 高大储槽的液位测量装置

设辅助条件：储槽液面到水银最高液面距离为 x，物料密度 ρ。在图 2-8 中 A 和 B 水平面处，存在连续的同一流体水银，两点的静压强相等。分别建立这两点的静力学基本方程式：

$$p_A = p_0 + \rho_{Hg} gR + \rho gx$$

$$p_B = p_0 + \rho gR + \rho gx + \rho g\Delta h$$

联立两方程，建立了储槽内液位下降高度 Δh 与 R 的关系式，以较小的 R 值反映较大的储槽液位高度变化值 Δh：

$$\Delta h = \frac{\rho_{Hg} - \rho}{\rho} R \tag{2-11}$$

对于远距离储槽或危险品储槽的液位测量，可采用图 2-9 所示的装置。

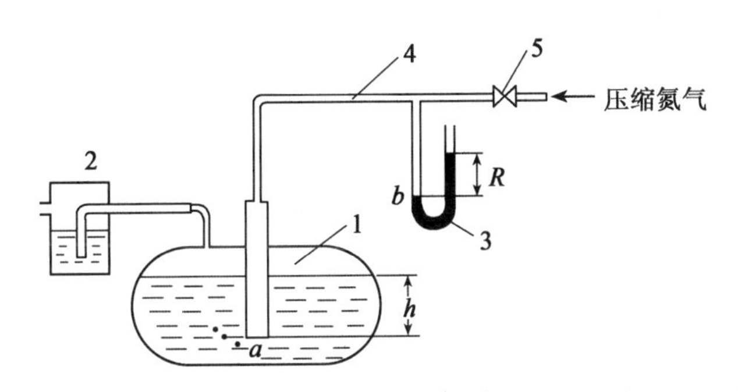

1—储槽；2—鼓泡观察器；3—U 形管压差计；4—吹气管；5—调节阀

图 2-9　一种远距离储槽液位测量装置

将压缩氮气通过插到储槽底部的吹气管导入储槽（装有密度为 ρ 的液体原料），并用调节阀调节控制氮气流量，以在体系尾部鼓泡观察器内刚刚看到气泡缓慢逸出为宜。吹气管内的压强用“U”形管水银压差计来测量。由于吹气管内氮气的流速很小，气体的流动造成的影响忽略不计，可按静力学问题处理。吹气管内的氮气压强视为定值，且由于压缩氮气的作用，插入储槽的管内不可能存有液体，此段气体造成的静压强差异很小，也可忽略不计，故可认为吹气管出口 a 处与“U”形管压差计 b 处的压强近似相等，即 $p_a \approx p_b$。根据流体静力学基本方程式，得

$$p_a = p_{氮气} + \rho gh$$

$$p_b = p_{氮气} + \rho_{Hg} gR$$

联立两方程，建立了储槽内 h 与 R 的关系式：

$$h = \frac{\rho_{Hg}}{\rho} R \tag{2-12}$$

压差计读数 R 的大小反映储槽内液面的高度。

(三)安全液封装置高度的计算

根据流体静力学方程式(2-9c)，对于一定的静压强，密度不同的流体体现的流体柱的高度不同。由于液体的密度远远大于气体的密度，一定高度的水柱造成了压强差就可以将压强不高的气体限制于设备内，即所谓“液封”。水煤气的储槽就利用了液封的原理。反过来，当设备内气体压力超过“液封”造成的封闭能力时，气体就可以从液封管中排出。这种控制设备内气体压力不可以超过规定值的简单装置，称为安全液封，如图2-10所示。

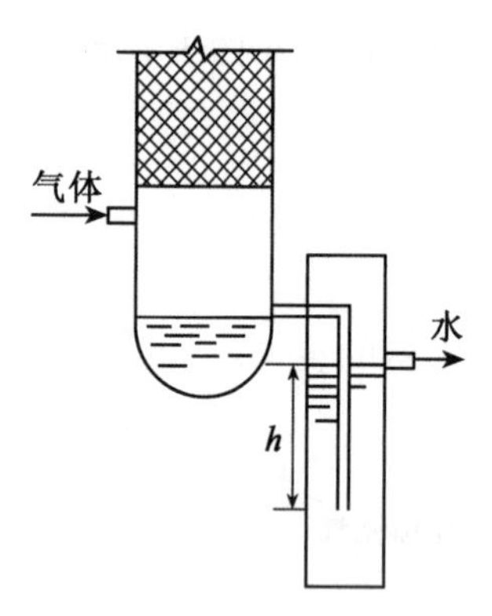

图 2-10　安全液封装置示意图

根据流体静力学基本方程式，可以确定安全液封装置的高度。若工艺要求设备内气体压力不超过 p(表压)，根据静力学基本原理，对于液封液面以下深度为 h 的插入管的管口 A 点水平面处，同时建立气相和液相的两个静力学方程式如下：

$$p_{A(\text{绝对压强})}=p_0+p_{\text{表压}}$$

$$p_{A(\text{绝对压强})}=p_0+\rho_{\text{水}}\,gh$$

联立两方程，得到控制设备内气体允许最高表压 p 与最小液封高度 h 的关系式：

$$h=\frac{p_{\text{表压}}}{\rho_{\text{水}}\,g} \tag{2-13}$$

(四)油水分离器界面的控制问题

图 2-11 所示为一种油水分离器。油水混合物由入口管缓慢进入分离器，由于油和水互不相溶且密度不同而分层，油从上部出口流出，水经下方可控高度 H 的“π”形出水管流出。“π”形管顶部为三通平衡管，上方接通容器液面上方，该处气相压强为 p_0。由于分离器体积大，液体流动很慢，可近似按流体静力学原理处理。在 A 点和 B 点，分别建立两点的静力学基本方程式：

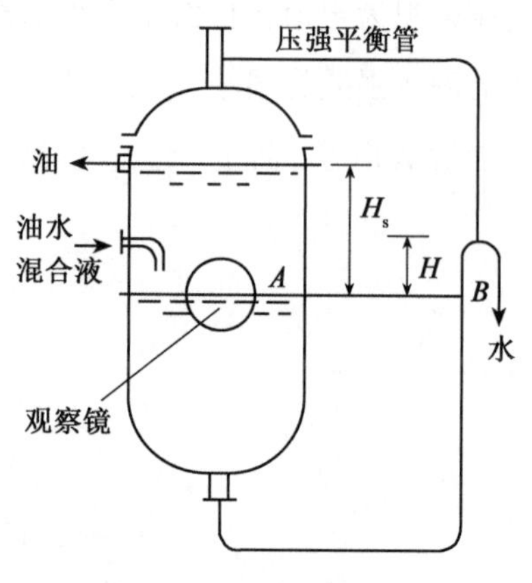

图 2-11　一种油水分离器

$$p_A=p_0+\rho_{\text{油}}\,gH_s$$

$$p_B=p_0+\rho_{\text{水}}\,gH$$

由于 A 和 B 处于连续的、同一水平的水相，这两点压强相等，联立上述两方程式，得到：

$$H=\frac{\rho_{油}}{\rho_{水}}H_s \tag{2-14}$$

这样可由两液相的密度值和设备尺寸 H_s 求“π”形管的应放置距离油水分离界面的高度 H，控制界面在两个出口的中间位置，使分相效果最好且便于通过该处的观察镜进行观察。

第三节　流体流动的基本方程

以下讨论流体在管内的流动及其规律，引出两个重要的基本方程式：连续性方程式和伯努利方程式。

一、描述流体在管内流动的有关参数

(一)流量

流体在单位时间内流过管道某一规定截面的量，称为流体经该截面的流量，简称流量。又进一步区分成流体体积流量和质量流量。

流体在单位时间内流过管道某一规定截面的量，用体积来计算，称为体积流量，以 q_V 表示，其单位为 $m^3 \cdot s^{-1}$。

$$q_V=\frac{V}{t} \tag{2-15}$$

流体在单位时间内流过管道某一规定截面的量，用质量来计算，称为质量流量，以 q_m 表示，其单位为 $kg \cdot s^{-1}$。

$$q_m=\frac{m}{t} \tag{2-16}$$

在单位制相同的条件下，体积流量和质量流量的关系为

$$q_m=\rho q_V \tag{2-17}$$

(二)流速

单位时间内流体在流动方向上所流过的距离，称为流速，以符号 u 表示，其单位为 $m \cdot s^{-1}$。实验表明，流体流经管道任一截面上各点的流速在径向有很大差别(在管中心最大，越靠近管壁流速越小，在管壁处的流速为零)。在工程上以流体的体积流量与管道的径向截面的面积的比值，表示流体的平均流速，简称流速。其关系式为

$$u=\frac{q_V}{A} \tag{2-18}$$

式中：q_V 为流体的体积流量，$m^3 \cdot s^{-1}$；A 为与流体流动方向相垂直的管道截面的面积，m^2。

由于气体的体积流量随温度和压强而变化，对气体采用质量流速较为方便。质量流速以符号 G 表示，其单位为 $kg \cdot m^{-2} \cdot s^{-1}$。质量流速 G 的定义：单位时间内流体流过管道单位截面积的质量，或流体的质量流量与管道的径向截面的面积的比值。公式为

$$G=\frac{m}{tA}=\frac{q_m}{A} \tag{2-19}$$

结合式(2-19)与式(2-17)，可得质量流量与流速的关系：

$$G=\frac{q_m}{A}=\frac{\rho q_V}{A}=\frac{\rho A u}{A}=\rho u \tag{2-20}$$

二、流体在管道中的流动状态

(一)定态流动与非定态流动

在流动系统中，若各截面上流体的流速、压强、密度等有关物理量仅随流体的位置发生变化，不随时间的改变而变化，这种流动是一种稳定的流动状态，称为定态流动；若流体在各截面上的有关物理量既随位置变化而变化，又随时间变化而变化，这种流动是一种不稳定的流动状态，则称为非定态流动。

如图 2-12(a)所示，容器一次装水后不再补充，将水从底部排水管不断排出，容器水位逐渐下降，容器底部压强也逐渐降低，管道出口水的流速逐渐减小，这是一种非定态流动，规律性差。而图 2-12(b)所示容器在排水的同时，上部仍然不断加水，且控制进水量总是大于排水量，多加的水可从水箱上方的溢流管溢出，从而保证箱内水位恒定不变，形成了稳定的流动状态。在该体系内，流体在任何一个垂直于流动方向的截面上的流速和压

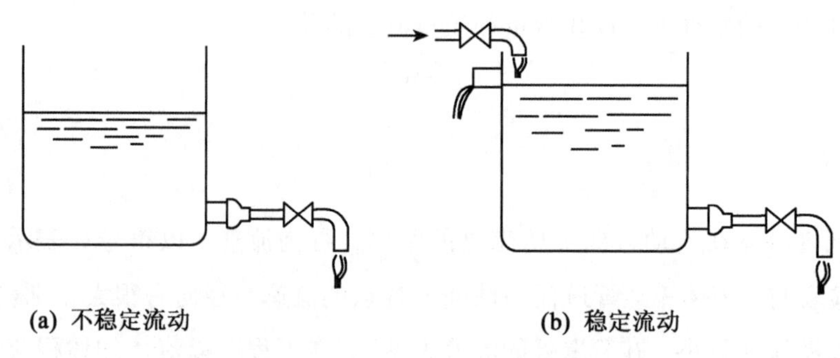

图 2-12　不稳定流动和稳定流动情况的示意图

强不会随时间而变化(但可能随位置而变化，如主体部分和管道中流体的参数不同)，这是一种定态流动。本章只讨论这种稳定的定态流动的问题，以便得出流体流动的规律。

(二)流体在圆形管道中的流速与管道内径关系

对于圆形管道，以 d 表示管子内径，则流速关系式(2-18)可写成：

$$u=\frac{q_V}{A}=\frac{q_V}{\frac{\pi}{4}d^2}=\frac{q_V}{0.785d^2} \tag{2-21}$$

进一步得到圆管内径与流体流量和流速的关系式：

$$d=\sqrt{\frac{q_V}{0.785u}} \tag{2-22}$$

注意：上述公式中长度量的单位是 m。

(三)流体在管道中的适宜流速

流体输送管路的直径大小可根据关系式(2-22)进行计算。3 个参数中，流量一般由生产任务决定，流速和管径就形成了互相制约的关系，并且有多种可供选择的方案。如果流速选得太小，完成同样的输送任务，管路的管径需要增大，铺设相同长度的管路消耗钢材重量增加，使得基建投资增加(钢管价格与管子直径的 1.37 次方成正比)。但是，如果把流速选得太大，管径虽然可以减小，但流体流过管道的阻力增大，输送流体所消耗的能量增大(详见下节)，操作费用随之增加。所以，需要根据具体情况综合考虑操作费用与基建投资之间的平衡，来确定合适的流速。设计工作中往往是根据经验和具体情况来选取流体的流速，参见表 2-1 和有关设计手册。

表 2-1　**某些流体在管道中的常用流速范围**

流体的类别及情况	流速范围($m \cdot s^{-1}$)
自来水(3atm 左右)	1~1.5
水及低黏度液体(1~10atm)	1.5~3.0
高黏度液体	0.5~1.0
工业供水(8atm 以下)	1.5~3.0
锅炉供水(8atm 以下)	>3.0
饱和蒸汽	20~40
过热蒸汽	30~50
蛇管、螺旋管内的冷却水	<1.0

续表

流体的类别及情况	流速范围($m \cdot s^{-1}$)
低压空气	12~15
高压空气	15~25
一般气体(常压)	10~20
真空操作下气体流速	<10

工业钢管的管径尺寸不是任意的，它必须按国家或企业标准生产。因此，在选择一定的流速，并按式(2-22)计算出管径后，还需查阅有关手册(参见附录)，确定从市场可获得的相应内径规格的钢管，并根据这种实际的标准管子的管径，再反过来计算流速等有关参数。这一步骤称为圆整。

[**例题 2-1**]　生产任务要求按 $50000kg \cdot h^{-1}$流量输送自来水(密度$1000kg \cdot m^{-3}$)，试提出合适的管子规格。

参考解答：此类问题的解答不是唯一的。理论知识和实践经验的结合，有利于提出较好的方案。

首先，参考表 2-1，选取流速 $u=1.5m \cdot s^{-1}$，并将质量流量和体积流量的关系[式(2-17)]代入式(2-22)，估算管径，注意单位。

$$d=\sqrt{\frac{4q_V}{\pi u}}=\sqrt{\frac{4q_m}{\rho\pi u}}=\sqrt{\frac{4\times50000/3600}{1000\times3.14\times1.5}}=0.109(m)$$

根据附录一中管子规格，选用公称直径 100(4in)的普通水煤气管，其内径为 $d=114-2\times4=106(mm)=0.106(m)$，重新核算流速：

$$u=\frac{q_V}{A}=\frac{4q_m}{\rho\pi d^2}=\frac{4\times50000/3600}{1000\times\pi\times0.106^2}=1.57(m \cdot s^{-1})$$

可见，选用公称直径 100 的普通水煤气管，管道中自来水流速在经验范围内，是可行的。该题也可选择 $\Phi108\times4mm$ 的无缝钢管。

三、流体流动的连续性方程式

在此，通过物料衡算的方法推导流体流动的连续性方程式。

在定态流动条件下，在任意直径不同的管道中，取与流体流动方向相垂直的两个截面 1—1’和 2—2’，如图 2-13 所示。流体充满该段管道，且连续不断地从 1—1’截面流进，从 2—2’截面流出。该段管道作为推导流体流动的连续性方程式的物料衡算体系。

根据质量守恒定律，单位时间内流进和流出衡算体系的物料质量之差，应等于单位时间体系内物质的累积量。流体作定态流动时，体系内的累积量为零。

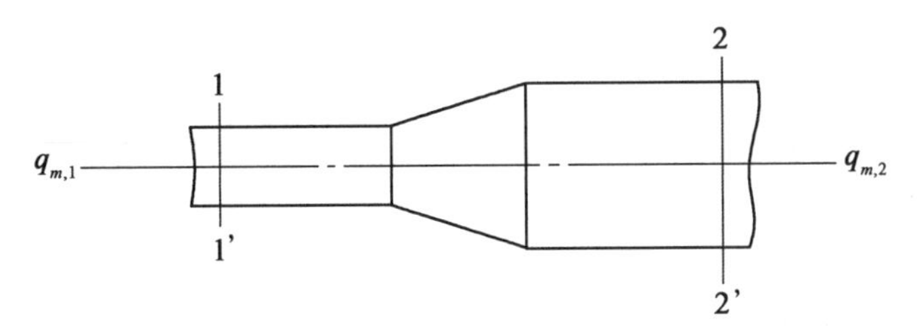

图 2-13　流体流动连续性方程式的推导示意图

单位时间流进体系的物料质量=流出体系的物料质量+累积量(零)

因此，单位时间内进入截面 1—1' 的流体质量与流出截面 2—2' 的流体质量相等。统一时间基准，物料衡算式为

$$q_{m,1}=q_{m,2}$$

根据式(2-20)，进一步得到

$$\rho_1 A_1 u_1=\rho_2 A_2 u_2$$

将此关系式推广到管路上任何一个截面，得到流体在管道中作定态流动时的连续性方程式(2-23a)。连续性方程式表明：在定态流动系统中，流体流经各截面的质量流量不变。

$$q_m=\rho_1 A_1 u_1=\rho_2 A_2 u_2=\text{常数} \tag{2-23a}$$

连续性方程式的推论 1：若流体为不可压缩的液体，密度视为常数，则式(2-23a)可改写为不可压缩流体定态流动时的连续性方程：

$$q_V=A_1 u_1=A_2 u_2=\text{常数} \tag{2-23b}$$

表明：液体在定态流动系统中，流体的体积流量也不变。

连续性方程式的推论 2：将式(2-23b)进一步改写成：

$$\frac{u_1}{u_2}=\frac{A_2}{A_1} \tag{2-23c}$$

表明：定态流动的液体流经各截面的体积流量不变，而流速 u 与管道截面积 A 成反比。同一管道中的液体，在粗管段时流速低，在细管段时流速高。

连续性方程式的推论 3：可将式(2-23c)进一步改写成：

$$\frac{u_1}{u_2}=\frac{d_2^2}{d_1^2} \tag{2-23d}$$

表明：对于圆管而言，液体的流速与管径的平方成反比。

连续性方程式的推论 4：受到质量守恒定律的制约，管径不变，定态流动的液体的流速保持不变，与流过管路的路径长短、管路上是否装有管件、阀门等造成流体能量变化的其他因素无关。

四、流体流动的伯努利方程式

伯努利(Bernoulli)方程式是能量守恒定律在流体力学上的一种表达式。首先建立一个流体定态流动体系，通过能量守恒定律，推导伯努利(Bernoulli)方程式。

(一)流体定态流动体系的总能量衡算方程式

流体流经选取体系的能量有如下几项：内能、位能、静压能、动能、输入的外功和能量、输送过程能量消耗。其中位能、动能及静压能又属于机械能，三者之和称为总机械能。

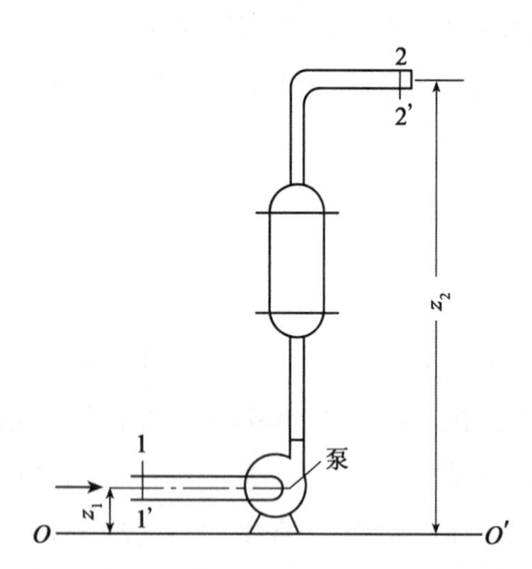

图 2-14　流体流动总能量衡算方程式的推导示意图

在图 2-14 所示的定态流动体系中，取与流体流动方向相垂直的两个截面 1—1’ 和 2—2’。管路上包含有对流体做功的泵和可能造成能量损失的设备。

在此，体系为 1—1’ 和 2—2’ 截面之间的流体。

物料衡算基准：1kg 流体。

基准水平面：O—O’平面。

u_1，u_2 为流体分别在截面 1—1’ 和 2—2’ 处的流速，$m \cdot s^{-1}$；

p_1，p_2 为流体分别在截面 1—1’ 和 2—2’ 处的压强，Pa；

z_1，z_2 为截面 1—1’ 和 2—2’ 的中心至基准水平面 O—O’ 的垂直距离，m；

A_1，A_2 为截面 1—1’ 和 2—2’ 的面积，m^2。

流体经过体系，涉及输入和输出的能量有如下六项：

1. 内能

物质内部能量的总和称为内能。内能是储存于流体内部的能量，它是由原子和分子的运动及相互作用而产生的能量总和。流体的内能取决于流体的热力学状态，与流体温度和体积变化有关。对于不可压缩的流体(液体)，一般忽略体系压强对内能的影响。在流体流动问题中，也很少考虑内能的变化，故不讨论流体热量的变化情况。

单位质量流体的内能用符号 U 表示，其单位为 $J \cdot kg^{-1}$。

质量为 m 的流体的内能为 mU，单位为 J。

2. 位能

处于重力场中的流体，因距基准面(参见图 2-14 中的 O—O'面)有一定的高度 z 而具有的能量，称为位能。位能是个相对值，随所选的基准水平面位置而定，表示将质量为 m kg 的流体从基准面提升到垂直距离为 z(基准水平面以上 z 为正值，以下 z 为负值)位置时需要的功。

质量为 m 的流体的位能：mgz；

质量为 m 的流体位能的单位：$[mgz]=\mathrm{kg}\cdot\mathrm{m}\cdot\mathrm{s}^{-2}\cdot\mathrm{m}=\mathrm{N}\cdot\mathrm{m}=\mathrm{J}$；

单位质量(1kg)流体在截面 1—1’和 2—2’的位能分别为 gz_1 与 gz_2，单位为$\mathrm{J}\cdot\mathrm{kg}^{-1}$。

3. 静压能

静压能又称压强能。与静止流体一样，流动流体的内部任何位置也有一定的静压强，如果在内部有液体流动的管壁的上方开一个小孔，并连接一根垂直的玻璃管，液体便会在玻璃管内上升到一定高度。这段液柱高度便是运动流体在开孔截面处静压强的表现。

通过图 2-15 进一步讨论静压能。考察流体从起始截面 1—1’开始，进入选定的流动体系。由于该截面处液体具有一定的压力，流体要通过该截面，必须对抗该截面上的压力对流体做相应的功，以克服这个压力，才能把流体压进体系里去。这种功是在流体流动时才出现的，故亦称为流动功。于是，通过截面 1—1’的流体必定带着与流动功相当的能量进入体系，流体所具有的这种能量称为静压能。同样，流体通过截面 2—2’流出体系，必定带走与将流体压出体系所做流动功相当的一份静压能。

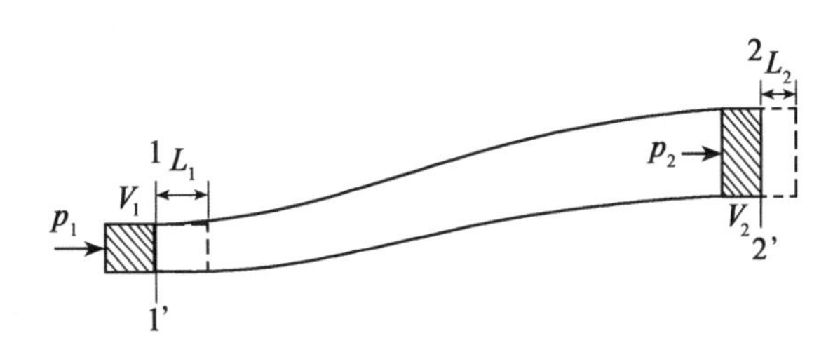

图 2-15　流体流动时的流动功的示意图

设 m kg 的流体微团流进图 2-15 所示管道截面 1—1’，该流体所占有体积为 V_1 m^3，管道截面为 A_1 m^2，该流体通过该截面所走过的距离为 $L_1=V_1/A_1$。该截面流体具有静压强为 p_1，流体通过该截面时受到的压力为 $F_1=p_1A_1$，故将质量为 m kg 的流体压过该截面需要做的功为

$$F_1L_1=p_1A_1\frac{V_1}{A_1}=p_1V_1 \tag{2-24}$$

即质量为 m(体积为 V)的流体的静压能$=pV$。

质量为 m 的流体的静压能的单位：$[pV]=\mathrm{N}\cdot\mathrm{m}^{-2}\cdot\mathrm{m}^3=\mathrm{N}\cdot\mathrm{m}=\mathrm{J}$。

将密度定义式代入式(2-24)，得到静压能的另一种表达式：

$$pV=p\frac{m}{\rho} \tag{2-25}$$

可见，流体静压强(绝对压强)与其密度的比值，就是单位质量流体的静压能，单位为 $J \cdot kg^{-1}$。因此，单位质量(1kg)流体在通过截面 1—1' 进入体系时带进来的静压能为 p_1/ρ；在通过截面 2—2' 离开体系时带走的静压能为 p_2/ρ，单位为 $J \cdot kg^{-1}$。

4. 动能

流体以一定的速度运动时，便具有一定的动能。质量为 m、流速为 u 的流体所具有的动能为流体因运动而具有的能量，称为动能。它等于将质量为 m kg 的流体从静止状态加速到流速为 u 时所需的功。流体动能的大小与流体的质量及运动速度成正比。

质量为 m 的流体的动能：$\frac{1}{2}mu^2$；

质量为 m 的流体的动能的单位：$[mu^2]=kg \cdot (m \cdot s^{-1})^2=kg \cdot (m \cdot s^{-2}) \cdot m=N \cdot m=J$。

单位质量(1kg)流体在通过截面 1—1' 和 2—2' 时，动能分别为 $u_1^2/2$ 与 $u_2^2/2$，单位为 $J \cdot kg^{-1}$。

5. 输入的外功

选取体系的管路上安装了泵(一种液体输送设备)，并通过它向流体做了功，便有能量自外界输入到体系内。流体输送设备向单位质量流体输入的能量，称为有效功，以符号 W_e 表示，单位为 $J \cdot kg^{-1}$。流体输送设备向质量为 m kg 的流体输入的能量为 mW_e。W_e 的有关问题及其计算在以后介绍。

6. 流动体系的能量消耗

流体通过体系的管道、管件、设备的过程有能量损失。单位质量流体通过体系时所消耗的能量，称为阻力损失，并多以 $\sum h_f$ 表示，单位为 $J \cdot kg^{-1}$。质量为 m kg 的流体通过体系时所消耗的能量为 $m\sum h_f$，单位为 J。$\sum h_f$ 有关问题及其计算，将在下面介绍 。

根据能量守恒定律，输入连续定态流动体系的总能量等于输出的总能量，列出 1kg 流体为基准的总能量衡算式：

$$U_1+gz_1+\frac{p_1}{\rho}+\frac{u_1^2}{2}+W_e-\sum h_f=U_2+gz_2+\frac{p_2}{\rho}+\frac{u_2^2}{2} \tag{2-26a}$$

上式是定态流动过程的总能量衡算式。

方程式中所包括的能量项目较多，可根据具体情况进行简化。例如，在流体输送过程中，主要考虑各种形式机械能的转换。在多数情况下，流体温度不变，此时，不计内能变化 $\Delta U=0$，不考虑热量部分的影响，公式可简化为

$$gz_1+\frac{p_1}{\rho}+\frac{u_1^2}{2}+W_e-\sum h_f=gz_2+\frac{p_2}{\rho}+\frac{u_2^2}{2} \tag{2-26b}$$

如果流体流动时没有能量损失，即 $\sum h_f=0$，则这种流体称为理想流体。将复杂的实际流体简化成理想流体，对解决实际工程问题具有重要意义。对于理想流体又没有外功加入，即 $\sum h_f=0$、$W_e=0$，式(2-26b) 便可进一步简化为

$$gz_1+\frac{p_1}{\rho}+\frac{u_1^2}{2}=gz_2+\frac{p_2}{\rho}+\frac{u_2^2}{2} \tag{2-26c}$$

(二)伯努利(Bernoulli)方程式

没有外功加入的理想流体的能量衡算式(2-26c)称为伯努利方程式，它可从热力学第一定律表达式严格地推导出来(这里从略)。式(2-26a)、式(2-26b)及以下讨论中的其他有关变换公式，是伯努利方程式的引申，习惯上也称为伯努利方程式。

(三)伯努利方程式的讨论

1. 伯努利方程式体现流体的总机械能守恒

伯努利方程式表示理想流体在管道内作定态流动而又没有外功加入时，在任一截面上单位质量流体所具有的位能、动能、静压能三项机械能之和(总机械能)为一常数。也就是说，理想流体在体系各截面上所具有的总机械能相等，而每一种形式的机械能不一定相等，三种形式的机械能可以相互转换。例如，某种理想流体在水平管道中做定态流动，若在某处管道截面缩小时，流速增加，位能不变，静压能就要相应降低，降低的这一部分静压能转变为动能；反之，当另一处管道的截面增大时，流速减小，动能减小，则静压能增加。

当流体在水平、等径直管做定态流动，且无外界能量输入时，位能和动能变化值为0，表示成：

$$\frac{p_1}{\rho}-\sum h_f=\frac{p_2}{\rho} \tag{2-26d}$$

说明：在这种情况下，为了不断克服沿程阻力，遵循能量守恒定律，流体的静压能将会不断降低。

2. 三种衡算基准不同的伯努利方程式

经过变换，可以导出三种衡算基准不同的伯努利方程式。它们所涉及的概念和有关单位问题都非常重要。

(1)以单位质量流体为衡算基准的伯努利方程式。以上推导出以单位质量流体为衡算基准的伯努利方程式：

$$gz_1+\frac{p_1}{\rho}+\frac{u_1^2}{2}+W_e-\sum h_f=gz_2+\frac{p_2}{\rho}+\frac{u_2^2}{2} \tag{2-26b}$$

“位能”项的单位：$[gz]=\frac{\mathrm{m}}{\mathrm{s}^2}\cdot\mathrm{m}=\frac{\mathrm{N}}{\mathrm{kg}}\mathrm{m}=\mathrm{J}\cdot\mathrm{kg}^{-1}$。

“静压能”项的单位：$\left[\frac{p}{\rho}\right]=\frac{\mathrm{N/m^2}}{\mathrm{kg/m^3}}=\frac{\mathrm{Nm}}{\mathrm{kg}}=\mathrm{J}\cdot\mathrm{kg}^{-1}$。

“动能”项的单位：$[u^2]=\frac{\mathrm{m}^2}{\mathrm{s}^2}=\frac{\mathrm{m}}{\mathrm{s}^2}\mathrm{m}=\mathrm{J}\cdot\mathrm{kg}^{-1}$。

(2)以单位“重量”流体为衡算基准的伯努利方程式。将式(2-26b)两边同时除以重力加速度g(单位$\mathrm{m}\cdot\mathrm{s}^{-2}$)，并定义：

$$\frac{W_e}{g}=H_e,\ \frac{\sum h_f}{g}=H_f$$

得到以单位“重量”(1N)流体为基准的伯努利方程式：

$$z_1+\frac{p_1}{\rho g}+\frac{u_1^2}{2g}+H_e-H_f=z_2+\frac{p_2}{\rho g}+\frac{u_2^2}{2g} \tag{2-26e}$$

式中各项的单位均可为$\mathrm{J}\cdot\mathrm{N}^{-1}$或m：$\frac{\mathrm{J/kg}}{\mathrm{m/s^2}}=\frac{\mathrm{J}}{\mathrm{kg\times m/s^2}}=\mathrm{J}\cdot\mathrm{N}^{-1}=\frac{\mathrm{N}\cdot\mathrm{m}}{\mathrm{N}}=\mathrm{m}$。

式(2-26e)进一步建立了“高度”与“能量”的关系。公式各项具有长度量纲[L]，各能量均可用流体柱的高度来表示，称为压头(head)。它表示单位重量流体所具有的机械能可以把自身从基准水平面升举的高度。通常将公式的z项称为位压头；$p/\rho g$项称为静压头；$u^2/(2g)$项称为动压头(或速度头)；H_e项称为外加压头(或有效压头、扬程)；H_f项称为压头损失。这样就将各种机械能的互变形象地表示为压头的互变。

(3)以单位体积为衡算基准的伯努利方程式。将式(2-26b)两边同时乘流体密度(单位$\mathrm{kg}\cdot\mathrm{m}^{-3}$)，得到以单位体积为衡算基准的伯努利方程式：

$$\rho gz_1+p_1+\frac{\rho u_1^2}{2}+\rho W_e-\rho\sum h_f=\rho gz_2+p_2+\frac{\rho u_2^2}{2} \tag{2-26f}$$

上式各项的单位：$\frac{\mathrm{kg\ J}}{\mathrm{m^3kg}}=\mathrm{J}\cdot\mathrm{m}^{-3}=\mathrm{N}\cdot\mathrm{m}\cdot\mathrm{m}^{-3}=\mathrm{N}\cdot\mathrm{m}^{-2}=\mathrm{Pa}$，即单位体积流体所具有的能量的单位简化后为压强的单位。这样就进一步建立了流体静压强与能量之间的关系，也有助于解释式(2-26d)所表达的关系：为了克服流体流动沿程阻力能量损失，流体的静压能降低。

针对实际问题的不同情况，采用不同衡算基准的伯努利方程式，再进行计算，往往事半功倍。

3. 静力学基本方程式是伯努利方程式的特殊形式

如果体系里的流体是静止的，$u=0$；没有运动，没有阻力损失；由于流体保持静止状态，也就没有外功加入，即 $\sum h_f=0$、$W_e=0$，式(2-26f) 便可进一步简化为

$$\rho g z_1+p_1=\rho g z_2+p_2$$

$$p_2=p_1+\rho g(z_1-z_2)$$

即流体静力学基本方程式(2-9c)。由此可见，伯努利方程式除表示流体的流动规律外，也表示了流体静止状态的规律。流体的静止状态是流动状态的一种特殊形式，静力学基本方程式也是伯努利方程式的特殊形式。

4. 有效功

以单位质量流体为衡算基准的伯努利方程式(2-26b)中，各项单位为$J\cdot kg^{-1}$，表示单位质量流体所具有的能量。但前三项是指在某截面上流体本身所具有的能量，后两项是指流体在两个选取截面之间可能所获得和消耗的能量；式中 W_e 是输送设备对单位质量流体所做的有效功，是决定流体输送设备的重要数据。单位时间输送设备所做的有效功称为有效功率，以 N_e 表示。二者关系为

$$N_e=q_m\cdot W_e \tag{2-27}$$

式中，q_m 为流体的质量流量，单位为 $kg\cdot s^{-1}$，参见式(2-16)。所以，N_e 的单位为 $J\cdot s^{-1}$ 或 W。

5. 伯努利方程式适用范围

以上对静压能的推导和表达是在流体密度不变的条件下进行的，因此，上述的伯努利方程式适用于不可压缩流体。对于可压缩流体的流动，严格来说，还要考虑流体体积变化所做的功，这样计算起来就比较复杂了。实践证明，当所取系统两截面间的绝对压强变化小于原来绝对压强的 20%时，上述的伯努利方程式仍可使用于可压缩流体，但流体密度应以两截面间流体的平均密度来代替。这种处理方法所导致的误差在工程计算上是允许的。

(四)伯努利方程式的初步应用实例

应用伯努利方程式，可通过计算，确定流体流动涉及的流量、流速、管道直径，在使用高位槽和计量槽向设备输送一定料液时高位槽的安装高度，以及当液体从低位输送到高位时需要的输送设备(泵)的功率等问题。处理这些问题的一般步骤和注意事项如下：

(1)根据题意画出流动系统的示意图。

(2)适当选取起始和终止截面，以确定一个定态流动体系。所求的未知量应在截面上或在两截面之间，且截面上的有关物理量(除所求的未知量外)都应该是已知的或可计算出

来的。选取的两个截面均应垂直于流体流动方向，两截面间的流体必须是连续的。在涉及流体流出管道的情况下，在不改变问题性质时，将截面取在管道出口的内侧，以保证两截面间的流体是连续的。

(3)适当选取基准水平面，简化计算。选取基准水平面的目的是确定流体位能的大小。基准水平面可以任意选取，但必须与地面平行。无论管道是垂直还是水平，z 值都是选取截面的中心位置与基准水平面间的垂直距离。为了计算方便，通常将通过一个截面中心点的水平面确定为基准水平面，使该截面的 z 值为 0。

(4)进行合理的假设，简化问题。

(5)注意公式各项单位的统一。先把有关物理量换算成公式要求的单位，然后进行计算。

(6)压强项除单位统一外，还要表达基准的统一。伯努利方程式中的压强，应为绝对压强。如果仅涉及压强差($\Delta p = p_2 - p_1$)，两截面也可以同时用表压来表示，但不得混用。

[**例题 2-2**]　为了粗略估计水平通风管道中空气的流量，在管道某处置一锥形接管，其直径自 300mm 渐缩至 200mm，锥形接管两端各引出测压口与“U”形管压差计相连，用水作指示液。设空气流过锥形管的阻力可忽略不计，空气的温度为 20℃，当地大气压强为 760mmHg。如果测得压差计读数 H 为 40mm，求管道中空气的体积流量。

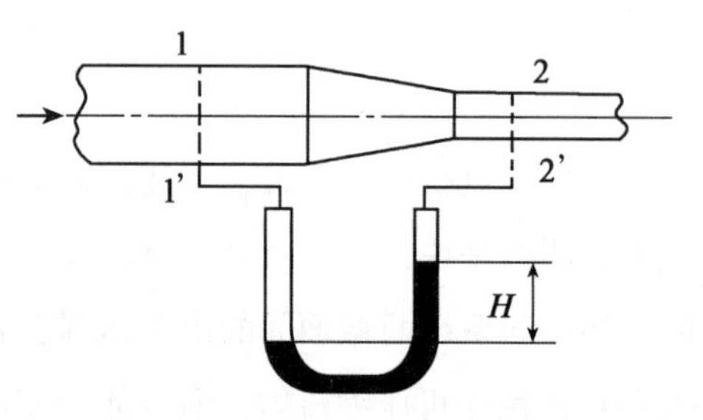

图 2-16　例题 2-2 的示意图

解　通风管内空气温度不变，压强变化很小，只有 40 毫米水柱，可按不可压缩流体处理。在锥形接管两端处取 1—1’截面和 2—2’截面(图 2-16)，管道中心线为基准面，在两截面间列出伯努利方程式。

由题意，$z_2 = z_1$，$W_e = 0$，$\sum h_f = 0$，伯努利方程式(2-26b)简化为

$$\frac{u_2^2 - u_1^2}{2} = \frac{p_1 - p_2}{\rho}$$

由静力学方程，通过压差计读数求压强差：

$$p_1 - p_2 = \rho g H = 1000 \times 9.81 \times 0.04 = 392.4 (\text{Pa})$$

取空气千摩尔质量为 $29\text{kg} \cdot \text{kmol}^{-1} = 0.029\text{kg} \cdot \text{mol}^{-1}$，$p = 760\text{mmHg} = 101.3\text{kPa}$。

空气密度为
$$\rho = \frac{pM}{RT} = \frac{101.3 \times 29}{8.314 \times 293} = 1.21 (\text{kg} \cdot \text{m}^{-3})$$

在连续性方程中代入管径值，求得流速关系：

$$u_2=u_1\frac{d_1^2}{d_2^2}=u_1\frac{0.3^2}{0.2^2}=2.25u_1$$

代入简化后的伯努利方程，得：

$$\frac{u_2^2-u_1^2}{2}=\frac{(2.25u_1)^2-u_1^2}{2}=\frac{4.06u_1^2}{2}=\frac{392.4}{1.21}$$

得出粗管中空气流速 $u_1=12.6\text{m}\cdot\text{s}^{-1}$。

空气在管道体积流量：

$$q_V=\frac{\pi}{4}d_1^2u_1=\frac{\pi}{4}0.3^2\times12.6=0.89(\text{m}^3\cdot\text{s}^{-1})$$

答：通风管内空气体积流量约为 $0.89\text{m}^3\cdot\text{s}^{-1}$。

［**例题 2-3**］　如图 2-17 所示，通过溢流装置使高位槽液面保持不变，并经过高位槽向反应器稳定地加料，加料量为 $50\text{m}^3\cdot\text{h}^{-1}$。料液比重为 0.9，加料管为 $\Phi108\times5\text{mm}$ 无缝钢管，反应器内压强为 0.4MPa（表压）。若料液在管内流动的能量损失为 $24.53\text{J}\cdot\text{kg}^{-1}$，问：高位槽液面应比加料管出口高出多少？

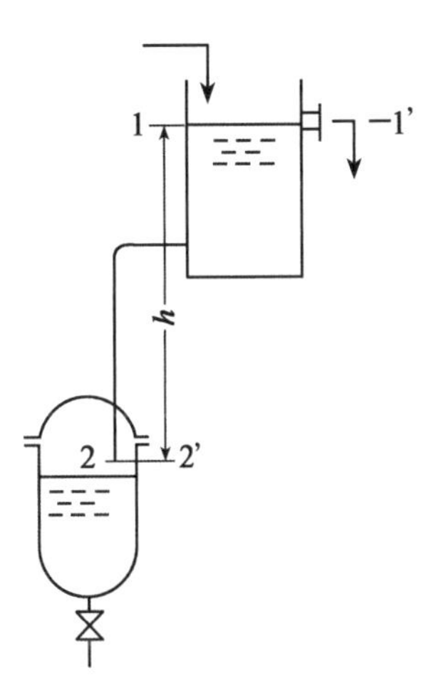

图 2-17　例题 2-3 的示意图

解　取高位槽液面为 1—1’截面，加料管接近出口处为 2—2’截面，并以 2—2’截面为基准面，因为题给出单位质量流体流动的能量损失 $\sum h_f=24.53\text{J}\cdot\text{kg}^{-1}$，在两截面间列出伯努利方程式（2-26b）：

$$gz_1+\frac{p_1}{\rho}+\frac{u_1^2}{2}+W_e-\sum h_f=gz_2+\frac{p_2}{\rho}+\frac{u_2^2}{2}$$

由题意，$z_2=0$，$z_1=h\text{m}$。

压强统一用表压计算，$p_1=0$，$p_2=0.4\text{MPa}=40\text{kN}\cdot\text{m}^{-2}$。

高位槽液面保持不变，故 $u_1=0$。

流量 $q_V=50\text{m}^3\cdot\text{h}^{-1}=50/3600\text{m}^3\cdot\text{s}^{-1}=0.0139\text{m}^3\cdot\text{s}^{-1}$。

加料管内径 $d=0.108-2\times0.005=0.098(\text{m})$。

流速与流量关系式求：

$$u_2=\frac{q_V}{A}=\frac{q_V}{0.785d^2}=\frac{0.0139}{0.785(0.098)^2}=1.84(\text{m}\cdot\text{s}^{-1})$$

再将 $\rho=900\text{kg}\cdot\text{m}^{-3}$，$W_e=0$，$\sum h_f=24.53\text{J}\cdot\text{kg}^{-1}$ 代入简化的方程，得关系式：

$$9.81h-24.53=\frac{40000}{900}+\frac{1.84^2}{2}$$

求得 $h=7.2\text{m}$。

答：高位槽液面应比加料管出口高 7.2m。

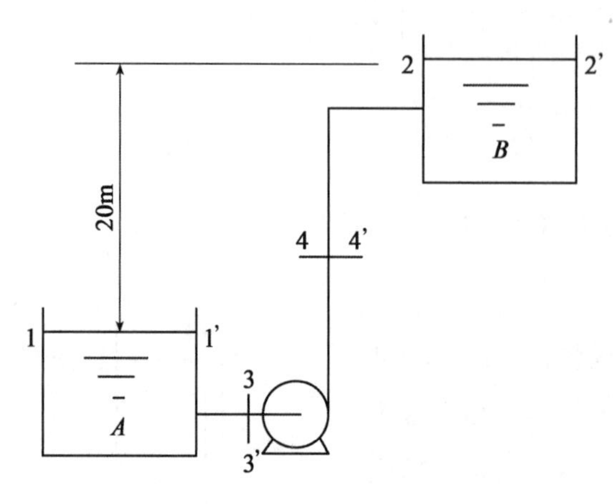

图 2-18　例题 2-4 的示意图

[例题 2-4]　如图 2-18 所示，用离心泵将密度为 $1200\text{kg}\cdot\text{m}^{-3}$ 的液体物料由敞口储槽 A 送至高位槽 B。已知离心泵吸入管路上各种流动阻力之和 $\sum h_{f,a}=10\text{J}\cdot\text{kg}^{-1}$，压出管路的 $\sum h_{f,b}=30\text{J}\cdot\text{kg}^{-1}$。两槽的液面维持恒定，其间垂直距离为 20m。每小时溶液的输送量为 30m^3。若离心泵效率为 0.65，试求离心泵的轴功率。

解　选储槽液面 1—1' 及高位槽液面 2—2' 之间为能量衡算体系(必须包括向系统输入能量的泵)，以 1—1' 面为水平基准面，两个截面上机械能以及其间的能量损耗均为已知或可算出。在两截面间列出以单位质量为基准的伯努利方程：已知：$z_1=0$，$z_2=20\text{m}$；$p_1=0$(表压)；$p_2=0$(表压)；$u_1\approx0$；$u_2\approx0$；流体密度 $\rho=1200\ \text{kg}\cdot\text{m}^{-3}$；$\sum h_f=\sum h_{f,a}+\sum h_{f,b}=10+30=40\text{J}\cdot\text{kg}^{-1}$。

代入经过简化的方程，求提升单位质量流体需要的能量为

$$W_e=gz_2+\sum h_f=9.807\times20+40=236.2(\text{J}\cdot\text{kg}^{-1})$$

提升流体需要做功：

$$N_e=\text{单位质量所需能量}\times\text{密度}\times\text{体积流量}$$

$$=236.2\times(1200\times30/3600)=2362(\text{J}\cdot\text{s}^{-1})=2362(\text{W})$$

泵效率为 0.65，提升流体轴功率实际至少为

$$N=\frac{2362}{0.65}=3634(\text{W})\approx3.7(\text{kW})$$

答：离心泵的轴功率为 3.7kW。

[例题 2-5]　如图 2-19 所示，自来水喷射泵的进水管内径为 20mm，水的流量 $0.5\text{m}^3\cdot\text{h}^{-1}$，管道装有压力表显示为 $1.168\text{kgf}\cdot\text{cm}^{-2}$，喷嘴的内径为 3mm，当地大气压为 1atm。求在喷嘴处理论上压强和真空度，并分别用 Pa 和 mmHg 表示。

解　取喷射泵进水口处为 1—1′截面，喷嘴口内侧处为 2—2′截面，两截面间垂直距离

很小，位差可忽略，$z_1 \approx z_2$；$\Delta z=0$。若进一步忽略水流经喷嘴的能量损失，$\sum h_f = 0$；无外功 $W_e = 0$；在两截面间列出简化的伯努利方程：

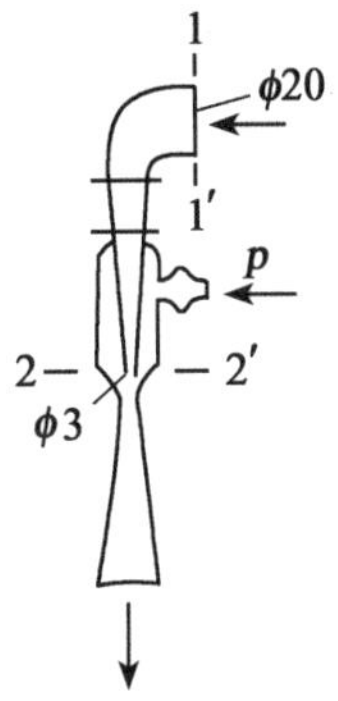

$$\frac{p_1}{\rho}+\frac{u_1^2}{2}=\frac{p_2}{\rho}+\frac{u_2^2}{2}$$

图 2-19　例题 2-5 的示意图

已知：流量 $q_V=0.5\text{m}^3\cdot\text{h}^{-1}$，水的密度 $\rho=1000\ \text{kg}\cdot\text{m}^{-3}$。

进口管内径 $d_1=0.02\text{m}$，喷嘴口内径 $d_2=0.003\text{m}$，

由流速与流量关系式 $u=q_V/A=q_V/(0.785d^2)$ 求得：

$$u_2=0.5/[3600\times0.785(0.003)^2]=19.7(\text{m}\cdot\text{s}^{-1})$$

$$u_1=0.5/[3600\times0.785(0.02)^2]=0.44(\text{m}\cdot\text{s}^{-1})$$

压强统一用绝对压强、按法定单位表示：

$$p_1=1.168\text{kgf}\cdot\text{cm}^{-2}+1\text{atm}=1.168\times98070+1.013\times10^5=2.158\times10^5(\text{Pa})$$

代入简化了的伯努利方程，得出绝对压强：

$$p_2=p_1+\frac{\rho(u_1^2-u_2^2)}{2}=2.158\times10^5+\frac{1000(0.44^2-19.7^2)}{2}=2.377\times10^4(\text{Pa})$$

$$=178.3(\text{mmHg})$$

当地大气压为 101.3kPa，将绝对压强换算成真空度：

$$\text{真空度}=\text{大气压强}-\text{绝对压强}=1.013\times10^5-2.377\times10^4$$

$$=7.753\times10^4(\text{Pa})=77.53(\text{kPa})=581.6(\text{mmHg})$$

答：喷嘴处理论上绝对压强为 23.77kPa（178.3mmHg），真空度为 77.53kPa（581.6mmHg）。

第四节　流体在管内的流动

通过学习以上内容，仅对流体流动有了简单的宏观认识。以上例题中，有关体系的能量损失(称为“阻力损失”“流动阻力”或“摩擦阻力”）$\sum h_f$ 项，一般是忽略不计或直接给出一个数值。该值究竟如何计算呢？解决这个问题首先需要对流体流动情况有进一步了解。流体流动时，情况很复杂。流体流动存在管内速度分布、流动类型、流动阻力等问题。

一、流体的黏性

前面已经介绍过流体具有流动性和黏性。黏性是流体流动时，内部存在的一种抵抗自

身形变、阻止流体向前运动的特性。黏性和流动性是一对矛盾。

事实证明，在圆形管道内流动的流体微团在任一截面上各点的运动速度不同，贴近管壁的流体微团的流速几乎为零，流速沿半径方向向管道中心逐渐增加，管道中心处的流体微团的流速最大。所以，实际上可以将流体在圆管内流动视为无数极薄的、一层套一层的圆筒流体层，各层以不同的速度向前运动。图 2-20(a)表示了这种情况，图 2-20(b)反映了截面上各点的速度分布情况。

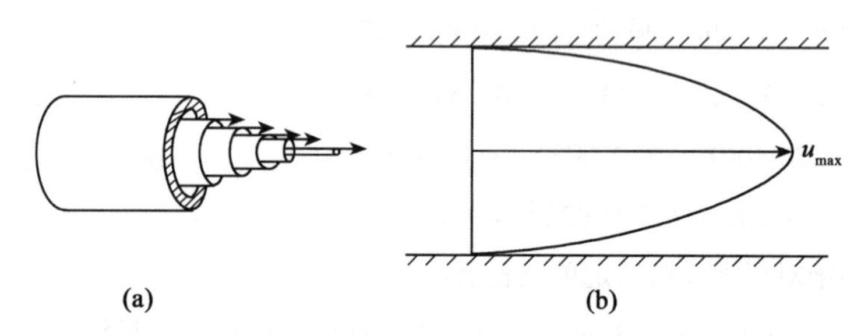

图 2-20　流体在圆管内分层流动和速度分布情况示意图

圆管截面上流体各点的速度不同，说明不同流体层之间存在相互作用力，即靠管中心的、速度快的流体层有拖动相邻的、速度慢的流体层向前运动的力；同时，速度慢的流体层有阻碍相邻的、速度快的流体层向前运动的力，起着拖曳作用。流体的抵抗形变的性质称作黏性。流体有黏性，流体在运动时呈现具有内摩擦力的特性，流体流动时必须克服内摩擦力而做功，此时，流体的一部分机械能转变成热而损失，这就是流体流动有阻力损失的原因。

如果流体的黏性很小(比如空气和水的黏性都不大)，在运动速率不大时，其黏性造成的影响可以忽略不计，我们可近似地把它们看成无黏性的。无黏性流体称为理想流体。黏性不可忽略的流体，称为黏性流体。理想流体在客观实际中是不存在的，它只是实际流体在某种条件下的近似模型。

二、牛顿黏性定律

为了对流体流动时的黏性大小建立一个定量的概念，采用平板模型进行研究。假设有两块面积很大、相距很近、其间充满着静止液体的木板，如图 2-21 所示。令下板固定不动，而以一个恒定的外力推动上板，上板就以恒定的速度 u 沿 x 轴方向运动。推力通过平板而成为在界面处作用于液体上方的剪应力。紧贴上板的一薄层液体也以速度 u 随上板一起运动，而紧贴下板的液体，因下板静止不动其速度为零；两板之间的液体就分成了无数薄层，以不同速度运动，形成流速梯度。

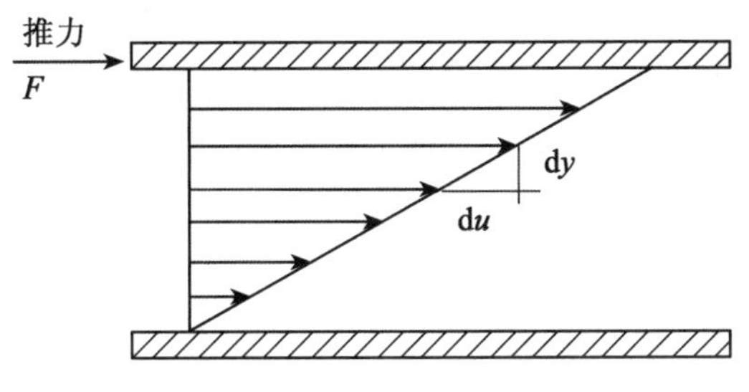

图 2-21　流体流动的平板模型

实验证明，对于一定的液体，内摩擦力 F' 与两流体层的速度差 du 以及两层间的接触面积 A 成正比；与两层之间的垂直距离 dy 成反比，即

$$F' \propto A \frac{du}{dy}$$

该规律称为牛顿黏性定律，引进一个比例系数，得到

$$\tau = \frac{F'}{A} = \mu \frac{du}{dy} \tag{2-28}$$

式中：τ 为单位面积上的内摩擦力，即剪应力；du/dy 为速度梯度（在与流动方向相垂直的方向上流体速度的变化率）；μ 为比例系数，即黏度。

式(2-28)为牛顿黏性定律的表达式。

并非所有流体的流动都遵循牛顿黏性定律。气体和大部分液体在运动时服从牛顿黏性定律，称这些流体为牛顿型流体。稠厚液体和悬浮液，某些聚合物溶液或熔融体、油漆等，在运动过程中不符合牛顿黏性定律，称为非牛顿型流体。我们目前仅研究牛顿型流体。

三、流体的黏度

将牛顿黏性定律表达式(2-28)改写成为黏度表达式为

$$\mu = \frac{\tau}{du/dy} \tag{2-29}$$

可见，黏度的物理意义是：使流体流动产生单位速度梯度的剪应力。

由上式可知，速度梯度最大之处剪应力最大，速度梯度为零之处剪应力为零。黏度总是与速度梯度相联系，只有在运动时才显现出来，称为“动力黏度”，简称为黏度。静止流体不考虑黏度。

理想流体在流动时没有摩擦损失，即内摩擦力为零，理想流体的黏度为零。

黏度是流体的物理性质之一，其值由实验测定。黏度与压强关系不大，压强变化时，液体的黏度基本不变；气体的黏度随压强增加而增加也很少，在一般工程计算中可以忽略，只有在极高或极低的压强下，才需考虑压强对气体黏度的影响。但黏度受温度的影响较大，液体的黏度随温度升高而减小，气体的黏度随温度升高而增大。

在 SI 单位制和法定单位制中，黏度的单位为：Pa・s。推导如下：

$$[\mu]=\left[\frac{\tau}{du/dy}\right]=\frac{N\cdot m^{-2}}{m\cdot s^{-1}/m}=N\cdot m^{-2}\cdot s=Pa\cdot s$$

常用流体的黏度可以从本教材附录或有关手册中查得。但有时候手册中查到的数据是用物理单位制表示。物理单位制黏度的单位是 P(泊)或 cP(厘泊)，1cP = 0.01P。推导如下：

$$[\mu]=\left[\frac{\tau}{du/dy}\right]=\frac{dyn\cdot cm^{-2}}{cm\cdot s^{-1}/cm}=P$$

黏度的物理单位制单位 P(泊)或 cP(厘泊)与 SI 单位制单位 Pa・s 的换算为

$$1P=\frac{dyn\cdot cm^{-2}}{cm\cdot s^{-1}/cm}=\frac{10^{-5}N\cdot s}{10^{-4}m^{2}}=0.1Pa\cdot s$$

$$1cP=1\times10^{-3}Pa\cdot s=1mPa\cdot s$$

例如，从某手册中查得水在 40℃时的黏度为 0.656cP，换算成 SI 单位制单位为$0.656\times10^{-3}Pa\cdot s$。

查手册时，要特别注意物理量的单位和具体手册使用的数据幂次方表达式，例如，40℃水的黏度数据栏为 0.656，表头项为 $10^{-3}Pa\cdot s$；40℃干空气的黏度数据栏为 1.91，表头项为 $10^{-5}Pa\cdot s$。此外，还要注意区分"动力黏度"(即黏度)和"运动黏度"，以免发生错误。黏度 μ 与密度 ρ 的比值称为运动黏度，其 SI 单位制单位是 $m^2\cdot s^{-1}$。运动黏度的物理单位制单位是 $cm^2\cdot s^{-1}$，称为 St(斯或者沲)，$1St=100cSt=10^{-4}m^2\cdot s^{-1}$。

四、流体流动的两种不同类型——层流和湍流

雷诺实验揭示流体流动具有两种截然不同的型态——层流和湍流。流体流动的许多特征以及阻力损失情况均与流动的具体型态有关。

(一)雷诺实验和雷诺准数

为了直接观察流体流动时其内部质点的运动情况及各种因素对流动状况的影响，1883 年，英国物理学家雷诺(Reynolds)进行了著名的雷诺实验，观察研究了流体流动。图 2-22 所示为实验装置示意图。在可实现定态流动的大水箱的底部的出水管道上，安装有一段一定直径的水平玻璃管，出水管通过阀门调节出水的流量。水箱的上方另有一个盛有与水的

密度相近的有色溶液(可以是水溶液)的小水槽。实验时，将有色溶液经针状细管送进水平玻璃管内的管中心位置，从有色溶液的流动情况，可以观察到管内流体质点的运动情况。

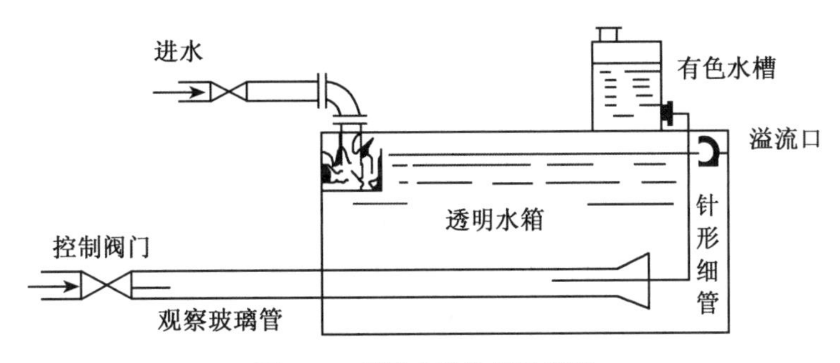

图 2-22　雷诺实验装置示意图

实验观察到，当玻璃管里水流的速度不大时，从细管引进的有色液体呈现一条轮廓分明的有色细直线，平稳地流过整根玻璃管，与玻璃管里的主体水流并不相混杂，如图 2-23(a)所示。表明整个玻璃管内的水的质点是在沿与管轴平行的方向作直线运动，流体微团之间层次分明、互不混合，正如图 2-20(a)所表示的一层一层的同心圆筒在作平行流动。这种流动状态称为层流(或滞流)。

随着阀门的开启，水流速度逐渐增大，当水流速度达到一定数值时，有色细线开始抖动，形成不规则地波动的细线。如图 2-23(b)所示。这是一种过渡状态。

继续逐渐开大出水阀门，有色细线波动加剧，继而断裂、消失，有色液体流出细管后随即散开，与水流主体完全混为一体，整根玻璃管中的水呈现均匀的颜色，如图 2-23(c)所示。表明此时流体微团质点除了沿管道向前运动外，各质点还在其他方向上作不规则的杂乱运动，且彼此相互碰撞并混合，质点速度的大小和方向随时在变化。这种流动状态称为湍流(或紊流)。

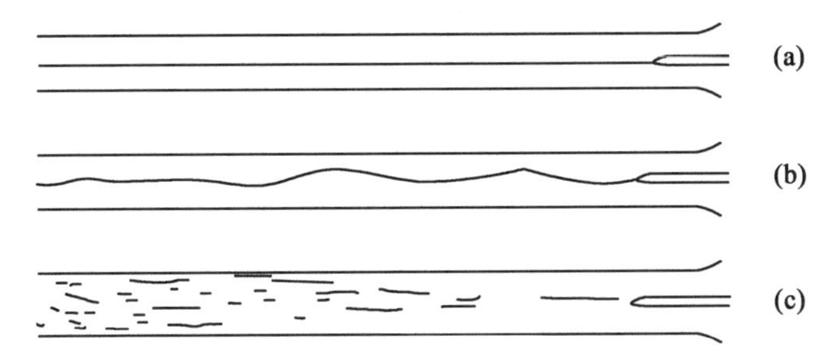

图 2-23　雷诺实验观察到的不同流动类型

使用不同管径的玻璃管和不同的流体进行的大量实验研究表明：除了流体的流速 u 以外，体系的有关几何尺寸(管径 d)、流体的性质(密度 ρ 和黏度 μ)对流型也有影响。

雷诺将这些影响因素归纳成一个称为雷诺准数的数群，用符号 Re 表示，定义式为

$$Re=\frac{du\rho}{\mu} \tag{2-30}$$

式中：d 为管子的内径，m；u 为流体流速，$m \cdot s^{-1}$；ρ 为流体的密度，$kg \cdot m^{-3}$；μ 为流体黏度，Pa·s。

Re 的因次：

$$[Re]=\left[\frac{du\rho}{\mu}\right]=\frac{m \cdot m \cdot s^{-1} \cdot kg \cdot m^{-3}}{Pa \cdot s}=\frac{kg \cdot m^{-1} \cdot s^{-1}}{N \cdot m^{-2} \cdot s}=\frac{kg \cdot m^{-1} \cdot s^{-1}}{kg \cdot m \cdot s^{-2} \cdot m^{-2} \cdot s}=1$$

可见，Re 是一个无因次数群，其量纲为 1(或称无量纲)。

通过大量实验，在对影响某一现象和过程的各种因素有一定认识后，再用物理分析或数学推演，或二者相结合的方法，将几个有内在关系的物理量采用一致的单位制按无因次条件组合起来的数群，称为准数。它反映该现象或过程的一些本质。Re 是我们接触到的第一个准数，也是本领域最重要的准数。根据 Re 的数值，可判断具体流体的流动类型。

实验证明，流体在直管内流动时，当 $Re \leqslant 2000$ 时，流体流动类型属于层流；当 $Re \geqslant 4000$时，流动类型属于湍流；当 $2000<Re<4000$ 时，流体流动类型可能为层流，也可能为湍流，具体与外界情况有关。在管径变化、管壁粗糙或流动方向发生改变等情况下，易形成湍流。

例如，为判断 20℃ 的水(查手册或附录：黏度 1.005×10^{-3} Pa·s，密度 $998.2 kg \cdot m^{-3}$)在内径为 50mm 的圆形钢管，流速 $2m \cdot s^{-1}$条件下流动的流动类型，计算该条件下的 Re 为

$$Re=\frac{du\rho}{\mu}=\frac{0.05 \times 2 \times 998.2}{1.005 \times 10^{-3}}=99320$$

据此，该条件下的流动类型为高度湍流。

雷诺准数为什么可以成为流动类型的判据？将雷诺准数表达式(2-30)的分子和分母项同时乘流速，改写成

$$Re=\frac{du\rho}{\mu}=\frac{\rho u^2}{\mu \dfrac{u}{d}}=\frac{\text{惯性力}}{\text{黏性力}} \tag{2-31}$$

通过式(2-31)可见，雷诺准数表示流体流动的惯性力与黏性力的比。黏性力与流速的一次方成正比，当流体流动的黏性力占主导地位时，流体流动表现层流特征，进一步参见下文和有关说明；惯性力与流速的平方成正比，当流体流动的惯性力占主导地位时，流体流动表现湍流特征，进一步参见下文和有关说明。

对于流体在非圆形管道的流动现象，科学工作者也研究其相应的雷诺准数问题，此时

定义式(2-30)中的直径需要用相应的“当量直径”代替，可进一步查阅有关手册。

(二)层流与湍流的特征

流体在管内作层流流动与作湍流流动有本质的区别。流体在管内作层流流动时，其质点沿管轴方向进行有规则的一维平行运动，各质点互不碰撞，互不混合，规律性比较强。作湍流流动时，规律性差，湍流是一种极不稳定的流动现象。但实验发现，在定态系统中，即使在作湍流流动，流体在管截面上任一点的速度和压强的“平均值”并不随时间改变。无论是层流还是湍流，在管道任意截面上，流体质点的速度沿管径而变化，管壁处速度为零，离开管壁以后速度渐增，管中心处的速度最大。但是，速度在管道截面上的分布规律因流型存在一定差异。

理论分析和实验都已证明，层流时的速度沿管径按抛物线的规律分布，如图 2-24(a)所示。截面上各点速度的平均值 u 等于管中心处最大速度 u_{max} 的 0.5 倍。湍流时，经实验测定，速度分布曲线不是严格的抛物线，速度分布曲线前部比较平坦，靠近管壁处比较陡峭，如图 2-24(b)所示。严格来说，u 与 u_{max} 的比值还随 Re 的不同而有所改变，但一般情况下，按 $u=0.82u_{max}$ 的处理。

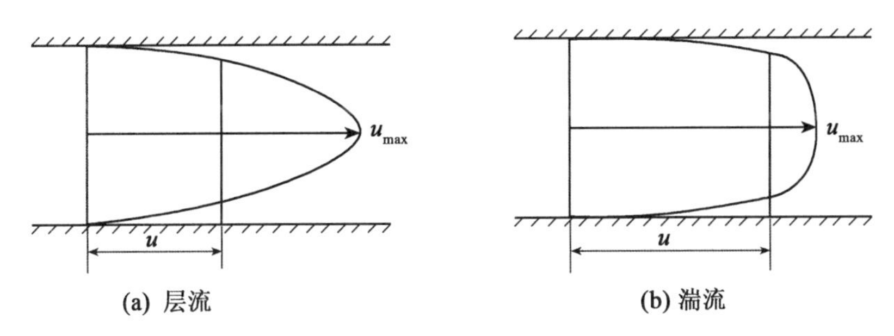

图 2-24　圆管内流体速度的分布示意图

(三)湍流的层流底层

必须指出，即使管内流动是湍流，且无论湍动程度如何剧烈，在靠近管壁处流体的速度还是等于零，因此，管壁附近的流体仍作层流流动，这一层流流动的流体薄层，称为层流底层(或层流内层)。层流底层的存在，对流体流动、传热和传质过程产生重大影响。

理论分析和实验都已证明，层流底层的厚度 δ_b 随 Re 增大而减小。例如，流体在 $d=$ 100mm 内径的光滑导管中流动，当 $Re=1\times10^4$ 时，$\delta_b=1.96$mm；当 $Re=1\times10^5$ 时，$\delta_b=$ 0.261mm；当 $Re=1\times10^6$ 时，$\delta_b=0.035$mm。从速度分布曲线图 2-24(b)看，流体作湍流流动时，同一管截面上流体流动的速度从层流底层向管中心逐渐增大，经过过渡层，到达湍流主体。但此速度分布曲线，仅在管内流动达到平稳时才成立。在管道的进出口、管路拐弯、分支处、管件阀门附近，流体流动受到干扰，这些局部地方的速度分布不符合上述的规律。流体流动的阻力与流动的型态有关。流体在相同直管内流动时，由于流型不同，流动阻力所遵循的规律亦不相同。

（四）边界层理论简介

提出“边界层”的概念并应用其理论研究流体流动，可以使一些复杂的问题得到简化，有利于解决问题。我们主要是利用边界层理论定性地解释一些流动现象。边界层概念对传热与传质过程的研究亦具有重要意义。

“边界层”的概念也是通过流体沿固定平板的流动提出来的。如图 2-25 所示，设想流体以均匀一致、足够高的流速 u 流动，并流到平板壁面。流体刚刚达到平板时，受到壁面的阻滞作用，在靠板壁处，流体流速降低到零，且由于流体具有黏性，在壁面上静止的这一流体层使相邻流体层的速度减慢。这种减速作用依次向流体内部传递，产生了速度梯度。但此时板壁的减速作用还来不及影响流体主体，离壁面一定垂直距离(δ)后，流体的速度渐渐接近于流体未受壁面影响时的流速 u。这种在壁面附近、存在着较大速度梯度的流体层，称为流动边界层，简称边界层。由于流体刚刚进入平板时所形成的边界层很薄，靠近板壁，流体流速很小，流动形态总是层流，这种边界层称为层流边界层。随着流体的向前运动，流体内摩擦力的持续作用，促使更多流体层的速度减慢，从而使边界层的厚度 δ 随流体进入平板的距离的增长，而逐渐变厚。这一过程称为边界层的发展。在进入平板某临界距离 x 处，边界层的发展使得边界层内有一定厚度、速度足够大的流体，边界层内的流动就由层流转变为湍流，此后的边界层称为湍流边界层。但在湍流边界层内，靠近平板的极薄一层流体，仍维持层流，即前述的层流底层。图 2-25 表达了这些不同的概念。必须指出，边界层的厚度 δ 与流体进入平板算起的距离 x 相比是很小的。

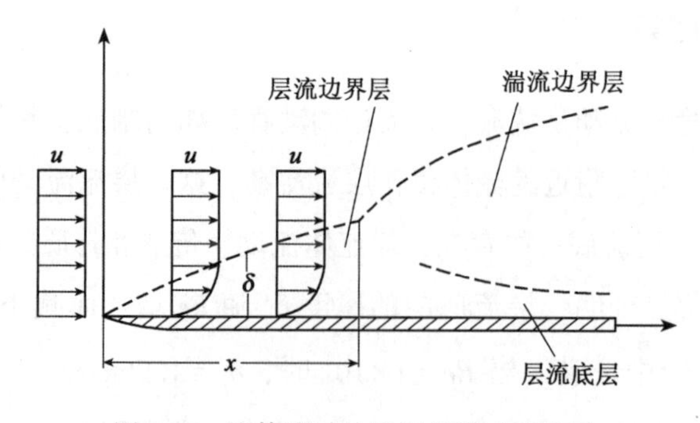

图 2-25　流体流动边界层的形成和发展

此外，随着流动路程的增长，边界层逐渐增厚，但增厚的速度变慢。从理论上看，边界层的界限应延伸至距壁面无穷远处。为了简化问题，工程上一般规定：速度从零到速度等于主体流速的 99%的区域为边界层；边界层外缘与壁面间的垂直距离 δ 为边界层厚度。正因为边界层内包括速度从零到速度等于主体流速的 99%的流体，只要主体流体的速度足够大，边界层内流体就可以达到湍流状态。因此，流体流动边界层形成时，一定是层流边界层；边界层发展到一定程度时，可以是湍流边界层；湍流边界层内总是包含着层流底层。

边界层的形成，把沿壁面的流动分成了两个区域，即边界层区与主流区。在边界层区内，垂直于流动方向上存在显著的速度梯度，即使流体的黏度很小，摩擦应力仍然相当大，不可忽视，因此，必须考虑流体黏度的影响。在主流区内，速度梯度可视为零，摩擦应力可忽略不计，此时流体可视为理想流体。这样，就把复杂的实际流体沿固体壁面流动的问题，集中简化到注意边界层内的流动问题。

流体在管内的流动情况与以上情况相类似。考察流体进入圆形管道发生流动，在管道入口处开始形成靠近管壁的环形边界层，随流入管道距离的增加，边界层变厚，如图 2-26 所示。与平板边界层厚度理论上可无限增加不同，流体在管内流动条件下，当边界层发展至其厚度等于管道半径时，边界层扩大到管中心而汇合。此后，边界层占据整个圆管的截面，其厚度维持不变。边界层扩大到管中心汇合时，如果边界层内流体呈层流状态，以后的管内流动为层流。如果在汇合点之前边界层内的流动已发展成为湍流，以后的流动型态为湍流。同样，即使是湍流边界层占据整个圆管，在靠管壁处仍存在一极薄的层流底层，它的影响不可忽视。

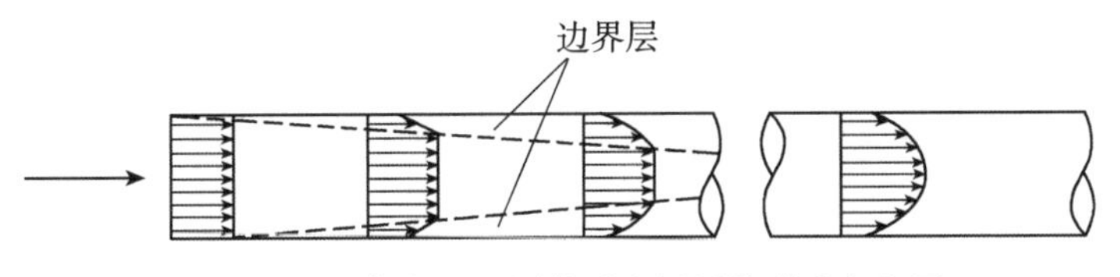

图 2-26　流体在进入圆管时边界层的形成和发展

湍流时圆管中的层流内层厚度 δ_b(注意：δ_b 不同于边界层厚度 δ)可采用半理论半经验公式计算。例如，流体在光滑管内作湍流流动，其层流内层厚度 δ_b 可用下式表示：

$$\frac{\delta_b}{d}=\frac{61.5}{Re^{7/8}} \tag{2-32}$$

可见，流体流动的 Re 值越大，层流内层厚度越薄。

根据流体在进入圆管时边界层的形成和发展过程的叙述，流体在光滑直管中流动时，整个管截面都属于边界层。流体流过平板或在直径相同的管道中流动时，流动边界层总是紧贴在壁面上。但是，当流体流过球体、圆柱体或其他几何形状物体的曲面表面(如流体通过阀门管件等)时，都将会发生边界层与固体表面脱离的现象，称为边界层分离，如图2-27所示。由于流体在脱离处形成倒流、产生旋涡，加剧流体质点间的相互碰撞，造成额外的能量损失。边界层分离现象还常发生在流体所经过的管道截面突然扩大或缩小、流动方向改变处。流体边界层分离造成流体的这一部分能量损失，称为局部阻力损失，简称局部阻力。

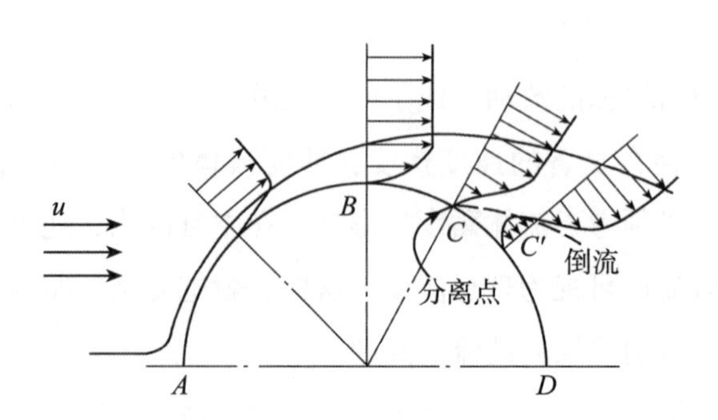

图 2-27　流体流过圆柱体表面的边界层分离

五、流体在管道中流动时的阻力损失

流体在由直管、阀门和管件(弯头、三通等)组成的管路中流动时，由于流体层分子之间的分子动量传递而产生的内摩擦阻力，以及由于流体之间的湍流动量传递而引起的摩擦阻力，使一部分机械能转化为热能而损失。流体通过直管时能量损失称为直管阻力损失，通常称为沿程阻力损失，简称沿程阻力。此外，流体通过管件及进出口时，由于边界层分离，存在“局部阻力”，故管路中流体流动总能量损失为沿程阻力和局部阻力之和。

(一)流体在直管中流动时的沿程阻力

流体通过直管时的能量损失称为沿程阻力。在讨论有关伯努利方程式时，已经知道，根据以单位质量为基准的伯努利方程式，流体经过水平(无高度差)、等直径(无速度差)的圆管作定态流动时，如果体系没有外界能量加入，伯努利方程式(2-26b)可进一步简化成

$$\frac{p_1}{\rho} - \sum h_f = \frac{p_2}{\rho}$$

现在，将式(2-26d)改写成为表达流体流经水平、等直径的圆管时的能量损失式如下：

$$\sum h_f = \frac{p_1 - p_2}{\rho} \tag{2-33}$$

式中各项单位为 $J \cdot kg^{-1}$。进一步明确，下标1表示始态，下标2表示终态，并引入增量的

概念，$\Delta p=p_2-p_1$，将式(2-33)改写成：

$$-\Delta p=p_1-p_2=\rho\sum h_f \tag{2-34}$$

上式说明：流体在水平直管流动，如果没有外界能量加入，由于沿程阻力，体系的压强会下降。从而将水平直管的“沿程阻力损失”与体系的“压强减少”之间建立某种联系，即压强减少也是能量减少。至此，引入“压强降”的概念。“压强降”指以 Pa 为单位所表示的系统的阻力损失，用符号 Δp_f 表示，其定义式为(单位 Pa)：

$$\Delta p_f=\rho\sum h_f \tag{2-35}$$

注意：虽然“压强降”定义式(2-35)形式上与通过水平等径直管的两截面压强差计算式(2-34)相似，但二者概念的不同，“压强降”是系统阻力损失的直观表现。一般而言，“压强降”并不等于管道两截面的压强差，仅在水平等径直管条件下，二者数值相同。

进一步将“压强降”表达式(2-35)推导成式(2-36)，它具有与流体静力学方程式(2-9b)相似的形式。式(2-36)中 H_f 为相应的压头损失，单位 m。

$$\Delta p_f=\rho\sum h_f=\rho g H_f \tag{2-36}$$

因此，根据不同的流体基准，有不同表示阻力损失的形式：沿程阻力 $\sum h_f$，单位 $J\cdot kg^{-1}$；压强降 Δp_f，单位 $Pa(J\cdot m^{-3})$；压头损失 H_f，单位 $m(J\cdot N^{-1})$。

(二)流体在水平直管中流动时计算沿程阻力的范宁(Fanning)公式

进一步将式(2-35)改写成如下关系式：

$$\sum h_f=\frac{\Delta p_f}{\rho} \tag{2-35a}$$

可见，如果知道压强降 Δp_f，就可以求得沿程阻力 $\sum h_f$。

为推导表达 Δp_f 的计算公式，考察流体以速度 u 流过一段内径为 d、长度为 l 的水平直管，如图 2-28 所示。

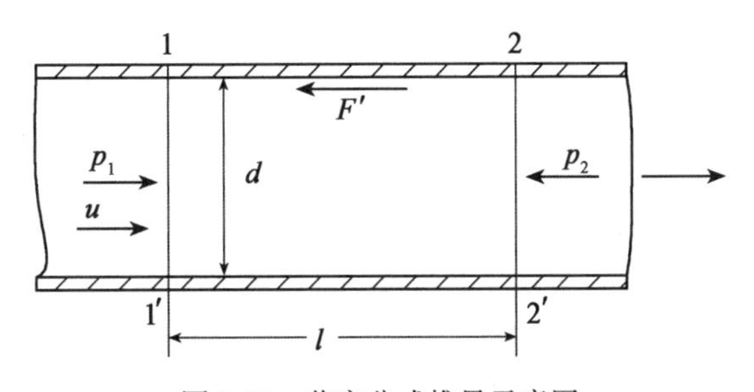

图 2-28　范宁公式推导示意图

直管的上、下游截面压强分别为 p_1 和 p_2，二者之差是推动流体流动的动力，即

$$推动力=(p_1-p_2)A=-(p_2-p_1)\frac{\pi}{4}d^2=-\Delta p\frac{\pi}{4}d^2$$

通过压强降 Δp_f 与增量 Δp 的关系 $\Delta p_f=-\Delta p$，推动力表达式也可写成：

$$推动力=-\Delta p\frac{\pi}{4}d^2=\Delta p_f\frac{\pi}{4}d^2$$

管壁对进入体系的流体的阻力 F' 可用管道壁面处剪应力 τ 与管段表面积的乘积来表达，即：

$$阻力=F'=\tau\pi dl$$

建立了推动力与阻力的平衡关系：

$$(p_1-p_2)\frac{\pi}{4}d^2=\Delta p_f\frac{\pi}{4}d^2=\tau\pi dl \tag{2-37a}$$

化简，将式(2-37a)改写成式(2-37b)，并引入压强降 Δp_f(单位为 Pa)：

$$\Delta p_f=-\Delta p=4\frac{l}{d}\tau \tag{2-37b}$$

进一步将上式等号右边分子分母同时乘以 $\rho u^2/2$，引入该动能项 $\rho u^2/2$，以取得与单位体积为基准的伯努利方程式(2-26f)的形式一致，单位 Pa($J \cdot m^{-3}$)。公式改写成为

$$\Delta p_f=4\frac{2}{\rho u^2}\frac{l}{d}\tau\frac{\rho u^2}{2} \tag{2-38}$$

定义摩擦系数 λ，令：

$$\lambda=\frac{8\tau}{\rho u^2} \tag{2-39}$$

将摩擦系数 λ 定义式(2-39)代入式(2-38)，得到

$$\Delta p_f=\lambda\frac{l}{d}\frac{\rho u^2}{2} \tag{2-40}$$

上式称为范宁公式，是计算圆形直管压强降 Δp_f 的基本公式，单位为 Pa。

将范宁公式代入阻力损失 $\sum h_f$ 与压强降 Δp_f 的关系式(2-35a)，得到式(2-41)，可直接计算圆形直管摩擦阻力损失，单位为 $J \cdot kg^{-1}$。

$$\sum h_f=\lambda\frac{l}{d}\frac{u^2}{2} \tag{2-41}$$

上式是范宁公式的另一种表达形式。

类似处理，得到计算圆形直管压头损失 H_f 的基本公式：

$$H_f=\frac{\sum h_f}{g}=\frac{-\Delta p}{\rho g}=\lambda\frac{l}{d}\frac{u^2}{2g} \tag{2-42}$$

上式是范宁公式的第三种表达形式，也称为 Darcy-Weisbach 公式；单位为 $m(J\cdot N^{-1})$。

(三)摩擦系数 λ

以上以范宁公式为代表的 3 个公式，建立了反映流体在直管内流动的“能量损失”(分别以压强降 Δp_f、阻力损失 $\sum h_f$、压头损失 H_f 来表示) 与摩擦系数 λ、管道长度 l、管子直径 d、流速 u 以及流体密度 ρ 的关系。由于后四项均易测量或计算，有关“能量损失”的计算问题的关键，是如何确定摩擦系数。

摩擦系数 λ 无量纲(量纲为 1)。

$$[\lambda]=\left[\frac{8\tau}{\rho u^2}\right]=\left[\frac{\dfrac{F}{A}}{\dfrac{m}{V}\left(\dfrac{l}{t}\right)^2}\right]=\left[\frac{\dfrac{\mathrm{N}}{\mathrm{m}^2}}{\dfrac{\mathrm{kg}}{\mathrm{m}^2}\left(\dfrac{\mathrm{m}}{\mathrm{s}}\right)^2}\right]=\left[\frac{\dfrac{\mathrm{kg\cdot m\cdot s^{-2}}}{\mathrm{m}^2}}{\dfrac{\mathrm{kg}}{\mathrm{m\cdot s^2}}}\right]=1$$

现在问题转变成了如何求摩擦系数。

摩擦系数 λ 与雷诺准数 Re 及管壁粗糙度有关。管壁粗糙度进一步分成绝对粗糙度和相对粗糙度。

管壁(在此指管子内壁)不可能是绝对光滑的，其凸凹部分的平均高度，称为管壁的绝对粗糙度，以 ε 表示(可参见图 2-30 中管壁情况)。根据绝对粗糙度，将工业用管分成光滑管和粗糙管。玻璃管、塑料管、铜管、铅管以及无缝钢管等，可视为光滑管。普通水煤气(有缝)的钢管、腐蚀到一定程度的无缝钢管、铸铁管、水泥管等，可视为粗糙管。有关数据可参见表 2-2 或查阅有关手册。

表 2-2　**某些工业管道的绝对粗糙度**

管子材料和使用情况	绝对粗糙度 ε(mm)
玻璃管	0. 0015~0. 01
铜管	0. 01~0. 05
新无缝钢管	0. 1~0. 2
镀锌管或铸铁管	0. 25~0. 4
轻微腐蚀的无缝钢管	0. 2~0. 3
显著腐蚀的无缝钢管	0. 5 以上
旧铸铁管	0. 85 以上

绝对粗糙度 ε 与管子内径 d 的比值 ε/d，称为管壁的相对粗糙度。相对粗糙度可以更好地反映管壁的几何特性及其对流动阻力的影响。摩擦系数 λ 与雷诺准数 Re 及管壁相对粗糙度有关，具体数值由实验测定。根据实验结果，得到摩擦系数 λ 与 Re 及管壁相对粗糙度 ε/d 的关系曲线，称为摩狄(Moody)摩擦系数图，参见图 2-29。

图 2-29 在 3 个位置均以对数坐标示出有关参数的坐标：下方横轴标示雷诺准数 Re，数值是从小到大，按对数坐标列出。左边表示摩擦系数 λ，数值按对数竖坐标从下到上增大列出。右边为相对粗糙度 ε/d，也是按对数竖坐标从下到上增大列出。除了最左方的一条直线特殊外，相同管壁相对粗糙度 ε/d 的实验数据形成一条条关系曲线，按 ε/d 由大变小、从上到下画出，最下方为所谓光滑管的关系曲线。使用时，先根据 ε/d 值确定一条曲线(往往需要用内插法，并注意对数坐标不是均匀的)，根据横轴示出的 Re 值，找到在该曲线上的对应点，水平方向向左边，估计读取摩擦系数 λ 的数值。用这种查图的方法求摩擦系数 λ 的误差范围可达到 10%。

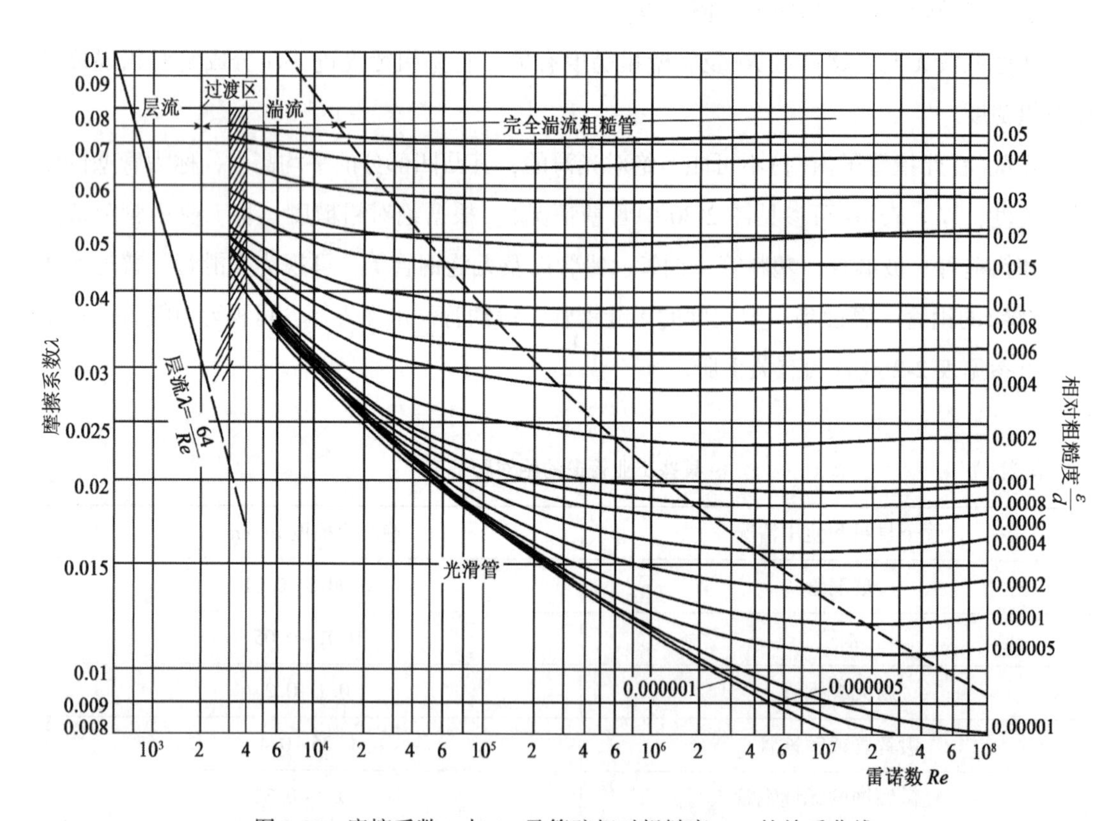

图 2-29　摩擦系数 λ 与 Re 及管壁相对粗糙度 ε/d 的关系曲线

从图 2-29 上方可以看出：从左到右，依雷诺准数 Re 增大，整个图分为 4 个区域：①层流区；②过渡区；③湍流区；④完全湍流区。4 个区域的形状不规则，下面分别讨论。

1. 层流区的摩擦系数

在层流区，三参数之间的关系比较简单。数据点形成图最左方的一特殊直线，关系式为

$$\lambda = \frac{64}{Re} \tag{2-43}$$

因此，层流条件下可不必通过查图的方法求摩擦系数 λ，直接使用式(2-43)计算，误差较小。式(2-43)说明：流体流动为层流时，摩擦系数仅与雷诺准数 Re 成反比关系，Re 增大，λ 减少。表明层流状态下，摩擦系数 λ 值与相对粗糙度 ε/d 无关。其原因是：层流时流体质点运动非常平稳，管壁完全浸入层流层之中，流体质点与管壁凸凹部分的碰撞不激烈，管壁的粗糙度基本上不改变层流层的内摩擦规律。因此，摩擦系数与管壁的粗糙度无关。

注意：层流条件下摩擦系数 λ 与雷诺准数 Re 成反比，并没有说流体流动的阻力损失 $\sum h_f$ 与流速 u 成反比。层流条件下 λ 与 Re 成反比表明：阻力损失 $\sum h_f$ 与速度 u 成正比。为证明这一关系，将层流条件下式(2-43)和雷诺准数定义式(2-30)代入能量损失表达式(2-41)，得到

$$\sum h_f = \lambda \frac{l}{d}\frac{u^2}{2} = \frac{64}{Re}\frac{l}{d}\frac{u^2}{2} = \frac{64\mu}{\rho du}\frac{l}{d}\frac{u^2}{2} = 32\frac{\mu l}{\rho d^2}u \tag{2-44}$$

上式说明：流体作层流时，在其他条件相同的前提下，阻力损失 $\sum h_f$ 与流速 u 的一次方成正比。

2. 过渡区的摩擦系数

过渡区的流体流动情况规律性差，研究极少。如果流体流动状态适合 $2000<Re<4000$ 过渡区，一般按湍流处理，即将下述的湍流区的曲线向左外延，查取相应的摩擦系数数据。

3. 湍流区的摩擦系数

在 $Re \geqslant 4000$，图 2-29 中虚线以下的部分为湍流区，此时，摩擦系数既与 Re 有关，又与管壁相对粗糙度 ε/d 有关。Re 一定时，λ 随相对粗糙度 ε/d 增大而增大，Re 越大，相对粗糙度对 λ 的影响越大。其原因主要是：雷诺准数增大后，湍流边界层的层流内层变薄，参见式(2-32)。湍动的层流底层减薄，粗糙管壁的凸出部分不再像图 2-30(a)表示的那样浸在层流底层中，而是像图 2-30(b)表示的那样开始暴露于湍流流体之中，高速的流体质点与管壁的凸出部分碰撞激烈，运动受阻、边界层受到一定程度的破坏，都要损失更多的能量。

湍流状态下，雷诺准数相同时，λ 随相对粗糙度 ε/d 增大而增大，由于流体流动能量

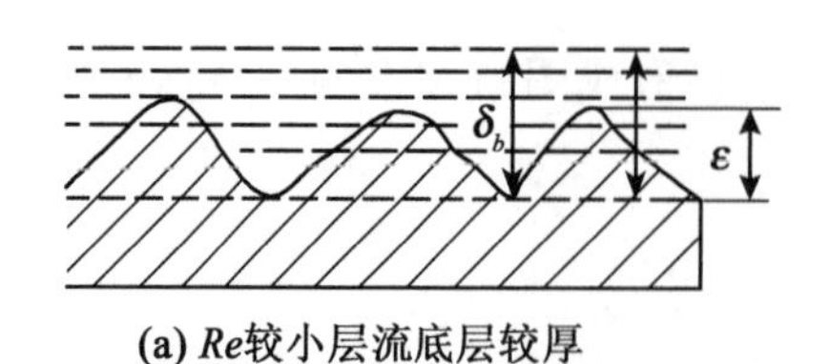

(a) *Re*较小层流底层较厚

(b) *Re*增大层流底层减薄

图 2-30 层流底层厚度不同时流体流过管壁的比较示意图

损失与摩擦系数成正比，因此，采用粗糙管的能量损失比采用光滑管的能量损失明显增大。此外，相对粗糙度一定时(同一条曲线)，λ 随 Re 增大而减小，但变化会逐渐趋近平缓，向完全湍流区过渡。

4. 完全湍流区的摩擦系数

在 $Re \geqslant 4000$，图 2-29 中虚线以上的部分为完全湍流区。在此区内，表明相对粗糙度一定的同一条曲线的形状趋于水平，说明 λ 与 Re 无关，λ 只与相对粗糙度有关，而且同样是 λ 随相对粗糙度 ε/d 增大而增大。流体在完全湍流区时 λ 与 Re 无关，当相对粗糙度一定时，λ 可视为常数，如果进一步确定其他条件，流体的能量损失表达式(2-41)可以进一步写成为

$$\sum h_f = \lambda \frac{l}{d} \frac{u^2}{2} = \text{常数}\ u^2 \tag{2-45}$$

上式说明：流体作完全湍流时，在其他条件相同的前提下，阻力损失 $\sum h_f$ 与流速平方 u^2 成正比。

因此，人们也往往把完全湍流区称为阻力平方区。

通过以上关于摩擦系数、阻力损失 $\sum h_f$ 等问题的讨论，进一步说明层流和湍流是两种不同的流动类型。

虽然有关层流的规律比较简单清楚，流动能量损失相对较小，但层流主要用于理论研究，实际很少采用，原因是层流流体的流速低，生产率低，不能满足实际生产需要。提高流速，提高了流量和生产率，也往往使流体进入湍流状态。其流动规律比较复杂。流速 u 提高，往往造成雷诺准数 Re 增大，使湍流流体的行为更接近完全湍流。这些情况下，流体流动阻力损失 $\sum h_f$ 与流速平方 u^2 成正比[式(2-45)]，流动能量损失可能非常大。因此，流体既需要有一定流速，又不能太高。这就是为什么实际流体在管道内流动，都要根据经验，选择一定的、合适的流速范围(参见表 2-1)。

需要指出的是，在制药工艺用水系统中，还要考虑药物生产的特殊性，只有使制药工艺用水流速偏高，达到 2 ~ 3m · s^{-1}，雷诺准数 Re 达到 10000 以上，形成了稳定的高度湍

流，才能够有效地控制微生物污染。由于微生物的分子量比水的分子量大得多，即使管壁处水的流速为零，在高度湍流条件下，水中的微生物仍然无法滞留。当然，在制药用水系统的设计和安装过程中，还要注意选择卫生级的材料、管件、阀门等，以满足行业的特殊要求。

从以上分析看，流体的 Re、λ 及 ε/d 三者之间关系比较复杂。实际工业圆管的管壁粗糙度也在变化中，如钢管在腐蚀后，其绝对粗糙度数值可能比新管子大 10 倍，给计算带来一定困难。由于实际工作中倾向将流体处于湍流状态，常见管道的相对粗糙度的差距较小，图 2-29 湍流区的 λ 在 0.02 ~ 0.03 范围内摩擦系数曲线比较集中。因此，在缺乏数据的情况下，可取摩擦系数 $\lambda=0.02\sim0.03$ 先进行估算，再根据实际问题的要求、经验和规范，来选择管道的规格，确定流速。

（四）流体在管道中流动时的局部阻力

流体通过输送管路上的阀门、三通、弯头等管件以及管径发生变化时，由于流体速度的大小与方向突然发生变化，使流体流动边界层破坏，质点产生扰动或涡流，产生额外的能量损失，称为局部阻力损失，简称局部阻力。

借用沿程阻力的符号 $\sum h_f$，局部阻力表示为 $h_{f'}$。其计算通常有两种方法，即阻力系数法和当量长度法。

1. 阻力系数法

阻力系数法认为局部阻力近似地服从平方定律，即克服局部阻力所引起的能量损失可以表示成动能的函数。因此，每个管件的局部阻力损失 $h_{f'}$ 可由下式求出：

$$h_{f'}=\xi\frac{u^2}{2} \tag{2-46}$$

式中：ξ 为局部阻力系数；u 为管道(细管)中流体的流速。

从理论上研究和推导局部阻力系数 ξ 比较困难，因此，具体的 ξ 值主要由实验测定。例如，对于管道直径突然改变的情况，通过实验得到局部阻力系数 ξ 与管道截面比 $A_{小}/A_{大}$ 的关系曲线，见图 2-31。

需要注意两点：

(1)图 2-31 有两条关系曲线，曲线(a)适合截面突然增大场合，曲线(b)适合截面突然缩小场合。例如，流体从管道进入设备或储槽，管道截面突然增大，$A_{小}/A_{大}\approx0$，从图 2-31关系曲线(a)，查得 $\xi=1$。流体从储槽流出、进入管道，管道截面突然缩小，但仍然是 $A_{小}/A_{大}\approx0$，从图 2-31(b)，查得 $\xi=0.5$。

(2)在管径发生变化时，流体流速不同，使用式(2-46)时，u 取细管中流速。

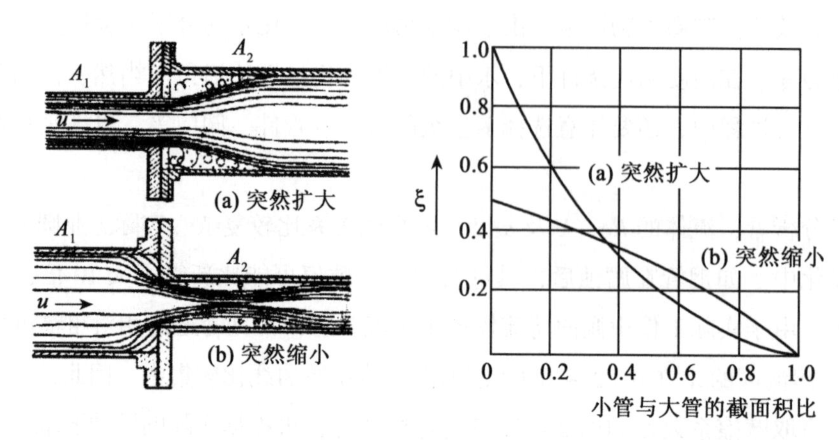

图 2-31 管道截面突然改变时局部阻力系数 ξ 与管道截面比 $A_{小}/A_{大}$ 的关系曲线

管件和阀门见下一节。表 2-3 列出了一些管件和阀门的局部阻力系数 ξ，也可进一步查阅有关手册。

表 2-3 **某些管件和阀门的当量长度 l_e 和局部阻力系数 ξ（适合湍流）**

名 称	阻力系数 ξ	当量长度与管径之比 l_e/d
弯头，45°	0.35	17
弯头，90°	0.75	35
三通	1	50
回弯头	1.5	75
管接头，活接头	0.04	2
全开闸阀	0.17	9
半开闸阀	4.5	225
全开标准截止阀	6	300
半开标准截止阀	9.5	475
全开角阀	2	100
球式止逆阀	70	3500
摇板式止逆阀	2	100
水表，盘式	7	350

2. 当量长度法

当量长度法将管件局部阻力损失近似地折合成流体流过一定长度等径直管所产生的沿程阻力损失。这一虚拟直管的长度，称为当量长度，用 l_e 表示。因此，每个具体管件的

$h_{f'}$可由借鉴式(2-41)的形式，即按式(2-46)求出：

$$h_{f'} = \lambda \frac{l_e}{d} \frac{u^2}{2} \tag{2-47}$$

式中：l_e 为管件的当量长度，其值由实验测定(参见表 2-3)；u 为流体在等径直管中的流速；λ 为流体在等径直管中流动的摩擦系数。

3. 管道中流体流动总能量损失

管道中流体流动总能量损失为沿程阻力和局部阻力之和。至此，建立按单位质量流体能量损失 $\sum h_f$ 的公式(单位为 $J \cdot kg^{-1}$)：

$$\sum h_f = h_f + h_{f'} = \left(\lambda \frac{l}{d} + \sum \xi\right) \frac{u^2}{2} \tag{2-48}$$

$$\sum h_f = h_f + h_{f'} = \lambda \frac{l + \sum l_e}{d} \frac{u^2}{2} \tag{2-49}$$

或按压头损失计算的公式(单位为 m)：

$$\sum H_f = \frac{\sum h_f}{g} = \left(\lambda \frac{l}{d} + \sum \xi\right) \frac{u^2}{2g} \tag{2-50}$$

$$\sum H_f = \frac{\sum h_f}{g} = \lambda \frac{l + \sum l_e}{d} \frac{u^2}{2g} \tag{2-51}$$

第五节　管路及其计算

一、管路的基本知识

(一)管路的组成

管路由管子和管件、阀门等组成。

1. 管子

管子是管路的基本架构。按制作材料分类，管子可分为铸铁管、有缝钢管(水煤气管)、无缝钢管、铜管、铅管、塑料管、橡胶管、玻璃管、陶瓷管、水泥管等。

管子的规格主要指径向尺寸，包括公称直径、外径、内径、壁厚等数据。工业管子的规格按一定标准生产，参见附录和有关手册。

2. 管件

管件是指安装在管道上起连接管子作用的零件，主要包括管箍(内丝接头)、接头(外丝接头)、活接头(可拆卸)、弯头、三通、大小头等。图 2-32 所示为一些常见管件的示意图。

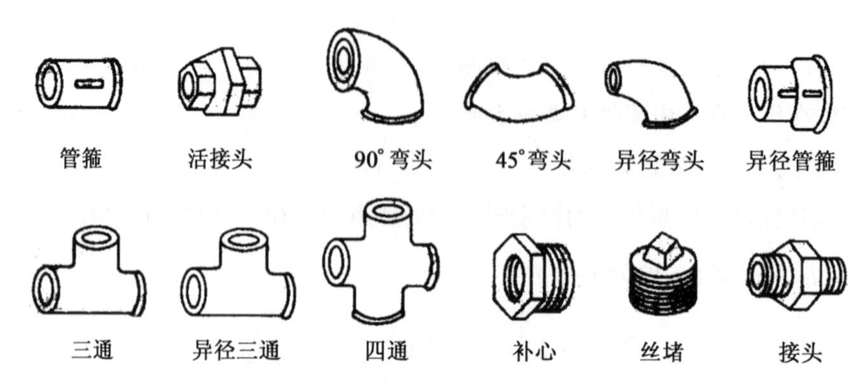

图 2-32　常见管件的示意图

3. 阀门

阀门是安装在管道上起调节和控制流体流量的部件。阀门种类很多，如考克、闸阀、截止阀、止逆阀、针型阀、折角阀等。阀门都由阀体(固定部分)、阀杆(可动部分)和密封部件(垫)等基本零部件组成。图 2-33 所示为一些常见阀门的示意图。

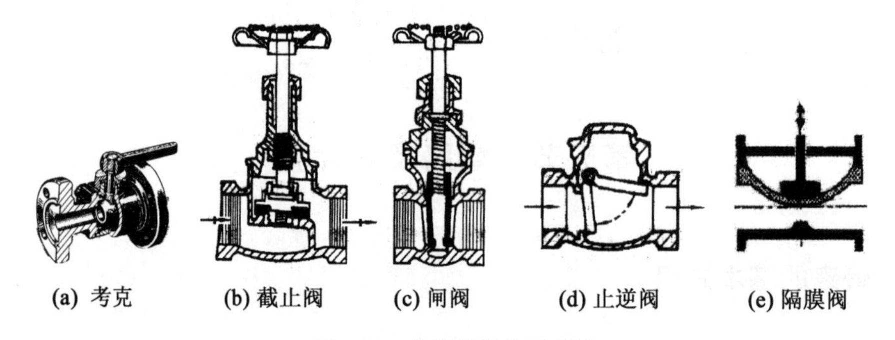

图 2-33　常见阀门的示意图

考克(cock)又称旋塞，其体积小、结构最简单，工作原理是通过手柄带动阀杆(其下部为带中心孔的锥形或球形结构)在相应阀体内转动，来迅速开启或封闭阀门。其调节流量的能力较差，密封性能也不好，不适用于高温、高压的场合。如果阀杆密封部分为球面，也称为球阀。

闸阀亦称闸板阀，名称来自其执行通道开闭作用的零件闸板。工作原理是通过手柄转动带动阀杆升降，阀杆底端为闸板，它与阀体相关面紧密接触，闸板移动方向与流体流动方向相垂直，闸板移动造成它与阀体面接触的程度发生变化，起到封闭或开启通道的作用。闸阀的密封性能好、造成阻力损失也很小，但调节流量的能力仍然不理想，较适用于全开和全关场合。

截止阀亦称标准截止阀、标准阀，其进口端和出口端是不宜互换的，流体从进口端流入后垂直向上经过阀座到达阀体上方空间，再从出口端流出。随手柄转动带动阀杆升高，其底端的圆形阀盘与阀座的相关面脱离接触，阀盘与阀座之间的距离增大，起到开启和增大流量的作用；阀杆降低，则起到减少流量、甚至封闭的作用。虽然截止阀造成的阻力损失较闸阀大，但截止阀密封性能好、调节流量性能好，是需要调节流量的管道上通常采用的阀门。

止逆阀，又称单向阀，它通过阀片在重力、弹簧等作用下，只允许流体向一个方向流动，而不可能倒流。

隔膜阀的密封隔膜由柔性、抗腐蚀材料制成，隔膜阀用于洁净物料，如洁净用水，或腐蚀性物料的场合。

蝶阀是近年发展的新型阀门，结构简单，与闸阀相似，但由圆板阀片在与流体流动方向大体一致的方向转动来起封闭或开启阀门的作用。

针型阀的锥形阀杆细长，主要用于高压气体。

折角阀的阀体设计比较特殊，可垂直地改变管道方向。

此外，还有电动阀、气动阀、液压阀等，它们应用于自动控制的场合。

（二）管道的可拆连接

管道的连接分两种方式，即可拆连接和不可拆连接。工业不可拆连接的主要方式是焊接。管子和管件或阀门的连接，一般采用可拆连接的方式，包括螺纹连接和法兰连接。

1. 螺纹连接

螺纹连接适于直径较小（100mm 以内）的管道。螺纹俗称“丝扣”或“丝”等。螺纹又分外螺纹和内螺纹，相同规格的外螺纹和内螺纹配合使用，参见图 2-34。

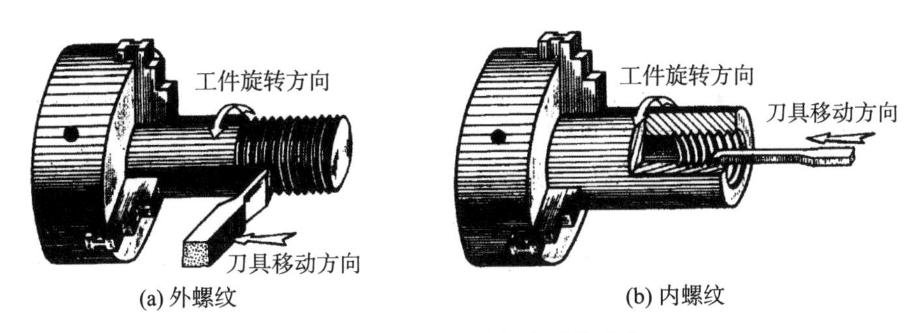

(a) 外螺纹　　(b) 内螺纹

图 2-34　外螺纹和内螺纹及其形成

外购的管件多具有内螺纹，即其管内壁已加工好符合标准的螺纹。铺设管道时，将管子两端通过称为“管子板牙”的工具加工出相应的外螺纹，就可以与这些管件连接。

2. 法兰连接

法兰连接适于直径较粗的管子之间，或管道与阀门、管件、大型设备、储槽连接的场合。

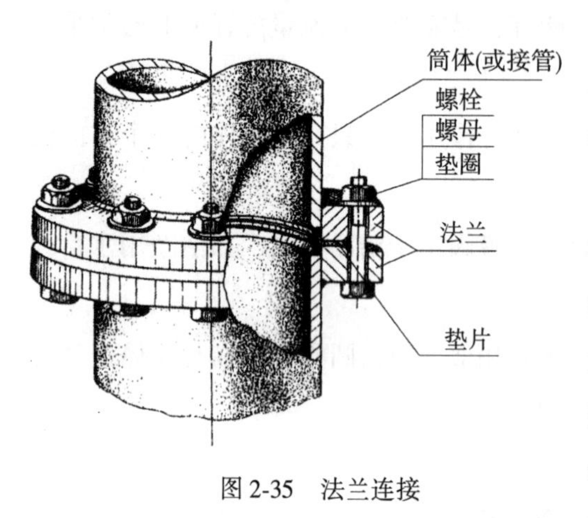

图 2-35 法兰连接

法兰连接是由一对法兰盘、密封垫片和螺栓、螺帽、垫片等零件组成的可拆连接方式。法兰盘中心通透，周边也均匀加工有一定数目的孔，使用时通过螺纹或焊接将这两片配套的法兰盘分别固定于待连接的管子或设备筒体或接口上，两法兰盘之间夹密封垫片，再用螺栓穿过周边的孔连接起来，参见图 2-35。法兰连接进一步分成管法兰和设备法兰(或称压力容器法兰)两大类，各自又有许多类型，其规格和尺寸系列已经形成国家标准，供查找选用。

二、简单管路计算实例

管路计算问题五花八门，主要是根据有关的工艺条件，通过计算或估算，确定一些未知参数，涉及体系压强、流体流量、流速、管道尺寸、阻力损失、流体输送高度、输送设备的功率等方面。管路计算经常用到流量计算关系式、伯努利方程式、阻力损失公式。

[例题 2-6] 用离心泵将常压储槽 A 中的硝基苯(密度 $1200kg \cdot m^{-3}$，黏度 $2.1 \times 10^{-3} Pa \cdot s$)送入表压强为 9.81kPa 的反应器 B。储槽 A 液面与反应器 B 进口高度差 15m。质量流量 $q_m = 8kg \cdot s^{-1}$。采用管壁粗糙度为 0.2mm 的 $\Phi 89 \times 4mm$ 钢管，管道总长 45m，装有阻力系数为 8.25 的流量计 1 个、90°弯头 3 个、闸板阀 2 个，试求离心泵需要的有效功率。

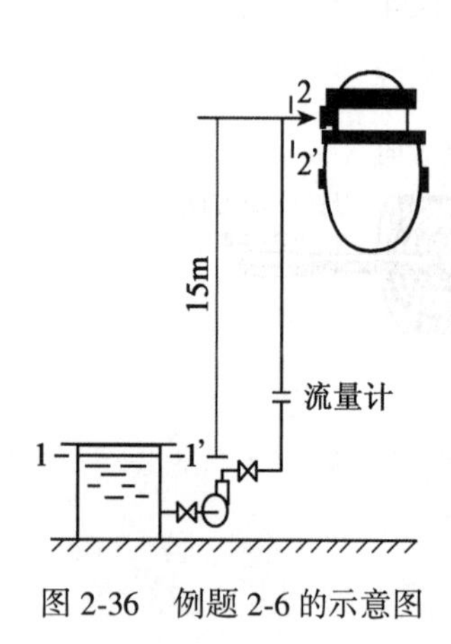

图 2-36 例题 2-6 的示意图

解：选储槽液面为截面 1—1'、连接反应器的管道出口内侧处为截面 2—2'，之间为包括泵在内的连续管道体系，参见图 2-36。以 1—1'面为水平基准面，两个截面上机械能以及其间的能量损耗均为已知或可算出。在两截面间列出以单位质量为基准的伯努利方程：

$$W_e = g(z_2 - z_1) + \frac{(p_2 - p_1)}{\rho} + \frac{(u_2^2 - u_1^2)}{2} + \sum h_f$$

已知条件：$z_1=0$，$z_2=15\text{m}$，$p_1=0$（表压），$p_2=9810\text{Pa}$（表压），$u_1\approx 0$，流体密度 $\rho=1200\text{kg}\cdot\text{m}^{-3}$，质量流量 $q_m=8\text{kg}\cdot\text{s}^{-1}$，管子内径 $89-(2\times 4)\text{mm}=81\text{mm}$；管壁粗糙度 0.2mm。由连续性方程，求流速 u_2。

$$u_2=\frac{q_m}{\rho A}=\frac{8\text{kg}\cdot\text{s}^{-1}}{1200\text{kg}\cdot\text{m}^{-3}\times 0.785(0.081\text{m})^2}=1.29\text{m}\cdot\text{s}^{-1}$$

计算此条件下的雷诺准数：

$$Re=\frac{\rho du}{\mu}=\frac{1200\text{kg}\cdot\text{m}^{-3}\times 0.081\text{m}\times 1.29\text{m}\cdot\text{s}^{-1}}{2.1\times 10^{-3}\text{Pa}\cdot\text{s}^{-1}}=5.97\times 10^4$$

由管壁粗糙度 0.2mm，求相对粗糙度：

$$\frac{\varepsilon}{d}=\frac{0.2\text{mm}}{81\text{mm}}=0.00247$$

结合雷诺准数，查图 2-29，得到摩擦系数 $\lambda=0.027$。

由题给出已知条件：流量计阻力系数 ξ 为 8.25，进一步查有关阻力系数 ξ 值：三通 0.75，全开闸阀 0.17，注意从储槽到管道，有一个管道进口 ξ 为 0.5，计算全部阻力损失：

$$\begin{aligned}\sum h_f &= \left(\lambda\frac{l}{d}+\sum\xi\right)\frac{u^2}{2}\\ &= \left[0.027\frac{45\text{m}}{0.081\text{m}}+(2\times 0.17+3\times 0.75+8.25+0.5)\right]\frac{(1.29\text{m}\cdot\text{s}^{-1})^2}{2}\\ &= 21.9\text{J}\cdot\text{kg}^{-1}\end{aligned}$$

代入伯努利方程，求输送单位质量流体需要的有效功：

$$\begin{aligned}W_e &= gz_1+\frac{p_2}{\rho}+\frac{u_2^2}{2}+\sum h_f\\ &= 9.81\text{m}\cdot\text{s}^{-2}\times 15\text{m}+\frac{9810\text{Pa}}{1200\text{kg}\cdot\text{m}^{-3}}+\frac{(1.29\text{m}\cdot\text{s}^{-1})^2}{2}+21.9\text{J}\cdot\text{kg}^{-1}\\ &= 178\text{J}\cdot\text{kg}^{-1}\end{aligned}$$

进而计算需要的有效功率：

N_e=单位质量需能量×流体质量流量$=178\times 8=1424(\text{J}\cdot\text{s}^{-1})\approx 1.42(\text{kW})$

计算值 1.43kW，实际最接近的应该为 1.5kW。

答：离心泵的有效功率 1.5kW。

[例题 2-7] 准备将水（密度 $1000\text{kg}\cdot\text{m}^{-3}$，黏度 $1.005\times 10^{-3}\text{Pa}\cdot\text{s}$）按 $q_V=10\text{m}^3\cdot\text{h}^{-1}$ 体积流量通过 25m 长的水平钢管，要求两端压强差不超过 5m 水柱，试问：用多大管径的管子合适？

解：由于尚不知道管径和流速，此类问题需采用试差法求解。可以按例题 2-1 所介绍那样根据表 2-1，设流速来进行计算，但现在限制条件增多，速度可选择范围大，试算工作量可能比较大。有了摩擦系数知识后，我们可以设摩擦系数为 0. 02(或 0. 03)，联立流速和流量关系[式(2-22)]和压头损失计算公式[式(2-42)]，先估算管径。联立如下两关系式：

$$u=\frac{q_V}{0.785d^2}=\frac{10\mathrm{m}^3\cdot\mathrm{h}^{-1}\times\frac{1\mathrm{h}}{3600\mathrm{s}}}{0.785d^2\mathrm{m}^2}=\frac{0.00354}{d^2}\mathrm{m}\cdot\mathrm{s}^{-1}$$

压头损失：
$$\lambda\frac{l}{d}\frac{u^2}{2g}=0.02\frac{25\mathrm{m}}{d\mathrm{m}}\frac{u^2(\mathrm{m}\cdot\mathrm{s}^{-1})^2}{2\times9.81\mathrm{m}\cdot\mathrm{s}^{-2}}=5\mathrm{m}$$

得到$\frac{0.00354^2}{d^5}=196.2$。

管径的估算值：$d=0.037\mathrm{m}$。

查找相近工业圆管规格，进行圆整。考虑选用 $1\frac{1}{4}$″水煤气管(外径为 42. 25mm、壁厚为 3. 25mm)。管子内径为 35. 75mm，略小于估算值。按此数据计算管道中流速：

$$u=\frac{q_V}{0.785d^2}=\frac{10\mathrm{m}^2\cdot\mathrm{h}^{-1}\times\frac{1\mathrm{h}}{3600\mathrm{s}}}{0.785\times(0.036)^2}=2.73\mathrm{m}\cdot\mathrm{s}^{-1}$$

计算雷诺准数：

$$Re=\frac{\rho du}{\mu}=\frac{1000\mathrm{kg}\cdot\mathrm{m}^{-3}\times0.036\mathrm{m}\times2.73\mathrm{m}\cdot\mathrm{s}^{-1}}{1.005\times10^{-3}\mathrm{Pa}\cdot\mathrm{s}^{-1}}=9.78\times10^4$$

由管壁粗糙度 0. 2mm，求相对粗糙度：

$$\frac{\varepsilon}{d}=\frac{0.2\mathrm{mm}}{36\mathrm{mm}}=0.0056$$

查取摩擦系数：$\lambda=0.031$。

求沿程压头损失：

$$H_f=\frac{h_f}{g}=\lambda\frac{l}{d}\frac{u^2}{2g}=0.031\frac{25\mathrm{m}}{0.036\mathrm{m}}\frac{(2.73\mathrm{m}\cdot\mathrm{s}^{-1})^2}{2\times9.81\mathrm{m}\cdot\mathrm{s}^{-2}}=8.18\mathrm{m}$$

可见，选用小于估算值的 $1\frac{1}{4}$″水煤气管不能满足两端压强差不超过 5m 水柱的要求。因此，选用粗一号的 $1\frac{1}{2}$″水煤气管(外径为 48mm、壁厚 3. 5mm)或 $\Phi48\times3.5$mm无缝管。按管子内径值为 41mm，重新计算管道中流速：

$$u=\frac{q_V}{0.785d^2}=\frac{10\mathrm{m}^3\cdot\mathrm{h}^{-1}\times\frac{1\mathrm{h}}{3600\mathrm{s}}}{0.785(0.041)^2}=2.11\mathrm{m}\cdot\mathrm{s}^{-1}$$

计算雷诺准数：

$$Re=\frac{\rho du}{\mu}=\frac{100\text{kg}\cdot\text{m}^{-3}\times0.041\text{m}\times2.11\text{m}\cdot\text{s}^{-1}}{1.005\times10^{-3}\text{Pa}\cdot\text{s}^{-1}}=8.61\times10^{4}$$

由管壁粗糙度 0.2mm，求相对粗糙度：

$$\frac{\varepsilon}{d}=\frac{0.2\text{mm}}{41\text{mm}}=0.00488$$

查取摩擦系数：$\lambda=0.029$。

求沿程压头损失：

$$H_f=\frac{h_f}{g}=\lambda\frac{l}{d}\frac{u^2}{2g}=0.029\frac{25\text{m}}{0.041\text{m}}\frac{(2.11\text{m}\cdot\text{s}^{-1})^2}{2\times9.81\text{m}\cdot\text{s}^{-2}}=4.01\text{m}$$

答：沿程压头损失约 4m 水柱，满足两端压强差不超过 5m 水柱的要求。故选择内径为 41mm 的 $1\frac{1}{2}$″水煤气管或 $\Phi48\times3.5$mm 无缝钢管是合适的。

[例题 2-8]　用长 61m 水平铺设的 $1\frac{1}{4}$″($\Phi48\times3.5$mm)水煤气管(管壁绝对粗糙度 0.32mm)输送密度为 $800\text{kg}\cdot\text{m}^{-3}$、黏度为 $1.5\times10^{-3}\text{Pa}\cdot\text{s}$ 的液体物料，要求流速达到 $4.5\text{m}\cdot\text{s}^{-1}$，试求物料流过该管道的摩擦阻力损失(用三种不同的形式表达)。如果换用相同内径的光滑管，试问：阻力损失如何改变?

解：求管子内径：

$$d=(48-2\times3.5)\times10^{-3}\text{m}=0.041\text{m}$$

计算此条件下的雷诺准数：

$$Re=\frac{\rho du}{\mu}=\frac{800\text{kg}\cdot\text{m}^{-3}\times0.041\text{m}\times4.5\text{m}\cdot\text{s}^{-1}}{1.5\times10^{-3}\text{Pa}\cdot\text{s}^{-1}}=9.84\times10^{4}$$

由内径和管壁粗糙度 0.32mm，求相对粗糙度：

$$\frac{\varepsilon}{d}=\frac{0.32\text{mm}}{41\text{mm}}=0.0078$$

由相对粗糙度和雷诺准数，查取摩擦系数：$\lambda=0.036$。

沿程压头损失：

$$H_f=\frac{h_f}{g}=\lambda\frac{l}{d}\frac{u^2}{2g}=0.036\frac{61\text{m}}{0.041\text{m}}\frac{(4.5\text{m}\cdot\text{s}^{-1})^2}{2\times9.81\text{m}\cdot\text{s}^{-2}}=55.3\text{m(液柱)}=55.3\text{J}\cdot\text{N}^{-1}$$

折合：　　$h_f=gH_f=9.81\text{kg}\cdot\text{m}\cdot\text{s}^{-2}\cdot\text{kg}^{-1}\times55.3\text{J}\cdot\text{N}^{-1}=543\text{J}\cdot\text{kg}^{-1}$

或：　$\Delta p_f=\rho gH_f=800\text{kg}\cdot\text{m}^{-3}\times9.81\text{m}\cdot\text{s}^{-2}\times55.3\text{m}=434\text{kJ}\cdot\text{m}^{-3}=0.434\text{MPa}$

换等内径的光滑管，雷诺准数未改变，查图 2-29，得到摩擦系数：$\lambda_2=0.018$。

$$\frac{光滑管\ H_{f'}}{水煤气管\ H_{f'}}=\frac{\lambda_2}{\lambda}=\frac{0.018}{0.036}=\frac{1}{2}$$

答：对于密度为 $800\text{kg}\cdot\text{m}^{-3}$ 的物料而言，沿程阻力损失以压头损失表示为 55.3m 液柱；以压强降表示为 0.434MPa；以单位质量流体能量损失表示为 $543\text{J}\cdot\text{kg}^{-1}$。如果换等内径的光滑管，阻力损失将下降 50%。

［**例题 2-9**］　密度 $720\text{kg}\cdot\text{m}^{-3}$、黏度 $1.7\times10^{-3}\text{Pa}\cdot\text{s}$ 的物料，由稳定液面的高位槽 A 连续流过一个表压强为 $4.5\times10^4\text{Pa}$ 的连续流动式反应器 B。高位槽与反应器之间，采用长 30m 的 $\Phi108\times4\text{mm}$ 钢管连接，管壁粗糙度为 0.3mm，管道上装有的管件如图 2-37 所示。如果管内流体流速为 $0.8\text{m}\cdot\text{s}^{-1}$，试问：储槽 A 液面需要至少高出反应器 B 液面多少米？（注：有关管件的 l_e/d 见表 2-3，此外，孔板流量计的 l_e/d 为 200，储槽进入管道的 l_e/d 为 20。）

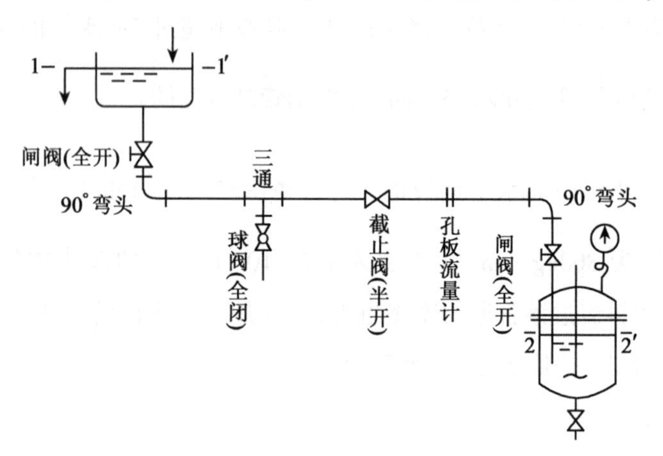

图 2-37　例题 2-9 的示意图

解：选高位槽液面 1—1′及反应器液面 2—2′之间为体系，参见图 2-37。以 2—2′面为水平基准面，利用已知条件：$z_2=0$；$u_1\approx0$；$u_2\approx0$；$p_1=0$（表压）；$p_2=4.5\times10^4\text{Pa}$（表压）；体系无外功加入，在两截面间列出以单位重量为基准的简化伯努利方程如下：

$$z_1=\frac{p_2}{\rho g}+H_f$$

z_1 即是需用的最小高度。

关键是计算管道阻力损失。已知：流体密度 $720\text{kg}\cdot\text{m}^{-3}$，黏度 $1.7\times10^{-3}\text{Pa}\cdot\text{s}$，管道中流体流速 $u=0.8\text{m}\cdot\text{s}^{-1}$，管子内径 $108-(2\times4)\text{mm}=100\text{mm}=0.1\text{m}$，计算雷诺准数：

$$Re=\frac{\rho du}{\mu}=\frac{720\text{kg}\cdot\text{m}^{-3}\times0.1\text{m}\times0.8\text{m}\cdot\text{s}^{-1}}{1.7\times10^{-3}\text{Pa}\cdot\text{s}^{-1}}=3.39\times10^4$$

由管子内径和管壁粗糙度 0.3mm，求相对粗糙度：

$$\frac{\varepsilon}{d}=\frac{0.3\text{mm}}{100\text{mm}}=0.003$$

结合雷诺准数值，查图 2-29，得到摩擦系数 $\lambda=0.029$。

由于孔板流量计有关参数是按当量长度值 l_e/d 给出的，从表 2-3 可查取其他有关管件的 l_e/d，按例题附图中管件数量，l_e/d 共计有：90°弯头 2×35、三通 1×50、全开闸板阀 2×9、半开截止阀 1×475、从储槽进入管道 1×20、孔板流量计 1×200(注意：球阀不在流动体系内)。采取当量长度法计算阻力损失，代入简化伯努利方程，求两液面高度差：

$$H_f=\frac{\sum h_f}{g}=\left(\lambda\frac{l+\sum l_e}{d}\right)\frac{u^2}{2g}$$

$$=0.029\times\frac{30\text{m}+2\times35+50+2\times9+475+20+1\times200}{0.1\text{m}}$$

$$\times\frac{(0.8\text{m}\cdot\text{s}^{-1})^2}{2\times9.81\text{m}\cdot\text{s}^{-2}}=1.07\text{m}$$

$$z_1=\frac{p_2}{\rho g}+H_f=\frac{45000\text{Pa}}{720\text{kg}\cdot\text{m}^{-3}\times9.81\text{m}\cdot\text{s}^{-2}}+1.07\text{m}=7.44\text{m}$$

答：储槽 A 液面需要至少高出反应器 B 液面 7.44m(实际上可以取一个略大的整数，如 7.5m 或 8m)。

[例题 2-10]　采用压缩空气间歇压送少量物料，特别是腐蚀性物料，是制药化工生产中常用的办法，参见图 2-38。现准备使用压缩空气从地面密闭储槽向敞口高位槽压送密度为 $1840\text{kg}\cdot\text{m}^{-3}$的浓硫酸，设备的进出管道标高差为 8m，硫酸在管道流速为$1.2\text{m}\cdot\text{s}^{-1}$，管道的摩擦阻力损失为 $25\text{J}\cdot\text{kg}^{-1}$，试问：需要采用多大表压的压缩空气，才能实现输送任务？

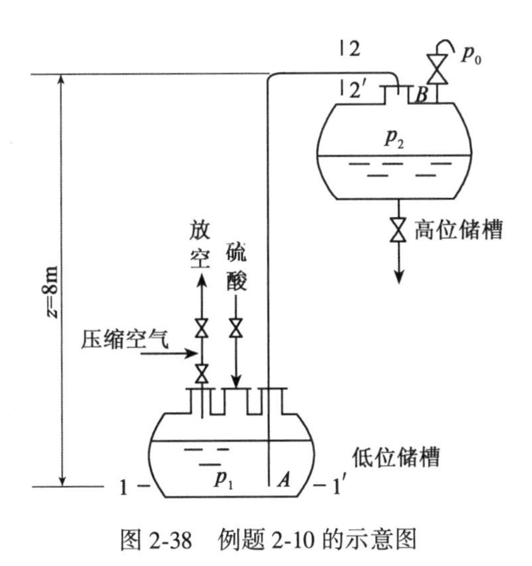

图 2-38　例题 2-10 的示意图

解：按输送终止时的状态进行计算。选输送管口 A 相一致的低位储槽水平面为1—1′截面、管道到高位槽的出口管道内侧截面 B 处为 2—2′截面，两截面之间为连续流动体系，以 1—1′截面为水平基准面，已知管道摩擦阻力，无外功输入，建立以单位质量为基准的伯努利方程：

$$\frac{p_1-p_2}{\rho g}=(z_2-z_1)+\frac{u_2^2-u_1^2}{2g}+H_f$$

已知：$z_1=0$，$z_2=8\text{m}$，$p_2=0$（表压），$u_1\approx0$，$u_2=1.2\text{m}\cdot\text{s}^{-1}$，密度 $\rho=1840\ \text{kg}\cdot\text{m}^{-3}$，摩擦阻力 $h_f=25\text{J}\cdot\text{kg}^{-1}$，将摩擦阻力换算成压头损失：

$$H_f=\frac{h_f}{g}=\frac{25\text{J}\cdot\text{kg}^{-1}}{9.81\text{m}\cdot\text{s}^{-2}}=\frac{25\text{J}\cdot\text{kg}^{-1}}{9.81\text{N}\cdot\text{kg}^{-1}}=2.55\text{J}\cdot\text{N}^{-1}=2.55\text{m(液柱)}$$

$$p_1\text{ 表压}=p_1-p_2=\left(z_2+\frac{u_2^2}{2g}+H_f\right)\rho g$$

$$=\left(8\text{m}+\frac{1.2\text{m}\cdot\text{s}^{-1}}{2\times9.81\text{m}\cdot\text{s}^{-2}}+2.55\text{m}\right)\times1840\text{kg}\cdot\text{m}^{-3}\times9.81\text{m}\cdot\text{s}^{-2}$$

$$=0.192\text{MPa}$$

答：实行该输送任务，至少需用表压为 0.192MPa 的压缩空气。

第六节　流体流量的测量和流体输送机械

一、流量的测量装置

流体的流量是制药化工生产过程中的重要参数之一，流体流量的调节和控制是保证生产过程能在确定的工艺条件下稳定进行的前提。流体的流量测量是流量调节和控制的基本依据。流体的流量测量通过仪表进行。根据流体流动时各种机械能相互转换关系设计不同的测速计和流量计，进一步分成两类：压差式流量计和截面式流量计。

（一）压差式流量计

流体的流速或流量可以通过管道直径改变造成的压强改变体现出来，这就是压差式流量计的工作原理。这类需要配套微差压差计的流量计有测速管、孔板流量计、文丘里流量计。测速管的安装不方便，主要用于研究工作。孔板流量计的结构简单、通过测量主体管道和孔板处压强差来计算流量，原理清晰，但孔板造成的阻力损失大，实际测量工作中还需要校正，因此也很少安装在实际管道中。文丘里流量计是用一段渐缩、渐扩管代替孔板，可减少阻力损失，比较实用。参见图 2-39。

通过例题 2-2 我们已经了解了此类流量计的原理和有关计算，加上它们很少安装在实际管道中，在此，不再叙述这方面内容。

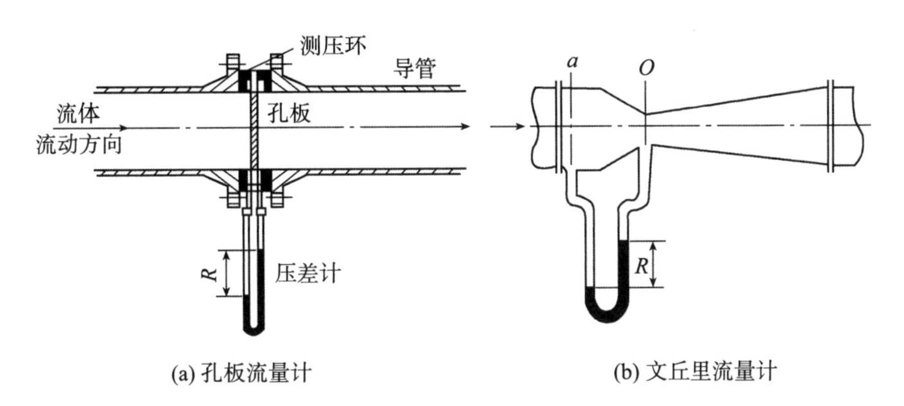

(a) 孔板流量计　　(b) 文丘里流量计

图 2-39　压差式流量计

（二）截面式流量计

制药化工需要监控流量的管道中，安装较多的截面式流量计是转子流量计。

1. 转子流量计的组成

转子流量计由一带刻度的锥形玻璃管和置于玻璃管内部的不锈钢（也有用铜、铝或塑料等材料）做成的转子（亦称浮子）组成，通过管架和连接件垂直安装于管道，参见图 2-40（a）。转子的横截面在高度方向上也是不一致的，除球形转子外，转子本身上方横截面大于下方横截面，且其比例大于锥形玻璃管管径的变化，参见图 2-40（b）中上下两黑色面积的比较。根据转子所处位置的高低（管道截面积不同），以转子最大横截面（例如球形转子的直径处）为基准，来读取锥形玻璃管上刻度表示的流量。因此，转子流量计属于截面式流量计。

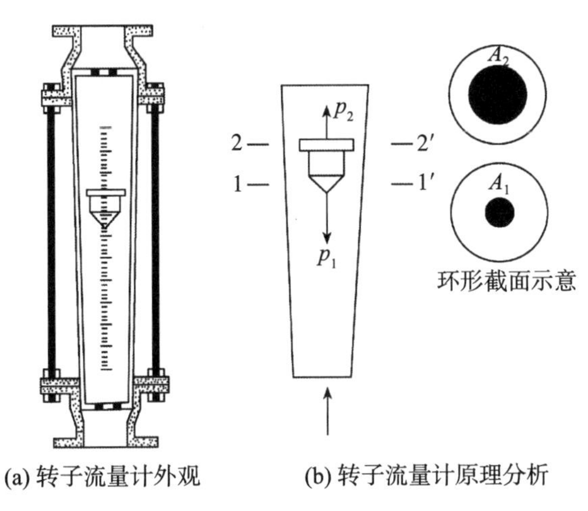

(a) 转子流量计外观　　(b) 转子流量计原理分析

图 2-40　转子流量计

2. 转子流量计的工作原理

为了解转子流量计的工作原理，并推导有关公式，在流量计的转子上下两端位置的管道中确定两个截面1—1′及2—2′，如图2-40(b)所示。以两个截面之间的流体为体系，忽略高度差和阻力损失，列出以单位体积为基准的伯努利方程，并简化成

$$p_1-p_2=\frac{\rho(u_2^2-u_1^2)}{2} \tag{2-52}$$

设转子下端最细，它与锥形玻璃管的管道形成的环形截面面积为A_1，转子上端最粗，它与锥形玻璃管的管道形成的环形截面面积为A_2。由于转子的形状造成环形截面$A_1>A_2$，如图2-40(b)所示。通过流体流动的连续性方程，可知流体流过流量计两个截面的流速关系：$u_2>u_1$。由式(2-52)可知，流体流过转子流量计时，在转子的上下两端造成一定压强差$p_1>p_2$，其作用形成升力，使转子浮起。转子浮起上升后，由于锥形玻璃管的管道与转子构成的环形截面面积增大，流体流过环隙截面的流速会降低，并造成转子上下两端压强差的数值减少，转子上升到一定高度，受到的升力(此时为转子承受的静压力和浮力之和)与其重力达到平衡，转子会悬浮在与流体流速相适应的高度。从流量计玻璃管的刻度可看出相应的流量。进一步设：流体密度为ρ、转子材料密度为ρ_i、转子体积为V_i、转子最大端面积为A_i，当转子处于平衡状态时，转子承受的静压力=转子所受的重力-转子的浮力，即：

$$(p_1-p_2)A_i=V_i\rho_i g-V_i\rho g \tag{2-53}$$

转换成：

$$p_1-p_2=\frac{V_i g}{A_i}(\rho_i-\rho) \tag{2-54}$$

将式(2-52)中的流速写成体积流量与管截面面积的关系：

$$p_1-p_2=\frac{\rho g(u_2^2-u_1^2)}{2}=\rho g\frac{\left(\frac{q_V}{A_2}\right)^2-\left(\frac{q_V}{A_1}\right)^2}{2} \tag{2-55}$$

联立式(2-54)和式(2-55)，得到

$$q_V=\frac{A_2}{\sqrt{1-(A_2/A_1)^2}}\sqrt{2g\frac{V_i}{A_i}}\sqrt{\frac{\rho_i-\rho}{\rho}} \tag{2-56}$$

由于g、V_i、A_i、ρ_i为常数，对于确定的流体，流体密度ρ也为常数，式(2-56)可进一步简化成

$$q_V=\frac{A_2}{\sqrt{1-(A_2/A_1)^2}}\times k\times\sqrt{\frac{\rho_i-\rho}{\rho}}=C'\times\frac{A_2}{\sqrt{1-(A_2/A_1)^2}}\approx C\times A_2 \tag{2-57}$$

上式建立了体积流量与环隙面积A_2的关系，后者可从转子在刻度管的位置反映出来，

这就是转子流量计测量流量的工作原理。

3. 转子流量计的特点

转子流量计结构简单，读数方便，能量损失小，测量范围宽，某些型号的流量计还能适于抗腐蚀性流体，故其应用很普遍。但因其测量管多为玻璃材质，故不抗高温、高压。转子流量计必须垂直安装，其进口处安装流量调节阀，并以转子最大截面处为观察流量刻度的基准。对不能轻易停车的生产线，应安装支路，以便于必要时对转子流量计进行检修或更换。

4. 转子流量计的校正

由于转子流量计在生产厂家一般用水或空气为标准介质，在 20℃、760mmHg 条件下进行刻度标定。当被测量流体不同时，需用对流量计的刻度进行校正。校正方法有实际测量或计算方法，参见产品说明书。例如，忽略温度和压强影响、不同介质时的实际流量校正计算公式如下：

$$q_V = q_{Vs}\sqrt{\frac{(\rho_i-\rho)\rho_s}{(\rho_i-\rho_s)\rho}} \tag{2-58}$$

式中：具有下标 s 的参数表示测量标准介质(水或空气)时的有关参数的数值。

二、流体输送机械

流体从低处升至高处，或者经过某种设备或反应装置的输送过程中，需要能量来克服位压头差和克服流体阻力损失。为了实现工艺要求、达到流体输送的目的，必须对流体提供机械能。用于输送液体的机械称为泵，用于输送气体的机械称为风机和压缩机。

制药工业生产中，流体输送是最常见的操作。流体输送机械就是向流体做功以提高流体机械能的装置，流体通过流体输送机械后即可获得能量，以用于克服液体输送沿程中的能量损失，提高位能或增加流体的压强。流体输送机械有多种类型和规格，可根据有关设备的样本、产品目录等资料进行选取。流体输送机械按其工作原理分类为：①动力式(叶轮式)：包括离心式、轴流式输送机械，它们是借高速旋转的叶轮使流体获得能量的；②容积式(正位移式)：包括往复式、旋转式输送机械，它们是利用活塞或转子的挤压作用使流体升压以获得能量的；③其他类型：不属于上述两类的其他型式，如喷射式等。

(一)离心泵

离心泵结构简单，容易操作，便于调节和控制流量，效率较高，可提供足够的流量和压头，某些型号的离心泵还可输送腐蚀性或含有悬浮物的液体，因此，离心泵的应用最为广泛。

1. 离心泵的构造

离心泵由叶轮、泵壳、传动部分、连接部分和底阀等组成，参见图 2-41。

(a) 一种清水泵的外观

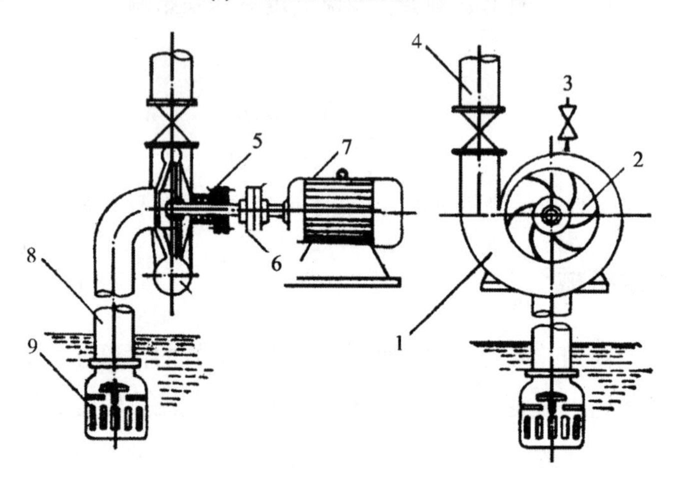

1—泵壳；2—叶轮；3—排水气孔；4—压出导管；5—轴封装置；6—联轴器；

7—电动机；8—吸入导管；9—底阀

(b) 泵的组成示意图

图 2-41　离心泵

1) 叶轮

叶轮是离心泵的关键部件，叶轮上有 6~12 片稍微向后弯曲的叶片。叶轮安装在泵轴上，通过轴封装置(既保证密封，又保证泵轴能自由转动)，以适当形式与电动机连接，将电机旋转的机械能传给液体，使通过离心泵的液体静压能和动能均有所提高。

2) 泵壳

离心泵的泵壳制成蜗壳形。泵壳中央的轴心处水平方向有液体的吸入口，通过法兰与吸入管连接；泵壳侧旁按切线方向垂直向上为液体的压出口，通过法兰与压出管连接。叶片与蜗壳间形成液体通道，叶轮在泵壳内沿着蜗形通道逐渐扩大的方向旋转。

2. 离心泵的工作原理

离心泵在启动之前，需要关闭出口管道阀门，使得电机的负荷最小，并使泵壳内充满待输送的液体。启动后，电动机的转动使得泵轴带动叶轮旋转，叶轮间的液体在离心力的作用下，沿着叶片间的通道从叶轮中心(泵进口处)甩到叶轮外围，以很高的速度流入泵壳，获得了较大的动能。液体流进蜗形通道后，由于蜗形通道的截面积逐渐扩大，速度逐渐降低，流体获得的动能大部分将转变为静压能。正常工作后，如果泵出口处安装有压力表，可以显示系统压强增大，并逐渐达到稳定的额定值。此时，逐渐打开出口管道的阀门，液体就以较高的压力从出口进入出口管路。与此同时，随着叶轮中心液体甩出以后，吸入口处就形成负压区，外界大气压力迫使液体经过底阀和吸入管道进入泵体内，充填该空间。因此，只要叶轮正常旋转不停，液体就会源源不断地吸入、排出，实现液体输送。可见，离心泵是将电机驱动下泵轴带动叶轮高速旋转的机械能转变流体的静压能的机械。

3. 离心泵的主要性能参数

在离心泵的出厂铭牌上标明有该离心泵的主要性能参数。

(1)流量：离心泵在额定条件下，单位时间内可输送液体的体积。离心泵的流量用 q_V 表示，与管道中流体流量一致。单位：$m^3 \cdot h^{-1}$或 $m^3 \cdot s^{-1}$。离心泵的流量由泵的结构和电机转速决定。普遍水泵的额定流量范围在 $1 \sim 100m^3 \cdot h^{-1}$。

(2)扬程：在额定条件下，单位重量流体通过离心泵可获得的能量，用 H_e 表示，单位：m(液柱)。离心泵扬程与其他压头关系如图 2-42 所示。注意：由于动压头(特别是动压头的增加值)一项数值不大，图 2-42 中忽略动压头一项。

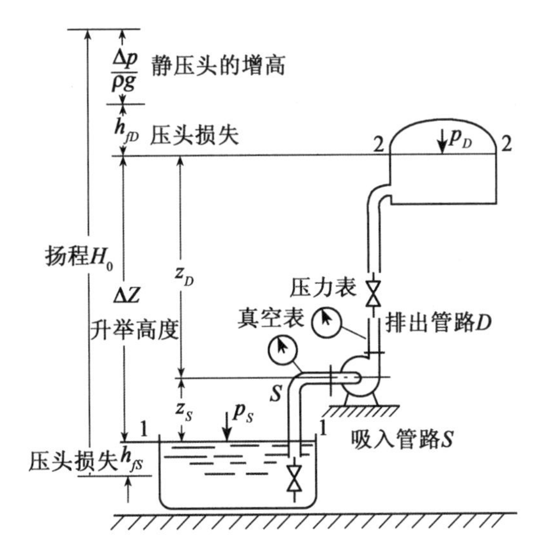

图 2-42　离心泵的扬程与其他压头关系示意图

普通水泵的额定扬程范围在 8~40m 水柱。实际扬程尚与流量有关，由泵的性能曲线反映。泵在其额定流量和扬程条件下工作其效率最高。所以，应该根据这两个参数来选择泵。

(3)配套电机情况：包括电机型号、电机功率、电机级数(转速)和其他内容。

(4)允许吸上真空度和气蚀余量：是与离心泵的最高允许高度有关的性能指标，泵的铭牌上只标明二者之一，参见后文。

4. 离心泵的安装和操作时应注意的问题

离心泵的安装和操作方法可参考离心泵的说明书，应注意以下问题。

1)离心泵的气缚现象

流体在离心泵的叶轮内受到离心力的作用，接受外界输入的功。流体微团受到的离心力与流体的密度成正比：

$$\text{离心力 } F=\text{流体质量 } m\times\text{旋转半径 } d\times\text{角速度 } \omega^2=\rho\times V\times d\times\omega^2 \tag{2-59}$$

如果离心泵在启动时，泵壳内存在空气(其密度远远小于液体的密度)，泵壳内的流体受到的离心力小，流体无法压出，吸入口也不能形成负压区，待输送液体不能吸入泵内，无法进行流体输送。这种现象的原因是泵壳内存在空气，故叫做离心泵的气缚现象。为防止离心泵的气缚现象，启动离心泵前，必须将泵体内注满待输送的液体。为此，如果泵高于储槽液面，在泵的吸入管底部必须安装底阀(一种止逆阀)，防止液体倒流并引入空气。在泵体最高点应有排气口。通过注液、排气程序，保证离心泵在启动之前泵壳内充满待输送的液体，泵壳和吸入管路内无空气积存。

2)离心泵的气蚀现象

离心泵叶轮中心处的液体被甩出以后，叶轮中心的吸入口处就形成负压区，其绝对压强p_k最低。但是，如果此压强低于被输送液体在操作温度下的饱和蒸气压 p_V，将引起液体的部分汽化，形成许多小气泡。当含有大量气泡的液体由泵中心低压区流进叶轮的高压区时，气泡受压而重新凝结，造成原气泡处形成局部真空。形成局部真空后，周围液体以极大速度冲向原气泡所占据的空间，液体质点就像无数小弹头一样，连续冲击叶轮表面。在压力大、频率高的液体质点连续打击下，叶轮表面迅速损坏，这种现象叫做离心泵的气蚀。气蚀现象会降低离心泵的性能，使其流量、扬程和效率大大下降。如果泵在严重气蚀状态下继续运转，叶轮很快被破坏成蜂窝状或海绵状，最终导致完全损坏。为避免发生气蚀现象，应根据泵的性能，确定泵的吸入极限状况，这涉及离心泵的最大安装高度问题。

3)离心泵的安装高度问题

离心泵的最大安装高度是指离心泵的泵轴中心线距离储槽液面水平面的最大垂直距

离。该问题与允许吸上真空度和气蚀余量这两个概念有关。

4）离心泵的允许吸上真空度

为避免发生气蚀现象，叶轮中心处的绝对压强 p_k 应该高于液体在操作温度下的饱和蒸气压 p_V，由于 p_k 很难测量，因此，以泵的进口接管 e 点处压强 p_e 代替 p_k。显然存在关系：$p_e>p_k>p_V$。以储槽液面为 $s—s'$ 截面、e 点处管道截面为 $e—e'$ 截面，$s—s'$ 截面为水平基准面，参见图 2-43。

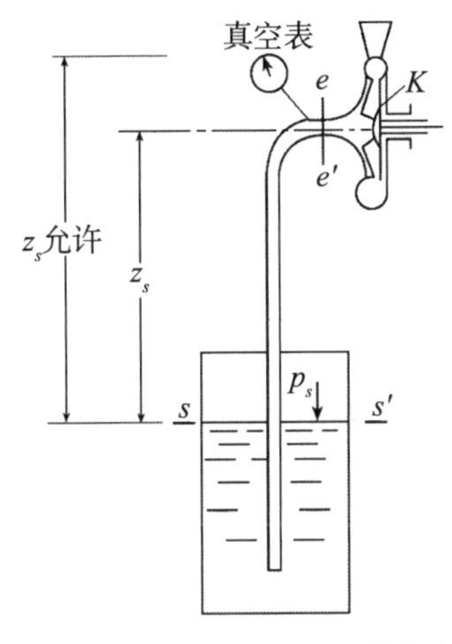

图 2-43　离心泵的最大安装高度

在上述二截面之间建立以单位重量流体为基准的伯努利方程[式(2-26e)，单位：m 液柱]，由于泵不在体系内、储槽液面流速为零，方程简化并表达成为泵安装高度的形式：

$$泵的安装高度=z_e=\frac{p_s-p_e}{\rho g}-\frac{u_e^2}{2g}-H_{f,s} \qquad (2\text{-}60)$$

式中：p_s 为储槽液面处压强，$N\cdot m^{-2}$ 或 Pa；p_e 为吸入管路 e 点处压强，$N\cdot m^{-2}$ 或 Pa；u_e 为吸入管路 e 点处流速，$m\cdot s^{-1}$；$H_{f,s}$ 为两截面间压头损失（近似使用了吸入管路的压头损失符号），m。

如果储槽为敞口，p_s 即为大气压 p_a，p_a-p_e 即为 e 点处真空度，单位 Pa。由于 p_e 必须足够大，该处真空度不能太高。通过实验可测得离心泵刚刚发生气蚀（以泵的扬程较正常值下降 3%为准）的有关数据，按下式定义泵的最大吸上真空度 $H_{s,\max}$：

$$H_{s,\max}=\frac{p_a-p_{e,\max}}{\rho g} \qquad (2\text{-}61)$$

注意：它是以液柱的形式表现，单位为 m 液柱。

考虑安全值，进一步规定，允许吸上真空度

$$H_s=H_{s,\max}-0.3 \qquad (2\text{-}62)$$

将式(2-61)、式(2-62)代入式(2-60)，得到离心泵的允许安装高度与允许吸上真空度 H_s 之间的关系式：

$$z_{e,允许}=H_s-\frac{u_e^2}{2g}-H_{f,s} \qquad (2\text{-}63)$$

根据离心泵铭牌指标常压室温的允许吸上真空度 H_s，通过计算吸入管道的压头损失和 e 点处动压头，可求得常压室温条件下离心泵的允许安装高度。实际安装时，安装高度应比该值再低 0.5～1m。因为 H_s 不可能太大，允许安装高度是有限的，适当加大泵的进口管

径以减小 u_e，减少进口管长度，少设弯头和阀门尽量减少 $H_{f,s}$，都是增加离心泵安装高度的措施。

大气压随海拔高度而变化。泵安装地点的海拔越高，大气压力就越低，最大吸上真空度就越小。若被输送液体的温度越高，所对应的饱和蒸气压也越高，泵的最大吸上真空度就越小。离心泵铭牌标出的允许吸上真空度 H_s 是生产厂家在标准大气压、20℃、介质为水(饱和蒸气压，2350Pa 即 0.24m 水柱)的条件下测定的，在具体使用条件下的允许吸上真空度 H'_s 与泵铭牌上的允许吸上真空度 H_s 的关系为

$$H'_s = H_s + (H_a - 10.33) - (H_V - 0.24) \tag{2-64}$$

式中：H'_s 为泵在使用条件下的允许吸上真空度，m(水柱)；H_s 为泵铭牌给出的允许吸上真空度，m(水柱)；H_a 为泵工作处的大气压，m(水柱)；H_V 为操作温度下水的饱和蒸气压，m(水柱)；

5)离心泵的气蚀余量

有的离心泵铭牌标出泵的气蚀余量，它是泵的抗气蚀能力性能参数的另一种表示方法。气蚀余量用符号 Δh 表示，气蚀余量定义为：将液体从储槽吸到泵的入口(图 2-43 中的 e 点)时，液体全压头(静压头与动压头之和)比液体的汽化压头(即饱和蒸气压相应的压头)高出的部分，见式(2-65)，故该术语也称为净正吸入压头(net positive suction head, NPSH)。

$$\Delta h = \left(\frac{p_e}{\rho g} + \frac{u_e^2}{2g}\right) - \frac{p_V}{\rho g} \tag{2-65}$$

式中：Δh 为气蚀余量，m；p_e 为泵吸入口处压强，Pa；p_V 为操作温度下液体的饱和蒸气压，Pa；u_e 为泵入口处液体流速，$m \cdot s^{-1}$。

由于 $p_e > p_V$，气蚀余量 Δh 一定为正值。将式(2-65)代入上述通过伯努利方程推导出来的式(2-60)，得到气蚀余量 Δh 与泵的安装高度 z_e 之间的关系式：

$$z_e = \frac{p_s - p_e}{\rho g} - \frac{u_e^2}{2g} - H_{f,s} = \frac{p_s}{\rho g} - \left(\frac{p_e}{\rho g} + \frac{u_e^2}{2g}\right) - H_{f,s} = \frac{p_s}{\rho g} - \Delta h - \frac{p_V}{\rho g} - H_{f,s} \tag{2-66}$$

Δh 越大，泵的抗气蚀能力越强，其吸上能力越强，可安装得高一些。当位置高到泵刚刚发生气蚀时的气蚀余量称为最小气蚀余量 Δh_{min}，再加上规定的安全值 0.3m，则称为允许气蚀余量 $\Delta h_{允许}$。离心泵的允许安装高度与允许气蚀余量 $\Delta h_{允许}$之间的关系式为

$$z_{e,允许} = \frac{p_s - p_V}{\rho g} - \Delta h_{允许} - H_{f,s} \tag{2-67}$$

同样，实际的安装高度应比该计算值再低 0.5~1m。

离心泵铭牌标出的气蚀余量往往就是指允许气蚀余量。气蚀余量也存在校正的问题，

严格来说，需按泵的生产厂家提供的校正曲线进行。由于校正值往往不大，实际的安装高度又比计算值多考虑一个安全系数，因此，气蚀余量的校正往往省略。

[**例题 2-11**] 水泵铭牌标示其额定流量为 $20m^3 \cdot h^{-1}$、允许吸上真空度为 5.7m(水柱)。准备用它输送敞口储槽的水，吸入管道内径为 50mm，吸入管道压头损失为 1.5m(水柱)，试分别计算水温为 20℃和 80℃时该泵的合适安装高度。

解：由于为敞口储槽，题目没有强调大气压，故视为标准大气压。先计算吸入管道水的速度：

$$u_e=\frac{4V}{\pi d^2}=\frac{4\times\frac{20}{3600}}{\pi\times(0.05)^2}=2.83(m\cdot s^{-1})$$

因为知道泵的允许吸上真空度，水温为 20℃的条件下，选用式(2-63)直接计算。

20℃时：
$$z_{e,允许}=H_s-\frac{u_e^2}{2g}-H_{f,s}=5.7-\frac{2.83^2}{2\times 9.81}-1.5=3.8(m)$$

水温为 80℃的条件下，泵的实际允许吸上真空度将与铭牌值有很大区别，需要采用式(2-64)进行校正。从附录查取 80°C 水的有关数据：密度 $971.8kg \cdot m^{-3}$、饱和蒸气压 47.34kPa，换算为 4.97m 水柱。故 $H'_s=H_s+(H_a-10.33)-(H_V-0.24)=5.7-(4.97-0.24)=0.97(m)$。

再利用式(2-63)计算，注意此时允许吸上真空度应为校正后的 H'_s。

80℃时：
$$z_{e,允许}=H'_s-\frac{u_e^2}{2g}-H_{f,s}=0.97-0.4-1.5=-0.93(m)$$

答：水温为 20℃时该泵的允许安装高度计算值 3.8m，考虑实际情况，泵安装在储槽最低储水面以上不超过 3.3m 为宜。水温为 80℃时该泵的允许安装高度计算值为-0.93m，即必须安装在储槽最低液面以下，考虑实际情况，泵安装在低于储槽底面以下至少 1.5m 的位置。

从例题 2-11 结果看出，泵的实际安装有两种方式，分别适合不同的情况。

泵安装在储槽以上，参见图 2-44(a)，称为吸入式安装，适于抽取冷却井水等场合，这种安装方式可充分利用大气压的作用，加大泵的提升高度。

为了灭菌，药厂制剂用水的温度较高，储槽往往密封，内部压强可能低于大气压，此时泵必须安装在储槽液面以下甚至低于储槽底面以下的一定位置，才能满足泵的抗气蚀要求。这种方式称为倒灌式安装，参见图 2-44(b)。倒灌式安装的优点是：可利用储槽液体的位差实现开泵时的自动注液和排气，并保证必要时对系统排空等洁净工作的要求。所以，药厂的许多用水储槽是高于地面的立式结构。

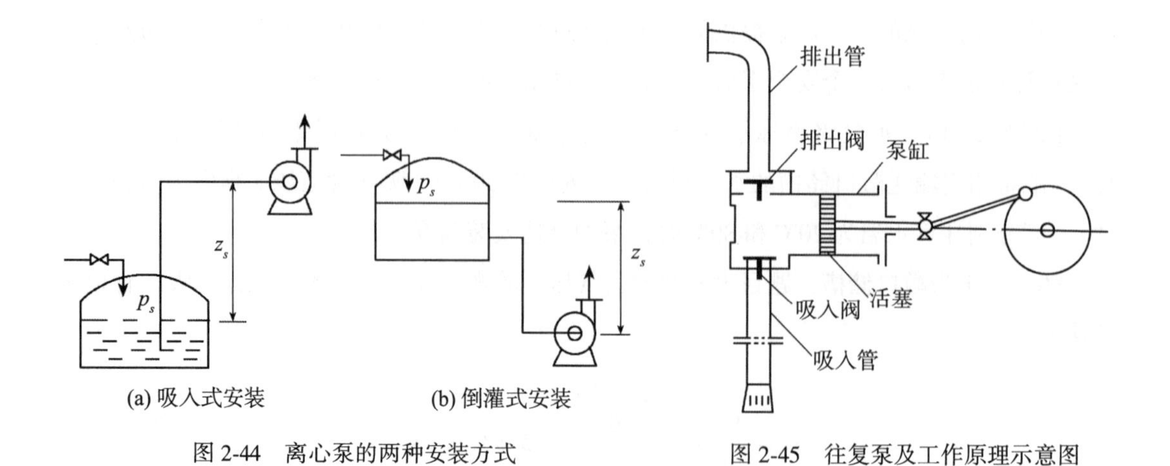

图 2-44　离心泵的两种安装方式

图 2-45　往复泵及工作原理示意图

(三)往复泵

往复泵是一种容积泵，也称为正位移泵。它依靠活塞的往复运动并依次开启吸入阀和排出阀(它们都是单向阀)，从而交替吸入和排出液体，达到输送流体之目的。图 2-45 所示为往复泵示意图。泵的主要部件有泵缸、活塞、吸入阀、排出阀和其他连接件、传动部分。在电动机驱动下并通过减速箱、曲柄、连杆和活塞杆的作用，使往复泵的活塞在缸体内做往复运动。当活塞自左向右运动时，缸体工作室的容积增大，形成低压，出口阀关闭，流体经进口的吸入阀进入；当活塞移到右端点时，吸入的液体量最多。此后，活塞由右向左运动，进口阀关闭，流体受压获得能量、压强增大，致使吸入阀向下关闭，当压强达到一定值时，液体推开排出阀进入输出管道或设备，从而输送一定量的液体。此后，进行另一个工作循环。可见，往复泵的工作原理不同于离心泵，往复泵是正位移泵，靠工作循环将液体一点点地压缩和输送。

在泵停止工作时，为了防止管道中流体可能的倒流现象，泵的进出口管道上都安装了阀门。由于工作原理不同，往复泵启动之前，需要认真检查打开出口管道阀门，否则会形成封闭体系。由于液体的不可压缩性，正位移泵可在封闭体系内造成很高的压强。正位移泵的流量也不能由阀门来调节，是由它的冲程和往复频率决定的。将往复泵的偏心轮偏心距离进行调整固定柱塞的冲程，通过电机和减速机构控制柱塞的往复频率，就可达到定量输送流体的目的，这就是计量泵的操作原理。往复泵也有安装高度的问题。在使用往复泵的场合，要注意管道设计或安装安全阀，防止管道或设备的破坏。

(四)气体输送机械

按所产生压强的高低，将输送气体的机械分别称为真空泵、通风机、鼓风机、压缩机。

1. 真空泵

真空泵多用于抽真空，造成或维持系统的负压，很少用于直接输送流体。几种常见真空泵见图 2-46。

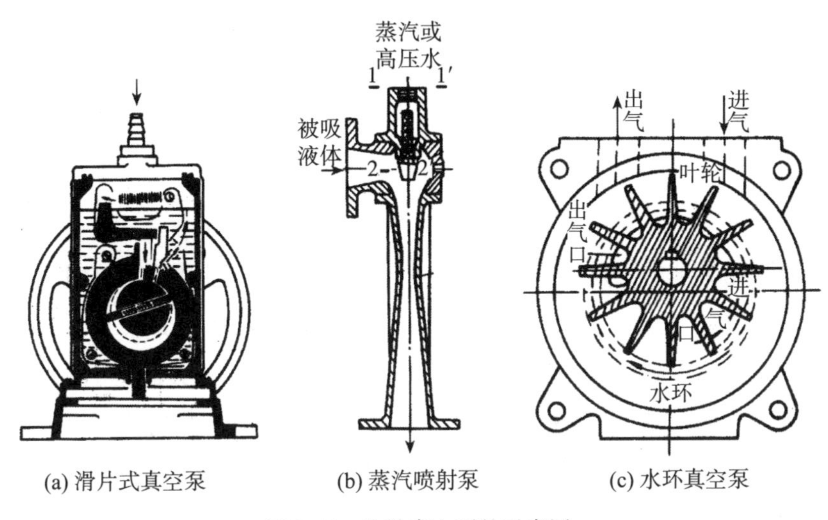

(a) 滑片式真空泵 (b) 蒸汽喷射泵 (c) 水环真空泵

图 2-46 几种真空泵的示意图

2. 通风机

通风机一般为离心式通风机，其工作原理与离心泵相似，关键部件是叶轮和具有逐渐扩大的蜗形通道的机壳。图 2-47 所示为离心式通风机示意图。

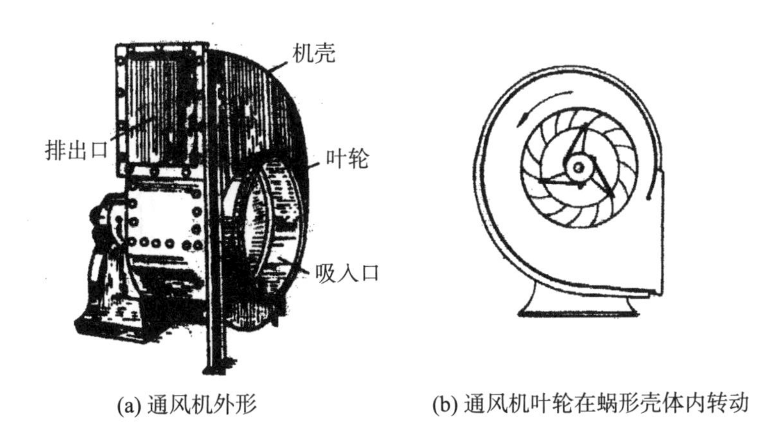

(a) 通风机外形 (b) 通风机叶轮在蜗形壳体内转动

图 2-47 离心式通风机

通风机性能指标主要是风量、风压和功率。按出口可达到的表压大小，通风机分低压风机(100mm 水柱以下)、中压风机(100~300mm 水柱)和高压风机(300~1500mm 水柱)。

对洁净度有要求的制药车间需要安装通风机，以保持环境一定微小的正压，防止外界空气的污染。

3. 鼓风机和压缩机

鼓风机按工作原理分离心式和旋转式。离心式鼓风机的风量较大，但其出口表压也很少达到 30m 水柱。在更大的风压的场合，需要使用旋转式鼓风机(如罗茨鼓风机)或压缩机。这些机械主要用于合成氨厂等典型的化工厂，药厂少见。

习　　题

2-1　我国西北某地的平均大气压强为 85.3×10^3Pa，我国中原某地的平均大气压强为 101.33×10^3Pa。在中原某地进行的一项实验，设备的真空表读数为 96kPa。在西北某地使用相同设备进行重复实验，为保持在相同的绝对压强下操作，设备真空表的读数应控制为多少？

2-2　某地某时的大气压强为 0.98×10^5Pa，某反应器上的老式压力表读数为 $2.5\text{kgf}\cdot\text{cm}^{-2}$。试计算该反应器内的绝对压强，分别用法定单位和 mmHg 表示。

2-3　如附图所示，某敞口油水分离槽中油和水的体积比为 5 ∶ 1，油密度 $920\text{kg}\cdot\text{m}^{-3}$，水密度 $1000\text{kg}\cdot\text{m}^{-3}$。储槽底部连接有液位计，其读数为 1100mm。试判断储槽内油、水分层界面距离储槽底部的高度和储槽液面高度。

2-4　如附图所示，在某反应器的上下方装有两个有关联的“U”形管水银压差计。为防止水银蒸气扩散，“U”形管与大气直接连通的玻璃管内灌有一段水。测得 $R_1=400$mm，$R_2=50$mm，$R_3=50$mm。试求 A、B 两处的表压强。

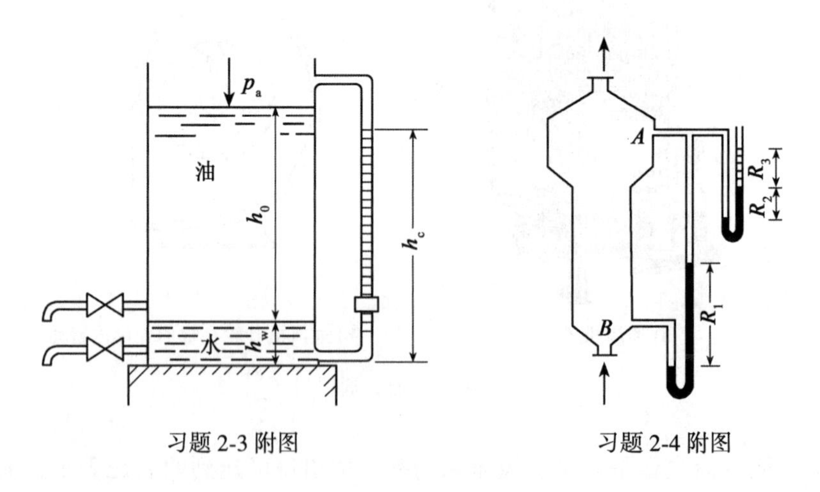

习题 2-3 附图　　　习题 2-4 附图

2-5　如附图所示，为测量直径自 40mm 突然扩大到 80mm 的扩大管段的局部阻力系数，在管两端引出测压口与“U”形管压差计相连，用四氯化碳($\rho=1600\text{kg}\cdot\text{m}^{-3}$)作指示液，当水体积流量为 $2.78\times10^{-3}m^3\cdot s^{-1}$时，压差计读数 $R=165mm$，忽略直管的阻力损失，求扩大管段的局部阻力系数。

2-6　如附图所示，水平管道的管子由 $\Phi42\times3mm$ 过渡到 $\Phi60\times3.5mm$，在过渡锥管两端附近的管道上方连接一个量程合适的倒置的“U”形管压差计，当管道中水的质量流量为 $3kg\cdot s^{-1}$时，水上升到“U”形管压差计的一定高度，但两边不一致，高度差 $R=100mm$。求两截面间的压强差和压强降，用法定单位表示。

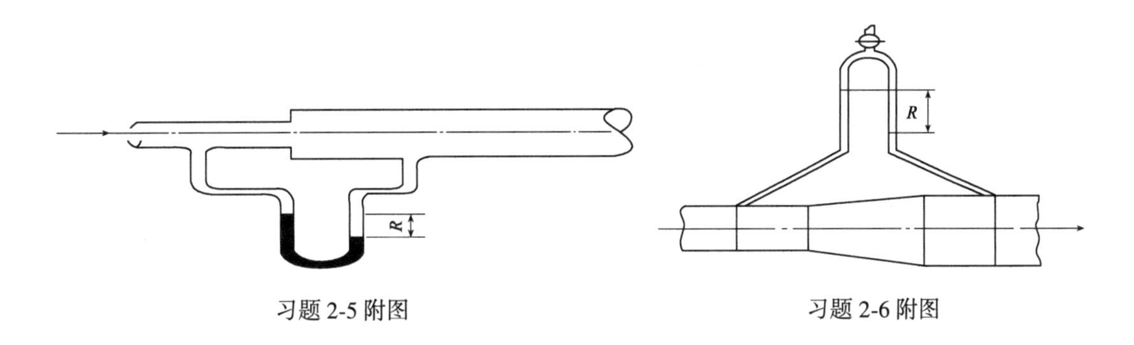

习题 2-5 附图　　　　习题 2-6 附图

2-7　如附图所示，储槽水位保持恒定，底部放水管道内径 $d=100mm$，在距管道入口 15m、距管道出口 20m 处连接有一个“U”形管水银压差计，压差计左边充满水，右边通大气。测压点到管道出口之间装有闸阀控制流量。当闸阀关闭时，压差计左边液面距离管中心线 $h=1510mm$，压差计读数 $R=620mm$。

(1) 当闸阀部分开启时，压差计读数 $R=420mm$，$h=1410mm$，设此时摩擦系数为 0.02，管道入口阻力系数为 0.5。问：水每小时的体积流量为多少？

(2) 当闸阀全部开启，设摩擦系数为 0.018、全开闸阀的 $l_e/d=15$。问：此时压差计读数 R 为多少？

2-8　如附图所示，水经 $\Phi108\times4mm$ 管道从高位槽底部流出，高位槽内的水面稳定、且高于地面 8m，管路出口水平中心线高于地面 2m。

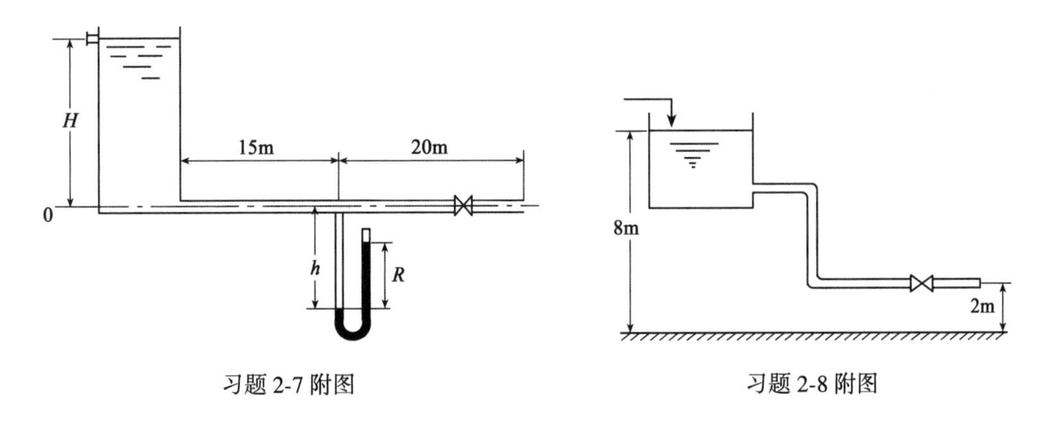

习题 2-7 附图　　　　习题 2-8 附图

(1)设整个系统的阻力损失按 $6.5u^2$ 计算，u 为水在管内的流速，单位为 $m \cdot s^{-1}$。问：u 为多少？

(2)问：每小时的体积流量为多少？

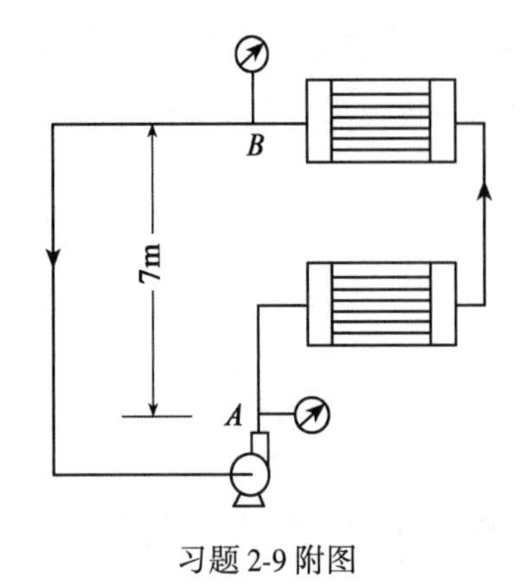

习题 2-9 附图

2-9 如附图所示，冷冻盐水循环系统中盐水的密度为 $1100kg \cdot m^{-3}$，循环量为 $36m^3 \cdot h^{-1}$，管道的直径相同。盐水由 A 处流经两个换热器至 B 处的能量损失为 $98.1J \cdot kg^{-1}$，由 B 处流至 A 处的能量损失为 $49.0J \cdot kg^{-1}$，试问：

(1)如果泵的效率为 70%，泵的轴功率为多少？

(2)如果 A 处的压强表读数为 245.2×10^3Pa，B 处的压强表读数为多少？

2-10 密度为 $830kg \cdot m^{-3}$、黏度为 $5\times10^{-3}Pa \cdot s$ 的液体在内径为 15mm 的水平钢管内流动，溶液的流速为 $0.6m \cdot s^{-1}$。

(1)计算雷诺准数，判断流型；

(2)液体流过 15m 管子其压强下降多少 Pa？

2-11 液体在圆形直管中稳定流动，假定液体的物性、体积流量、管长、相对粗糙度不变，而管内径减小为原来的一半，如果流动形态为：①层流；②高度湍流。试问：流体的能量损失将分别为管径改变前的多少倍？

2-12 采用 10m 高的水塔输送水，水温为 20℃，管道全长 500m，管件和阀门的局部阻力等于水管沿程阻力的 50%，要求输水量达到 $10m^3 \cdot h^{-1}$，需采用水煤气管，试求其最小规格。

2-13 密度为 $850kg \cdot m^{-3}$、黏度为 $5.1mPa \cdot s$ 的油在 $\Phi114\times4mm$ 钢管内流动，管道全长以及管件和阀门所有的局部阻力当量长度之和为 3000m，管道允许压强降为 3×10^5Pa，求该管道每小时可实现的输送量。

2-14 用离心式耐酸泵将密度为 $1500kg \cdot m^{-3}$ 的硝酸、按流量 $7m^3 \cdot h^{-1}$，从地面敞口储槽送到液面上方压强为 400kPa(表压)的反应器之中。两液面之间的垂直距离为 8m，输送管道的压强损失为 30kPa。为选择配套电机，问：泵的轴功率为多少？

2-15 用离心泵将冷冻盐水通过 $\Phi32\times2.5mm$ 钢管(管壁绝对粗糙度为 0.055mm)从敞口储槽输送到液面位差为 16m 的常压冷却器。输送管道总长为 80m，装有 4 个全开的标准截止阀、6 个 90°弯头。溶液的密度为 $1230kg \cdot m^{-3}$，黏度为 9.5cP。要求流量达到 $6m^3 \cdot h^{-1}$，问：泵应该提供的压头为多少？

2-16 用离心泵将常压储槽中的物料(密度 $1200kg \cdot m^{-3}$，黏度 $2.1\times10^{-3}Pa \cdot s$)送入表

压强为 9810Pa 的反应器中。储槽液面与反应器进口高度差 15m。输送管道为 Φ89×4mm 钢管，总长 45m，管道上管件的局部阻力总和为沿程阻力的 0.5 倍，设摩擦系数 $\lambda=0.027$，根据雷诺准数判断质量流量 $q_m=8\text{kg}\cdot\text{s}^{-1}$时流体的流动形式，并计算单位质量流体的能量损失。

2-17　如附图所示，为了确定内径为 300mm 的输水管道内水的流量，在主管距离 2000mm 的两点间并联一根总长为 10m(包括长度和局部阻力的当量长度之和)、直径为 Φ60×3.5mm 的支管，其上装有转子流量计。由流量计的读数，知支管中水的流量为 $2.72\text{m}^3\cdot\text{h}^{-1}$。求水在总管道中的输送量。已知：水温为 20℃，主管流体流动的摩擦系数为 0.018，支管流体流动的摩擦系数为 0.03。

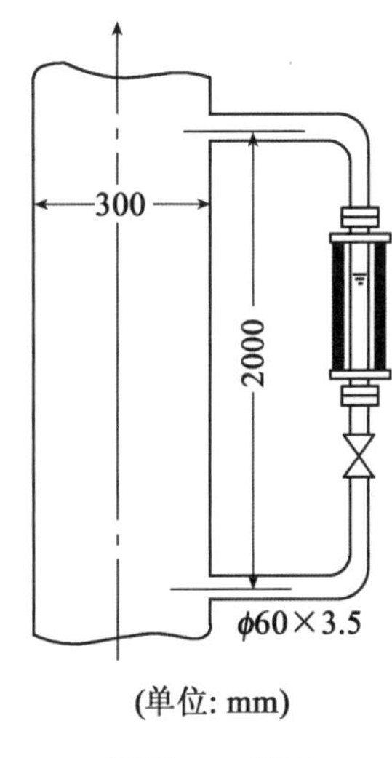

习题 2-17 附图

2-18　参见图 2-38，现准备从地面密闭储槽向敞口高位槽输送密度为 $1840\text{kg}\cdot\text{m}^{-3}$的浓硫酸，输送管道为 Φ38×3mm 钢管，其出口到储槽最低液面的垂直距离为 14m，输送管道的阻力损失按压头计为 1.2m 液柱。每批生产需要在 20min 输送硫酸 0.7m^3。试问：需要采用多大表压的压缩空气，才能实现输送任务？

2-19　厂家标明某转子流量计的介质为空气、刻度范围为 $20\sim50\text{m}^3\cdot\text{h}^{-1}$。现在准备用该流量计来测量 20℃氨气的流量，问：其测量范围为多少？

2-20　某药厂准备新建注射用水系统，购得泵的铭牌标示其额定流量 $7\text{m}^3\cdot\text{h}^{-1}$、最小气蚀余量 $\Delta h_{\text{min}}=1.9\text{m}$。注射用水的储槽密封，液面绝对压强 8.829kPa，水温 60°C，吸入管道内径为 50mm，吸入管道压头损失为 0.5m，试计算该泵的合适安装高度。

第三章　传　　热

本章学习要求

(1)了解三种不同的传热机理；

(2)掌握热传导的傅立叶定律，建立“对数平均值”的概念；

(3)了解对流传热有关基本概念、牛顿冷却定律，以及“传热系数”与“导热系数”的联系和区别；

(4)掌握间壁传热的总传热速率方程及总传热系数、平均温度差的基本概念，解决实际传热计算；

(5)了解逆流和并流操作方式，熟悉强化传热措施。

第一节　概　　述

热量传递简称传热，是制药化工生产中的一项重要操作。首先，由于许多化学反应和操作过程都需要控制在一定的温度下进行，为此，需要将物料事先通过某种手段进行加热或冷却，以达到工艺要求，这里就需要进行热量传递。此外，工厂生产流程中存在大量合理利用热能或废热回收方面的传热问题，它们关系节约能源、提高经济效益和保障国民经济可持续发展，不可不重视。

热量传递遵守能量守恒定律，传热无疑与热力学有关。由热力学第二定律可知，只要存在温度差，热量就会自发地从高温处向低温处传递，直至温度相等、达到热平衡。但是，传热本身是不平衡过程，因此，传热问题又属于传热学研究范畴。传热学研究具有不同温度的物体之间热量传递的速率和传热机理，分析影响传热速率的因素，导出定量关系式，即传热速率方程。许多情况下，需要将热力学(热量衡算方程)和传热学(传热速率方程)知识相结合，才能解决有关传热的问题。

传热过程和流体流动过程一样，分为定态和非定态两种。体系各点的温度仅随位置改变而改变，并不随时间改变而改变的传热过程称为定态传热；体系各点的温度不仅随位置改变而改变，而且还随时间改变的传热过程称为非定态传热。在此仅介绍定态传热。

从传热学角度看，制药化工生产过程涉及的传热问题分两种情况：一种情况下需要强化传热过程，提高传热速率，提高设备效率，使物料迅速得到加热或冷却、达到指定温度，或者完成回收热能；另一种情况下需要削弱传热过程，此时，需要对设备或管道进行保温，降低传热速率，减少过程的热量损失。研究传热问题可解决这两种问题，达到降低能耗、提高生产力之目的。

一、热量传递的三种机理

我们知道，热传导、对流传热和热辐射是热量传递的三种机理。

(一)热传导

热传导又称导热。如果物体内部或两个紧密接触的物体之间存在温度差，表明物体内部微观粒子的热运动强度不同。温度高处微观粒子的平均热运动能量高，温度低处微观粒子的平均热运动能量低，通过微观粒子的热运动发生能量传递即热传导。热传导过程的特点是物体各部分之间不发生宏观的相对位移，热量传递过程比较平缓。

(二)对流

对流是对流传热的简称，对流仅发生在流体中。对流传热的特征是：除了分子的随机扩散(例如在层流流动的垂直方向上的热能传递)引起的能量交换外，还有流体整体宏观运动引起的能量交换，因此热量传递过程较热传导激烈。按宏观运动的形式，又进一步分为自然对流和强制对流。自然对流是由于冷热流体的密度不同，从而形成重者下沉、轻者上浮的对流传热现象。强制对流是通过泵和风机等机械做功，迫使流体在管道中形成湍流流动时进行的传热。强制对流的同时也存在自然对流，但后者的影响此时实际上已经处于从属地位。

实际上传热过程的几种机理往往同时存在。对流传热常遇到的是流体流过固体表面时进行的传热，它是对流传热和热传导的串联传热过程。

(三)热辐射

当物体温度高于400℃时，物体将发出热辐射。其热能不依靠任何介质而以电磁波的形式在空间传播，电磁波遇到另一物体时又被该物体全部或部分吸收而变为热能。由于在一般情况下热辐射传热可忽略，因此，本章不讨论热辐射问题。

二、药物生产中的传热过程

(一)工业传热过程的三种基本方式

1. 直接接触式传热

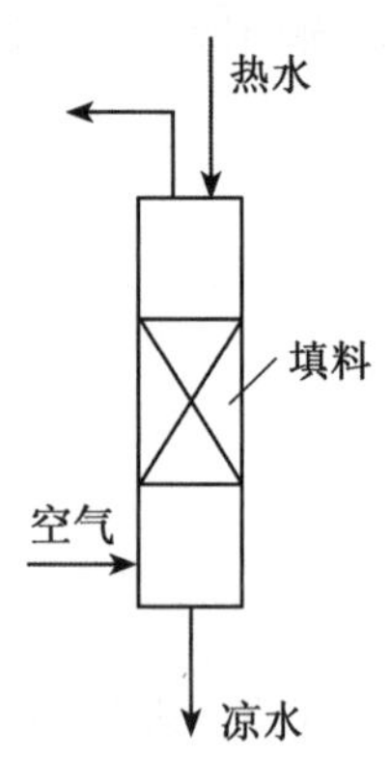

图 3-1 凉水塔示意图

直接接触式传热是通过冷热流体直接接触进行的传热。例如，凉水塔是工厂经常采用的使得冷却水可循环利用的简单装置，参见图 3-1。用鼓风机从塔底吹入空气，这些(冷)空气与塔顶喷淋下来的热水直接接触，使水温下降，形成可以再去起冷却作用的水。

2. 蓄热式传热

蓄热式传热是一种间歇式传热，它需要一个热容量较大的蓄热室，室内充填耐火砖等填料。其传热程序是：先将热流体通入蓄热室将填充物加热升温。然后，通过切换阀门，停止通入热流体，改通冷流体，使冷流体被高温的蓄热室加热。蓄热室温度下降到一定程度后，停止通入冷流体，切换通热流体，进入下一循环。如此反复，达到冷、热流体之间的热交换。这种传热方式一般只适用于气体，且不能达到洁净要求，因此应用有限。

3. 间壁式传热

多数情况下，工艺上不允许冷、热流体互相直接接触，它们之间被一金属材料的“壁”隔开，只进行热量交换，不进行物质交换，这种传热方式称为间壁式传热。间壁式传热应用得最多，是我们讨论的重点。

(二)给热

实际间壁式传热往往是流体流过固体表面时进行的对流传热和热传导传热的结合过程。其中，流体与壁面之间的传热过程称为“给热”。间壁式传热过程中，热流体和冷流体分别流过间壁的两侧，热量通过 3 个步骤自热流体传给冷流体：①热流体给热于管壁；②热量自管壁的一侧传导至管壁的另一侧；③热量自管壁给热于冷流体。参见图 3-2。

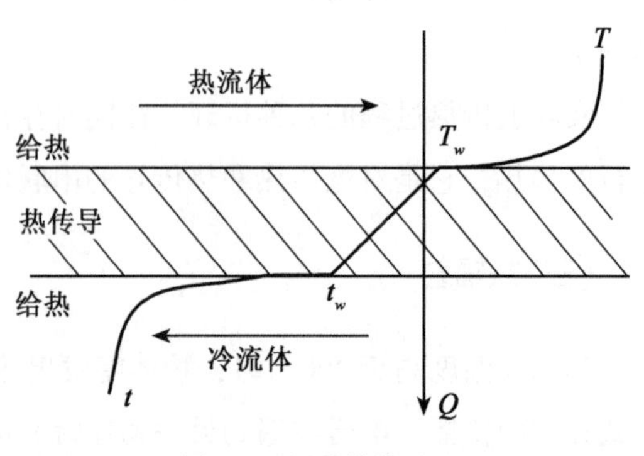

图 3-2 间壁传热过程

(三)换热

图 3-2 描绘了间壁传热的过程。通过这一过程，冷流体被热流体加热、温度升高，同时，热流体被冷流体冷却、温度降低。这种冷、热流体之间的热量传递，是一种热量交换过程，俗称“热交换”或“换热”。

制药化工厂大量存在着这种换热问题。通过工艺设计，充分利用冷的流体原料与反应后的高温流体进行换热，达到既预热原料又冷却产品的双重目的，充分回收利用生产过程的热能。

(四)载热体及其选择

由于热交换过程中的冷、热流体缺一不可。为了将冷流体加热或热流体冷却，必须使用另一种流体来供给或取走热量，此流体称为“载热体”。如上所述，应该充分利用工艺物流来兼作载热体，如果现有的工艺物流不能满足使用要求，就必须根据情况选择和采用其他载热体。载热体进一步分为加热剂和冷却剂，简介如下。

1. 常用加热剂

常用的加热剂有：

(1)热水。热水是在 40~100℃ 场合经常使用的热源。

(2)饱和水蒸气。饱和水蒸气适用于 100~180℃，其温度与压强一一对应，易于控制，使用方便，还可以充分利用其冷凝相变进行传热，不仅速率快，而且潜热大于显热，热能交换量大，效率高，加热剂需要量小。

(3)烟道气。烟道气温度可达 700℃ 以上，可将物料加热到较高的温度。缺点是气体的传热速率慢，而且温度不易控制。

(4)高温载热体。矿物油适用于 180~250℃；有机导热油(联苯、二苯醚等混合物)适用于 255~380℃。

(5)熔融金属或熔盐。适用于 140~530℃。

2. 常用冷却剂

常用的冷却剂有：

(1)水。水可将物料冷却到环境温度。

(2)空气。空气传热速率慢，最大极限也可将物料冷却到环境温度。

(3)冷冻盐水。冷冻盐水可将物料冷却到零下十几度至几十度。工业冷冻盐水的循环使用需要通过称为“冰机”的制冷机械实现盐水本身的降温。“冰机”内部工作介质为液氨，其常压沸点-33℃。液氨吸收热量汽化，通过压缩重新液化而循环使用。

三、换热器简介

间壁式传热应用得最多，它是一个热交换过程，用来实现热交换的设备就称为热交换器，简称换热器。据统计，换热器占典型化工厂设备总重量约40%。按其功能也可称为加热器、冷却器、冷凝器、蒸发器、再沸器等。在此，主要介绍一些典型的间壁式换热器。

(一)夹套式换热器

夹套式换热器因已与反应釜制作成一体而得名，带夹套的反应釜已经形成了系列型号规格的产品，购置比较方便，其结构参见图3-3。夹套式换热器的结构简单，夹套制作在反应器的外部，在夹套和容器壁之间形成供载热体流动的通道。夹套式换热器既可用于反应器的冷却也可以用于反应器的加热，这些功能靠配套的管道和阀门的切换来实现。用于冷却时，从夹套下方通入冷却水，热水从上方流出，参见图3-3(a)。用于加热时往往采用水蒸气，此时，从夹套上方通入水蒸气，传热过程中产生的冷凝水流到夹套的底部。此处管道上安装有俗称“回水盒”的一种阀门，当冷凝水积存到某种程度可迫使阀门开启，冷凝水流出，其量减少后阀门复位，故水蒸气始终留在夹套式换热器内部，参见图3-3(b)。夹套式换热器的缺点是传热面积比较小，传热效率也比较低。

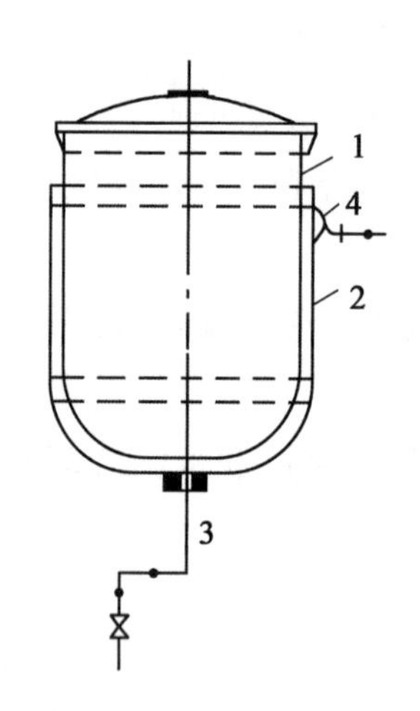

1—反应器；2—夹套；3—冷却水接管；
4—冷却水出口
(a)冷却方式

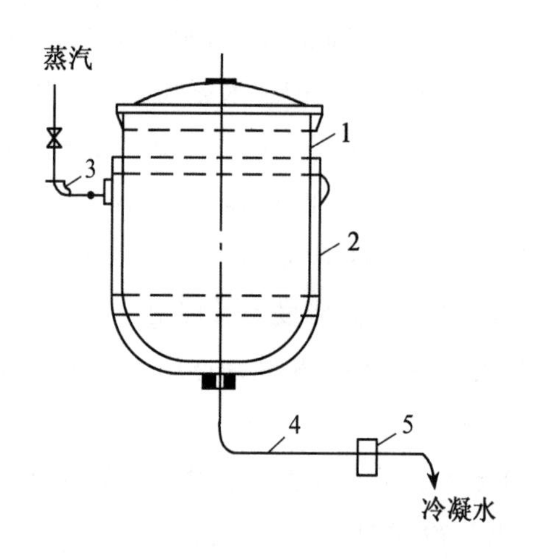

1—反应器；2—夹套；3—蒸汽接管；
4—冷凝水接管；5—回水盒
(b)蒸汽加热方式

图3-3　夹套式换热器

(二)盘管换热器

为了增加传热面，在条件允许时，可在反应釜内浸入大小合适的盘管换热器。盘管换热器的结构简单，用金属管子盘绕弯制而成，故也称为蛇管换热器，载热体在管内流动进行传热，参见图 3-4。

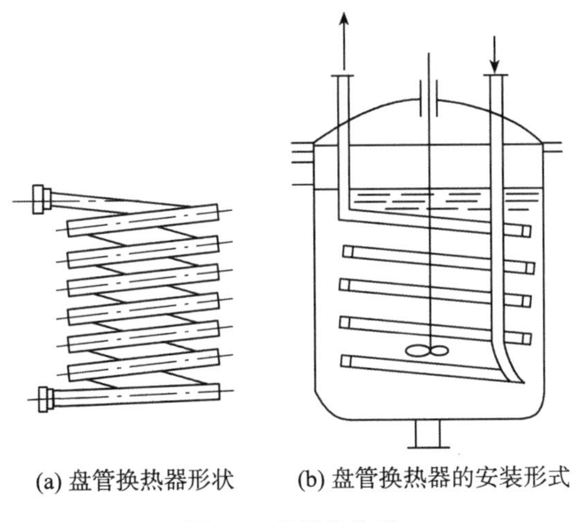

(a) 盘管换热器形状　(b) 盘管换热器的安装形式

图 3-4　盘管换热器

（三）喷淋式换热装置

喷淋式换热器是工厂室外常见的冷却装置，其结构简单可靠，如图 3-5 所示。冷却水经过上面的喷淋管，喷淋到由“U”形肘管连接起来的反复弯曲的管道装置上，冷却管道内流动着热流体。在装置下面，冷却水可收集再经凉水塔，重新分配使用。喷淋式换热装置制造方便，换热面积可根据需要设计和调整，造价便宜，便于检修和清洗。缺点是冷却水喷淋不易均匀而影响传热效果，不易控制，故仅适于要求不高的场合。

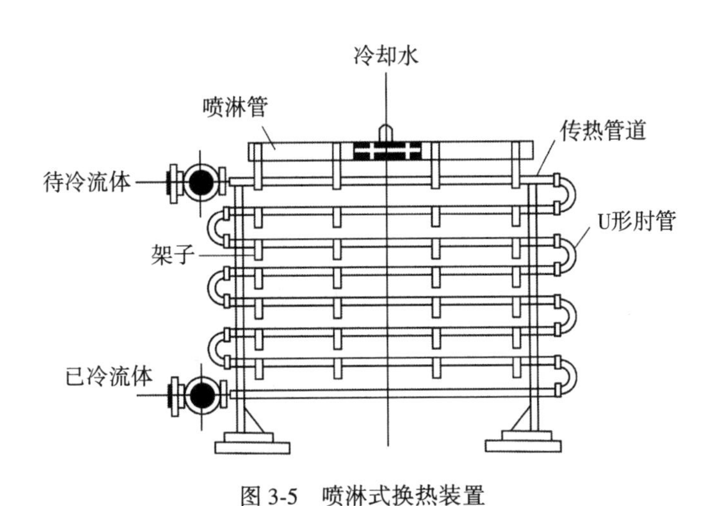

图 3-5　喷淋式换热装置

(四)套管换热器

套管换热器由两个不同直径的同心套管组成，内管走一种流体，外管的环形通道走另一种流体，形成最简单的间壁传热方式，参见图3-6(a)。由于位置或者管子长度本身的限制，在单根套管换热面积不够时，可将几段套管用"U"形肘管连接，参见图3-6(b)。套管换热器的优点是结构简单，加工和安装方便，可根据需要增减管段数量，便于设计，应用灵活。其缺点是结构不够紧凑，如果接头多则易漏，占地较大，用于流量不大、所需传热面积不大的场合。

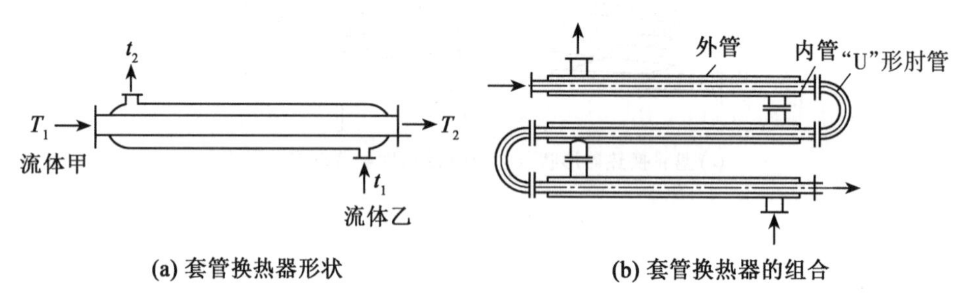

(a) 套管换热器形状　　(b) 套管换热器的组合

图3-6　套管换热器

(五)列管式换热器

列管式换热器又称为管壳式换热器，其结构和制作远比上述换热器复杂，但是，它按单位体积设备计算，它能提供的传热面积大，传热效果好，结构坚固，故使用广泛，是最典型换热器，参见图3-7。列管式换热器主要由壳体、管束、管板、封头、必要时的折流挡板等零部件组成。管束是若干根、按一定规则排列、起传热作用的细管(一般为$\Phi 19\times 2$mm或$\Phi 25\times 2.5$mm无缝钢管)。制作时，将管束穿过管板，再通过焊接或胀接固定在其上。管板实际上是中部加工有与管束相应若干个孔的特殊法兰盘，也称为花板。两块管板焊接在一个筒体(称为壳体)的两端，筒体的适当位置开孔焊接有两个接管。在这些零部件的共同作用下，形成了一个通道，因为流体只能在壳体内、换热列管外流动，该通道称为壳程或者管间。管板通过法兰结构与换热器两头的封头连接，形成了另一个通道。因为流体从进入封头到出另一个封头是在换热列管内流动，故该通道称为管程或者管内。大型列管

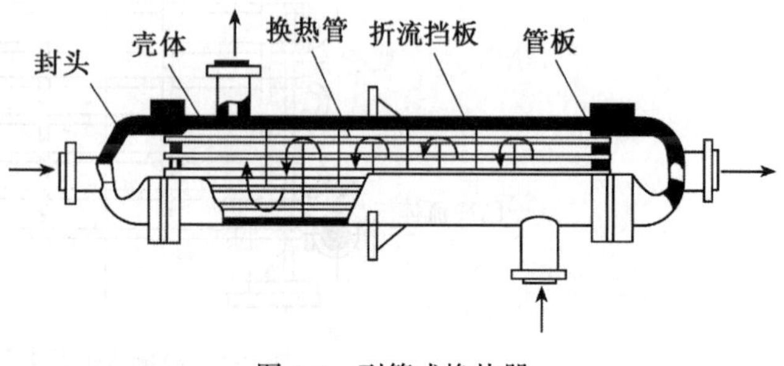

图3-7　列管式换热器

式换热器的壳体内还往往安装一定数目与管束相互垂直的圆缺形挡板，称为折流挡板。折流挡板不仅可以增加设备的机械强度，更重要的是可以防止壳程流体短路，迫使壳程流体按规定路径多次错流通过管束，改善传热效果。需要指出的是，图 3-7 所示只是一种最简单的列管式换热器，根据管束的排列、壳程的安排以及其他辅助性功能结构的不同，可以设计制作成形形色色的列管式换热器。

第二节 热 传 导

一、有关热传导的基本概念

为了定量地讨论热传导问题，下面建立几个有关基本概念和数学表达式。

(一)温度场

体系内空间各点温度分布的总和称为温度场。体系内任意一点的温度是空间位置和时间的函数，其数学表达式为

$$T=f(x,\ y,\ z,\ \theta)$$

式中：T 为体系某点的温度,℃或 K；x，y，z 为体系某点的坐标；θ 为时间。

体系内任意一点的温度不随时间改变的温度场为稳定温度场。稳定温度场中的任意一点的温度只是空间位置的函数，其数学表达式为

$$T=f(x,\ y,\ z),\ \frac{\partial T}{\partial \theta}=0$$

如果体系的温度在空间只沿一个坐标方向变化，即为一维稳定温度场，其数学表达式为

$$T=f(x),\ \frac{\partial T}{\partial \theta}=0,\ \frac{\partial T}{\partial y}=\frac{\partial T}{\partial z}=0$$

(二)等温面

温度场中所有温度相同的点组成的面称为等温面。由于空间任意一点不可能同时有两个温度，所以温度不同的等温面不可能相交，参见图 3-8。

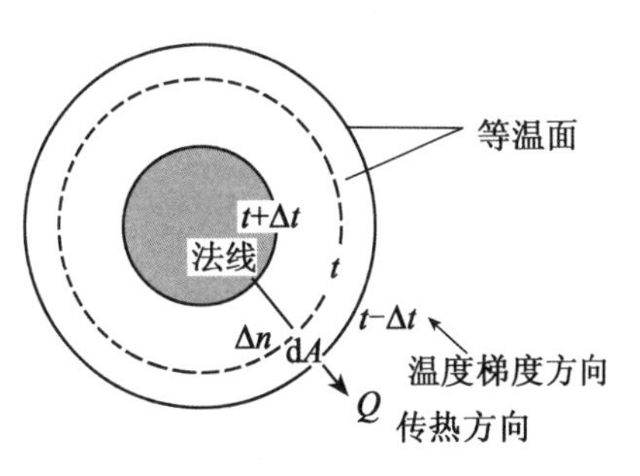

图 3-8 等温面和温度梯度的建立

(三)温度梯度

相邻等温面的温度差 ΔT 与其法线方向上的距离 Δn 之比的极限，称为温度梯度。温度梯度是矢量，取温度增高的方向为正，参见图 3-8。

$$\frac{\partial T}{\partial n}=\lim_{\Delta n\to 0}\frac{\Delta t}{\Delta n} \tag{3-1}$$

一维稳定热传导条件下，温度梯度的微分定义式为：

$$\frac{\mathrm{d}T}{\mathrm{d}x} \tag{3-2}$$

(四)热流量

热流量是单位时间内通过体系整个传热面所传递的热量，用符号 Q 表示，单位为 W($\mathrm{J\cdot s^{-1}}$)。可见，热流量具有类似速率的意义，也称为传热速率。Q 与体系的传热面 A 的大小有关。

(五)热流密度

热流密度，又称热通量，表示单位时间内、通过单位传热面积所传递的热量，用符号 q 表示，单位为 $\mathrm{W\cdot m^{-2}}$($\mathrm{J\cdot m^{-2}\cdot s^{-1}}$)，即：

$$q=\frac{\mathrm{d}Q}{\mathrm{d}A} \tag{3-3}$$

热流密度与传热面积 A 的大小无关，是反映具体传热过程速率大小的特征量。

二、热传导过程的傅立叶定律

热传导是在物体内部存在温度梯度时所进行的能量传递过程。虽然热传导的微观情况比较复杂，导热速率基本方程却较简单。实验证明：在单位时间内，通过垂直于热流方向的等温面上所传导的热量与传热面积和温度梯度成正比，这就是傅立叶(Fourier)定律，其微分表达式为

$$\mathrm{d}Q=-\lambda\,\mathrm{d}A\,\frac{\mathrm{d}T}{\mathrm{d}x} \tag{3-4}$$

式中：$\mathrm{d}Q$ 为单位时间内通过传热微单元的热量(传热微单元的热流量)，W 或 $\mathrm{J\cdot s^{-1}}$；$\mathrm{d}A$ 为传热微单元的面积，$\mathrm{m^2}$；$\mathrm{d}T/\mathrm{d}x$ 为温度梯度，$\mathrm{K\cdot m^{-1}}$；λ 为导热系数，$\mathrm{W\cdot m^{-1}\cdot K^{-1}}$；负号表示传热遵循热力学第二定律，热量沿温度降低方向传递与温度梯度方向相反。结合式(3-3)，傅立叶定律微分式也可表达为

$$q=\frac{dQ}{dA}=-\lambda\frac{dT}{dx} \tag{3-5}$$

三、导热系数

(一)导热系数及其物理意义

将式(3-5)改写，得到导热系数的定义式：

$$\lambda=-\frac{q}{\frac{dT}{dx}}=-\frac{\frac{dQ}{dA}}{\frac{dT}{dx}} \tag{3-6}$$

可见，λ 在数值上等于单位温度梯度下的热流密度，单位为 $W \cdot m^{-1} \cdot K^{-1}$。

注意：热传导中 λ 表示导热系数(有单位)，流体流动中 λ 表示摩擦系数(无量纲)，二者是完全不同的概念。摩擦系数应该表示为 λ_f，因为出现在不同章节，符号上未严格区分。

(二)物质的导热系数

导热系数 λ 是分子微观运动性质的宏观表现，是表征材料导热性能的物性参数，λ 越大，导热性能越好。气体分子的微观运动情况比较简单，高温区的气体分子的动能较低温区分子的动能高，当分子由高温区运动到低温区时，就把动能传递到能量较低的分子。因此，对绝大多数气体而言，在一定压力范围内，导热系数仅是温度的函数。气体的密度小，λ 值低，一般不适合作载热体。液体的热传导机理与气体相似，但液体密度较大、分子间距较小，分子碰撞过程中能量交换的情况要复杂得多。固体通过晶格振动和自由电子迁移两种形式传导热能。金属类材料是良好的电导体，它们内部有大量的自由电子在其晶格结构之间运动，可以将热能很好地由高温区传到低温区，所以，金属也往往是良好的导热体。而固体绝缘材料内部没有足够的自由电子，仅靠晶格振动传递能量，又缺乏流动性，故其导热性能反而不如液体。通过实验可以测定各种物质的导热系数。一般来说，物质的导热系数有如下规律：

$$\lambda_{金属}>\lambda_{一般固体非金属}>\lambda_{液体}>\lambda_{固体绝缘材料}>\lambda_{气体}$$

可见，金属的 λ 较高，其机械强度高，可加工性能好，因此，一般用金属作换热间壁材料。

在一定温度范围内，固体材料的 λ 数值与温度存在如下线性关系：

$$\lambda=\lambda_0(1+at) \tag{3-7}$$

式中：λ_0，λ 分别为材料在 0℃、t℃时的导热系数，$W \cdot m^{-1} \cdot K^{-1}$；$a$ 为材料的温度系数。

某些液体的 λ 情况如图 3-9 所示。

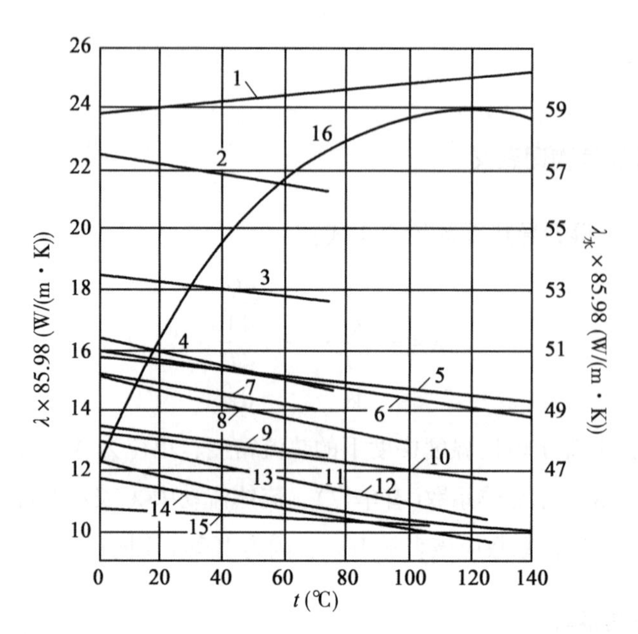

1—无水甘油；2—蚁酸；3—甲醇；4—乙醇；5—蓖麻油；6—苯胺；7—醋酸；8—丙酮；9—丁醇；10—硝基苯；11—异丙苯；12—苯；13—甲苯；14—二甲苯；15—凡士林油；16—水(用右边的坐标)

图 3-9 某些液体的导热系数算图

从图 3-9 可见，水的导热系数较大，是一种好的载热体。除了水以外，大多数液体的导热系数随温度变化大致呈直线关系，与固体情况相似。

工程计算中，在某一温度范围内物质的导热系数 λ 往往采用在该温度范围内 λ 的算术平均值。有关数据从手册中查阅。

四、通过平壁的稳定热传导

(一)通过单层平壁的稳定热传导

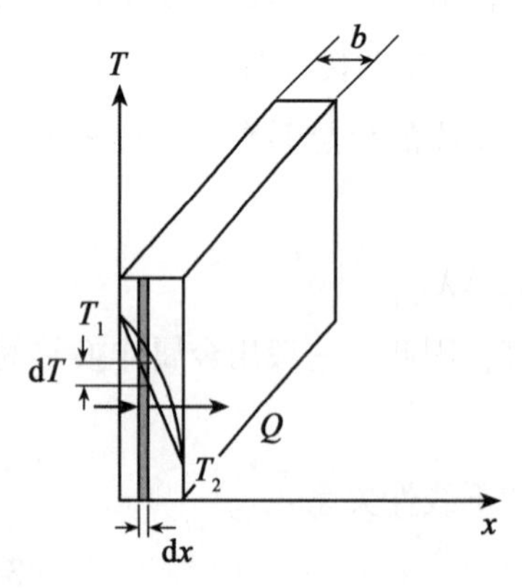

图 3-10 单层平壁的稳定热传导模型

现在建立一个单层平壁的稳定热传导模型，如图 3-10 所示。平板一侧温度为 T_1，另一侧温度为 T_2，且 $T_1>T_2$。并假设：①单层平壁的面积 A 足够大，而厚度 b 非常小，可忽略平板周边热损失的影响；②平壁的材料均匀；③λ 不随温度变化，为常数；④传热只在平板厚度方向上进行，且不随时间变化，即温度只是 x 的函数。

对于单层平壁的稳定热传导，体系的温度在随 x 改变而改变，但传热面积没有改变，平壁的面积 A 是常量。因为稳定传热，没有热量的累积和损失，单位时间内通过沿厚度方向各个传热面的热量 Q 相同，由于面积 A 是常量，单位面积传递的热量也相同。也就是说：热流密度 q 和传热速率 Q 均为常量，因此，傅立叶定律微分表达式(3-5)可进一步写成：

$$\frac{Q}{A}=-\lambda\frac{\mathrm{d}T}{\mathrm{d}x} \tag{3-8}$$

边界条件分析：当 $x=0$ 时，$T=T_1$；当 $x=b$ 时，$T=T_2$。

对式(3-8)定积分，得

$$\int_0^b Q\mathrm{d}x=-\int_{T_1}^{T_2}\lambda A\mathrm{d}T \tag{3-9}$$

$$Q=\frac{\lambda}{b}A(T_1-T_2) \tag{3-10}$$

式中：Q 为传热速率(单位时间传热量)，W 或 $\mathrm{J\cdot s^{-1}}$；A 为平壁的面积，$\mathrm{m^2}$；b 为平壁的厚度，m；λ 为平壁材料的导热系数，$\mathrm{W\cdot m^{-1}\cdot K^{-1}}$；$T_1$、$T_2$ 为平壁两侧的温度，K 或℃。

式(3-10)称为单层平壁稳定热传导的传热速率方程。它可表示为传热过程的推动力和阻力的关系，即

$$Q=\frac{T_1-T_2}{\dfrac{b}{\lambda A}}=\frac{\Delta T}{R} \tag{3-11}$$

可见，传热过程的推动力是两处的温度差；单层平壁传热过程的热阻表达式为

$$R=\frac{b}{\lambda A} \tag{3-12}$$

热阻与平壁厚度成正比，与平壁材料的导热系数和传热面积的大小成反比。

(二)通过多层平壁的稳定热传导

类似，建立图 3-11 所示的三层平壁的稳定热传导模型，三层平壁的面积相同均为 A，厚度依次为 b_1、b_2、b_3。除了单层平壁稳定热传导模型所作假设外，还假设各层平板接触良好，接触面处不存在热阻，也就不存在温度梯度。平板第一层的外侧温度为 T_1，第一层和第二层接触处温度为 T_2，第二层和第三层接触处温度为 T_3，第三层的外侧温度为 T_4，

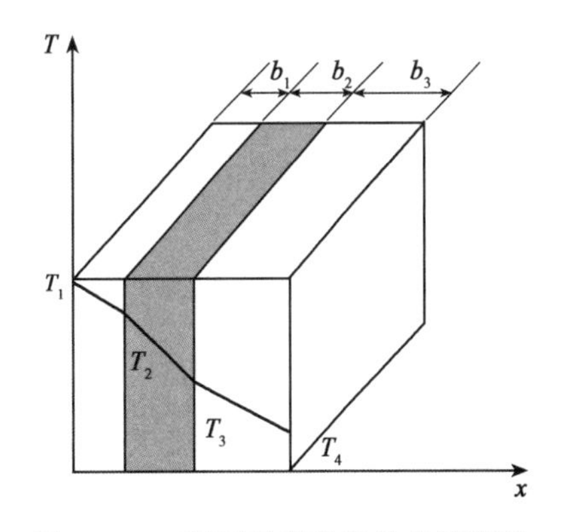

图 3-11 三层平壁的稳定热传导模型

且 $T_1>T_2>T_3>T_4$。由于存在温度差就有热量传递发生。通过各层所传递的热量分别用 Q_1、Q_2、Q_3 表示。

根据式(3-11)，分别有：

$$Q_1=\frac{T_1-T_2}{\frac{b_1}{\lambda_1 A}},\quad Q_2=\frac{T_2-T_3}{\frac{b_2}{\lambda_2 A}},\quad Q_3=\frac{T_3-T_4}{\frac{b_3}{\lambda_3 A}}$$

由于是定态传热过程，通过各层的热流量相等 $Q_1=Q_2=Q_3=Q$，因此，有关系式：

$$Q=\frac{T_1-T_2}{\frac{b_1}{\lambda_1 A}}=\frac{T_2-T_3}{\frac{b_2}{\lambda_2 A}}=\frac{T_3-T_4}{\frac{b_3}{\lambda_3 A}} \tag{3-13}$$

利用加和性，整理式(3-13)，得到

$$Q=\frac{T_1-T_4}{\frac{b_1}{\lambda_1 A}+\frac{b_2}{\lambda_2 A}+\frac{b_3}{\lambda_3 A}}$$

表达成为

$$Q=\frac{T_1-T_4}{\sum_{i=1}^{3}\frac{b_i}{\lambda_i A}}=\frac{T_1-T_4}{\sum R_i}$$

推广到 n 层平壁，得到 n 层平壁稳定热传导的传热速率方程：

$$Q=\frac{T_1-T_{n+1}}{\sum_{i=1}^{n}\frac{b_i}{\lambda_i A}}=\frac{\sum \Delta T_i}{\sum R_i}=\frac{\text{总推动力}}{\text{总热阻}} \tag{3-14}$$

可见，稳定热传导多层平壁各层的温度差和各层的热阻之间存在正比关系：

$$(T_1-T_2):(T_2-T_3):(T_3-T_4)=\frac{b_1}{\lambda_1 A}:\frac{b_2}{\lambda_2 A}:\frac{b_3}{\lambda_3 A}=R_1:R_2:R_3 \tag{3-15}$$

上式说明，在多层平壁稳定热传导过程中，热阻大的一层造成的温度差大；反之，温度差大的平壁其热阻大。根据以上公式，可以计算多层平壁稳定热传导过程的有关问题。

[**例题 3-1**] 一座由耐火砖墙、硅藻土保温层和金属壳板构成的大型炉墙，可用来分析三层平壁传热问题。三层材料的导热系数依次为：$\lambda_1=1.09\text{W}\cdot\text{m}^{-1}\cdot\text{K}^{-1}$，$\lambda_2=0.116\text{W}\cdot\text{m}^{-1}\cdot\text{K}^{-1}$，$\lambda_3=45\text{W}\cdot\text{m}^{-1}\cdot\text{K}^{-1}$；厚度依次为：$b_1=115\text{mm}$，$b_2=185\text{mm}$，$b_3=3\text{mm}$。炉墙的内表面平均温度为 $T_1=642℃$，外表面平均温度为 $T_4=54℃$，求每平方米炉墙的散热量以及耐火砖与硅藻土层交界处的温度。

解：根据题意，每平方米炉墙的散热量即为热流密度 q；耐火砖与硅藻土层交界处的温度即为 T_2。先求出各层材料的单位面积热阻。

耐火砖层：
$$\frac{b_1}{\lambda_1}=\frac{0.115\text{m}}{1.09\text{W}\cdot\text{m}^{-1}\cdot\text{K}^{-1}}=0.106\text{m}^2\cdot\text{K}\cdot\text{W}^{-1}$$

硅藻土层
$$\frac{b_2}{\lambda_2}=\frac{0.185\text{m}}{0.116\text{W}\cdot\text{m}^{-1}\cdot\text{K}^{-1}}=1.595\text{m}^2\cdot\text{K}\cdot\text{W}^{-1}$$

金属层
$$\frac{b_3}{\lambda_3}=\frac{0.003\text{m}}{45\text{W}\cdot\text{m}^{-1}\cdot\text{K}^{-1}}=6.667\times10^{-5}\text{m}^2\cdot\text{K}\cdot\text{W}^{-1}$$

金属壁的热阻很小，可以忽略不计，于是炉墙单位面积的总热阻为

$$0.106+1.595=1.711(\text{m}^2\cdot\text{K}\cdot\text{W}^{-1})$$

按式(3-14)计算每平方米炉墙的散热量：

$$q=\frac{Q}{A}=\frac{T_1-T_{n+1}}{\sum_{i=1}^{n}\frac{b_i}{\lambda_i}}=\frac{642-54}{1.711}=344(\text{W}\cdot\text{m}^{-2})$$

根据式(3-10)计算耐火砖与硅藻土层交界处的温度：

$$T_2=T_1-\frac{Q}{A}\frac{b_1}{\lambda_1}=642-344\times0.106=606(℃)$$

答：每平方米炉墙的散热量为 344W；耐火砖与硅藻土层交界处的温度 T_2 为 606℃。

通过本例题，我们知道应用稳定热传导的热传导速率方程，不仅可以计算过程的传热量，还可以求体系某处的温度。同时，进一步了解到：多层平壁稳定热传导过程，当 λ 为常数时，温度梯度为常量，平壁内温度呈线性分布。但是，这是理想化的情况。实际上 λ 尚随温度变化而变化，温度梯度不是常量，平壁内温度分布也不是线性的。

五、通过圆筒壁的稳定热传导

平壁传热不多见，在制药化工生产中经常要对圆筒形设备或管道进行有关热传导计算。圆筒壁与平壁热传导不同，体系的坐标变量为半径，而在半径方向上圆筒壁的温度和传热面积都在发生变化。

（一）通过单层圆筒壁的稳定热传导

单层圆筒壁的热传导模型如图 3-12 所示，圆筒壁的内径为 r_1，外径为 r_2，长度 L。圆筒壁的内、外表面温度分别为 T_1 和 T_2，且 $T_1>T_2$，假设壁的材料均匀、其 λ 不随温度变化；传热只在半径方向上进行，且不随时间变化，即温度只是 r 的函数。在半径为

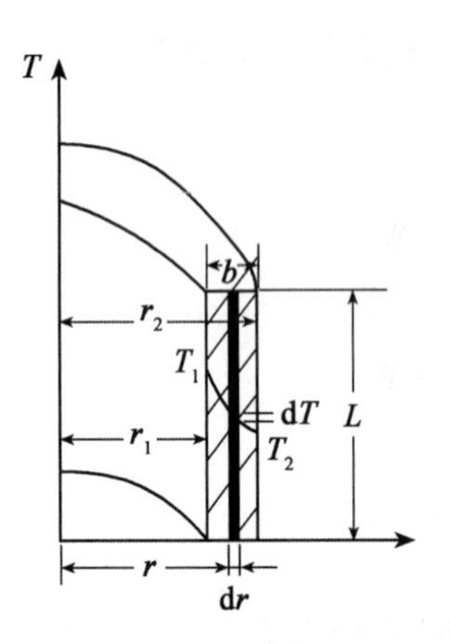

图 3-12　单层圆筒壁的热传导模型

r 处，取长度为 L、厚度为 $\mathrm{d}r$ 的同心薄层圆筒为微单元，其面积 $\mathrm{d}A=2\pi rL$，沿半径方向传热面积 $\mathrm{d}A$ 都在发生变化。

对于沿半径方向的一维稳定温度场，虽然热流密度 q 不是常量，但因为热量守恒，通过各同心圆筒面的热流量 Q 是常量。根据傅立叶定律，通过该薄层圆筒壁的热流量微分式可写成：

$$q=\frac{Q}{\mathrm{d}A}=\frac{Q}{2\pi rL}=-\lambda\cdot\frac{\mathrm{d}T}{\mathrm{d}r}$$

即
$$Q=-2\pi rL\lambda\cdot\frac{\mathrm{d}T}{\mathrm{d}r}=-2\pi L\lambda\cdot\frac{r}{\mathrm{d}r}\mathrm{d}T \tag{3-16}$$

边界条件分析：当 $r=r_1$ 时，$T=T_1$；当 $r=r_2$ 时，$T=T_2$。分离变量，对式(3-16)定积分，得

$$\frac{Q}{\lambda\cdot 2\pi L}\int_{r_1}^{r_2}\frac{\mathrm{d}r}{r}=-\int_{T_1}^{T_2}\mathrm{d}T$$

得
$$\frac{Q}{\lambda\cdot 2\pi L}\ln\frac{r_2}{r_1}=(T_1-T_2)$$

进一步整理为

$$Q=\frac{\lambda\cdot 2\pi L(T_1-T_2)}{\ln\dfrac{r_2}{r_1}}=\frac{2\pi L(T_1-T_2)}{\dfrac{1}{\lambda}\ln\dfrac{r_2}{r_1}} \tag{3-17}$$

式中：Q 为传热速率(单位时间传热量)，W 或 $\mathrm{J\cdot s^{-1}}$；λ 为筒壁材料的导热系数，$\mathrm{W\cdot m^{-1}\cdot K^{-1}}$；$r_1$、$r_2$ 为圆筒的内径、外径，m；L 为圆筒的长度，m；T_1、T_2 为筒壁内外的温度，K 或℃。

式(3-17)为单层圆筒壁的热传导速率方程。

对该式的分子分母同时乘(r_2-r_1)，引入圆筒壁的壁厚 $b=r_2-r_1$，得到关系式：

$$Q=\frac{\lambda\cdot 2\pi L(T_1-T_2)(r_2-r_1)}{(r_2-r_1)\ln\dfrac{r_2}{r_1}}=\frac{(T_1-T_2)(A_2-A_1)}{\dfrac{b}{\lambda}\ln\dfrac{A_2}{A_1}} \tag{3-18}$$

式中：b 为圆筒的厚度，m；A_1、A_2 为筒壁的内外表面积，$\mathrm{m^2}$。

进一步转换成与平壁热传导速率方程类似的形式，并表现成传热速率与推动力和热阻关系：

$$Q=\frac{T_1-T_2}{\dfrac{\dfrac{b}{\lambda}\ln\left(\dfrac{A_2}{A_1}\right)}{A_2-A_1}}=\frac{T_1-T_2}{\dfrac{b}{\lambda A_m}}=\frac{\Delta T}{R}=\frac{推动力}{热阻} \tag{3-19}$$

式中：A_m 表示筒壁的外表面积 A_2 和内表面积 A_1 的对数平均面积，其定义式为

$$A_m=\frac{A_2-A_1}{\ln\left(\dfrac{A_2}{A_1}\right)} \tag{3-20}$$

两个数 A_2 和 A_1 的对数平均值恒小于算术平均值，特别是当 A_2 和 A_1 相差悬殊时。如果 A_2 和 A_1 比值小于 2，用它们的算术平均值来近似它们的对数平均值，误差小于 4%，参见表 3-1。因此，在圆筒外径与内径比值小于 2 时，也可以用它们的算术平均值代替对数平均值。

表 3-1　**A_2 和 A_1 的算术平均值和对数平均值的比值与 A_2 和 A_1 的比值的关系**

A_2/A_1	3	2	1.5	1.3	1.1
A_2 和 A_1 的算术平均值/A_2 和 A_1 的对数平均值	1.10	1.04	1.013	1.005	~1

对式(3-14)分离变量，不定积分，得

$$\int \mathrm{d}T=-\frac{Q}{2\pi L\lambda}\int\frac{\mathrm{d}r}{r}$$

得到温度与半径的关系为

$$T=-\frac{Q}{2\pi L\lambda}\ln r+C \tag{3-21}$$

由式(3-21)可以看出，在圆筒壁热传导场合，即使材料的导热系数不变，圆筒壁内的温度分布不再是线性的，而是按对数曲线变化。

(二)通过多层圆筒壁的稳定热传导

通过以上讨论，不难理解，多层圆筒壁的稳定热传导时，通过各同心圆筒壁面的热流量 Q 不变。例如，对图 3-13 所示三层圆筒壁的热传导模型，按式(3-17)建立各层圆筒壁的热传导速率方程，且热流量 Q 是相同的，即

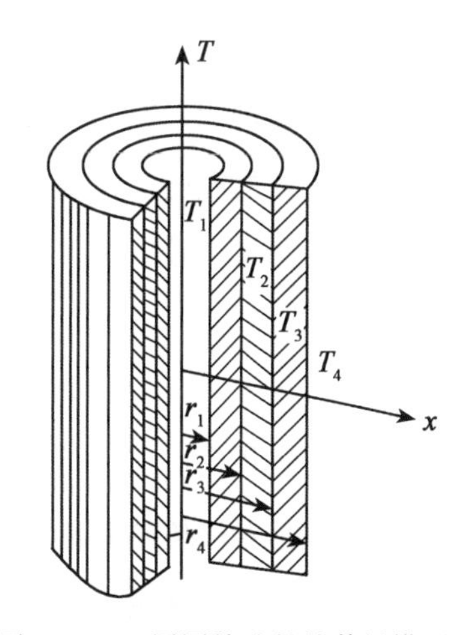

图 3-13　三层圆筒壁的热传导模型

$$Q=\frac{2\pi L(T_1-T_2)}{\frac{1}{\lambda_1}\ln\frac{r_2}{r_1}}=\frac{2\pi L(T_2-T_3)}{\frac{1}{\lambda_2}\ln\frac{r_3}{r_2}}=\frac{2\pi L(T_3-T_4)}{\frac{1}{\lambda_3}\ln\frac{r_4}{r_3}}=\frac{2\pi L(T_1-T_4)}{\sum_{i=1}^{3}\frac{1}{\lambda_i}\ln\frac{r_{i+1}}{r_i}}$$

推广到 n 层圆筒壁的稳定热传导，得到

$$Q=\frac{2\pi L(T_1-T_{n+1})}{\sum_{i=1}^{n}\frac{1}{\lambda_i}\ln\frac{r_{i+1}}{r_i}}=\frac{T_1-T_{n+1}}{\sum_{i=1}^{n}\frac{b_i}{\lambda_i A_{mi}}}=\frac{T_1-T_{n+1}}{\sum_{i=1}^{n}R_i} \tag{3-22}$$

[**例题 3-2**]　$\Phi 50\times 3$mm 的蒸汽管，外包两层保温材料。第一层为 40mm 厚矿渣棉（$\lambda_1=0.07\text{W}\cdot\text{m}^{-1}\cdot\text{K}^{-1}$），第二层为 20mm 厚石棉（$\lambda_2=0.15\text{W}\cdot\text{m}^{-1}\cdot\text{K}^{-1}$），蒸汽管内壁温 $T_1=140$℃，管道的外表面温度 $T_3=30$℃，试求每米管道的热损失。如果将两层材料交换内外，厚度不变，那么热损失情况会如何变化?

解：忽略钢管的热阻和内外壁温度差，即管外壁温度也为 140℃，用两层圆筒壁热传导公式进行计算。

$$\frac{Q}{L}=\frac{2\pi(T_1-T_3)}{\frac{1}{\lambda_1}\ln\frac{r_2}{r_1}+\frac{1}{\lambda_2}\ln\frac{r_3}{r_2}}=\frac{2\pi(140-30)}{\frac{1}{0.07}\ln\frac{65}{25}+\frac{1}{0.15}\ln\frac{85}{65}}=\frac{691}{13.65+1.79}=44.8(\text{W}\cdot\text{m}^{-1})$$

如果将两层材料交换内外，厚度不变，则：

$$\frac{Q'}{L}=\frac{2\pi(T_1-T_3)}{\frac{1}{\lambda_1}\ln\frac{r_2}{r_1}+\frac{1}{\lambda_2}\ln\frac{r_3}{r_2}}=\frac{2\pi(140-30)}{\frac{1}{0.15}\ln\frac{65}{25}+\frac{1}{0.07}\ln\frac{85}{65}}=\frac{691}{6.37+3.83}=67.7(\text{W}\cdot\text{m}^{-1})$$

答：每米管道的热损失为 44.8W，如果材料厚度不变，保温性好的矿渣棉在外，热损失变大。

通过两道例题，我们知道应用稳定热传导的热传导速率方程，可以计算过程的传热量、体系某处的温度、保温材料厚度，以及用来科学安排保温层次序等。

第三节　对流传热

前面已经指出：实际传热中常遇到的是如图 2-2 所示间壁两侧冷热流体之间的热交换。该过程是对流传热和传导传热的结合，包括热流体给热于管壁、管壁的热传导和热量自管壁给热于冷流体这三个步骤。中间的步骤管壁热传导问题在上面已经得到解决，现在考察对流传热部分的问题。

一、传热边界层理论

(一)不同流动状态流体中温度分布和传热情况的定性描述

对流传热是在流体流动过程中发生的热量传递现象。因为对流传热依靠流体质点移动来进行热量传递，故对流传热与流体流动状况密切相关。现考察流体流过固体平壁的体系，用符号 T_o 表示流体的主体温度，T_w 表示平壁的温度，且 $T_o>T_w$，根据流体流动与否以及流动状况，在与流动方向垂直的截面上，体系中流体的温度分布曲线有图 3-14 所示的三类情况。

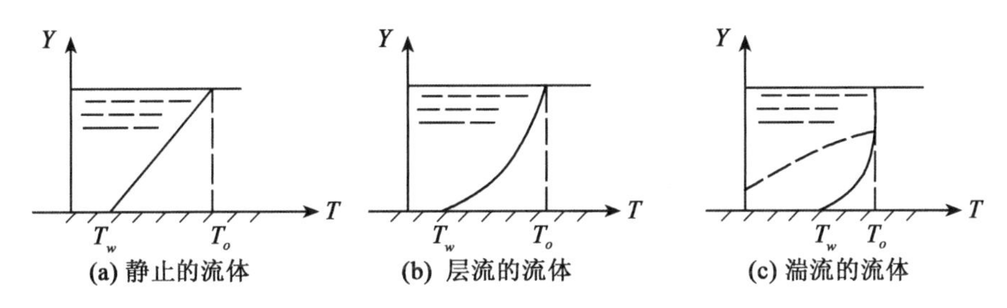

图 3-14　流体和平壁之间传热时温度分布曲线的三类情况

当流体静止时，流体只能以热传导的方式将热量传给平壁，流体温度 T 呈直线分布，流体到平壁之间的整个 Y 轴方向上存在温度梯度，但其值较小，因此，流体静止时，流体向平壁的传热不激烈，参见图 3-14(a)。

当流体作层流流动流过平壁时，由于体系微团开始有了宏观运动，热量传递除以热传导方式外，还有对流方式存在，传热变得激烈了一些。但是，各层流体之间的流体无相对位移，在垂直于流体流动方向上的热量传递主要仍然依靠热传导方式进行。流体主体部分温度梯度减小，靠近平壁附近的温度梯度加大，参见图 3-14(b)。根据傅立叶定律[式(3-5)]，此时过程的热流密度有所加大。

当流体以湍流状态流过平壁时，由于湍流脉动促使流体微团剧烈碰撞、混合，热量传递以对流方式为主。在流体的湍流主体中，由于流体微团剧烈碰撞，可以认为没有传热阻力，没有温度梯度，流体各处的温度趋向一致。根据流体流动的边界层理论，我们知道：无论流体的湍动程度多大，在紧靠壁面总是存在着层流底层。在层流底层，热量传递仅依靠分子扩散运动，仍然以热传导方式进行。显然，这种情况下平壁附近热阻集中，温度梯度最大，参见图 3-14(c)。此时过程的热流密度也更大。

可见，流体的宏观流动使传热速率加快。湍流流动传热优于层流流动。强制对流时流体主体温度比较均匀，其传热优于自然对流。

(二)传热边界层

虽然从以上分析得出一些定性的理解，但给热比热传导复杂得多，目前对流传热方面还缺乏严格的理论，图 3-14 所表示的流体流动条件下温度分布曲线的数学表达式是什么？我们一无所知。况且，这还是流体流过平壁的情况，流体在圆管中流动传热就更复杂。因此，还无法严格推导出对流传热时温度的分布规律，不能通过温度梯度来计算热流密度。但是，我们了解到：对流传热是以层流底层的热传导和层流底层以外的以流体微团作宏观位移与混合为主的传热过程。对流传热的热阻集中在层流底层，而且，在层流底层仍然主要按热传导方式进行传热。

为了解决问题，先进行合理的简化。现在，建立一个间壁传热体系：主体温度为 T 的热流体流过传热间壁的一侧，与另一侧的冷流体进行热交换。达到稳定传热时，热流体一侧壁的温度为 T_w，壁的另一侧温度为 t_w，冷流体的主体温度为 t，$T>T_w>t_w>t$，参见图 3-15。因为一般流体是处于湍流状态，进一步假定：湍流主体的温度相同，没有温度梯度，将所有的温度梯度都集中在厚度为 δ_t 的所谓“传热边界层”内。用“传热边界层”理论来解决对流传热问题。传热边界层也称为“总有效膜”。

这里的“传热边界层”与流体流动的“边界层”是有区别的。流体流动的“边界层”是客观存在的，“传热边界层”是一个想象的概念。“传热边界层”理论的关键是：将流体流动的层流底层的温度梯度、过渡层的温度梯度，甚至湍流主体实际存在的微小温度梯度全部集中，形成图 3-15 所示厚度为 δ_t 的“传热边界层”，从而不再考虑其他区域的传热。然后，借鉴比较成熟的热传导理论解决复杂的对流传热问题。

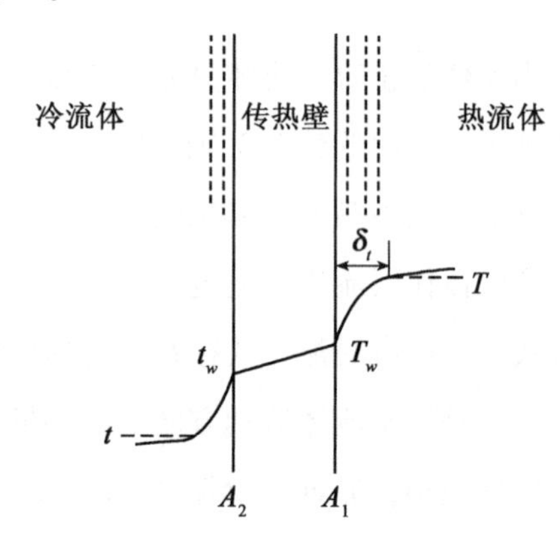

图 3-15 间壁传热的传热边界层示意图

二、牛顿冷却定律

(一)牛顿冷却定律

设：用 ΔT 表示流体温度 T 与相关壁的温度 T_w 之差，且恒取正值，即流体被加热时 $\Delta T=T_w-T$，流体被冷却时 $\Delta T=T-T_w$。传热边界层的厚度用 δ_t 表示；传热边界层的导热系数用 λ_t 表示。按照传热边界层理论，对流传热的速率方程式可以表示为

$$Q=\frac{\lambda_t}{\delta_t}A\Delta T \tag{3-23}$$

式中：δ_t 为传热边界层的厚度；λ_t 为传热边界层的导热系数；ΔT 为流体温度 T 与壁温 T_w 之差，恒取正值。

因为传热边界层是假想的，δ_t 和 λ_t 的值均无法确定，式(3-23)仍然是一个无法求解的方程式。

进一步定义对流传热系数 α 为

$$\alpha=\frac{\lambda_t}{\delta_t} \tag{3-24}$$

因此，对流传热速率公式转换为

$$Q=\alpha A\Delta T \tag{3-25}$$

式中：Q 为对流传热速率，W；α 为对流传热系数，$W \cdot m^{-2} \cdot K^{-1}$；$A$ 为传热面积，m^2。ΔT 为流体温度 T 与壁温 T_w 之差，恒取正值，℃或 K。

式(3-25)为对流传热速率基本方程，ΔT 恒为正值，传热使高温物体温度下降，故该公式又称牛顿(Newton)冷却定律。

需要说明的是，牛顿冷却定律不是理论的证明，它只是高温流体通过管壁得到冷却时传热情况的一种推论，假设对流传热速率与温度差成正比。对流传热速率仍可以表示成传热推动力和阻力的关系：推动力为温度差，阻力为对流传热系数 α 和传热面积 A 乘积的倒数，即

$$Q=\alpha A\Delta T=\frac{\Delta T}{\dfrac{1}{\alpha A}}=\frac{\Delta T}{R} \tag{3-26}$$

要解决对流传热计算，必须首先确定 α 值。现在所有的复杂问题全部集中成了 α 的问题。

(二)对流传热系数

对流传热系数 α 简称传热系数，亦称传热膜系数。根据牛顿冷却定律，传热系数表示，当流体与传热壁面的温度差为 1K 时，单位时间内通过单位传热面积上所传递的热量。

$$\alpha=\frac{Q}{A\Delta T} \tag{3-27}$$

传热系数的单位：$W \cdot m^{-2} \cdot K^{-1}$或 $W \cdot m^{-2} \cdot ℃^{-1}$。

传热系数 α 与物质的导热系数 λ 不同，导热系数 λ 是物质的一种物理性质；传热系数 α 不是一种确定的物理性质，它受多种因素影响，是对流传热强度的一种标志。

实验表明，影响传热系数的主要因素有：

(1)流体的状态：流体是气体还是液体以及在传热的过程中是否存在蒸汽冷凝、液体沸腾等相变情况；$\alpha_{相变}>\alpha_{无相变}$。

(2)流体的物理性质：主要有密度ρ、黏度μ、导热系数λ、比定压热容(简称比热容)c_p等参数的具体值。

(3)流体的流动状况：流体的流速和流动状态是层流还是湍流；$\alpha_{湍}>\alpha_{层}$。

(4)流体的对流状况：是自然对流，还是强制对流；$\alpha_{强}>\alpha_{自}$。

(5)传热表面的特征：包括几何因素(传热面是管、板、管束等具体形状)、尺寸因素(管径和管长等)、排列方式(管束有正四方形和三角形排列)、位置因素(垂直放置、水平放置等)，均对传热系数值影响。

从上述分析可以看出，影响对流传热的因素很多，而且这些因素并不是孤立的，它还会产生综合影响，特别是流体在传热过程中发生相变时，影响更加复杂。图3-16表示即使在蒸汽冷凝时，还进一步区分不同的冷凝方式，滴状冷凝时的α大于膜状冷凝时的α。表3-2列出了某些条件下的传热系数α数值，都说明影响传热系数因素的复杂性。

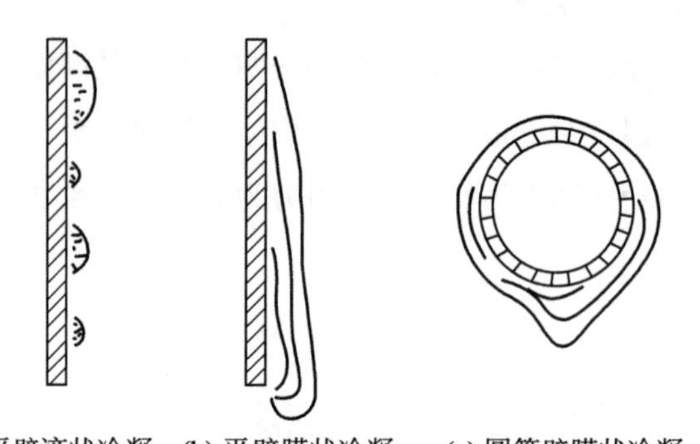

(a) 平壁滴状冷凝 (b) 平壁膜状冷凝 (c) 圆管壁膜状冷凝

图3-16 蒸汽冷凝的几种不同冷凝方式

表3-2 **某些条件下的传热系数α值**

换热方式	空气自然对流	气体强制对流	水自然对流	水强制对流	有机蒸气	水沸腾	水蒸气膜状冷凝	水蒸气滴状冷凝
$\alpha(W\cdot m^{-2}\cdot K^{-1})$	5~25	20~100	200~1000	1000~1500	500~2000	2500~25000	6000~20000	30000~100000

(三)获得传热系数的方法

由于影响传热系数的因素众多、错综复杂，目前尚无法从理论上提出适于各种情况下的传热系数的计算公式，只能通过实验测定具体条件下的传热系数。前人通过理论研究，特别是通过因次分析和实验测定相结合(半理论、半经验)的方法，得出传热系数α与流体流速u、特性尺寸l、黏度μ、导热系数λ、比热容c_p、密度ρ、流体膨胀系数β及组合单位质量流体的浮力$g\beta\Delta t$之间的一些关系。

1. 反映对流传热的准数

为了减少实验次数，首先通过因次分析的方法，建立了一些称为准数的无因次数群，下面介绍传热领域的4个重要准数。

(1)雷诺(Reynolds)准数:

$$Re=\frac{lu\rho}{\mu} \tag{3-28}$$

式中：l为特性尺寸(圆管时为管子内径d)，m；u为流体流速，$m \cdot s^{-1}$；ρ为流体的密度，$kg \cdot m^{-3}$；μ为流体黏度，Pa · s。

雷诺准数反映流体的流动型态和湍动程度对传热的影响。式(3-28)用符号l表示特性尺寸，与式(2-30)用管子内径d表示特性尺寸相比，说明圆管时这两个表达式是完全相同的。

(2)努塞尔(Nusselt)准数:

$$Nu=\frac{\alpha l}{\lambda} \tag{3-29}$$

式中：l为特性尺寸，m；λ为流体的导热系数，$W \cdot m^{-1} \cdot K^{-1}$；$\alpha$为传热系数，$W \cdot m^{-2} \cdot K^{-1}$。

努塞尔准数是一个待定准数，反映过程中对流传热与热传导传热相比影响的强弱程度。

(3)普兰特(Prandtl)准数:

$$Pr=\frac{c_p \mu}{\lambda} \tag{3-30}$$

式中：c_p为流体的比热容，$kJ \cdot kg^{-1} \cdot K^{-1}$；$\mu$为流体黏度，Pa · s；$\lambda$为流体的导热系数，$W \cdot m^{-1} \cdot K^{-1}$。

很明显，普兰特准数反映流体的物性对对流传热的影响。

(4)格拉斯霍夫(Grashof)准数:

$$Gr=\frac{\beta g\Delta t l^3\rho^2}{\mu^2}=\frac{(\beta g\Delta t l)l^2\rho^2}{\mu^2}=\frac{(u_n)^2 l^2\rho^2}{\mu^2}=(Re_n)^2 \tag{3-31}$$

式中：l为特性尺寸，m；Δt为温度差,℃或K；g为重力加速度，$m \cdot s^{-2}$；β为平均温度的绝对温度值的倒数，K^{-1}；u_n为自然对流的特征速度，$m \cdot s^{-1}$。

格拉斯霍夫准数是雷诺准数的一种变形，它反映自然对流的流动状态对对流传热的影响。

2. 准数之间的关系

进一步用关联式建立这些准数之间的关系：

$$Nu = CRe^{a}Pr^{b}Gr^{c} \tag{3-32}$$

即

$$\frac{\alpha l}{\lambda} = C\left(\frac{du\rho}{\mu}\right)^{a}\left(\frac{c_{p}\mu}{\lambda}\right)^{b}\left(\frac{\beta g\Delta t l^{3}\rho^{2}}{\mu^{2}}\right)^{c} \tag{3-33}$$

最后，用实验方法得到式(3-33)中系数 C 和各准数的指数 a、b、c 的具体值，即建立了在一定条件下传热系数的一些经验关系式，常称为经验公式。

3. 使用经验公式的注意事项

(1)公式应用条件问题：因为有关经验公式的数值都是在具体的实验条件范围下得出的，不同的实验条件可能得出不同的参数值，故每个经验公式都有各自的适用范围，不能任意地推广用于到建立该经验公式所依据的实验范围以外。

(2)物性参数的单位问题：使用不同单位的同一公式，其中的参数会出现不同数值。因此，必须按公式导出的有关说明使用单位。有关准数只有在使用 SI 单位制时才无量纲。

(3)定性温度问题：所谓定性温度，是指用以确定流体物性参数的温度。在换热过程中流体的温度是在不断变化的，温度不同，流体的物性也不同。为了简化计算，必须以某种温度为依据来确定流体物性的数值。如果知道壁温和流体主体温度，它们的算术平均值可以作为定性温度；有时也取流体管道进、出口的平均温度作为定性温度。

(4)特性尺寸问题：特性尺寸指对流动与换热过程有主要影响的某一几何尺寸。例如，垂直管道在自然对流条件下，取传热表面的垂直高度为特性尺寸；圆管强制对流条件下，取管内径 d 为特性尺寸；如为非圆形管道，取当量直径 d_e 为特性尺寸。注意经验公式的有关说明。

三、不同流动类型下的传热系数经验公式

(一)圆形直管无相变强制湍流的经验关联式

1. 无相变低黏度流体在圆形直管内强制湍流传热系数的经验公式

圆管内湍流强制对流换热是最常见的情况。流体作强制对流时，自然对流的影响可以忽略不计，在大量实验的基础上，确定式(3-33)中的 $C=0.023$，$a=0.8$，$c=0$，并将传热系数经验公式关联如下：

$$Nu = 0.023Re^{0.8}Pr^{b} \tag{3-34}$$

表示关联传热系数的形式，即为

$$\alpha = 0.023\frac{\lambda}{d}\left(\frac{du\rho}{\mu}\right)^{0.8}\left(\frac{c_p\mu}{\lambda}\right)^{b} \tag{3-35}$$

式中：当流体被加热时，$b=0.4$；当流体被冷却时，$b=0.3$。

Pr 的指数 b 的数值与热流方向有关。流体受热时 b 值比冷却时高的原因可解释如下：流体被管壁加热时，流体层流底层的温度高于主体温度，对液体而言，温度升高，黏度减小，层流内层减薄；而其导热系数随温度升高的减小不显著，所以，传热系数增大。流体被冷却时，情况相反。气体的 Pr 基本上不随温度改变，一般没有强调 b 值的改变与否。强调 b 值时，不同资料的介绍也不一致，综合来看，b 值取 0.33 为宜。由于气体的传热系数很小，不同处理造成的影响小。

2. 公式的适用条件

式(3-35)的适用范围如下：

(1)$Re>10000$，即流动应是充分湍流的，传热领域所指湍流的 Re 值比流体流动领域判断湍流的 Re 值要高得多。

(2)$0.6<Pr<160$①。

(3)$\mu<2\text{mPa}\cdot\text{s}$ 低黏度流体(不大于水的黏度的 2 倍)。

(4)特性尺寸为管子内径 d_i。管长与管径之比要大于 60，即管内流动边界层已充分发展，传热稳定，进出口状态对过程的影响很小。

(5)流体的定性温度为流体进、出口温度的算术平均值。

3. 对圆形直管强制湍流的传热系数经验公式的讨论

将式(3-35)进一步展开，得到各物理因素对传热系数的关系如下：

$$\alpha = 0.023\frac{\lambda}{d}\left(\frac{du\rho}{\mu}\right)^{0.8}\left(\frac{c_p\mu}{\lambda}\right)^{b} = 0.023\frac{u^{0.8}}{d^{0.2}}\cdot\frac{\rho^{0.8}c_p^{b}\lambda^{1-b}}{\mu^{0.8-b}} \tag{3-36}$$

可见，一般来说，流体流速 u、导热系数 λ 增大，传热系数 α 增大，传热得到强化；管径和流体的黏度 μ 减少，传热系数 α 也增大。

4. 传热系数经验公式的校正

对于不满足式(3-35)要求的条件的情况，在某些情况下可先按式(3-35)计算，再进行校正。常见需要校正的情况如下：

(1)Re 不满足时的校正。传热领域将 $2000<Re<10000$ 的情况称为对流传热过渡流，较湍流而言，传热过渡流的传热边界层较厚，传热系数 α 会有所减少。此时又不是传热层流，可另选公式计算，因此，先用式(3-35)计算 α 后，再乘一个略小于 1 的无因次修正系

① 有的资料 Pr 下限取 0.7。综合其他经验公式的规定，将 Pr 下限取 0.6 更合适。一般流体包括气体、水、有机液体和部分油类皆可满足该条件。

数f，此时f值为

$$f=1-\frac{6\times10^{5}}{Re^{1.8}}$$

(2)流体黏度高或者黏度变化大时的校正。当其他条件都可满足，仅流体黏度较大或者流体的主体温度与壁温相差较大、造成管中心流体和管壁附近流体的黏度相差较大时，需要引入一个无因次的校正项，即先用式(3-35)计算α后，再乘修正系数f，此时f值为

$$f=\left(\frac{\mu}{\mu_{w}}\right)^{0.14}$$

式中：μ为流体在定性温度下的黏度；μ_w为流体在管壁温度下的黏度。

按考虑了黏度影响的经验公式[式(3-35)]计算传热系数：

$$Nu=0.023Re^{0.8}Pr^{\frac{1}{3}}f=0.027Re^{0.8}Pr^{\frac{1}{3}}\left(\frac{\mu}{\mu_{w}}\right)^{0.14} \tag{3-37}$$

在管壁温度不明确时，如果液体被加热，校正项f取为1.05；如果液体被冷却，f取为0.95；气体受影响小，无论加热还是冷却，f均取为1。

(3)管长l与管径d之比为30~40短管时的校正。因为管子的长度不够，流体受进出口的影响大，流动边界层和传热边界层尚未充分发展(参见图2-26)、边界层较薄，热阻小，传热不稳定比较激烈，因此，先用式(3-35)计算α后，再乘一个略大于1的修正系数f:

$$f=1+\left(\frac{d}{l}\right)^{0.7}$$

(4)弯曲管情况的校正。弯曲管的对流传热因为发生边界层分离而变薄，也是先用式(3-35)计算α后，再乘一个略大于1的修正系数f，此时修正系数f为

$$f=1+1.77\frac{d}{R}$$

(5)非圆管情况下的校正。非圆管情况下用当量直径d_e代替上述公式中的直径d。例如，对于套管环隙，d_e为

$$d_{e}=D_{i}-d_{o} \tag{3-38}$$

式中：D_i为外管内径，m；d_o为内管外径，m。

不同手册对当量直径d_e的定义可能不同，使用当量直径d_e计算有一定误差。如果当量直径d_e定义不准确，误差就较大，在这些场合可进一步查阅手册，并注意公式的有关说明。

[**例题3-3**] 由38根$\Phi25\times2.5$mm的无缝钢管组成的列管式换热器，苯在管内流动，由20℃加热至80℃，苯的流量为8.32kg·s^{-1}。壳程通水蒸气进行加热。

(1)求管壁对苯的传热系数；

(2)如果苯的流量提高一倍，问：传热系数有何变化？

解：(1)计算定性温度$T_m=(20+80)/2=50$℃，查附录或手册，苯在50℃时有关物性

数据为：密度 $\rho=860\text{kg}\cdot\text{m}^{-3}$，比热容 $c_p=1.80\text{kJ}\cdot\text{kg}^{-1}\cdot\text{K}^{-1}$，黏度 $\mu=0.45\text{cP}$，导热系数 $\lambda=0.14\text{W}\cdot\text{m}^{-1}\cdot\text{K}^{-1}$。

计算管内苯的流速和有关准数：

$$u=\frac{q_V}{A}=\frac{\frac{q_m}{\rho}}{0.785d_i^2\times n}=\frac{\frac{8.32}{860}}{0.785(0.025-2\times0.0025)^2\times38}=0.811(\text{m}\cdot\text{s}^{-1})$$

$$Re=\frac{du\rho}{\mu}=\frac{0.02\times0.811\times860}{0.45\times10^{-3}}=3.10\times10^4$$

$$Pr=\frac{c_p\mu}{\lambda}=\frac{1.8\times10^3\times0.45\times10^{-3}}{0.14}=5.79$$

以上计算以及列管式换热器的列管管子很细管，长 l 与管径 d 之比大于 60，表明本题所述对流传热问题符合[式(3-36)]的应用条件，且苯被加热，故计算传热系数：

$$\alpha=0.023\frac{\lambda}{d}\left(\frac{du\rho}{\mu}\right)^{0.8}\left(\frac{c_p\mu}{\lambda}\right)^{0.4}=0.023\frac{0.14}{0.02}(3.1\times10^4)^{0.8}(5.79)^{0.4}$$
$$=1273(\text{W}\cdot\text{m}^{-2}\cdot\text{K}^{-1})$$

(2)当苯的流量提高 1 倍，其他条件不变时，流速也提高了 1 倍。根据传热系数计算公式[式(3-36)]，流量提高后的传热系数 α' 与原有 α 的比值为

$$\frac{\alpha'}{\alpha}=\left(\frac{u'}{u}\right)^{0.8}$$

$$\alpha'=\alpha(2)^{0.8}=1273\times1.74=2215(\text{W}\cdot\text{m}^{-2}\cdot\text{K}^{-1})$$

答：管壁对苯的传热系数为 $1273\text{W}\cdot\text{m}^{-2}\cdot\text{K}^{-1}$；如果苯的流量提高 1 倍，传热系数增大 1.74 倍。

(二)圆形直管内无相变强制层流的经验关联式

1. 圆形直管内无相变强制层流传热系数的经验公式

$$Nu=1.86\left(Re\cdot Pr\frac{d}{l}\right)^{\frac{1}{3}}\left(\frac{\mu}{\mu_w}\right)^{0.14} \tag{3-39}$$

式中：μ 为流体在定性温度下的黏度；μ_w 为流体在管壁温度下的黏度。

黏度比项的存在说明层流条件下黏度的影响不可忽视。

2. 公式适用条件

(1)公式(3-39)是在 $Gr<25000$，即可忽略自然对流传热的影响的条件下得出来的。如果 $Gr>25000$，公式右端需要乘校正因子 f，此时 f 值为：

$$f=0.8(1+0.015Gr^{\frac{1}{3}})$$

(2) $Re<2300$；

(3) $0.6<Pr<6700$；

(4) $Re \cdot Pr \frac{d}{l}>100$。

其余条件同式(3-35)的应用条件。由于层流传热应用很少，对此式不多讨论。

(三)流体在管束外横向流过的传热系数

在列管式换热器内遇到的是流体横向流过管束的给热。此时，由于管子之间的相互影响，给热过程更为复杂，流体在管束外横向流过的传热系数通过如下经验公式求：

$$Nu = C\varepsilon Re^n Pr^{0.4} \tag{3-40}$$

应用式(3-40)的有关说明如下：

(1) $5000<Re<70000$，$x_1/d=1.2\sim5$，$x_2/d=1.2\sim5$，x_1、x_2 为列管之间在两个互相垂直方向上的距离。

(2)特性尺寸取管外径 d_o，定性温度取法与前相同 t_m。

(3)流速 u 取管子最窄通道处的流速。

(4) C、ε、n 的值取决于排列方式和管排数，由实验测定，参见有关手册。

(四)大空间的自然对流传热

管道和设备表面与周围大气的对流传热问题中，不存在 Re 的影响，有关经验公式为

$$Nu = C(Gr \cdot Pr)^n \tag{3-41}$$

表示成传热系数为

$$\alpha = C\frac{\lambda}{l}\left(\frac{c_p\mu}{\lambda} \cdot \frac{\beta g\Delta t l^3\rho^2}{\mu^2}\right)^n \tag{3-42}$$

式中，物理量的定性温度为壁温和流体温度的算术平均值；参数 C 和 n 由实验测定，C 和 n 以及准数中的特性尺寸 l 与物体的热表面的形状和位置有关，参见表3-3。

表3-3 **式(3-42)中的 C 和 n 值的部分数据**

热表面形状和位置	特性尺寸	$Gr \cdot Pr$ 范围	C 值	n 值
水平圆管	管子外径	$10^4\sim10^9$	0.53	1/4
		$10^9\sim10^{12}$	0.13	1/3
板垂直圆管	高度	$10^4\sim10^9$	0.59	1/4
		$10^9\sim10^{12}$	0.10	1/3

［例题 3-4］ 长 3.5m、外径为 100mm 的垂直蒸汽管，其外壁温度为 120℃，暴露在温度为 20℃的空气中，试求：单位时间内蒸汽管因自然对流而损失在环境中的热量。

解：这是大空间的自然对流传热问题，应用式(3-42)需要求有关准数。首先确定定性温度 $T_m=(20+120)/2=70$℃，该温度下空气的物性数据为：密度 $\rho=1.029\text{kg}\cdot\text{m}^{-3}$，比热容 $c_p=1.009\text{kJ}\cdot\text{kg}^{-1}\cdot\text{K}^{-1}$，黏度 $\mu=2.06\times10^{-5}\text{Pa}\cdot\text{s}$，导热系数 $\lambda=0.0297\text{W}\cdot\text{m}^{-1}\cdot\text{K}^{-1}$。

计算有关准数：

$$Pr=\frac{c_p\mu}{\lambda}=\frac{1.009\times10^3\times2.06\times10^{-5}}{0.0297}=0.70$$

$l=3.5\text{m}$，$\Delta t=120-20=100\text{K}$，$\beta=1/T_m=1/(273+70)=0.00292\text{K}^{-1}$。

$$Gr=\frac{\beta g\Delta tl^3\rho^2}{\mu^2}=\frac{0.00292\times9.81\times100\times3.5^3\times1.029^2}{(2.06\times10^{-5})^2}=3.06\times10^{11}$$

$$PrGr=0.70\times3.06\times10^9=2.14\times10^{11}$$

垂直管特性尺寸为高度 3.5m；查表 3-3 得到 $C=0.1$，$n=1/3$，计算对流传热传热系数 α：

$$\alpha=C\frac{\lambda}{l}\left(\frac{c_p\mu}{\lambda}\cdot\frac{\beta g\Delta tl^3\rho^2}{\mu^2}\right)^n=0.1\frac{0.0297}{3.5}(2.14\times10^{11})^{\frac{1}{3}}=5.07(\text{W}\cdot\text{m}^{-2}\cdot\text{K}^{-1})$$

计算单位时间传热量：

$$Q=\alpha A\Delta T=5.07\pi\times0.1\times3.5\times(120-20)=558(\text{W})$$

答：单位时间该蒸汽管因自然对流而损失在环境中的热量为 558W。

第四节　间壁换热器的传热问题

一、有关概念

以上介绍的对流传热经验公式是最基本的，还有大量类似的经验公式可供选用。由于实际情况的复杂性，实际上很难找到和确定一个条件完全符合的公式。如果进行一些假设和简化，往往会造成误差，加上所需要的有关物理量数据的查找、统一单位和运算过程，对非专业人员来说，求对流传热系数 α 的工作令人生畏。此外，在间壁换热器中，热流体给热于管壁一侧，再由管壁传导至另一侧，最后由管壁传给冷流体。进行有关计算，需要知道间壁的温度 t_w 和 T_w，而它们是不易测量的。为了避免涉及间壁温度 t_w 和 T_w，利用在实际生产过程中容易测量的冷热流体温度 t 和 T，借助热力学热量衡算来解决有关实际传热问题，引出总传热速率的概念。由于不考虑间壁温度 t_w 和 T_w，只考虑冷热流体温度 t

和 T，间壁换热器的换热情况可简化为图 3-17，它既可以表示套管换热器，也可以表示列管换热器流体温度关系的基本情况。

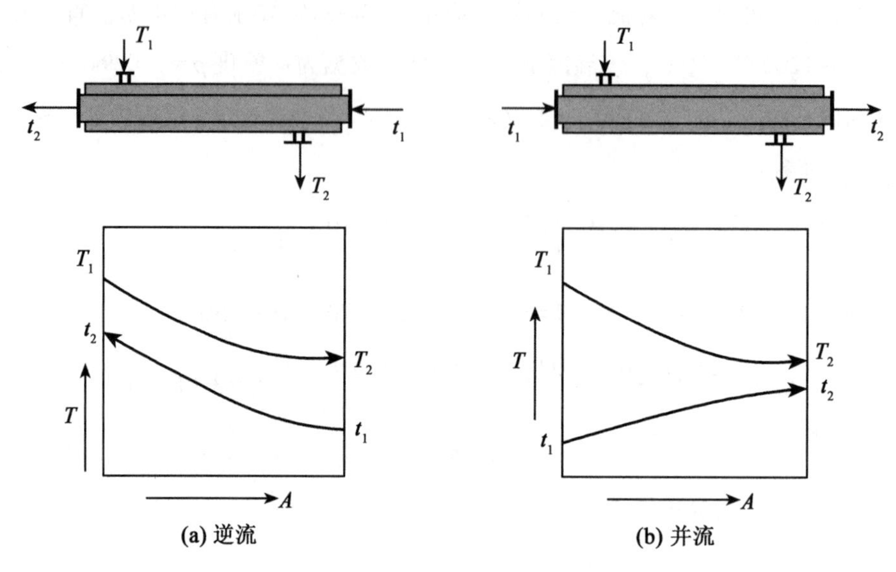

图 3-17 间壁换热器的两种流程和流体温度变化情况

需要指出，间壁换热器有多种流程安排，其中，逆流操作和并流操作是两种基本的流程。如果将冷、热流体从换热器的异端引入，它们在换热器中逆向流动，称为“逆流”；如果将冷、热流体从换热器的同端引入，它们在换热器中同向流动，称为“并流”。一般以大写 T 表示热流体温度、小写 t 表示冷流体温度；以下标 1 表示进口、下标 2 表示出口。即：T_1 表示热流体的进口温度，t_1 表示冷流体的进口温度；T_2 表示热流体的出口温度，t_2 表示冷流体的出口温度。逆流操作情况见图 3-17(a)，此时，不仅同一流体的温度 $T_1>T_2$，$t_2>t_1$，而且只要流程足够长，冷流体的出口温度 t_2 可能高于热流体的出口温度 T_2。并流操作情况见图 3-17(b)，此时，同一流体的温度 $T_1>T_2$、$t_2>t_1$，但冷流体的出口温度 t_2 不可能高于热流体的出口温度 T_2；热流体的出口温度 T_2 也不可能低于冷流体的出口温度 t_2。

二、总传热速率方程和总传热系数

(一)总传热速率方程的微分式

考察温度为 T 的热流体通过套管内管、温度为 t 的冷流体通过环隙的热交换器的传热情况。在外径为 d_o、内径为 d_i、壁厚为 b 的间壁传热管上，取一段间壁传热微元，其外表面积 dA_o，内表面积 dA_i，平均面积 dA_m，热流体的温度为 T、传热系数 α_h；冷流体的温度为 t、传热系数 α_c，间壁本身导热系数为 λ。达到稳定传热时，热流体一侧壁的温度为 T_w，

壁的另一侧温度为 t_w 且 $T>T_w>t_w>t$。如图 3-18 所示。

假设：①流体流量和比热沿传热面不变；②流体无相变化；③换热器无热损失；④两端面的情况可以忽略。

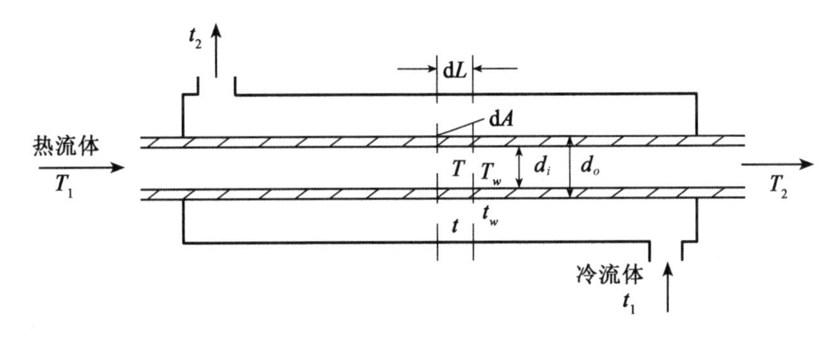

图 3-18　间壁传热总传热速率方程推导

对此间壁传热微元，换热包括三个步骤：①热流体给热于管壁；②管壁热传导；③热量自管壁给热于冷流体。

根据对流传热速率方程式(3-25)和圆管热传导速率方程式(3-19)，对应分别有三步的传热速率方程。

热流体给热于内管壁的传热速率为

$$dQ_1=\alpha_h dA_i(T-T_w)$$

管壁热传导的传热速率为

$$dQ_2=\frac{\lambda}{b}dA_m(T_w-t_w)$$

热量自外管壁给热于冷流体的传热速率为

$$dQ_3=\alpha_c dA_o(t_w-t)$$

根据能量守恒定律和稳定传热规律，这三步传热速率相等，并将传热速率表示成推动力和热阻的关系，利用加和性消除壁温项，得到

$$dQ=\frac{T-T_w}{\dfrac{1}{\alpha_h dA_i}}=\frac{T_w-t_w}{\dfrac{b}{\lambda dA_m}}=\frac{t_w-t}{\dfrac{1}{\alpha_c dA_o}}=\frac{T-t}{\dfrac{1}{\alpha_h dA_i}+\dfrac{b}{\lambda dA_m}+\dfrac{1}{\alpha_c dA_o}} \tag{3-43}$$

由于哪种流体走换热器的哪种通道是可选择的，与公式形式无关，故可用下标 1 和 2 区别冷、热流体和区别内、外表面。在此，下标 1 表示外表面及相应传热系数，下标 2 表示内表面及相应传热系数，并引入总传热系数 K，令：

$$\frac{1}{KdA}=\frac{1}{\alpha_1 dA_1}+\frac{b}{\lambda dA_m}+\frac{1}{\alpha_2 dA_2} \tag{3-44}$$

代入式(3-43)，得到

$$dQ=\frac{T-t}{\frac{1}{KdA}}=(T-t)KdA \tag{3-45}$$

式中：K 为总传热系数，$W\cdot m^{-2}\cdot K^{-1}$；$T$ 为热流体温度,℃或 K；t 为冷流体温度,℃或 K；dA 为间壁传热微元的面积，m^2；dQ 为单位时间通过传热微元的传热量，W。

式(3-45)具有与对流传热速率方程式(3-25)类似的形式，称为总传热速率方程的微分式。

(二)总传热系数

以下结合式(3-44)和式(3-45)讨论总传热系数 K 的有关问题。

1. 不同场合的总传热系数 K

式(3-44)引入总传热系数 K 的同时引入了 dA，当传热微元为圆管时，$dA_1\neq dA_2\neq dA_m$，dA 可以取其中任何一个。一般取传热微元的外表面积为基准，进一步明确壁外表面积为 dA_1，有 $dA=dA_1$。此时式(3-44)表示为以 dA_1 为基准的总传热系数 K_1 的关系式：

$$\frac{1}{K_1}=\frac{1}{\alpha_1}+\frac{b}{\lambda}\frac{dA_1}{dA_m}+\frac{1}{\alpha_2}\frac{dA_1}{dA_2} \tag{3-46}$$

式中，$1/K_1$ 是间壁传热过程的总热阻。

一般所说总传热系数 K 往往就是指传热管外表面为基准的总传热系数 K_1。

虽然在整个换热行程中流体的温度是变化的，α 值也是变化的，但按定性温度的概念，认为 α 是一常数，在确定条件下式(3-46)中其他各参数值也是固定的，这样总传热系数 K 也为一常数。

由于传热圆管的表面积与直径的关系：

$$dA=\pi d dl$$

式(3-46)可表示为 K_1 与传热管直径有关的形式：

$$\frac{1}{K_1}=\frac{1}{\alpha_1}+\frac{b}{\lambda}\frac{d_1}{d_m}+\frac{1}{\alpha_2}\frac{d_1}{d_2} \tag{3-47}$$

当传热微元间壁为平面时，式(3-44)中 $dA=dA_1=dA_2=dA_m$，式(3-44)简化为

$$\frac{1}{K}=\frac{1}{\alpha_1}+\frac{b}{\lambda}+\frac{1}{\alpha_2} \tag{3-48}$$

如果圆管的内外径相差不大时，也可用式(3-48)近似计算 K 值。

如果间壁很薄且间壁材料的导热系数大，则间壁热传导部分的热阻很小，可以忽略。

2. 污垢热阻

以上的推导过程中，得出 $1/K_1$ 是间壁传热过程的总热阻，与各分热阻关系为式(3-47)，即

$$\underset{\text{总热阻}}{\frac{1}{K_1}} = \underset{\text{外侧的热阻}}{\frac{1}{\alpha_1}} + \underset{\text{壁阻}}{\frac{b}{\lambda}\frac{d_1}{d_m}} + \underset{\text{内侧的热阻}}{\frac{1}{\alpha_2}\frac{d_1}{d_2}}$$

但这是简化了的情况，因为未涉及传热面污垢的影响。实践证明，换热器使用一段时间后，传热表面就有污垢积存，污垢会产生相当大的热阻，一般不可忽略。因此，间壁传热过程的总热阻应该为

$$\frac{1}{K_1}=\frac{1}{\alpha_1}+R_{s1}+\frac{b}{\lambda}\frac{d_1}{d_m}+R_{s2}\times\frac{d_1}{d_2}+\frac{1}{\alpha_2}\frac{d_1}{d_2} \tag{3-49}$$

式中：R_{s1}、R_{s2}分别为传热管外侧、内侧的污垢热阻，$m^2 \cdot K \cdot W^{-1}$。

污垢层的厚度及其导热系数无法测量，故污垢热阻只能是根据经验数据确定。参见表3-4 或有关手册。

表 3-4　　**某些污垢热阻的参考数据**

流　体	污垢热阻 R $(m^2 \cdot K \cdot kW^{-1})$	流　体	污垢热阻 R $(m^2 \cdot K \cdot kW^{-1})$
水(u=1m·s^{-1}，t<50℃)		**水蒸气**	
蒸馏水	0.09	优质，不含油	0.052
海水	0.09	劣质，不含油	0.09
清净的河水	0.21	往复机排出	0.176
未处理的凉水塔用水	0.58	**液体**	
已处理的凉水塔用水	0.26	处理过的盐水	0.264
已处理的锅炉用水	0.26	有机物	0.176
硬水、井水	0.58	燃料油	1.056
气体		焦油	1.76
空气	0.26~0.53		
溶剂蒸气	0.14		

3. 总传热系数 K 的来源

(1)按上述总传热系数有关公式计算。

(2)从有关资料，查取总传热系数 K。例如，表 3-5 列出了在某些条件下列管式换热器的总传热系数的经验数据，也可查阅有关手册。

(3)现场实际测定换热器有关参数后，知道传热速率 Q、平均温度差 Δt_m、传热面积 A

后，按总传热速率方程积分式计算 K 值。

表 3-5 列管式换热器某些情况下的总传热系数

冷流体	热流体	总传热系数 $K(W \cdot m^{-2} \cdot K^{-1})$
水	水	850～1700
水	气体	17～280
水	有机溶剂	280～850
水	轻油	340～910
水	重油	60～280
有机溶剂	有机溶剂	115～340
水	水蒸气冷凝	1420～4250
气体	水蒸气冷凝	30～300
水	低沸点烃类冷凝	455～1140
水沸腾	水蒸气冷凝	2000～4250
轻油沸腾	水蒸气冷凝	455～1020

（三）间壁传热总传热速率方程的积分式

实际工作中使用较多的是间壁传热总传热速率方程的积分式，它由微分式(3-45)导出。

首先要明确：

(1)确定定性温度后，传热系数 α 视为常数，因此，总传热系数 K 可作为常数处理。

(2)热、冷流体的温度差是传热的推动力。虽然热、冷流体的温度在整个过程中是不断变化的，但是，下面将证明：在确定条件下，热、冷流体的平均温度差 Δt_m 为定值。故 Δt_m 也可作为常数处理。

(3)从换热器一端到另一端(沿换热器长度方向)考察换热过程，换热面积是由 0 增加到换热器的整个换热面积 A，单位时间传热量是由 0 增加到通过整个换热器的全部传热量 Q。因此，积分的边界条件是：换热行程起点时，传热面 = 0，单位时间传热量 = 0；换热行程终点时，过程通过的传热面积 = A，单位时间完成的传热量 = Q。

对式(3-45)分离变量进行定积分，形式如下：

$$\int_0^Q \mathrm{d}Q = \int_0^A K\Delta t_m \mathrm{d}A$$

可以得到

$$Q=KA\Delta t_m \tag{3-50}$$

式中：Q 为单位时间通过整个换热器的传热量，即传热速率，W；K 为平均总传热系数，$W \cdot m^{-2} \cdot K^{-1}$；$A$ 为换热器的传热面积，m^2；Δt_m 为热冷流体平均温度差，℃或 K。

式(3-50)称为间壁传热总传热速率方程的积分式。公式中的 4 个参数在确定条件下都是定值，且只有 3 个是独立的，知道 3 个参数就可以求出第 4 个。因此，通过联立热量衡算式和总传热速率方程式(3-50)，可以解决许多实际间壁换热器的传热问题。

三、换热器的热负荷计算

单位时间通过整个换热器的传热量 Q，往往是通过热量衡算方法来求，这样就得到传热速率的具体数值。

根据能量守恒定律，在无热损失条件下，冷流体吸收的热量等于热流体传出的热量。将有关情况简单归纳如下：

(1)流体无相变时的热量衡算式：

$$Q=q_{m,h}(H_1-H_2)=q_{m,c}(h_2-h_1) \tag{3-51}$$

式中：Q 为热、冷流体放出或吸收的热量，W 或 $J \cdot s^{-1}$；$q_{m,h}$，$q_{m,c}$为热、冷流体的质量流量，$kg \cdot s^{-1}$；H_1，H_2 为热流体在换热器进出口的热焓，$J \cdot kg^{-1}$；h_1，h_2 为冷流体在换热器进出口的热焓，$J \cdot kg^{-1}$。

或者，使用更习惯的表达式：

$$Q=q_{m,h}c_{p,h}(T_1-T_2)=q_{m,c}c_{p,c}(t_2-t_1) \tag{3-52}$$

式中：Q 为热、冷流体放出或吸收的热量，W 或 $J \cdot s^{-1}$；$q_{m,h}$，$q_{m,c}$为热、冷流体的质量流量，$kg \cdot s^{-1}$；$c_{p,h}$，$c_{p,c}$为热、冷流体的比热容，$J \cdot kg^{-1} \cdot ℃^{-1}$或 $J \cdot kg^{-1} \cdot K^{-1}$；$T_1$，$T_2$ 为热流体在换热器进出口的温度，℃或 K；t_1，t_2 为冷流体在换热器进出口的温度，℃或 K。

(2)热流体恒温相变(仅提供潜热)时的热量衡算式：

$$Q=q_{m,h}r=q_{m,c}\,c_{p,c}(t_2-t_1) \tag{3-53}$$

式中：r 为热流体的汽化潜热，$kJ \cdot kg^{-1}$；$q_{m,h}$，$q_{m,c}$为热、冷流体的质量流量，$kg \cdot s^{-1}$；$c_{p,c}$为冷流体的比热容，$J \cdot kg^{-1} \cdot ℃^{-1}$或 $J \cdot kg^{-1} \cdot K^{-1}$；$t_1$，$t_2$ 为冷流体在换热器进出口的温度，℃或 K。

(3)热流体相变降温(潜热加显热)时的热量衡算式：

$$Q=q_{m,h}[r+c_{p,h}(T_s-T_2)]=q_{m,c}c_{p,c}(t_2-t_1) \tag{3-54}$$

式中：r 为热流体的汽化潜热，$kJ \cdot kg^{-1}$；T_s 为热流体的饱和温度，℃；T_2 为热流体进一步冷却到的温度，℃；$q_{m,h}$，$q_{m,c}$为热、冷流体的质量流量，$kg \cdot s^{-1}$；$c_{p,h}$，$c_{p,c}$为热、冷流体

的比热容，$J \cdot kg^{-1} \cdot ℃^{-1}$或$J \cdot kg^{-1} \cdot K^{-1}$；$t_1$，$t_2$为冷流体在换热器进出口的温度,℃或K。

(4)热量衡算和传热速率方程间的联立：

$$Q = KA\Delta t_m = q_{m,h}c_{p,h}(T_1 - T_2) = q_{m,c}c_{p,c}(t_2 - t_1)$$

在实际问题中，利用热量衡算和传热速率方程间的联立，可以求解未知数据。

四、间壁传热平均温度差

(一)总传热速率方程中间壁传热年均温度差的计算方法和推导

为了推演间壁传热年均温度差 Δt_m，假设：①流体为定态流动、质量流量不变，即$q_{m,h}$、$q_{m,c}$为定值；②过程为定态传热，无相变；③流体物性不变，$c_{p,h}$、$c_{p,c}$为常数，按进出口平均温度为定性温度取值；④K沿管长不变化；⑤忽略过程的热损失。

通过换热器热流体被冷却，其进口温度 T_1，出口温度 T_2，$T_1>T_2$。通过换热器冷流体被加热，其进口温度 t_1，出口温度 t_2，$t_2>t_1$。

流体温度沿换热器长度方向变化。定义换热过程中热流体温度 T 与冷流体温度 t 之差为 Δt，即

$$T - t = \Delta t \tag{3-55}$$

注意：这里 Δt 不是增量的概念，而是函数的概念，为区别前述某些方程的 ΔT，这里使用英文小写符号。从换热器横截面看，热、冷流体之间的温度差 Δt 是变化的，但是，对换热器两端而言，在确定条件下，冷热流体的进出口温度 T_1、T_2、t_2、t_1 都是定值。对换热器的同端而言，热、冷流体之间的温度差 Δt 此时也已经确定。

以逆流操作为例，有：

$$\Delta t_1 = T_1 - t_2,\ \Delta t_2 = T_2 - t_1$$

在换热器中取传热微元，其传热面积 dA，热流体温度 T、冷流体温度 t、传热推动力温度差为 $\Delta t = T - t$。虽然通过换热，热流体温度降低 dT，冷流体温度升高 dt，但是，从换热器一端到另一端来考察，两流体温度均是下降的，因此，dT 和 dt 均为负值(如图 3-19所示沿换热器长度方向温度分布变化情况)。而传热量不可能为负值。因此，对传热微元，联立热量衡算式(3-49)和传热速率方程微分式(3-42)的形式为

$$dQ = -q_{m,h}c_{p,h}dT = -q_{m,c}c_{p,c}dt = K(T - t)dA \tag{3-56}$$

得到

$$dT = -\frac{dQ}{q_{m,h}c_{p,h}} \tag{3-57}$$

$$dt = -\frac{dQ}{q_{m,c}c_{p,c}} \tag{3-58}$$

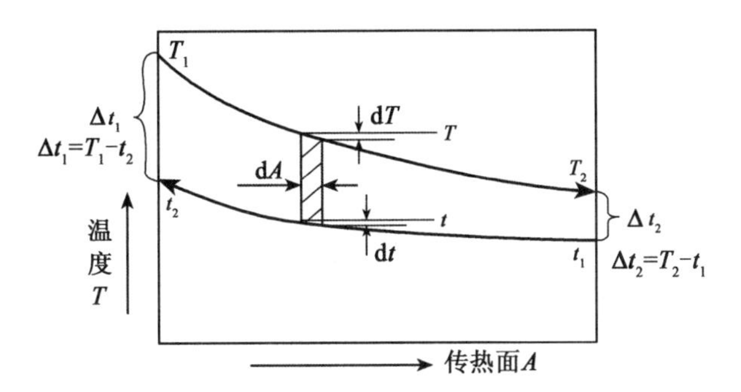

图 3-19　沿长度方向逆流换热时流体温度变化情况

式(3-57)减去式(3-58)，有

$$\mathrm{d}T-\mathrm{d}t=\mathrm{d}(T-t)=-\mathrm{d}Q\left(\frac{1}{q_{m,\mathrm{h}},\ c_{p,\mathrm{h}}}-\frac{1}{q_{m,\mathrm{c}}c_{p,\mathrm{c}}}\right) \tag{3-59}$$

因为 $q_{m,\mathrm{h}}$、$q_{m,\mathrm{c}}$、$c_{p,\mathrm{h}}$、$c_{p,\mathrm{c}}$ 为常数，令：

$$\frac{1}{q_{m,\mathrm{h}}c_{p,\mathrm{h}}}-\frac{1}{q_{m,\mathrm{c}}c_{p,\mathrm{c}}}=n \tag{3-60}$$

式(3-60)代入式(3-59)，将式(3-59)简化成为

$$\mathrm{d}(T-t)=-\mathrm{d}Q\times n \tag{3-61}$$

将式(3-61)改写，与传热速率方程微分式(3-45)联立，得到

$$\mathrm{d}Q=\frac{-\mathrm{d}(T-t)}{n}=K(T-t)\,\mathrm{d}A \tag{3-62}$$

分离变量，得

$$Kn\mathrm{d}A=\frac{-\mathrm{d}(T-t)}{T-t} \tag{3-63}$$

引入换热过程热冷流体温度差定义式(3-55)，考虑积分边界条件：换热行程起点时，传热面=0，热冷流体温度差为 $\Delta t_1=T_1-t_2$；换热行程终点时，过程通过的传热面积=A，热冷流体温度差为 $\Delta t_2=T_2-t_1$。

提出式(3-63)中常数 K、n，进行定积分，形式如下：

$$Kn\int_0^A \mathrm{d}A=-\int_{\Delta t_1}^{\Delta t_2}\frac{\mathrm{d}(\Delta t)}{\Delta t} \tag{3-64}$$

得

$$KnA=-\ln\frac{\Delta t_2}{\Delta t_1}=\ln\frac{\Delta t_1}{\Delta t_2} \tag{3-65}$$

由热量衡算式(3-51)分别得热冷流体的单位温度差传热量关系式：

$$q_{m,\mathrm{h}}c_{p,\mathrm{h}}=\frac{Q}{T_1-T_2},\quad q_{m,\mathrm{c}}c_{p,\mathrm{c}}=\frac{Q}{t_2-t_1}$$

代入式(3-60)，得到

$$n=\left(\frac{1}{q_{m,\mathrm{h}}c_{p,\mathrm{h}}}-\frac{1}{q_{m,\mathrm{c}}c_{p,\mathrm{c}}}\right)=\frac{(T_1-T_2)-(t_2-t_1)}{Q}=\frac{(T_1-t_2)-(T_2-t_1)}{Q}=\frac{\Delta t_1-\Delta t_2}{Q} \tag{3-66}$$

联立式(3-65)和式(3-66)，得到

$$n=\frac{\Delta t_1-\Delta t_2}{Q}=\frac{1}{KA}\ln\frac{\Delta t_1}{\Delta t_2}$$

整理，得到

$$Q=KA\frac{\Delta t_1-\Delta t_2}{\ln\dfrac{\Delta t_1}{\Delta t_2}} \tag{3-67}$$

用式(3-68)定义热冷流体平均温度差 Δt_m，即

$$\frac{\Delta t_1-\Delta t_2}{\ln\dfrac{\Delta t_1}{\Delta t_2}}=\Delta t_m \tag{3-68}$$

将式(3-68)代入式(3-67)，得到间壁传热总传热速率方程积分式(3-50)。

(二)关于间壁传热平均温度差的进一步说明

(1) Δt_m 表示间壁换热总传热方程的热冷流体平均温度差，是换热器两端的同一端热冷流体温度差的对数平均值，单位℃或 K。

(2)无论采取逆流或并流操作方式，定义式(3-68)的形式不变(可自行推导，但注意：此时 $\mathrm{d}T$ 和 $\mathrm{d}t$ 一个为正值，一个为负值)。Δt_1 和 Δt_2 均表示换热器同一端的两种流体的温度差。将较大温差视为 Δt_1，较小温差视为 Δt_2，代入公式(3-68)计算。

(3)相变恒温传热时 $\Delta t=T-t$。

(4)当 $\Delta t_1/\Delta t_2<2$ 时，可用算术平均值代替对数平均形式。

$$\Delta t_m=\frac{\Delta t_1+\Delta t_2}{2}$$

(5)当 $\Delta t_1=\Delta t_2$ 时，$\Delta t_m=\Delta t_1=\Delta t_2$。

除了逆流和并流，流体流向还可能有其他形式(例如在多行程的列管式换热器中的错流和折流)，此时需要先按逆流计算 Δt_m，再乘校正因子，其值与操作形态有关，可进一步参考有关资料。

五、强化间壁传热的有关措施

根据间壁传热总传热速率方程积分式，可以通过以下三方面措施来强化间壁传热：

(一)增大平均温度差

(1)提高加热介质温度，降低冷却介质温度，均可增大平均温度差。

(2)对于完全相同的四个温度数据，采用不同流程，通过计算可以证明：逆流方式的平均温度差大于并流方式。也就是说，逆流操作传热推动力较大。一般应优先采取逆流流程，强化传热。

(二)提高总传热系数

(1)总传热系数 K 的倒数为间壁传热的总热阻。根据式(3-49)，总热阻为各分热阻的加和。间壁材料产生的热阻较小，实际计算中往往忽略。而1mm污垢的热阻相当于40mm厚钢板的热阻。因此，务必要防止污垢生成，尽量减小污垢热阻，强化传热。

(2)间壁两侧传热系数 α 小的流体的给热具有较大热阻，形成实际传热过程的控制侧。根据圆形直管内强制湍流的传热系数经验关联式(3-35)和圆形直管内强制层流的传热系数经验关联式(3-39)，湍流时传热系数 $\alpha \propto u^{0.8}$，层流时传热系数 $\alpha \propto u^{0.33}$；因此，提高流速，特别是使流体呈湍流，有利于传热系数的提高，从而提高 K 值，强化传热。

(3)同样，减小管径，加大管壁粗糙度、破坏层流底层，可提高流体的 α，强化总传热。

(4)使用发生相变的介质可提高流体的 α，强化总传热。一种称为热管的新型传热装置，就是利于工作介质的汽化和冷凝循环过程，达到高效传热。参见图3-20。

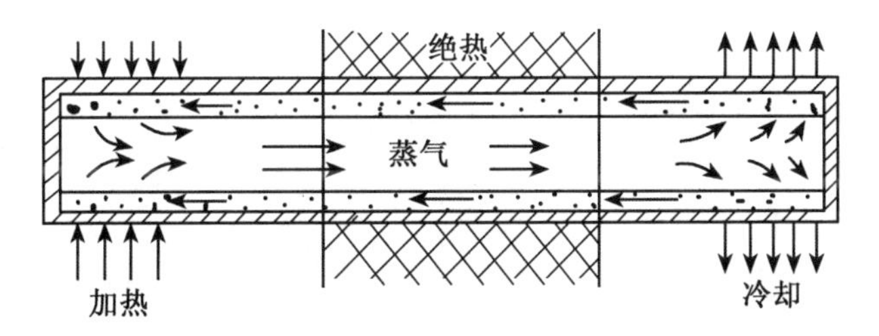

图3-20　热管及其工作原理

(三)提高传热面积强化间壁传热

对设备单位体积而言，换热器往往通过结构改进，来增大传热面积 A，强化传热。如图3-21所示，在传热管内外加翅片，可以增加换热器的传热面积。

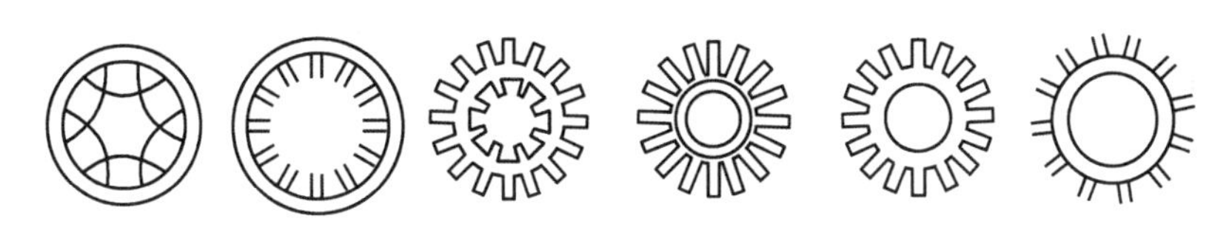

图3-21　翅片管换热器的翅片示意图

管式换热器的结构不紧凑。目前的趋势是采用板式换热器来代替传统的管式换热器。图3-22所示的波纹板换热器，由一组薄金属板平行排列构成，用框架夹紧组装在支架上。

两相邻流体板的边缘密封，四角有流体通道。冷热流体分别在板片的两侧流过，通过板片换热。板上还压制出波纹，既增加传热面积，又提高了流体湍动程度，强化了传热。

(a) 板式换热器的外形

(b) 换热器内部板的结构示意图

图 3-22 板式换热器

图 3-23 所示为一种称为螺旋板换热器的外形和结构。螺旋板式换热器由两张平行的薄钢板卷制而成，构成一对互相隔开的螺旋形、供冷热流体流动和换热的流道。在换热器中心设有隔板，使两个螺旋通道隔开并焊有封头和接管。其单位体积传热面积有了很大改变。

(a) 螺旋换热器的外形

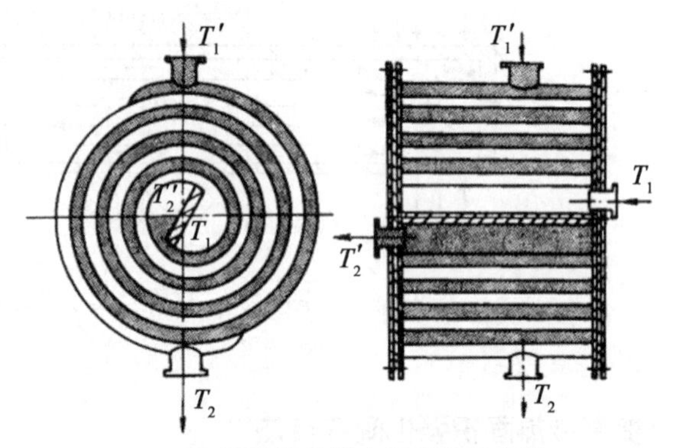

(b) 螺旋换热器内部结构示意图

图 3-23 螺旋换热器

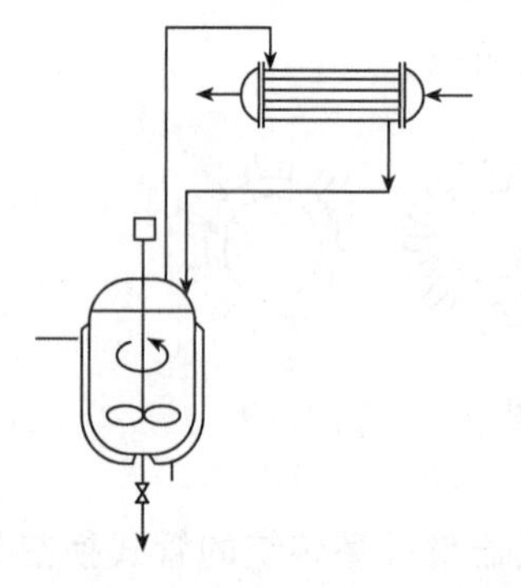
图 3-24 外循环换热工艺示意图

有时还将设备改进和工艺流程结合起来，例如，当传热情况达不到要求时，将反应釜内物料连续引出到列管式换热器进行换热，再回到反应釜，直到反应结束，形成所谓外循环换热工艺(参见图 3-24)。通过外循环换热，既增加了传热面积，又改善了流体流动状态、提高了 K 值，可极大改善传热。该方法简捷、容易设计、操作灵活、弹性大。

六、传热问题计算

有关传热的实际问题有：①明确热交换任务(生产物流的热负荷 Q、由工艺要求的温度决定的传热推动力 Δt_m)后，确定总传热系数 K，计算传热面积 A，进而设计换热器；②对于已有的换热器(传热面积 A 确定)，在工艺物流(流量和有关温度)条件确定的情况下，求热交换介质的流量或有关温度。

常用公式：冷、热流体的热量衡算方程、总传热速率方程，以及两方程的联立。

常用方法：试差法、消元法。

[例题 3-5]　用内管为Φ180×10mm 的套管换热器将流量3500kg·h^{-1}的某物料从 100℃冷却到 60℃，该物料在此温度范围的平均比热容为2.38kJ·kg^{-1}·K^{-1}。环隙逆流走冷却水，其进出口温度分别为40℃和50℃，其平均比热容为 4.174kJ·kg^{-1}·K^{-1}。内管物料的对流传热系数为 2.00kW·m^{-2}·K^{-1}，内管外侧冷却水的对流传热系数为 3.00kW·m^{-2}·K^{-1}，钢管的导热系数为 45W·m^{-1}·K^{-1}。忽略热损失和污垢热阻。试求：(1)所需冷却水用量；(2)基于内管外侧面积的总传热系数；(3)传热推动力；(4)基于内管外侧的传热面积。

解：(1)冷却水的用量可由热量衡算式求得，由于题给的质量流量 q_m 的单位以及 $C_{p,1}$、$C_{p,2}$单位相同，可不换算。由：

$$q_{m,c}c_{p,c}(t_2-t_1)=q_{m,h}c_{m,h}(T_1-T_2)$$

得

$$q_{m,c}=\frac{q_{m,h}c_{p,h}(T_1-T_2)}{c_{p,c}(t_2-t_1)}=\frac{3500\times2.38\times(100-60)}{4.174\times(50-40)}=7982(\mathrm{kg\cdot h^{-1}})$$

(2)忽略污垢热阻条件下，基于内管外侧面积的总传热系数计算公式为

$$\frac{1}{K_o}=\frac{1}{\alpha_i}\cdot\frac{d_o}{d_i}+\frac{b}{\lambda}\cdot\frac{d_o}{d_m}+\frac{1}{\alpha_o}$$

首先求管壁对数平均面积：

$$d_m=\frac{d_o-d_i}{\ln\dfrac{d_o}{d_i}}=\frac{180-160}{\ln\dfrac{180}{160}}=169.80(\mathrm{mm})$$

代入总传热系数计算公式：

$$\frac{1}{K_o}=\frac{1}{2000}\cdot\frac{180}{160}+\frac{0.01}{45}\cdot\frac{180}{169.8}+\frac{1}{3000}=1.1314\times10^{-3}(\mathrm{m^2\cdot K\cdot W^{-1}})$$

$$K_o=883\mathrm{W\cdot m^{-2}\cdot K^{-1}}$$

(3)传热推动力即对数平均温差。按题意绘出逆流换热的条件情况，如图 3-25 所示。

温度单位相同：计算换热器同端的流体温度差分别为：

$$\Delta t_2=T_2-t_1=60-40=20℃；\Delta t_1=T_1-t_2=100-50=50℃$$

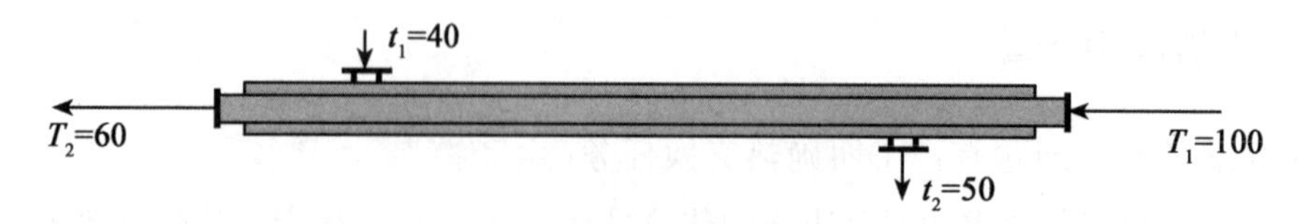

图 3-25 逆流换热的条件情况

平均温差直接由定义式，或者将两温度差值较大者作为 Δt_1 进行计算。

$$(\Delta t_m)_{逆}=\frac{\Delta t_1-\Delta t_2}{\ln\dfrac{\Delta t_1}{\Delta t_2}}=\frac{50-20}{\ln\dfrac{50}{20}}=32.75(℃)$$

(4)在确定 K_o 及平均温度差的条件下，基于内管外侧的传热面积由总传热速率方程和热量衡算式联立计算，即

$$Q=K_oA_o(\Delta t_m)_{逆}=q_{m,h}c_{p,h}(T_1-T_2)$$

得：
$$A_o=\frac{q_{m,h}c_{p,h}(T_1-T_2)}{K_o(\Delta t_m)_{逆}}=\frac{\dfrac{3500}{3600}\times2380\times(100-60)}{883\times32.75}=3.20(m^2)$$

注意：在此必须使用 SI 单位，否则会出错。

答：(1)所需冷却水的用量为 7982kg · h^{-1}；(2)基于内管外侧面积的总传热系数为 883W · m^{-2} · K^{-1}；(3)换热器传热推动力即对数平均温差为 32.75℃；(4)所需传热面积为 3.2m^2。

[例题 3-6] 一套管换热器，由 Φ57×3.5mm 与 Φ89×4.5mm 钢管组成。甲醇在内管流动，流量为 5000kg · h^{-1}，由 60℃ 冷却到 30℃，甲醇侧的对流传热系数 α_2 = 1512W · m^{-2} · ℃$^{-1}$。冷却水在环隙中流动，其入口温度为 20℃，出口温度拟定为 35℃。已知甲醇平均比热容 $C_{p,2}$ = 2.6kJ · kg^{-1} · ℃$^{-1}$、密度为 800kg · m^{-3}、黏度为 0.41cP，在定性温度下水的黏度为 0.84cP、导热系数 λ 为 0.61W · m^{-2} · ℃$^{-1}$、比热容 $C_{p,1}$ = 4.174kJ · kg^{-1} · ℃$^{-1}$、密度为 1000kg · m^{-3}。忽略热损失、管壁及污垢热阻，试求：(1)冷却水的用量；(2)所需套管长度；(3)若将套管换热器的内管改为 Φ48×3mm 的钢管，其他条件不变，求此时所需的套管长度。

解：(1)冷却水的用量可由热量衡算式求得，由于题给的 $c_{p,1}$ 和 $c_{p,2}$ 单位相同，可不换算成 SI 单位，质量流量 q_m 的单位由 kg · h^{-1}换算成 kg · s^{-1}，以利于下步计算，故有：

$$q_{m,1}=\frac{q_{m,2}c_{p,2}(T_1-T_2)}{c_{p,1}(t_2-t_1)}=\frac{(5000/3600)\times2.6\times(60-30)}{4.174\times(35-20)}=1.73(kg\cdot s^{-1})$$

(2)以内管的外表面积为基准，即用 $A=\pi d_1 l$ 代入总传热方程，联立热量衡算式，所

需管长可由下式求得：

$$l=\frac{Q}{K\pi d_1\Delta t_m}$$

求单位时间传热量：

$$Q=q_{m,1}c_{p,1}(T_1-T_2)=\frac{5000}{3600}\times2.6\times10^3\times(60-30)=1.083\times10^5(\mathrm{W})$$

求平均温度差，需要确定操作方式。由已知条件：$t_2=35℃>T_2=30℃$，冷却水出口温度高于热流体出口温度，只有逆流操作才可能实现，因此，按逆流流程计算平均温度差：

$$\Delta t_m=\frac{(T_1-t_2)-(T_2-t_1)}{\ln\dfrac{T_1-t_2}{T_2-t_1}}=\frac{(60-35)-(30-20)}{\ln\dfrac{60-35}{30-20}}=16.4(℃)$$

忽略管壁及污垢热阻，以传热管的外表面积为基准，由下式计算总传热系数 K_1：

$$K_1=\left(\frac{1}{\alpha_1}+\frac{1}{\alpha_2}\frac{d_1}{d_2}\right)^{-1}$$

式中：甲醇在内管侧的 α_2 是已知的；冷却水在环隙侧的导热系数 λ 是已知。传热系数 α_1 是未知。求 α_1，必须知道冷却水在环隙流动的雷诺准数等参数，确定使用的经验公式，并注意将有关物性数据化为 SI 制代入算式。

首先，按几何空间尺寸，计算冷却水在环隙的流速：

$$u=\frac{q_{V,1}}{0.785(D^2-d_1^2)}=\frac{q_{m,1}/\rho_{H_2O}}{0.785(D^2-d_1^2)}=\frac{1.73/1000}{0.785\times(0.08^2-0.057^2)}=0.699(\mathrm{m\cdot s^{-1}})$$

按式(3-36)计算换热器环隙的当量直径，D 为外管内径，d_1 为内管外径。

$$d_e=D-d_1=(0.089-2\times0.0045)-0.057=0.023(\mathrm{m})$$

利用当量直径和流速等数据，计算水在环隙流动的雷诺准数：

$$Re=\frac{d_e u\rho}{\mu}=\frac{0.023\times0.699\times1000}{0.84\times10^{-3}}=1.91\times10^4$$

雷诺准数$>10^4$，为湍流。

求普兰克准数：

$$Pr=\frac{c_p\mu}{\lambda}=\frac{4.187\times10^3\times0.84\times10^{-3}}{0.61}=5.77$$

使用经验式(3-35)，水被加热按 $b=0.4$ 求 α。

$$\begin{aligned}\alpha_1&=0.023\frac{\lambda}{d_e}Re^{0.8}Pr^{0.4}=0.023\times\frac{0.61}{0.023}\times(1.91\times10^4)^{0.8}\times5.77^{0.4}\\&=3271(\mathrm{W\cdot m^{-2}\cdot ℃^{-1}})\end{aligned}$$

总传热系数为

$$K_1=\left(\frac{1}{\alpha_1}+\frac{1}{\alpha_2}\frac{d_1}{d_2}\right)^{-1}=\left(\frac{1}{3271}+\frac{1}{1512}\times\frac{57}{50}\right)^{-1}=944(\mathrm{W\cdot m^{-2}\cdot ℃^{-1}})$$

计算所需管长为

$$l=\frac{Q}{K\pi d_1\Delta t_m}=\frac{1.083\times10^5}{944\times3.14\times0.057\times16.4}=39.1(\mathrm{m})$$

(3)当内管改为 $\Phi48\times3\mathrm{mm}$ 后，不仅传热面积变小，而且由于管内及环隙的截面积均发生变化，引起流速、雷诺准数、传热系数、总传热系数均发生变化，情况比较复杂。先计算变化后的有关参数，再求所需管长。注意利用工作状况改变前后的比例关系简化计算。

首先，对原换热器内管的流体甲醇的流动状况进行分析：

$$u_2=\frac{\frac{q_{m,2}}{\rho}}{0.785d_2^2}=\frac{\frac{5000/3600}{800}}{0.785(0.05)^2}=0.855(\mathrm{m\cdot s^{-1}})$$

$$Re=\frac{d_2u_2\rho}{\mu}=\frac{0.05\times0.885\times800}{0.4\times10^{-3}}=8.85\times10^4$$

呈高度湍流状态。

考察内管流体的雷诺准数与管径关系：

$$Re=\frac{d_2u_2\rho}{\mu}=\frac{d_2\rho}{\mu}\times\frac{q_{V,2}}{0.785d_2^2}\propto\frac{1}{d_2}$$

内管管径变小，雷诺准数增大，仍然为湍流；而普兰克准数没有变化，利用公式：

$$\alpha=0.023\frac{\lambda}{d_e}Re^{0.8}Pr^{0.3}\propto\left(\frac{1}{d_2}\right)^{1.8}$$

得出，传热系数与管径的 1.8 次方成反比，即：

$$\frac{\alpha'_2}{\alpha_2}=\left(\frac{d_2}{d'_2}\right)^{1.8}=\left(\frac{50}{42}\right)^{1.8}=1.369$$

故内管改变后甲醇侧的传热系数：

$$\alpha'_2=1.369\alpha_2=1.369\times1512=2070(\mathrm{W\cdot m^{-2}\cdot ℃^{-1}})$$

其次，考察内管改变后，环形管隙冷却水侧的情况。由流速和当量直径的计算公式：

$$u_1=\frac{q_{V,1}}{0.785(D^2-d_1^2)}$$

$$d_e=D-d_1$$

得知，在其他条件不变时，环隙流体的雷诺准数与套管的外管内径和内管的外径之和

成反比，即

$$Re=\frac{d_e u_1 \rho}{\mu}=\frac{\rho q_{v,1}}{0.785\mu}\frac{(D-d_1)}{(D^2-d_1^2)}\propto\frac{1}{D+d_1}$$

现在外管内径不变、内管的外径 d_1 减小，环隙增大，雷诺准数增大，原为湍流，现在仍为湍流。而普兰克准数没有变化，冷却水被加热，可利用公式：

$$\alpha=0.023\frac{\lambda}{d_e}Re^{0.8}Pr^{0.4}$$

得出传热系数与管径的关系：

$$\frac{\alpha'_1}{\alpha}=\frac{d_e}{d'_e}\times\left(\frac{D+d_1}{D+d'_1}\right)^{0.8}=\frac{D-d_1}{D-d'_1}\times\left(\frac{D+d_1}{D+d'_1}\right)^{0.8}=\frac{80-57}{80-48}\times\left(\frac{80+57}{80+48}\right)^{0.8}=0.759$$

环隙中水的传热系数有所减小：

$$\alpha'_1=0.759\alpha_1=0.759\times3271=2483(\mathrm{W\cdot m^{-2}\cdot ℃^{-1}})$$

至此，可以计算新条件下的总传热系数

$$K'_1=\left(\frac{1}{\alpha'_1}+\frac{1}{\alpha'_2}\frac{d'_1}{d'_2}\right)^{-1}=\left(\frac{1}{2483}+\frac{1}{2070}\times\frac{48}{42}\right)^{-1}=1047(\mathrm{W\cdot m^{-2}\cdot ℃^{-1}})$$

计算所需管长：

$$l'=\frac{Q}{K'\pi d'_1\Delta t_m}=\frac{1.083\times10^5}{1047\times3.14\times0.048\times16.4}=41.8(\mathrm{m})$$

答：(1)原条件下冷却水用量 1.73kg · s^{-1}；(2)原条件下套管需长 39.1m；(3)改变条件后，套管需长 41.8m。

[例题 3-7]　在套管换热器中采取并流操作，用水冷却油。水的流量为 600kg · h^{-1}，入口温度为 15℃。油的流量为 400kg · h^{-1}，入口温度为 90℃。操作条件下油比热容为 2.19kJ · kg^{-1} · ℃$^{-1}$，水比热容为 4.147kJ · kg^{-1} · ℃$^{-1}$。已知换热器基于外表面积的总传热系数为 860W · m^{-2} · ℃$^{-1}$。换热器内管直径 Φ38×3mm、长 6m。(1)试求油的出口温度；(2)试问：其余条件均不变，如果改用逆流操作，换热管长度需要多少米？

解：(1)换热器传热面积和总传热系数已知，两流体的出口温度未知。将总传热速率方程和热量衡算式联立，并将对数平均温度差按定义式表达，得到：

$$q_{m,\mathrm{h}}c_{p,\mathrm{h}}(T_1-T_2)=q_{m,\mathrm{c}}c_{p,\mathrm{c}}(t_2-t_1)=KA(\Delta T_m)_{并}=KA\frac{(T_1-t_1)-(T_2-t_2)}{\ln\dfrac{T_1-t_1}{T_2-t_2}}$$

$$=KA\frac{(T_1-T_2)+(t_2-t_1)}{\ln\dfrac{T_1-t_1}{T_2-t_2}}$$

由于 T_2 和 t_2 是需要求的数，它们又处于对数符号之中，求解较难。为此，采用消元法。联立热、冷两流体的热量衡算式：

$$Q=q_{m,h}c_{p,h}(T_1-T_2)=q_{m,c}c_{p,c}(t_2-t_1)$$

并改写成为冷流体每升高单位温度所吸收热量与热流体每降低单位温度所放出热量之比的形式：

$$\frac{\dfrac{Q}{t_2-t_1}}{\dfrac{Q}{T_1-T_2}}=\frac{T_1-T_2}{t_2-t_1}=\frac{q_{m,c}c_{p,c}}{q_{m,h}c_{p,h}}=C_R \tag{3-69}$$

由于上式是通过热量守恒推导的结果，无论热交换过程的传热量、温度等参数的具体值怎样变化，单位温度冷热流体的流量热容比 C_R 是一个定值，有利于进行一些代换运算，而且在流量和比热容确定条件下可计算出具体值。

现在，将上述总传热速率方程和热量衡算式联立式：

$$q_{m,h}c_{p,h}(T_1-T_2)=KA\frac{(T_1-T_2)+(t_2-t_1)}{\ln\dfrac{T_1-t_1}{T_2-t_2}}$$

移项整理成为

$$\ln\frac{T_1-t_1}{T_2-t_2}=\frac{KA}{q_{m,h}c_{p,h}}\,\frac{(T_1-T_2)+(t_2-t_1)}{T_1-T_2}$$

将式(3-69)代入，消去等式两边的 T_1-T_2，解为：

$$\ln\frac{T_1-t_1}{T_2-t_2}=\frac{KA}{q_{m,h}c_{p,h}}\left(1+\frac{t_2-t_1}{T_1-T_2}\right)=\frac{K\pi ld_1}{q_{m,h}c_{p,h}}\left(1+\frac{q_{m,h}c_{p,h}}{q_{m,c}c_{p,c}}\right)$$

注意：式中括号内第二项是比值的关系，分子和分母各物理量单位一致即可，不必换算成 SI 制。但式中括号外的分母中，流量和比热容两个物理的数据必须换算成 SI 制；否则会出错。

代入已知数，成为

$$\ln\frac{90-15}{T_2-t_2}=\frac{860\times3.14\times6\times0.038}{\dfrac{400}{3600}\times2.19\times10^3}\times\left(1+\frac{400\times2.19}{600\times4.174}\right)$$

解方程，得到冷热流体出口温度的一个关系式：

$$T_2=t_2+2.558$$

此外，对式(3-69)本身代入已知数值，依次解为

$$t_2-t_1=\frac{q_{m,h}c_{p,h}}{q_{m,c}c_{p,c}}(T_1-T_2)$$

$$t_2-15=\frac{400\times2.19}{600\times4.174}(90-T_2)=0.35(90-T_2)$$

得到冷热流体出口温度的另一个关系式：

$$t_2=46.5-0.35T_2$$

联立两个关系式，得到

$$t_2=46.5-0.35(t_2+2.558)$$

解方程，得：$t_2=33.8$℃，$T_2=36.4$℃。

(2)其余条件均不变，改用逆流工艺完成相同传热任务，为求所需的管长，联立两工况下的总传热速率方程：

$$Q_{并}=KA_{并}(\Delta t_m)_{并}=K\pi d_1 l_{并}(\Delta t_m)_{并}$$

$$Q_{逆}=KA_{逆}(\Delta t_m)_{逆}=K\pi d_1 l_{逆}(\Delta t_m)_{逆}$$

有关系式：

$$l_{逆}=\frac{l_{并}(\Delta t_m)_{并}}{(\Delta t_m)_{逆}}$$

分别计算两工况下的对数平均温度差：

$$(\Delta t_m)_{并}=\frac{(T_1-t_1)-(T_2-t_2)}{\ln\frac{T_1-t_1}{T_2-t_2}}=\frac{(90-15)-(35.8-33.2)}{\ln\frac{90-15}{35.8-33.2}}=21.5(℃)$$

$$(\Delta t_m)_{逆}=\frac{(T_1-t_2)-(T_2-t_1)}{\ln\frac{T_1-t_2}{T_2-t_1}}=\frac{(90-33.2)-(35.8-15)}{\ln\frac{90-33.2}{35.8-15}}=35.8(℃)$$

得

$$l_{逆}=\frac{l_{并}(\Delta t_m)_{并}}{(\Delta t_m)_{逆}}=\frac{6\times21.5}{35.8}=3.6(\mathrm{m})$$

答：(1)原操作条件下，油出口温度为 36.4℃；(2)在其余条件不变的情况下，将并流改为逆流，换热管的长度缩短到 3.6m。

通过本例题计算，说明在其余条件不变的情况下，逆流操作的平均推动力大于并流。

[**例题 3-8**]　采取新购置传热面积为 $20\mathrm{m}^2$ 的列管换热器，用流量为 $13500\mathrm{kg}\cdot\mathrm{h}^{-1}$，温度为 20℃冷却水逆流方式冷却温度为 110℃的某物流至温度 40℃，进入下一道工序。此时，冷却水温度升高到 45℃。控制保持两流体流量和入口温度运行一段时间后，发现生产不正常，此时，检查换热器冷却水出口温度为 38℃。试分析原因，并定量论证。(在温度范围内水的比热容按 $4.18\mathrm{kJ}\cdot\mathrm{kg}^{-1}\cdot℃^{-1}$计，忽略热损失)

解：在同样使用条件下，冷却水出口温度下降，说明换热器传热效率下降。原因是：使用一段时间后，换热面两侧生成污垢，使总传热系数下降，导致传热速率下降。

下面是定量论证。

原工况单位时间传热量：

$$Q=q_{m,c}c_{p,c}(t_2-t_1)=\frac{13500}{3600}\times4.18\times(45-20)=392(\text{kW})$$

对数平均温差：

$$(\Delta t_m)_{逆}=\frac{\Delta t_1-\Delta t_2}{\ln\frac{\Delta t_1}{\Delta t_2}}=\frac{(110-45)-(40-20)}{\ln\frac{110-45}{40-20}}=\frac{65-20}{\ln\frac{65}{20}}=38.2(℃)$$

总传热系数：

$$K=\frac{Q}{A(\Delta T_m)_{逆}}=\frac{392\times1000}{20\times38.2}=513(\text{W}\cdot\text{m}^{-2}\cdot℃^{-1})$$

联立冷热流体的热量衡算式，按式(3-69)计算单位温度冷热流体的流量热容比。因为两流体流量和物性不变，它是定值。分子与分母各物理量单位一致，不必换算。

$$\frac{q_{m,c}c_{p,c}}{q_{m,h}c_{p,h}}=\frac{T_1-T_2}{t_2-t_1}=\frac{110-40}{45-20}=2.8$$

新工况下单位时间传热量：

$$Q'=q_{m,c}c_{p,c}(t'_2-t_1)=\frac{13500}{3600}\times4.18\times(38-20)=282(\text{kW})$$

求新工况下，热物流的出口温度 T'_2：

$$Q'=q_{m,c}c_{p,c}(t'_2-t_1)=q_{m,h}c_{p,h}(T_1-T'_2)$$

由

$$\frac{q_{m,c}c_{p,c}}{q_{m,h}c_{p,h}}(t'_2-t_1)=T_1-T'_2$$

得

$$T'_2=T_1-\frac{q_{m,c}c_{p,c}}{q_{m,h}c_{p,h}}(t'_2-t_1)=110-2.8\times(38-20)=59.6(℃)$$

求新工况，传热推动力：

$$(\Delta t'_m)_{逆}=\frac{\Delta t'_1-\Delta t'_2}{\ln\frac{\Delta t'_1}{\Delta t'_2}}=\frac{(110-38)-(59.6-20)}{\ln\frac{110-38}{59.6-20}}=\frac{72-39.6}{\ln\frac{72}{39.6}}=54.2(℃)$$

求新工况下总传热系数：

$$K'=\frac{Q'}{A(\Delta T'_m)_{逆}}=\frac{282\times1000}{20\times54.2}=260(\text{W}\cdot\text{m}^{-2}\cdot℃^{-1})$$

新旧工况下热阻比：

$$\frac{\frac{1}{AK'}}{\frac{1}{AK}}=\frac{K}{K'}=\frac{513}{260}=1.97$$

答：运行一段时间，由于生成污垢，传热情况改变。计算说明，由于污垢的影响，热阻增大了近 1 倍，总传热系数下降。其他条件未改变，流体出口温度变化，单位时间传热量下降。

［**例题 3-9**］　药厂某车间需大体按 $60m^3 \cdot h^{-1}$ 流量将为水溶液的物料(定性温度下物性常数：$\rho=1100kg \cdot m^{-3}$；$\lambda=0.58W \cdot m^{-1} \cdot ℃^{-1}$；$c_p=3.77kJ \cdot kg^{-1} \cdot ℃^{-1}$；$\mu=1.5mPa \cdot s$；$Pr=9.7$)由 20℃ 预热至约 40℃，然后送入压强为 19.62kPa(表压)的反应器内，其流程如图 3-26 所示。加热介质为 127℃ 饱和蒸汽。输送管道全部为 $\Phi108\times4mm$ 的钢管。当阀门全开时，管路及换热器和管件的局部阻力的当量长度之和为 330m。摩擦系数 λ_f 可取定值 0.02。操作条件下，蒸汽冷凝传热系数 $\alpha=1\times10^4W \cdot m^{-2} \cdot ℃^{-1}$；钢的导热系数 $\lambda_W=46.5W \cdot m^{-1} \cdot ℃^{-1}$；污垢热阻总和为 $\sum R=0.0003m^2 \cdot ℃ \cdot W^{-1}$。该车间库存一台列管换热器，其列管由 72 根 $\Phi25\times2mm$、长度 3m 的管束组成。忽略热损失，试问：(1)该换热器能否满足此工艺传热任务？(2)需要购置什么样的离心泵的压头？③实际购置离心泵的流量为 $80m^3 \cdot h^{-1}$，此时，物料经过换热器的温度可否达到预热要求？

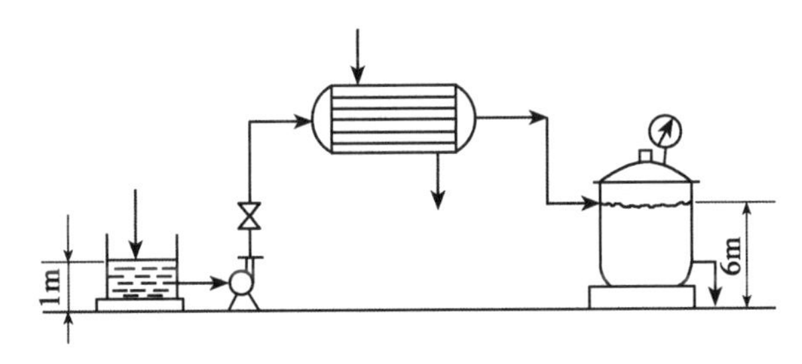

图 3-26　例题 3-9 图

解：(1)首先，核算换热器有关传热参数和能力。

考虑换热管的有效长度应减去两端固定于花板长度 0.1m，该换热器以列管外径为基准的传热面积为

$$A_o=\pi d_o(l-0.1)n=3.14\times0.025\times(3-0.1)\times72=16.4(m^2)$$

平均温度差为

$$(\Delta t_m)_{蒸汽}=\frac{(T-t_2)-(T-t_1)}{\ln\dfrac{T-t_2}{T-t_1}}=\frac{(127-20)-(127-40)}{\ln\dfrac{127-20}{127-40}}=96.6(℃)$$

物料在列管中流速为

$$u=\frac{q_V}{A}=\frac{q_V}{n\dfrac{\pi}{4}d_i^2}=\frac{\dfrac{60}{3600}}{72\times0.785\times(0.025-2\times0.002)^2}=0.669(m \cdot s^{-1})$$

判断流体流动和传热状态：

$$Re=\frac{d_i u\rho}{\mu}=\frac{0.021\times0.669\times1100}{1.5\times10^{-3}}=10303>10000\text{，高度湍流传热}$$

符合无相变低黏度流体圆管湍流条件，物料被加热，b 值取 0.4，传热系数计算为

$$\alpha=0.023\frac{\lambda}{d}Re^{0.8}Pr^{0.4}=0.023\frac{0.58}{0.021}(10303)^{0.8}(9.7)^{0.4}=2557(\text{W}\cdot\text{m}^{-2}\cdot℃^{-1})$$

总传热系数为

$$K=\frac{1}{\frac{1}{\alpha_o}+\sum R+\frac{b}{\lambda}\frac{d_o}{d_m}+\frac{1}{\alpha_2}\frac{d_o}{d_i}}=\frac{1}{\frac{1}{10000}+0.0003+\frac{0.002}{46.5}\times\frac{0.025}{0.023}+\frac{1}{2557}\times\frac{0.025}{0.021}}$$

$$=\frac{1}{0.000913}=1095(\text{W}\cdot\text{m}^{-2}\cdot℃^{-1})$$

换热器提供总传热速率为

$$Q=KA_o(\Delta t_m)_{\text{蒸汽}}=1095\times16.4\times96.6=1375(\text{kW})$$

生产要求总传热速率为

$$Q_{\text{任务}}=q_{m,c}c_{p,c}(t_2-t_1)=\frac{60}{3600}1100\times3.77(40-20)=1382(\text{kW})$$

可见，该换热器基本上可满足传热要求，但需要注意强化传热。

(2)根据物料在输送管道中流速：

$$u=\frac{q_V}{A}=\frac{q_V}{\frac{\pi}{4}d^2}=\frac{\frac{60}{3600}}{0.785\times(0.108-2\times0.004)^2}=2.12(\text{m}\cdot\text{s}^{-1})$$

计算离心泵压头：

$$H_e=(z_2-z_1)+\frac{p_2-0}{\rho g}+H_f=(z_2-z_1)+\frac{p_2}{\rho g}+\left(\lambda_f\frac{(l+l_e)}{d}\frac{u^2}{2g}\right)$$

$$=(6-1)+\frac{19620}{1100\times9.81}+0.02\times\frac{330}{0.1}\times\frac{2.12^2}{2\times9.81}=20.3(\text{m 液柱})$$

选用离心泵的压头需要大于 20.3m 液柱。

(3)选用离心泵的流量为 $80\text{m}^3\cdot\text{h}^{-1}$后的有关计算：

物料在列管中流速：

$$u'=\frac{q'_V}{A}=\frac{q'_V}{q_V}u=\frac{80}{60}\times0.669=0.892(\text{m}\cdot\text{s}^{-1})$$

$$Re'=\frac{d_i u'\rho}{\mu}=\frac{0.021\times0.892\times1100}{1.5\times10^{-3}}=13703$$

$$\alpha'=0.023\frac{0.58}{0.021}(13703)^{0.8}(9.7)^{0.4}=3212(\text{W}\cdot\text{m}^{-2}\cdot{}^\circ\text{C}^{-1})$$

$$K'=\frac{1}{\frac{1}{10000}+0.0003+\frac{0.002}{46.5}\times\frac{0.025}{0.023}+\frac{1}{3212}\times\frac{0.025}{0.021}}=\frac{1}{0.000818}=1222(\text{W}\cdot\text{m}^{-2}\cdot{}^\circ\text{C}^{-1})$$

联立在增大流量条件下的热量衡算和总传热速率两个方程：

$$Q'=q'_{m,c}c_{p,c}(t_2-t_1)=\frac{80}{3600}\times1100\times3.77\times1000\times(t_2-20)$$

$$Q'=K'A_o\Delta t'_m=1222\times16.4\times\frac{(127-20)-(127-t_2)}{\ln\frac{127-20}{127-t_2}}$$

有
$$1222\times16.4\times\frac{t_2-20}{\ln\frac{127-20}{127-t_2}}=\frac{80}{3600}\times1100\times3.77\times1000\times(t_2-20)$$

解
$$\ln\frac{127-20}{127-t_2}=\frac{1222\times16.4}{\frac{80}{3600}\times1100\times3.77\times1000}=0.217$$

$$\frac{107}{127-t_2}=1.24$$

得 $t_2=40.8$℃。

可见，实际选泵流量增大后，该换热器仍可满足对物料加热的要求。

习　题

3-1　平壁炉的炉壁由厚 120mm 的耐火砖和厚 240mm 的普通砖砌成。测得炉壁内、外温度分别为 800℃和 120℃，为减少热损失，又在炉壁外加一石棉保温层，其厚度 60mm，导热系数 0.2W·m^{-1}·℃$^{-1}$。然后，测得三种材质界面温度依次为 800℃、680℃、410℃和 60℃。(1)试问加石棉层后热损失减少多少？(2)试求算耐火砖和普通砖的导热系数。

3-2　实验室有一段 Φ12×1mm 高温管，现测其外壁温度 T_1 为 200℃，为减少热损失，外包 15mm 厚的石棉保温层，再测其保温层外壁温度 T_2 为 80℃，已知石棉的导热系数为 0.21W·m^{-1}·℃$^{-1}$。(1)试求单位长度管道的热损失；(2)试问如果改用导热系数为 0.041W·m^{-1}·℃$^{-1}$的玻璃棉保温材料，若达到同样效果，保温层的厚度为多少？

3-3　Φ57×3mm 的蒸汽管，外包 25mm 厚石棉保温层，已知钢管和石棉的导热系数分别为 45W·m^{-1}·℃$^{-1}$和 0.2W·m^{-1}·℃$^{-1}$，蒸汽管内壁温度 T_1 为 175℃，石棉保温层外壁

温度 T_3 为 50℃。试问：(1)单位时间每米管道的热损失为多少？(2)为使热损失再降低一半，准备在石棉层外再包一层导热系数为 0.075W·m⁻¹·℃⁻¹的氧化镁保温材料，氧化镁保温层的厚度为多少？

3-4　蒸汽管外包扎两层厚度相同的绝热层，外层的平均直径为内层的 2 倍，导热系数外层为内层的 2 倍。若将两层材料互换位置，其他条件不变，试问：每米管长热损失的改变为多少？

3-5　20℃、2.026Pa 的空气在套管换热器的内管被加热到 80℃，内管直径为 $\Phi 57\times 3.5$mm、长 3m，当空气流量为 $55m^3\cdot h^{-1}$时，通过附录查找有关物性数据，试求空气对管壁的传热系数。

3-6　列管式换热器中，醋酸在内径 15mm 的管内流动，由 20℃加热至 100℃，每根管的流量为 $400kg\cdot h^{-1}$。壳程通水蒸气进行加热。在操作条件下醋酸有关物性数据为：密度 $\rho = 1049kg\cdot m^{-3}$；比热容 $c_p = 2.177kJ\cdot kg^{-1}\cdot K^{-1}$；黏度 $\mu = 0.73cP$；导热系数 $\lambda = 0.165W\cdot m^{-1}\cdot K^{-1}$。试求管壁对醋酸的传热系数。

3-7　为了冷却物料，冷却水以 $1m\cdot s^{-1}$流速在长度为 2m、内径 20mm 的换热器的管内流动，由 20℃被加热至 45℃。(1)试求管壁对冷却水的传热系数；(2)试问：当水的流量提高 1 倍，传热系数有何变化？

3-8　长度为 3m、传热管内径为 20mm 的套管换热器用于传热实验，某 25℃的物料以 $0.6m\cdot s^{-1}$流速从管内通过，测得加热管内壁平均温度为 88℃。在操作条件下该物料有关物性数据为：密度 $\rho = 810kg\cdot m^{-3}$；比热容 $c_p = 2.01kJ\cdot kg^{-1}\cdot ℃^{-1}$；导热系数 $\lambda = 0.15W\cdot m^{-1}\cdot ℃^{-1}$；黏度 $\mu = 5.1mPa\cdot s$；壁温下黏度 $\mu_w = 3.1mPa\cdot s$。试问物料通过换热器的出口温度为多少？

3-9　高温反应气以流量 $6000kg\cdot h^{-1}$流过换热面积为 $30m^2$ 的换热器，温度从 485℃冷却到 155℃，反应气在操作温度范围的平均比热容为 $3.0kJ\cdot kg^{-1}\cdot K^{-1}$。壳程逆流走原料气，其流量 $5800kg\cdot h^{-1}$，进口温度 50℃，原料气在操作温度范围的平均比热容为 $3.14kJ\cdot kg^{-1}\cdot K^{-1}$。试求换热器的总传热系数。

3-10　物料以流速 $0.5m\cdot s^{-1}$流过换热面积为 $5m^2$ 的换热器管内，管道的横截面面积为 $0.01m^2$，总传热系数 $400W\cdot m^{-2}\cdot K^{-1}$。在操作条件下该物料有关物性数据为：密度 $\rho = 800kg\cdot m^{-3}$；比热容 $c_p = 2.00kJ\cdot kg^{-1}\cdot ℃^{-1}$；导热系数 $\lambda = 0.20W\cdot m^{-1}\cdot ℃^{-1}$；黏度 $\mu = 1mPa\cdot s$。物料进口温度 20℃，设进出口温度相差不到一倍。试求原料的出口温度。

3-11　在换热器中用水冷却油，并流操作。油的进、出口温度分别为 150℃和 100℃。水的进、出口温度分别为 20℃和 45℃。现生产任务要求油的出口温度降到 80℃。假定油和水的流量、进口温度及物性均不变，原换热管长 1.5m，忽略热损失，求新条件下换热管长度。

3-12　石油精馏的原料预热器是套管换热器，重油和原油并流流动。重油的进、出口温度分别为243℃和167℃。原油的进、出口温度分别为128℃和157℃。(1)试求传热推动力；(2)改用逆流操作，两流体的进口温度和流量不变，试求两流体的出口温度和传热推动力。

3-13　在传热面积为6m^2的逆流换热器中，平均比热容为2.98kJ·kg^{-1}·$℃^{-1}$、流量为1900kg·h^{-1}的正丁醇由90℃被冷却至50℃。冷却介质为18℃的水。总传热系数为230W·m^{-2}·$℃^{-1}$。试求：(1)每小时的水消耗量；(2)出口温度。

3-14　在逆流换热器中，用20℃的水将流量为1.5kg·s^{-1}的苯从80℃冷却到30℃，换热器列管Φ25×2.5mm。水走管内，水侧和苯侧的传热系数分别为0.85kW·m^{-2}·$℃^{-1}$和1.70kW·m^{-2}·$℃^{-1}$，管壁的导热系数为45W·m^{-1}·$℃^{-1}$。操作条件下水的平均比热容为4.174kJ·kg^{-1}·$℃^{-1}$。苯的平均比热容为1.90kJ·kg^{-1}·$℃^{-1}$。忽略热损失和污垢热阻。试求：①基于传热内管外侧的传热面积；②冷却水消耗量。

3-15　在一套管换热器中，用冷却水将空气由100℃逆流冷却至60℃，冷却水在Φ38×2.5mm的内管中流动，其进、出口温度分别为15℃和25℃。已知此时空气和水的对流传热系数为60W·m^{-2}·$℃^{-1}$和1500W·m^{-2}·$℃^{-1}$，水侧的污垢热阻为6×$10^{-4}$$m^2$·℃·$W^{-1}$，空气侧的污垢热阻和管壁的热阻忽略不计。设空气、水的对流传热系数α均与其流速的0.8次方成正比，试问：在下述新情况下，K、Δt_m、Q的变化比率是多少？①空气的流量增加20%；②水的流量增加20%。

第四章　传质分离

本章学习要求

(1) 了解分离工程范畴和传质分离概貌。

(2) 掌握精馏基本原理；掌握精馏塔的物料衡算、精馏段操作线方程及其应用；了解提馏段操作线及其方程、进料热状况参数 q 及 q 线方程。

(3) 了解精馏塔的影响因素，掌握确定最小回流比和最小理论塔板数的方法。

(4) 了解间歇精馏、恒沸精馏等特殊精馏的特点及应用。

(5) 掌握液液萃取基本原理，能够解决单级萃取中的计算问题。

(6) 了解液液萃取过程中的影响因素，以及超临界流体萃取。

(7) 了解结晶基本原理、结晶过程和晶体质量评价。

(8) 了解结晶设备和结晶操作影响因素。

(9) 了解晶型药物。

第一节　概　　述

一、分离过程在制药化工生产中的重要性

在绪论中已经介绍了制药过程分为两个阶段：第一阶段为获得药物有效成分阶段，此时得到的往往是多组分混合物；第二阶段为药物有效成分的分离、纯化阶段，通过有机化学、药物合成反应等课程的学习，特别是有关合成实验的具体操作，可以认识到合成药物的分离纯化操作远比单纯的反应步骤冗杂费时。由于在化学合成的产物中，除药物成分外，往往存在一定量的未反应原料、副产物和杂质，因此，必须通过萃取、结晶、精馏等分离手段，除掉杂质、提高产品纯度，以确保药物的纯度和杂质含量符合制剂的要求。中药现代化研究和生产中，首先涉及对中草药有效成分的提取。中草药粗提物中存在大量无

效成分或杂质，需要通过浓缩、沉淀、萃取、离子交换、结晶、干燥等步骤才能将杂质分离除去，最终获得中药原料药。此外，中草药提取过程使用了大量溶剂，往往需要将溶剂回收利用。对于生物发酵过程所得产品，也需要分离和纯化，由于生物活性物质对温度、酸碱敏感等问题，使得生化分离过程往往更困难、更特殊。

药物生产中不仅分离纯化操作的步骤多，质量要求也比一般化工产品严格得多，因为药物是直接涉及人类健康和生命的特殊商品。据统计，药物生产中分离纯化步骤成本占原料药生产总成本的50%～70%。化学合成药的分离纯化成本一般是合成反应成本的1～2倍；抗生素分离纯化的成本为发酵成本的3～4倍；基因工程药物分离纯化成本还要高得多。可见，分离纯化对提高药品质量和降低生产成本具有举足轻重的作用。

二、分离过程的基本方法

把混合物中有关组分分离成为较纯的组分的过程称为分离过程。分离通常可分为机械分离和传质分离两大类。

(一)机械分离

用机械将非均相混合物分离的方法称为机械分离。机械分离的对象是非均相物系，它根据体系中物质在大小、密度等性质方面的差异，采取重力沉降、离心沉降、过滤等方法进行分离。

(二)传质分离

如果被分离的混合物为均相混合物，显然无法利用机械来进行分离。这时，需要采取一定的措施，将均相混合物变为非均相混合物，利用不同组分的某种物性在两相之间的差异来实现分离。例如，不能用机械方式将酒精中的乙醇和水分开，于是，将酒精加热蒸发，造成非均匀的气、液两相，一部分乙醇和水由液相传递到气相。由于乙醇比水的挥发性大，气相中乙醇的含量比液相中乙醇含量高得多。再将蒸气冷凝，此时，冷凝液中乙醇的含量比分离前得到提高。在这样的过程中，组分从一个相传递到另一个相，在相间有物质传递现象发生，因此，这种分离过程称为物质传递过程，简称传质过程。传质分离又分扩散分离和速度分离两种。扩散分离是一种根据溶质在两相中分配平衡状态的差异来实现分离的方法，又称平衡分离法，其传质推动力为偏离平衡态的浓度差，有关实际操作有蒸馏、蒸发、吸收、萃取、结晶、吸附和离子交换等。速度分离是一种根据溶质在外力作用下产生的移动速度的差异来实现分离的方法，其传质推动力主要有压力差、电位梯度和磁场梯度等，有关实际操作有：超滤、反渗透、电渗析、电泳和磁泳等。参见图 4-1。

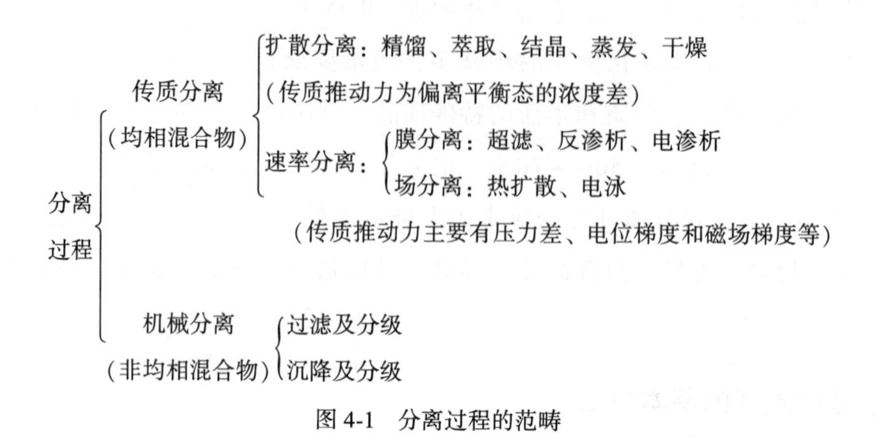

图 4-1　分离过程的范畴

根据分离操作涉及的相态，还可分为：气-液相的分离，如吸收和蒸馏；液-液相的分离，如萃取；固-液相的分离，如结晶等。这些过程又可进一步分类。

所有均相物系分离过程和一些非均相物系分离（如干燥）都涉及传质分离过程。此外，反应器中物料的混合和反应过程中都存在传质问题，因此传质过程也是化学反应工程学的基础。

本章主要介绍传质分离过程的最基本问题以及制药工业中常用的传质分离方法。

三、传质分离技术的成熟程度

一般而言，化学合成制药的分离技术与精细化工分离技术基本相同，而生物制药和中草药的药物成分含量低、稳定性较差，其分离纯化技术相对特殊一些。随着生产的发展，对分离的要求越来越高，一些新型、特殊分离技术受到高度重视，其开发和应用有了长足的发展。如微波浸取、超临界流体萃取、树脂吸附、膜分离、色谱分离、电泳、喷雾或冷冻干燥等，它们在生物合成药物和天然药物的分离、纯化中发挥着独特作用。不同分离的技术成熟度和应用成熟度是有差异的。

Zuiderweg 用图 4-2 所示曲线概括反映了有关传质分离技术“技术成熟度”和“应用成熟度”的现状。通过图 4-2 可以看出：精馏操作处于“S”形曲线的顶峰附近，是最可靠的传质分离操作。而膜分离、超临界流体萃取等是发展中的新兴单元操作，还需要提高其理论深度并进一步扩展其应用。这些分离技术各具优势，应该结合实际问题选用。

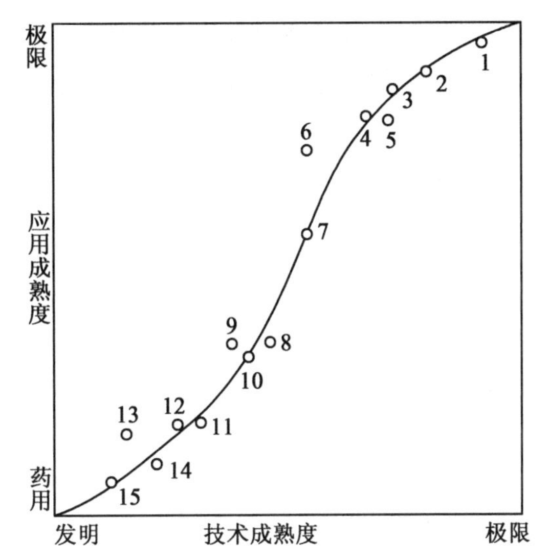

1—精馏；2—吸收；3—结晶；4—萃取；5—共沸(或萃取)精馏；6—离子交换；
7—吸附(气体进料)；8—吸附(液体进料)；9—膜(液体进料)；
10—膜(气体进料)；11—色谱分离；12—超临界萃取；13—液膜；
14—场感应分离；15—亲和分离

图 4-2　传质分离过程技术的现状

第二节　精　　馏

一、精馏基本原理

和蒸馏一样，精馏也是利用液体混合物中各组分挥发性的不同，将液体混合物中各组分分离到某种程度的单元操作，目的是提纯或回收有用组分。

在任何温度下，液相中物质的分子可以从液相进入气相，该种特性称为挥发性。各种液体的挥发性存在差异，这种差异可以用物质的饱和蒸气压或沸点来衡量。

对于单组分液体而言，饱和蒸气压大的物质，其挥发性较大，称为易挥发物质；饱和蒸气压小的物质，其挥发性较小，称为难挥发物质。当饱和蒸气压与外界压力相同时，液体处于沸腾状态，此时的温度即为沸点。当外界压强保持恒定(一般指 1atm)时，物质的沸点越高，其挥发性越小；物质的沸点越低，其挥发性越大。例如，当外界压强为标准大气压时，水的沸点为 100℃、乙醇的沸点为 78.4℃，因此，乙醇比水的挥发性大。

对于双组分液体混合物，用泡点和露点来衡量挥发性的差异。泡点是指液体在恒定的外压下，加热至开始出现第一个气泡时的温度。露点是指混合气体冷却时，开始凝聚出第一个液滴时的温度。习惯上，将双组分液体混合物中的沸点低、易挥发组分 A 称为轻组分；沸点高、难挥发组分 B 则称为重组分。并用 x_A、x_B 分别表示混合液组分 A 和 B 的摩尔分数(或称为液相组成)；y_A、y_B 分别表示气相中 A、B 的摩尔分数(或称为气相组成)。将液体混合物加热至泡点以上沸腾，使之部分气化，必有 $y_A>x_A$；反之，将混合蒸气冷却到露点以下，使之部分冷凝，必有 $x_B>y_B$。上述两种情况所得到的气液组成均可满足：

$$\frac{y_A}{y_B} > \frac{x_A}{x_B}$$

当气-液两相趋于平衡时，易挥发组分在气相中的相对含量较液相高；难挥发组分在液相中的相对含量较气相高。

(一)双组分溶液的气液相平衡

液体混和物的气液相平衡是分析精馏操作和进行精馏设备设计计算的理论基础，所以首先讨论气液相平衡问题。

1. 饱和蒸气压

饱和蒸气压是液体挥发到达气液平衡时，其气相所具有的压强。饱和蒸气压与物质的本性和温度有关。纯组分的饱和蒸气压与温度的关系式可用归纳大量实验数据的安托因(Antoine)方程表示，即

$$\log p^{\circ} = a - \frac{b}{t + c} \tag{4-1}$$

式中：t 为温度；a、b、c 为安托因参数，可通过查阅有关手册得到。

使用安托因公式时，要充分注意表达符号(有资料用自然对数)和压强、温度的单位，以免出错。

依据热力学第二定律推导成立的克劳修斯-克拉普朗(Clausius-Clapeyron)方程可用来计算纯组分饱和蒸气压，公式如下：

$$\lg(1.013 \times 10^5) - \lg p^{\circ} = -\frac{\Delta H_V}{2.303R}\left(\frac{1}{T_b} - \frac{1}{T}\right) \tag{4-2}$$

式中：p°为物质在温度 T 时的饱和蒸气压，Pa；T_b 为液体物质在标准大气压下的沸点，K；T 为液体物质体系的温度，K；R 为气体状态方程常数，数值=8.314，$J \cdot mol^{-1} \cdot K^{-1}$；$\Delta H_V$ 为液体物质的摩尔气化焓，$J \cdot mol^{-1} \cdot K^{-1}$。

根据特鲁顿(Trouton)规则，液体的摩尔汽化焓 ΔH_V 为其正常沸点 T_b 的 88 倍，在缺乏摩尔气化焓 ΔH_V 数据时，可以用 88 倍 T_b 代替 ΔH_V(必要时对倍数 88 加以修正)。同一物质的饱和蒸气压实验数据与利用安托因公式或克-克方程估算值，往往有微小差别。

2. 理想双组分溶液的气液相平衡

理想溶液实际上并不存在，当互溶物质的化学结构及其性质非常相近时，由它们组成的溶液可以看成是理想溶液，如苯与甲苯、正己烷与正庚烷形成的溶液是理想溶液。

对 A、B 组分组成的理想溶液，液相与其上方蒸气达到平衡时，气液两相间各组分服从拉乌尔(Raoult)定律，即

$$p_A = p_A^\circ x_A$$

$$p_B = p_B^\circ x_B = p_B^\circ (1 - x_A)$$

式中：p_A、p_B 为溶液上方 A 和 B 两组分的平衡分压，Pa；p_A°、p_B° 为同温度下，纯组分 A 和 B 的饱和蒸气压，Pa；x_A、x_B 为混合液中组分 A 和 B 的摩尔分数，按归一化 $x_A+x_B=1$。

同时，其气相服从道尔顿分压定律，总压等于各组分分压之和。对双组分物系：

$$p = p_A + p_B = p_A^\circ x_A + p_B^\circ x_B = p_A^\circ x_A + p_B^\circ (1 - x_A)$$

式中：p 为气相总压，Pa；p_A 和 p_B 为 A、B 组分在气相的分压，Pa。

根据拉乌尔定律和道尔顿分压定律，可得

$$x_A = \frac{p - p_B^\circ}{p_A^\circ - p_B^\circ} \tag{4-3}$$

上式称为泡点方程，该方程描述平衡物系的温度与液相组成的关系。因 p_A°、p_B° 取决于溶液的泡点温度，所以式(4-3)实际表达了一定总压下液相组成与溶液泡点温度的关系。已知溶液的泡点可由式(4-3)计算液相组成；反之，已知组成也可由式(4-3)通过试差算出溶液的泡点。

同时也有关系式：

$$y_A = \frac{p_A}{p} = \frac{p_A^\circ}{p} x_A = \frac{p_A^\circ}{p} \times \frac{p - p_B^\circ}{p_A^\circ - p_B^\circ} \tag{4-4}$$

上式称为露点方程式，该方程描述平衡物系的温度与气相组成的关系。

为了表达上的方便，在以后的公式和叙述中，当 x、y 未加下标注明时，都是指易挥发组分 A 在液相和气相中的摩尔分率。

3. 双组分溶液的相律分析和相图

相律表示平衡体系中的自由度、相数及组分数之间的关系，即：

$$f=C-\Phi+2$$

式中：f 为体系的自由度；C 为体系的组分数；Φ 为体系的相数。

对于双组分的气液平衡物系，组分数 $C=2$，相(气、液)数 $\Phi=2$，故双组分气液平衡体系只有两个自由度，即在温度 t、压强 p、液相组成 x 和气相组成 y 4 个变量中只有 2 个变量是独立的，另外 2 个变量是其函数。任意确定体系的 2 个变量，其平衡状态也就确

定了。

在精馏操作中，使用较多是液相组成 x 和气相组成 y 与另外两个独立变量的关系。如果进一步将温度 t 或压强 p 中的一个固定，体系就只有一个独立变量。可用二维坐标曲线图来表示两相的平衡关系，曲线图称为相平衡图，简称相图。根据需要，相图制作成固定温度的压强组成图(p-x 图)、固定压强下的温度组成图(t-x-y 图)以及气相组成和液相组成关系图(y-x 图)三类。

1)压强组成图(p-x 图)

p-x 图中的曲线代表在温度一定的条件下，两相平衡时，组分在气相中的蒸气压与其在液相中的摩尔分数的关系。因为 p-x 图使用得不多，在此从略。

2)温度组成图(t-x-y 图)

一般情况下，蒸馏操作中压力是固定不变的，因此，使用较多的是温度组成图。此时体系只有一个独立变量 t。一定压力下，液相组成 x(气相组成 y)与温度 t 存在一一对应关系，于是，可以用一定压力下双组分溶液的温度-组成(t-x-y)函数关系式或相图来表示双组分溶液的平衡关系。

t-x-y 图是一种以温度 t 为纵坐标、以摩尔分数为横坐标(分别表示气相组成 y 和液相组成 x)的直角坐标图。以苯-甲苯体系为例，在两个纯组分的沸点之间选温度 t，查找或计算出该温度下纯组分苯和甲苯的 p_A°、p_B° 值，参见表 4-1。利用泡点方程式(4-3)和露点方程式(4-4)计算出对应的 x 和 y，参见表 4-2。选若干个 t 值，得到若干个相应的 x 和 y 之值，在直角坐标中可以找到相应的点。分别连接所有 x 和 y 所对应的点，绘成图 4-3 所示的苯-甲苯 t-x-y 图。

表 4-1 **苯(A)和甲苯(B)的有关饱和蒸气压数据**

t(℃)	80.2	84	88	92	96	100	104	108	110.8
p_A°(kPa)	101.3	113.6	130.0	143.7	160.5	179.2	199.3	221.2	233.0
p_B°(kPa)	39.3	44.4	50.6	57.6	65.7	74.5	83.3	93.9	101.3

表 4-2 **苯-甲苯体系的组成与温度的关系**

t(℃)	80.2	84	88	92	96	100	104	108	110.8
气相组成 x	1.000	0.822	0.639	0.508	0.376	0.256	0.155	0.058	0.000
液相组成 y	1.000	0.922	0.820	0.721	0.596	0.453	0.305	0.127	0.000

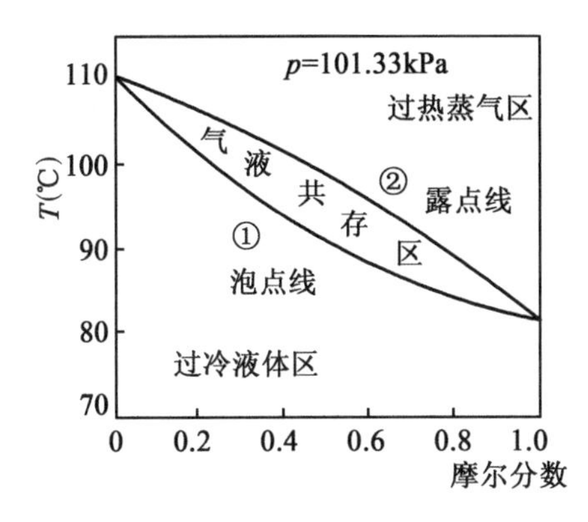

图 4-3　苯-甲苯气液平衡的 t-x-y 相图

图 4-3 中有两条曲线：曲线①称为泡点曲线(或称饱和液相线)；曲线②称为露点曲线(或称饱和气相线)。泡点曲线上每一点相对应的纵坐标都代表混合液在某一组成时的泡点，其横坐标表示混合液在该泡点下的组成。露点曲线上每一点相对应的纵坐标都表示一定气相组成的露点，其横坐标表示混合气体在该露点下的组成。右端点是纯易挥发组分(苯)的沸点，左端点是纯难挥发组分(甲苯)的沸点。图中泡点曲线以下为液相区，露点曲线以上为气相区，两曲线之间为气、液两相并存区。

3) y-x 图

在一定压力下，液相组成 x 和气相组成 y 均与温度 t 存在一一对应关系，y 和 x 之间也就存在着一一对应关系。在上述计算和作图过程中，如果以气相组成 y 为纵坐标、与其平衡的液相组成 x 为横坐标，不再反映它们与温度的具体关系，就得到气液相组成相图(简称 y-x 图)。这种图也可由相应的 t-x-y 图转化而来。图 4-4 所示是苯-甲苯体系的 y-x 图。在对精馏过程的分析和计算中，y-x 图比 t-x-y 图更重要、更实用。

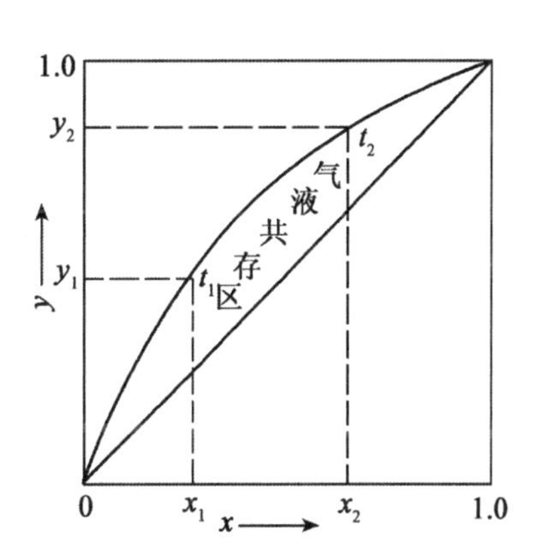

图 4-4　苯-甲苯体系的 y-x 图

y-x 图中 45°对角线是一条非常有用的辅助线，称为等组成线，因为该线的任一点都满足 $x=y$。y-x 图中的曲线称为气液平衡组成线，简称平衡曲线。在该曲线上任一点的坐标(x，y)表示了液相组成 x 与气相组成 y 的平衡关系。平衡曲线除在两个端点与对角线相交之外，其他部分都是 $y>x$，故平衡曲线总是位于对角线的左上方。平衡曲线离对角线越远，组分挥发性差异越大，越有利于精馏分离。

由于非理想溶液不遵循拉乌尔定律和道尔顿分压定律，气液相平衡数据更多地依靠实验测定，进一步获得相图。

(二)挥发度、相对挥发度与相平衡方程

由于精馏的依据是混合液中各组分的挥发性不同，在此，对挥发性的大小作定量描述。

1. 挥发度

挥发度表示组分由液相挥发到气相趋势的大小。对于纯液体，可以用其蒸气压来代表挥发度。

对于混合液的某一组分，需要考虑稀释对蒸气压的影响。为此，定义挥发度 ν 为：气相中某一组分的分压和与之平衡的液相中的该组分的摩尔分数之比。

对于 A 和 B 组成的双组分混合液，有

$$\nu_A = \frac{p_A}{x_A}, \quad \nu_B = \frac{p_B}{x_B}$$

式中：ν_A、ν_B 为组分 A、B 的挥发度，Pa；p_A、p_B 为气液平衡时，组分 A、B 在气相中的分压，Pa；x_A、x_B 为气液平衡时，组分 A 和 B 在液相中的摩尔分率。

对于理想溶液，各组分的挥发度在数值上等于其饱和蒸气压：

$$\nu_A = \frac{p_A}{x_A} = \frac{p^{\circ}_A x_A}{x_A} = p^{\circ}_A$$

2. 相对挥发度

精馏中起决定性作用的是混合液中两组分的挥发性的差异。相对挥发度定义为：溶液中易挥发组分的挥发度与难挥发组分的挥发度之比，以符号 α 表示：

$$\alpha = \frac{\nu_A}{\nu_B} = \frac{\dfrac{p_A}{x_A}}{\dfrac{p_B}{x_B}} \tag{4-5}$$

对于理想体系，相对挥发度等于两组分的饱和蒸气压之比。

根据表 4-1 列出的在一些温度下苯和甲苯的饱和蒸气压数据，求出在这些温度时苯-甲苯体系的相对挥发度，见表 4-3。

表 4-3　　　　**苯-甲苯体系的相对挥发度**

t(℃)	80.2	84	88	92	96	100	104	108	110.8
α	2.58	2.56	2.57	2.50	2.44	2.41	2.39	2.46	2.30

根据道尔顿分压定律，组分在气相中的分压之比等于它们的气相摩尔分数之比，故可将式(4-5)写成

$$\alpha = \frac{p_A}{p_B} \cdot \frac{x_B}{x_A} = \frac{y_A}{y_B} \cdot \frac{x_B}{x_A}$$

整理得到

$$\frac{y_A}{y_B} = \alpha \frac{x_A}{x_B} \tag{4-6}$$

由式(4-5)可知，由于易挥发组分的挥发度在相对挥发度定义式为分子，故相对挥发度 $\alpha \geqslant 1$。α 值可作为混合物分离难易程度的标志，α 越大，两个组分在两相中相对含量的差别越大，两组分越易分离，y-x 图中平衡曲线偏离对角线越远(参见图 4-5)。若 $\alpha = 1$，则说明混合物的气相组分与液相组分相等，普通蒸馏方式将无法分离此混合物。

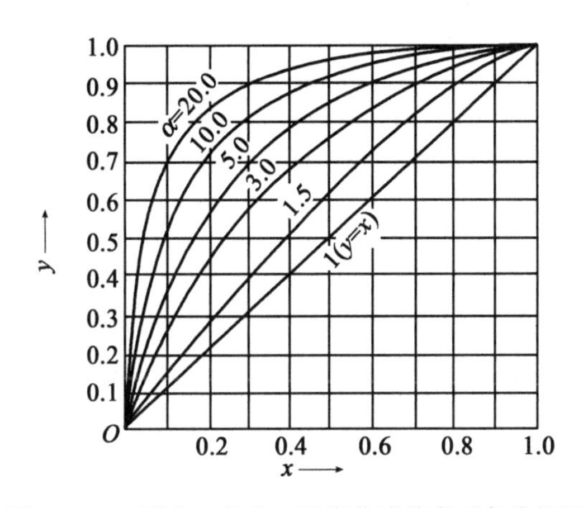

图 4-5 y-x 图中 α 越大，平衡曲线偏离对角线越远

3. 平均相对挥发度 α_m

尽管组分的饱和蒸气压随温度变化较大，但 α 值随温度变化相对较小(参见表 4-3)，因此，在一定的温度范围内，对理想溶液常取 α 的平均值用于相平衡的计算，可满足工程问题计算要求。以下会介绍，精馏的工业实现需要一种称为精馏塔的设备，精馏塔的每块塔上温度不同、组成不同，x、y、α 都是变化的，有关计算或作图不方便。因此，对于整个精馏塔，采用平均相对挥发度 α_m 来计算。求平均值的方法很多，在精馏领域，相对挥发度的平均值按下式几何平均方法进行：

$$\alpha_m = \sqrt{\alpha_{顶} \times \alpha_{釜}} \tag{4-7}$$

式中：$\alpha_{顶}$为塔顶的相对挥发度；$\alpha_{釜}$为塔釜的相对挥发度。

4. 相平衡方程

对于二元混合物，当总压不高时，将摩尔分数归一化关系 $x_A+x_B=1$，$y_A+y_B=1$ 代入式(4-6)，并表示成易挥发组分 A 的 y_A 与 x_A 的关系，不再加下标：

$$\frac{y}{1-y} = \alpha \cdot \frac{x}{1-x}$$

整理可得相平衡方程：

$$y=\frac{\alpha x}{1+(\alpha-1)x} \tag{4-8}$$

根据相对挥发度 α 建立的相平衡方程式(4-8)是相应 y-x 图中平衡曲线的数学表达式。有了相平衡方程后，双组分物系相平衡计算就得心应手。

(三)回流

虽然蒸馏和精馏的分离原理一样，但是，蒸馏是将液体一次气化，再冷凝，实现分离、提纯的操作方法，即简单蒸馏或类似方法的总称；精馏是在同一个设备中，通过回流技术，实现使液相进行多次部分气化，气相进行多次部分冷凝，以较好地分离液体混合物的操作。生产中广泛应用的是精馏。在介绍回流以前，先以蒸馏装置为例，分析蒸馏过程中物料组成变化。

1. 蒸馏过程分析

简单蒸馏装置如图 4-6 所示。将一定量、一定组成的原料液加到蒸馏釜中，通过间接加热使之部分气化，产生的蒸气随即进入冷凝器中冷凝，排入接收器中，得到的是易挥发组分含量高于原始溶液的馏出液。随着蒸馏过程的进行，蒸馏釜中温度沿泡点线不断升高，料液易挥发组分的含量 x 由初始值 x_F 不断下降，与之平衡的气相组成 y 随之沿露点线不断降低，馏出液的组成也不断下降，但易挥发组分在蒸气中的含量 y 始终大于在釜内的液相中的含量 x。由于随蒸馏进程馏出液组成不断下降，因此，应根据纯度要求分别收集馏出液。当馏出液或釜液组成降低到规定值，停止操作，排放釜液。然后可再进行第二次操作。

通过图 4-7 表达的蒸馏过程中气液相组成变化情况分析，可以较好地了解蒸馏原理。

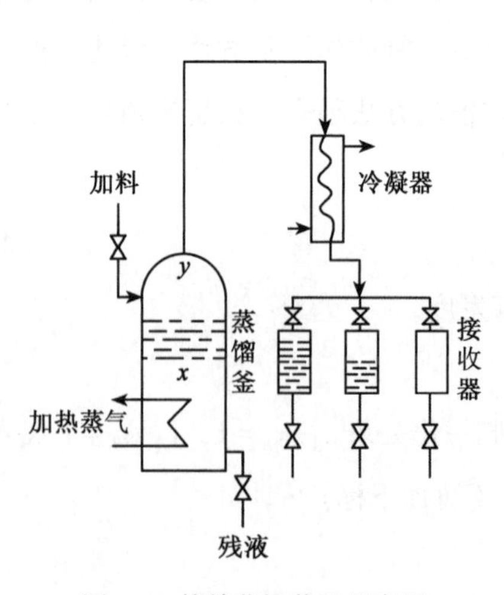

图 4-6 简单蒸馏装置示意图

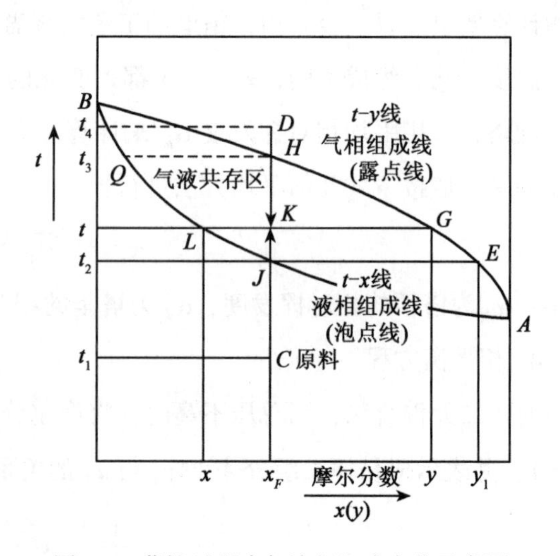

图 4-7 蒸馏过程中气液相组成变化示意图

将图 4-7 中 C 点的冷溶液(组成 x_F、温度为 t_1)加热至 J 点开始沸腾，产生第 1 个气泡，故此时所对应的温度 t_2 称为泡点。气泡中存在与釜中液体处于相平衡状态的气相，其组成通过 t-y 线可知道为 y_1，且 $y_1>x_F$。继续加热，体系升温至 K 点，对应的温度为 t，溶液仍然为部分气化，这时有较多的蒸气生成，气相组成为 y(G 点)，液相组成为 x(L 点)，$y>x_F$，$x<x_F$，x 与 y 呈平衡关系。混合液在加热气化的过程中，蒸气量逐渐增加，液体量逐渐减少，液相中易挥发组分的含量也逐渐减少。如果体系温度继续升高到 t_3，体系到达处于露点线上的 H 点，这时液相的量已极少，液相即将消失，其组成取决于在 t_3 温度对应的泡点线上 Q 点所对应的 x 坐标；而混合液几乎全部转化成为蒸气，此时，蒸气的组成等于原来混合液的组成，即 $y_F=x_F$。再继续加热，只能使蒸气变为过热蒸气，其组成仍然不变。显然，全部气化达不到分离提纯的目的。将体系加热到 J 点以上、H 点以下的气化过程，称为部分气化过程。只有在部分气化的操作下，才能造成 $y>x_F$，$x<x_F$。此时，将气液两相分离，并冷凝气相，可使体系得到一定程度的分离提纯；反之，将 D 点的过热混合气体(组成 $y_F=x_F$、温度为 t_4)冷却至 H 点，第 1 滴冷凝液出现，H 点所对应的温度 t_3 称为露点。继续冷却至 K 点，气相部分冷凝，液相组成为 x，气相组成为 y，$x<y_F$，$y>y_F$，亦可实现一定程度的分离。可见，只有通过部分气化或者部分冷凝，将体系落在气液共存区才有可能实现一定程度的分离，气液共存区的气液组成 y 与 x 呈平衡关系，气液两相的量符合杠杆定律。

蒸馏的特点是分批进行，属于间歇过程。蒸馏过程中，温度、组成随时间变化，是非稳态的分离操作过程。蒸馏处理量小、分离效果差、只能获得一定沸程(即某个温度区段)的馏分。

2. 精馏过程中的回流

蒸馏虽然能获得一定沸程(即某个温度区段)的馏分，但是，在实际应用中，一次蒸馏往往达不到预期的效果，需要对图 4-7 中组成为 y 的冷凝液和组成为 x 的液相进行多次蒸馏，以得到想要的产品，其过程如图 4-8(a)所示。由图 4-8(a)分析可知：①流程有大量中间物，最终产品量极低；②流程庞大，设备繁多，设备投资大；③液体加热气化需要耗热，气相冷凝则需要提供冷却量，能源消耗大。因此，蒸馏在工业上仅用于相对挥发度大的原料液的初步分离或除去不挥发性杂质。

如果将图 4-8(a)中每一级分离产生的冷凝液或气化产生的蒸气取出一部分，返回到前一级分离器，即形成“回流”，如图 4-8(b)所示，则过程就没有中间物的问题，回流同时补偿下一级因部分气化而损失的易挥发组分，各级的气、液相组成就不随时间而变。图 4-8(b)假想用 7 个蒸馏釜串联操作。将组成为 x_F 的混合液以一定流量连续地送入釜 4 中，使之与釜 5 来的、组成为 y_5 的蒸气充分接触，进行传热、传质，形成组成为 y_4 的蒸气和组成为 x_4 的平衡液相。将组成为 y_4 的蒸气引入釜 3，与液体充分接触，蒸气进行部分冷凝，放出热量，而液体吸收热量进行部分气化。显然，蒸气部分冷凝较多的是其中的难挥发组分；液体部分气化较多的是其中的易挥发组分。所以，当组成为 y_3 的蒸气经部分冷凝和釜 3 中液体经部分气化后，形成组成为 y_3 的蒸气和组成为 x_3 的液体。显然，$y_3>y_4$，$x_3>x_4$。如果将这种关系推广到任意两个相邻的釜，则可表示为 $y_n>y_{n+1}$，$x_n>x_{n+1}$。也就是说，就蒸气而言，上一釜的蒸气比下一釜的蒸气含易挥发组分多。依此类推，第一釜的蒸气含易挥发组分最多。就液相而言，下一釜的液体含难挥发组分较上釜多，直至最下一釜含难挥发组分最多，从而达到了分离组分的目的，同时，前一级分离器上升蒸气部分冷凝，提供潜热用于液体的部分气化，能量利用方面是合理的。

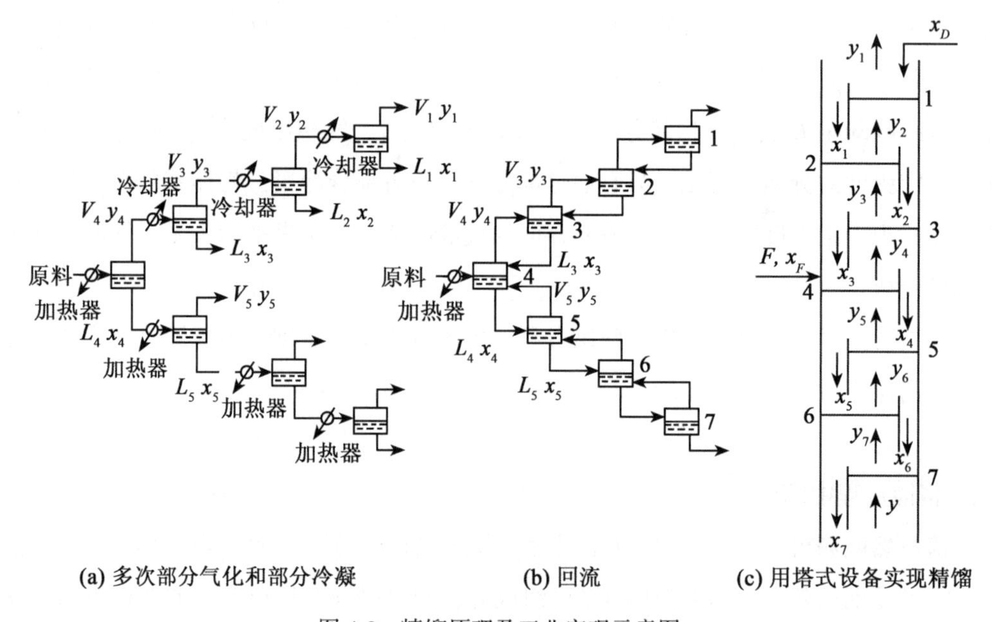

(a) 多次部分气化和部分冷凝　　(b) 回流　　(c) 用塔式设备实现精馏

图 4-8　精馏原理及工业实现示意图

精馏实现的关键是引入了回流。回流是精馏区别于蒸馏的根本特点。回流包括：塔顶的液相回流和塔底的气相回流。塔顶回流液由塔顶冷凝液部分返回提供，另一部分形成馏出产品。塔底回流气由塔底设置的再沸器产生，部分釜液通过再沸器加热气化，上升回到上一级，未气化釜液流出塔底。在一定压力下操作的精馏塔，塔顶回流液中轻组分含量最高，塔底上升蒸气中轻组分含量最低，与之对应，塔顶温度最低，塔底温度最高，温度由塔顶至塔底递增。由塔底上升的蒸气与塔顶下流的回流液(包括塔中部的进料)构成了沿塔高方向逆流接触的气、液两相。回流提供了未达到平衡的气、液两相来源，是传质的必要条件。没有回流，塔内部分气化和部分冷凝就不能发生，精馏操作无法进行。

(四)精馏塔简介

图 4-8(b)假想利用 7 个蒸馏釜串联实现精馏操作，在实际工业过程中，精馏就是在同一设备——精馏塔内进行，精馏塔内以塔板或填料代替串联的蒸馏釜，结构示意图参见图 4-8(c)。

1. 塔类设备及其分类

按气液两相接触方式，精馏塔分为连续接触式和分级接触式两大类。各自按内部结构又继续分类。连续接触式精馏塔主要有填料塔、湍球塔等；分级接触式精馏塔，又称板式塔，主要有筛板塔、泡罩塔、浮阀塔、浮舌塔等。参见图 4-9。

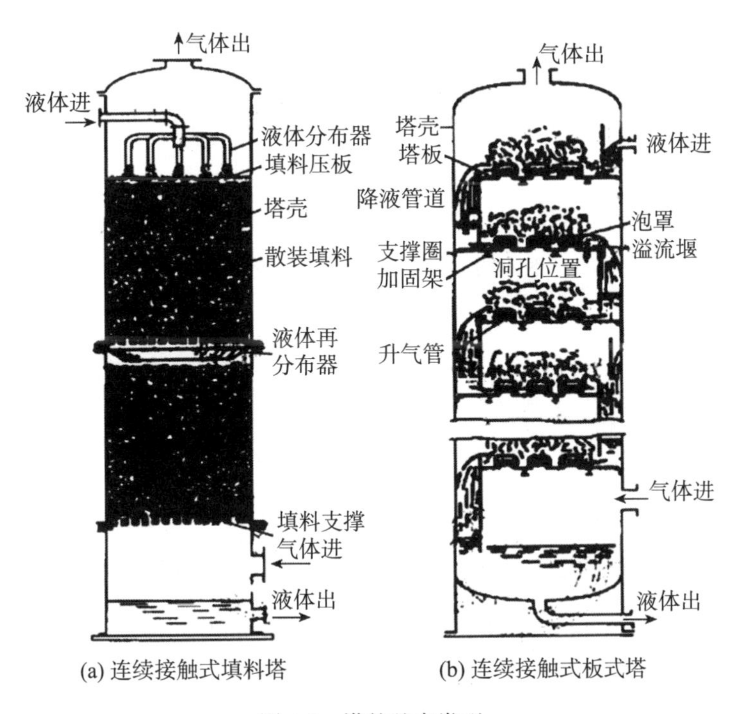

图 4-9 塔的基本类型

1) 连续接触式

填料塔是最典型的连续接触式精馏塔。因在空塔中放置大量填料而得名，其结构简单，流动阻力小。传质过程在填料表面进行，高比表面的填料是提高填料塔效率的关键。

2) 分级接触式

板式塔因制作成一层一层的重复结构塔板而得名。通过降液管和溢流堰(参见图 4-10)

的作用，其液相在塔板上积存一定高度，同时逐板连续下降，气体以鼓泡或喷射形式通过液相，再继续逐板上升。在塔板上方空间气、液两相以泡沫或雾滴方式接触、界面不断更新，进行传质。板式塔需要制作安装一些内部构件，因此，塔径较大、结构较复杂，构件的结构是提高塔效率的关键。板式塔各层有较大空间，以便于检修，可处理宜结晶、结垢的物料的形状示意图。

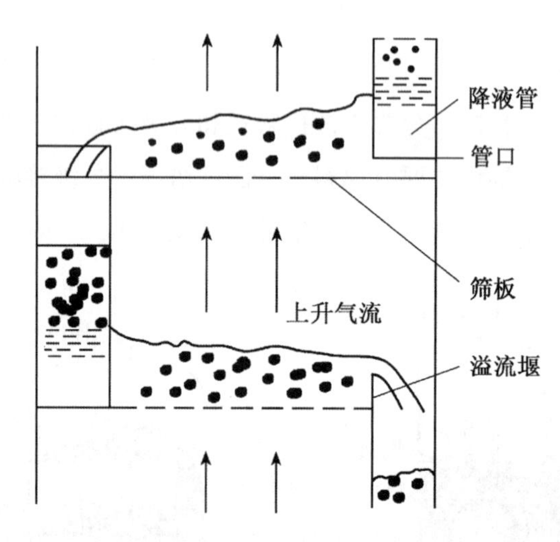

图 4-10　筛板塔结构和操作示意图

2. 典型精馏塔

1) 筛板塔

筛板塔是较早用于化工生产的塔设备。筛板塔的结构最简单，各塔板由布满直径为4~5mm 均匀小孔的筛板组成，如图 4-10 所示。上层回流液经降液管流到筛板，逐板下降。蒸气由各塔板的筛孔穿过，进入该板上的液层鼓泡而上通过液层，形成的泡沫层是进行传质的主要区域。筛板塔具有以下优点：结构简单、造价最低、生产能力大。筛板塔的主要缺点是：气流阻力大，筛孔易堵，气液流量变化范围窄，气液流量的变动会显著影响操作的稳定性和塔板效率。

2) 泡罩塔

泡罩塔是工业生产中常用设备，图 4-11 所示为小塔径的泡罩塔板示意图。泡罩塔内设有若干层塔板，每层塔板上有若干泡罩。泡罩安装在塔板的蒸气上升管的上面，泡罩下缘浸入塔板上液体中形成液封。沿蒸气上升管上升的蒸气，经由泡罩底缘所开的齿缝或槽口，分散成小气流喷出，并穿过液层到达液面，然后进入上一层塔板。泡罩塔在正常操作时，由泡罩齿缝喷出的气流互相冲击，形成泡沫和雾滴随蒸气一起升至液面以上的空间，故两塔板之间的空间都充满雾沫和液滴。在这个空间里，气、液两相充分接触，进行传质、传热。泡罩塔能在气、液负荷变化较大的范围内保持一定的板效率，由于升气管顶部高于泡罩齿缝的上沿，低气速下也不致产生严重的漏液现象。泡罩的设计和制作已经标准化。泡罩塔的缺点是结构复杂，制作费用高，安装要求高、维修不便，气流阻力大、气体分布不易做到均匀，影响其板效率。

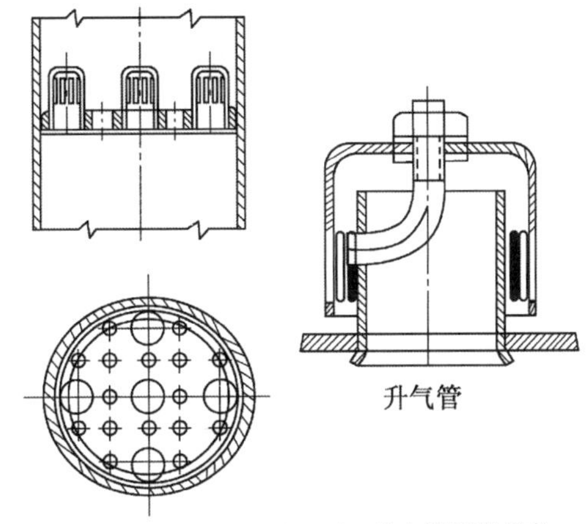

图 4-11　泡罩塔板结构示意图

3) 浮阀塔

浮阀塔是近几十年来发展起来的一种新型板式塔。它的主要特点是塔板效率高，流体阻力小，生产能力大，操作弹性大(即当蒸气流速在较大范围内变动时，不至于影响分离效率)，结构简单，造价低，便于检修。在浮阀塔内，每层塔板上除有降液管、溢流堰外，还开有许多孔径为 39mm 的大孔，每孔中装有一个可上下移动的浮阀，图 4-12 所示为常见 F1 型浮阀。其圆形阀片的周边有向下倾斜的边缘。阀片上有三个向下的突出短腿，称为定距片，其作用是使阀片落下时尚能与塔板保持 2～3mm 的最小开启高度；阀片下有 3 条长腿，插入阀孔后将各腿底脚外翻 90°，限制操作时，浮阀阀片在板上升起的最大高度，并保证浮阀不脱离塔板。浮阀塔在正常操作时，靠蒸气的压强将阀片顶开，被顶开的阀片在液层中上下浮动。蒸气成小气流经液层鼓泡而出。塔板上的液体除少部分从阀孔漏下外，大部分经溢流堰沿降液管流至下层塔板。

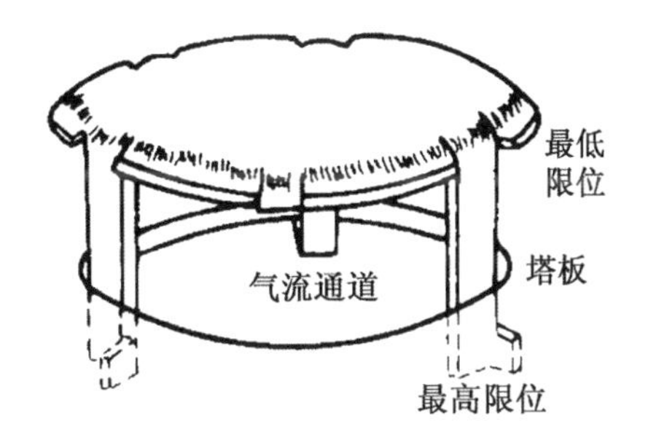

图 4-12　浮阀示意图

浮阀塔的操作特点是：随着塔内上升蒸气量的改变，浮阀能自动上下浮动以调节阀片的开度，也就调节了阀孔气流速度，因此，气量变化时，通过阀片周边流道进入液体层的气速较稳定。同时，气体水平进入液层也强化了气液接触传质。结构简单，生产能力和操作弹性大，板效率高，综合性能较优异。

4)填料塔

近年来，除了板式塔在继续发展，出现更简单、更高效新型塔内部构件外，填料塔也在发展，并取得可观的成果。如上所述，填料塔结构最简单，仅需要在空塔中通过栅板等适当支撑后放置填料进行传质，故压强降小。研制高比表面的填料提高填料塔效率与研制高效新型塔内部构件提高板式塔效率，一直在竞争中发展。图4-13所示为若干种典型填料的形状示意图。

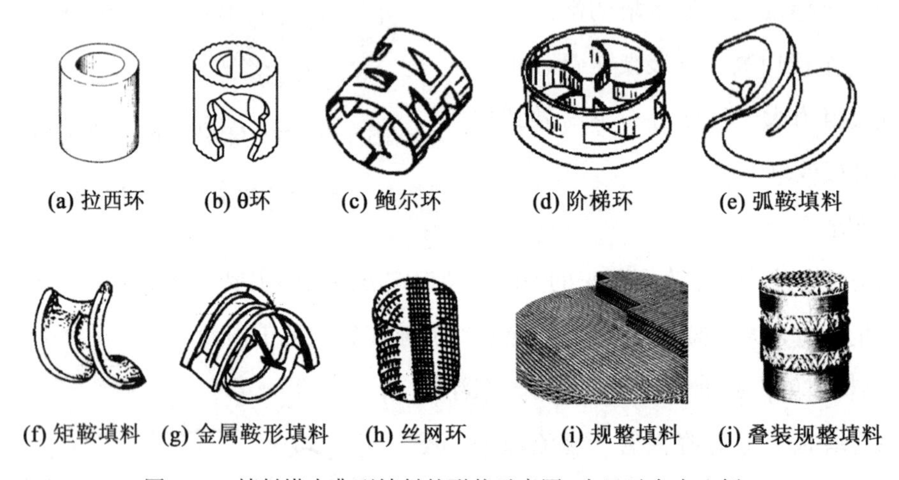

图4-13　填料塔内典型填料的形状示意图(未显示大小比例)

(1)拉西环是最早使用的一种填料，为高度和直径相等的陶瓷或金属等制成的空心圆环。拉西易于制造，价格低廉，应用广泛；其缺点是：高径比大，塔中堆积时填料之间易形成线接触，液体常存在严重的沟流和壁流现象，内表面润湿率较低，传质速率不高。

(2)θ环、十字环及螺旋环等是在拉西环基础上的改进，内部附加结构增大了比表面积。

(3)鲍尔环是在环的侧壁上开一层或两层长方形小孔，开孔的材料向内弯形成叶片，使环的内壁面得到充分利用。小孔使气液流通畅，沟流现象大大降低，提高了分离效率。

(4)阶梯环不仅在环壁上开孔，环内还有两层交错45°的十字形叶片，环的一端做成喇叭口形状的翻边。这样的结构使得填料之间呈多点接触，较好地避免了沟流现象，其生产能力比鲍尔环提高约10%，压降降低25%。

(5)弧鞍填料在塔内通过相互搭接，形成弧形气体通道，提高了空隙率，气体阻力小，液体分布性能也较好。

(6)矩鞍填料的两端为矩形，且填料两面大小不等，可克服弧鞍填料相互重叠的缺点，填料的均匀性得到改善，使得液体分布均匀，气液传质速率得到提高。

(7)金属鞍形填料生产能力大、压降低、液体分布性能好、传质速率高及操作弹性大，在减压蒸馏中其优势更为显著。

(8)金属丝网环填料网丝细密，空隙很高，阻力小，比表面积很大，且由于毛细管作用，填料表面润湿性能很好，故传质速率高，但造价很高。

(9)由波纹状的金属或其他材料的网丝或多孔板重叠而成规整填料，在使用时根据填料塔的结构尺寸，叠成圆筒形整块放入塔内或分块拼成圆筒形在塔内砌装。其空隙大，生产能力大，压降小，不会发生流化现象，液体分布均匀，通常具有很高的传质效率。几乎无放大效应。但造价较高，易堵塞，难清洗，一般用于较难分离体系或分离要求很高的情况。

3. 塔板

塔板提供了传质和传热的场所，物料在每块塔板上近乎完成了一次平衡蒸馏。图 4-8(c)所示是精馏塔的一部分，它包括 7 块塔板，为了方便，从塔顶到塔底将塔板依次编号。

当相邻上一块塔板下降的、组成为 x_{n-1} 的液体及相邻下一块塔板上升的、组成为 y_{n+1} 的蒸气同时进入第 n 块板塔板，由于气、液两相未达到平衡，存在浓度差，气液两相在第 n 块塔板上密切接触进行传质和传热。每层塔板都发生部分气化和部分冷凝，蒸气的部分冷凝提供潜热用于液相部分气化。如果气、液两相在塔板上有足够长的时间充分接触进行传热传质，离开塔板上升的气相组成 y_n 和离开塔板下降的液体组成 x_n 可以达到气液相平衡关系，这样的塔板称为理论塔板，其分离效果达到最佳。

理论塔板是不存在的，仅是一种理想的情况，但理论塔板的概念非常重要。理论塔板数代表了分离任务的难易程度，它只取决于物系的相平衡以及塔内气、液两相的摩尔流量，与物系的其他性质、两相接触的传质传热情况及塔板的结构形式等复杂因素无关。理论塔板上传递过程有关量可直接由相图、相平衡方程、泡点方程或露点方程得到，比较方便。理论塔板上物流情况见图 4-14。

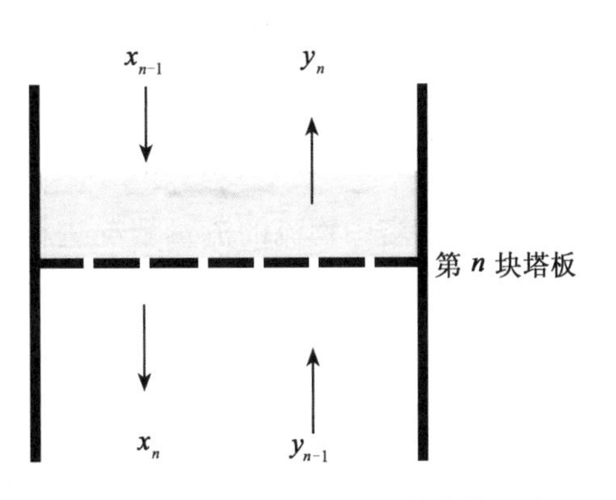

图 4-14 理论塔板的上 4 股物流的组成

填料塔中没有一层层塔板。由于理论塔板的概念比较清楚和便于计算，在填料塔范畴使用分离效果相当于一块理论板填料层高度，即理论板当量高度的概念，称为等板高度，即从相应高度的填料层流出的气相与液相可以达到平衡。将理论板数乘以等板高度就是精馏塔所需的填料层的高度。等板高度通常由实验测定。

(五)连续精馏装置及流程

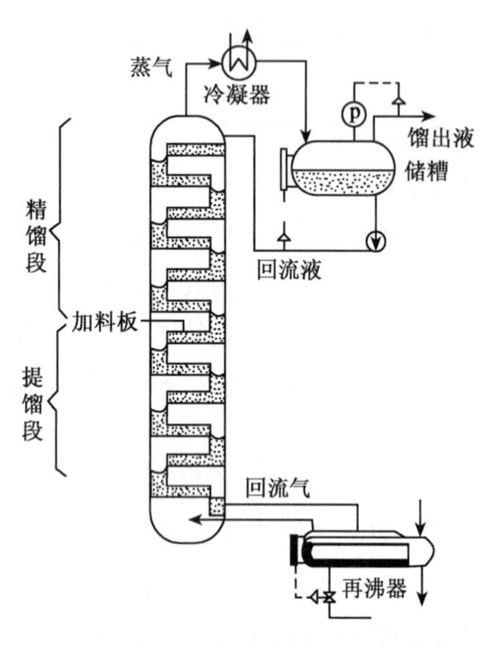

图 4-15 续精馏装置及流程示意图

连续精馏装置由精馏塔、塔顶冷凝器、塔底再沸器(往往放在塔内)组成。连续精馏装置及流程示意图如图 4-15 所示。

操作时，原料液从精馏塔中间进入，该处的一层塔板称为进料板。精馏塔被进料板分成精馏段(进料板以上的塔段)和提馏段(进料板及其以下的塔段)两部分。一个完整的精馏塔应包括精馏段和提馏段。

精馏塔开车稳定后，原料液不断地经预热器预热到指定温度后进入加料板，与精馏段的回流液汇合，液相逐板下流，并与上升蒸气密切接触，进行传质和传热，液体中重组分含量越来越高，最后，进入再沸器的重组分含量已经相当高。这时，引出一部分作为馏残液，经过预热器回收部分热能后送到贮槽，剩余部分在再沸器中用间接蒸气加热气化，生成的蒸气重新进入塔内并逐板上升。每经过一块塔板，蒸气中轻组分含量增加，重组分含量减少。经过若干块塔板后，到达最上一层塔板的蒸气与回流液体相接触，进入塔顶冷凝器全部冷凝(这种冷凝器也就称为全凝器)，所得冷凝液一部分作回流液，另一部分经冷却器降温后作为塔顶产品(也称馏出液)送往贮槽。因此，原料经过精馏塔分离，由塔顶和塔底连续地分别得到高纯度的轻、重组分产品。

二、双组分连续精馏塔的计算

(一)全塔物料衡算

现在对精馏塔中物流的流量情况进行分析。图 4-16 说明精馏塔内有关物流情况是非常复杂的，所涉及传热、传质的影响因素众多。精馏塔有关计算的核心问题是理论塔板数，再通过板效率校正。因此，推导精馏塔计算有关公式时，可以合理简化。为此，引入以恒摩尔流为中心的几点假设，使推导过程的变量减少，容易进行。得到有关计算公式后，加上相平衡方程，就可以方便地进行双组分连续精馏过程的有关计算，解决问题。

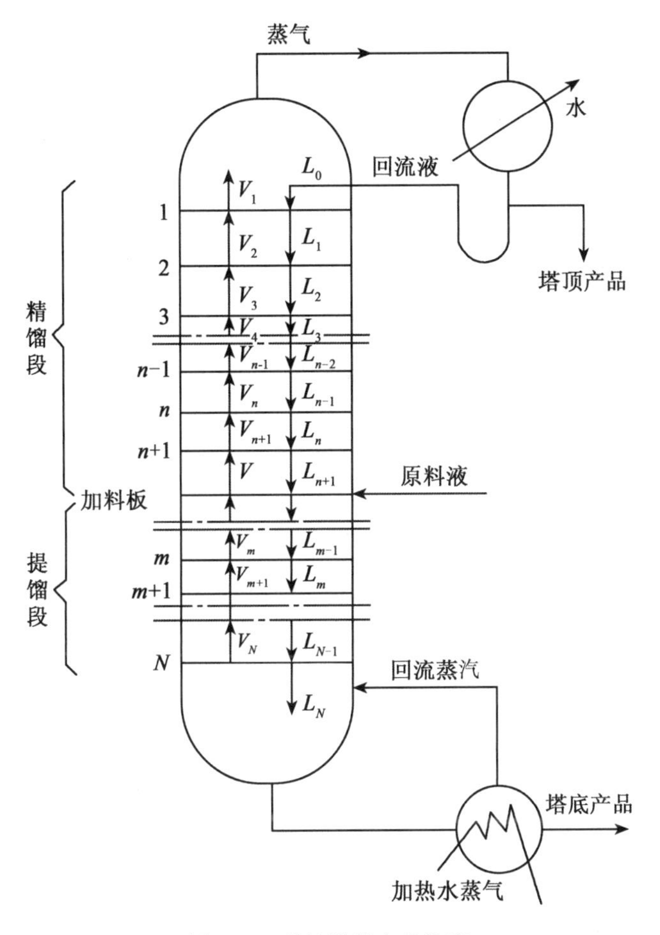

图 4-16　精馏塔的有关物流

由于精馏计算需要的组分平衡数据和有关相图多以摩尔分数为单位，故精馏有关衡算都是采用以 mol 或 kmol 为基准。摩尔流就是指以 mol 为单位表达的塔内各股物流的流量。

有关假设如下：

(1) 两组分的摩尔气化潜热相等。

(2) 两相接触因两相温度不同而交换的显热可忽略不计；塔设备保温良好，热损失可以忽略不计。

(3) 回流液由塔顶全凝器供给，其组成与塔顶产品相同；回流气由再沸器加热釜残液使之部分气化送入塔内而形成。

(4) 恒摩尔气流和恒摩尔液流：精馏段上每层塔板上升的蒸气的摩尔流量都相等，提馏段内也是如此；但是，精馏段和提馏段的气流的摩尔流量之间可能相等，也可能不等，这取决于进料状态。同样，在精馏段内每层塔板下降的液体的摩尔流量都相等，提馏段也是如此；但是，精馏段和提馏段的液流的摩尔流量之间可能相等，也可能不等，这取决于进料状态。

(5)各塔板均为理论塔板。有了恒摩尔流假设，可以用 V 表示精馏段中经过各塔板上升蒸气的摩尔流量，V'表示提馏段中经过各塔板上升蒸气的摩尔流量，L 表示精馏段中经过各塔板下降液相的摩尔流量，L'表示提馏段中经过各塔板下降液相的摩尔流量，单位都是 $\mathrm{kmol \cdot h^{-1}}$；不再考虑图 4-16 所示不同序号塔板上的差异，考虑问题和表达都方便多了。

对稳定操作连续精馏塔，无论塔顶的回流液量与塔釜的再沸气量多大，根据质量守恒，料液加入量必等于塔顶和塔釜所得产品量之和。因此，塔顶和塔釜产品的流量、组成和进料流量、组成之间的关系由全塔物料衡算决定。

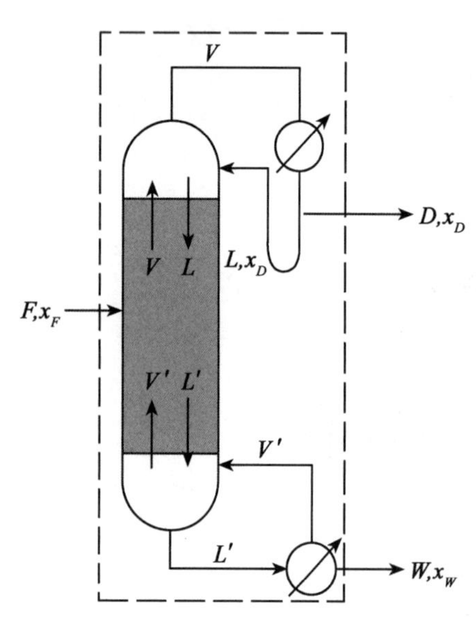

图 4-17　精馏塔全塔物料衡算示意图

如图 4-17 所示，设进料流量为 F，原料液中轻组分含量为 x_F，塔顶产品流量为 D，轻组分含量为 x_D，塔底产品流量为 W，轻组分含量为 x_W，流量单位均为 $\mathrm{kmol \cdot h^{-1}}$，含量均以摩尔分数表示，全塔物料衡算式有两道：

对于总物料：　$F = D + W$　　(4-9)

对于物料中轻组分：$Fx_F = Dx_D + Wx_W$　　(4-10)

通过对全塔的物料衡算，可以求出精馏产品的流量、组成和进料流量、组成之间的关系。在 6 个参数中，通常原料液的量 F 和组成 x_F 是已知的，全塔物料衡算式有两道，其余 4 个参数就只有 2 个是独立的。例如，进一步规定了产品质量指标 x_D、x_W，产品的产量就不是任意的，将由式(4-9)、式(4-10)两式联立求解确定。当 F、x_F 以及釜液组成 x_W 一定时，要求塔顶馏出液中轻组分含量 x_D 值越大，馏出液的流量 D 值就越小。塔釜产品的流量和组成之间也存在类似关系。对进料浓度一定的精馏过程，提高产品品质是以降低产品产率为代价的。规定塔顶产品的产量(D)和质量(x_D)以及塔底产品的质量(x_W)和产量(W)不能自由选择；反之亦然。

在精馏计算中，分离程度除用两种产品的摩尔分数表示之外，还有其他方法，有关概念有：

塔顶采出率：$\dfrac{D}{F} = \dfrac{x_F - x_W}{x_D - x_W}$；

塔底采出率：$\dfrac{W}{F} = 1 - \dfrac{D}{F}$；

塔顶轻组分的采出量：Dx_D；

塔底重组分的采出量：$W(1-x_W)$；

塔顶轻组分的回收率：$\eta_A=\dfrac{Dx_D}{Fx_F}\times 100\%$；

塔底重组分的回收率：$\eta_A=\dfrac{W(1-x_W)}{F(1-x_F)}\times 100\%$。

［**例题 4-1**］ 每小时将 1500kg 含苯 40%和甲苯 60%的溶液，在连续精馏塔中进行分离，要求釜残液中含苯不高于 2%（以上均为质量分数），塔顶馏出液的回收率为 97.1%。操作压强为 1atm。试求馏出液和釜残液的组成及流量，以 $kmol\cdot h^{-1}$表示。

解：苯的分子量为 78；甲苯的分子量为 92。

进料组成：$x_F=(40/78)/[(40/78)+(60/92)]=0.44$；

釜残液组成：$x_W=(2/78)/[(2/78)+(98/92)]=0.0235$；

原料液的平均分子量：$M_F=0.44\times78+0.56\times92=85.8kg\cdot kmol^{-1}$；

进料摩尔流量：$F=1500/85.8=175.0kmol\cdot h^{-1}$。

从题意知塔顶馏出液的回收率：

$$\eta_A=\frac{Dx_D}{Fx_F}>0.971$$

所以，塔顶轻组分的采出量：$Dx_D=0.971\times175.0\times0.44=74.77(kmol\cdot h^{-1})$。

全塔物料衡算为：$D+W=F=175.0$；

全塔轻组分苯的衡算为：$Dx_D+Wx_W=Fx_F=175.0\times0.44=77$；

联立，解得：$W=94.9kmol\cdot h^{-1}$，$D=80.1kmol\cdot h^{-1}$，$x_D=0.934$。

答：馏出液的流量为 $80.1kmol\cdot h^{-1}$，含苯的摩尔分数为 93.4%；釜残液的流量为 $94.9kmol\cdot h^{-1}$，含苯的摩尔分数为 2.35%。

（二）精馏段物料衡算和精馏段操作线方程

1. 回流比 R

考察精馏塔顶部物流的情况。设从塔顶出来的蒸气的流量为 V，从冷凝器出来的冷凝液分为两股，一股作为产品 D，另一股作为回流液 L 送回塔内第一块塔板上。将回流液流量 L 与产品流量 D 之比称为回流比，用 R 表示，即：

$$R=\frac{L}{D} \tag{4-11}$$

由 $V=L+D$，得到

$$V=RD+D=(R+1)D \tag{4-12}$$

稳定操作时，V 为恒定值。由以上关系式可知，当回流比 R 增大时，塔顶产品流量 D 下降。当 $D=0$ 时，无产品采出，此时，$R=\infty$，称为全回流，全回流操作用于科研或精馏塔开车。

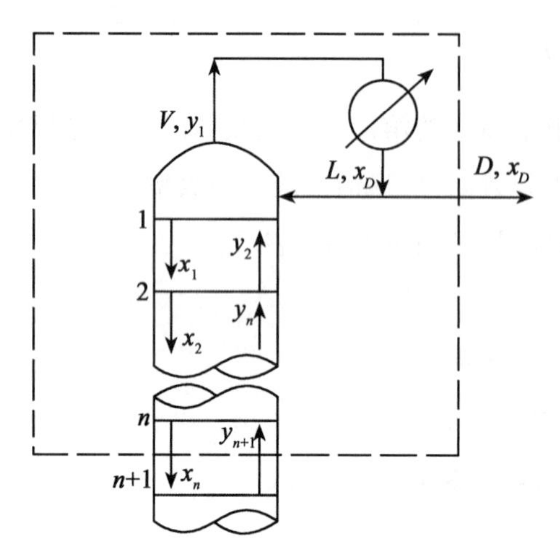

图 4-18　精馏段物料衡算示意图

2. 精馏段物料衡算

对图 4-18 虚线框所包括塔顶冷凝器和第 1 到第 n 块塔板的精馏段体系进行物料衡算。进入体系物料有：来自第 $n+1$ 块塔板的蒸气 V；离开体系物料有：第 n 块塔板的冷凝液 L 和塔顶产品 D。

总物料物料衡算：$V=L+D$　(4-13)

轻组分物料衡算：$Vy_{n+1}=Lx_n+Dx_D$　(4-14)

由式(4-14)整理得 $y_{n+1}=\dfrac{L}{V}x_n+\dfrac{D}{V}x_D$　(4-15)

将式(4-13)代入，得到 $y_{n+1}=\dfrac{L}{L+D}x_n+\dfrac{D}{L+D}x_D$　(4-16)

分子分母同时除以 D，得到

$$y_{n+1}=\frac{\frac{L}{D}}{\frac{L}{D}+\frac{D}{D}}x_n+\frac{\frac{D}{D}}{\frac{L}{D}+\frac{D}{D}}x_D$$

将式(4-11)代入，得到　$y_{n+1}=\dfrac{R}{R+1}x_n+\dfrac{x_D}{R+1}$　(4-17)

3. 精馏段操作线方程式

式(4-15)～式(4-17)均称为精馏段操作线方程，以式(4-17)形式使用较多。精馏段操作线方程表示从第 $n+1$ 块塔板上升的蒸气的组成 y_{n+1} 与第 n 块塔板下降的液体的组成 x_n 之间的关系。在连续稳定的精馏操作中，L、V、D、x_D 均为定值，故精馏段操作线方程式为一直线方程。将精馏段操作线方程式(4-17)与 y-x 图对角线方程 $y=x$ 联解，得精馏段操作线与对角线的交点坐标为(x_D，x_D)。对每个确定的回流比 R，有确定的精馏段操作线，该直线斜率为$\dfrac{R}{R+1}$，截距为$\dfrac{x_D}{R+1}$。这样可方便地将精馏段操作线绘在 y-x 图上。先在 y-x 图上找到点 $A(x_D, x_D)$，再根据截距找至点 $C\left(0, \dfrac{x_D}{R+1}\right)$，连接这两点，得到直线 AC 为操馏段操作线。如图 4-19 所示。

(三)提馏段物料衡算和提馏段操作线方程

确定如图 4-20 虚线框以内所示提馏段包括塔底再沸器到第 $m+1$ 块塔板的塔段为提馏段物料衡算体系。进入体系的物料有：来自第 m 块塔板的冷凝液 L'；离开体系的物料有：来自第 $m+1$ 块塔板的蒸汽 V'和塔釜底残液 W。

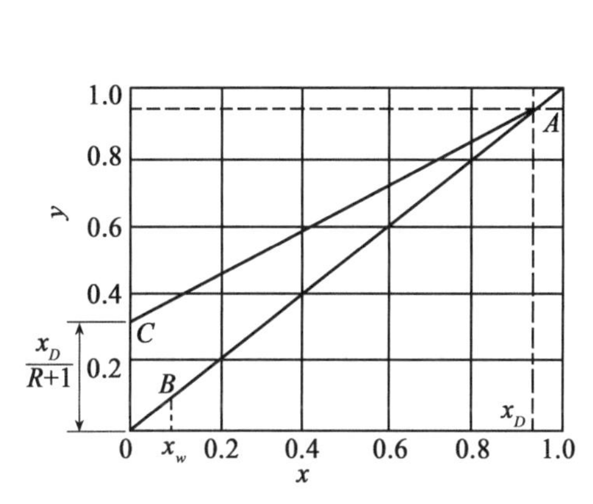

图 4-19 精馏段操作线示意图

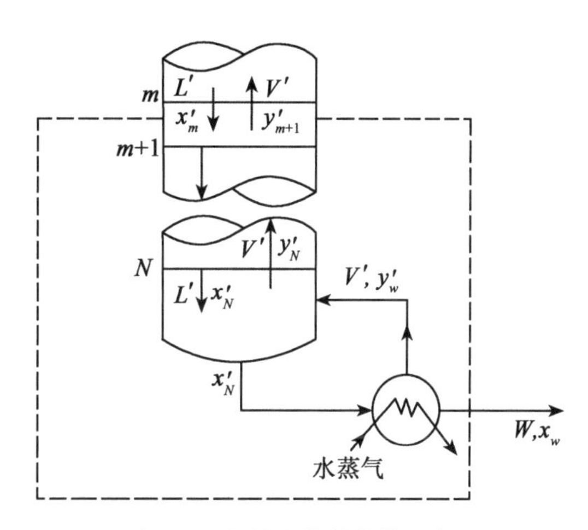

图 4-20 提馏段物料衡算示意图

总物料物料衡算：
$$L' = V' + W \tag{4-18}$$

轻组分物料衡算：
$$L'x_w = V'y_{m+1} + Wx_w \tag{4-19}$$

由式(4-19)得到

$$y_{m+1} = \frac{L'}{V'}x_m - \frac{W}{V'}x_w \tag{4-20}$$

将式(4-18)代入，得

$$y_{m+1} = \frac{L'}{L' - W}x_m - \frac{W}{L' - W}x_w \tag{4-21}$$

式(4-20)和式(4-21)为提馏段操作线方程，它表示提馏段内任意相邻的两块塔板之间，上升蒸汽和下降液体组成之间的操作关系。与精馏段操作线方程类似，当连续精馏塔正常操作时，L'、V'、W 和 x_w 均为定值，故提馏段操作线方程也是一直线方程。该直线的斜率为$\frac{L'}{L'-W}$，截距为$-\frac{W}{L'-W}$，它与对角线 $y=x$ 的交点 B 的坐标为(x_w，x_w)。在 y-x 图上，提馏段操作线另有更方便的作图方法。

(四)加料板处的物料衡算、热量衡算和 q 线方程

1. 进料热状况

进料的热状况影响到精馏塔内气、液的流量，从而与操作线方程密切相关。进料热状况包括以下五种不同的情况：①温度低于泡点的冷液体进料；②温度等于泡点的饱和液体进料，又称为泡点进料；③温度介于泡点与露点之间的饱和气、液混合物进料；④温度等于露点的饱和蒸气进料，又称露点进料；⑤温度高于露点的过热蒸气进料。以上五种不同的进料热状况中，以泡点进料最为常见。

2. 进料热状况参数 q

为了能够定量地描述进料热状况及其影响，定义进料热状况参数 q 为

$$q=\frac{\text{气化 1kmol 原料所需热量}}{\text{原料的 kmol 气化焓}}=\frac{H-h_F}{\Delta H}=\frac{H-h_F}{H-h} \tag{4-22}$$

式中：h_F 为单位量原料的热焓(实际状态有关)，kJ · kmol^{-1}；H 为在相变温度时原料作为饱和蒸气具有的热焓，kJ · kmol^{-1}；h 为在相变温度时原料作为饱和液体具有的热焓，kJ · kmol^{-1}；

上述五种进料的热状况对精馏塔内气、液的流量影响以及有关情况，见表 4-4。

表 4-4　　进料热状况的影响

	气化 1mol 液体需要热量	q		流量情况
冷液进料	>摩尔气化潜热 ΔH	>1	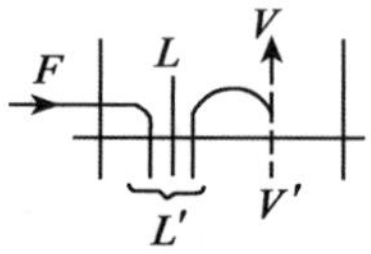	$V<V'$ $F+L<L'$
泡点进料	=摩尔气化潜热 ΔH	=1	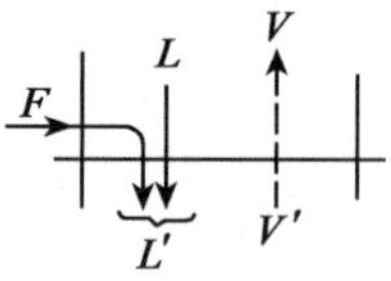	$V=V'$ $F+L=L'$
混合进料	<摩尔气化潜热 ΔH	$0<q<1$	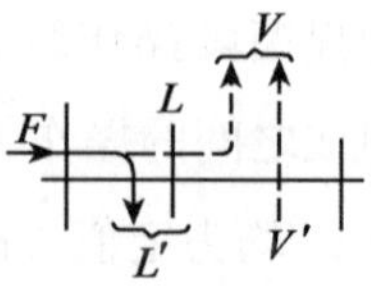	$V-(1-q)$ $F=V'$ $qF+L=L'$
露点进料	=0	=0	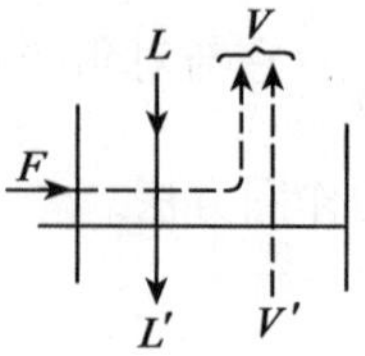	$V=V'+F$ $L=L'$

续表

	气化 1mol 液体需要热量	q		流量情况
过热蒸气	<0	<0		V>V′+F L>L′

3. 加料板处的物料衡算、热量衡算

加料板是一块特殊的塔板。因另外有物料自塔外引入，故在塔内进、出加料板的气液两相摩尔流量不相等。变量增多使得对该板的有关计算需增加一道热量衡算方程来辅助。设第 f 块塔板为加料板，确定加料板衡算体系如图 4-21 虚线范围所示。进入体系物料有原料 F、来自提馏段第 f+1 块塔板的蒸汽 V'和精馏段第 f−1 块塔板的液相 L；离开体系物料有：由第 f 块塔板去精馏段蒸气 V 和去提馏段冷凝液 L'，参见图 4-21。

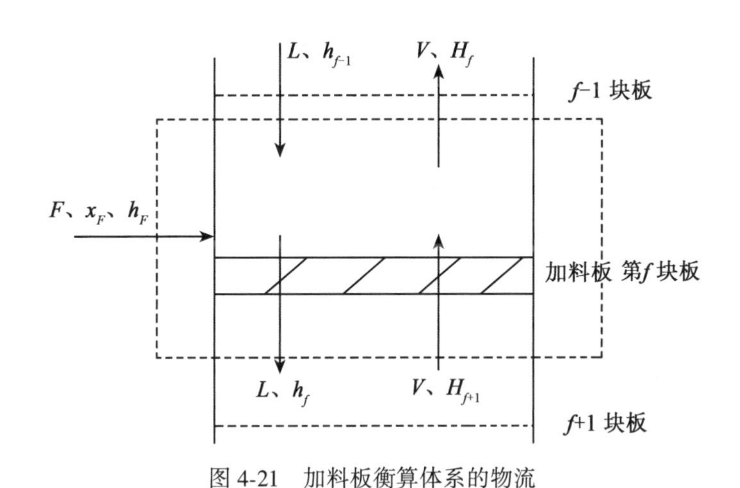

图 4-21　加料板衡算体系的物流

加料板总物料质量衡算：　　$F + V' + L = V + L'$　　(4-23)

加料板总物料能量衡算：$Fh_F + V'H_{f+1} + Lh_{f-1} = VH_f + L'h_f$　　(4-24)

式中：h_F 为原料液的摩尔焓，kJ · kmol^{-1}；H_f、H_{f+1}为第 f 块塔板和第 f+1 块塔板上饱和蒸气的摩尔焓，kJ · kmol^{-1}；h_f、h_{f-1}为第 f 块塔板和第 f+1 块塔板上饱和液体的摩尔焓，kJ · kmol^{-1}。

由于相邻两板的组成和温度差不大，可进一步简化为 $H_f = H_{f+1} = H$，即均表示为原料在饱和蒸气状态下的摩尔焓；$h_f = h_{f-1} = h$，即均表示为原料在饱和液体状态下的摩尔焓。取消有关下标，式(4-24)简化为

$$Fh_F + V'H + Lh = VH + L'h$$

进一步整理，得到

$$Fh_F - (L' - L)h = (V - V')H$$

将式(4-23)代入，依次得到

$$Fh_F-(L'-L)h=[F-(L'-L)]H$$

$$L'(H - h) - L(H - h) = FH - Fh_F$$

$$(H - h)(L' - L) = F(H - h_F)$$

即

$$\frac{H - h_F}{H - h} = \frac{L' - L}{F} \tag{4-25}$$

式(4-25)左端就是进料热状况参数 q 的定义式。

由

$$\frac{H - h_F}{H - h} = \frac{L' - L}{F} = q$$

得到提馏段与精馏段冷凝液流量的关系式：

$$L' = L + qF \tag{4-26}$$

将式(4-26)代入式(4-23)，得到提馏段与精馏段蒸气流量的关系式：

$$V' = V - (1 - q)F \tag{4-27}$$

4. q 线方程

现在进行加料板体系轻组分的质量衡算，有衡算式：

$$Fx_F + V'y_{f+1} + Lx_{f-1} = Vy_f + L'x_f \tag{4-28}$$

式中：y_f、y_{f+1}分别为第 f 块塔板和第 f+1 块塔板上饱和蒸气的摩尔分数；x_f、x_{f-1}分别为第 f 块塔板和第 f−1 块塔板上饱和液体的摩尔分数。

考虑到加料板的特殊性体系，认为通过该板蒸气和液体的组成改变无限小，即：$y_f=y_{f+1}=y$，$x_f=x_{f-1}=x$，取消有关下标，式(4-28)简化为

$$Fx_F + V'y + Lx = Vy + L'x$$

代入式(4-26)和式(4-27)，进一步整理，得到

$$x_F - y + qy = qx$$

即

$$y = \frac{q}{q - 1}x - \frac{1}{q - 1}x_F \tag{4-29}$$

上式为一直线方程，称为 q 线方程或加料板操作线方程，它反映在加料板处通过衡算截面上升蒸气组成和下降液体组成之间的线性关系。q 线方程只取决于进料组成和进料热状态。在 y-x 图上，q 线是过对角线上点 $f(x_F, x_F)$，斜率为$\frac{q}{q-1}$的直线。

5. q 线的物理意义

q 线在 y-x 图上的起点决定于进料组成，q 线在 y-x 图上的方位取决于进料热状况参数

q。参见图 4-22。泡点进料和露点进料的 q 线，分别垂线于 y-x 图的 x 轴和 y 轴，作图非常容易。

精馏塔被进料板分成精馏段和提馏段。我们说加料板是一块特殊的塔板，它既是精馏段的开始，又是提馏段的终止。因此，通过加料板衡算截面的上升蒸气和下降液体的组成应该分别符合精馏段操作线方程、提馏段操作线方程和加料板操作线方程，也就是说三条操作线有一个共同的交点。由此可见，q 线在 y-x 图上是精馏段操作线和提馏段操作线交点的轨迹；换言之，精馏段操作线和提馏段操作线的交点 d 一定位于 q 线上。参见图 4-23。

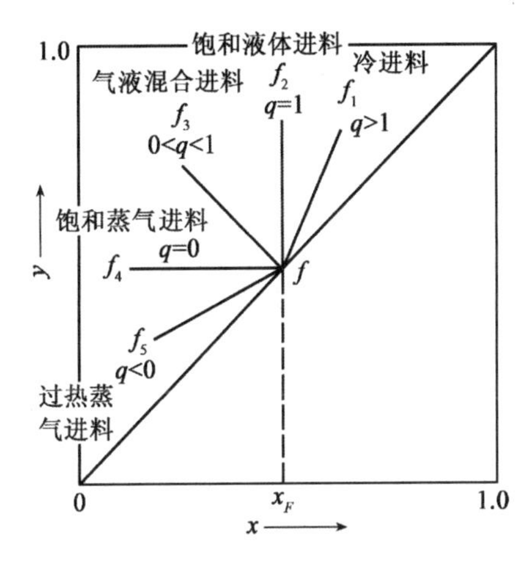

图 4-22　q 线在 y-x 相图上的方位示意图

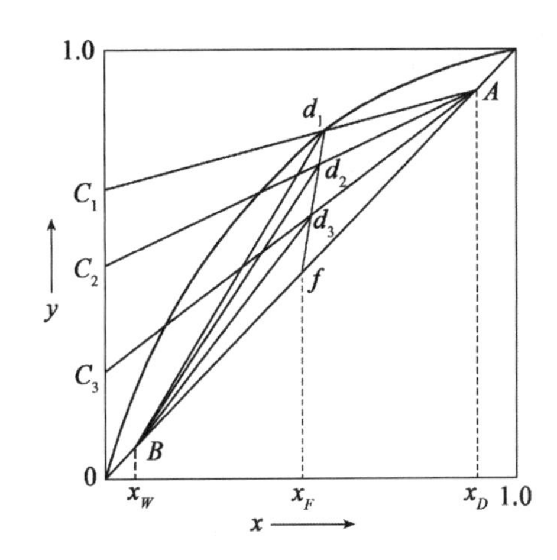

图 4-23　q 线是精馏段和提馏段操作线交点的轨迹

实际工作中，就是利用这个特殊的交点，在 y-x 图上方便地作提馏段操作线。例如，对泡点进料场合：①先作精馏段操作线 AC；②作 q 线，即过 f 点(x_F，x_F)作横轴的垂线，与线 AC 交于 d 点；③根据釜液组成确定点 B(x_w，x_w)，连 B、d 两点的直线即为提馏段操作线。见图 4-24 所示。

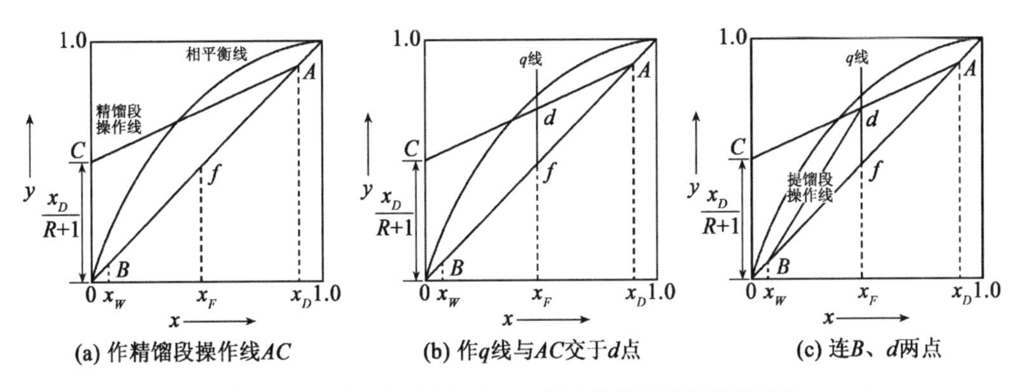

(a) 作精馏段操作线 AC　　(b) 作 q 线与 AC 交于 d 点　　(c) 连 B、d 两点

图 4-24　泡点进料为例，在 y-x 图上作提馏段操作线过程

[**例题 4-2**]　在常压连续精馏塔中进行分离某双组分理想溶液，加料流量为 $100\text{kmol}\cdot\text{h}^{-1}$，原料液含轻组分摩尔分数 0.3。已知，精馏段操作线方程和提馏段操作线方程分别为

$$y = 0.714x + 0.257$$

$$y = 1.686x - 0.0343$$

求塔顶馏出液流量，精馏段下降液的流量($\text{kmol}\cdot\text{h}^{-1}$)及加料热状态参数。

解：精馏段操作线方程和对角线方程 $y=x$ 联立，求解 x_D：

$$x_D = 0.714x_D + 0.257 \Rightarrow x_D = 0.899$$

精馏段操作线方程和对角线方程 $y=x$ 联立，求解 x_W：

$$x_W = 1.686x_W - 0.0343 \Rightarrow x_W = 0.05$$

联立全塔物料衡算方程，求解 D 和 W：

$$\begin{cases} 100 = D + W \\ 100 \times 0.3 = 0.899D + 0.05W \end{cases} \Rightarrow \begin{cases} D = 29.4\text{kmol}\cdot\text{h}^{-1} \\ W = 70.6\text{kmol}\cdot\text{h}^{-1} \end{cases}$$

由精馏段操作线方程斜率求解回流比 R：

$$\frac{R}{R+1} = 0.714 \Rightarrow R = 2.5$$

由回流比定义 $R=\frac{L}{D}$，求精馏段下降液体流量 L：

$$L = RD = 2.5 \times 29.4 = 73.5(\text{kmol}\cdot\text{h}^{-1})$$

联立精馏段操作线方程和提馏段操作线方程，求解其交点 d 的坐标：

$$y = 0.714x + 0.257 = 1.686x - 0.0343;\ x = 0.3$$

$$y = 0.714x + 0.257 = 0.714 \times 0.3 + 0.257;\ y = 0.471$$

交点 d 为精馏段操作线方程和提馏段操作线方程的交点，该交点也一定在 q 线上，而已知原料液含轻组分摩尔分数 0.3，即 $x_F=0.3$，由 q 线方程可知：$q=1$。

答：塔顶馏出液流量 $D=29.4\text{kmol}\cdot\text{h}^{-1}$，精馏段下降液的流量 $L=73.5\text{kmol}\cdot\text{h}^{-1}$，加料热状态参数 $q=1$，为泡点加料。

三、精馏塔的影响因素

(一)回流比

1. 回流比对精馏操作的影响

回流是保证精馏塔稳定操作的必要条件。以塔顶回流液为例，塔顶蒸气冷凝后，仅分出一部分(D)作为产品，另一部分(L)作为回流液返回塔内。回流比 L/D 的具体值，通过

必要的计算后再人为规定。由于精馏过程的独立变量并不多，回流比的值对精馏操作有重大影响，对其选择是很慎重的。精馏塔所需的理论塔板数，塔顶冷凝器和塔釜再沸器的热负荷均与回流比有关。精馏过程的投资费用和操作费用都取决于回流比的值。

由式(4-17)可知，精馏段操作线的斜率和截距与回流比有关。对 x_F、x_D、x_W、q 确定的分离任务，精馏段操作线斜率和截距仅随回流比而变。适当增大回流比，精馏段操作线的截距$\frac{x_D}{R+1}$变小，精馏段操作线将偏离相平衡线而向对角线靠拢，提馏操作线也随之远离相平衡线。从图4-25可见，此时，由点1向下画垂直线，不再交精馏段操作线于点1′，而是交于虚线所示精馏段操作线的点1″，相应第2块板气相组成为 y'_2。垂直高度 1−1″>1−1′；水平距离 2′−1″>2−1′。梯级的垂直线段和水平线段的长度都增大，说明传质推动力增大了。不难看出，适当增大回流比，每层理论塔板可完成的分离程度变大，完成同样的分离任务所需的理论塔板数减少。

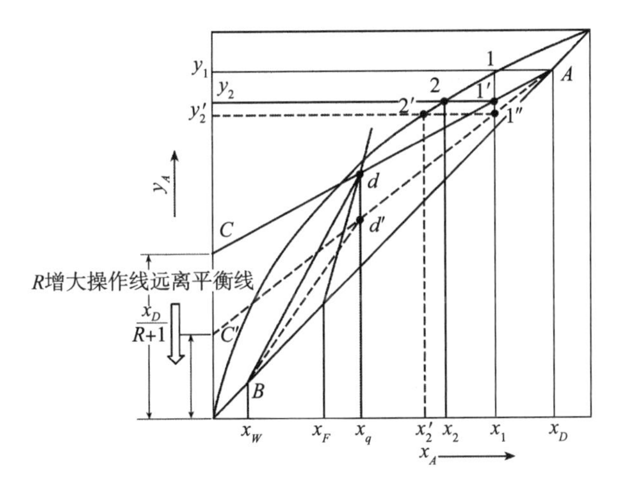

图 4-25 精馏段操作线的斜率和截距与回流比的关系示意图

回流比有两个极限值，上限为全回流，下限为最小回流比，适宜回流比介于两者之间。

2. 全回流和最小理论塔板数 $N_{\min}$

精馏塔塔顶上升的蒸气全部冷凝后又全部返回到塔内，即 $D=0$，$R=\infty$，这样的操作方式称为全回流。此时，不再向塔内进料，$F=0$，也不取出塔底产品，$W=0$。全回流时不出产品，没有实际生产意义，全回流仅用于最小理论塔板数求解、精馏设备传质影响因素的研究和精馏开车。由于全回流操作时，使每块理论板分离能力达到最大，完成相同的分离要求，所需理论板最少，即为最小理论塔板数 $N_{\min}$。最小理论塔板数 $N_{\min}$ 求解详见捷算法计算理论塔板数 N_T 部分。

3. 最小回流比 $R_{\min}$

当回流比从全回流逐渐减小时，精馏段操作线和提馏段操作线的交点将从对角线上的点$f(x_F、x_F)$开始向相平衡线方向移动，即为q线。当回流比减小到交点d正好落在相平衡线上时，这个特殊的交点，以e表示，称为挟点。挟点的意思是：在其附近区域体系组成基本没有变化，在相平衡线和操作线之间作梯级，需要无限多梯级才能达到e点，且无法越过。这种情况下的回流比称为最小回流比，以R_{min}表示。

1)图解法求R_{min}

图解法求R_{min}亦称截距法。挟点e点是相平衡线、精馏段操作线、提馏段操作线和q线的共同点。在q线与相平衡线确定的条件下，采取最小回流比时，精馏段操作线将通过q线和相平衡线的交点e。此时，利用精馏段操作线的截距，即可求出R_{min}。以饱和液体进料为例，q线垂直于x轴，挟点e点的横坐标为x_F，纵坐标为y_F^*(与x_F成相平衡的气相组成)，图解最小回流比比较容易，参见图4-26。

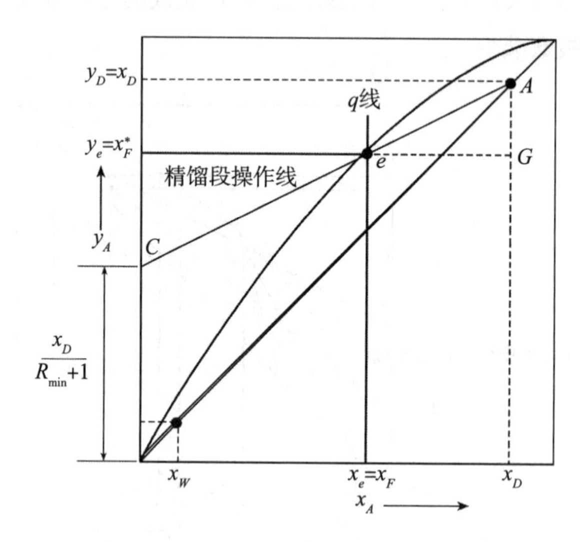

图4-26 饱和液体进料求R_{min}的示意图

2)解析法求R_{min}

解析法求R_{min}关键是：挟点e的坐标值(x_e, y_e)同时满足相平衡方程、q线方程、精馏段操作线方程和提馏段操作线方程。通过联立相平衡方程和q线方程可求出e点坐标值(x_e, y_e)，此时由于塔板无限多，$y_{n+1} \approx y_n$，故可直接将x_e和y_e代入精馏段操作线方程，计算求出R_{min}。

3)斜率法求R_{min}

实际应用较多的是斜率法求最小回流比，它综合应用了图解法和解析法，得出方便的公式。仍以饱和液体进料为例，利用图4-27说明斜率法求R_{min}公式的过程。过图中e点(x_e, y_e)作x轴的平行线交Ax_D线于G点，精馏段操作线AC的斜率为

$$\frac{R_{\min}}{R_{\min}+1}=\frac{\text{线段 AG 长度}}{\text{线段 eG 长度}}=\frac{x_D-y_e}{x_D-x_e}$$

解得：

$$R_{\min}=\frac{x_D-y_e}{y_e-x_e} \tag{4-30}$$

对于泡点进料，x_e就是原料组成 x_F，y_e就是 y_F^*（与 x_F 成相平衡的气相组成），得到

$$R_{\min}=\frac{x_D-y_F^*}{y_F^*-x_F} \tag{4-31}$$

需要指出的是，对于以上两公式，不同资料可能采用了不同的符号和下标，关键是要清楚符号表达的意义，正确使用数据。式(4-31)是泡点进料特殊场合的公式，e 点坐标值易求，数据来源方便。在一般情况下，只能采用式(4-30)，此时，e 点的坐标值不是(x_F，y_F^*)，而是需要通过联立相平衡方程和 q 线方程等方法求解的(x_e，y_e)，参见图 4-27。

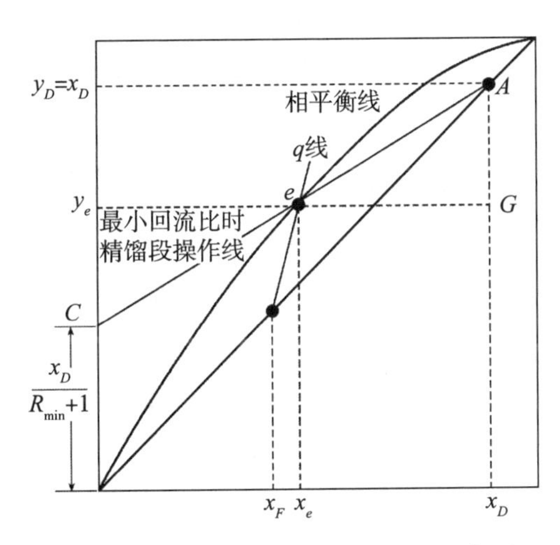

图 4-27 非特殊条件进料求 $R_{\min}$的示意图

[**例题 4-3**] 将含苯 60mol%的苯-甲苯混合液用精馏分离，$x_D=0.95$，$R=2.4\times R_{\min}$，$\alpha=2.52$，泡点进料，求精馏段操作线方程。

解：分析题意，可见只要求得 $R_{\min}$，则可写出精馏段操作线方程。

已知 $\alpha=2.52$，可写出相平衡线方程，并求 $x_F=0.6$ 时的气相组成：

$$y_F^*=\frac{2.52\times0.6}{1+1.52\times0.6}=0.791$$

泡点进料，故采用斜率法[式(4-31)]，得

$$R_{\min}=\frac{0.95-0.791}{0.791-0.60}=0.832$$

由题意，得 $R=2.4\times R_{\min}=2.4\times0.832=2.00$

精馏段操作线方程为

$$y=\frac{2}{3}x+\frac{0.95}{3}=0.67x+0.32$$

4. 适宜回流比的确定

通常情况下，实际回流比取最小回流比的某个倍数，究竟取多大为宜，主要根据经济核算来决定。精馏的经济核算主要有两项：一是设备费用；二是操作费用。适当增大回流比，可以减少设备投资费用。但是，回流比增大，塔内下降液体 L 及上升蒸气 V 的量都要增大，塔顶冷凝器和塔底再沸器的负荷随之增大，增大了塔内物料的循环量和载热体的消耗量，这样就增加了操作费用。因此，回流比不是越大越好，适宜的回流比由操作费用和设备费用之间作出权衡的经济核算来确定。

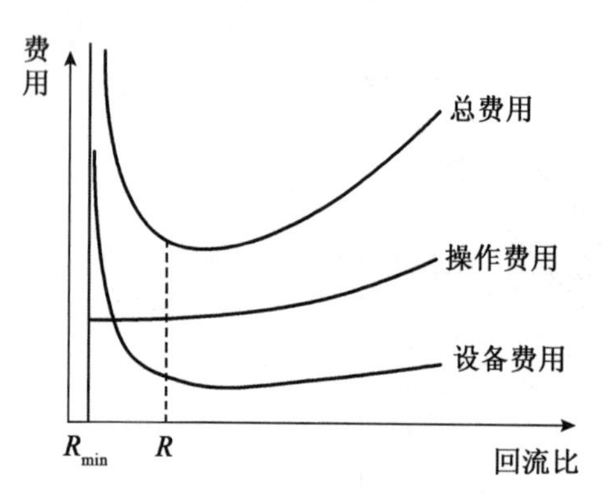

图 4-28　回流比与操作费用和设备费用的关系示意图

设备费用主要取决于设备的大小，如塔高和塔径等。回流比对设备费用(包括材料、加工、仪表、安装等费用)的影响比较复杂。当回流比接近最小回流比 R_{min} 时，随着 R 的增大，因所需的塔板数急剧下降，设备费用急剧下降；当 R 增大到一定值后，再增大 R 值，塔板数下降不多，但加热和冷凝设备却要增大，设备费用反而上升。所以，设备费用随回流比的变化为图 4-28 下方所示的曲线关系。

操作费用主要取决于加热蒸汽和冷却水的消耗量，而这些又取决于塔内上升蒸气的量。塔内上升蒸气的量与回流比有关，$V=L+D=(R+1)D$。由此可见，操作费用与$(R+1)$成正比。操作费用随回流比的变化见图 4-28 中部的近似直线关系，操作费用随回流比的加大而上升。

设备费用和操作费用之和为总费，总费用随回流比的变化为图 4-28 最上方的曲线。该曲线有一最低点，此点所对应的回流比就是最适宜回流比。

通常取最适宜回流比为 $1.2\sim2.0R_{min}$。对于难分离的体系，最适宜回流比要取得大些，使塔板数不至于太多，以利降低设备费用；对易分离体系，最适宜回流比可取小些，使设备费用增加不多，但能明显降低操作费用。

(二)塔板数

1. 理论塔板数 N_T 计算

前面已经讲过，精馏塔理论板上传递过程有关量可直接由相图、相平衡方程，泡点方程或露点方程得到，比较方便。确定精馏塔理论塔板数的方法有三种：逐板计算法(简称逐板法)、图解法和捷算法。

1)逐板法求理论塔板数

对双组分精馏过程，逐板法求 N_T 就是反复地运用气液相平衡关系式和操作线方程逐板进行计算，是一种最基本、最准确的方法。

工艺设计时，F、x_F、x_D、x_W 已知，则 D、W 可算出，选定 R，以泡点进料为例，利用已知条件，从塔顶开始，从上而下进行轻组分的计算。下面介绍用逐板法计算 N_T 的步骤。

对精馏段计算过程：

(1)由于塔顶设置全凝器，第一块塔板气相组成等于馏出液，即 $y_1=x_D$。

(2)第 1 块理论板上 y_1 与 x_1 达气液相平衡，由相平衡方程式(4-8)的变换形式求 x_1。

(3)x_1 与 y_2 之间为精馏段操作关系，由精馏段操作线方程式(4-17)求 y_2。

(4)以下反复(2)、(3)的步骤，直至液相组成 x_n 等于或接近料液组成 x_F，此时，达到进料板，即第 n 块塔板为进料板，精馏段理论塔板数为 $n-1$ 块。

以上精馏段计算结束，转为对提馏段计算过程：

(5)第 n 块为进料板，也是提馏段的第一块塔板，下降的液相组成为 x_n。

(6)往下，第 $n+1$ 块塔板上升的气相组成 y_{n+1} 与第 n 块塔板下降的液相组成 x_n 是提馏段操作关系，因此，改用提馏段操作线方程式(4-21)来计算 y_{n+1}。

(7)在第 $n+1$ 块塔板上，y_{n+1} 与 x_{n+1} 为平衡关系，由相平衡方程式(4-8)求 x_{n+1}。

(8)重复(6)、(7)的步骤，求第 $n+2$ 块塔板组成……直至第 m 块塔板，其液相组成 x_m 等于或略小于釜残液组成 x_W，此时，提馏段已全部算完。

由于再沸器起部分气化的作用，它也相当于一块理论塔板，全塔的理论塔板数 $N_T=m-1$ 块(不含再沸器)。而提馏段的理论塔板数为 $(m-1)-(n-1)=m-n$。

[例题 4-4]　常压下苯-甲苯体系的 $\alpha=2.45$，准备常压精馏分离含苯 50%(摩尔分数，下同)的苯-甲苯混合液。要求塔顶产品组成 $x_D=0.95$，塔底产品组成 $x_W=0.05$，选用 $R=2.0$，泡点进料，试用逐板法求理论塔板数 N_T。

解：(1)列出计算式。

①由 $\alpha=2.45$，得气液平衡关系式：

$$y=\frac{\alpha x}{1+(\alpha-1)x}=\frac{2.45x}{1+1.45x}$$

改写成使用更方便的液气平衡关系式：

$$x=\frac{y}{\alpha+(1-\alpha)y}=\frac{y}{2.45-1.45y}$$

②已知 $x_D=0.95$，$R=2.0$，则精馏段操作线方程为

$$y_{n+1}=\frac{R}{R+1}x_n+\frac{x_D}{R+1}=0.667x_n+0.317$$

③有关物料衡算。已知 $x_F=0.50$，$x_D=0.95$，$x_W=0.05$，未给出流量，故设 $F=100\text{kmol}\cdot\text{h}^{-1}$，根据全塔物料衡算方程，求解 D 和 W：

$$\begin{cases}100=D+W\\100\times0.50=0.95D+0.05W\end{cases}\Rightarrow\begin{cases}D=50(\text{kmol}\cdot\text{h}^{-1})\\W=50(\text{kmol}\cdot\text{hh}^{-1})\end{cases}$$

已知 $R=2.0$，得

$$L=RD=100(\text{kmol}\cdot\text{h}^{-1})$$

$$V=L+D=150(\text{kmol}\cdot\text{h}^{-1})$$

泡点进料 $q=1$，得

$$V'=V-(1-q)F=V=150(\text{kmol}\cdot\text{h}^{-1})$$

$$L'=L+qF=L+qF=200(\text{kmol}\cdot\text{h}^{-1})$$

④由式(4-21)，得提馏段操作线方程为

$$y_{m+1}=\frac{200}{150}x_m-\frac{50}{150}\times0.05=1.33x_m-0.0167$$

(2)用逐板法计算理论塔板数。

①精馏段：

第一块塔板：因 $y_1=x_D=0.95$，$x_1=\dfrac{y_1}{2.45-1.45y_1}=\dfrac{0.95}{2.45-1.45\times0.95}=0.886$；

第二块塔板：$y_2=0.667x_1+0.317=0.908$。

如此逐板求得精馏段各塔板的 y 和 x 值，见表 4-5。

表 4-5 **例题 4-4 精馏段各塔板的 y 和 x 值**

塔板数	1	2	3	4	5
y	0.95	0.908	0.851	0.784	0.715
x	0.886	0.801	0.700	0.597	0.506

②提馏段：由于 $x_F=0.50$，而 $x_5=0.506$，故第五块塔板以后改用提馏段操作线方程计算。第 6 块塔板用提馏段操作线式：

$$y_6=0.33x_5-0.017=1.33\times0.506-0.017=0.685$$

$$x_6=\frac{y_6}{2.45-1.45y_6}=0.658/(2.45-1.45\times0.658)=0.440$$

如此逐板求得提馏段各塔板的 y 和 x 值见表 4-6。

表 4-6　　**例题 4-4 提馏段各塔板的 y 和 x 值**

塔板数	6	7	8	9	10	11
y	0.658	0.569	0.449	0.315	0.194	0.101
x	0.440	0.350	0.249	0.158	0.089	0.044

$x_{11}=0.044<x_W=0.05$，

故 $N_T=11-1=10$ 块(不含再沸器)。

答：逐板法求理论塔板数为 10。

2)图解法求理论塔板数 N_T

图解法用于只有平衡数据的场合，在 y-x 图上，通过作图求理论塔板数的步骤如下：

(1)根据被分离混和液的气液相平衡关系或实验数据，作出 y-x 图并画出对角线。

(2)按前述图 4-24 的作图方法，根据已知的工艺条件，在 y-x 图上标明进料、塔顶和釜底(轻组分)组成，作出精馏段操作线、提馏段操作线和加料板操作线。需要指出的是，图 4-24 是泡点进料，3 条操作线的交点 d 的横坐标与原料液轻组分含量重合，为 x_F。这是一个特殊情况。在一般情况下，3 条操作线的交点 d 随进料热状态变化，即与 q 线有关。3 条操作线的交点 d 的坐标表示为(x_q，y_q)。参见图 4-29(a)。

(3)从塔顶开始向下逐板图解。在塔顶 $y_1=x_D$，y_1 和 x_D 是精馏段操作线与对角线交点 A 的坐标值。而 y_1 和 x_1 成相平衡关系，于是从 A 点出发作 x 轴的水平线与相平衡线交于点 1，点 1 的横坐标即为液相组成 x_1。x_1 和 y_2 是精馏段的操作关系，因此，由点 1 向下画垂线，交精馏段操作线于 1′，其纵坐标即为第二块塔板气相组成 y_2。由此可以看出，在平衡线和操作线之间构成的这个阶梯，其垂直高度(1−1′)正好表示了气相中易挥发组分的浓度经过一块理论塔板的变化；其水平线的距离(1−A)正好表示了液相中易挥发组分的浓度经过一块理论塔板的变化。参见图 4-29(a)。

(4)由点 1′向左画水平线，相当于第二块塔板。如此类推，继续在相平衡线与精馏段操作线之间作阶梯。当水平线跨越精馏段操作线和提馏段操作线交点 d 时，此处就是加料板的位置。再向下的垂线就落到提馏段操作线上，参见图 4-29(b)。

(5)此后，在平衡线和提馏段操作线之间作阶梯，直到 x_m 等于或小于 x_w 为止，则阶梯的个数就是理论塔板数，参见图 4-29(c)。这样求出的理论塔板数，因 $x_m \leqslant x_w$，所以 m

包括塔釜这块理论塔板，全塔的理论塔板数 $N_T = m-1$。

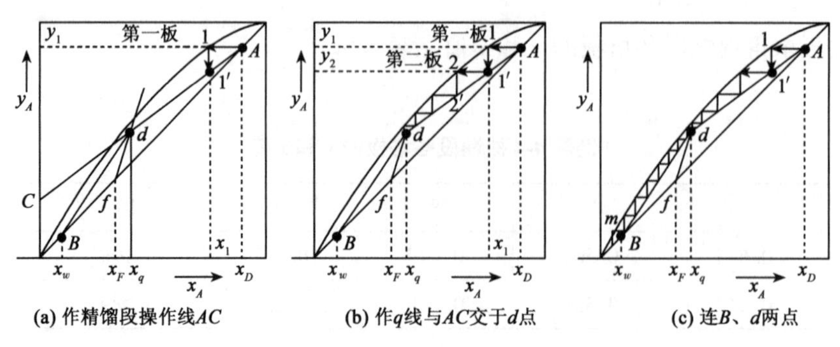

图 4-29 图解法求理论塔板数步骤

作图法求理论塔板数与逐板计算法求理论塔板数本质是相同的，它们都是应用塔内的气液相平衡关系和相邻塔板气、液相组成的操作线关系，用理论塔板的概念反映了精馏塔内混合物组成变化的情况，参见图 4-30。

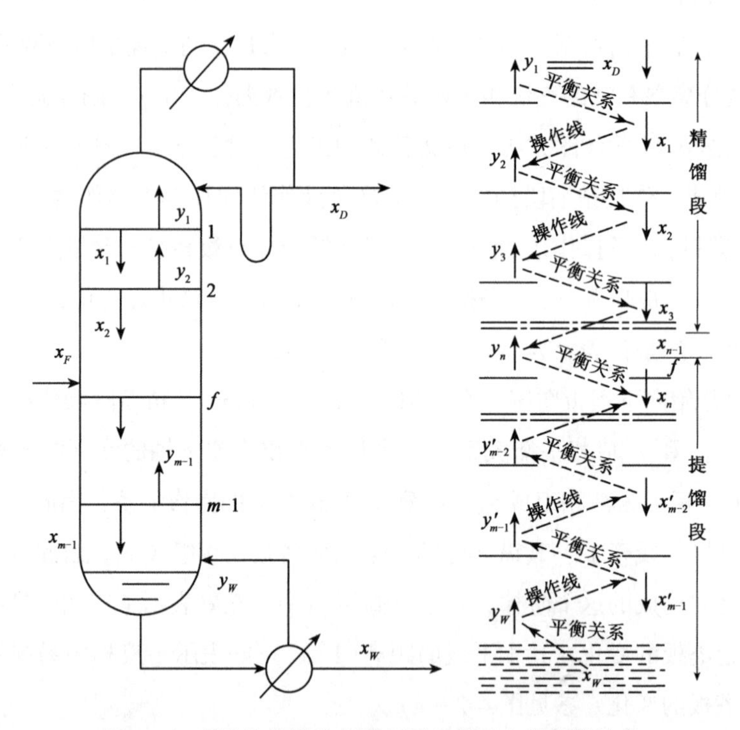

图 4-30 理论化的塔内气液相平衡关系和操作线关系

［**例题 4-5**］ 用图解法求例题 4-4 条件的 N_T。

解：首先，作苯-甲苯的 y-x 相图。在图上确定点 $A(x_D, x_D)$，点 $B(x_W, x_W)$，点 $C\left(0, \dfrac{x_D}{R+1}\right)$，即 $A(0.95, 0.95)$，$B(0.05, 0.05)$，$C(0, 0.317)$。连 AC，得精馏段操作

线，过点(0.50，0)作 x 轴的垂线，交 AC 于 d 点，连 Bd 得到提馏段操作线。然后，从 A 点开始，在平衡线和操作线中作阶梯，图解求得精馏所需理论塔板数为 11。减去再沸器充当的一块理论板，故 $N_T=10$ 块，与逐板法的结果一致。整个图解过程如图 4-31 所示。

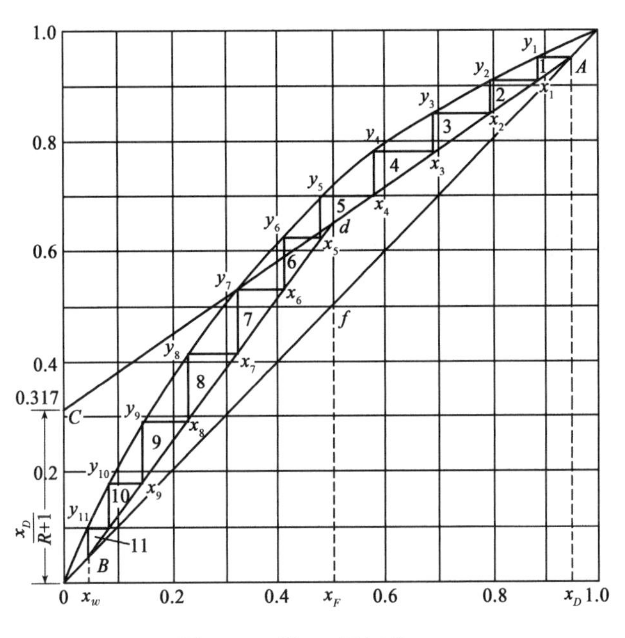

图 4-31 例 4-4 图解求 N_T

捷算法是利用芬斯克(Fenske)公式和吉利兰(Gilliland)图计算理论塔板数的方法。该方法仅适用于理想体系。捷算法包括以下三个运算步骤：

①芬斯克公式计算最小理论塔板数 $N_{\min}$。

芬斯克公式推导如下：对于理想溶液，根据相对挥发度定义和道尔顿分压定律，任一塔板上组分 A、B 在气、液相中组成符合前述式(4-5)所表达关系，对于第 1 块塔板，则有

$$\left(\frac{y_A}{y_B}\right)_1 = \alpha_1\left(\frac{x_A}{x_B}\right)_1$$

由于塔顶设置全凝器，第 1 块塔板上升的气相的组成与塔顶馏出液的组成相同，则

$$\left(\frac{y_A}{y_B}\right)_1 = \alpha_1\left(\frac{x_A}{x_B}\right)_1 = \left(\frac{x_A}{x_B}\right)_D \tag{4-32}$$

全回流时，精馏段操作线的斜率 $\frac{R}{R+1}=1$；提馏段操作线的斜率 $\frac{L'}{L'-W}=1$，两操作线与对角线 $y=x$ 重叠，此时的操作线为

$$y_{n+1} = x_n$$

对于第 1 块塔板，A、B 气、液相组成的关系分别为

$$(y_A)_2 = (x_A)_1$$

$$(y_B)_2 = (x_B)_1$$

两式相除，得到

$$\left(\frac{y_A}{y_B}\right)_2 = \left(\frac{x_A}{x_B}\right)_1 \tag{4-33}$$

将式(4-33)代入式(4-32)，得到

$$\left(\frac{x_A}{x_B}\right)_D = \alpha_1\left(\frac{x_A}{x_B}\right)_1 = \alpha_1\left(\frac{y_A}{y_B}\right)_2 \tag{4-34}$$

对于第 2 块塔板，再次利用式(4-34)，得到

$$\left(\frac{y_A}{y_B}\right)_2 = \alpha_2\left(\frac{x_A}{x_B}\right)_2$$

代入式(4-43)得到

$$\left(\frac{x_A}{x_B}\right)_D = \alpha_1\left(\frac{y_A}{y_B}\right)_2 = \alpha_1\alpha_2\left(\frac{x_A}{x_B}\right)_2$$

依此类推，利用式(4-5)，直至塔釜，得到

$$\left(\frac{x_A}{x_B}\right)_D = \alpha_1\alpha_2\cdots\alpha_{n-1}\alpha_n\left(\frac{x_A}{x_B}\right)_W$$

引入相对挥发度的几何平均值概念：

$$\overline{\alpha} = \sqrt[n]{\alpha_1\alpha_2\cdots\alpha_{n-1}\alpha_n}$$

则有：

$$\left(\frac{x_A}{x_B}\right)_D = (\overline{\alpha})^n\left(\frac{x_A}{x_B}\right)_W$$

两边取对数，整理后得到

$$n = \frac{\lg\left[\left(\frac{x_A}{x_B}\right)_D\left(\frac{x_B}{x_A}\right)_W\right]}{\lg\overline{\alpha}}$$

由于塔板数不包括再沸器，故最小理论塔板数 $N_{\min}$ 芬斯克公式为

$$N_{\min} = n - 1 = \frac{\lg\left[\left(\frac{x_A}{x_B}\right)_D\left(\frac{x_B}{x_A}\right)_W\right]}{\lg\overline{\alpha}} - 1 \tag{4-35}$$

代入塔顶、塔底轻组分组成关系，得到直接计算求全回流时最小理论塔板数 $N_{\min}$ 的芬斯克公式：

$$N_{\min} = \frac{\lg\left[\left(\frac{x_D}{1-x_D}\right)\left(\frac{1-x_W}{x_W}\right)\right]}{\lg\overline{\alpha}} - 1 \tag{4-36}$$

②确定实际回流比。根据有关条件、通过合适方法求出最小回流比 $R_{\min}$，按适宜回流比=1.2~2.0$R_{\min}$，并根据实际情况，确定实际回流比 R。

③求理论塔板数。精馏塔理论塔板数与回流比有关，最小回流时需要理论塔板数无穷多，只要 R 稍大于 $R_{\min}$，所需理论塔板数急剧减少，随 R 的增大，减小的趋势渐缓，全回流时需要理论塔板数 N_T 最少为 $N_{\min}$，参见图 4-32。

进一步通过实验数据归纳出来理论塔板数与回流比的经验曲线称为吉利兰图，见图 4-33。图中横坐标为 $\frac{R-R_{\min}}{R+1}$，纵坐标为 $\frac{N-N_{\min}}{N+2}$。注意：图 4-33 中纵坐标函数表达式分母为 $N+2$，相关计算中的实际塔板数 N 和最小理论塔板数 $N_{\min}$ 均不包括再沸器，有关概念得到统一。

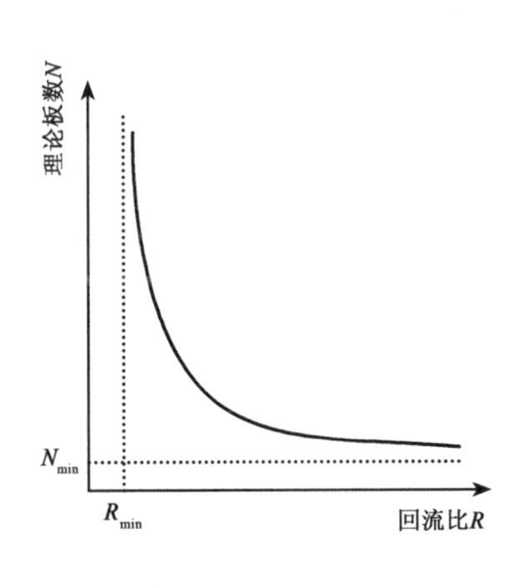

图 4-32 塔板数与回流比的关系

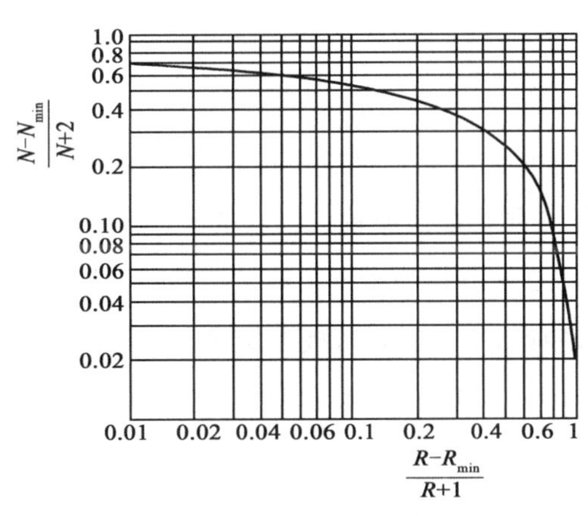

图 4-33 吉利兰图

求出 $R_{\min}$，确定了 R 值，并由芬斯克公式计算最小理论塔板数 $N_{\min}$ 后，实际回流比下的理论塔板数可通过吉利兰图确定。方法是：根据 $R_{\min}$ 和 R，从横坐标相关位置出发，向上作垂线与曲线相交，由交点沿水平线向左交于纵坐标，查到 $\frac{N-N_{\min}}{N+2}$ 值；将 $N_{\min}$ 代入，即可计算出所需的理论塔板数 N_T。

捷算法虽然误差较大，但简便，可快速地求出理论塔板数，所以特别适用于初步设计计算。

吉利兰图一般是双对数坐标图，使得常用区域较大，但不易查准。目前，对该曲线建立了一些拟合公式，便于计算机计算，较好的有如下公式：

$$\frac{N_T - N_{\min}}{N_T + 2} = 0.75 - 0.75\left(\frac{R - R_{\min}}{R + 1}\right)^{0.5667} \tag{4-37}$$

[例题 4-6] 用捷算法求例 4-4 中的 N_T。

解：(1)将已知条件 $\alpha=2.45$、$x_D=0.95$、$x_W=0.05$，代入式(4-36)求 $N_{\min}$：

$$N_{\min} = \frac{\lg\left[\left(\frac{x_D}{1 - x_D}\right)\left(\frac{1 - x_W}{x_W}\right)\right]}{\lg\overline{\alpha}} - 1$$

解得：$N_{\min}=5.57$。

(2)根据已知条件 $\alpha=2.45$、$x_F=0.5$，代入式(4-8)求 y_F^*：

$$y_F^* = \frac{\alpha x}{1 + (\alpha - 1)x} = \frac{2.45 \times 0.5}{1 + 1.45 \times 0.5} = 0.71$$

(3)泡点进料，将已知条件 $x_F=0.5$，$x_D=0.95$，代入斜率法式(4-31)求 $R_{\min}$：

$$R_{\min} = \frac{x_D - y_F^*}{y_F^* - x_F} = \frac{0.95 - 0.71}{0.71 - 0.50} = 1.14$$

(4)由 $R=2.0$，$R_{\min}=1.14$，计算 $\frac{R - R_{\min}}{R + 1} = 0.287$，查图 4-33，得到 $\frac{N - N_{\min}}{N + 2} = 0.4$；已知 $N_{\min}=5.57$，得出理论塔板数 $N_T=10.6$。

由于查图可能误差较大，将 $R=2.0$，$R_{\min}=1.14$，$N_{\min}=5.57$ 代入式(4-37)计算，得到 $N_T=10.2\approx10$ 块。可见，有关捷算法的结果与逐板法、图解法的结果是一致的。

2. 塔板效率与实际塔板数的确定

实际上，精馏塔内离开塔板的气，液两相并没有到达平衡，另外还存在雾沫夹带、气泡夹带、漏液等因素的影响，所以实际塔板与理论塔板有很大的差异，差异程度用塔板效率来表示。塔板效率表示方法主要有：总板效率 E_T 和单板效率 E_M。

1)总板效率 E_T

总板效率又称全塔效率，是达到同样分离效果，所需的理论塔板数 N_T 与实际塔板数 N_P 之比：

$$\text{总板效率 } E_T = \frac{\text{理论塔板数 } N_T}{\text{实际塔板数 } N_p} \tag{4-38}$$

总板效率的概念使用较多，它既可用于全塔，也可用于精馏段和提馏段。通过总板效率，可由理论塔板数求出实际塔板数。

$$\text{实际塔板数 } N_P = \frac{\text{理论塔板数 } N_T}{\text{总板效率 } E_T} \tag{4-39}$$

E_T 值根据实际生产精馏塔或中间实验塔测定，对于双组分互溶体系，一般 $E_T=$

0.5~0.7。

2)单板效率 E_M

单板效率又称为默弗里(MurPhree)板效率，指通过一层塔板后，气液相的组成变化的实际值与理论值之比。需要进一步分气相单板效率 E_{MG} 和液相单板效率 E_{ML}。在对图 4-25 的讨论中曾看到：在平衡线和操作线之间构成的每一级阶梯，其垂直高度表示气相中易挥发组分的浓度经过一块理论塔板的变化；其水平线的距离表示液相中易挥发组分的浓度经过一块理论塔板的变化。但是，通过实际塔板的变化并没有这样大。图 4-34(a)表示来自第 $n+1$ 块塔板、组成为 y_{n+1} 的气相，通过第 n 块塔板并没有达到相平衡线的 T 点，实际只达到 P 点，其摩尔分数没有达到平衡组成 y_n^*，而只提浓到 y_n。同样，从第 $n-1$ 块塔板下降的组成为 x_{n-1} 的液相，通过第 n 块塔板也没有达到相平衡线点，其摩尔分数没有改变到平衡组成 x_n^*，而只改变到 x_n，参见图 4-34(b)。

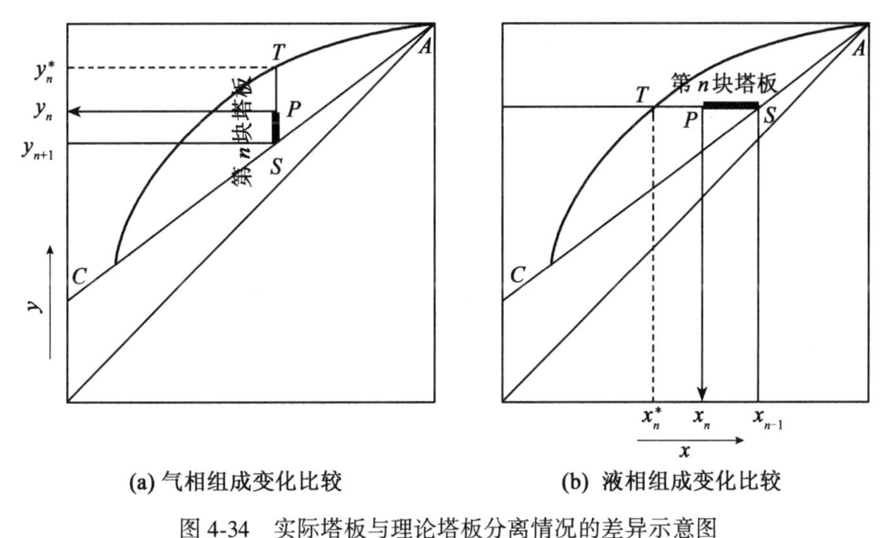

(a) 气相组成变化比较　　(b) 液相组成变化比较

图 4-34 实际塔板与理论塔板分离情况的差异示意图

以理论塔板的增浓程度为基准，考察实际塔板的传质分离效果，分别定义气相单板效率 E_{MG} 和液相单板效率 E_{ML} 如下：

$$E_{MG} = \frac{y_n - y_{n+1}}{y_n^* - y_{n+1}} \tag{4-40}$$

式中：y_n 为第 n 块塔板上气相实际摩尔分数；y_n^* 为第 n 块塔板上到达气液平衡时气相的摩尔分数；y_{n+1} 为第 $n+1$ 块塔板上气相实际摩尔分数。

$$E_{ML} = \frac{x_{n-1} - x_n}{x_{n-1} - x_n^*} \tag{4-41}$$

式中：x_n 为第 n 块塔板上液相实际摩尔分数；x_n^* 为第 n 块塔板上到达气液平衡时液相的

摩尔分数；x_{n-1}为第 $n-1$ 块塔板上液相实际摩尔分数。

(三)塔高和塔径

1. 相关概念

塔高、塔径的计算涉及精馏塔操作的状况和有关参数的一些概念。

精馏塔内的气、液两相不仅要能在塔板上充分接触，通过相界面高效地进行传质、传热，而且接触后的气、液两相要能及时分开，互不夹带等，因此，气、液两相的速度和塔板空间应合适，否则板效率降低，甚至会出现一些不正常现象，使精馏塔无法工作。对于塔径确定的实际精馏塔，气、液两相的速度取决于气、液两相的流量，或者称为负荷。

液相负荷过小时，塔板上不能形成均匀的液层，称为吹干。气相负荷过小时，气速过小，气体的动压头小，不足以抵消塔板上液层的重力，部分液体将不经过降液管，而是从蒸气通道直接漏下，称为漏液。漏液严重时，塔板上也不能形成液层。因此，气、液两相负荷过小，均无法进行传热、传质，塔板失去其基本功能。

液相负荷过大时，液体在塔板停留时间太短，大量上升的气泡被液体卷进下层塔板，这种现象称为气泡夹带。气相负荷过大时，气体通过塔板液层时，将部分液体分散成液滴，并将一些液滴带回上层塔板，这种现象称为液沫夹带。气泡夹带和液沫夹带均对传质不利，但又不能避免，夹带量必须严格控制在最大允许值范围内。

还有一种情况需要注意，当塔内液体不能及时往下流动而在板上积累，导致气相空间变小，大量液体随气体逐板上升，这种现象称为液泛。液泛的原因是复杂的、综合的、交互影响的，主要与气、液两相负荷同时有关，还与板间距、降液管的尺寸和操作状态等有关。液泛使整个塔不能正常操作，如果不及时处理，最后上升液体会从塔顶溢出，甚至发生严重的设备事故，因此，要特别注意防范。液泛开始发生，是填料塔的操作极限。开始发生液泛时的气速，称为泛点气速 u_f。u_f 与精馏塔结构、物料性质(是否容易发泡)等因素有关。为防止液泛发生，精馏塔最大操作气速 u_{max} 应低于泛点气速 u_f 的 95%，操作气速 u 通常取 u_f 或 u_{max} 的 50%~80%。正确估算泛点气速 u_f 对填料塔的设计和操作都十分重要。

图 4-35 所示为负荷性能图，图中显示了 5 条线，分别为液相负荷下限、气相负荷下限、液相负荷上限、气相负荷上限、液泛线，在这 5 条线构成的范围内，对负荷的波动，塔板具有自动调节功能，维持良好性能。图 4-35(b)中，过原点 O 的直线，其斜率表示了一定操作条件下塔内气体与液体流量之比，过原点的直线与上述五条线的两条会相交，交点就是负荷的范围极限。例如，直线 OAB 的斜率较大，气体与液体流量之比比较高，B 点表示气相负荷的上限，A 点表示液相负荷的下限。

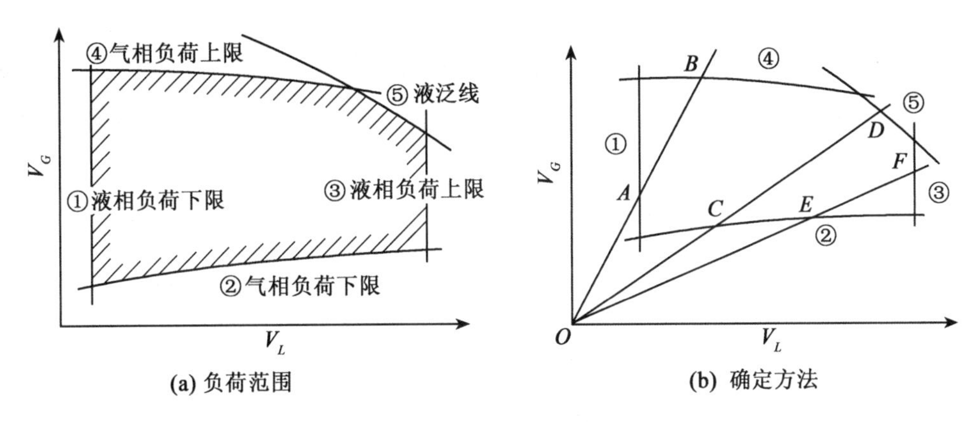

图 4-35 塔板负荷性能图

2. 塔高的计算

塔的有效高度 H 与实际塔板数 N_P 和塔板之间的距离 H_T 的关系如下:

$$H=(N_P-1)H_T \tag{4-42}$$

塔板之间的距离 H_T 对塔的生产能力、操作弹性以及塔板效率均有影响。H_T 较大，整个塔增高；但操作气速可以较大，塔径减小；反之，H_T 减小，塔高降低，但允许的操作气速减小，塔径增大。H_T 的值应参考有关生产厂家产品手册确定，一般为 0. 2~0. 8m。在塔径>0. 8m 的情况下，为了安装及检修需要，塔节上需要开设人孔，此时板间距不得小于 0. 6m。

3. 塔径的计算

精馏塔的直径按流体在圆形管道内流动的有关公式计算:

$$D_{塔径}=\sqrt{\frac{4V_s}{\pi u}} \tag{4-43}$$

式中: V_s 为操作条件下气体体积流量，$m^3 \cdot s^{-1}$；u 为操作条件下的空塔气速，$m \cdot s^{-1}$。

因此，需要将精馏塔计算中的蒸气摩尔流量 V 换成体积流量 V_s，即流体流动的 q_V。

空塔气速 u 指不考虑塔内部构建的影响，上升蒸气在塔筒体中流动的速度，易于计算。u 通常取 u_f 或 u_{max}的 50%~80%。一般填料塔的操作气速 u 大致在 0. 2~1. 0$m \cdot s^{-1}$。

需要指出: ①根据空塔气速 u 所得的塔径是初估值，尚需考虑塔内结构，根据流体力学原则进行校核(此内容超过本书范围，从略)；②由于进料热状况参数 q 及操作条件不同，精馏段和提馏段的 V_s 和 V'_s 可能不同，两段的塔径也可能不同。如果相差不大，可按较大值将直径统一；③塔径应按压力容器公称直径有关标准进行圆整，确定一个合适的值，如圆整为 600mm、800mm、1000mm、1200mm 等，以便于设计和制作。

[**例题 4-7**] 用板式精馏塔常压分离 $\alpha=2.63$ 的理想双组分混合液，要求塔顶馏出液流量 $D=150kmol \cdot h^{-1}$，$x_D=0.95$，$R=3$。通过取样实测得知第 n 块塔板的气相摩尔组成

$y_n=0.852$，下一块塔板的气相摩尔组成 $y_{n+1}=0.765$。(1)求第 n 块塔板的气相单板效率 E_{MG}；(2)全塔平均温度为80℃，液泛速度为 $1.55\mathrm{m}\cdot\mathrm{s}^{-1}$，求精馏段直径；(3)假定总板效率为第 n 块塔板的单板效率 E_{MG} 的70%，精馏段理论塔板数为6，塔板间距0.6m，求精馏段塔高。

解：(1)首先，通过已知条件 $R=3$ 和 $x_D=0.95$，建立精馏段操作线方程：

$$y_{n+1}=\frac{R}{R+1}x_n+\frac{x_D}{R+1}=\frac{3}{3+1}x_n+\frac{0.95}{3+1}=0.75x_n+0.237$$

将 $y_{n+1}=0.765$ 代入，得第 n 块塔板液相组成：

$$x_n=\frac{y_{n+1}-0.237}{0.75}=\frac{0.765-0.237}{0.75}=0.704$$

通过 $\alpha=2.63$ 建立相平衡方程，将 $x_n=0.704$ 代入，得第 n 块塔板达到相平衡时的气相组成：

$$y_n^*=\frac{2.63x_n}{1+1.63x_n}=\frac{2.63\times0.704}{1+1.63\times0.704}=0.862$$

将数据代入式(4-40)，得第 n 板的单板效率 E_{MG}：

$$E_{MG}=\frac{y_n-y_{n+1}}{y_n^*-y_{n+1}}=\frac{0.852-0.765}{0.862-0.765}=0.897$$

(2)精馏段的气相摩尔流量为

$$q_n=V=(R+1)D=4\times150=600(\mathrm{kmol}\cdot\mathrm{h}^{-1})=\frac{1}{6}(\mathrm{kmol}\cdot\mathrm{s}^{-1})$$

换算成操作压强、操作温度下的体积流量（气体常数 $R=8.314\mathrm{J}\cdot\mathrm{mol}\cdot^{-1}\cdot\mathrm{K}^{-1}=8.314\mathrm{Pa}\cdot\mathrm{m}^3\cdot\mathrm{mol}^{-1}\cdot\mathrm{K}^{-1}$)：

$$q_V=\frac{q_nRT}{p}==\frac{\frac{1}{6}\times10^3\times8.314\times(273+80)}{101.33\times10^3}=4.83(\mathrm{m}^3\cdot\mathrm{s}^{-1})$$

操作速度： $u=0.8\times$液泛速度$=0.8\times1.55=1.24(\mathrm{m}\cdot\mathrm{s}^{-1})$

$$D_{塔径}=\sqrt{\frac{4q_V}{\pi u}}=\sqrt{\frac{4\times4.83}{3.14\times1.24}}=2.23\mathrm{m}，圆整为2.2\mathrm{m}$$

(3)按题意，总板效率为

$$E_T=0.7E_{MG}=0.7\times0.897=0.628$$

$$N_P=\frac{N_T}{E_T}=\frac{6}{0.628}=9.55，取10块塔板$$

$$H=(N_p-1)H_T=9\times0.6(\mathrm{m})=9\times0.6(\mathrm{m})=5.4(\mathrm{m})$$

答：第 n 块塔板的单板效率 E_{mG} 为89.7%，精馏段的塔径为2.2m，精馏段塔高5.4m。

四、特殊精馏简介

(一)间歇精馏

间歇式生产比较灵活，但仅在简单釜中进行间歇蒸馏，一般不能实现良好的分离；用带有回流的精馏塔则可以改善间歇釜的分离性能。在处理物料量较少，或分离要求较高，或物料品种、组成经常改变时，常常采用间歇精馏。此外，间歇精馏投资少，处理物料方便，易实行高真空减压精馏。因此，间歇精馏在药物生产中得到较多应用。

间歇精馏与连续精馏的主要共同点是：①都是通过多层塔板进行气液相的传质分离过程，需要精馏塔及其相关设备；②必须采取回流手段，往往是将部分冷凝液从塔顶返回，实现高效分离。

间歇精馏与连续精馏的主要不同之处在于：①间歇精馏属间歇操作，生产能力低，消耗高。料液按批一次性投入精馏塔底的釜，加热气化，进行分离，在釜液组成降至规定值后，排空釜液，结束该批操作。结束操作时，塔身积存的液体将流回塔釜，其量(持液量)的多少对精馏的生产能力、釜液组成实际上有很大影响。为尽量减少持液量，间歇精馏往往采用填料塔。②常规间歇精馏往往将原料放在塔釜，因此，没有提馏段。③间歇蒸馏操作中各层塔板上气、液相的组成、温度等相关参数随时间变化，属非定态过程。其工艺计算均为非线性问题，因此，间歇蒸馏的计算远比连续精馏复杂。

实际制药工业和精细化工中，为达到预定的分离要求，间歇精馏的操作灵活多样。其中，重要的新型操作方式有塔顶累积全回流操作、反向间歇操作、中间罐间歇塔操作和多罐间歇塔操作。这些新型塔及其操作方式是针对分离任务的特点而设计的，其流程和操作方式更符合实际情况，效率更高。

1. 塔顶累积全回流操作

该操作方式的特点是：在塔顶设置一定容量的积累罐，参见图 4-36。进行操作时，加料后一段时间不出产品，进行全回流操作，使轻组分在塔顶累积罐内积存，并不断提浓。当积累罐内物料达到指定的浓度后，将积累罐内的液体作为产品全部放出。也可以安排两个塔顶积累罐，切换使用，至釜液不再有提纯价值时停止操作。塔顶累积全回流操作同传统的间歇精馏操作方式相比，具有分离效率高、控制准确、抗干扰、易操作、省时间等优点。

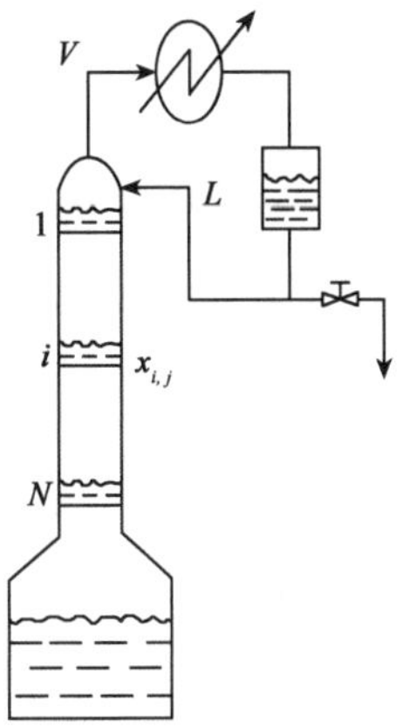

图 4-36 塔顶累积全回流间歇精馏

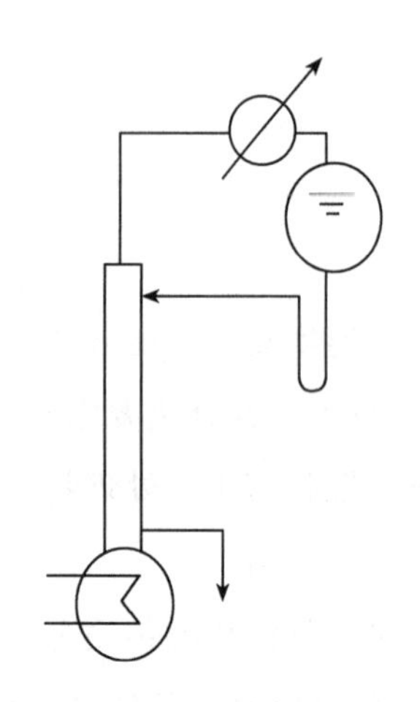

图 4-37　反置式间歇精馏

2. 反置式间歇精馏操作

常规间歇精馏是塔底投料、塔顶出料，采取这种方式提纯轻组分，需要高回流比，物料在塔内停留时间长。而如图 4-37 所示反置式(亦称提馏式)间歇精馏操作，是将物料从塔顶加入，塔底出料，这种操作方式更适于重组分含量高、且是主要提取对象的体系，以及处理热敏感物质。此时，需要对再沸器中的持液量和冷凝器中回流液进行很好的控制，有一定难度。

3. 中间罐间歇精馏操作

与上述两种操作方式的道理相类似，中间罐间歇精馏操作在精馏塔中部设中间罐，因此，同时具有精馏段和提馏段。这种操作适合于中间组分是提纯目标的体系，轻重组分分别从塔顶和塔底馏出，当中间罐中组分达到指定要求后，停止操作。

4. 多罐间歇精馏操作

在精馏塔中部设多个中间罐，进行间歇精馏，可同时分离多组分混合物。该操作也是先进行全回流，使若干产品分别在塔的不同位置的中间罐内完成各自的提浓，达到要求后，将纯化后的产品分别放出。

(二)恒沸精馏

1. 三组分恒沸精馏原理

普通精馏是以溶液中各个组分的挥发度不同作为分离的依据，当被分离的的 *A*、*B* 双组分的挥发度非常相近或形成恒沸体系时，就不能用普通精馏方法加以分离而必须采用特殊精馏的方法分离。此时，需要加入第三组分，以改变原双组分体系的性质。第三组分使体系组分数增加，操作流程更复杂，一般不再是单塔操作。为了达到原溶液两组分的完全分离并回收加入的第三组分，需要采用特殊精馏与普通精馏或其它分离操作的联合流程。

如果加入的第三组分 *C* 能与原溶液中一个或两个组分形成新的恒沸物(*AC* 或 *ABC*)，新的恒沸物的沸点比原体系中任一纯组分或原恒沸物(*AB*)的沸点低得多，使操作成为“新恒沸物—纯组分”的精馏分离，这种精馏方法称为恒沸精馏，加入的第三组分 *C* 称为挟带剂。

例如，纯乙醇沸点为 78. 3℃，摩尔分率 0. 894(质量分数为 95. 6%)的乙醇-水溶液恒沸物在常压下有最低恒沸点 78. 2℃，用普通精馏方法，只能得到接近恒沸组成的工业酒精。若要制取纯乙醇，需要向“乙醇-水恒沸物”体系加入足量的苯，形成新的“乙醇-水-苯三元恒沸物和纯乙醇”体系。由于乙醇-水-苯三元恒沸物的摩尔分率为：*A*(乙醇)：

B(水)：C(苯)=0.228：0.233：0.539，只要有足够的苯，在精馏时能将原料所含水全部集中于三元恒沸物(ABC)中，其恒沸点64.9℃，容易蒸出。图4-38所示为工业酒精制取无水乙醇流程，工业酒精加适当量的苯后，形成的乙醇-水-苯三元恒沸物从Ⅰ塔塔顶蒸出，塔底为无水酒精。三元恒沸物通过冷凝、分层，有机相摩尔分率为：A(乙醇)：B(水)：C(苯)=0.22：0.04：0.74，作为回流返回Ⅰ塔；水相摩尔分率为：A(乙醇)：B(水)：C(苯)=0.35：0.61：0.04，水相依次进入Ⅱ塔回收苯，进入Ⅲ塔回收乙醇，回收物循环使用。采用该流程，在正常情况下仅需要补充极少量损失的苯。

2. 恒沸精馏挟带剂的选择原则

选择适当的挟带剂是恒沸精馏成败的关键，对挟带剂的要求是：

(1)挟带剂应能与被分离组分形成新的恒沸液，其恒沸点要比纯组分的沸点至少低10℃；

(2)新恒沸液所含挟带剂的量愈少愈好，以便减少挟带剂用量及气化、回收时所需的能量；

(3)新恒沸液最好为非均相混合物，便于用分层法分离；

(4)无毒性、无腐蚀性，热稳定性好；

(5)来源容易，价格低廉。

3. 双组分非均相恒沸精馏

如果在常温下双组分溶液的恒沸物是非均相的，即可分为两个具有一定互溶度的液层，此类混合物的分离，比较方便，不需要加入第三组分，而只要用两个塔联合操作。塔顶蒸馏出恒沸物，降温、分层、分离，便可获得两个纯组分，参见图4-39所示丁醇-水溶液的分离流程。

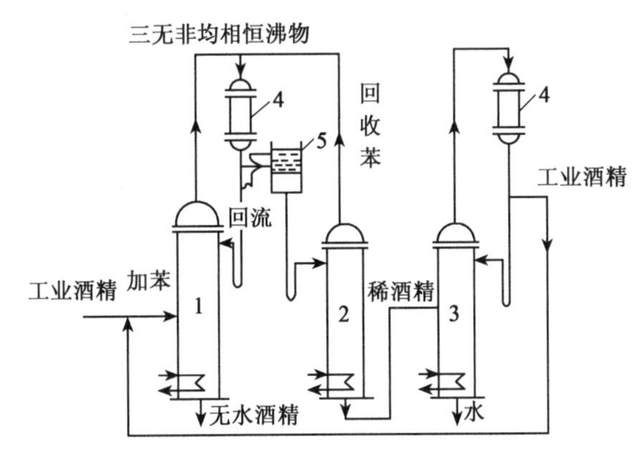

1—恒沸精馏塔；2—苯回收塔；3—酒精回收塔；4—全凝器；5—分层器

图4-38　工业酒精制取无水乙醇流程

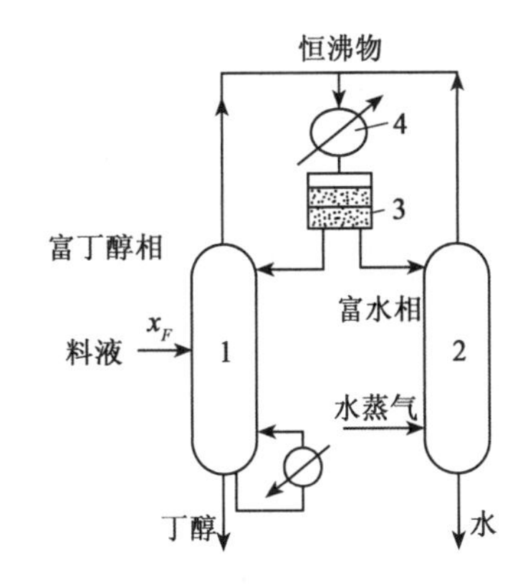

1—恒沸精馏塔；2—恒沸精馏塔；3—分层器；4—全凝器

图4-39　丁醇-水溶液的分离流程

第三节　萃　　取

一、萃取的基本原理

(一)萃取的基本概念

萃取是指采用液体溶剂分离或者提取液相或固相中组分的分离过程，根据待分离对象的不同，可分为液固萃取和液液萃取。液固萃取统称浸取，是用液体提取固体原料中的有用成分的扩散分离操作，中药材中有效成分的提取是最常见的液固萃取操作。液液萃取，又称溶剂萃取，是实现待分离物质在液液两相中进行分配的单元操作技术，在抗生素、维生素、激素等发酵产物的提取中广泛应用。本章节内容仅介绍液液萃取。

与蒸馏/精馏相比，在下列情况下采用液液萃取方法更为有利：

(1)原料液中各组分间的沸点非常接近，也即组分间的相对挥发度接近于1，若采用蒸馏方法很不经济；

(2)料液在蒸馏时形成恒沸物，用普通蒸馏方法不能达到所需的纯度；

(3)原料液中需分离的组分含量很低且为难挥发组分，若采用蒸馏方法须将大量稀释剂气化，能耗较大；

(4)原料液中需分离的组分是热敏性物质，蒸馏时易分解、聚合或发生其他变化。

根据液液萃取的定义可知，液液萃取能实现分离液体混合物的依据是液体混合物中目标产物在不同溶剂中溶解度的差异，其实质是，在浓度差的作用下，料液中的溶质向新加入的溶剂相扩散，料液中溶质浓度不断降低，而新加入的溶剂相中溶质浓度不断升高，当两相中的溶质达到分配平衡时，萃取速率为零，各相中的溶质浓度不再改变。一般来说，常见的两相为水相和有机相，液液萃取一般用有机溶剂从水相中萃取目标产物。如图4-40所示。

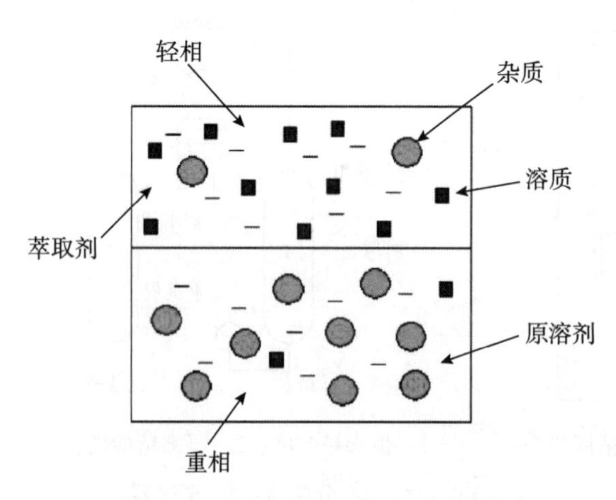

图4-40　液液萃取分离效果示意图

液液萃取过程中，其组成由专门的符号表示。混合液中被分离出来的物质，称为溶质，以 A 表示。混合液中的原溶剂部分，称为稀释剂，以 B 表示。溶质 A 在稀释剂 B 中形成的待分离的溶液体系，称为原料液，以 F 表示。萃取过程中加入的溶剂，称为萃取剂，以 S 表示，萃取剂对溶质应有较大的溶解能力，对于稀释剂则不互溶或仅部分互溶。原料液 F 与萃取剂 S 充分混合并分层后得到的含溶质 A 较多的液相，称为萃取相，以 E 表示，其主要成分为溶质 A 和萃取剂 S，如果萃取剂和稀释剂部分互溶，则还含有少量的稀释剂 B。与萃取相 E 相对应的另一液相，称为萃余相，以 R 表示。萃取相 E 脱去萃取剂 S 和可能含有的稀释剂 B 后得到的产物，称为萃取液，以 E' 表示。萃余相 R 脱去稀释剂 B 和可能含有的萃取剂 S 后得到的产物，称为萃余液，以 R' 表示。

(二)液液萃取分类

按原料液与萃取剂接触方式，液液萃取的分类如图 4-41 所示。

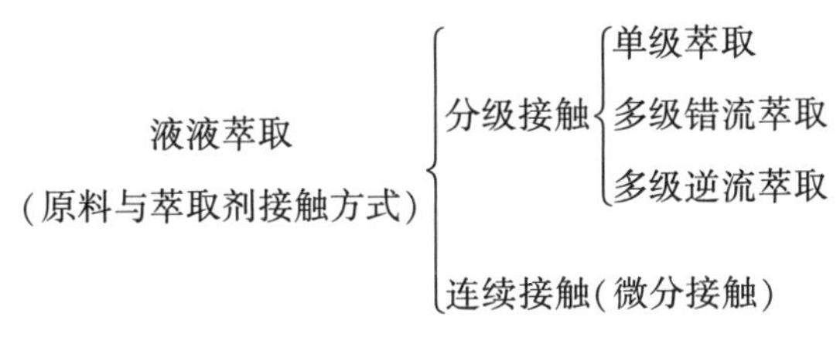

图 4-41 液液萃取分类

1. 单级萃取

单级萃取最多达到一次平衡，故分离程度不高，只适用于溶质在萃取剂中的溶解度很大或溶质萃取率要求不高的场合。如图 4-42 所示。

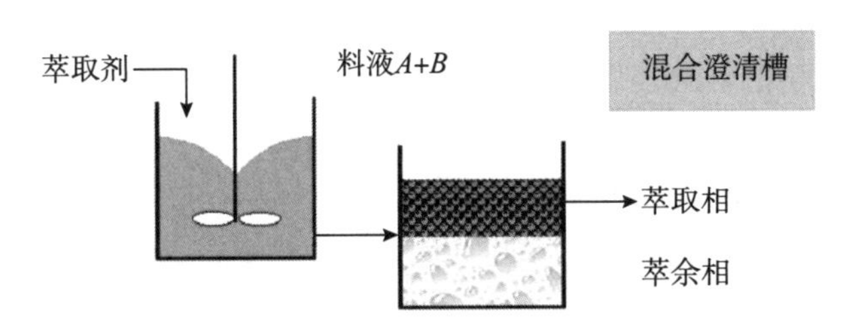

图 4-42 单级萃取流程示意图

2. 多级错流萃取

多级错流萃取过程中，原料液依次通过各级混合器，萃取剂则分别加入各级的混合器中，经分离器分离后，萃取相和最后一级的萃余相分别进入溶剂回收设备，回收溶剂后得到萃取液和萃余液。由于每级所用萃取剂均为新加入的溶剂，所以多级错流萃取的萃取推动力比较大，萃取率比较高，但萃取剂用量较大，目标物浓度低，溶剂回收处理量大，能耗高。如图 4-43 所示。

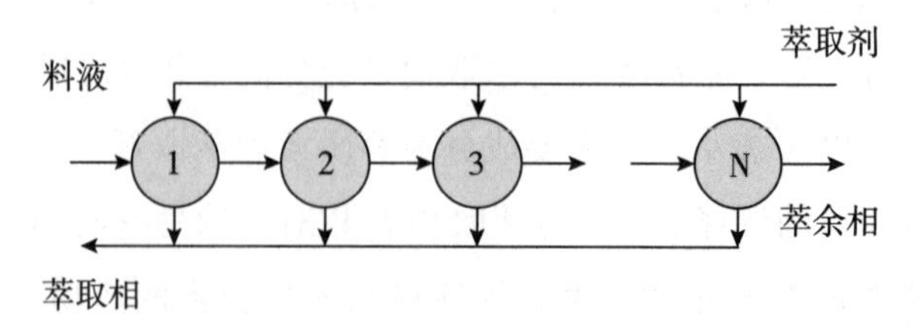

图 4-43 多级错流萃取流程示意图

3. 多级逆流萃取

采用多级逆流萃取时，原料液和萃取剂依次按反方向通过各级，最终萃取相从加料一端排出，并引入溶剂回收设备中，萃余相从加入萃取剂的一端排出，引入溶剂回收设备中。与单级萃取和多级错流萃取相比，多级逆流萃取可用较少的萃取剂获得最高的萃取率，萃取剂用量也最少，目标物在萃取液中浓度高，工业上广泛采用。如图 4-44 所示。

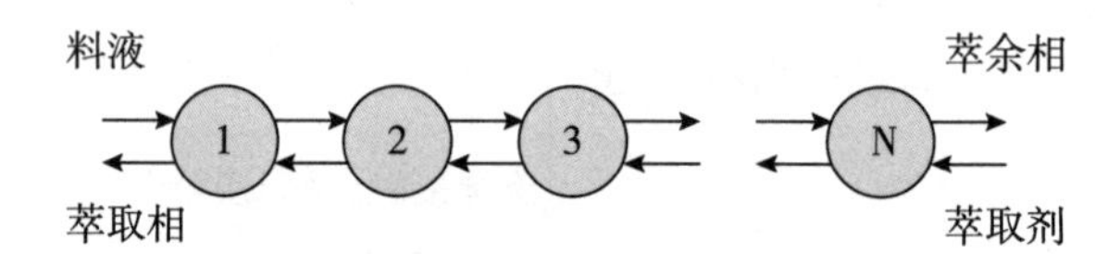

图 4-44 多级逆流萃取流程示意图

本章节将以单级萃取为例来介绍液液萃取。

(三)液液萃取相关参数

1. 分配系数和分配比

1)分配系数

在萃取分离中，一定温度和压力下，当萃取平衡建立时，被萃物组分 A 在有机相中的浓度$[A_{有}]$与在水相中的浓度$[A_{水}]$之比(严格说是活度比)，以 K_D 表示，称为分配系数。其数学表达式为

$$K_D = \frac{[A_{有}]}{[A_{水}]} \tag{4-44}$$

使用该表达式时，需要满足下列条件：①被萃取组分 A 的浓度很低；②被萃取组分 A 在两相中的存在形式相同；③温度恒定，因为分配系数 K_D 会随温度变化而发生变化。

2)分配比

分配比是指萃取过程达到平衡后，被萃物组分 A 在有机相中的分析浓度(即总浓度，不管以何种化学形态存在)与在水相中的分析浓度之比，用 D 表示。分配比越大，在一次萃取中进入有机相的易萃物越多。

$$D = \frac{\text{被萃组分 } A \text{ 在有机相中的分析浓度}}{\text{被萃组分 } A \text{ 在水相中的分析浓度}} = \frac{C_{A(O)}}{C_{A(W)}} \tag{4-45}$$

当被萃取组分 A 在两相中的存在形式相同时，$K_D = D$，但由于绝大多数原料药的 pH 并不呈中性，所以在水溶液中会以多种形式存在，此时，$K_D \neq D$。对某有机酸 HA，其在有机相和水相中的平衡关系如下：

$$\mathrm{HA}_O \overset{K_D}{\rightleftharpoons} \mathrm{HA}_W，\ K_D = \frac{[\mathrm{HA}]_O}{[\mathrm{HA}]_W}$$

$$\mathrm{HA}_W \overset{K_a}{\rightleftharpoons} \mathrm{H}_W^+ + \mathrm{A}_W^-，\ K_a = \frac{[\mathrm{H}^+]_W[\mathrm{A}^-]_W}{[\mathrm{HA}]_W}$$

式中：K_D 为分配系数；K_a为解离常数。

HA 在两相中的分配比为

$$D = \frac{[\mathrm{HA}]_O}{[\mathrm{HA}]_W + [\mathrm{A}^-]_W}$$

分子分母同时除以 $[\mathrm{HA}]_W$，得到

$$D = \frac{\dfrac{[\mathrm{HA}]_O}{[\mathrm{HA}]_W}}{1 + \dfrac{[\mathrm{A}^-]_W}{[\mathrm{HA}]_W}} = \frac{K_D}{1 + \dfrac{K_a}{[\mathrm{H}^+]_W}} \tag{4-46}$$

此时，有机酸 HA 的分配比不仅随分配系数 K_D 发生变化，而且随水溶液 pH 变化而变化。所以说，分配比不是常数，它随萃取条件的变化而变化，改变萃取条件，可使分配比向所需方向改变，有利于萃取分离进行完全。青霉素的萃取分离就是一个很好的例证。青霉素是一种抗菌素，pH=2 时，以青霉素酸形式存在，溶于有机溶剂中；pH=7 时，形成青霉素盐，溶于水中。工业生产中，青霉素萃取过程常分为三步进行：首先，将经过过滤的发酵液，经稀硫酸酸化至 pH=2~2.2，使青霉素溶于醋酸丁酯中；然后，用碳酸氢钠水溶液调 pH=6.8~7.2，将青霉素从有机相转到水相；最后，调 pH=2~2.2，使青霉素再次溶于有机相。去结晶工序，进一步纯化。

2. 分离系数

分离系数是两种被分离物质在同一萃取体系及同样操作条件下所获得分配比的比值，用 β 表示。常用来衡量多组分萃取体系的分离效果。

$$\beta = \frac{D_A}{D_B} \tag{4-47}$$

式中：D_A 为组分 A 在萃取体系中的分配系数；D_B 为组分 A 在萃取体系中的分配系数。

分离系数β分三种情况：

(1)当$\beta>1$时，$D_A>D_B$，两种被分离物质可用萃取分离，β值越大，分离效果越好；

(2)当$\beta=1$时，$D_A=D_B$，两种被分离物质不能或难以萃取分离；

(3)当$\beta<1$时，$D_A<D_B$，两种被分离物质可用萃取分离，β值越小，分离效果越好。

3. 萃取率

萃取率是指在萃取过程中溶质从原始溶液转入溶剂相的百分数，即被溶剂萃取出的某溶质的总量与原始溶液中某溶质的总量之比，用E表示。

$$E=\frac{\text{被萃取组分}A\text{在有机相中的总量}}{\text{被萃取组分}A\text{在原始溶液中的总量}}\times 100\% \tag{4-48}$$

设被萃取组分A在有机相中的总浓度为$C_{有}$，有机相体积为$V_{有}$；被萃取组分A在水相中的总浓度为$C_{水}$，水相体积为$V_{水}$。被萃取组分A在原始溶液中的总量即为有机相中的总量和水相中的总量之和，则有

$$E=\frac{C_{有}V_{有}}{C_{有}V_{有}+C_{水}V_{水}}\times 100\%$$

分子分母同时除以$C_{水}V_{有}$，得

$$E=\frac{\dfrac{C_{有}}{C_{水}}}{\dfrac{C_{有}}{C_{水}}+\dfrac{V_{水}}{V_{有}}}\times 100\%=\frac{D}{D+\dfrac{V_{水}}{V_{有}}}\times 100\%$$

可以看出，在水相体积和有机相体积确定的情况下，分配比D越大，萃取进行越完全。

若$V_{水}=V_{有}$，则有

$$E=\frac{D}{D+\dfrac{V_{水}}{V_{有}}}\times 100\%=\frac{D}{D+1}\times 100\% \tag{4-49}$$

当$D=1000$时，$E=99.9\%$，萃取完全。

当$D=100$时，$E=99.0\%$，组分较少时，可以认为萃取完全。

当$D=10$时，$E=90.9\%$，一次萃取不完全。

(四)液液萃取三元相图

如图4-40所示，在实际生产过程中，由于原料液是多种成分的混合物，经液液萃取后，虽然目标产物在萃取液中的浓度提高、杂质在萃取液中的浓度降低，但杂质仍然存在，且不能满足原料药对杂质的限量要求，所以，液液萃取常需要与其他分离单元操作联用，如结晶，才能达到原料药的质量要求。为方便介绍液液萃取原理和过程，本章节内容

仅考虑溶质 A、萃取剂 S 和稀释剂 B 三组分体系。

根据溶质 A、萃取剂 S 和稀释剂 B 之间的溶解度关系，萃取体系可以分为三种情况：

(1)溶质 A 和稀释剂 B 完全互溶，溶质 A 和萃取剂 S 完全互溶，稀释剂 B 和萃取剂 S 不互溶。

(2)溶质 A 和稀释剂 B 完全互溶，溶质 A 和萃取剂 S 完全互溶，稀释剂 B 和萃取剂 S 部分互溶。

(3)溶质 A 和稀释剂 B 完全互溶，溶质 A 和萃取剂 S 部分互溶，稀释剂 B 和萃取剂 S 部分互溶。

在原料药生产中，以稀释剂 B 和萃取剂 S 部分互溶最为常见，因此，以下内容均以稀释剂 B 和萃取剂 S 部分互溶为基础介绍。

液液萃取是一种扩散分离操作，溶质在两相中分配平衡的差异是实现萃取分离的主要因素，因此，相平衡理论是萃取分离操作的基础。

由于液液萃取的两相通常为三元混合物，故其组成和相平衡的图解表示法与前述气液传质不同，是利用三元相图。

1. 三角形坐标图

液液萃取领域三元相图采取三角形坐标图。三角形坐标图通常有等边三角形坐标图、等腰直角三角形坐标图和非等腰直角三角形坐标图，如图 4-45 所示。等腰直角三角形坐标图易在坐标纸上作图，采用较多。

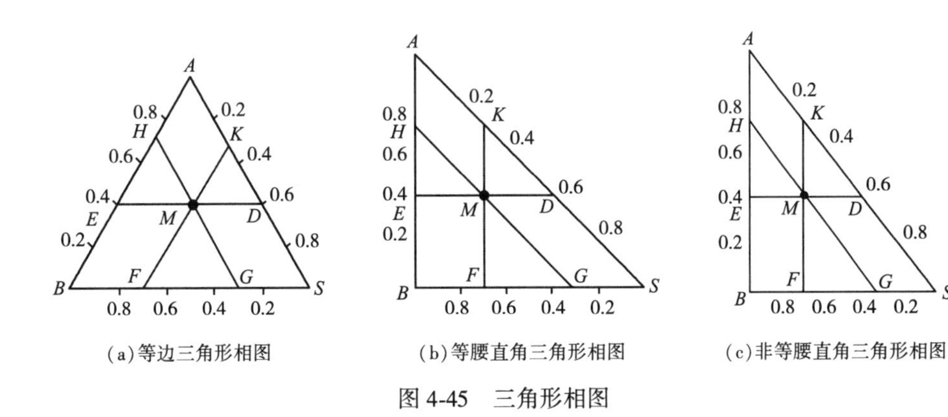

图 4-45　三角形相图

在萃取领域，三角形坐标图中每个顶点分别代表一个纯组分，即顶点 A 表示纯溶质 A，顶点 B 表示纯原溶剂 B，顶点 S 表示纯萃取剂 S。组分的浓度以摩尔分数，质量分数表示均可。本章中 x_A、x_B 方 x_S 分别表示 A、B、S 的质量分数。

三角形坐标图的 AB 边以 A 的质量分数作为标度，BS 边以 B 的质量分数作为标度，SA

边以 S 的质量分数作为标度。三条边上的任一点代表一个二元混合体系，第三组分的组成为零。例如 AB 边上的 E 点，表示由 A、B 组成的二元混合体系，由图可读得：A 的组成为 0.40，则 B 的组成符合归一化条件，为(1.0−0.40=)0.60，S 的组成为零。

三角形坐标图内的任一点代表一个三元混合物系。例如，M 点即表示由 A、B、S 三个组分组成的混合体系。在等边三角形相图中其组成按该点到三条边的垂直距离的相对长度表示，也可用相应边的长度来表示，以适合非等边三角形相图的情况。为此，过点 M 分别作各边的平行线 ED、HG、KF 交于三条边，由点 A、B、S 的对边的平行线在三条边上交点的坐标值(注意各边的坐标标度基准)，得到 A、B、S 的组成分别为：$x_A=0.4$、$x_B=0.3$、$x_S=0.3$。它们也符合归一化条件，参见图 4-45。

2. 杠杆规则

如图 4-46 所示，将质量为 r kg、组成为 x_A、x_B、x_S 的混合物 R 与质量为 e kg、组成为 y_A、y_B、y_S 的混合物 E 进行混合，得到质量为 m kg、组成为 z_A、z_B、z_S 的新混合体系 M，它们在三角形坐标图中分别以点 R、E 和 M 表示。

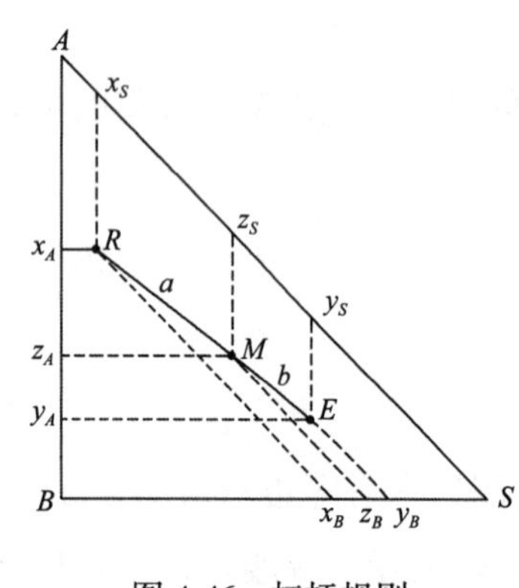

图 4-46　杠杆规则

混合物 R、混合物 E 和混合物 M 之间的质量关系为：

(1)点 M 为点 R 及点 E 的“和点”；点 R 为点 M 及点 E 的“差点”；点 E 为点 R 及点 M 的“差点”。M、E、R 三点共线，两个差点位于和点的两侧。

(2)差点与和点的质量与直线上相应线段的长度成比例：

$$\frac{m}{e}=\frac{\overline{RE}}{\overline{RM}}=\frac{a+b}{a} \tag{4-50}$$

$$\frac{m}{r}=\frac{\overline{RE}}{\overline{ME}}=\frac{a+b}{b} \tag{4-51}$$

$$\frac{e}{r}=\frac{\overline{RM}}{\overline{ME}}=\frac{a}{b} \tag{4-52}$$

此即杠杆规则。

混合物 R、混合物 E 和混合物 M 之间的质量关系利用物料衡算推出，具体过程如下：

总物料衡算：
$$r+e=m \tag{4-53}$$

A 组分物料衡算：
$$rx_A+ey_A=mz_A \tag{4-54}$$

S 组分物料衡算：
$$rx_S+ey_S=mz_S \tag{4-55}$$

将式(4-53)分别代入式(4-54)和式(4-55)，整理得到

$$r(x_A-z_A)=e(z_A-y_A) \tag{4-56}$$

$$r(x_S - z_S) = e(z_S - y_S) \tag{4-57}$$

两式相除得到

$$\frac{x_A - z_A}{x_S - z_S} = \frac{z_A - y_A}{z_S - y_S}$$

等式左侧为直线 RM 斜率，右侧为直线 ME 斜率，直线 RM 的斜率和直线 ME 的斜率相等，且点 M 为两条直线的共点，说明 M、E、R 三点共线。

将式(4-56)移项，整理得到

$$\frac{e}{r} = \frac{x_A - z_A}{z_A - y_A}$$

由图 4-46 可知：

$$\frac{x_A - z_A}{z_A - y_A} = \frac{\overline{RM}}{\overline{ME}} = \frac{a}{b}$$

所以有

$$\frac{e}{r} = \frac{\overline{RM}}{\overline{ME}} = \frac{a}{b}$$

将(式 4-52)两边同时加上 1，同理可得

$$\frac{e+r}{r} = \frac{\overline{RM} + \overline{ME}}{\overline{ME}}$$

$$\frac{m}{r} = \frac{\overline{RE}}{\overline{ME}} = \frac{a+b}{b}$$

将(式 4-52)分子分母互换，两边同时加上 1，得到

$$\frac{r}{e} + 1 = \frac{\overline{ME}}{\overline{RM}} + 1$$

$$\frac{m}{e} = \frac{\overline{RM} + \overline{ME}}{\overline{RM}} = \frac{a+b}{a}$$

3. 三元部分互溶体系相图

设溶质 A 可完全溶于 B 及 S，但 B 与 S 为部分互溶，其平衡相图如图 4-47 所示。图中曲线 $R_0R_1R_2R_iR_nPE_nE_iE_2E_1E_0$ 称为溶解度曲线。溶解度曲线是通过下述实验方法得到的：在一定温度下，向纯溶剂 B 中滴加 S 致浑浊，此时相图中与该二元体系组成相应的点为 R_0 点；相反，向纯 S 中滴加 B 致浑浊，得到 E_0 点。将 B 和 S 按 R_0E_0 之间 M

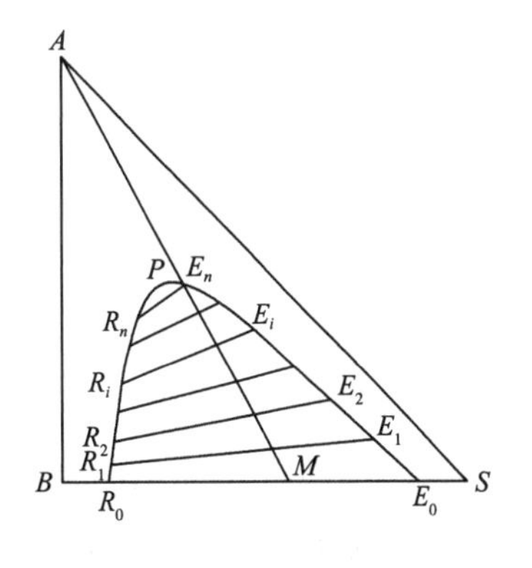

图 4-47 溶解度曲线

点的组成相混合，达平衡后得到两个互不相溶的液层。恒温下，向此二元混合液中滴加一定量的溶质 A，混合液组成及量的比例将沿 AM 线变化。经过充分混合达到新的平衡，并静置分层后，得到两个互相平衡的液相，称为共轭相，其相点为 R_1、E_1，联结两共轭液相相点的直线称为联结线，如图 4-47 中的 R_1E_1。通常联结线不互相平行，其斜率随混合液的组成而异，一般是按同一方向缓慢地改变。

继续加入溶质 A，重复上述操作，即可以得到一系列共轭相的相点 R_i、E_i($i=0$，1，2，…，n)。当加入 A 的量使混合液由两相恰好变为一相时，其组成对应为 P 点，P 点所代表的平衡液相无共轭相，称为分层点或临界混溶点。一般临界混溶点并不是溶解度曲线的最高点，其准确位置的实验测定也很困难。如果继续加入 A，三元混合物体系就落在均匀的单相区。连接各共轭相的相点及 P 点的曲线，即为实验温度下该三元体系的溶解度曲线。在实际操作时，也可以做一系列的分层点，把它们连接起来，得到溶解度曲线。

溶解度曲线将三角形相图分为两个区域：曲线以内的区域为两相区，曲线以外的区域为单相区。萃取操作只能在两相区内进行。P 点将溶解度曲线分为两部分：靠顶点 B 一侧为萃余相部分，靠顶点 S 一侧为萃取相部分。

相图形状与体系物质的性质和温度有关。B 和 S 互溶度小的体系萃取两相区大，有利于萃取分离。温度明显地影响溶解度曲线的形状、连接线的斜率和两相区面积。一般来说，温度升高，溶质在溶剂中的溶解度增大，两相区的面积减小，不利于进行萃取分离。

4. 萃取辅助曲线

一定温度下，测定体系的溶解度曲线时，实验测出的连接线的条数是有限的，为了得到其它共轭相的数据，常需要借助辅助曲线。辅助曲线的作法有以下两种：

方法一：如图 4-48 所示，通过已知点 R_1，R_2，…，分别作 BS 边的平行线，再通过相应联结线的另一端点 E_1、E_2 分别作 AB 边的平行线，各线分别相交于点 F，G，…，连接这些交点所得的平滑曲线即为辅助曲线。辅助曲线与溶解度曲线的交点为 P。按相反的过程，利用辅助曲线就可以可求任何已知平衡液相的共轭相。设 R 为已知平衡液相，自点 R 作 BS 边的平行线交辅助曲线于点 J，自点 J 作 AB 边的平行线，交溶解度曲线于点 E，则点 E 即为 R 点的共轭相点。

方法二：如图 4-49 所示，通过已知点 R_1，R_2，…，分别作 AS 边的平行线，再通过相应联结线的另一端点 E_1、E_2 分别作 AB 边的平行线，连接这些交点所得的平滑曲线即为辅助曲线。辅助曲线的反向延长线与溶解度曲线的交点为 P。

一定温度下的三元物系溶解度曲线、联结线、辅助曲线及临界混溶点的数据均由实验测得，有时也可从手册或有关专著中查得。

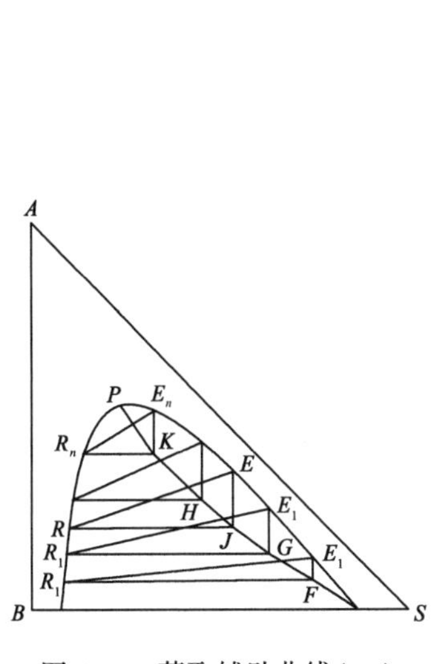

图 4-48　萃取辅助曲线(一)

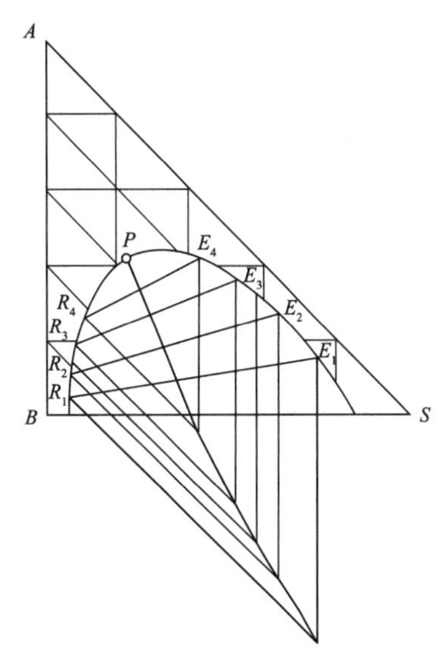

图 4-49　萃取辅助曲线(二)

5. 分配曲线

根据相律，萃取平衡时，$C=3$，$\Phi=2$，所有此时体系的自由度 $F=C-\Phi+2=3-2+2=3$。进一步，当温度、压强一定时，$F=C-\Phi=3-2=1$，即当一相中的溶质 A 浓度已知时，另一相中的溶质 A 浓度也是已知的。因此，可以将三元部分互溶体系相图转换为直角坐标系，更加直观地表示液液萃取相平衡关系。具体方法如下：以萃余相中溶质 A 的含量 x_A 为横坐标，萃取相中溶质 A 的含量 y_A 为纵坐标，在直角坐标图上，每一对共轭相可得一个点，将这些点联结起来，得到的曲线称为分配曲线。溶解度曲线就可以转换为更简单直观的分配曲线。分配曲线表达互成平衡的萃取相 E 和萃余相 R 中的溶质分配关系，相当于相平衡线。如图 4-50 所示。

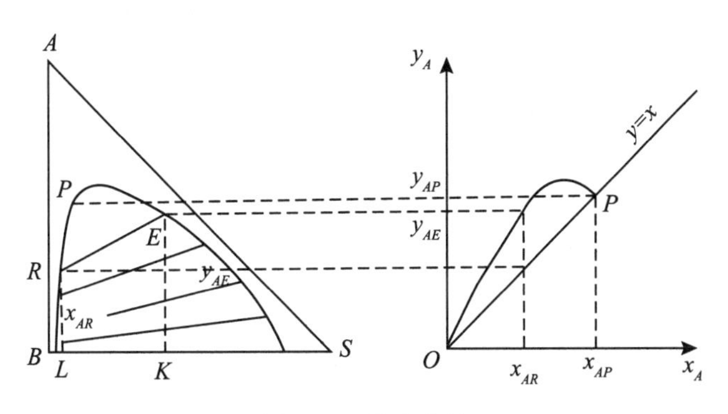

图 4-50　分配曲线

二、单级萃取计算

（一）单级萃取操作流程

单级液液萃取操作流程如图 4-51 所示。将一定量萃取剂加入原料液中，然后加以搅拌使原料液与萃取剂充分混合，溶质通过相界面由原料液向萃取剂中扩散，搅拌停止后，两液相因密度不同而分层：一层以溶剂 S 为主，并溶有较多的溶质，称为萃取相，以 E 表示；另一层以原溶剂（稀释剂）B 为主，且含有未被萃取完的溶质，称为萃余相，以 R 表示。若溶剂 S 和 B 为部分互溶，则萃取相中还含有少量的 B，萃余相中亦含有少量的 S。

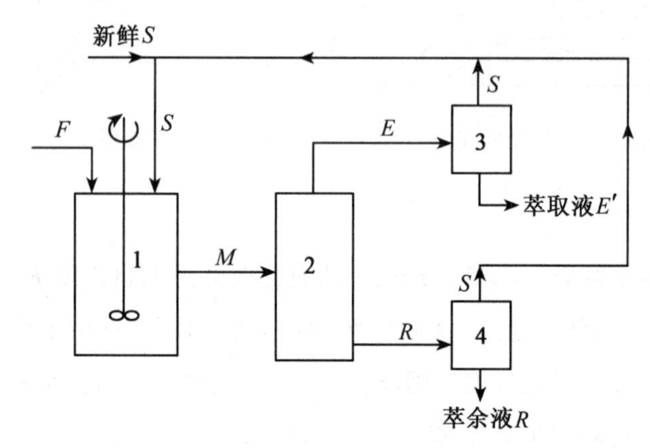

1—混合器；2—分层器；3—萃取相分离器；4—萃余相分离器

图 4-51　单级液液萃取操作流程示意图

由图 4-51 可知，单级液液萃取操作流程分为混合、分离、脱除溶剂三个操作单元。萃取操作并未得到纯净的组分，而是新的混合液：萃取相 E 和萃余相 R。为了得到溶质 A 并回收溶剂以供循环使用，还需采用蒸馏等方法，脱除溶剂，得到萃取液和萃余液。

（二）单级萃取操作中的计算问题

对于单级萃取操作工艺而言，原料液的处理量 m_F 和其中溶质 A 含量 y_{AF} 已知，需解决的计算问题分为以下两种情况：

情况一：给定萃取剂的用量 m_S 和其中溶质 A 含量 y_{AS}，一般来说，$y_{AS}=0$。求萃取相 E 的量 m_E 和其中溶质 A 含量 y_{AE}、萃余相 R 的量 m_R 和其中溶质 A 含量 x_{AR}、萃取液 E' 的量 $m_{E'}$ 和其中溶质 A 含量 $y_{AE'}$、萃余液 R' 的量 $m_{R'}$ 和其中溶质 A 含量 $x_{AR'}$。

情况二：根据分离要求，求萃取剂的用量 m_S。

(1)已知原料液的处理量 m_F 和其中溶质 A 含量 y_{AF}，给定萃取剂的用量 m_S 和其中溶质 A 含量 y_{AS}

①建立包含溶解度曲线和辅助曲线的相图，如图 4-52 所示。

②按组成 y_{AF}确定原料液在相图中的位置，例如，为图 4-52 中 AB 边上的 F 点。

③连接 FS，加入萃取剂 S 的量必须使得代表得到新的三元混合液体系的 M 点落在两相区内的直线 FS 上。逐渐增加萃取剂 S 的量，点 M 将沿着直线 FS 向点 S 移动。达到平衡后，形成质量为 m_M 和其中溶质 A 含量 y_{AM}的混合液，根据物料衡算得到

$$m_F+m_S=m_M$$

原料液量 m_F 与加入萃取剂量 m_S 符合杠杆规则：

$$\frac{m_M}{m_F}=\frac{\overline{FS}}{\overline{MS}},\quad \frac{m_M}{m_S}=\frac{\overline{FS}}{\overline{FM}},\quad \frac{m_S}{m_F}=\frac{\overline{FM}}{\overline{MS}}$$

④萃取相的相点 E 和萃余相的相点 R 必与点 M 共线，且其质量关系符合杠杆规则：

$$m_E+m_R=m_M$$

因为

$$m_F+m_S=m_M$$

所以

$$m_E+m_R=m_F+m_S$$

$$\frac{m_M}{m_E}=\frac{\overline{RE}}{\overline{RM}},\quad \frac{m_M}{m_R}=\frac{\overline{RE}}{\overline{ME}},\quad \frac{m_E}{m_R}=\frac{\overline{RM}}{\overline{ME}}$$

在相图中，利用杠杆规则和辅助曲线，采用试差法来确定相点 E 和相点 R 的位置。点 E、点 R、点 M 三点共线，点 E、点 R 必在溶解度曲线上，且过点 E 作 AB 边的平行线与过点 R 作 BS 边平行线的交点必落在在辅助曲线上，由此可确定点 E 和点 R 在溶解度曲线上的位置。利用三角形坐标图即可确定相点 E 中溶质 A 含量 y_{AE}，相点 R 中溶质 A 含量 x_{AR}。

⑤按上述借助辅助线的方法，找到点 E 和其共轭相点 R。连接 SE，延长交 AB 边于点 E'；连接 SR，延长交 AB 边于点 R'。点 E'为萃取液的相点，其中溶质 A 含量 $y_{AE'}$。点 R'为萃取液的相点，其中溶质 A 含量 $x_{AR'}$。从图 4-52(c)可以看出，萃取液 E'中溶质 A 的含量高于原料液 F 中溶质 A 的含量，萃余液 R'中溶质 A 的含量低于原料液 F 中溶质 A 的含量，实现了分离提纯。

从图中可知，点 E'、点 F、点 R'三点共线，根据物料衡算得到

$$m_{E'}+m_{R'}=m_F$$

其质量关系符合杠杆规则：

$$\frac{m_F}{m_{E'}}=\frac{\overline{E'R'}}{\overline{FR'}},\quad \frac{m_F}{m_{R'}}=\frac{\overline{E'R'}}{\overline{E'F}},\quad \frac{m_{E'}}{m_{R'}}=\frac{\overline{FR'}}{\overline{E'F}}$$

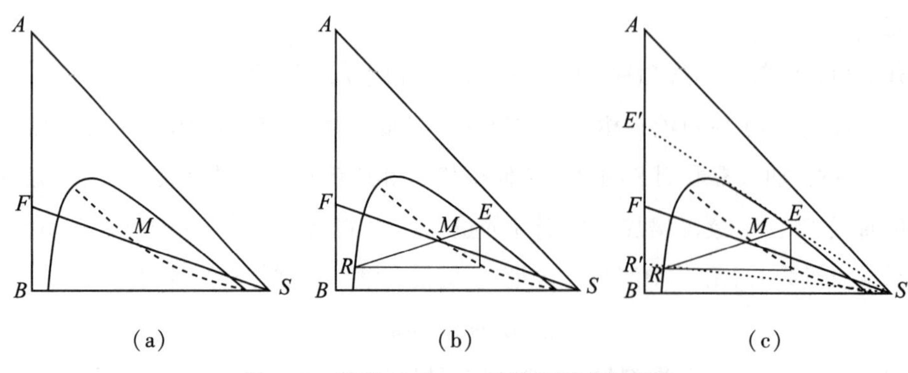

图 4-52 给定 m_S 和 y_{ASF}后的相图求解过程

(2)已知原料液的处理量 m_F 和其中溶质 A 含量 y_{AF}，根据分离要求，求萃取剂的用量 m_S 对于分离要求而言，一般是规定萃余相中溶质 A 的含量 y_{AR}或萃余液中溶质 A 的含量 $y_{AR'}$，或者规定萃取相中溶质 A 的含量 y_{AE}或萃取液中溶质 A 的含量 $y_{AE'}$。下面以规定萃余相中溶质 A 的含量 y_{AR}为例：

①建立包含溶解度曲线和辅助曲线的相图，如图 4-53 所示。

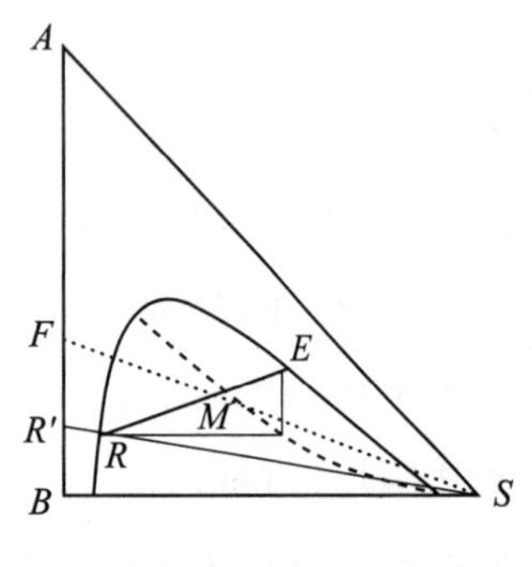

图 4-53 萃取剂用量 m_S 求解

②按组成 y_{AF}确定原料液在相图中的位置，例如，为图中 AB 边上的 F 点。

③连接 FS，加入萃取剂 S 的量必须使得代表得到新的三元混合液体系的 M 点落在两相区内的直线 FS 上。逐渐增加萃取剂 S 的量，点 M 将沿着直线 FS 向点 S 移动。

④根据萃余相中溶质 A 的含量 y_{AR}确定萃余相相点 R 在溶解度曲线上的位置。

⑤过点 R 作 BS 边平行线与辅助曲线相交，过该交点作 AS 边平行线与溶解度曲线交于点 E，点 E 即为相点 R 的共轭相点。

⑥连接点 R、点 E 得到直线 RE，与直线 FS 交于点 M，点 M 即为原料液和萃取剂的混合点。通过杠杆规则即可求解出萃取剂用量，进而得到萃取相、萃取液、萃余液的量和组成。详细过程不再赘述。

(3)单级萃取计算中的极值问题。

①最大萃取剂用量和最小萃取剂用量。

已知原料液的处理量 m_F 和其中溶质 A 含量 y_{AF}，可以很方便地在相图上找到对应的相点 F，萃取剂和原料液混合后得到的相点 M 必定落在直线 FS 上。当加入的萃取剂量很少，

点 M 未到达溶解度曲线上，此时溶液澄清、均一，混合相点 M 处于单相区，不能进行萃取操作。

当混合相点 M 刚好移动到溶解度曲线上点 R_2 处，溶液出现分层，可以进行萃取操作，此时所用的萃取剂量是最小的，记为 $m_{S,\min}$。从图 4-54 可以看出，当萃取剂的用量最小时，点 R_2 处于溶解度曲线上萃余相部分的较高处，此时，萃余相中溶质 A 的含量为最高，记为 $x_{AR,\max}$；与点 R_2 共轭的相点 E_2 也处于溶解度曲线上萃取相部分的较高处，此时，萃取相中溶质 A 的含量为最高，记为 $y_{AE,\max}$。

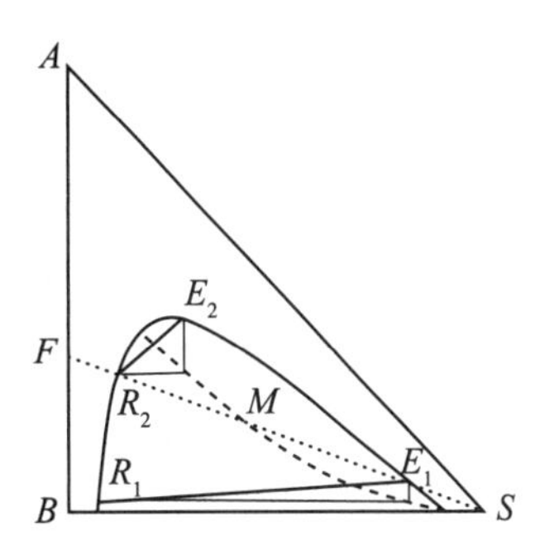

图 4-54 萃取剂用量范围

继续加入萃取剂，当混合相点 M 刚好移动到溶解度曲线上点 E_1 处，如果再继续加入萃取剂，则溶液又会出现澄清、均一，不能进行萃取操作，此时所用的萃取剂量是最大的，记为 $m_{S,\max}$。从相图可以看出，当萃取剂的用量最大时，点 E_1 处于溶解度曲线上萃取相部分的较低处，此时，萃取相中溶质 A 的含量为最低，记为 $y_{AE,\min}$；与点 E_1 共轭的相点 R_1 也处于溶解度曲线上萃余相部分的较低处，此时，萃余相中溶质 A 的含量为最小，记为 $x_{AR,\min}$。

一般来说，单级萃取的萃取剂用量范围为：$m_{S,\min}<m_S<m_{S,\max}$，此时，混合相点 M 落在两相区范围内，萃取操作才能顺利进行。

②萃取液中溶质 A 最高含量。

虽然，当萃取剂的用量为 $m_{S,\min}$ 时，所得萃取相中溶质 A 的含量最高，但是，因为萃取剂用量小，脱除溶剂后，其所对应的萃取液中溶质 A 的含量 $y_{AE'}$ 一般不是最高的。

萃取液中溶质 A 的最高含量 $y_{AE',\max}$ 求解方法：

在图 4-55 中，过顶点 S 作溶解度曲线的切线，交点为点 E，切线的延长线与 AB 边的交点即为萃取液中溶质 A 的最高含量 $y_{AE',\max}$。利用辅助曲线，就可以确定与相点 E 共轭的相点 R，进一步可以利用杠杆规则进行其他求解。

需要注意的是，和点 M 是直线 RE 和直线 FS 的交点，既位于直线 RE 上，也位于直线 FS 上，且必须落在两相区。如图 4-56 所示，如果按照作切线的方法得到的直线 RE 和直线 FS 的交点 M 落在两相区外的单相区，说明超出萃取范围，不能进行萃取操作。此时，由点 R_1 确定的溶剂用量为该操作条件下的最小溶剂用量 $m_{s,\min}$，由其对应的相点 E_1 求得的萃取液中溶质 A 的含量即为最高含量 $y_{AE',\max}$。

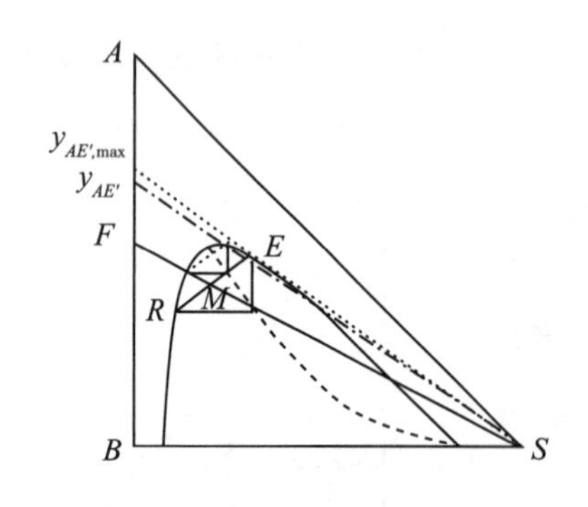

图 4-55 萃取液中溶质 A 的最高含量 $y_{AE',max}$ 图解

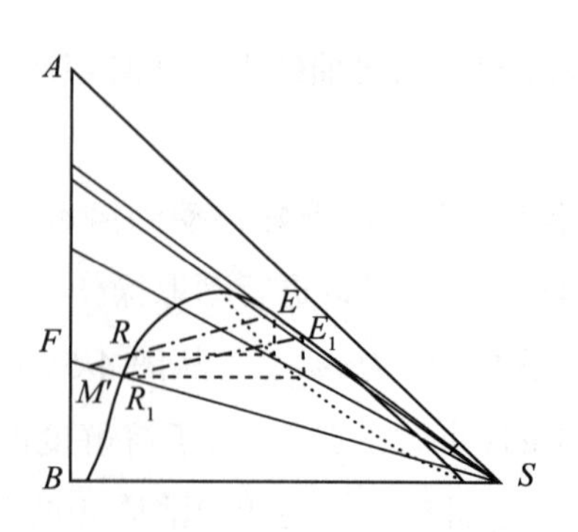

图 4-56 萃取液中溶质 A 的最高含量 $y_{AE',max}$ 确定

三、萃取过程的影响因素

(一)温度

1. 温度对分配系数和萃取速度的影响

温度是影响溶质分配系数和萃取速度的重要因素。温度升高，分配系数变大，分子扩散速度增加，萃取速度加快，生产周期变短；温度降低，分配系数变小，分子扩散速度变慢，萃取速度变小，生产周期变长。

2. 温度对相平衡关系的影响

萃取通常在三元相图的两相区内进行。两相区的大小，既取决于物系本身性质，又与操作温度有关。一般情况下，温度升高，溶质在溶剂中的溶解度增大；温度降低，溶质在溶剂中的溶解度降低。对于萃取中的萃取剂和稀释剂而言，温度会影响其互溶度，进而显著地改变溶解度曲线的形状和两相区的面积。

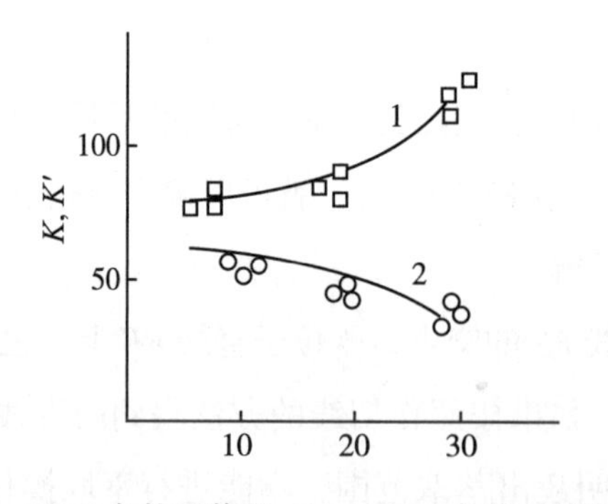

1—pH9.0 条件下萃取；2—pH4.5 条件下萃取；

K—萃取时分配系数；K'—反萃取时分配系数

图 4-57 温度对红霉素分配系数的影响

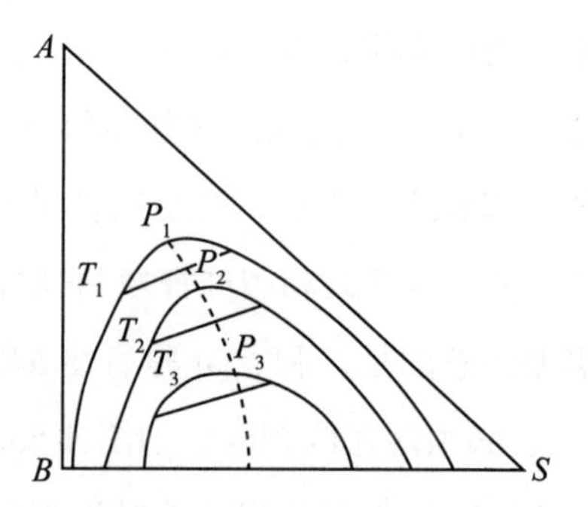

图 4-58 温度对溶解度曲线的影响

(稀释剂 B 和萃取剂 S 部分互溶)

图 4-58 中，T_1、T_2、T_3 为三个不同的温度且 $T_3>T_2>T_1$，显然，温度越高，两相区面积越小，这对萃取是非常不利的。因此，萃取温度不宜过高。

3. 温度对萃取效果的影响

经过萃取操作后，萃取液 E' 中溶质 A 的含量越高，萃取效果就越好。图 4-59 显示不同互溶度下，萃取液 E' 中溶质 A 的含量越高时所对应的相点 E'_{max} 的位置，萃取剂 S 和稀释剂 B 互溶度越小，相点 E'_{max} 越靠近顶点 A，萃取液 E' 中溶质 A 的含量越高。

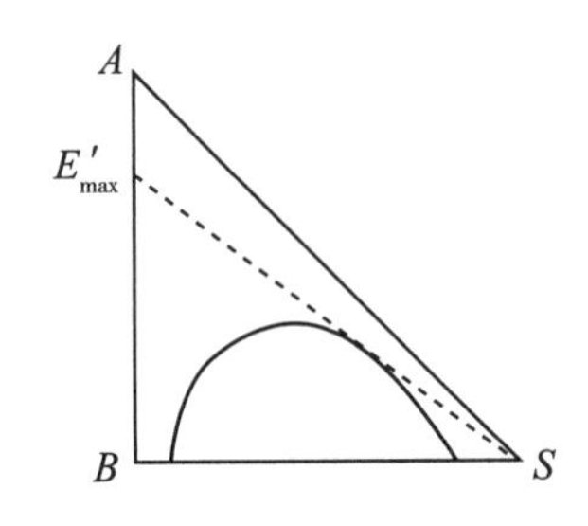

(a)萃取剂 S 和稀释剂 B 互溶度小

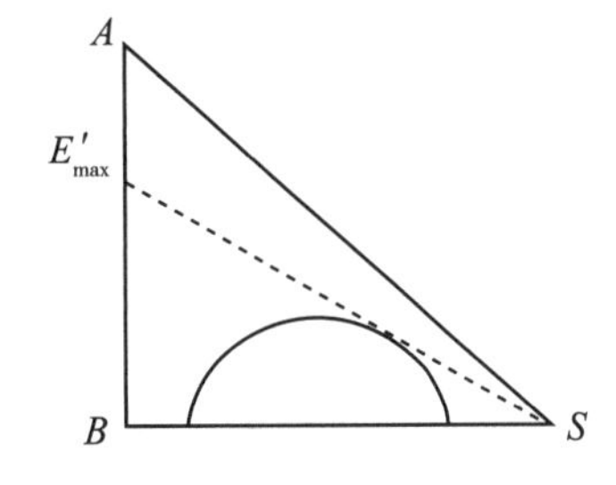

(b)萃取剂 S 和稀释剂 B 互溶度大

图 4-59　萃取剂 S 和稀释剂 B 互溶度对萃取效果的影响

此外，温度升高还可能引发对设备的腐蚀性增大等一系列问题。考虑到原料药生产中生物活性物质的稳定性，萃取温度一般不宜太高，通常在常温下进行。

(二)pH 值

由式(4-46)可知，水相 pH 值会影响溶质的分配比，进而影响分离系数和萃取率。

弱酸性电解质的分配比随 pH 值降低而增大，而弱碱性电解质的分配比随 pH 值降低而减小。也就是说，水相 pH 值低，呈酸性，有利于酸性物质分配在有机相，有利于碱性物质分配在水相；水相 pH 值高，呈碱性，有利于碱性物质分配在有机相，有利于酸性物质分配在水相。如弱碱性抗生素红霉素在乙酸戊酯与水相间的分配比，pH 值为 9. 8 时，$D=44.7$，pH 值为 5. 5 时，$D=14.4$。

通过调节水相的 pH 值，控制溶质的分配比，从而提高萃取率的方法，广泛应用于抗生素和有机酸等弱电解质的萃取操作。

pH值也会影响生物活性物质的稳定性，因此，pH值应尽量选择在使产物稳定的范围内。

(三)水溶性无机盐

1. 降低溶质在水相中的溶解度

水溶性无机盐的存在，可以降低溶质在水相中的溶解度，有利于溶质向有机相中分配，进而改变溶质的分配系数。例如，提取维生素 B12 时加入硫酸铵，提取青霉素时加入 NaCl，均有利于溶质从水相转移到有机溶剂中。

2. 减少互溶度，易于分层

无机盐溶于水相后，一方面可以降低水相中萃取剂的溶解度；另一方面，溶解无机盐后的水相，比重增加，水相和萃取相之间的比重差增大，两相之间界面清晰，容易分液。

无机盐的用量要适当，用量过多会使杂质一起进入萃取剂中，而且，也要考虑回收和再利用问题。

(四)萃取剂

1. 萃取剂选择原则

1)萃取剂选择性好

根据相似相溶原理，选择与目标产物极性相似的有机溶剂为萃取剂，可以得到较大分配系数。

极性相似的分子间有更强的作用力，因而极性相似的溶质分子和萃取剂分子之间的作用力使溶质更易于溶解在萃取剂中。萃取剂极性大小可用介电常数来衡量，介电常数越大的物质极性越强，溶质和萃取剂的介电常数越接近，溶质在萃取剂中的溶解度越大。常见溶剂的介电常数见表 4-7。

表 4-7 **常见溶剂的介电常数**

溶剂	介电常数	溶剂	介电常数
水	78.5	叔丁醇	12.2
乙二醇	37.7	二氯乙烷	10.37
1，3-丙二醇	35.0	二氯甲烷	8.9
甲醇	32.6	四氢呋喃	7.39
1，2-丙二醇	32.0	乙酸乙酯	6.03
乙醇	24.3	氯仿	4.7
丙酮	20.7	乙醚	4.22
1-丙醇	20.1	呋喃	2.95
2-丙醇	18.3	甲苯	2.38
1-丁醇	17.7	苯	2.27
2-丁醇	15.8		

2) 萃取容量大

萃取容量是指单位体积的萃取溶剂所能萃取产物的量。萃取容量越大，相同条件下所需萃取剂的量越小，回收成本越低，生产周期越短。

3) 萃取剂的物性参数

萃取剂与稀释剂的互溶度影响溶解度曲线的形状和两相区面积。互溶度越小，形成的两相区面积越大，萃取操作的可选择区域越大，可能得到的萃取液中溶质 A 最高含量越高。所以说，互溶度越小，越有利于萃取分离。如图 4-60 所示。

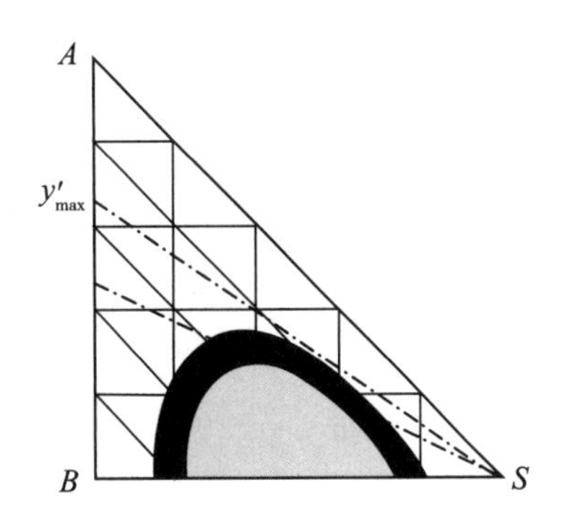

图 4-60 互溶度对萃取液中溶质最高含量的影响

萃取剂与被分离混合物应有较大的密度差，特别是对没有外加能量的设备，较大的密度差可以加速分层，提高设备的生产能力。

萃取相和萃余相间的界面张力对萃取操作有重要影响。界面张力较大时，有利于分层，但若界面张力过大，则液体不易分散，难以使两相充分混合，反而使萃取效果降低；界面张力过小时，虽然液体容易分散，但易产生乳化现象，使两相较难分离。因此，萃取相和萃余相间的界面张力要适中。

萃取剂的黏度对分离效果也有重要影响。溶剂的黏度低，有利于两相的混合与分层，也有利于流动与传质。

4) 萃取剂的化学性质

具有良好的化学稳定性，不与目标产物发生反应，不易分解、聚合。

5) 其他

选择萃取剂时，还应考虑其他因素，如对设备的腐蚀性小，闪点高，使用安全，来源充分，价格较低廉，蒸汽压低、易回收和再利用，不易燃易爆、无毒等。

2. 萃取剂用量

一般来讲，在其他条件和设备级数不变的情况下，适当地增加萃取剂用量，萃余相中溶质 A 的浓度将降低，分离效果提高。但萃取剂用量过大，将使萃取剂回收负荷加重，再生效果不好，导致循环使用的萃取剂中 A 组分的含量增加，萃取效果反而下降。

对单级萃取，萃取剂用量不宜太小，也不宜太大，必须保证和点 M 点落在两相区内。

(五)乳化

1. 乳化的形成和分类

乳化是一种液体以极微小液滴均匀地分散在互不相溶(或部分相溶)的另一种液体中的过程，所形成的分散体系称乳浊液。乳浊液的形成需要油相、水相两相，油相通常为有机相。对于萃取而言，油相对应萃取相，水相对应萃余相，乳浊液常在萃取相和萃余相的分界面处形成，习惯上称之为乳化层。如图 4-61 所示。

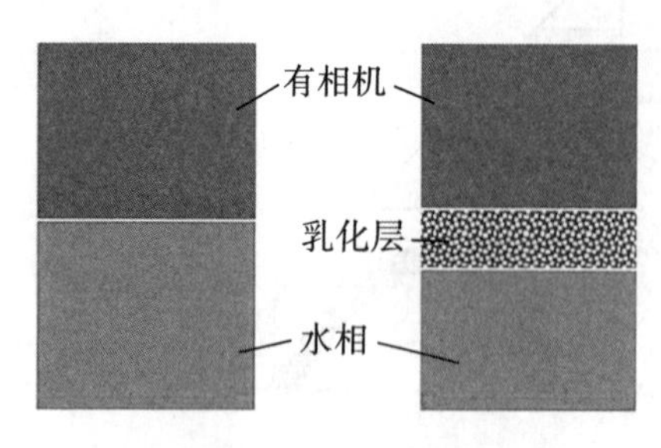

图 4-61 乳化示意图

液液萃取时，油相与水相不相溶或部分互溶，混合后应该很快能分层，不能形成乳浊液，但是，由于混合过程中萃取相和萃余相相对运动较剧烈，经常发生乳化现象，所形成的乳化层给后续的分离带来困难。乳化层产生的原因非常复杂，表面活性物质在两相界面的聚集、萃取体系的性质、离子浓度、有机相黏度、萃取温度、pH 值等都会产生影响，温度越低，有机相粘度越大，离子浓度越高，越易产生乳化。能同时为两种液体所润湿的固体粉末也易导致产生乳化层。例如，发酵液萃取时形成乳化层的主要原因是其中存在的蛋白质、残余的固体培养基成分等物质使有机相(油相)和水相的表面张力降低，油或水易于以微小液滴的形式分散于水相或油相中，最终导致乳化层的产生。如图 4-62 所示。

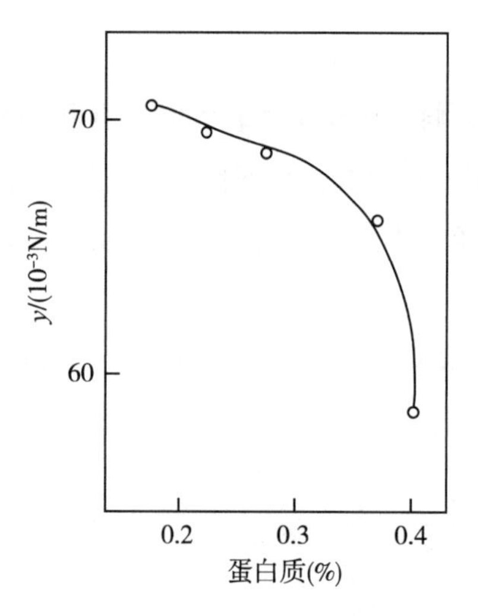

图 4-62 蛋白质含量与表面张力的关系

乳浊液分为水包油(O/W)型和油包水(W/O)型两种。油滴分散在水中称为水包油型或 O/W 型；水滴分散在油中称为 W/O 型。如图 4-63 所示。

2. 破乳

萃取中发生乳化后，除了水相和有机相分层困难、影响后续分离操作的进行外，还可能产生夹带：萃余相中夹带萃取剂，导致目标产物收率降低；萃取相中夹带原料液，给后续精制造成困难。所以，萃取分液时，应尽量破坏乳化层，其方法包括：

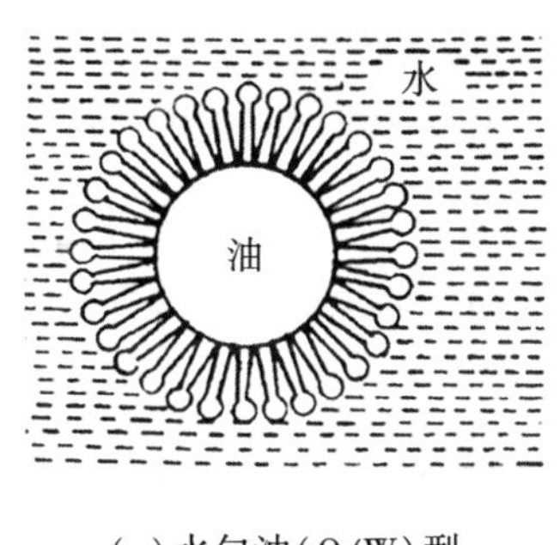

(a)水包油(O/W)型

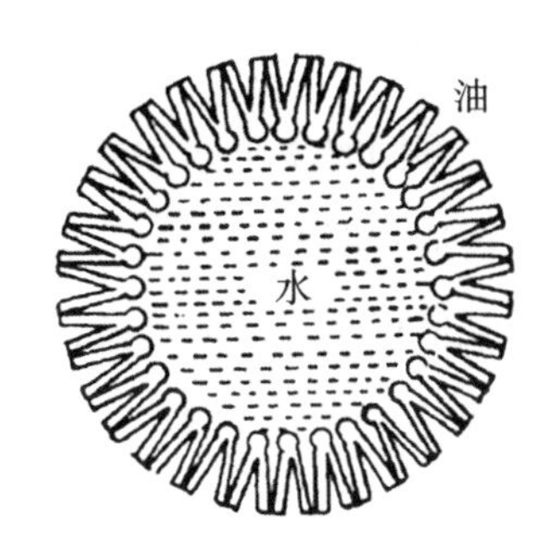

(b)油包水(W/O)型

图 4-63　乳浊液结构示意图

(1)过滤和离心：乳化不严重时，可用过滤或离心的方法破坏乳化层。分散相在重力或离心力场中运动时，因碰撞而聚沉，实现破乳。

(2)加热：在目标物质稳定的前提下，升高体系温度，能降低粘度，破坏乳浊液。

(3)稀释法：在单独分离出来的乳化层中加入连续相，可有效减轻乳化。

(4)加电解质：离子型乳化剂所成的乳化层，常因分散相带电荷而稳定，可加入电解质，通过中和促使其聚沉，达到破乳的目的。

(5)吸附法：碳酸钙易被水润湿，但不能被有机溶剂润湿，所以，在处理红霉素乳化层时，将乳化层通过碳酸钙层，其中的水分被碳酸钙吸附，实现分液。

(6)顶替法：乳化层稳定性主要和下列三个因素有关：

①界面上保护膜是否形成。表面活性物质聚集在界面上，易在分散相液滴周围形成保护膜。保护膜具有一定的机械强度，不易破裂，能防止因液滴碰撞引起的聚沉。

②液滴是否带电。如为离子型的表面活性物质，则除了形成保护膜外，还会使分散相液滴带电荷。

③介质的黏度。介质黏度较大时，能增强保护膜的机械强度。

其中，以界面上保护膜是否形成最为重要。此时，加入表面活性更大，但不能形成坚固保护膜的物质，可将原先的乳化剂从界面上顶替出来。由于不能形成坚固保护膜，也就不能形成稳定的乳化层。

(7)转型法：在 O/W 型乳浊液中，加入亲油性乳化剂，则乳化层有从 O/W 型转变成 W/O 型的趋向，但由于溶液条件不允许 W/O 的形成，从而达到破乳目的。同样，对于 W/O 型乳浊液，加入亲水性表面活性剂可达到破乳的目的。

四、萃取设备简介

液液萃取设备必须同时满足两相的充分接触(传质)和较完全的分离。为了提高萃取设备的效率，通常需要通过搅拌、脉冲、振动、离心等手段补给能量。人们结合操作方式和流程，设计制作出了形形色色的液液萃取的设备，常见的有混合澄清器、流动混合器、萃取塔、离心萃取器等。

图 4-64 所示为混合澄清器，由混合器和澄清槽两部分组成。混合澄清器的优点：传质效率高，处理量大，结构简单，操作方便，可根据分离需要调节节数，可间歇操作也可连续操作。混合澄清器的缺点：占地面积大；溶剂贮量大；每级都设有搅拌装置，能量消耗大；依靠重力沉降实现分液，分液时间较长。

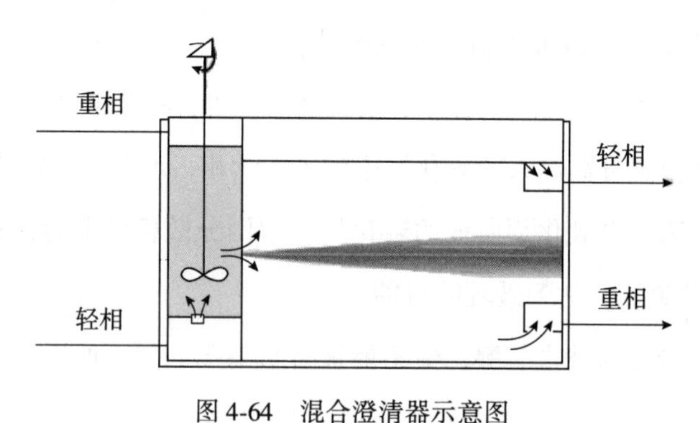

图 4-64　混合澄清器示意图

五、超临界流体萃取

(一)超临界流体萃取发展简介

超临界流体萃取(supercritical fluid extraction，SFE)是 20 世纪 70 年代后期迅速发展起来的一种新兴的萃取分离技术，以 CO_2 等超临界流体为萃取剂，利用其特殊的溶解作用，对脂肪酸、醚类、酮类等进行萃取分离。

超临界流体萃取是最早研究和应用的超临界技术之一，年产能上万吨的茶叶处理和脱咖啡因工厂早已投入生产，啤酒花有效成分、香料等的萃取在不少国家已达到产业化规模。在医药工业中，超临界流体萃取可用于中草药有效成分的提取、热敏性生物制品药物的精制以及脂质类混合物的分离。

超临界流体萃取的优点：步骤少、效率高、萃取剂易脱除，无残留。超临界流体萃取的缺点：一般在高压下进行，设备投资成本高。

(二)超临界流体

物质有气相、液相、固相三相，在一定条件下这三相可以互相转变。在纯物质相图上，气相、液相、固相三相呈平衡态时对应的点叫三相点，物质的气、液两相能够相互转化的最高极限点叫临界点。在临界点附近，压力和温度的微小变化可对物质的密度、扩散系数、表面张力、黏度、溶解度、介电常数等带来明显的变化。如图4-65所示。

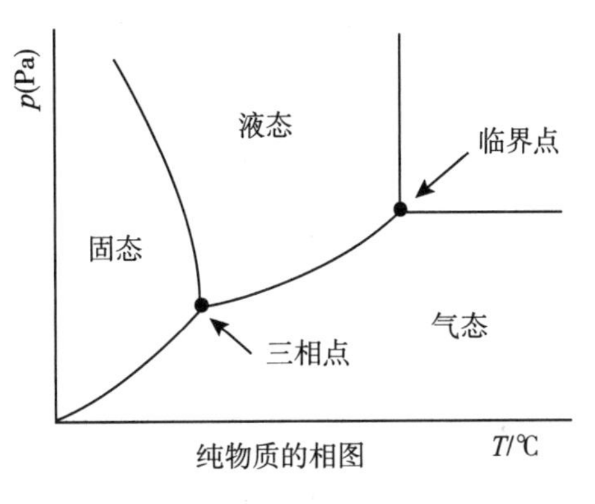

图 4-65 纯物质的相图

物质处于临界点时，所对应的温度和压力分别称为临界温度(T_c)和临界压力(P_c)。稳定的纯物质及由其组成的固定组分混合物具有固有的临界点。对于不同物质，其临界点要求的临界压力和临界温度各不相同。

某种气体(液体)或气体(液体)混合物在操作压力和温度均高于临界点时，其密度接近液体，而其扩散系数和黏度均接近气体，其性质介于气体和液体之间，此时的流体就叫做超临界流体。超临界流体是一种非凝缩性的高密度流体，没有明显的气-液界面，是一种气-液不分的状态。

超临界流体具有像液体一样的流动性和几乎相同的溶解能力，萃取能力强；其扩散系数和黏度均接近气体，保持了气体所具有的传递特性，传质性能好，扩散性能高，能很快达到平衡，分离速率远比液体萃取快，可以实现高效的分离过程。

超临界流体的选定是超临界流体萃取的关键，用作萃取剂的超临界流体应具备以下条件：

(1)化学性质稳定，对设备没有腐蚀性，不与萃取物反应；

(2)临界温度接近常温或操作温度，操作温度应低于溶质的分解或变质温度；

(3)临界压力低，以节省压缩动力费用；

(4)对溶质的选择性高，容易得到高纯度产品；

(5)对溶质的溶解性好，减少溶剂循环用量；

(6)来源易得，价格便宜，用于医药工业时，应选择无毒物质。

一般按照分离对象与目的的不同来选定超临界流体，常用的超临界流体包括：二氧化碳、乙烯、乙烷、丙烯、丙烷和氨、正戊烷、甲苯等。二氧化碳的临界温度 31.04℃，接近室温；临界压力 7.38MPa，压力不太高，易于工业实现，加上其化学性质稳定等优点，故二氧化碳超临界流体萃取使用最多。

(三)超临界流体萃取基本原理

一般情况下，萃取剂的溶解能力与其密度呈正比关系，对超临界流体萃取而言，溶质在超临界流体中的溶解度随超临界流体密度的增大而增大，也就是说，在恒温条件下，超临界流体中物质的溶解度随压力升高而增大，而在恒压条件下，其溶解度随温度增高而降低。在临界点附近，温度和压力的微小变化就会导致超临界流体的密度大幅变化。超临界流体萃取正是利用这一性质，在较高压力下，将溶质溶解于超临界流体中，然后通过降低体系压力或升高体系温度，使溶解于超临界流体中的溶质因密度其下降，导致溶解度降低而析出，从而实现对特定溶质的萃取。下面以二氧化碳的对比压力-对比密度图作进一步说明。

图 4-66 中，横坐标为对比密度，纵坐标为对比压力，对比温度为参数。对比密度(ρ_r)是实际密度与临界密度的比值，对比压力(p_r)是实际压力与临界压力的比值，对比温度(T_r)是实际温度与临界温度的比值。超临界萃取的实际操作区域为图中虚线以上部分，大致为：$p_r>1$，$T_r=0.9\sim1.2$。在这一区域里，超临界流体具有极大的可压缩性。溶剂密度从气体般的密度($\rho=0.1$)递增至液体般的密度($\rho=2.0$)。

当 $1.0<T_r<1.2$ 时，等温线在一定密度范围内($\rho_r=0.5\sim1.5$)趋于平坦，即在此区域内微小的压力变化将显著改变超临界流体的密度。比如，当对比温度为 $T_r=1.10$ 时，对比压力 p_r 由 1.5 上升到 3.0，对比密度将由 0.85 增加到 1.72，增加 1 倍，溶质在超临界流体中的溶解度显著提升。

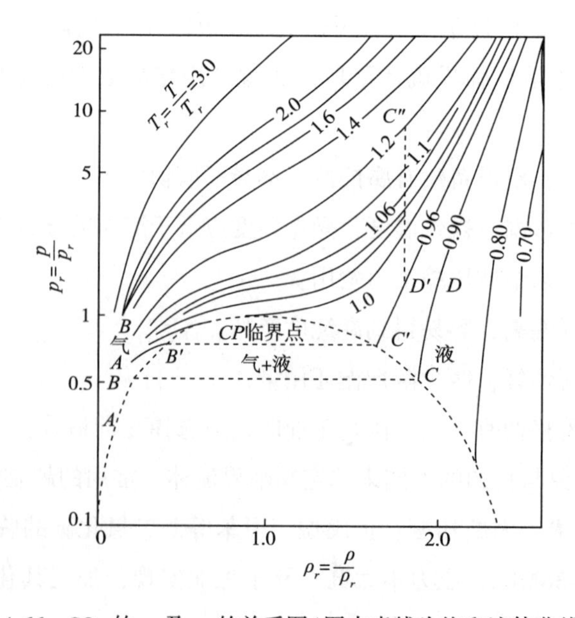

图 4-66　CO_2 的 p_r 及 ρ_r 的关系图(图中虚线为饱和液体曲线)

(四)超临界萃取典型流程

超临界萃取主要由萃取和分离两阶段组成。具体形成不同方法和流程，如图 4-67 所示。

1. 等温变压法

等温变压法是目前应用最为方便的一种流程，如图 4-67(a)所示。流体经压缩达到临界状态，经换热后冷却进入萃取器与被提取原料接触。由于超临界流体所具有的高扩散性特点，传质过程很快就达到了平衡，溶解大量提取物。在这个过程中，维持压力不变。随后，流体通过节流阀减压膨胀进入分离器，压力减小，此时超临界流体的溶解能力下降，提取物从流体中分离析出。完成提取的流体再经压缩机升压达到临界状态，循环使用。

2. 等压变温法

等压变温法是在等压条件下，通过改变过程的温度来实现溶质与溶剂的分离，如图 4-67(b)所示。由于影响因素比较复杂，需要考虑超临界流体的溶解能力和提取物的被溶解能力随压力和温度的变化等综合情况，来确定萃取物料达到分离器时，是升温还是降温的具体工艺条件，实现提取物与超临界流体的分离。温度变化对流体的溶解度影响远小于压力变化的影响，等压法实用价值较小。

3. 吸附萃取法

如图 4-67(c)所示，超临界流体完成萃取后，保持温度和压力，进入分离器，分离器内置有吸附剂，使提取物与超临界流体分离，流体再生继续循环。吸附法理论上不需压缩能耗和热交换能耗，应是最省能的过程。但该法只适用于可使用选择性吸附方法分离目标组分的体系，绝大多数天然产物分离过程很难通过吸附剂来收集产品，所以吸附法只能用于少量杂质脱除过程。

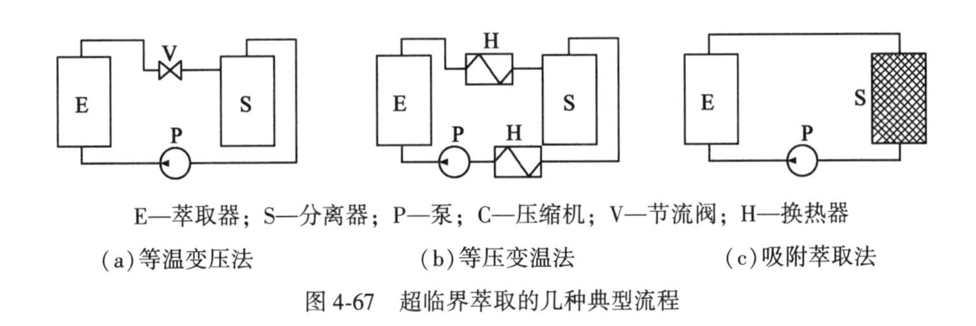

E—萃取器；S—分离器；P—泵；C—压缩机；V—节流阀；H—换热器

(a)等温变压法　(b)等压变温法　(c)吸附萃取法

图 4-67　超临界萃取的几种典型流程

(五)超临界流体萃取影响因素

1. 萃取压力

一般情况下，超临界流体对溶质的溶解能力随压力的增加而增加，在临界点附近溶解度随压力的增加特别快。当萃取温度一定时，压力的微小变化会引起密度的急剧改变，而密度的增加将引起溶解度的提高。图 4-68 所示为压力对二氧化碳密度和溶解度的影响。

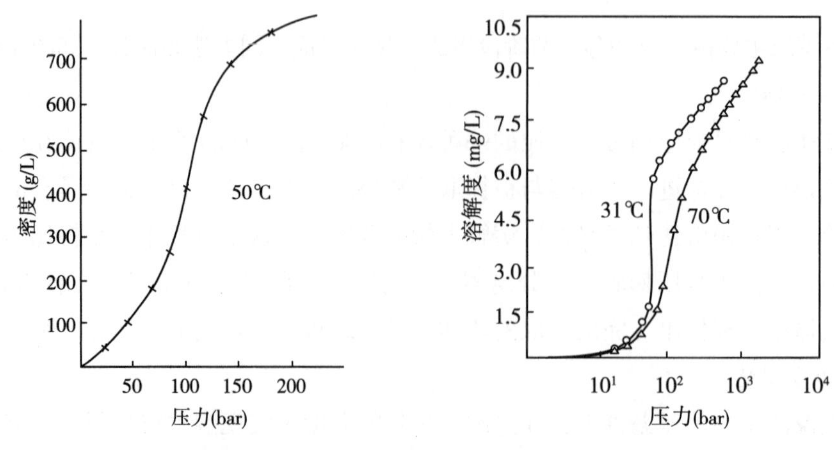

图 4-68　压力对二氧化碳密度和溶解度的影响

2. 萃取温度

萃取温度是超临流体萃取过程的另一个重要因素，温度对超临界流体溶解度的影响表现在两个方面：

(1)温度升高导致超临界流体密度降低，其溶解能力相应下降，萃取容量变小；

(2)温度升高使溶质的挥发度和扩散能力增加，也就相应增加了溶质在超临界气相中的浓度，从而增大溶质在超临界流体中的量。

可见，在压力不变的情况下，溶质在超临界流体中的溶解度曲线随温度的变化可能会出现最低点。如图 4-69 所示。

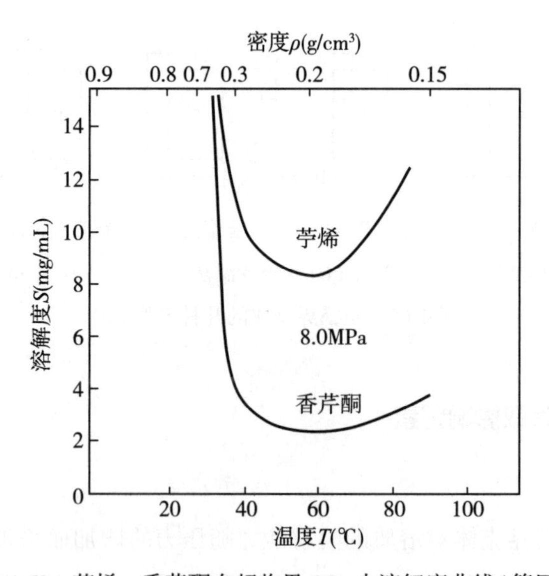

图 4-69　苧烯、香芹酮在超临界 CO_2 中溶解度曲线(等压)

3. 萃取剂二氧化碳流量

二氧化碳流量变化对超临界流体萃取过程的影响较复杂，加大CO_2流速，会产生有利和不利两方面的影响。

有利的方面：CO_2流速提高，使萃取器中各点的原料都得到均匀的萃取，萃取效率提高；强化萃取过程的传质效果，缩短萃取时间。

不利的方面：CO_2流速加快导致其与被萃取物接触时间减少，萃取相中溶质的含量降低。当CO_2流速超过一定限度时，萃取相中溶质的含量会急剧下降。

4. 夹带剂

超临界流体萃取不是万能的，相似相溶规律在超临界领域仍具有指导意义。由于CO_2是非极性分子，超临界CO_2对水相中溶解的小分子、非极性有机物(烃、醚、酯、醛、酮)的萃取能力很强，而对强极性有机物(多元醇、酸)的溶解有限，对无机盐、糖类、蛋白质以及分子量超过500U的大分子物质几乎不溶解。因此，在超临界CO_2中加入少量夹带剂(如乙醇等)以改变溶剂的极性，可大幅度提高收率，如丹参中的丹参酮难溶于超临界CO_2，但在其中添加一定量的95%乙醇，可大大提高丹参酮溶解度。

(五)粒度

被萃取物颗粒越小，其与超临界流体的接触的表面积越大，扩散距离越短，溶质从原料向超临界流体传输的距离越短，增加了传质效果，提高了萃取速度。但是，被萃取物的粒度也不宜太小，物料粉碎过细会增加表面流动阻力，容易造成过滤网堵塞而破坏设备，反而不利于萃取。

第四节 结 晶

一、结晶基本原理

结晶是固体物质从蒸气、溶液或熔融物中以晶态固体析出的过程。制药生产过程中，以溶液结晶最为常见，本节也只对溶液结晶进行阐述。

结晶过程是溶质由液相转移到固相、形成新相的过程，因此，遵循传质的一般规律。将固体物质加入液体中，由于分子的热运动，必然发生两个过程：

(1)固体物质通过分子扩散进入液体，此时固体溶解；

(2)固体物质分子从液体扩散到固体表面，进行物相转化、析出新晶相，此时固体结晶。

(一)溶剂的选择

溶解是一种物质(溶质)分散于另一种物质(溶剂)中而成为一个分子混合状态的溶液的过程。溶解与结晶是可逆过程。所用溶剂的沸点通常比较低，而且不与溶质发生化学反应。一般来说，同一种溶质在不同溶剂中的溶解度是不同的，同样地，同一种溶剂溶解不同溶质的能力也是不同的，选择合适的溶剂是工业结晶的重要任务之一。选择溶剂时应关注：①对溶质要有足够大的溶解度；②合适的溶剂温度系数，最好有正的溶剂温度系数；③纯度和稳定性高；④挥发性小、黏度小、价格便宜。

(二)溶解的定性和定量描述

溶解性表示溶质在溶剂中的溶解能力，通常用易溶、可溶、微溶、难溶或不溶等粗略的概念来表示。根据相似相溶原理，溶质能溶解在与其结构相似的溶剂中，如有机固体物质和有机溶剂可以互溶，水和大多数无机固体物质互溶。溶解性由20℃时某物质在溶剂中的溶解度决定。

溶解度是指在一定温度压力下，固体物质在100g溶剂中达到饱和状态时所溶解的溶质的质量，符号S，单位是克/100克溶剂。物质的溶解度属于物理性质。溶解度是考察溶液中晶体生长的最基本的参数，会对结晶方法的选择产生相当大的影响，固体与其溶液之间的溶解-析出相平衡关系也会影响被结晶物质的晶体产量。

固体溶质的溶解度主要由溶剂和溶质自身所决定。当溶剂种类一定时，溶解度是状态函数，随温度和压力而改变。压力恒定时，固体物质在溶剂中的溶解度主要随温度而发生变化，可用范特霍夫方程(Van't Hoff equation)表示。

$$\frac{\mathrm{d}\ln K}{\mathrm{d}T}=\frac{\Delta H}{RT^2}$$

式中：K为平衡常数；ΔH为摩尔溶解焓；T为热力学温度。

对于理想溶液，在一定温度、压力下，可用溶质溶解度S代替平衡常数K，故上式化为

$$\frac{\mathrm{d}\ln S}{\mathrm{d}T}=\frac{\Delta H}{RT^2}$$

积分后，可得到溶解度与温度的关系式为

$$\ln S=-\frac{\Delta H}{RT}+C \tag{4-58}$$

式中：S为溶质的溶解度；ΔH为摩尔溶解焓；R为理想气体常数；T为热力学温度；C为

常数。

当溶解过程吸热时，$\Delta H>0$，随着溶液温度升高，固体物质溶解度增加；当溶解过程放热时，$\Delta H<0$，随着溶液温度升高，固体物质溶解度降低。

不同物质的摩尔溶解焓必须通过实验测量，因此，为简化计算，常用经验公式估算固体物质溶解度，下列两个经验公式较为常用：

$$\ln x = \frac{a}{T} + b \tag{4-59}$$

$$\lg x = A + \frac{B}{T} + C \tag{4-60}$$

式中：x 为溶质浓度，用摩尔分数表示；T 为溶液温度，K；a，b 或 A，B，C 为回归系数，可通过手册查询。

(三)溶解度曲线

溶解度与温度的关系可以用溶解度曲线来表示。在一定压强下，以溶质的溶解度对温度作图，得到的曲线称为溶解度曲线。溶解度曲线可以表示固体溶质的溶解度随温度的变化情况，是选择结晶方法和结晶温度区间的重要依据。

在溶解度曲线下方的区域，在某一温度时，溶液里溶质没有达到此温度下的溶解度，加入固体溶质后，溶质仍然会溶解到溶液中，不会析出固体，这种溶液叫做不饱和溶液。继续加入溶质，当溶质溶解与析出的量相等时，即达到固-液相平衡，也即达到溶质在此溶剂中的溶解度，此时的溶液叫做饱和溶液，因此，溶解度曲线也被称为饱和曲线。饱和曲线上任意一点所对应的温度叫饱和温度，任意一点所对应的溶解度叫饱和浓度。

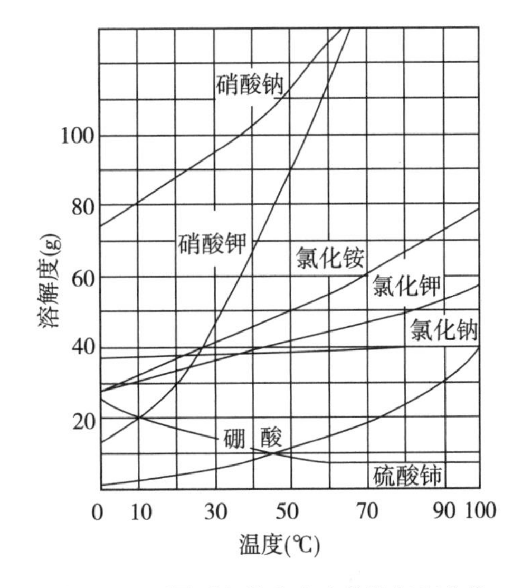

图 4-70 不同无机盐在水中的溶解度曲线

溶解度曲线的坡度越大，说明溶解度受温度影响越大；溶解度曲线的坡度越小，说明溶解度受温度影响越小。由图 4-70 可知，大多数固体溶质的溶解度随温度的升高而增大，在溶解过程中需要吸收热量，这叫做正溶解度特性。如：硝酸钾的溶解度随温度的升高迅速增大，氯化钾的溶解度随温度的升高缓慢增大。但是，硫酸铈的溶解度随温度的升高反而降低，在溶解过程中放出热量，这叫做逆溶解度特性。溶解度随温度变化的情况不同，后续的结晶分离方法也不一样，溶解度随温度变化较大的溶质可用冷却结晶方法分离，溶解度随温度变化较小的溶质可用蒸发结晶法分离。

除了温度对溶质溶解度产生影响外，溶质分散度(晶体大小)也会影响溶质的溶解度。Kelvin 公式很好地解释了溶质溶解度与溶质分散度(晶体大小)的关系。

$$\ln\frac{c_2}{c_1}=\frac{2\sigma M}{\nu RT\rho}\frac{1}{r_2}-\frac{1}{r_1} \tag{4-61}$$

式中：c_2 为小晶体的溶解度；c_1 为普通晶体的溶解度；σ 为晶体与溶液间的表面张力；M 为分子量；ν 为每分子电解质形成的离子数，非电解质其值为 1；R 为气体常数；T 为绝对温度；ρ 为晶体密度；r_2 为小晶体的半径；r_1 为普通晶体半径。

温度一定时，与普通晶体相比，小晶体颗粒越小，则 $1/r_2$ 越大，小晶体的溶解度也越大。所以当溶液在恒温下浓缩时，溶质的浓度逐渐增大，达到普通晶体的饱和浓度时，对微小晶体却仍未达到饱和状态，因而不可能析出微小晶体。

当小晶体的半径比普通晶体的半径小得多时，上式可简化为

$$\ln\frac{c_2}{c_1}=\frac{2\sigma M}{\nu RT\rho}\frac{1}{r_2}$$

可以看出，晶体的粒径越小，溶解度就越大。

二、结晶过程

结晶是从均一的溶液中析出固相晶体的一个操作，包括三个步骤：过饱和溶液的形成、晶核的生成和晶体的生长。如图 4-71 所示。

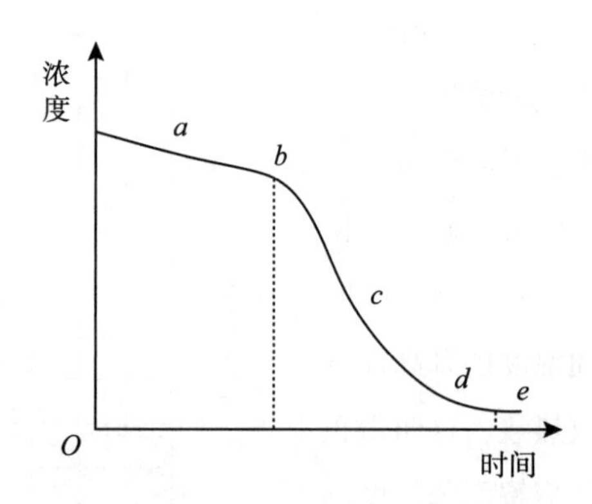

a—晶核的生长；*b*—诱导期；*c*—结晶生长；*d*—结晶老化；*e*—平衡的饱和溶液

图 4-71　结晶过程示意图

最先析出的微小颗粒是以后晶体的中心，称为晶核。实质上，在饱和溶液中，晶核是处于一种形成-溶解-再形成的动态平衡之中，只有达到一定的过饱和度以后，晶核才能够

稳定存在。晶核形成后，溶液中的构晶粒子向晶核表面扩散并沉积在晶核上，这就是晶核生长。晶核逐渐长大成晶粒，晶粒进一步聚集、定向排列成晶体；如果来不及定向排列就析出，则成为非晶粒沉淀。

(一)过饱和溶液的形成

1. 过饱和溶液的定义

对于位于饱和曲线上的任意一点，溶液的浓度即为饱和浓度，达到相平衡状态，此时，溶质并不能从溶液中析出。要想溶质从溶液中析出，溶液中溶质的浓度必须大于溶质的溶解度。通过降低温度和/或蒸发溶剂的方法，均可使溶液中溶质的浓度高于饱和浓度，理论上讲，此时应该有溶质析出。但是，并不是所有的饱和溶液在减少溶剂量和/或冷却后，都能自发地析出多余的溶质。

按照相平衡的条件，应当析出晶体而未析出的溶液即为过饱和溶液。由此可知，过饱和溶液是指在一定温度和压力下，溶质的浓度超过饱和溶液的溶液。过饱和溶液是一种介稳状态的溶液，受到扰动，如搅拌，或向其中加入晶种，过量溶质可以析出，直至溶液中固体溶质浓度降低至其在该温度下的溶解度，重新达到平衡状态。过饱和状态是从溶液中生长晶体的前提条件。所有的晶体生长过程都是在过饱和溶液中进行的非平衡过程。

2. 过饱和曲线

过饱和溶液的溶质浓度并不能无限大，当其超过一定限值后，澄清的过饱和溶液就会开始自发析出结晶。1897 年，Ostwald 首先引入“不稳过饱和”和“亚稳过饱和”的概念，他把在无晶核存在下能自发析出固相的过饱和溶液称为“不稳过饱和”溶液；而把不能自发析出固相的过饱和溶液称为“亚稳过饱和”溶液。随后，Miers 对自发结晶和过饱和度之间的关系进行了广泛的研究，发现：在溶解度曲线上方还有一条溶液开始自发结晶的界线，称为过饱和曲线。过饱和曲线将过饱和溶液分为亚稳区和不稳区。把溶液因过饱和而欲自发析出溶质的极限浓度与温度的关系曲线称为过饱和曲线。过饱和曲线与饱和曲线大致相平行。

溶液的温度-浓度图是以温度为横坐标，溶液的浓度为纵坐标，将饱和曲线和过饱和曲线在一张图中绘出。

图 4-72 中，*SS* 曲线即为饱和曲线，也即前述的溶解度曲线，*TT* 曲线即为过饱和曲线，饱和曲线和过饱和曲线将温度-浓度图分为三个区域：*SS* 曲线以下的区域为稳定区，在该区域任意一点，溶质的浓度均未达到溶解度，溶解速度>结晶速度，晶体不能生长，不会析出溶质；*SS* 曲线和 *TT* 曲线之间的区域为亚稳区，溶解速度=结晶速度，不会自发形成晶核，在没有外加因素的影响(如加入晶核等)下，溶液可长时间保持稳定；*TT* 曲线

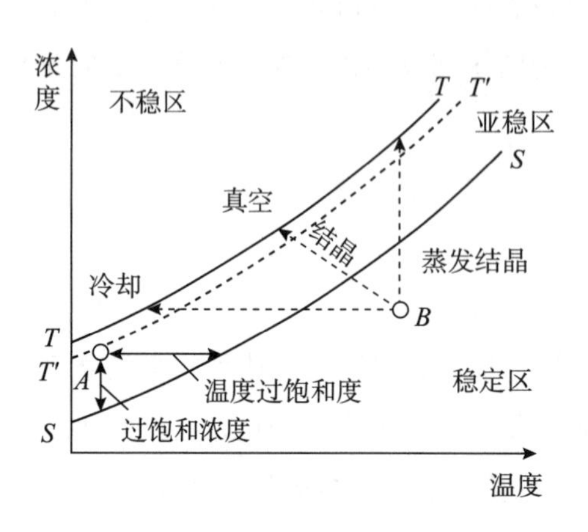

图 4-72　温度-浓度图

上方的区域为不稳区，溶解速度<结晶速度，该区域任意一点所对应的溶液均能自发形成结晶，溶液中溶质浓度迅速降低至 *SS* 曲线，在此结晶过程中，晶核形成速度远大于晶体生长速度，易形成大量的细小结晶，晶体质量差。因此，工业生产中，常将溶质浓度控制在亚稳区，通过加入晶种，以得到平均粒度较大的结晶产品。

亚稳区内可再引入一条 *T′T′* 曲线，进一步将亚稳区细分为两个区域：*SS* 曲线和 *T′T′* 曲线之间的区域为第一亚稳区，在此区域内不会自发形成晶核，当加入晶种后，结晶会生长，但不会产生新晶核。*T′T′* 曲线和 *TT* 曲线之间的区域为第二亚稳区，在此区域内也不会自发成核，但加入晶种后，在结晶生长的同时会有新晶核形成。

亚稳区的大小既与结晶物质自身特性有关，也容易受外界条件的影响，如搅拌、振动、温度、杂质、晶种等。对于同一溶液，冷却或蒸发的速度越慢，晶种越小，过饱和曲线离饱和曲线越远，亚稳区越大；搅拌越剧烈，过饱和曲线越靠近饱和曲线，亚稳区越小。所以，测出过饱和曲线、确定亚稳区对结晶过程至关重要。在生产中，应尽量控制各种条件，使饱和曲线和过饱和曲线之间形成一个比较宽的亚稳区，便于结晶操作的控制。

亚稳区宽度是指物系的过饱和曲线与饱和曲线之间的距离，由于过饱和曲线受搅拌强度、晶种和杂质等因素的影响，其测定是比较困难的，一种近似的方法是将亚稳区宽度表示为温度差 Δt 的关系，其斜率取计算点饱和曲线处的斜率，即

$$\Delta c = \frac{\mathrm{d}c^*}{\mathrm{d}t} \cdot \Delta t$$

式中：$\Delta c = c - c^*$，c 为某温度下溶液实际浓度，c^* 为同温度下溶液的饱和浓度；$\Delta t = t^* - t$，t^* 为饱和溶液所对应的温度，℃。

亚稳区宽度可作为选择适当过饱和度的依据，也可作为界限，防止结晶操作进入不稳区，降低产品质量。

3. 过饱和溶液的形成

由图 4-72 可知，有两种方法形成过饱和溶液：①蒸发法：蒸发溶剂，提高溶质浓度，形成过饱和溶液；②降温法：降低溶液温度，使溶质在溶剂中的溶解度降低，形成过饱和溶液。可以利用溶解度温度系数进行选择：

$$K=\frac{\Delta S}{\Delta T} \tag{4-62}$$

式中：K 为溶解度温度系数；ΔS 为物质在溶剂中溶解度变化量；ΔT 为温度变化量。

由式(4-62)可知，溶解度温度系数实际上就是溶解度-温度曲线的斜率，K 可正可负。对于溶解度较高，但溶解度温度系数较小或具有负温度系数的物质，可采用蒸发法形成过饱和溶液；对于溶解度和溶解度温度系数都比较大的物质，可采用降温法形成过饱和溶液。

1)蒸发法

蒸发法也叫部分溶剂蒸发法、等温结晶法，采用强制加热或等温蒸发，使溶液浓缩，达到过饱和，分为减压、常压、加压操作。此法适用于溶解度随温度降低而变化不大或具有逆溶解度特性的物系，即 dc^*/dt 值很小或为负值的物系。

图 4-73 中，点 P 位于溶解度曲线以下区域的稳定区，溶液未达饱和，通过恒温蒸发，使溶剂量减少，在溶质量不变的情况下，溶液浓度增大，到达溶解度曲线上的点 A，形成饱和溶液。此时，如果停止蒸发，温度也不变，则点 A 对应的溶液处于溶解-平衡状态，不会析出结晶。若继续蒸发，则随着溶剂量的继续减少，到达点 A'，形成过饱和溶液，析出晶体。

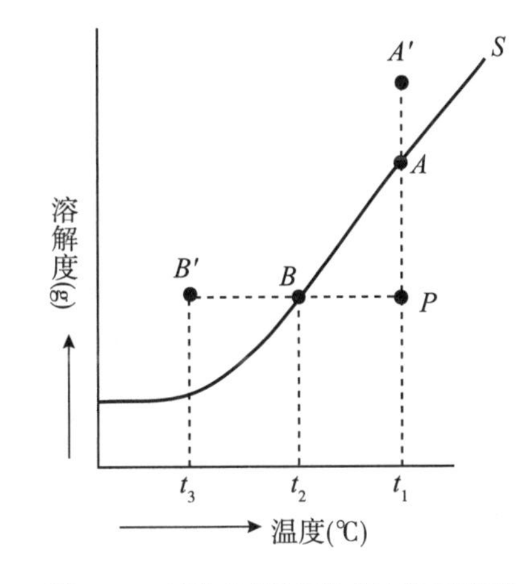

图 4-73 过饱和溶液形成过程示意图

蒸发法对晶体的粒度不能有效加以控制，消耗的热能较多，加热面容易结垢，一般不常用。

2)冷却法

冷却法也叫等溶剂结晶法，通过冷却降温使溶液变成过饱和溶液，基本上不去除溶剂。此法适用于溶解度随温度降低显著下降的物系，分为自然冷却、间壁冷却(冷却剂与溶液隔开)和直接接触冷却(在溶液中通入冷却剂)，制药生产中采用冷却法结晶时，为缩短生产周期、保证产品质量，常选用间壁冷却法。

图 4-73 中，在保持溶剂量不变、溶质量不变的条件下，将点 P 所表示的不饱和溶液的温度由 t_1 降至 t_2，点 P 将向左移动至溶解度曲线上的点 B，形成饱和溶液。如果停止降温，点 B 所表示的饱和溶液处于溶解-平衡状态，不会析出结晶。若继续由 t_2 降温至 t_3，点 B'代表的溶液已经是过饱和溶液，溶析出晶体。

(二)晶核的生成

结晶过程中，在过饱和溶液中形成并成长至与过饱和溶液建立热力学相平衡的尺度的晶胚叫做晶核。晶胚极不稳定，并不是所有的晶胚都可以转变为晶核，只有尺寸大于或等于某一临界尺寸的晶胚才能稳定地存在，并能自发地长大，形成晶核。由 Kelvin 公式可知，微小的晶核具有更大的溶解度，因此，在饱和溶液中，晶核是处于一种形成-溶解-再形成的动态平衡过程，并不能稳定存在，只有溶液达到一定过饱和度后，晶核才能够稳定存在，才有可能析出晶体。所以，晶核是晶体生长过程的核心，整个结晶过程就是形成晶核和晶核不断长大的过程。

结晶过程中的成核方式见图 4-74。

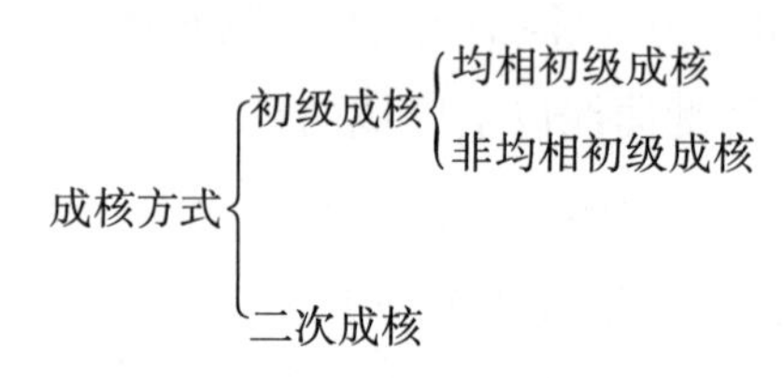

图 4-74 结晶过程中的成核方式

初级成核是指在无晶体存在的条件下自发产生晶核的过程，分为初级均相成核和初级非均相成核。初级均相成核是指在洁净的均相过饱和溶液中自发产生晶核的过程。初级非均相成核是指过饱和溶液在固体杂质颗粒(如大气中的微尘)的诱导下生成晶核的过程，这些固体杂质颗粒的存在，能在一定程度上降低成核的能量势垒，诱导晶核的生成，因此，初级非均相成核一般在比均相成核低的过饱和度下发生。

二次成核是指过饱和溶液中在含有溶质晶体存在的条件下产生晶核的过程。二次成核也属于非均相成核过程。初级非均相成核和二次成核的原理是建立在均相成核的基础上，因此，先讨论均相成核机制。

1. 均相成核

1)成核的相变推动力

晶核的形成是一个新相产生的过程。在一定条件下，过饱和溶液会发生相变，消耗一定的能量(界面能)后，形成固-液界面，溶液由亚稳相转变为稳定相。

热力学第二定律表明，在等温等压条件下，系统总是自发地从自由能高的状态向自由能低的状态转变。也就是说，只有伴随着自由能降低的过程，才能自发地进行下去，即：$\Delta G < 0$。晶胚是否成为晶核，取决于结晶过程中的能量变化。

在压力不变的条件下，由热力学原理可知，在某一温度时有

$$\Delta G = \Delta H - T\Delta S$$

式中：ΔG 为体系总自由能变化；ΔH 为相变焓；ΔS 为体系熵变化；T 为温度。

当达到平衡时，$\Delta G = 0$，则有

$$\Delta S = \frac{\Delta H}{T_0}$$

式中：T_0为相变平衡温度。

在任一温度 T 时，有

$$\Delta G = \Delta H - T\frac{\Delta H}{T_0} = \Delta H\frac{T - T_0}{T_0} = \Delta H\frac{\Delta T}{T_0} \tag{4-63}$$

式中：ΔT 为过冷度。

已知：相变过程要自发进行，必有 $\Delta G<0$，若相变过程放热，此时，$\Delta H<0$，要使 $\Delta G<0$，必有 $\Delta T>0$，即 $T<T_0$，系统必须过冷却，相变过程才能自发进行；若相变过程吸热，此时，$\Delta H>0$，要使 $\Delta G<0$，必有 $\Delta T<0$，即 $T>T_0$，表明系统必须过热，相变过程才能自发进行。因此，根据热力学第二定律，在恒压条件下，溶液实际温度与相变平衡温度之差即为相变过程的推动力。

在压力、温度不变的条件下，从热力学上分析，结晶过程的推动力是结晶物质在溶液和晶体状态之间的化学势差。饱和溶液的化学势可表示为

$$\mu_{(c^*)} = \mu^0 + RT\ln a^*$$

式中：$\mu_{(c^*)}$ 为饱和溶液的化学势；μ^0 为标准状态下溶液的化学势；R 为摩尔气体常数；a^* 为饱和溶液中溶质活度系数。

温度不变，饱和溶液浓度由 c^* 升到 c，变为过饱和溶液，则溶液的化学势可表示为

$$\mu_{(c)} = \mu^0 + RT\ln a$$

式中：$\mu_{(c)}$ 为过饱和溶液的化学势；a 为过饱和溶液中溶质活度系数。

对于溶质从溶液中结晶，化学势差可表示为

$$\Delta\mu = \mu_{(c)} - \mu_{(c^*)} = RT\ln a - RT\ln a^* = RT\ln\frac{a}{a^*}$$

活度系数的比值可用溶液中溶质浓度的比值代替，上式可变为

$$\Delta\mu = RT\ln\frac{a}{a^*} = RT\ln\frac{c}{c^*} = RT\ln s \tag{4-64}$$

式中：s 为过饱和度。

对于结晶而言，从热力学上分析，过饱和度是发生相变的推动力。

2）成核过程中的体系自由能变化

结晶过程中，体系总自由能变化分为两部分，即：表面过剩吉布斯自由能（ΔG_S）和

体积过剩吉布斯自由能(ΔG_V)。体积过剩吉布斯自由能是溶质从溶液中析出，形成结晶，导致的自由能降低部分，是结晶的驱动力，$\Delta G_V < 0$。表面过剩吉布斯自由能是由于晶体的析出，形成液-固新界面，导致的自由能增加部分，是结晶的阻力，$\Delta G_S > 0$。对于晶核的生产而言，则有

$$\Delta G = \Delta G_V + \Delta G_S < 0$$

假定晶胚为球形，半径为 r，则晶胚表面积 $S = 4\pi r^2$，晶胚体积 $V = \frac{4\pi r^3}{3}$。ΔG_B 为形成晶胚时单位体积吉布斯自由能，则有 $\Delta G_V = V \cdot \Delta G_B$，体积自由能的降低与晶胚半径 r^3 成正比。σ 为形成晶胚时的单位表面自由能，则有 $\Delta G_S = S \cdot \sigma$，表面自由能的增加与 r^2 成正比。体系自由能变化可表示为

$$\Delta G = \Delta G_V + \Delta G_S = V \cdot \Delta G_B + S \cdot \sigma = \frac{4\pi r^3}{3} \cdot \Delta G_B + 4\pi r^2 \cdot \sigma \tag{4-65}$$

总自由能与晶胚半径 r 的变化关系如图 4-75 所示。图中，r_k 称为临界晶核半径，临界晶核是指在过饱和溶液中，快速运动的溶质质点相互碰撞结合而成的，能与过饱和溶液达到热力学平衡的晶胚。临界晶核半径 r_k 处的总自由能 ΔG_{max} 叫临界成核功，是描述相变发生时形成临界晶核所必须克服的势垒，ΔG_{max} 越小，成核过程越容易。需要说明的是，临界晶核仍归属于溶液，而未归属于新相(固相)。

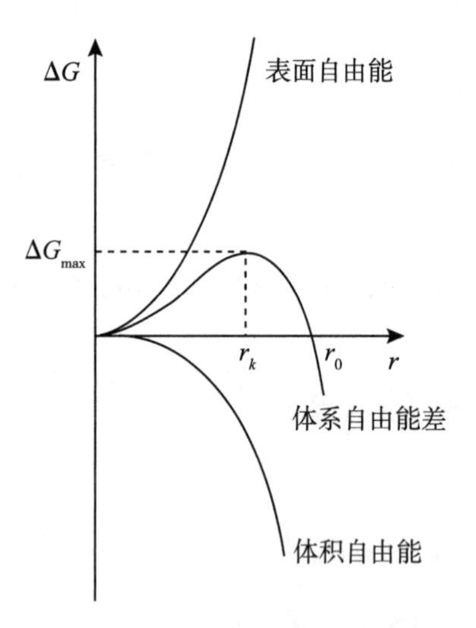

图 4-75 自由能 G 与晶胚半径 r 的变化关系

从图 4-75 中的曲线可以看出，当 $r<r_k$ 时，总自由能随着晶胚半径的增大而增加，ΔG_S 占优势，显然，这种晶胚不稳定，难以长大成稳定的晶核，形成后会立即消失；当 $r=r_k$ 时，总自由能达到最大值，这时的晶胚与过饱和的亚稳相溶液是相互平衡的，但这是一种不稳定平衡，晶胚吸附一个分子(原子)就会自动长大，而脱附一个分子(原子)就会自动缩小至消失；当 $r>r_k$ 时，总自由能随晶胚的长大而降低，ΔG_V 占优势，这一过程可以自动进行，晶胚可以自发长大成稳定的晶核，不再消失，此时，晶核已脱离溶液，归属于新相(固相)。

将式(4-65)对半径求导，得

$$\frac{d(\Delta G)}{dr} = 4\pi r^2 \cdot \Delta G_B + 8\pi r \cdot \sigma$$

令 $\frac{d(\Delta G)}{dr}=0$，可求得临界晶核半径 r_k：

$$4\pi r_k^2 \cdot \Delta G_B + 8\pi r_k \cdot \sigma = 0$$

$$r_k = -\frac{2\sigma}{\Delta G_B} \tag{4-66}$$

将式(4-66)代入式(4-65)，可求得 ΔG_{max}：

$$\Delta G_{max} = \frac{4\pi}{3} \cdot \left(-\frac{2\sigma}{\Delta G_B}\right)^3 \cdot \Delta G_B + 4\pi\left(-\frac{2\sigma}{\Delta G_B}\right)^2 \cdot \sigma = \frac{16\pi\sigma^3}{3\Delta G_B} \tag{4-67}$$

将式(4-66)变形，可得

$$\Delta G_B = -\frac{2\sigma}{r_k}$$

代入式(4-65)，得到

$$\Delta G_{max} = \frac{4\pi r_k^3}{3} \cdot \left(-\frac{2\sigma}{r_k}\right) + 4\pi r_k^2 \cdot \sigma = \frac{4\pi r_k^2}{3} \cdot \sigma = \frac{1}{3} \cdot S\sigma = \frac{1}{3} \cdot \Delta G_S \tag{4-68}$$

临界成核功仅相当于形成临界半径晶核时表面吉布斯自由能的1/3，也就是说，形成晶核时增加的 ΔG_S 中有2/3为 ΔG_V 的降低所抵消。这表明，形成临界晶核时，体积自由能的降低只能补偿表面自由能增加的2/3，还有1/3的表面自由能只能从能量起伏中获取。能量起伏是指体系中每个微小体积所实际具有的能量会偏离体系平均能量水平而瞬时涨落的现象，是成核时所需能量的来源。

由图4-75可以看出，结晶过程中，晶胚半径 r 处于 r_k 与 r_0 之间时，虽然随着晶胚的长大，系统自由能逐渐降低，但由于总自由能 $\Delta G>0$，体积自由能的降低还不能完全补偿表面自由能的增加，另一部分表面自由能必须依靠外界对这一形核区作功来供给。

3)成核速率

成核速率是新相产生过程的主要特征之一。成核速率是指在结晶过程中，单位晶浆体积中单位时间内产生晶核的数量，单位为晶核个数/(秒·厘米^3)。当从母相中产生临界晶核以后，它并不是稳定的晶核，而必须从母相中将原子或分子一个一个迁移到临界晶核表面，并逐个加到晶核上，使其生长成稳定的晶核。成核速率就是用来描述从临界晶核到稳定晶核的生长速率。成核速率除了与单位体积母相中临界晶核的数量有关外，还取决于需要克服的势垒 ΔG_{max} 和原子或分子与临界晶核碰撞的频率。因此，成核速率的表达式可定义为

$$I_\nu = \nu \cdot n_i \cdot n_k$$

式中：I_ν 为成核速率；ν 为单个原子或分子同临界晶核碰撞的频率；n_i 为临界晶核周界上的原子或分子数；n_k 为单位体积中具有临界晶核半径 r_k 的粒子数。

单个原子或分子同临界晶核碰撞的频率 ν 可表示为

$$\nu = \nu_0 \cdot \exp\left(-\frac{\Delta G_m}{RT}\right)$$

式中：ν_0 为原子或分子的跃迁频率；ΔG_m 为原子或分子跃迁新旧界面的迁移活化能；R 为摩尔气体常数；T 为绝对温度。

单位体积中具有临界晶核半径 r_k 的粒子数可表示为

$$n_k = n_0 \cdot \exp\left(-\frac{\Delta G_{\max}}{RT}\right)$$

式中：n_0 为单位体积原子或分子数；$\Delta G_{\max}$ 为临界成核功；R 为摩尔气体常数；T 为绝对温度。

成核速率表达式可变为

$$I_\nu = \nu_0 \cdot \exp\left(-\frac{\Delta G_m}{RT}\right) \cdot n_i \cdot n_0 \cdot \exp\left(-\frac{\Delta G_{\max}}{RT}\right)$$

令 $I_0 = \nu_0 \cdot n_i \cdot n_0$，则有

$$I_\nu = I_0 \cdot \exp\left(-\frac{\Delta G_m}{RT}\right) \cdot \exp\left(-\frac{\Delta G_{\max}}{RT}\right)$$

令 $P = I_0 \cdot \exp\left(-\frac{\Delta G_{max}}{RT}\right)$，$D = \exp\left(-\frac{\Delta G_m}{RT}\right)$，则有

$$I_\nu = P \cdot D \tag{4-69}$$

式中：P 为受核化势垒影响的成核速率因子；D 为受原子扩散影响的成核速率因子。

从成核速率的表达式可以看出，成核速率与体系的温度有很大的关系。成核速率与温度的关系可用成核速录-温度关系图表示。如图 4-76 所示。

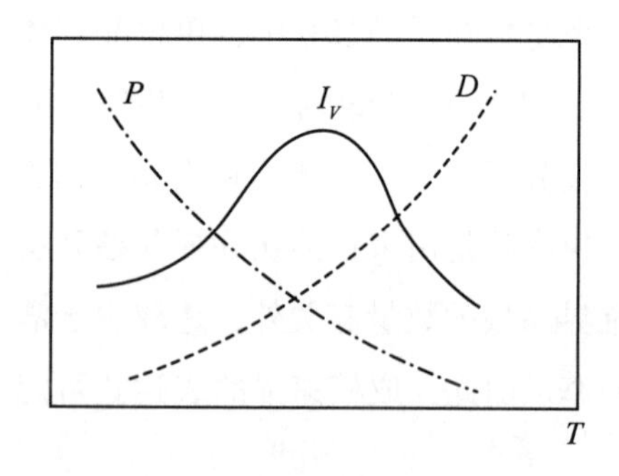

图 4-76 成核速率与温度关系示意图

由图 4-76 可知，温度越低，受核化势垒影响的成核速率因子越大，但是，温度越低，液相的粘度越大，原子或分子扩散速率降低，扩散活化能 ΔG_m 增加，导致受原子扩散影响的成核速率因子急剧下降，最终导致成核速率降低。因此，只有在合适的过冷度下，P 与 D 的综合结果才会使成核速率有最大值。

成核速率是决定结晶产品粒度分布的首要动力学因素，成核速率大，导致细小晶体生成。因此，需要避免过量晶核的产生。

2. 二次成核

初级成核速率大，对过饱和度变化非常敏感且难以控制，一般工业结晶都不以初级成核作为晶核的来源。任何溶液中都有杂质，同时受结晶器表面和搅拌等因素的影响，更多的是二次成核。

二次成核是过饱和溶液中在含有溶质晶体存在的条件下产生晶核的过程。二次成核过程中的溶质晶核可以由过饱和溶液自身形成，也可以从外界引入。在结晶过程中，为诱导成核，向过饱和溶液中加入的溶质晶体叫晶种。二次成核是工业结晶中晶核的主要来源。

二次成核的主要方式分为两种：

(1)接触成核：接触成核被认为是获得晶核最简单、最有效的方法。晶体与搅拌桨、结晶器壁或挡板之间碰撞，以及晶体与晶体之间碰撞，所产生的晶体表面的碎粒，都属于接触成核，其中，以晶体与搅拌桨的碰撞为主。接触成核主要与搅拌强度有关。

(2)剪切力成核：由于过饱和液体与正在成长的晶体之间的相对运动，以及液体边界层和晶体表面的速度差，都会在晶体表面产生剪切力，将附着于晶体之上的微粒扫落，从而成为新的晶核。

由于结晶产品具对粒度分布指标有具体要求，而二次成核速率是决定粒度分布的关键因素之一，所以控制二次成核速率是工业结晶过程最重要的操作要点。一般来说，确定一个结晶过程的二次成核机理是非常困难的。但是，接触成核的概率往往大于剪切力成核，成核速率与接触效果和过饱和度等有关。如图 4-77 所示。

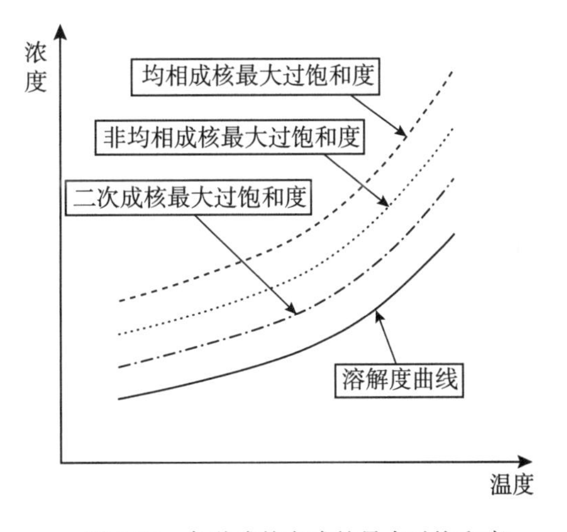

图 4-77　各种成核方式的最大过饱和度

3. 常用的工业起晶方法

(1) 自然起晶法：蒸发溶剂使溶液进入不稳区，自发形成晶核。当产生一定量的晶核后，维持温度不变，加入稀溶液使溶液浓度降至亚稳区，此时，由于溶液浓度降低，不再产生新的晶核，溶质在已形成的晶核表面生长。

(2)刺激起晶法：将溶液蒸发至接近过饱和曲线后，冷却降温进入不稳区，形成一定量的晶核，此时溶液的浓度会有所降低，再次回到并稳定在亚稳区，不再产生新的晶核，溶质在已形成的晶核表面生长。

(3)晶种起晶法：将溶液蒸发后冷却至亚稳区的较低浓度，加入一定量和一定大小的晶种，使溶质在晶种表面生长。该方法容易控制，所得晶体形状、大小均一，是常用的工业起晶方法。

晶种起晶法中采用的晶种直径通常小于0.1mm，晶种加入量由实际的溶质附着量以及晶种和产品尺寸决定：

$$W_s = WL_s^3/L_p^3 \tag{4-70}$$

式中：W_s，W_p 为晶种和产品的质量，kg；L_s，L_p 为晶种和产品的尺寸，mm。

(三)晶体的生长

1. 晶体生长过程简介

晶体生长是指晶体成核后，溶质分子或离子继续一层层排列上去从而形成晶粒的过程。晶核一旦形成，就产生了晶体-溶液界面，溶液中组成晶体的溶质分子或离子就会按照晶体结构的排列方式堆积起来形成晶体。

晶体生长包括一系列过程，如晶体生长基元形成过程、晶体生长的输运过程、晶体生长界面的动力学过程等，其中，晶体生长的输运过程对晶体生长速率起到限制作用，支配着生长界面的稳定性，对晶体的质量有着极其重要的影响。

从宏观上看，晶体生长过程实际上是一个热量、质量和动量的输运过程。

晶体生长靠体系中的温度梯度所造成的局部过冷来驱动，只要体系中存在温度梯度，就会产生热量输运。

晶体生长的质量输运存在两种模式：扩散和对流。扩散通过分子运动实现，其推动力是溶液的浓度梯度。对流是通过溶解于流体中的物质质点，在流体宏观运动过程中被流体带动并一同输运。

2. 晶体生长理论

由于影响晶体生长的因素太多，至今仍未能建立统一的晶体生长理论，与工业结晶过程相关的、且易为工业设计所利用的晶体生长理论当推扩散模型。

晶体生长的扩散学说：溶质通过扩散作用穿过靠近晶体表面的吸附层，从溶液中转移到晶体的表面；到达晶体表面的溶质长入晶面，使晶体增大，同时放出结晶；结晶热传递回到溶液中。如图所示，由于吸附层的存在，导致结晶过程的实际推动力(c_i-c^*)小于结晶过程的表观推动力($c-c^*$)。

经典的扩散理论认为，溶液中晶体的生长主要分为三步：

(1)扩散过程：溶质质点以扩散的方式由液相主体穿过相界面，到达吸附层，与晶体表面的固相质点接触。扩散的推动力是液相主体的浓度与晶体表面浓度的差值，即：扩散过程推动力=$c-c_i$。

(2)表面反应过程：到达晶体表面的溶质质点，按晶体结构的排列方式与晶体表面质点作用并嵌入晶面，使晶体长大。表面反应的推动力是晶体表面浓度与饱和浓度的差值，即：表面反应过程推动力 $=c_i-c^*$。

(3)传热过程：表面反应过程中释放的结晶热(相变热)，以传导传热的方式从结晶表面传输到溶液主体。由于结晶热往往不大，对结晶过程的影响较小，常可忽略不计。

由此可见，晶体生长过程实质上是溶质的扩散过程和和表面反应过程的串联过程。表面反应过程的速度一般很快，扩散过程是晶体生长速率的控制步骤。表面反应速率与结晶温度的关系很大，结晶温度升高，表面反应速率加快，扩散速率基本不变，有利于晶体生长。如图 4-78 所示。

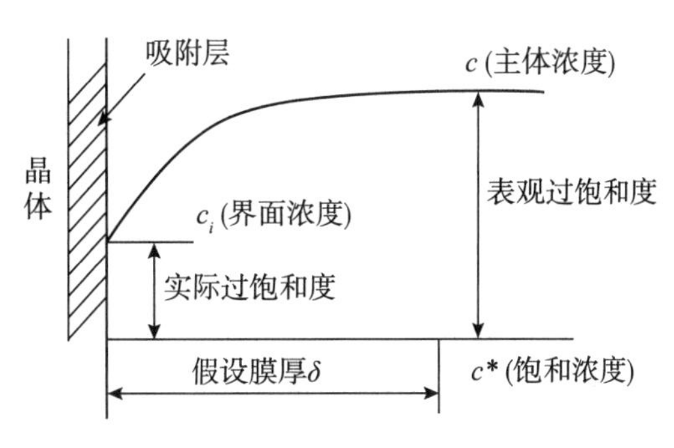

图 4-78　扩散理论示意图

3. 晶体生长速率

晶体生长速率是指单位时间内晶体增长的质量或粒度，即宏观上产品结晶速率。

晶体生长的同时，溶液中新的晶核也在不断形成，晶体大小取决于晶体生长速度和晶核生成速度之间的对比关系。晶体生长速度大大超过晶核生成速度，过饱和度主要用来使晶体成长，得到粗大而有规则晶体；反之，晶核生成速度大大超过晶体生长速度，过饱和度主要用来生成新的晶核，则所得到的晶体颗粒参差不齐，晶体细小，甚至呈无定形状。工业结晶中，通常都希望得到颗粒粗大而均匀的晶体，方便后续处理。

在工业结晶中，对溶质扩散与表面反应共同控制的结晶生长过程，其生长速率常用经验公式估算：

$$G = K_g \cdot \Delta c^g \tag{4-71}$$

式中：K_g 为经验回归总速率常数；g 为生长指数。

三、晶体质量评价

晶体质量主要评价指标包括：晶体大小和晶体晶型等。

(一)晶体大小

结晶过程中产生的晶体大小不是均一的，可以引入晶体粒数密度和晶体粒度分布来加以描述。

1. 晶体粒数密度

晶体粒数密度是指单位体积内某一尺寸(粒度)的粒子的数量。设 ΔN 表示单位体积晶

浆中粒度范围ΔL(从L_1到L_2)内的晶体粒子的数目，则晶体的粒数密度n定义为

$$n=\lim_{\Delta L\to 0}\frac{\Delta N}{\Delta L}=\frac{\mathrm{d}N}{\mathrm{d}L} \tag{4-72}$$

式中：L为结晶的特性长度，μm；N为累积至L的晶体总数，个/L；n为晶体粒数密度，个/(μm·L)。

2. 晶体粒度分布

晶体粒度分布是用来定义不同大小(粒度)的晶体粒子的相对数量(通常用质量或者体积)的一系列数值或统计学方程。晶体粒度分布是晶体产品的一个重要质量指标，可用筛分法(或粒度仪)进行测定，筛分结果标绘为筛下累积质量分数与筛孔尺寸的关系曲线，并可换算为累积粒子数及粒数密度与粒度的关系曲线，简便的方法是以中间粒度(medium size，MS)和变异系数(coefficient of variation，CV)来描述粒度分布。变异系数为标准偏差与平均值的比值，是评价晶体粒度分布的分散度的指标。中间粒度是指筛下累计质量分数为50%时对应的筛孔尺寸值。

$$\mathrm{CV}=\frac{L_{84\%}-L_{16\%}}{2L_{50\%}}\times 100 \tag{4-73}$$

式中：CV表示变异系数；$L_{84\%}$、$L_{16\%}$和$L_{50\%}$分别表示筛下累积质量百分数为84%、16%和50%的筛孔尺寸，这些值可从累积质量分布曲线获得。

CV值越大，粒度分布范围越宽，粒度差异越大；CV值越小，粒度分布范围越窄，粒度趋于平均。

3. 晶体粒数衡算

晶体粒数衡算是通过计算确定体系中不同大小(粒度)的晶体粒子的粒数密度随时间和空间的变化趋势，其依据是质量守恒定律，即：进料带入的某粒度范围内的粒子数和在结晶器内因生长进入该粒度范围内的粒子数之和减去因出料带出的和因生长而超出该粒度范围的粒子数等于该粒度范围内的粒子在结晶器中的粒子累计数。

晶体粒数衡算的作用有：①获得在特定操作条件下的晶体生长速率等信息，用于结晶器的设计和搅拌类型的选择；②指导结晶器操作，调整工艺参数。

(二)晶体晶型

晶型是指晶体结构的类型。同一化学结构的物质，由于结晶条件(如溶剂、温度、冷却速度等)不同，形成结晶时分子排列与晶格结构也会不同，因而形成不同的晶型，即多晶型。

多晶型现象在原料药中广泛存在。原料药晶型已经成为影响原料药质量的关键因素，

越来越受到原料药生产企业的重视。

四、结晶设备简介

溶液结晶的基本条件是溶液的过饱和，按照过饱和溶液的产生方法，溶液结晶方法可分为冷却结晶法、蒸发结晶法、盐析结晶法、反应结晶法等。

(一)冷却结晶设备

冷却结晶是通过降低料液温度的方法，使溶质从溶液中以晶体的形式析出的过程。根据冷却方式的不同，冷却结晶可分为自然冷却结晶、直接接触冷却结晶和间壁换热冷却结晶。

自然冷却结晶是在无搅拌的情况下，热的待结晶溶液靠自然冷却降温而析出结晶。自然冷却结晶法所得产品纯度较低，粒度分布不均匀，容易结块，设备所占空间大，生产能力较低，一般不常用。

直接接触冷却结晶过程中，冷却介质与热结晶母液直接混合而达到降温析晶的目的。考虑到冷却介质对结晶产品质量的影响，直接接触冷却结晶在制药工业中基本不用。

间壁换热冷却结晶是制药及化工生产过程中广泛采用的结晶方法，图 4-79 所示是典型的内循环式和外循环式间壁换热冷却结晶器。图 4-79(a)中，内循环式结晶器的冷量由夹套传递，受换热面积的限制，换热量不能太大。图 4-79(b)中，外循环式结晶器通过外冷器换热，传热系数较大，还可根据需要加大换热面积，但必须选用合适的循环泵，以避免悬浮晶体的磨损破碎。间壁换热冷却结晶过程的主要困难在于冷却表面上常会有晶体结出(称为晶疤或晶垢)，使冷却效果下降，需要定期清除。

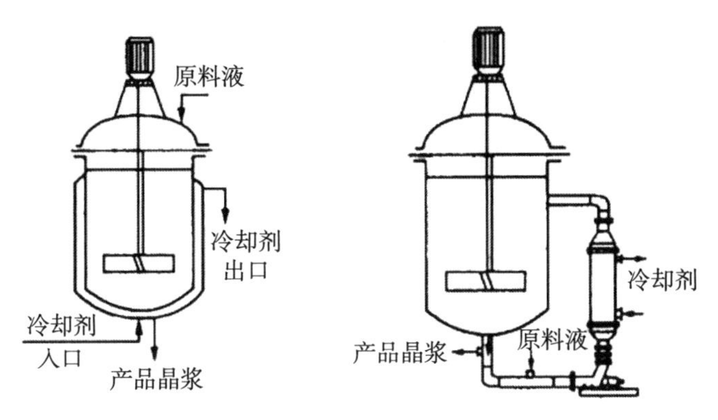

(a)内循环式间壁冷却结晶器　　(b)外循环式间壁冷却结晶器

图 4-79　间壁冷却结晶器示意图

Krystal 式冷却结晶器是典型的外循环式间壁冷却结晶器。料液经进液管、循环管后，进入冷却器，冷却降温，形成过饱和溶液，再经吸入管进入结晶器底部，在上升过程中与晶浆接触，过饱和度消失，晶浆中的晶体长大。接近饱和的溶液由结晶段的上部溢流而出，再经过循环泵进行下一次循环。如图 4-80 所示。

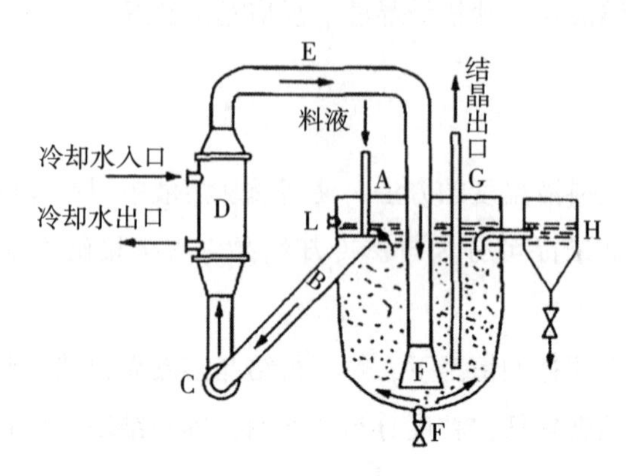

A—结晶器进液管；B—循环管入口；C—主循环泵；D—冷却器；E—过饱和吸入管；F—放空管；G—晶浆取出管；H—细晶捕集器

图 4-80　Krystal 式冷却结晶器

(二)蒸发结晶设备

蒸发结晶是通过蒸发溶剂，使得溶液中的溶质浓度增大，达到过饱和度，从而使晶体析出的过程。蒸发结晶适用于溶解度随温度降低变化不大或具有逆溶解度特性的物系。

蒸发结晶设备与一般的溶液浓缩蒸发器在原理、设备结构及操作上并无本质的差别。但需要指出的是，一般蒸发器用于蒸发结晶操作时，对晶体的粒度不能有效控制。遇到必须严格控制晶体粒度的场合，则需将溶液先在一般的蒸发器中浓缩至略低于饱和浓度，然后移送至带有粒度分级装置的结晶器中完成结晶过程。蒸发结晶过程需要消耗的热能较多，加热面问题也会给操作带来困难。

蒸发结晶器也常在减压下操作，其操作真空度不高。采用减压的目的在于降低操作温度，以利于热敏性产品的稳定，并减少热能损耗。

1. Krystal-Oslo 型蒸发式结晶器

Krystal-Oslo 型蒸发式结晶器由蒸发室与结晶室两部分组成，是典型的晶浆外循环结晶器。原料液经外部加热器预热之后，经回流管进入蒸发室，部分溶剂气化后经蒸气出口排出，溶液稳定在亚稳区内。溶液在蒸发室分离蒸气后，由中央下行管直送到结晶生长段的底部，然后向上方流经晶体流化床层，晶床中的晶粒得以生长。当粒子生长到要求的大小后，从产品取出口排出。如图 4-81 所示。

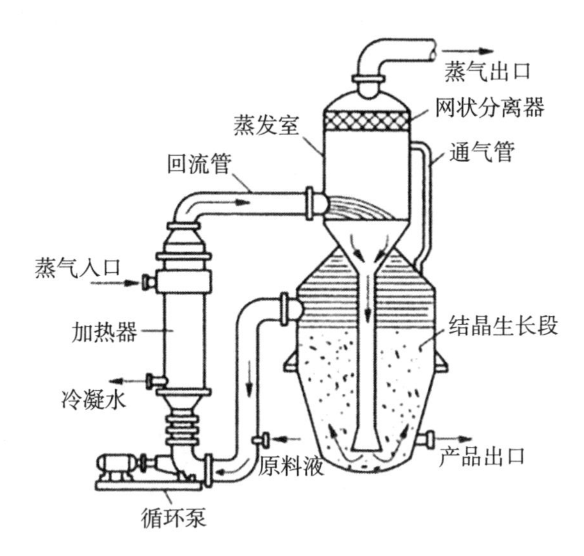

图 4-81 Krystal-Oslo 型蒸发式结晶器结构示意图

Krystal-Oslo 型蒸发式结晶器大多采用分级流化床。进入结晶室的新鲜过饱和溶液首先与沉积在底部的较大颗粒的结晶接触，晶体继续长大，随着溶液的上升，过饱和度迅速消失，再由结晶器上部的管道排出，作为母液，继续进入循环。

Krysta1-Oslo 型蒸发式结晶器的优点是：①由于操作在减压条件下进行，故可维持较低的温度，使溶液产生较大的过饱和度；②循环液中基本不含晶体颗粒，可避免循环泵的叶轮与晶粒之间发生碰撞而造成二次成核；③结晶室具有粒度分级作用，使结晶产品颗粒大而均匀。

Krysta1-Oslo 型蒸发式结晶器的缺点是：①因母液的循环量受到了产品颗粒在饱和溶液中沉降速度的限制，操作弹性较小；②加热器内容易出现结晶层而导致传热系数降低；③加热面附近溶剂气化较快，溶液的过饱和度不易控制，难以控制晶体颗粒的大小。

Krysta1-Oslo 型蒸发式结晶器适用于对产品晶体大小要求不严格的结晶。

2. DTB 型蒸发式结晶器

DTB 型蒸发式结晶器是一种典型的晶浆内循环结晶器，在工业生产中应用较多。

DTB 型蒸发式结晶器的蒸发室内有一个中央导流管，管内装有带螺旋桨式搅拌器，可把带有细小晶体的饱和溶液快速推升至沸腾表面，溶剂蒸发，形成过饱和溶液。液体循环方向是经中央导流管快速上升至沸腾液面，形成的过饱和液依靠自身重力流向下部，属于快升慢降型循环，过饱和度的消失比较容易。

环型挡板将结晶器分为晶体生长区和澄清区。挡板与器壁间的环隙为澄清区，搅拌实际上对澄清区已无影响，晶体得以从母液中沉降分离，微晶随母液从澄清区的顶部排出结晶器外。

结晶器底部设有一个淘洗腿，当晶体长大到一定大小后就沉淀在淘洗腿内。在淘洗腿内另加入一股加料溶液，作为分级液流，使细微晶体重新漂浮进入结晶生长区，合格的大颗粒冲不起来，落在分级腿的底部，这也是对产品也进行了一次洗涤，最后由晶浆泵排出器外分离。这样可以保证产品结晶的质量和粒径均匀，不夹杂细晶。如图 4-82 所示。

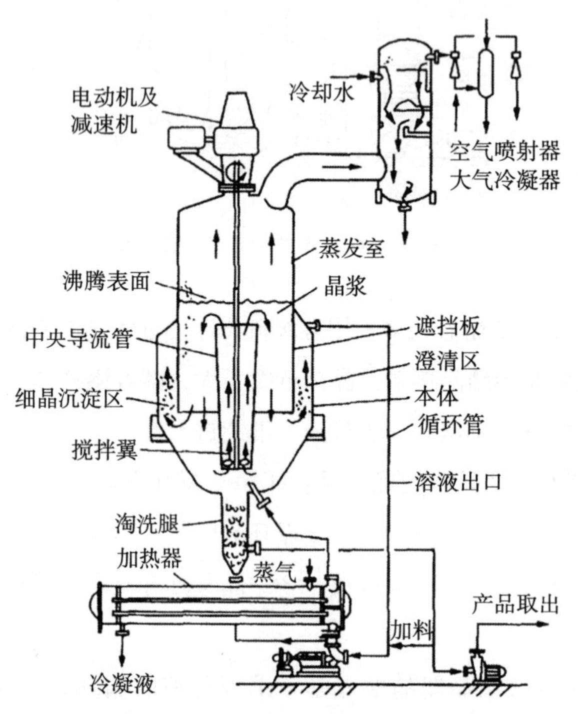

图 4-82　DTB 型蒸发式结晶器结构示意图

五、结晶操作的影响因素

结晶操作的影响因素主要是考虑晶核形成速率与晶体生长速率之间的关系。

晶核形成速率是决定晶体产品粒度分布的首要因素。晶核形成速率远大于晶体生长速率，得到的晶粒细小，粒度分布范围宽，产品质量差；晶核形成速率与晶体生长速率相近，最先形成的晶核生长时间长，后来形成的晶核生长时间短，产品的粒度大小不一；晶核形成速率远小于晶体生长速率，溶液中晶核数量较少，溶液析出的溶质都供晶体生长，产品的颗粒较大且均匀。

晶体颗粒本身的质量也受到晶核形成速率和晶体生长速率的影响。晶体生长速率过快，可能导致晶体颗粒聚结，形成晶簇，将杂质包藏其中，严重影响产品纯度。

所以，影响晶核形成速率和晶体生长速率的因素也就是影响结晶操作的因素。

(一)过饱和度的影响

溶液的过饱和度是结晶过程的推动力，晶核生成速率和晶体成长速率均随过饱和度的增加而增大。虽然，提高过饱和度，可以提高结晶速度，缩短生产周期，但是，前面已经讲过，结晶操作中，溶液的过饱和度必须控制在亚稳区内，晶核形成速率远小于晶体生长速率，而且，随着溶液过饱和度的提高，结晶生长速率过快会在晶体表面产生液泡，溶液的黏度也会相应增加，结晶器壁易产生晶垢，这些都会给结晶操作带来不利影响。因此，应根据具体产品的质量要求，确定最适宜的过饱和度。如图 4-83 所示。

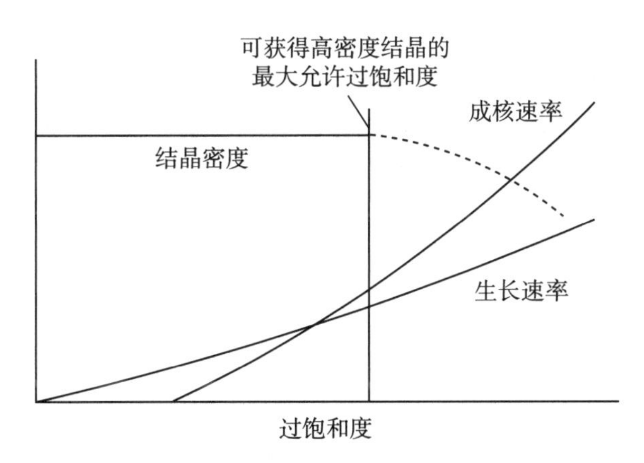

图 4-83 过饱和度与成核速率、生长速率的关系

(二)温度的影响

温度是影响晶体生长速率的最重要参数之一。理论上讲，在其他所有条件相同时，晶体生长速率应随温度的提高而加快，但实际上，温度的提高并不经常造成这样的结果。温度升高，粒子相互作用的过程加速，晶体生长速率变大，但同时，由于温度升高，过饱和度/过冷度会相应降低，晶体生长速率变小。而且，温度也会对溶液黏度等参数产生影响，进而对晶体生长速率产生影响。

实际生产中，冷却和蒸发实现溶液过饱和的最重要的两种方法。冷却、蒸发速度过快，溶液很容易超越亚稳区极限而到达不稳区，形成大量晶核，此时，晶核形成速率大大超过晶体生长速率，生成大量微小晶体，影响结晶产品的质量。因此，冷却/蒸发速度必须控制在适宜范围内。

（三）晶种的影响

对于溶液黏度较高的物系，晶核很难产生；在高过饱度下，一旦产生晶核，就会同时出现大量晶核，产品质量不可控。

加入晶种诱导结晶是控制结晶过程、提高结晶速率、保证产品质量的重要方法之一。工业生产中的结晶操作一般都是在人为加入晶种的情况下进行的，加入晶种的主要作用是控制晶核的数量以得到粒度大而均匀的结晶产品。

加入晶种时，溶液温度应控制在亚稳区内的适当温度。此外，应边加边轻微搅拌，以使其均匀地分布在溶液中。

（四）溶剂与 pH 值

结晶操作采用的溶剂和 pH 值应使目标溶质的溶解度较低，以提高结晶的收率。溶剂和 pH 值对晶形也有影响，如：普鲁卡因青霉素在水溶液中的结晶为方形晶体，在醋酸丁酯中的结晶为长棒状晶体。在设计需实验确定使用结晶晶形较好的溶剂和 pH 值。因此，结晶操作前，需通过实验确定溶剂的种类和结晶操作的 pH 值，以获得较好的晶形，保证结晶产品质量，并有较高的收率。

（五）搅拌的影响

搅拌是影响晶体生长速率的重要参数之一，搅拌可以加速溶质从溶液本体向晶面表面的扩散，还可以减小晶体表面附近的液体层厚度，溶液被搅拌的越充分，溶质边界层的厚度也越薄，溶质在边界层内的浓度梯度越大，晶面生长速率也随着相应的增大。如图 4-84 所示。

结晶操作中，搅拌的作用主要有：①加速溶液的热传导，使溶液的温度分布均匀；②提高溶质扩散速率，缩短生产周期；③使晶核散布均匀，防止晶体粘连在一起形成晶簇，降低产品质量；④防止溶液局部浓度过高，减少大量晶核快速析出的可能，减少晶体在结晶器壁上的沉积、结垢等。

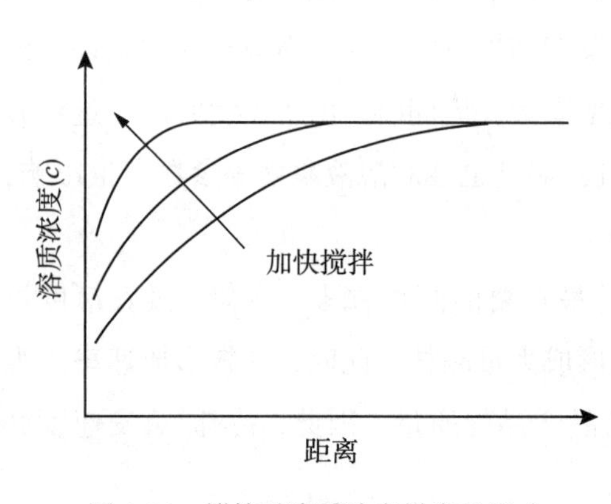

图 4-84　搅拌对溶质浓度梯度的影响

提高搅拌速度，对晶核形成和晶体生长都有利，但搅拌速度过高，会压缩亚稳区，很容易到达不稳区而产生细晶；同时，搅拌速度过快，会造成晶体的剪切破碎，影响结晶产品质量。工业生产中，常采用直径及叶片较大的搅拌桨，低转速搅拌桨，以防止晶体破碎。

（六）晶浆浓度

结晶过程中，晶体和母液构成的混合物叫晶浆。提高晶浆浓度，可以促进溶液中溶质分子间的相互碰撞聚集，以获得较高的结晶速率和结晶收率。但是，随着晶浆浓度的增大，溶液黏度也相应增大，悬浮液的流动性降低，而且，晶浆中杂质的浓度也会相应增大，这些对晶体质量来说都是不利因素。因此，在保证晶体质量的前提下，晶浆浓度应尽可能取较大值。

（七）杂质的影响

浓度仅为 10^{-6}mg/L 量级或者更低，即可显著地影响结晶行为，包括对溶解度、亚稳区宽度、晶核形成速率及晶体生长速率、粒度分布的影响等。杂质对结晶行为的影响是复杂的，目前尚没有公认的普遍规律。

（八）循环流速

用外循环结晶器时，提高循环流速可以消除设备内的过饱和度分布不均、提高结晶生长速率、抑制换热器表面晶垢的生成。但是，循环流速过高，会造成结晶的磨损、破碎。循环流速应在无结晶磨损、破碎的范围内取较大的值。

六、溶液结晶操作分类和控制

（一）溶液结晶操作分类

如图 4-85 所示，溶液结晶操作可以根据重复性和连续性程度进行分类。实际生产中，更多的是根据生产习惯，按照连续程度进行分类。

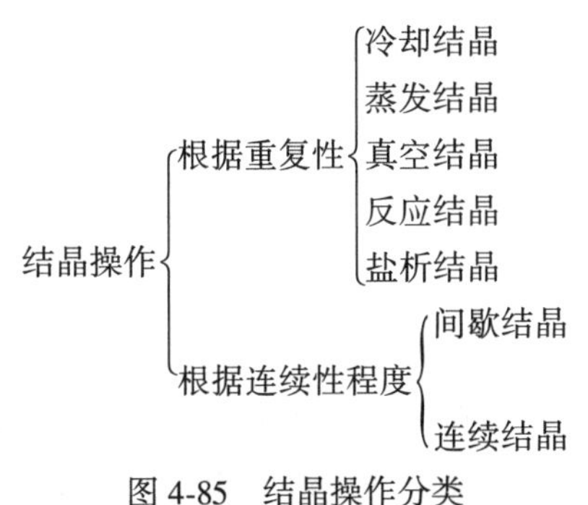

图 4-85　结晶操作分类

制药行业一般采用间歇结晶操作，以便于批间对设备进行清理，可防止产品的污染，保证药品的高质量，同样，对于高附加值、小批量的精细化工产品，也适宜采用间歇结晶操作。

(二)间歇结晶操作的控制

1. 加晶种控制的结晶

间歇结晶过程中，为了获得粒度均匀的结晶产品，首先，是将溶液的过饱和度控制在亚稳区，避免出现初级成核；其次，是控制晶核形成速率，使晶体生长速率远大于晶核形成速率。一般是往溶液中加入适当数量及适当粒度的晶种，使溶液中析出的溶质只在晶种表面上生长，得到合格产品。

图 4-86 所示为晶种对冷却结晶的影响。

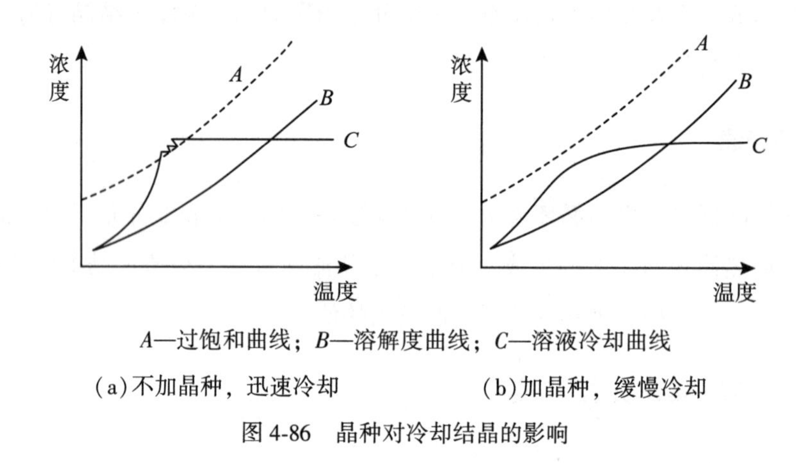

A—过饱和曲线；B—溶解度曲线；C—溶液冷却曲线

(a)不加晶种，迅速冷却　　(b)加晶种，缓慢冷却

图 4-86　晶种对冷却结晶的影响

图 4-86(a)表示不加晶种而迅速冷却的情形。由于降温速度过快，溶液快速穿过亚稳区到达不稳区，此时，由于初级成核而爆发性地生成大量晶核，从而产生大量细小晶体。在晶体产生的同时，会释放一定的结晶热，在外在冷却条件不变的情况下，体系的温度会有一定的回升，这就是不稳区的溶液冷却曲线出现锯齿状波动的原因。随着晶体的析出，溶液过饱和度的不断降低，再次回到亚稳区，直至溶液回到溶解度曲线附近，结晶过程结束。整个结晶过程属于无控制结晶，产品的粒度过小，会给过滤等后处理过程带来困难。

图 4-86(b)表示加晶种缓慢冷却的情形。由于溶液中存在晶种且降温速率得到控制，整个操作过程中，溶液始终保持在亚稳区内。由于采用先慢后快的降温方式，不会发生初级成核，析出的溶质在晶核表面生长，晶体的生长速率完全由冷却速率控制。许多工业结晶都采用加入晶种的间歇操作，能够生产出粒度均匀的晶体产品。

2. 间歇冷却结晶的最佳操作程序

间歇结晶操作在保证晶体产品质量的前提下，要求尽量缩短生产周期，以降低生产成本。

图 4-87 所示为间歇冷却结晶过程中不同降温方式下的冷却曲线和不饱和曲线的变化情况。

图 4-87(a)中，1 号线表示不加控制的自然冷却曲线，2 号线表示恒速冷却线，3 号线表示按式最佳冷却程序的冷却曲线。

由图 4-87(b)可知，如采用自然冷却操作，则在结晶过程的初始阶段，溶液的过饱和度急剧升高，达到某一峰值后又急剧下降，溶液过饱和度的急剧变化会导致爆发性初级成核，形成大量细小晶粒，晶体质量差；结晶过程的过饱和度在随后相当长的一段时间内维持在一个很低的水平，晶体生长速度慢，结晶生产周期长，无形中增加了生茶成本。对于恒速冷却操作，其过饱和曲线的变化趋势与自然冷却操作相似，因此，也存在自然冷却操作类似的问题。若按最佳冷却程序操作，在初始阶段应使溶液以很低的速率降温，而后随着晶体表面的增长而逐步增大其冷却速率，整个结晶过程中，过饱和度始终维持一恒定值，晶体稳定生长，得到合格的晶体产品。

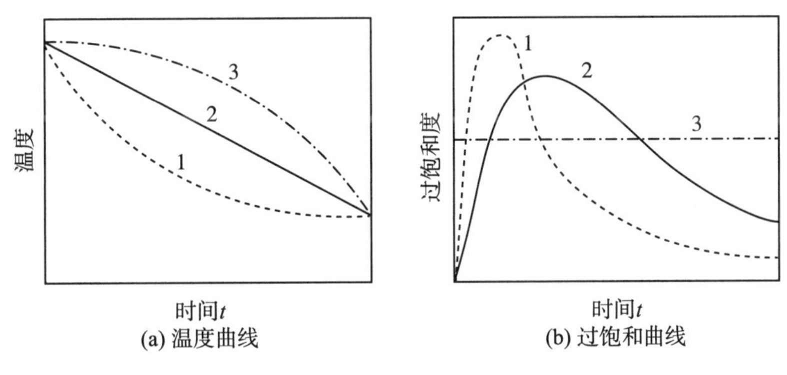

(a) 温度曲线　(b) 过饱和曲线

图 4-87　间歇冷却结晶的冷却曲线

七、晶型药物

(一)原料药发展历程简介

药物是用来预防、治疗及诊断疾病的物质。药物最初主要来源于天然植物，人们通过“以身试药”发现其作用和功效，随着识别的中草药越来越多，后人将其编著成册，如公众所熟知的《神农本草经》《本草纲木》等巨著。此时，人们并不清楚天然植物中具体是哪种成分在起到治疗作用。

19 世纪开始，人们从天然产物中提取了大量有效成分，主要为生物碱，并第一次确定了其化学结构(Schiff，1870)。随着有机化学的发展，合成药物迅速发展起来。

1953 年的“反应停事件”，使人们第一次认识到，由于原料药的手性不同，药物呈现完全不同的效果，仅仅依靠平面化学结构已经不能确保药物的疗效，手性药物称为医药行业的前沿领域。目前，世界上使用的药物总数约为 1900 种，手性药物占 50%以上，在临床常用的 200 种药物中，手性药物多达 114 种。

棕榈氯霉素，也叫无味氯霉素，是一种水溶性极差的抗菌药物，在体外无活性，在体内受胃肠道酯酶水解，释出氯霉素而发挥疗效。棕榈氯霉素存在多晶型，其中 *B* 型为亚稳定晶型，具有较高的溶解度和生物利用度。1975 年以前，我国生产的棕榈氯霉素制剂一直达不到预期的治疗效果，经过进一步研究才发现，所使用的棕榈氯霉素原料药为无效的 *A* 型，后来，经过改进工艺，生产出具有生物活性的 *B* 型，并在《中华人民共和国药典》该品种项下质量标准中增加“*A* 晶型含量不得大于 10%”的晶型控制要求，这才保证了国产棕榈氯霉素的临床疗效。现在，药物晶型已经成为药品质量控制的一项关键性指标。

(二)晶型药物简介

据统计，85%以上的固体药物为晶体产品，药物的晶型(crystal form)、晶习和粒度等晶体性质是决定药品疗效的关键因素，而这其中，药物晶型又是重中之重。

晶型是指具有相同化学结构的分子按照一定方式的有序排列。需要特别强调的是，要注意晶型和晶癖的区别。晶癖是指在特定的体系和制备条件下，实际晶体具有生长为特定形状和聚集状态的性质，是对结晶外观形状的描述。在不同的结晶条件下，由于晶胞在生长过程中优先生长面不相同，同一晶型的药物可以有多种不同形状的结晶，如针状结晶、片状结晶、柱状结晶等，而对于晶体外形相同的物质，它们的晶型却很可能完全不同。因此，仅根据结晶的形状，不能确定晶体的晶型。

许多药物都具有不同的晶型。2014 年《美国药典》37 版中，按“X-射线粉末衍射法”查询，共搜索到 23 个品种；按“结晶性”查询，共搜到 93 个品种，两者总和约为 116 个品种。

多晶型(polymorphism)是指化学结构相同的分子，由于结晶条件(如溶剂、温度、冷却速度等)不同，结晶时形成一种以上的分子排列与晶格结构的现象。对于多晶型药物，其在熔点、密度、引湿性、溶出度等方面往往会有显著差异，从而影响药物的稳定性和生物利用度。

作为全球首个年销售额破百亿的降脂药物，尽管阿托伐他汀钙的化合物专利在2010年到期，但是其水合物专利、多个晶型专利则分别在2014年和2022年才到期，为原研药企实现市场垄断，获取超额利润提供了便利。

“利托那韦(Ritonavir)事件”是“消失多晶型”的典型案例，“消失的晶型Form I”导致其上市不到2年而被迫撤市，这让原研公司一度限于舆论危机，导致巨大经济损失。

因此，药物多晶型现象的研究已经成为药品质量控制、仿制药一致性评价及新药研究中不可缺少的重要组成部分。

(三)固体制剂工艺对药物晶型的影响

原料药的晶型确定后，确保其晶型在制剂生产过程中不发生变化，就变得尤为关键。但是，药物的晶型易受到温度、压力、相对湿度等的影响，因此，制剂工艺中的粉碎、制粒、干燥、压片、包衣等都有可能导致晶型发生转变，贮存过程中也有可能发生转晶，进而影响药品溶出度及生物利用度。

1. 粉碎

粉碎通常是固体制剂工艺的第一步，其目的是减小药物粒径、增加比表面积，研磨是粉碎中最常用的手段之一。研磨过程中的高能量及相应产生的高温易诱导晶型转变，此外，共研磨中加入的溶剂或辅料也有可能会诱导晶型转变。

2. 制粒

制粒是片剂、胶囊等的共同单元操作，主要分为湿法制粒和干法制粒。

湿法制粒中的高剪切力以及引入的溶剂会促使药物的晶型发生转变，而且，引入的溶剂易与药物形成溶剂化物，从而改变药物晶型。

干法制粒对药物晶型的影响也比湿法制粒小得多，但是，干法制粒过程涉及机械挤压和破碎造粒的过程，需要注意压力和热能等因素诱导晶型的转变。

因此，在制粒时，应考虑到不同制粒方法和参数对晶型的影响。

3. 干燥

干燥是固体制剂工艺中的一个重要步骤，特别是湿法制粒后需要干燥以除去引入的溶剂。药物多晶型常在干燥过程中发生晶型转变，尤其是溶剂化物易在干燥过程中失去结晶水或溶剂分子。

4. 压片

通常，多晶型药物的亚稳定型与稳定型在压力下会相互转变，并且转变比例随着压力的增大或压片次数的增多而加大。一般来说，压片过程中高能量的晶型会转变为低能量或更加稳定的晶型。

(四)药物晶型相关指导性文件

1.《中国药典(2020 版)》药品晶型研究及晶型质量控制指导原则

当固体药物存在多晶型现象，且不同晶型状态对药品的有效性、安全性或质量可产生影响时，应对原料药物、固体制剂、半固体制剂、混悬剂等中的药用晶型物质状态进行定性或定量控制。

药品的药用晶型应选择优势晶型，并保持制剂中晶型状态为优势晶型，以保证药品的有效性、安全性与质量可控。优势晶型系指当药物存在有多种晶型状态时，晶型物质状态的临床疗效佳、安全、稳定性高等，且适合药品开发的晶型。优势药物晶型物质状态可以是一种或多种，故可选择一种晶型作为药用晶型物质，亦可按一定比例选择两种或多种晶型物质的混合状态作为药用晶型物质使用。

2.《化学仿制药晶型研究技术指导原则(试行)》

2021 年 12 月 23 日，国家药品监督管理局药品评审中心发布《化学仿制药晶型研究技术指导原则(试行)》。化学仿制药晶型研究主要包括两方面内容：一是原料药多晶型的种类，重点晶型的制备、表征及理化性质研究；二是原料药多晶型对制剂工艺和疗效等可能产生的影响，根据研究结果选择适宜晶型。

3. 化学药物制剂研究基本技术指导原则

制剂工艺设计中，可根据剂型的特点，结合已掌握的药物理化性质和生物学性质，设计几种基本合理的制剂工艺。如实验或文献资料明确显示药物存在多晶型现象，且晶型对其稳定性和/或生物利用度有较大影响的，可通过 IR、粉末 X-射线衍射、DSC 等方法研究粉碎、制粒等过程对药物晶型的影响，避免药物晶型在工艺过程中发生变化。

习　　题

4-1　正庚烷 A 与正辛烷 B 的混合物可以视为理想物系，110℃时有关饱和蒸气压为 $P_A^0=140.0\text{kPa}$；$P_B^0=54.5\text{kPa}$。试求由 0.4(摩尔分数，下同)A 和 0.6B 组成的混合液在 110℃时各组分的平衡分压、系统的总压及平衡蒸气组成。

4-2　正庚烷与正辛烷混合物可以视为理想物系，在绝对压强 101.33KPa 下，正庚烷与正辛烷物系的平衡数据如下：

温度(℃)	液相中正庚烷的摩尔分率 x	气相中正庚烷的摩尔分率 y
98.4	1.0	1.0
105	0.656	0.810
110	0.487	0.673
115	0.311	0.491
120	0.157	0.280
125.6	0.0	0.0

试问：(1)正庚烷组成0.4(摩尔分数))时，该溶液的泡点温度及其平衡蒸气的瞬间组成是怎样的?

(2)将该溶液加热至115℃时，溶液处于什么状态？各项的组成为多少?

(3)将该溶液加热到什么温度才能气化为饱和蒸气？这时蒸气的组成为多少?

4-3　用一精馏塔分离甲醇-水混合液，已知：$x_F=0.84$(摩尔分数，下同)，处理量为235kmol·h^{-1}。要求：塔顶 $x_D=0.98$，塔底 $x_W<0.002$，求塔顶和塔底的采出量。

4-4　用一精馏塔分离69%(质量分数，下同)甲醇-水混合液，处理量为204kg·h^{-1}。希望塔顶产品甲醇浓度不低于95.5%；塔底甲醇浓度不高于1%。求塔顶和塔底的采出量。

4-5　将某 $\alpha=2$ 的二元理想溶液进行常压精馏，塔顶为全凝器，达到塔顶的蒸汽流量为90kmol·h^{-1}；馏出液流量为30kmol·h^{-1}、馏出液易挥发组分的含量为95%(摩尔分数)。试问：逐板法求第三块理论板的液相组成为多少?

4-6　在101.3kPa的连续精馏塔中分离含苯0.50(摩尔分数，下同)苯-甲苯混合液，相对挥发度 $\alpha=2.47$，泡点进料。要求馏出液含苯达到0.90，釜液中含苯小于0.10，用图解法分别求回流比为1、3、4时的理论塔板数。该结果说明什么?

4-7　用一连续精馏塔以分离35%(轻组分摩尔分数，下同)甲醇水溶液，希望塔顶得到95%的甲醇溶液，釜液浓度不高于5%。泡点进料，回流比为最小回流比的2倍，根据下表常压下甲醇和水的平衡数据表，试求：(1)理论板数；(2)第二板上升气相组成。

常压下甲醇和水的平衡数据

温度（℃）	液相中甲醇的（mol%）	汽相中甲醇的（mol%）	温度℃	液相中甲醇的（mol%）	汽相中甲醇的（mol%）
100	0.0	0.0	75.3	40.0	72.9
96.4	2.0	13.4	73.1	50.0	77.0
93.5	4.0	23.4	71.2	60.0	82.5
91.2	6.0	30.4	69.3	70.0	87.0
89.3	8.0	36.5	67.6	80.0	91.5
87.7	10.0	41.8	66.0	90.0	95.8
84.4	15.0	51.7	65.0	95.0	97.9
81.7	20.0	57.9	64.5	100.0	100.0
78.0	30.0	66.5			

4-8 某连续精馏塔操作中，泡点进料。已知操作线方程如下：精馏段：$y=0.75x+0.205$；提馏段：$y=1.25x-0.020$，试求原料液、馏出液、釜液组成及回流比。

4-9 在常压连续精馏塔中分离相对挥发度 $\alpha=2$ 的某双组分理想溶液，已知：料液易挥发组分为40%(摩尔分数，下同)，气液混合加料摩尔比 $n_g:n_l=2:3$，回流比为最小回流比的1.8倍，要求塔顶馏出液易挥发组分达97%、釜液易挥发组分为2%。试求：(1)塔顶易挥发组分回收率；(2)最小回流比。

4-10 在常压连续精馏塔中分离苯-甲苯混合液，已知 $x_F=0.6$(摩尔分数，下同)，$x_D=0.97$，$x_W=0.04$，相对挥发度 $\alpha=2.47$。试求：(1)冷液进料 $q=1.387$ 条件下的最小回流比；(2)泡点进料的最小回流比；(3)饱和蒸汽进料方式下的最小回流比；(4)全回流下的最小理论板数。

4-11 在常压连续精馏塔中分离苯-甲苯混合液，已知 $x_F=0.6$(摩尔分数，下同)，流量2kmol·h^{-1}，$x_D=0.97$，$x_w=0.04$，相对挥发度 $\alpha=2.47$，回流比为最小回流比2倍，试用捷算法求理论板数。

4-12 连续精馏塔中分离丙烯-丙烷(视为理想溶液)，相对挥发度 $\alpha=1.16$，已知：料液易挥发组分为81.5%(摩尔分数，下同)，饱和液体加料，采取回流比为最小回流比的1.2倍，要求塔顶馏出液易挥发组分达99.5%、釜液易挥发组分为0.5%。试求：(1)最小回流比；(2)捷算法求理论塔板数。

4-13 将含24%(摩尔分数，下同)易挥发组分的某液体混合物送入一连续精馏塔中。要求馏出液含易挥发组分95%，釜液含易挥发组分3%。送入冷凝器的蒸气量为850kmol·h^{-1}，流入精馏塔的回流液为 670kmol · h^{-1}，试问：(1)每小时能获得多少 kmol · h^{-1}的馏出液？多少 kmol · h^{-1}的釜液？(2)回流比 R 为多少？(3)精馏段操作线方程是什么？

4-14　苯-甲苯混合液中含苯 30%(摩尔分数，下同)，在泡点温度下，以 10kmol · h^{-1}的流量连续加入精馏塔。塔的操作压强为 101. 3kPa，塔顶设全凝器。要求塔顶馏出液中含苯 95%，残液含苯 3%，回流比 $R=3$。试问：塔釜的蒸发量是多少？

4-15　在常压操作的连续精馏塔中分离乙醇-水溶液，塔顶设全凝器，进料温度为 40℃；原料中含乙醇 40%(摩尔分数，下同)，回流比 R 为 2. 5。要求馏出液含乙醇达到 80%，釜液含乙醇不超过 1%。试求进料状态下的 q 值，并以 1kmol · h^{-1}原料为基准计算塔内物料流量。

已知：在进料板平均温度下，乙醇的比热 $c_p=142$kJ · $kmol^{-1}$ · K^{-1}；气化热 $\Delta H=39.3\times10^3$kJ · $kmol^{-1}$；水的比热 $c_p=75.2$kJ · $kmol^{-1}$ · K^{-1}；气化热 $\Delta H=42.4\times10^3$kJ · $kmol^{-1}$。

4-16　在常压连续精馏塔中分离相对挥发度 $\alpha=2$ 的某双组分理想溶液，要求塔顶馏出液易挥发组分达 94%(摩尔分数，下同)、釜液易挥发组分为 4%。已知：加料线方程为 $y=6x-1.5$，回流比为最小回流比的 1. 5 倍。试求：(1)精馏段操作线方程；(2)塔底产品流量为 150mol. h^{-1}时，塔顶产品流量和进料流量。

4-17　在常压连续精馏塔中分离苯-甲苯混合液，相对挥发度 $\alpha=2.47$。已知 $x_F=40\%$(摩尔分数，下同)，处理量为 100kmol · h^{-1}，要求达到塔顶产品苯的浓度 90%、苯的回收率不低于 90%，泡点进料，回流比为最小回流比的 1. 5 倍。试求：(1)塔底釜液苯的浓度；(2)最小回流比；(3)完成分离需要的最少理论板数；(4)塔内循环的物料量。

4-18　用精馏塔来分离平均相对挥发度为 2. 5、组成为 0. 3(轻组分摩尔分数，下同)的二元理想溶液。泡点进料，回流比为最小回流比的 1. 5 倍，$x_D=0.96$。测得塔中精馏段离开第 n 板和第 $n+1$ 板下降液体的组成为 0. 45 和 0. 40。试求第 n 板的气相板效率和液相板效率。($E_{mG}=42.5\%$，$E_{mL}=50.5\%$)

第五章　工程制图

本章学习要求

(1) 了解工程制图的一般概念、内容和规范。

(2) 掌握以正投影为基础的点线面、基本形体的三面投影，进一步了解相交形体、组合体的视图的表达。

(3) 了解制药设备零部件有关基本知识和图样表达。

(4) 掌握制药设备的特征，学会制药设备图样的阅读和绘制。

(5) 了解制药设备装配图的特征，学会制药设备装配图的阅读和绘制。

(6) 学会制药工艺流程图、制药设备布置图、管道图的阅读和绘制。

图纸是人类智慧和语言在工程界的体现。图纸与文字、数字一样，是工程界表达构思、分析问题、交流思想的工具，是人们制造、安装、使用、维护机械设备的依据。制药工程作为工程的一部分，许多工作必须与图纸打交道。在讨论某制药工艺、讨论某制药设备的结构或其安装等问题时，如果能够正确使用图纸，就比较方便，有了直观的“共同语言”。制药工程所关心的制药工艺图、制药设备图、制药设备安装图等问题，它属于化工制图范畴。化工制图是制图学中的分支，既涉及工程图的基本原理又具有其特殊性，内容包括化工设备图、化工工艺图、设备布置图、化工管道图等。

作为化工制图的预备知识，本章先简要介绍工程图的基本投影原理和机械制图基本知识。

第一节　有关工程图的基本知识

一、工程图的基本概念

工程图纸不同于艺术画。工程图是按照投影原理和有关标准和规定，准确表示工程对象，并有必要的技术说明的图样。因此，工程图包括一组视图及有关说明。工程制图研究用投影的方法绘制工程图样，解决空间形体的有关几何表达问题。必须指出：学习制图的过程应该是逐渐培养一定的空间想象力并应用这种空间想象力的过程。制图工作是一项技能，必须亲自动手。良好的制图工作能力是与严肃认真的态度、耐心细致的作风、扎扎实实的实践分不开的。

二、图样标准及主要内容

《技术制图　图纸幅面和格式》(GB/T 14689—2008)统一规定了有关机械方面的生产和设计部门共同遵守的画图规则，分别对图纸幅面及格式、比例、字体、图线和尺寸注法等方面作了具体规定。在此，仅提及最基本的规定，重点介绍有关图线的规定。

(一)图纸幅面尺寸

图纸幅面尺寸是指图纸的尺寸大小，以“宽度×长度”($B×L$)表示，分为五种基本幅面，参见表 5-1。必要时，也允许选用规定的加长幅面。加长幅面的尺寸是由基本幅面的短边成整数倍增加后得出，详见 GB/T 14689—2008 的规定。

表 5-1　**图纸基本幅面**　(单位：mm)

幅面代号	尺寸($B×L$)
A0	841×1189
A1	594×841
A2	420×594
A3	297×420
A4	210×297

(二)图框

在图纸上必须用粗实线画出图框，其格式分为不留装订边和留有装订边两种，同一产品的图样只能采用一种格式。如图 5-1、图 5-2 所示。

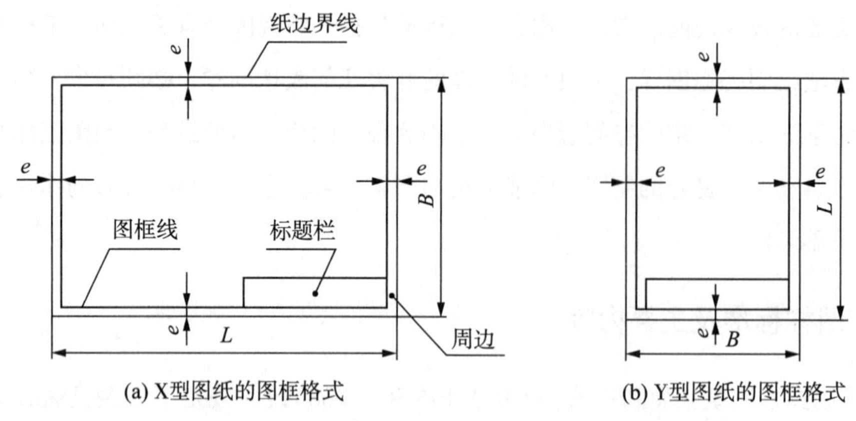

(a) X型图纸的图框格式　　(b) Y型图纸的图框格式

图 5-1　无装订边图纸的图框格式

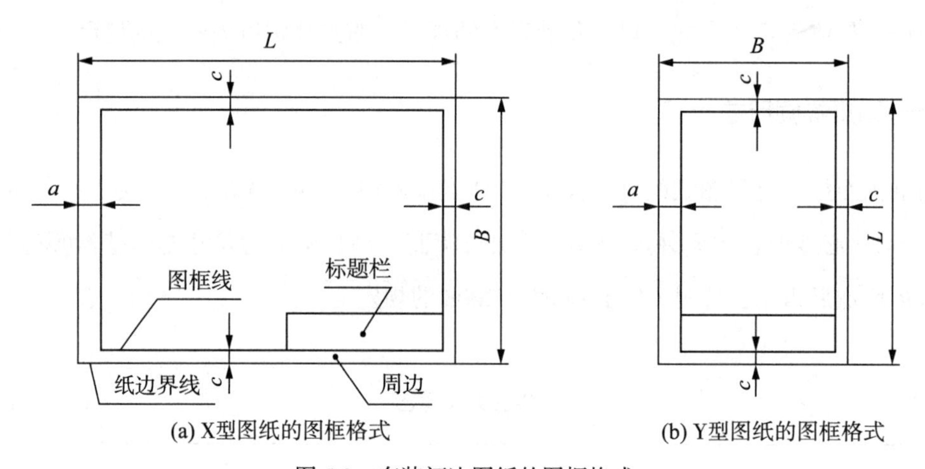

(a) X型图纸的图框格式　　(b) Y型图纸的图框格式

图 5-2　有装订边图纸的图框格式

图框的尺寸按照表 5-2 的规定执行。

表 5-2　**图 框 尺 寸**　（单位：mm）

幅面代号	A0	A1	A2	A3	A4
$B\times L$	841×1189	594×841	420×594	297×420	210×297
e	20		10		
c	10			5	
a	25				

加长幅面的图框尺寸，按所选用的基本幅面大一号的图框尺寸确定。例如：A2×3 的图框尺寸，按 A1 的图框尺寸确定，即 e 为 20(或 c 为 10)，而 A3×4 的图框尺寸，按 A2 的图框尺寸确定，即 e 为 10(或 c 为 10)。

(三)标题栏

每张图纸上都必须画出标题栏。标题栏一般由更改区、签字区、其他区、名称及代号区组成，也可按实际需要增加或减少。更改区一般由更改标记、处数、分区、更改文件号、签名和日期等组成。签字区一般由设计、审核、工艺、标准化、批准、签名和日期等组成。其他区一般由材料标记、阶段标记、重量、比例、图纸编号和投影符号等组成。名称及代号区一般由单位名称、图样名称、图样代号和存储代号等组成。

标题栏中各区的布置可采用如图 5-3 所示的形式。当采用图 5-3(a)的形式配置标题栏时，名称及代号区中的图样代号和投影符号应放在该区的最下方。

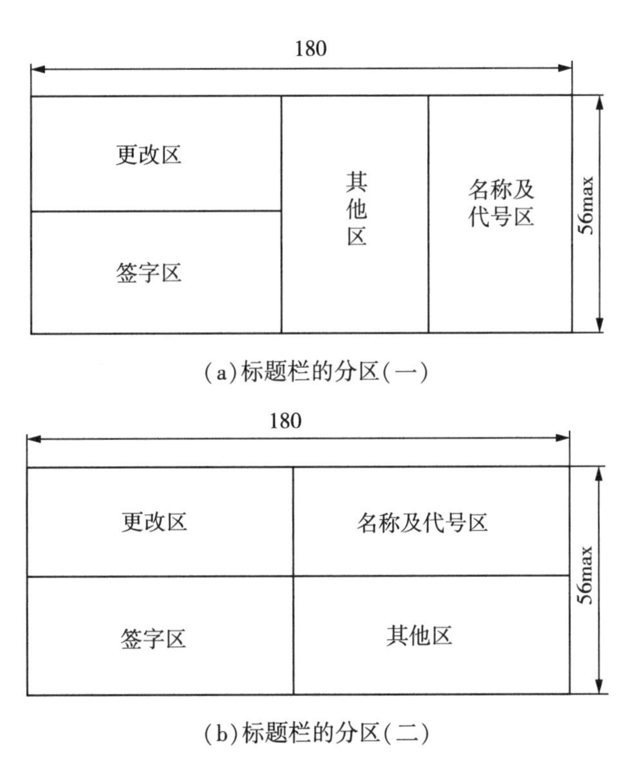

图 5-3　标题栏的分区

标题栏各部分尺寸与格式可参照图 5-4。

(四)图线

图线是起点和终点间以任意方式连接的一种几何图形，其形状可以是直线或曲线、连续线或不连续线。图线的基本线型见表 5-3。需要说明的是，两条线相交时，基本线型 No02～06 和 No08～15 应恰当地相交于画线处，No07 应准确地相交于点上。

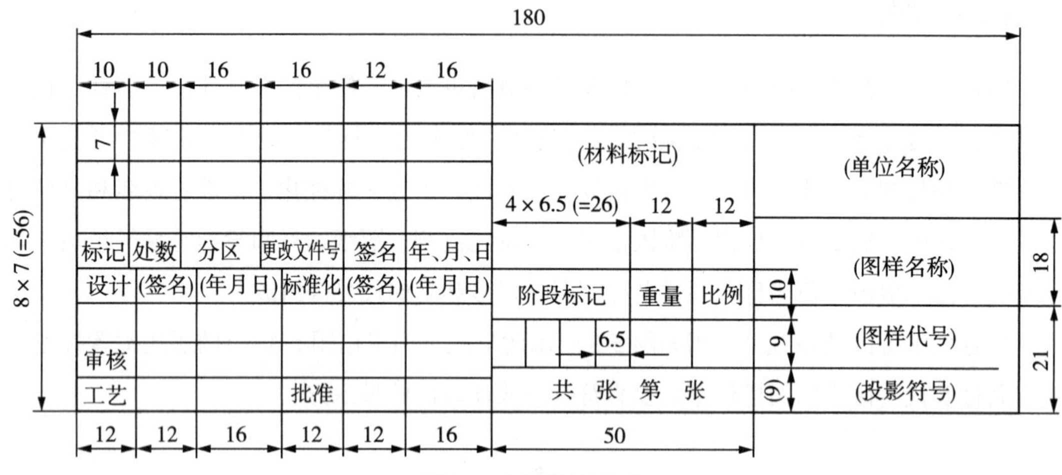

图 5-4 标题栏的格式

表 5-3 **基 本 线 型**

代号 No	基本线型	名称
01		实线
02		虚线
03		间隔画线
04		点画线
05		双点画线
06		三点画线
07		点线
08		长画短画线
09		长画双短画线
10		画点线
11		双画单点线
12		画双点线
13		双画双点线
14		画三点线
15		双画三点线

常见图线的应用场合见表 5-4。虽然，波浪线和双折线都可以表示断裂处边界线、视图与剖视图的分界线，但在一张图样上一般采用一种线型，即采用波浪线或双折线。

表 5-4　　常见图线的代表性应用场合

图线名称	图线类型	一般应用
粗实线	——	(1)可见棱边线 (2)可见轮廓线 (3)相贯线 (4)表格图、流程图中的主要表示线 (5)剖切符号用线
细实线	——	(1)过渡线 (2)尺寸线、尺寸界线、尺寸线的终止线 (3)指引线和基准线 (4)剖面线 (5)重合断面的轮廓线 (6)辅助线 (7)投影线 (8)范围线及分界线
波浪线	～～	(1)断裂处边界线 (2)视图与剖视图的分界线
双折线	—\/—	(1)断裂处边界线 (2)视图与剖视图的分界线
细虚线	······	(1)不可见棱边线 (2)不可见轮廓线
粗虚线	······	允许表面处理的表示线
细点画线	—·—·—	(1)轴线 (2)对称中心线 (3)剖切线
粗点画线	—·—·—	限定范围表示线

(五)字体

书写字体必须做到字体工整、笔画清楚、间隔均匀、排列整齐。汉字应写成长仿宋体字，且为简化字。汉字的高度 h 不应小于 3.5mm，其字宽一般为 $h/\sqrt{2}$。

字母和数字分 A 型和 B 型。A 型字体的笔画宽度(d)为字高(h)的 1/14；B 型字体的笔画宽度(d)为字高(h)的 1/10。在同一图样上，只允许选用一种型式的字体。

字母和数字可写成斜体和直体。斜体字字头向右倾斜，与水平基准线成 75°。

汉字、拉丁字母、希腊字母、阿拉伯数字和罗马数字等组合书写时，其排列格式和间距应符合相关规定。

(六)尺寸标注

尺寸标注也是图样的重要内容。机件的真实大小以图样上所注的尺寸数值为依据，与图形的大小及绘图的准确度无关。

图样中(包括技术要求和其他说明)的尺寸，以毫米为单位时，不需标注单位符号，如采用其他单位，则应注明相应的单位符号。

机件的每一尺寸，一般只标注一次，并应标注在反映该结构最清晰的图形上。

一个完整的尺寸应包括三项内容：①尺寸界线；②尺寸线；③尺寸数字。参见图 5-5。

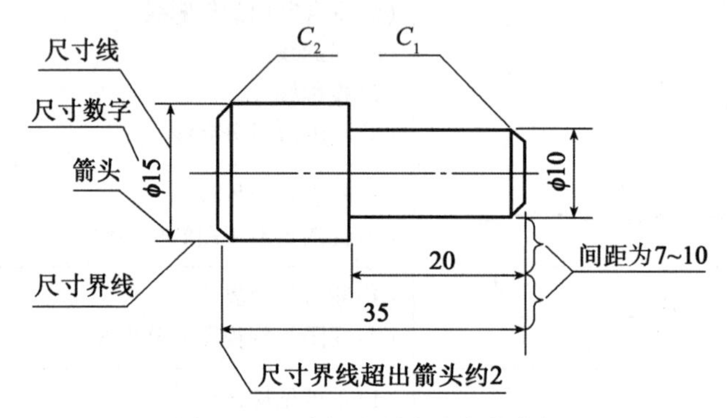

图 5-5　尺寸标注所涉及内容举例

(1)尺寸界线：用细实线绘制，一般由由图形的轮廓线、轴线或对称中心线处引出，也可利用轮廓线、轴线或对称中心线作尺寸界线。尺寸界线一般应与尺寸线垂直，并超出尺寸线的终端 2mm 左右，参见图 5-5。

(2)尺寸线：用细实线绘制，其终端可以有下列两种形式：

①箭头：箭头的形式如图 5-6(a)所示，适用于各种类型的图样；

②斜线：斜线用细实线绘制，其方向和画法如图 5-6(b)所示。

机械图样中一般采用箭头作为尺寸线的终端。

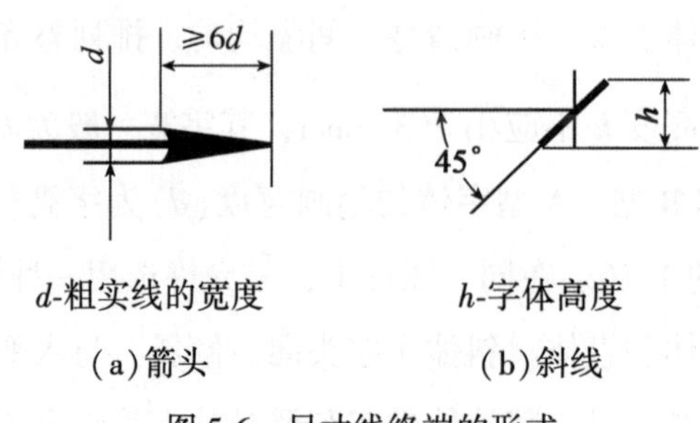

(a)箭头　　(b)斜线

图 5-6　尺寸线终端的形式

尺寸线必须单独绘出，并与尺寸界线垂直，尺寸线不得用其他图线代替，一般也不得与其他图线重合或画在其延长线上。标注线性尺寸时，尺寸线必须与所标注的线段平行；当有几条互相平行的尺寸线时，大尺寸线要注在小尺寸线外面，尽可能避免尺寸线与尺寸界线的相交。

圆的直径和圆弧半径的尺寸线的终端应画成箭头，尺寸线一般应通过圆心。参见图 5-7。

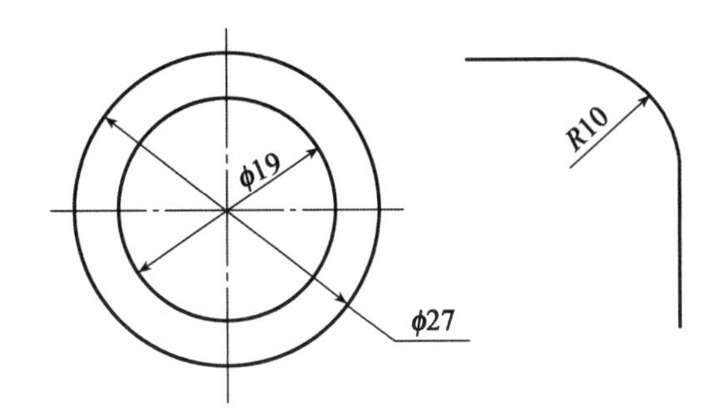

图 5-7　圆的直径及圆弧半径的标注方法

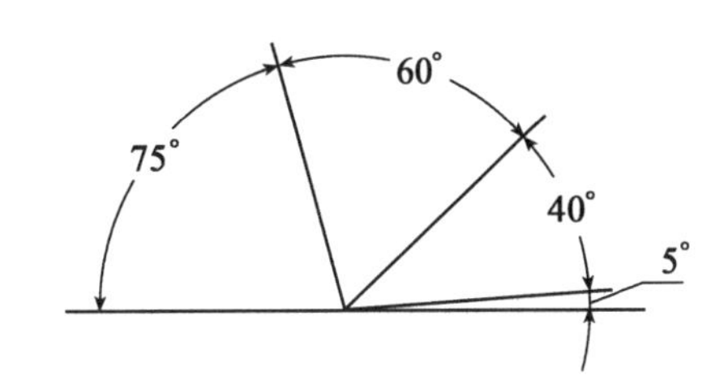

图 5-8　角度尺寸的标注方法

标注角度时，尺寸线应画成圆弧，其圆心是该角的顶点。参见图 5-8。

(3)尺寸数字：线性尺寸的数字一般注写在尺寸线的上方，也允许注写在尺寸线的中断处。根据读图习惯，尺寸数字书写方向应该是从左到右或者从下到上，并与尺寸线基本平行。因此，尺寸数字不要书写在图 5-9(a)所示 30°区域内，以免误解。在无法避免时，应采取引出形式表示，参见图 5-9(b)。

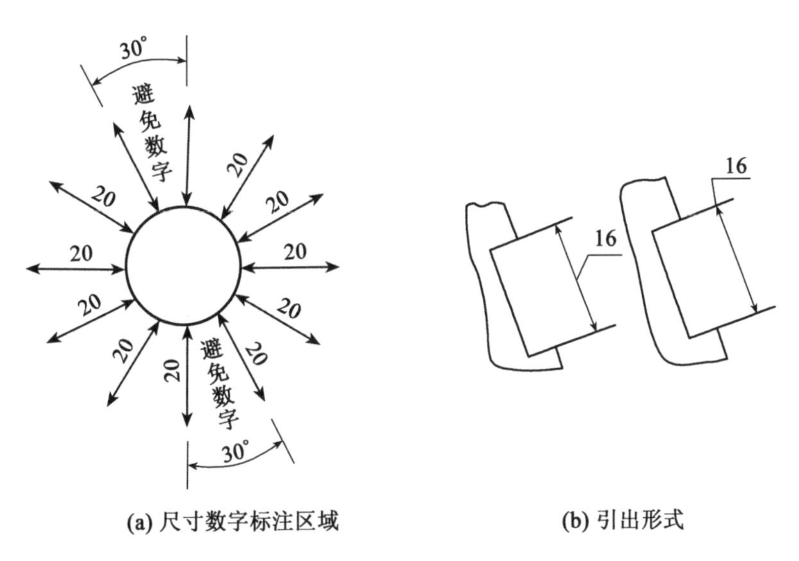

(a) 尺寸数字标注区域　　(b) 引出形式

图 5-9　尺寸数字标注

圆或大半个圆的尺寸数字前方以符号 Φ 表示，圆弧的尺寸数字前方以符号 R 表示，参见图 5-7，角度的尺寸数字右上角以符号°表示，参见图 5-8。

(七)比例

图中图形与其实物相应要素的线性尺寸之比称为比例。比值为 1 的比例，即 1∶1，称为原值比例；比值大于 1 的比例，如 2∶1，称为放大比例。比值小于 1 的比例，如 1∶2，称为缩小比例。需要按比例绘制图样时，应参照表 5-5 选取适当的比例，也可根据相关规定，选取合适比例。

表 5-5 **常用图形比例**

种类	比例		
原值比例	1∶1		
放大比例	5∶1 5×10^n∶1	2∶1 2×10^n∶1	1×10^n∶1
缩小比例	1∶2 1∶2×10^n	1∶5 1∶5×10^n	1∶10 1∶1×10^n

(八)明细栏

装配图中一般应有明细栏。明细栏一般由序号、代号、名称、数量、材料、质量(单件、总计)、分区、备注等组成，也可按实际需要增加或减少。

明细栏一般配置在装配图中标题栏的上方，按由下而上的顺序填写，其格数应根据需要而定。当由下而上延伸位置不够时，可紧靠在标题栏的左边自下而上延续。参见图 5-10。

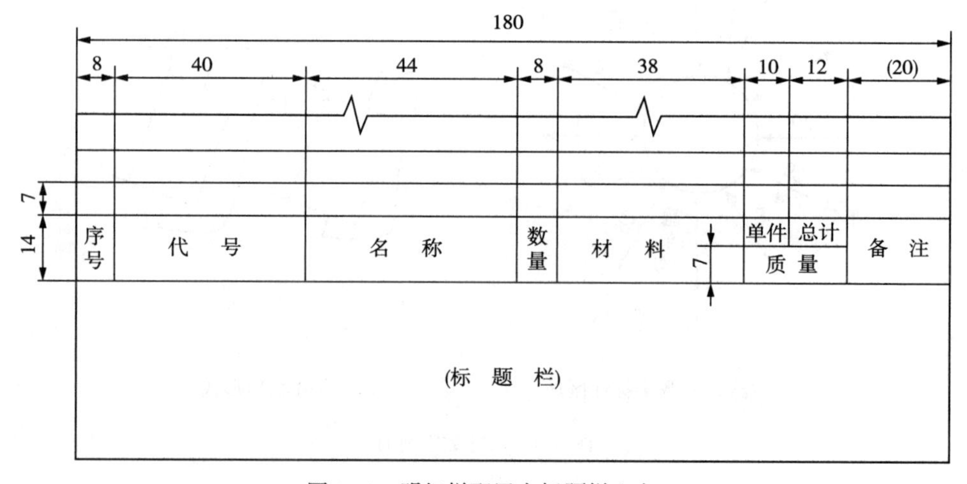

图 5-10 明细栏配置在标题栏上方

当装配图中不能在标题栏的上方配置明细栏时，可作为装配图的续页按 A4 幅面单独给出，其顺序应是由上而下延伸。还可连续加页，但应在明细栏的下方配置标题栏。参见图 5-11。

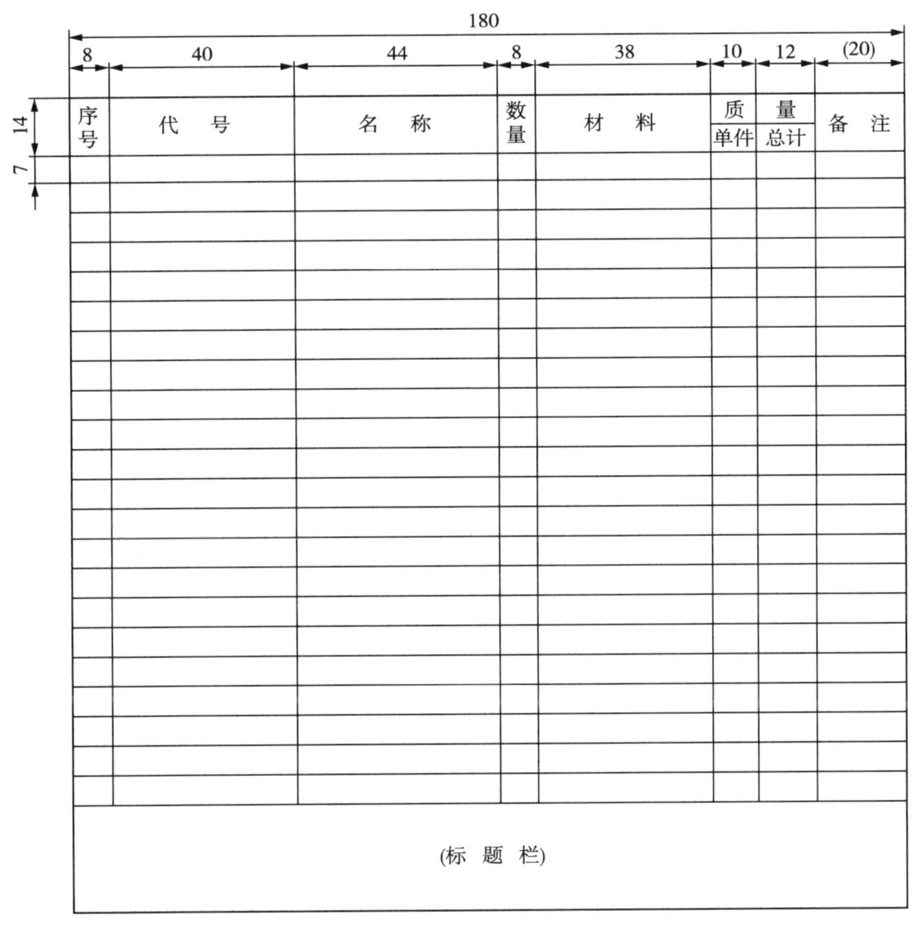

图 5-11　单独配置装配栏

当有两张或两张以上同一图样代号的装配图时，其明细栏应放在第一张装配图上，其标题栏的上方，按由下而上的顺序填写。

三、投影

(一)投影及其分类

以平面 P 为投影面，以不在该平面上的一点 S 为投影中心，从 S 到空间中任意一点 A 的连线 SA(以及必要时的延长线)称为投影线，投影线与投影面 P 的交点 a 称为点 A 在投影面 P 上的投影。这种在投影面上获得几何要素和产生投影的方法称为投影法。参见图 5-12。

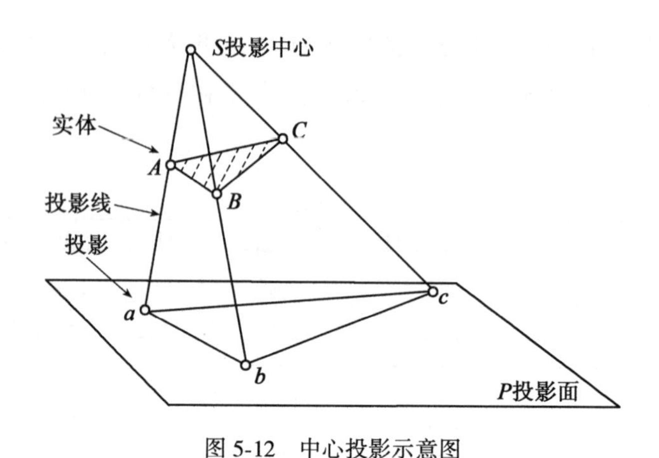

图 5-12　中心投影示意图

投影法分为两类：中心投影法和平行投影法。

1. 中心投影法

投射线都从离投影面 *P* 有限距离的投射中心 *S* 出发的投影法，称为中心投影法。因此，图 5-12 是中心投影示意图。中心投影法得到的单面投影图称为中心投影图或透视图。中心投影得到的图形直观、逼真、富有立体感；但是，物体投影的大小随投影中心与投影面的距离改变而改变，故不能表达物体的形状和大小，而且绘制困难。因此，中心投影主要用于艺术画，也可用来绘制建筑物的外观。

2. 平行投影法

设想投影中心在离投影面无穷远处，各投影线相互平行，这种投影方法叫平行投影法。

平行投影法又分为正投影法和斜投影法两种。

1) 正投影法

所有的投影线都相互平行，并且与投影面垂直，所得的投影称为正投影，正投影往往简称为投影。正投影所得的图形为正投影图。参见图 5-13(a)。

工程图样主要用正投影法，其优点是：作图简单、可以反映物体实际尺寸。其缺点是：缺乏立体感，表达形体不直观，需要人们具有一定的空间想象力。

2) 斜投影法

所有的投影线都相互平行、但不与投影面垂直，所得的投影称为斜投影。参见图5-13(b)。

按一定规定绘出的斜投影图称为轴测图，它也是工程图的一种类别，其优缺点与正投影正好互补，作图较复杂，但图样立体感较强，必要时可作为正投影图的辅助和补充，在绘制化工管段图中也比较方便。

本章所有内容都以正投影法为基础进行讲解。

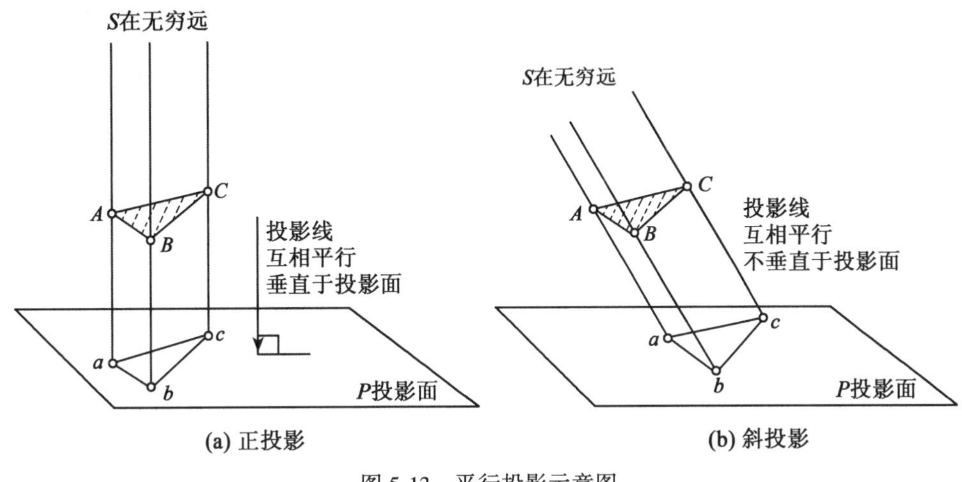

图 5-13　平行投影示意图

(二)三面投影体系

一般情况下，正投影法的单面投影还不能反映空间物体的全貌。因此，工程制图采用三面投影体系。

由相互垂直的正立投影面(简称正面或 V 面)和水平投影面(简称水平面或 H 面)，再加上一个与 V 面、H 面都垂直的侧立投影面(简称侧面或 W 面)，就形成了三投影面体系。参见图 5-14。在三面投影体系中，相互垂直的投影面之间的交线称为投影轴，分别记作 OX、OY、OZ。

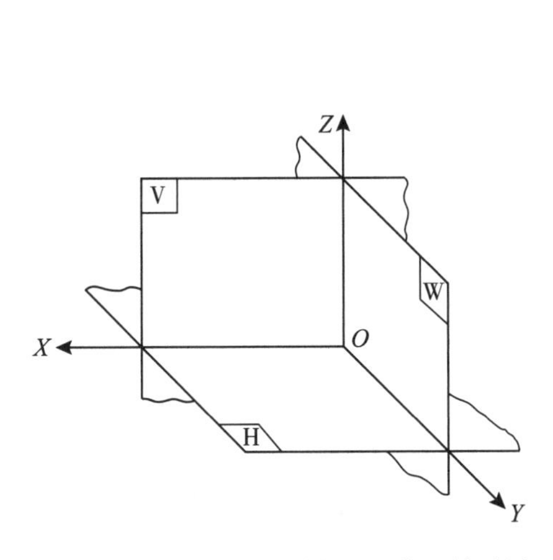

图 5-14　正投影法的三个投影面位置关系图

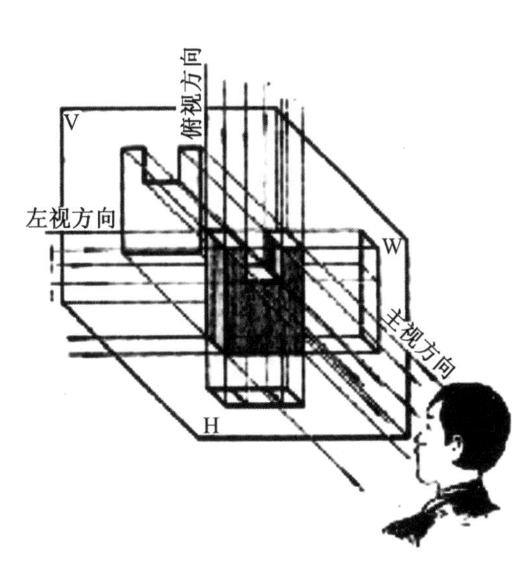

图 5-15　三视图的形成和主视图的选择

(三)三视图

在正投影法中，将物体置于观察者和投影面之间，人的视线规定为平行投影线，然后正对着物体看过去，将物体向投影面投射时所得到的投影称为视图，参见图 5-15。物体在 V 面上的正投影图称为主视图。物体在 H 面上的正投影图称为俯视图。物体在 W 面上的正投影图称为左视图。主视图、俯视图、左视图总称为三视图。三视图是从 3 个不同方向对同一个物体进行投射的结果，主视图应尽量反映物体的主要特征。一般情况下，三视图辅以其他视图，如剖面图、半剖面图等，基本能完整的表达物体的结构。

需要说明的是，在实际应用中，可根据实际情况，在完整、清晰地表达物体特征的前提下，使视图(包括剖视图、断面图等)数量为最少，尽量避免使用虚线表达物体的轮廓及棱线，避免不必要的细节重复，力求制图简便。

四、计算机绘图简介

计算机绘图具有以下优越性：①图样标准、线条统一、美观；②熟练掌握后可以快速绘图；③数字化。图纸文件可建库管理，便于调用、修改、传递和储存。

计算机绘图软件主要有 Autodesk 公司的 AutoCAD，以及国产 CAXA 电子图板软件。

第二节 点、线、面的三面投影

一、点的三面投影

(一)点的三面投影的表示

设空间点 A，在三面体系进行投影，如图 5-16(a)所示。过点 A 分别向 3 个投影面作垂线，得到 3 个交点，即为点 A 在 3 个投影面上的投影，点的投影用空心圆表示。点 A 在 H 面的投影记为 a；在 V 面的投影记为 a'；在 W 面的投影记为 a''。

(二)点的三面投影的展开

投影后，移出点 A，将 W 面和 H 面沿 OY 轴剪开，W 面向后推至于 V 面共平面，H 面向下推至与 V 面共平面，如图 5-16(b)所示。

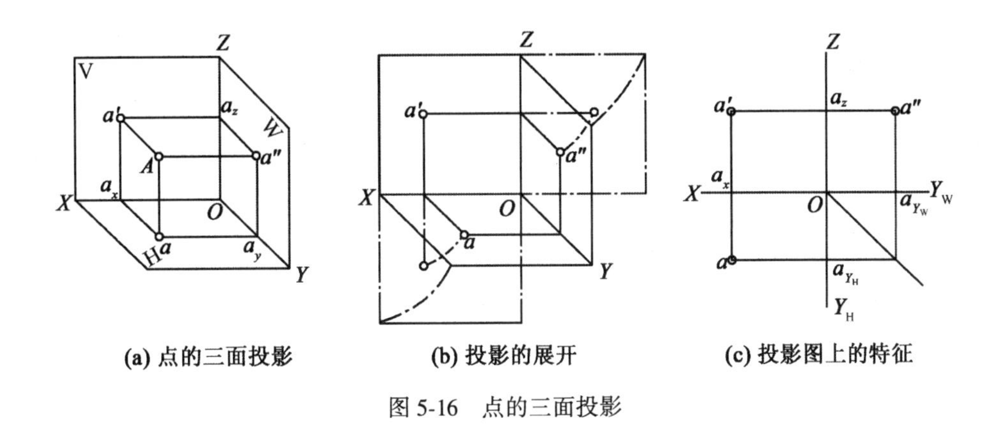

(a) 点的三面投影　(b) 投影的展开　(c) 投影图上的特征

图 5-16　点的三面投影

(三)点的三面投影在视图上的特征及应用

除掉投影面，形成在纸平面上表达的点 A 的三面投影图。为了总结有关规律，目前仍然保留直角坐标，此时 OY 轴被一分为二，分别以 Y_H 和 Y_W 表示。分别作点 A 在两个面上的投影连接线：$a'a$、$a'a''$、aa''；它们与坐标轴分别垂直且交于点 a_X、a_Z、a_{Y_H}、a_{Y_W}，如图 5-16(c)所示。由于 OY_H 轴和 OY_W 轴实质上是 OY 轴剪开、分离后得到的，所以有 $Oa_Y = Oa_{Y_H} = Oa_{Y_W}$。$OY_H$ 轴和 OY_W 轴之间的 45°角平分线是一条非常有用的辅助线。

根据以上投影和作图过程，有关线段的长度有如下关系：

$$a'a_Z = aa_Y = Aa''$$

$$a'a_X = a''a_Y = a''a_{Y_W} = Aa$$

$$aa_X = a''a_Z = Aa'$$

这就是经常说的正投影视图中“长对正，高平齐，宽相等“的“三等规则”。

根据该规律，已知点的两面投影，OY_H 轴和 OY_W 轴之间的 45°角平分线，就可以求其在第三面上的投影。作图方法实例参见图 5-17。

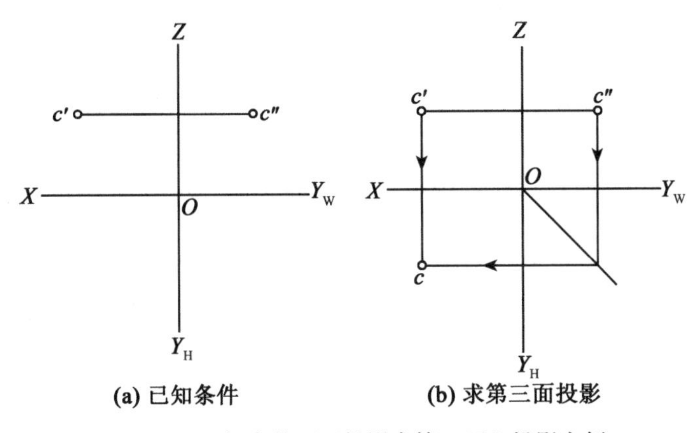

(a) 已知条件　(b) 求第三面投影

图 5-17　已知点的两面投影求第三面上投影实例

(四)特殊位置的空间两点投影

图5-18(a)所示为在一个比较特殊的情况下，点 A 和点 C 的三面投影。由于点 A 在点 C 的正前方，点 C 与点 A 在V面上的投影重合，这种现象称为重影。点 A 在点 C 的前方，其投影可见，仍以 a' 表示；点 C 在点 A 的后方，被点 A 遮挡，在V面的投影不可见，以 (c') 的形式表示之。但点 C 在H面和W面的投影不受影响，仍清晰可见，参见图5-18(b)。

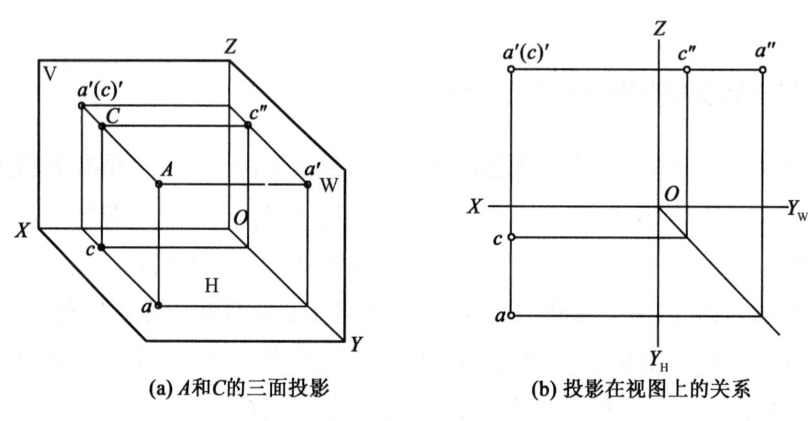

(a) A和C的三面投影　(b) 投影在视图上的关系

图5-18　空间点A和点C的三面投影

二、直线的三面投影

在此，直线指线段。直线相对于投影面，有三种位置关系：垂直、平行和既不垂直也不平行。

(一)垂直于投影面的直线的单面投影

前面已经介绍过，V面、H面和W面3个投影面是两两相互垂直的关系，如果一条直线与其中的一个投影面呈垂直关系，则与另外两个投影面必为平行关系。一般把垂直于V面的直线称为正垂线，垂直于H面的直线称为铅垂线，垂直于W面的直线称为侧垂线。

图5-19中，直线 CD 垂直于V面，且点 C 在前、点 D 在后。直线 CD 在V面上的投影会积聚成一个点，表示为 $c'(d')$，在另外两个投影面上投影反映其真实长度。

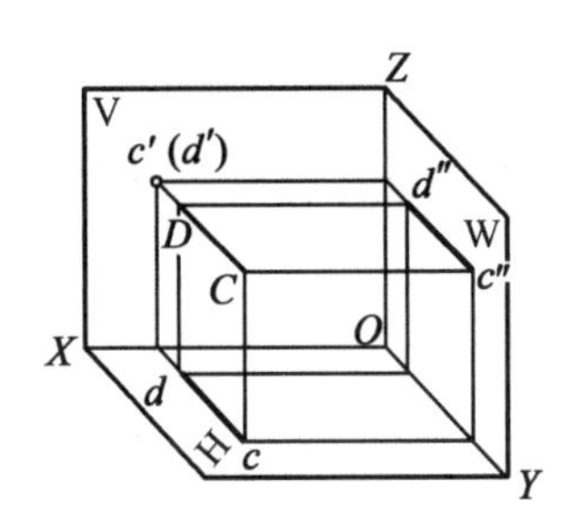

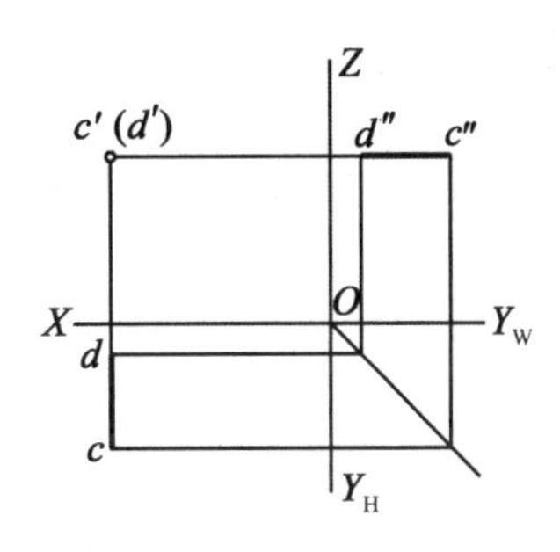

图 5-19　垂直于投影面的直线的投影示例

(二)平行于投影面的直线的三面投影

这里所说的平行于投影面的直线，是指直线与其中一个投影面平行，但与另外两个投影面既不垂直也不平行。一般把平行于 V 面的直线称为正平线，平行于 H 面的直线称为水平线，平行于 W 面的直线称为侧平线。

图 5-20 中，直线 *AB* 平行于 H 面，但与 V 面和 W 面既不垂直也不平行。直线 *AB* 在 H 面上的投影反映其真实长度，在另外两个投影面上的投影仍然是直线，但都比原直线短，不能反映其真实长度。

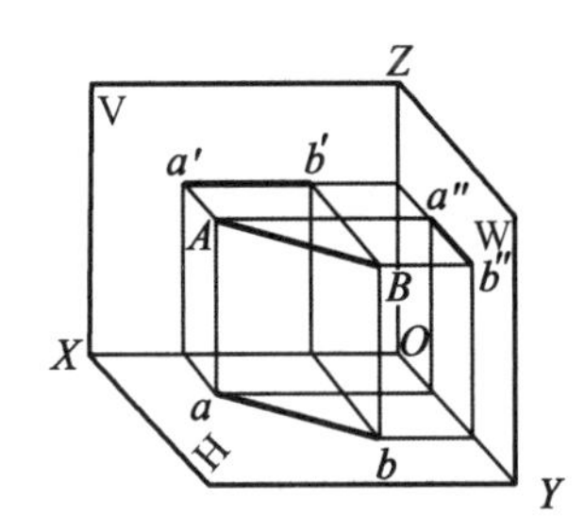

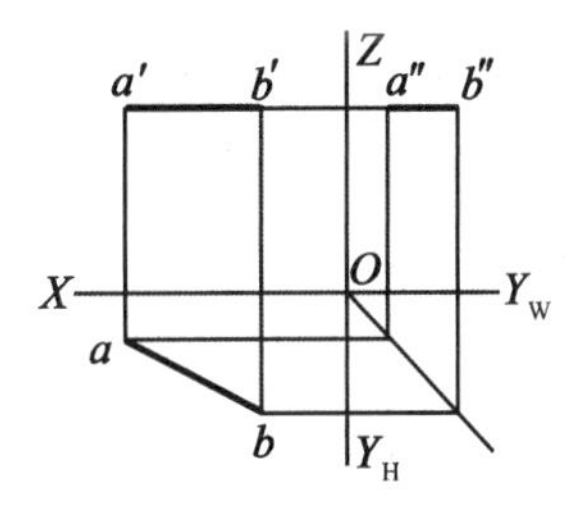

图 5-20　平行于投影面的直线的投影示例

(三)既不垂直也不平行于投影面的直线的三面投影

通常情况下，既不垂直也不平行于投影面的直线称作一般直线。此时，一般直线在 3 个投影面上的投影均为直线，但都比原直线短，不能反映其真实长度。

图 5-21 中，直线 *AB* 及点 *K* 的三面投影作图方法如下：①作直线 *AB* 端点的三面投影；②连接两个端点的同面投影，即得到空间直线的三面投影；③如果确定直线 *AB* 上点 *K* 的一面投影，就可以求出另外两个面的投影。

三、平面的三面投影

平面与投影面的关系也有三种：垂直、平行和既不垂直也不平行。

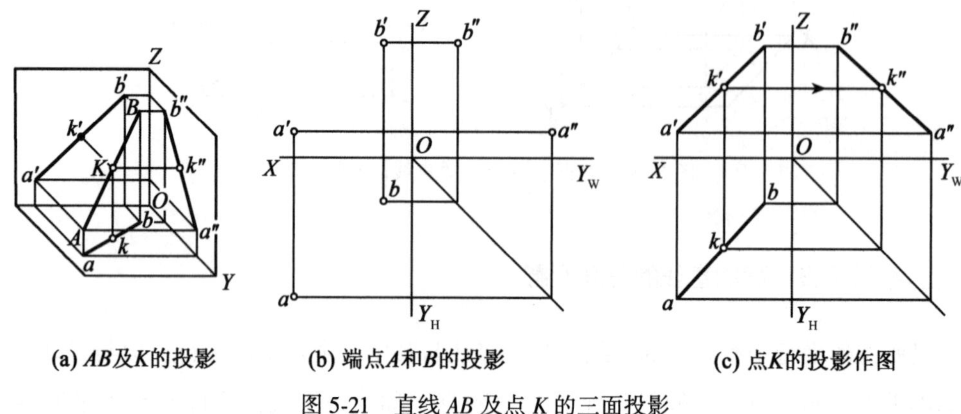

图 5-21　直线 *AB* 及点 *K* 的三面投影

(一)垂直于投影面的平面的三面投影

这里所说的垂直于投影面的平面，是指垂直于其中一个投影面平行，但与另外两个投影面既不垂直也不平行。一般把垂直于 V 面的平面称为正垂面，垂直于 H 面的平面称为铅垂面，垂直于 W 面的平面称为侧垂面。

图 5-22 中，平面 *ABC* 垂直于 V 面，但与 H 面和 W 面既不垂直也不平行。平面 *ABC* 在 V 面上的投影反映其真实长度，在另外两个投影面上的投影仍然是平面，但都比原平面小，不能反映其真实大小。

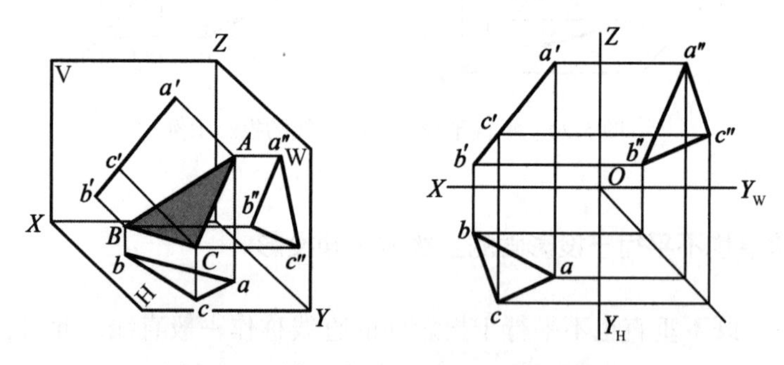

图 5-22　平行于投影面的平面的投影示例

(二)平行于投影面的平面的三面投影

图 5-23 中，平面 *ABC* 平行于 V 面，垂直于 W 面和 H 面。此时，平面 *ABC* 在 V 面上的投影反映真实大小，在 W 面和 H 面上的投影积聚成一条直线。一般把平行于 V 面的平

面称为正平面，平行于 H 面的平面称为水平面，平行于 W 面的平面称为侧平面。

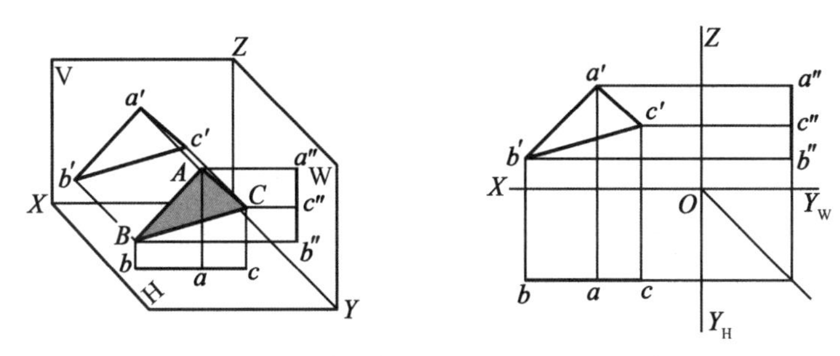

图 5-23　垂直于投影面的平面的投影示例

(三)既不垂直也不平行于投影面的平面的三面投影

通常情况下，既不垂直也不平行于投影面的平面称作一般平面。此时，一般平面在 3 个投影面上的投影仍为平面，但都比原平面小，不能反映其真实大小。其作图过程与前两种位置关系相同，不再赘述。

四、利用正投影法的三面投影特征归纳

通过以上讨论，几何要素的正投影的特征归纳如下：

(1)显实性：与投影面平行的直线，其投影反映真实长度；与投影面平行的平面图形，其投影反映真实大小。

(2)积聚性：与投影面垂直的直线，其投影积聚成点；与投影面垂直的平面图形，其投影积聚成直线。

(3)类似性：当直线或平面与投影面既不平行也不垂直时，其投影为类似的直线或平面，但投影比实际图形要小，不反映空间直线或平面的实际尺寸。

在学习工程制图的过程中，要充分利用正投影的显实性和类似性来反映形体的特征，利用正投影的积聚性简化作图，也要避免其积聚性和类似性可能造成的误觉。

第三节　基本形体的三面投影

基本形体分为平面立体和曲面立体两类。全部由平面多边形围成的立体称为平面立体(简称平面体)。棱柱、棱锥是常见的平面立体。由曲面或曲面和平面共同围成的立体称为曲面立体(简称曲面体)。圆柱、圆锥、球和圆环是常见的曲面立体。

一、平面体的三面投影

绘制平面体的投影，就是绘制围成平面体的平面多边形的表平面的投影，即顶点和边

的投影。投影可见时，画粗实线；投影不可见时，画虚线；当粗实线与虚线重合时，只画粗实线。

1. 棱柱的三面投影

有两个面互相平行，其余各面都是四边形，并且每相邻两个四边形的公共边都互相平行，这些面围城的几何体就叫棱柱。两个互相平行的面叫做棱柱的上、下底面，其余的面叫侧面；每相邻两个四边形的互相平行的公共边叫棱。若棱柱的底面为 n 边形，那么该棱柱便称为 n-棱柱。

三棱柱是最简单的棱柱。如图 5-24 所示，三棱柱可视为由三角形 *ABE* 平面沿其法线(垂直于正平面)方向被拉伸一段距离 *BC* 后，在空间扫描所形成的形体。

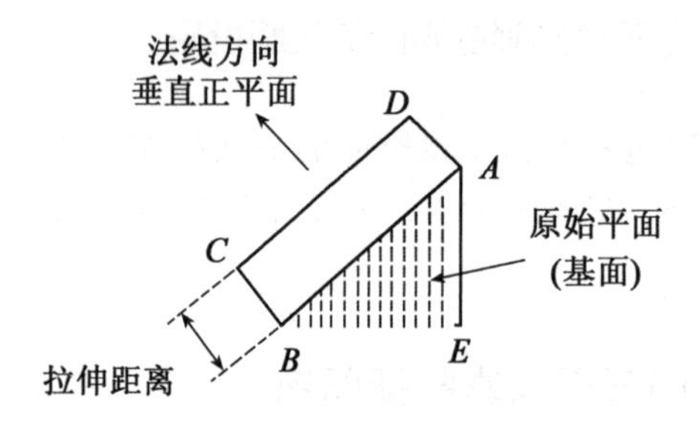

图 5-24　三棱柱的形成示意图

如图 5-25 所示的三棱柱 *ABE-DCF*，其上、下底面都是水平面，它们的 H 面上的投影 *abe* 和 *dcf* 重合，并反映三角形 *ABE* 实形，上、下底面在 V 面和 W 面上的投影积聚成直线。三棱柱的侧面 *BCFE* 与 V 面平行，其 V 面投影为长方形 $b'c'f'e'$，反映实形。但是，该长方形除了两条高度方向的长边之外，所有几何要素都是不可见的；可见的是三棱柱的另外两个垂直于 H 面的棱面的类似形状的投影，它们被棱 *AD* 的投影 $a'd'$ 分开。三棱柱的侧

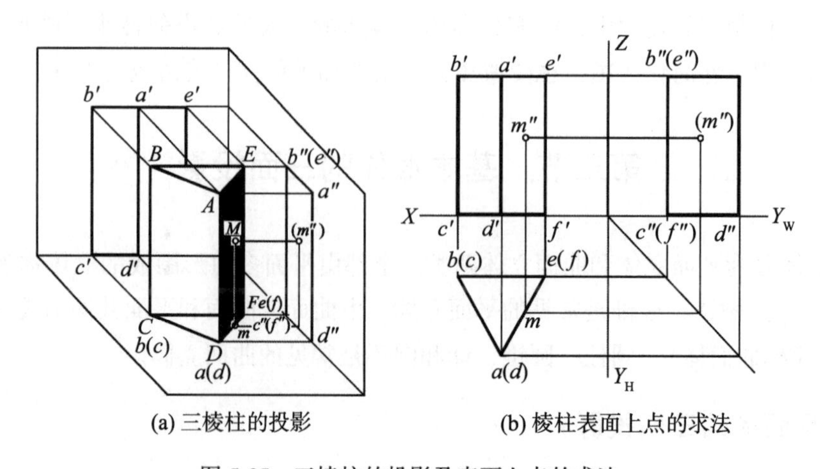

(a) 三棱柱的投影　(b) 棱柱表面上点的求法

图 5-25　三棱柱的投影及表面上点的求法

面 *BCFE* 在 V 面和 W 面上的投影分别积聚成直线。在 W 面可见的是侧面 *ABCD* 的投影，另一个侧面 *ADFE* 的投影与之重叠，它们都是实际图形缩小的类似形。

如已知三棱柱表侧面 *ADFE* 上点 *M* 的 V 面投影 m'，可按照前述点的投影求解其在 W 面和 V 面上的投影。

2. 棱锥的 Sam 投影

有一个面是多边形，其余各面是有一个公共顶点的三角形，由这些面所围成的几何体叫做棱锥。多边形叫做棱锥的底面，其余各面叫做棱锥的侧面；相邻侧面的公共边叫做棱锥的侧棱；各侧面的公共顶点叫做棱锥的顶点。若棱锥的底面为 *n* 边形，那么该棱锥便称为 *n*-棱柱。

棱锥的形成过程规律性差，其形体中可以同时处于特殊位置的几何要素有限。因此，往往形成与实物具有类似性的图形。

三棱锥是最简单的棱锥。三棱锥的三面投影参见图 5-26(a)。三棱锥 *S-ABC* 除了底面 *ABC* 为水平面(H 面投影显实)、侧面 *SAC* 为侧垂面(W 面投影积聚)外，另外两个侧面处于一般位置，其投影在三个投影面上都是与实物不相同的三角形。将三棱锥 *S-ABC* 的投影展开，并按照长对正、高平齐、宽相等的原则绘制成图并擦除投影轴和辅助线后就得到 5-26(b)。可以看出，三棱锥的投影图是由若干个线框组成的，特别是 H 面投影，在具有显实性的大三角形 *abc* 内包括了 3 个三角形，它们分别是侧面 *SAB*、侧面 *SBC* 和侧面 *SCA* 的投影。

通过分析，可以总结出如下规律：投影图中的每个封闭线框，均表示物体的一个表面(在此为平面，也可能是圆滑曲面)投影；相邻的两个封闭线框，是物体上相交的两个表面的投影；在一个大封闭线框内包括若干小线框，表示物体上的这些面不共平面。这一结论，对分析、看懂复杂形体的视图时非常有帮助。

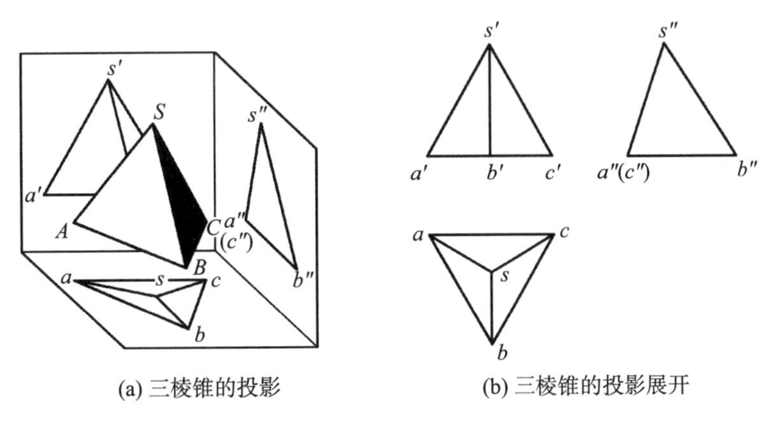

(a) 三棱锥的投影　　(b) 三棱锥的投影展开

图 5-26　三棱锥的投影及展开

二、曲面体的三面投影

工程上常用的曲面体一般为回转体。由具有一定边界形状的含轴平面图形，绕轴旋转360°，所扫过的空间，称为回转体。回转体的表面为曲面，或者由曲面和平面共同组成。这些曲面是由称为母线的直线或曲线绕轴旋转产生的，母线在曲面上的任一位置称为素线。

绘制回转体的曲面表面的投影时，作为轮廓线，只需要绘成回转曲面的转向素线，即曲面可见和不可见部分的分界线。但必须绘出轴线的投影，即在与轴线平行的投影面上，用穿过形体投影的点画线表示轴线；在与轴线垂直的投影面上，用互相垂直的点画线的交点表示轴线，一般也把互相垂直的点画线穿过形体投影。

(一)圆柱的三面投影

圆柱体及其变化在实际机件中较为常见。圆柱体可以看作是包含轴的矩形平面绕轴旋转一周扫过的空间，由侧面和两个底面组成，参见图 5-27(a)。图 5-27(b)所示为圆柱体的三面投影展开。由于圆柱轴线是铅垂线，圆柱面上所有素线都是铅垂线，因此，圆柱面的 H 面投影积聚成为一个圆。圆柱两个底面为水平面，其投影是反映实形的圆，均与圆柱面的水平投影重合。侧面的 V 面投影为矩形线框，矩形的上、下两边也分别为上、下底面的投影积聚而成。虽然圆柱体的 W 面投影图形与 V 面投影在形式上完全一样，但矩形线框所表示的具体意义不尽相同。图 5-27(b)中还显示了已知圆柱体表面上点 M 的正面投影 m'，求另两面投影的过程。

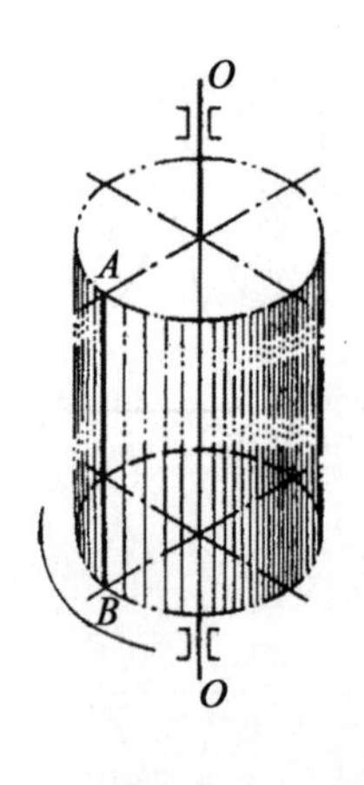

(a) 圆柱体的形成

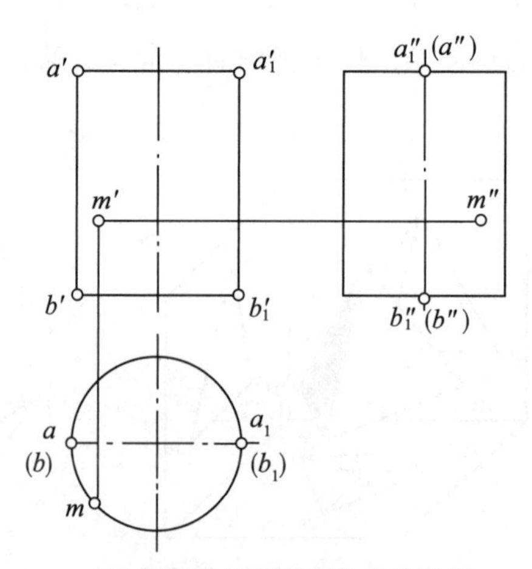

(b) 圆柱体及其曲面上点的投影

图 5-27　圆柱体的投影

(二)圆锥的三面投影

圆锥体可以看成是含轴等腰平面三角形 *SAB* 绕轴旋转一周扫过的空间，见图 5-28(a)。其表面由侧面和底面组成。侧面可以看成是由与轴交叉于点 *S* 的直线 *SA* 绕轴旋转一周形成的曲面。依据不同的观察方向，圆锥体有不同的转向素线。例如，按图 5-28(b)箭头所示方向进行 V 面投影时，*SA* 和 *SB* 是转向素线，它们的 V 面投影是圆锥体的轮廓线组成部分；而对于向 W 面的投影，转向素线为处于图 5-28(b)中最前方和最后方的 *SC* 和 *SD*。圆锥体的三面投影画法参见图 5-28(c)。

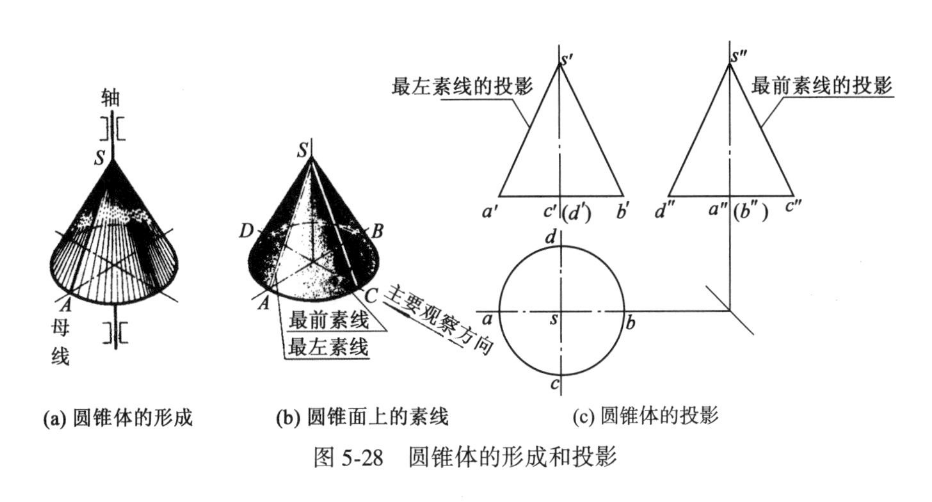

图 5-28　圆锥体的形成和投影

(三)圆球和圆环的三面投影

圆球体是包含轴的圆平面绕轴回转而成的形体，圆球体的投影以及球面上点的投影关系参见图 5-29。圆球与圆的投影形式往往相同，为避免混淆，将圆球尺寸用 *SΦ* 或 *SR* 标注。

圆环是圆平面绕其图形外的轴回转而成的形体，其投三面影参见图 5-30。

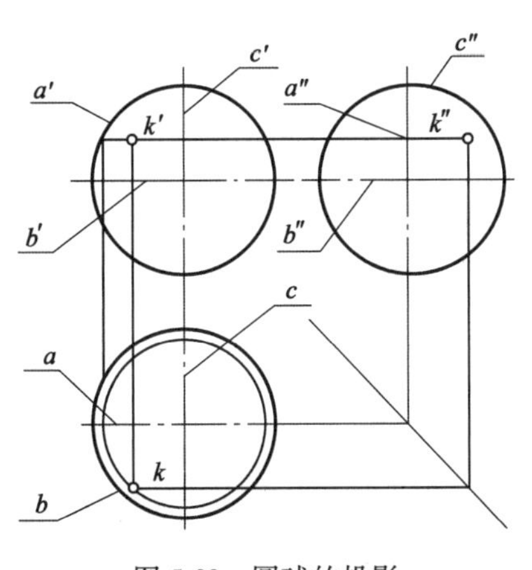

图 5-29　圆球的投影

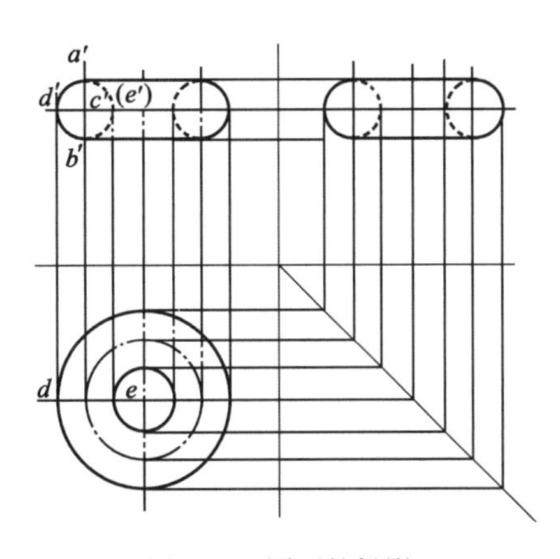

图 5-30　圆环的投影

第四节 相交形体的视图

形体的相交可以分为：平面与立体相交、立体与立体相交。在熟悉投影基本知识的基础上，为了表达的习惯和方便，通常把形体的投影称为视图。

一、平面与立体相交

在基本形体的三面投影中已经讲过，基本形体分为平面体和曲面体。根据基本形体的不同，平面与立体相交的视图也有所区别。

(一)平面与平面体相交

平面与平面体表面的交线称为截交线，该平面称为截平面。如图 5-31(a)所示，平面 *P* 与三棱锥 S-ABC 相交，平面 *P* 即为截平面，点Ⅰ、点Ⅱ、点Ⅲ两两连接所得线条即为截交线，截交线围成的平面即为截交面。由此可知，平面有平面体相交所得截交线有以下特点：①表面性：截交线位于平面体的表面；②共有性：截交线是截交面与平面体的共有线；③封闭性：截交线一定是封闭的线条。

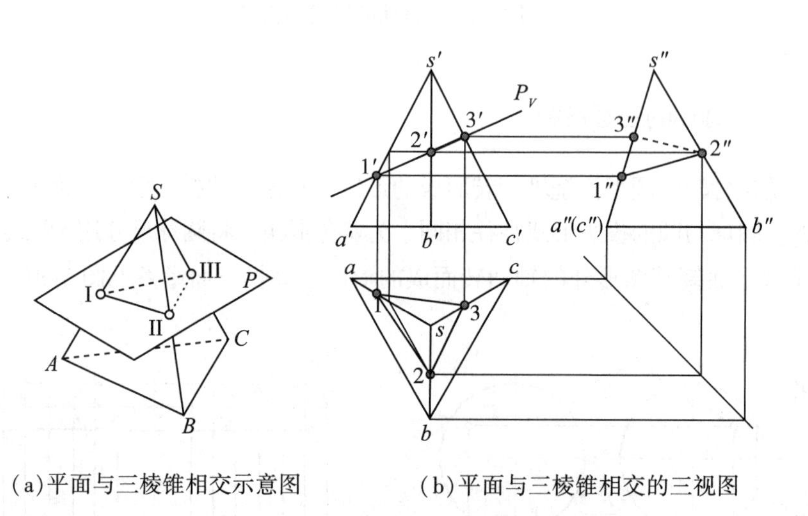

(a)平面与三棱锥相交示意图　　(b)平面与三棱锥相交的三视图

图 5-31 平面与三棱锥相交

平面体的截交线一般为多边形，多边形的边数由截交面的位置与平面体的表面形状共同决定。

截交线的求解方法有两种：线面交点法、面面交线法，通常分为以下步骤：①根据平面体的形状与截平面的位置，大致判断截交线的形状；②作出截交线的特殊点在各投影面的投影；③连接各点。需要说明的是，要注意截交线的可见性。截交线的可见性与其所在平面体的立体表面的可见性相同。

以上所说的截交面仅与平面体相交，并未改变平面体的完整结构。如果截交面切去部分平面体，破坏了平面体的完整结构，截交线的可见性和平面体的轮廓线都会随之发生变化。

如图 5-32(a)所示，正六棱柱被垂直于 V 面的平面 $ABCDEF$ 截去一部分，剩余的平面体称作截头六棱柱 $ABCDEF\text{-}A_0B_{00}CD_0E_0F_0$。截头正六棱柱的三视图的关键是求截交线围成的上底面。由于截交线也在截交面上，该截交面垂直于 V 面，因此，截交线围成的上底面在主视图中积聚为一条直线。根据高度尺寸 AA_0 和 DD_0 可确定在主视图中上底面积聚线的位置。俯视图中，上底面与下底面正六边形重合。

根据三等规则作图。求截交面与各棱的交点在左视图中的位置，参见图 5-31(b)。最后，连接左视图中有关交点，得到截交线围成的上底面。擦去作图线，加工线条，得到左视图。参见图 5-31(c)。

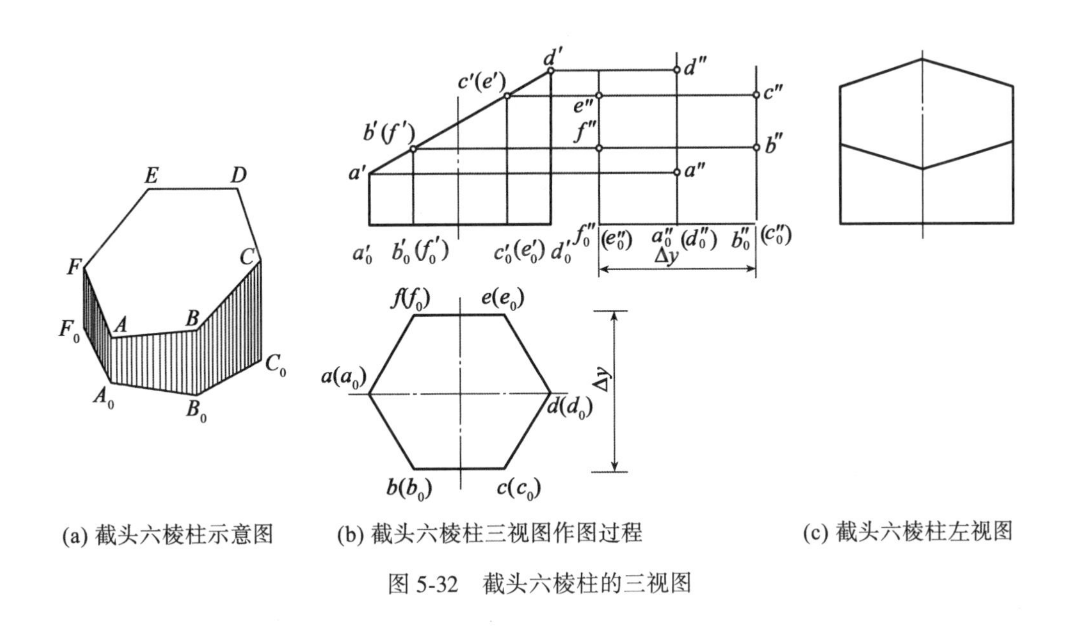

(a) 截头六棱柱示意图　(b) 截头六棱柱三视图作图过程　(c) 截头六棱柱左视图

图 5-32　截头六棱柱的三视图

(二)平面与曲面体相交

平面与曲面体相交所得截交线同样具有表面性、共有性、封闭性的特点。因曲面体的表面不再是平面，其截交线的求解步骤与平面体略有不同，通常分为以下步骤：①根据曲面体的形状与截平面的位置，大致判断截交线的形状；②作出截交线的特殊点在各投影面的投影；③作出截交线的一般位置点的各面投影；④连接同一平面上的各点，曲线一定要光滑。需要说明的是，要注意截交线的可见性。截交线的可见性与其所在曲面体的立体表面的可见性相同。

由于与平面与平面体相交有太多的相似之处，这里仅挑选圆锥和圆球作为代表性讲解。

1. 平面与圆锥相交

如图 5-33(a)所示，圆锥被截平面斜切，截平面为椭圆。在这种情况下，尽量将截平面放到垂直于某投影面的位置，截交线在该面的投影可以积聚成直线，但在其他两个投影面上，截交线投影只有类似性，均为不反映实际大小的椭圆。此时，利用三视图上几何要素的三等规则和截交线在特殊投影面上的积聚性，采取素线法作图求截割平面与圆锥面的交点在其他视图的位置，进一步连接成为椭圆。参见图 5-33(b)。

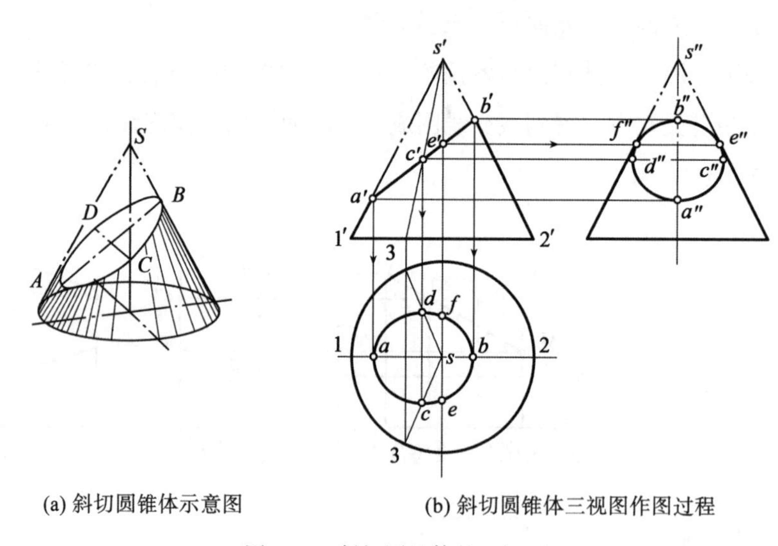

(a) 斜切圆锥体示意图　　(b) 斜切圆锥体三视图作图过程

图 5-33　斜切圆锥体的三视图

2. 平面与圆球相交

图 5-34(a)是半球体被一个水平面和两个侧平面部分切割后所得的形体。此时，截平面与球体表面形成的截交线都是圆弧，其三视图如图 5-34(b)所示。

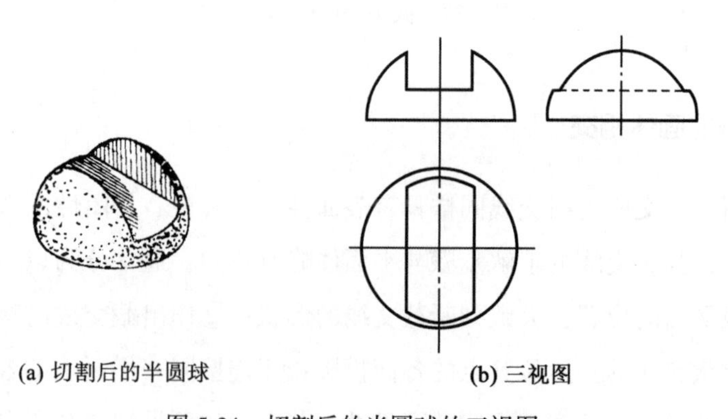

(a) 切割后的半圆球　　(b) 三视图

图 5-34　切割后的半圆球的三视图

二、立体与立体相交

立体与立体的相交叫做相贯，其表面产生的交线叫做相贯线。相贯线一般为光滑、封闭的空间线条，是两立体表面的共有线。求相贯线实际上就是求两立体表面的共有点，这与截交线的求解有异曲同工之处。

(一)平面体与平面体相贯

平面体与平面体相贯形成的相贯线一般为闭合的折线，参见图 5-35(b)。此时，相贯线也可以看成是一个平面体被另一个平面体的表面切割所产生的截交线，这里不再展开讨论。

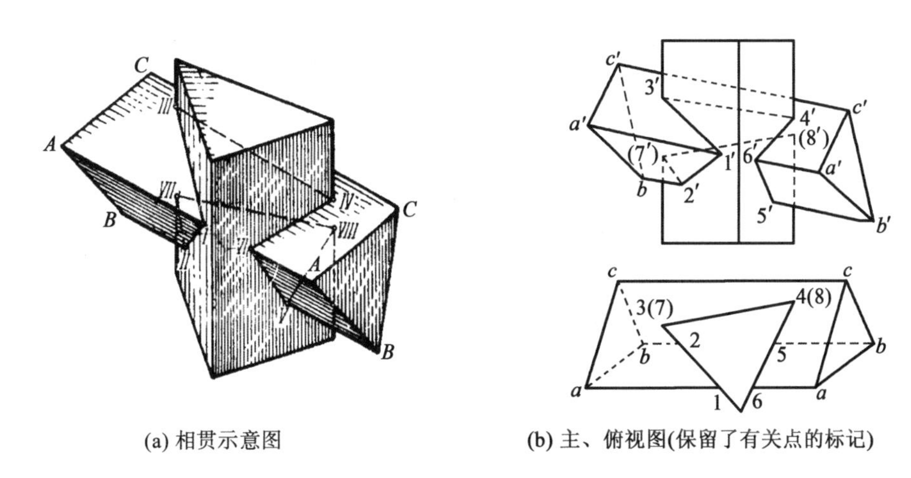

(a) 相贯示意图

(b) 主、俯视图(保留了有关点的标记)

图 5-35 平面体与平面体相贯实例

(二)平面体与曲面体相贯

图 5-34(a)可以看成是半球体与假象的长方体相贯而得到，此时的截交线即为两立体相贯的相贯线。

(三)曲面体与曲面体相贯

1. 曲面体与曲面体相贯的一般情况

曲面体与曲面体相贯一般形成封闭的空间曲线。图 5-36 表示小直径圆柱体垂直交于大直径圆柱体的视图，这是立体相贯形成相贯线的典型例子。由于两个圆柱体都处在比较特殊的位置，相贯线在水平面积聚，与小圆柱底面的投影完全重叠；相贯线在侧平面也积聚，与大圆柱底面投影中的一段圆弧重叠。求相贯线在 V 面投影的作图方法见图 5-36(b)。

(1)求相贯线两个最高特殊点(点 A 和点 B)投影。就是主视图中两个圆柱轮廓线的交点，得到 a'和 b'的位置。

(2)求相贯线两个最低特殊点(点 C 和点 D)的投影。由左视图中两个圆柱轮廓线的交点 c°和 d°向右作水平线，交主视图中轴线，得到 c°和 d°的位置，因 d°在主视图中不可见，所以用(d°)表示。

(3)为了确定相贯线一般点在主视图上的位置，在俯视图中，过相贯线投影(也就是小圆柱底面的投影)作水平线，交小圆周于点 m、点 n；按俯、左视图中“宽相等”的原则，可以确定左视图中相应的点 m°、点 n°。从点 m 向上作垂直线、从 m°向右作水平线，它们相交于主视图中的点 m'。相应得到点 n'。

(4)类似的，确定主视图中若干个一般点的位置，连接这些点，得到主视图的相贯线。

擦除辅助线条后，得到三视图，参见图 5-36(c)。

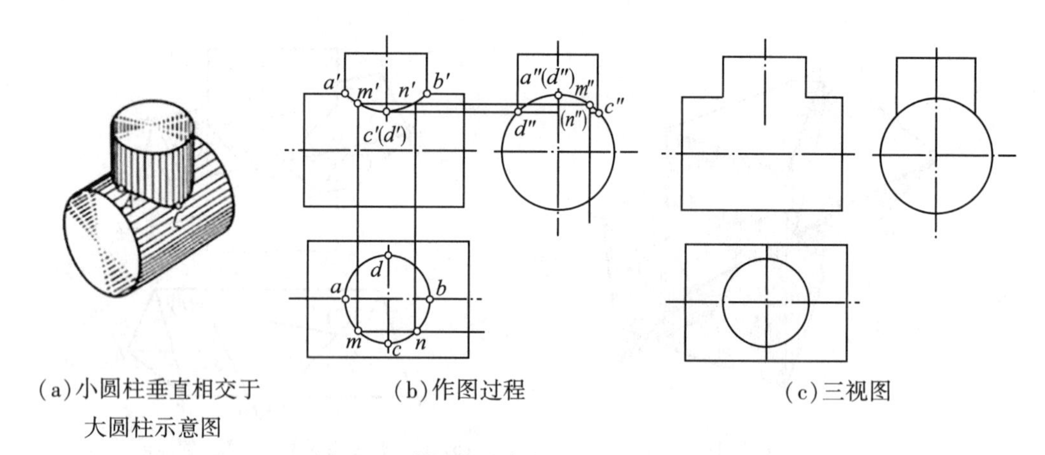

(a)小圆柱垂直相交于大圆柱示意图　　(b)作图过程　　(c)三视图

图 5-36　小圆柱垂直交于大圆柱的相贯线

由于实际物体表面形式多样化，机件相贯线形式也比较复杂，如图 5-37 所示。因此，在相贯线的绘制过程中，一定要仔细、认真，正确反映相贯线的位置关系。

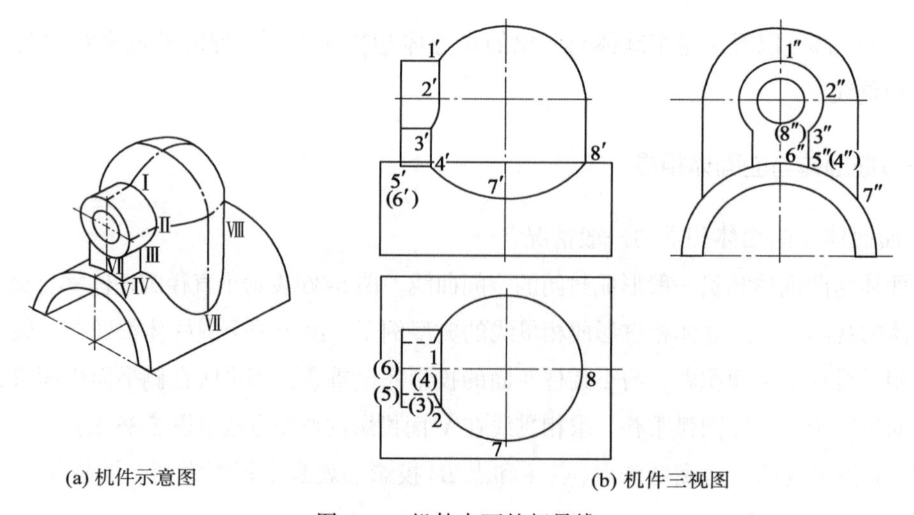

(a) 机件示意图　　(b) 机件三视图

图 5-37　机件表面的相贯线

2. 曲面体相贯的特殊情况和简化画法

在回转体与球体相贯、直径相等的圆柱体相贯等特殊情况下，相贯线为平面曲线。参见图 5-38。

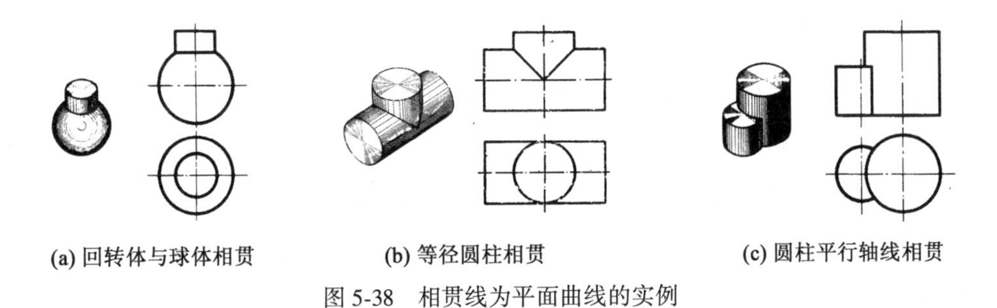

(a) 回转体与球体相贯　(b) 等径圆柱相贯　(c) 圆柱平行轴线相贯

图 5-38　相贯线为平面曲线的实例

在不影响视图正确表达的前提下，允许采用一段圆弧代替逐点方法绘制相贯线，在相贯形体直径相差悬殊时，甚至可以用线段代替相贯线。参见图 5-39。

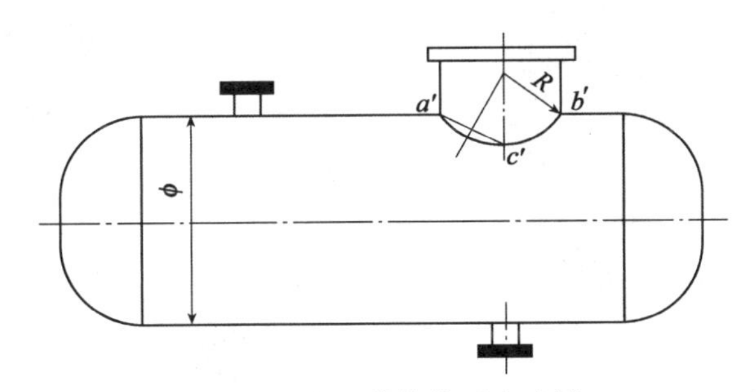

图 5-39　相贯线简化画法示例

3. 过渡线

因为工艺和结构的需要，在某些机件的两个回转面之间采取圆滑过渡，称为“圆角”。此时，按没有圆角的情况，绘制出两个回转面的界限，这种交线称为过渡线。由于过渡线表示的轮廓不明显，所以，过渡线的两端由粗实线逐渐变细，且不与视图中的轮廓线接触。参见图 5-40。

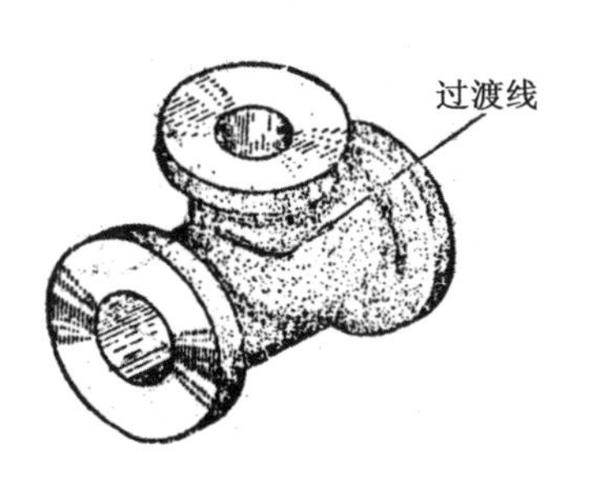

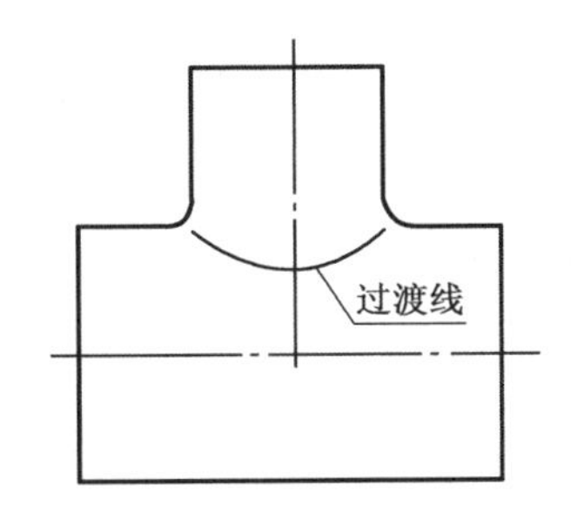

(a) 阀体表面的过渡线　(b) 过渡线的画法(视图仅绘出局部)

图 5-40　过渡线及其画法示例

第五节 组合体的视图

一、组合体简介

由两个以上基本形体组合而成的形体，称为组合体。组合体的构成方式可以分为叠加、挖切，以及叠加和挖切的综合。通过想象和分析，把复杂物体看成是由若干简单形体组合构成的物体的方法，称为形体分析法。例如，图 5-41 所示的一种轴承座，可以看成是由立板、肋板和底板三部分叠加形成。肋板，亦称筋，为三角块。立板由正方体和半个圆柱体按直径方位叠加后，中部挖孔，即切割掉一个较小的圆柱体以后形成。底板基本上是正方体，前方挖去两个小孔，并有称为“圆角”的圆弧细节结构。

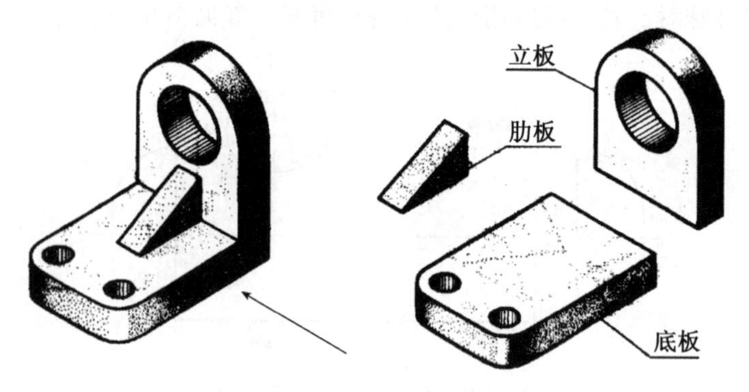

图 5-41 组合体示意图

二、组合体表达及注意事项

(一)组合体表达

组合体的表达常需要一组视图，包括基本视图、向视图、局部视图和斜视图，有时为了清晰表达内部结构，还会采用剖视图和断面图的表达方法。

1. 基本视图

在正投影法中，人可以从 6 个方向观察物体，即有 6 个基本投射方向，相应地有 6 个基本的投影平面分别垂直于 6 个基本投射方向。物体在基本投影面上的投影称为基本视图，参见图 5-42。

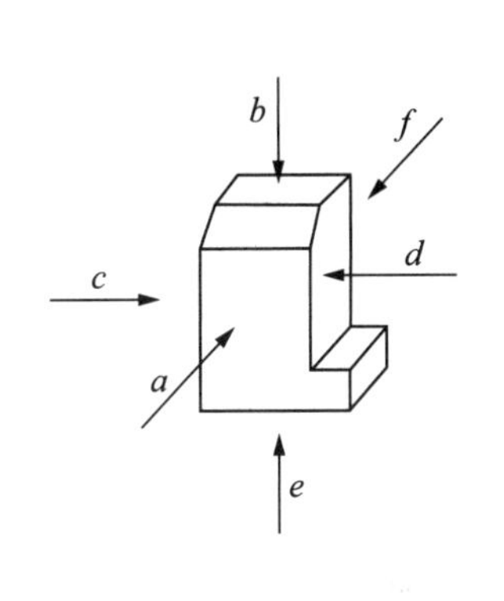

投射方向		视图名称
方向代号	方　　向	
a	自前方投射	主视图或正立面图
b	自上方投射	俯视图或平面图
c	自左方投射	左视图或左侧立面图
d	自右方投射	右视图或右侧立面图
e	自下方投射	仰视图或底面图
f	自后方投射	后视图或背立面图

图 5-42　基本视图的投射方向

在 6 个基本视图中，最常用的是三视图，即左视图、俯视图、正视图。三视图中最重要的主视图，因此，首先要选择最能表达物体特征的视图作为主视图。对于简单物体，由主视图或再加一幅视图即可完整表达物体。

2. 向视图

向视图是可自由配置的视图。绘制向视图时，一般在向视图的上方标注“X”(为大写拉丁字母)，在相应视图的附近用箭头指明投射方向，并标注相同的字母。参见图 5-43。

3. 局部视图

如果组合体的基本形象已通过其他视图表达清楚，仅需要表达某些细节时，假想将组合体需要表达的一部分断裂下来，并向基本投影面进行投影，得到的视图称为局部视图。局部视图的断裂边界用波浪线表示，参见图 5-43 中 *A* 向视图；当表示的局部结构是完整的且外轮廓封闭时，波浪线可省略，参见图 5-43 中 *B* 向视图。

局部视图可按基本视图的配置形式配置，也可按向视图的配置形式配置。

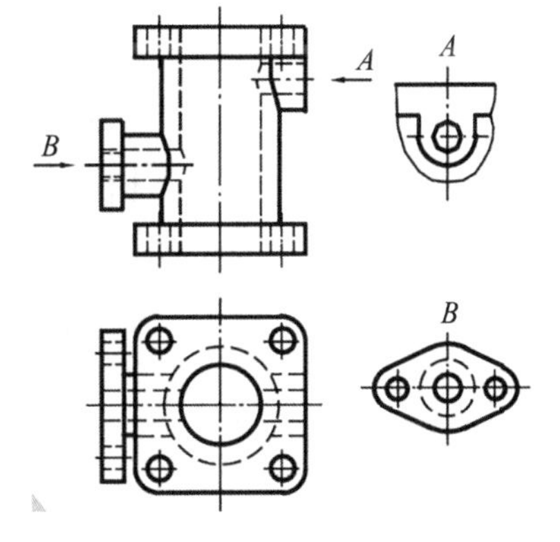

图 5-43　向视图实例

4. 斜视图

斜视图是物体向不平行于基本投影面的平面投射所得的视图。当物体的表面与投影面呈倾斜关系时，如图 5-44(a)所示，其在 W 面上的投影不能反映实形。这时，可增设一个与倾斜表面平行的辅助投影面，将倾斜部分向辅助投影面投射，得到斜视图。斜视图通常按向视图的配置形式配置并标注，其断裂边界用波浪线表示。必要时，允许将斜视图旋转配置，此时，表示该视图名称的大写拉丁字母应靠近旋转符号的箭头端，参见图 5-44(b)，也允许将旋转角度标注在字母之后。

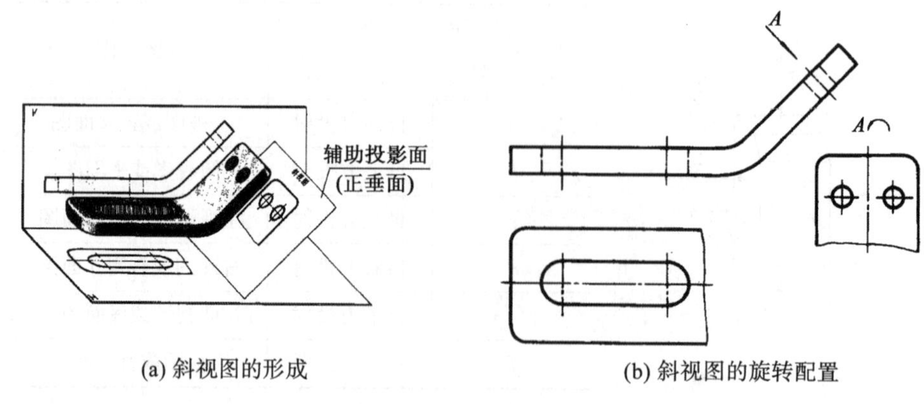

(a) 斜视图的形成　　(b) 斜视图的旋转配置

图 5-44　斜视图实例

5. 剖视图

1)剖视图的形成

为表达物体内部结构，减少虚线，清晰图样，常常采取剖视的方法。假想用剖切面剖开物体，将处在观察者和剖切面之间的部分移去，而将其余部分向投影面投射所得的图形，称为剖视图。剖视图可简称剖视。参见图 5-45。

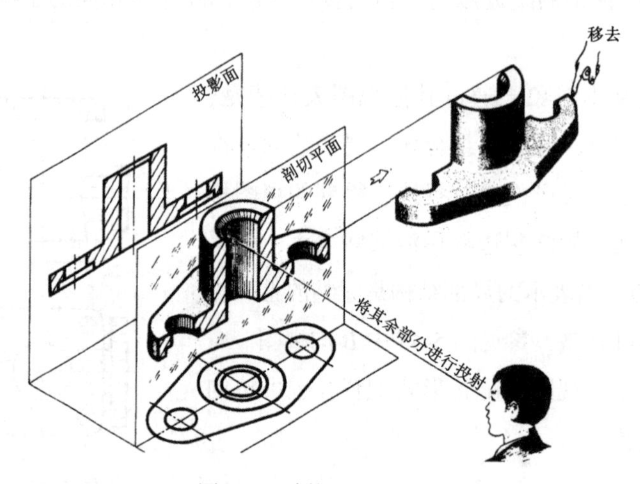

图 5-45　剖视图的形成

2)剖切面及其选择

剖切面一般为平面，其数量可根据物体的形状特点，选一个或多个。

为了充分表达物体的内部形状，剖切面的位置应通过孔、槽的轴线或对称面，且要平行于某一基本投影面。参见图 5-45 中的剖切平面，平行于 V 面。

3)剖面符号

不同材料制作的组合体，其剖面符号的使用应符合相关规定。当不需要表示材料的类别时，可按通用剖面线表示。此时，剖面线为细实线，而且与剖面的外面轮廓成对称或相适宜的角度(一般为45°)。

同一个零件相隔的剖面应使用相同的剖面线，相邻零件的剖面线应该用方向不同、间距不同的剖面线。参见图5-46。

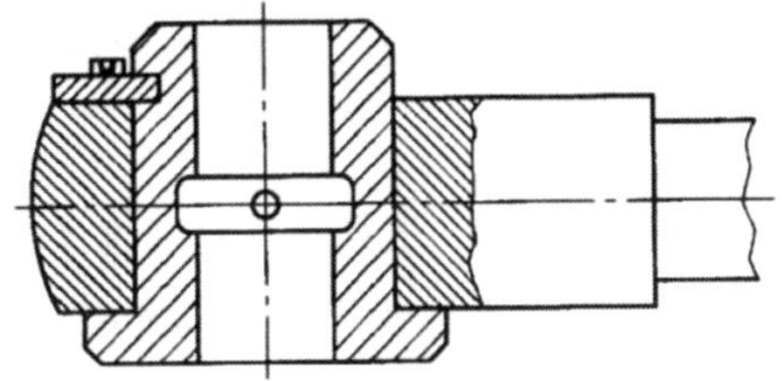

图5-46　相邻零件剖面线示例

4)剖视图的标注

剖视图一般需要标注名称、剖切线和剖切符号等。参见图5-47。

(1)剖视图的名称：一般应在剖视图的上方中间位置，用“×-×”(×为大写拉丁字母或阿拉伯数字)表示。同时，在相应视图的相应位置，使用剖切符号以及与剖视图上方一致的“×-×”标注剖切位置和投射方向。

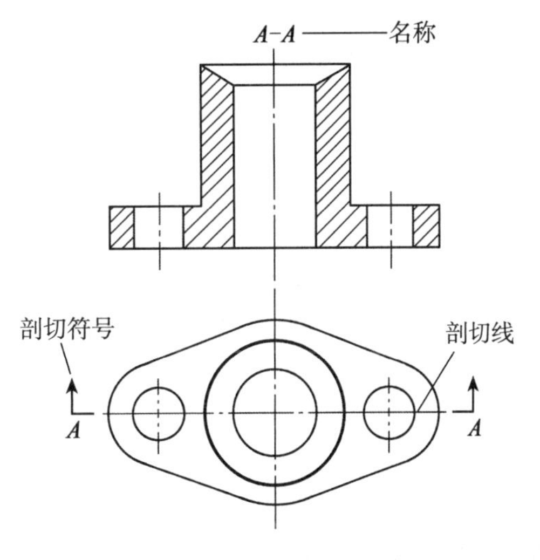

图5-47　剖视图标注示例

(2)剖切线：明剖切面位置的线条，一般为细点画线。

(3)剖切符号：包括剖切位置线和投射方向线。剖切位置线画粗实线，长度为6～10mm。投射方向线应垂直于剖切位置线，用箭头表示投射方向，也画粗实线，长度为4～6mm。绘制时，剖切符号应注写在剖切线的端部，且不应与其它线条相接触。

剖切符号、剖切线和字母的组合标注如图5-48(a)所示。剖切线也可省略不画，如图5-48(b)所示。

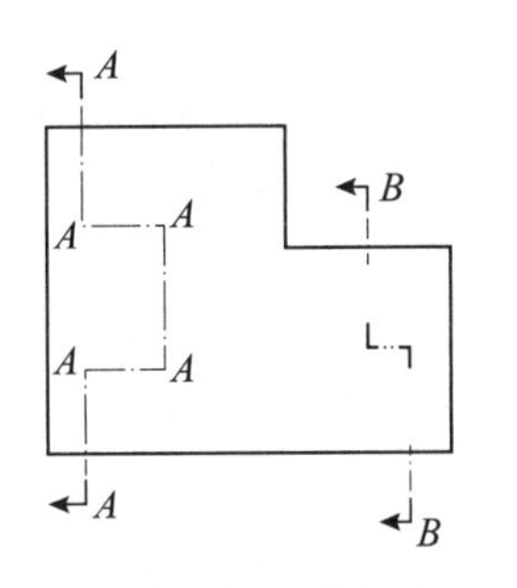

(a)完整的组合标注

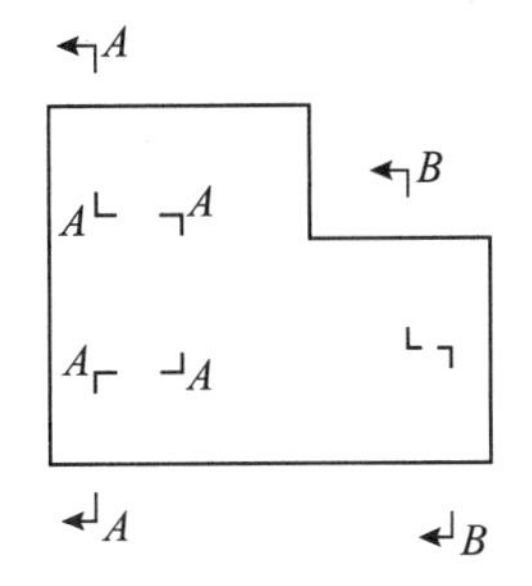

(b)省略剖切线的标注

图5-48　剖切符号、剖切线和字母的组合标注示例

5)剖视图分类

剖视图可分为全剖视图、半剖视图和局部剖视图。

(1)全剖视图：用剖切面完全地剖开物体所得的剖视图称为全剖视图，参见图5-49(b)。

(2)半剖视图：当物体具有对称平面时，向垂直于对称平面的投影面上投射所得的图形，可以对称中心线为界，一半画成剖视图，另一半画成视图，这就是半剖视图，参见图5-49(c)。采用半剖视图时，既可看机件外形，又可看机件内部结构。因为剖切是假想的，所以半剖图形的分界线仍然用中心线表示，不应该出现粗实线。在半剖视图中，视图部分一般不再绘出虚线。

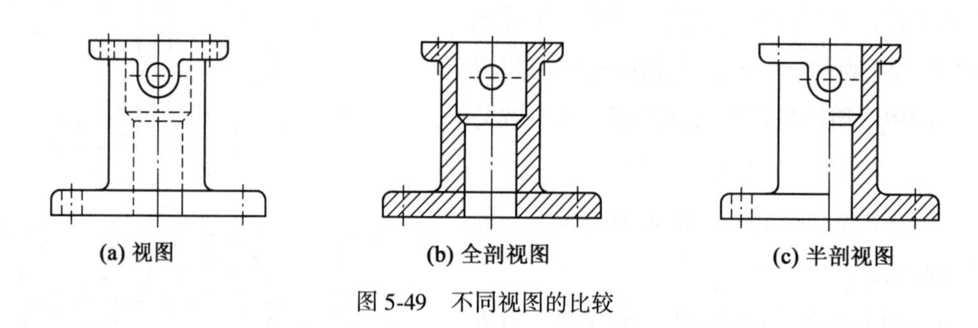

图 5-49　不同视图的比较

(3)局部剖视图：用剖切面局部地剖开物体所得的剖视图，称为局部视图。局部视图的范围用波浪线分开。波浪线不得超出图形轮廓线，且尽量避免与视图的其他图线相重合，参见图 5-50。

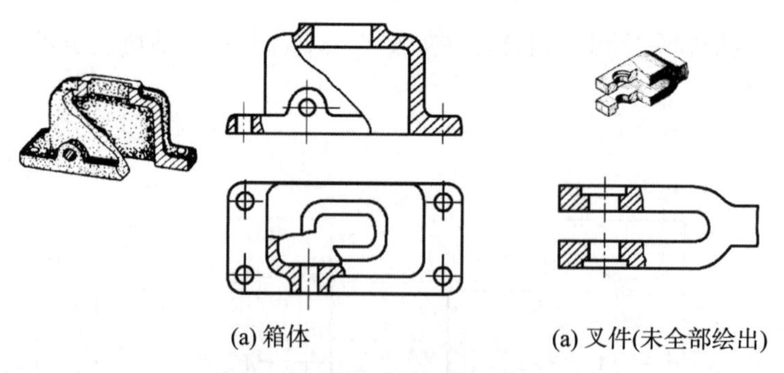

图 5-50　局部剖视图及画法实例

局部剖视图的使用非常灵活，只要不影响图形的清晰和整体感，在同一视图上允许有多处局部剖视。

6)绘制剖视图时应注意的问题

(1)剖视图是假想的。当某视图采取剖视图时，其余视图不受该剖切的影响，仍然按未剖切的关系绘制。参见图 5-51 中俯视图和侧视图。

(2)当剖视已清楚表达机件的内部结构后，其他视图上的可能存在的有关虚线不再绘出，参见图 5-49(c)。

(3)剖视图中，应画出剖切面和投影面之间的形体的所有可见轮廓线，不要漏画线条。参见图 5-52。

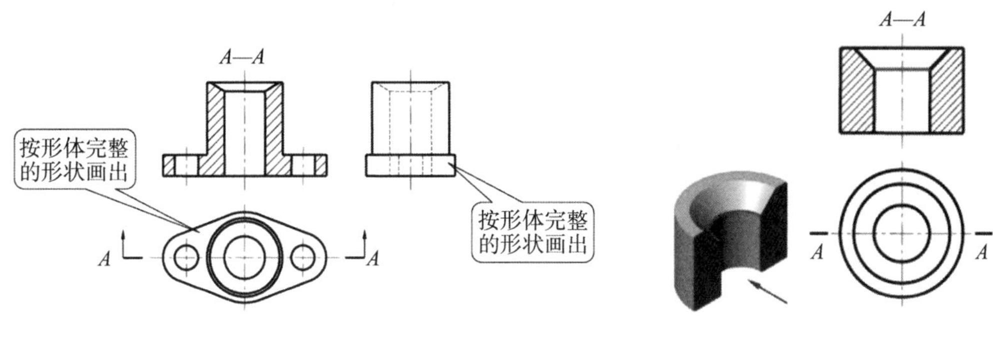

图 5-51　带有剖视图的三视图示例　　图 5-52　剖视图中线条示例

(4)注意剖面线的使用。前面已经详述，这里不再赘述。

6. 断面图

1)基本概念

假想用剖切面将物体的某处切断，仅画出该剖切面与物体接触部分的图形，即为断面图。断面图可简称为断面。参见图 5-53。

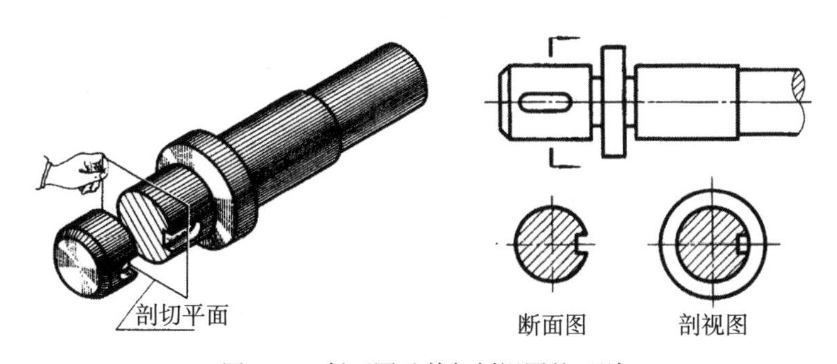

图 5-53　断面图及其与剖视图的区别

2)断面图分类

断面图可分为移出断面图和重合断面图。

(1)移出断面图：画在视图轮廓以外的断面图，称为移出断面图。移出断面图的轮廓线用粗实线绘制。在剖切面通过回转面形成放入孔或坑的时，为保持图形的完整性，断面图按剖面绘出。参见图 5-54。

(2)重合断面图：应画在视图之内，断面轮廓线用实线(通常机械类制图用细实线，建筑类制图用粗实线)绘出。当视图中轮廓线与重合断面图的图形重叠时，视图中的轮廓线仍应连续画出，不可间断。参见图 5-55。

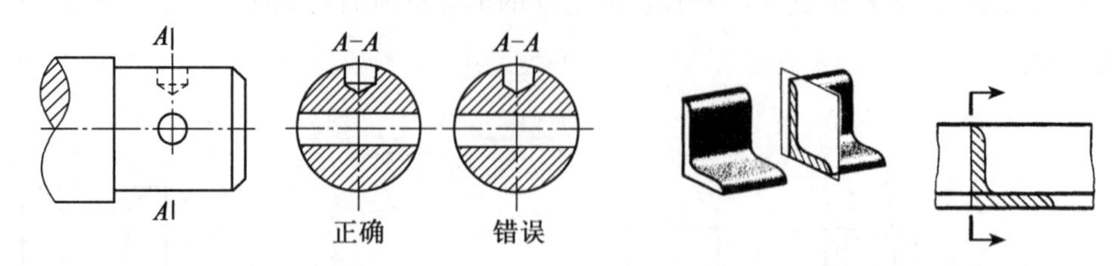

图 5-54　移出断面图实例

图 5-55　重合断面图实例

7. 其他表达方法

1)局部放大图

将机件欲表达的细节，用大于原图形的比例，另外绘出的图形，称为局部放大图。采取局部放大图能够清晰描绘细小结构以及方便进行标注尺寸。局部放大图的上方标注说明放大部位的罗马数字和采取的绘图比例。原图中，用细实线圈出放大的部位，并用与放大图一致的罗马数字编号标示。图 5-56(a)所示为表达水泵轴上退刀槽的局部放大图实例；图 5-56(b)所示为表达法兰盘上的水线的局部放大图实例。

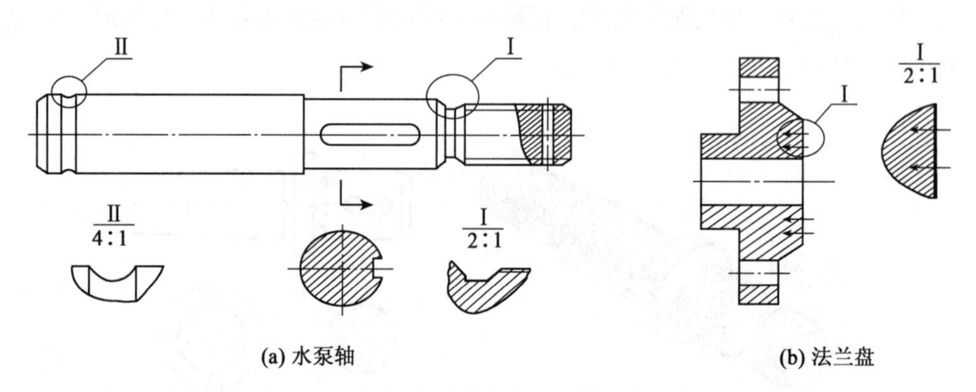

(a) 水泵轴

(b) 法兰盘

图 5-56　采用局部放大图表达结构细节的实例

2)简化画法

为了方便制图，相关国家标准中具体规定了许多简化画法。例如，在不引起误会的情况下，对称图形可按简化画法绘出 1/2 或 1/4。但在其对称中心线的两端，需绘出两条短的细实线，以表明简化，参见图 5-57(a)。机件上的有规律布置的重复结构，一般也用简化画法表示。花板孔的简化画法参见图 5-57(b)。

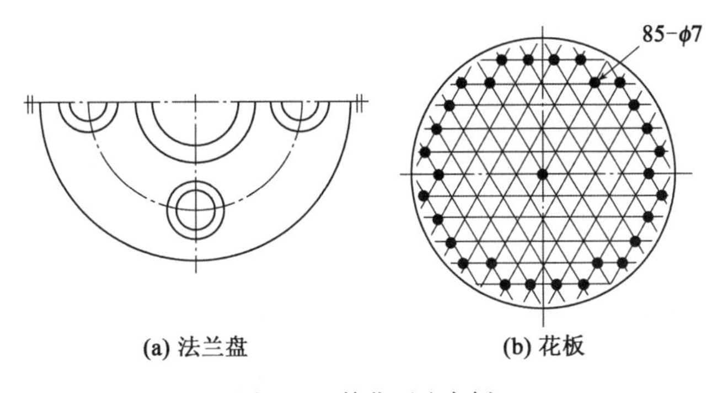

(a) 法兰盘 (b) 花板

图 5-57 简化画法实例

3) 断开画法

细长图形一般采取断开画法，即将长度方向的图形用双点画线或者波浪线断开示出后，缩短绘图。参见图 5-58。

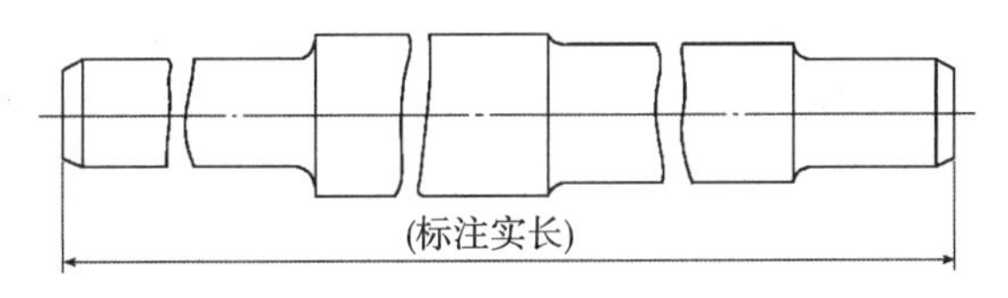

图 5-58 长轴的断开画法

(二) 组合体表达的注意事项

1. 信息必须完整

主视图反映物体的长和高，但不反映前后关系；俯视图反映物体的长和宽，但不反映上下关系；侧视图反映物体的高和宽，但不反映左右关系。因此，形体的表达往往需要不只一张视图，缺少视图，也就缺少判断实物形状的信息。图 5-59 所示为具有相同主视图的几种实物，通过俯视图才能确定主视图中小方孔的含义。图 5-60 所示为具有相同主视图和俯视图的几种实物的实例，必须要有左视图，才能确定具体实物。

2. 最少数量视图原则

在可以准确表达物体的前提下，应该采用最少视图数，避免重复。在整个制图中，应

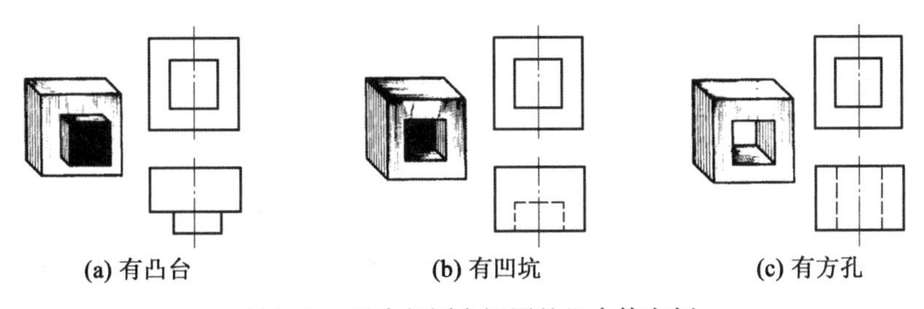

(a) 有凸台 (b) 有凹坑 (c) 有方孔

图 5-59 具有相同主视图的组合体实例

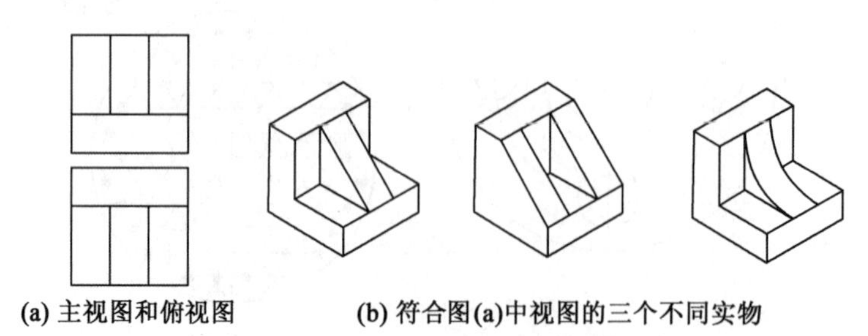

图 5-60　具有相同主视图和俯视图的组合体实例

该注意该原则。

3. 视图中不应该产生多余的线条

视图中缺少线条或存在多余的线条，都会导致误解。学习组合体表达中，容易多画出来线条的情况有：

(1)平面与曲面相切或圆角过渡时，出现不应该有的交线。平面与曲面相交，在非圆滑情况下，有交线，必须绘出。参见图 5-61(a)。但是，两表面光滑过渡时，没有交线。因此，平面与曲面相切时，没有交线。参见图 5-61(b)。在形成圆角过渡的情况下，也没有交线，参见图 5-61(c)。

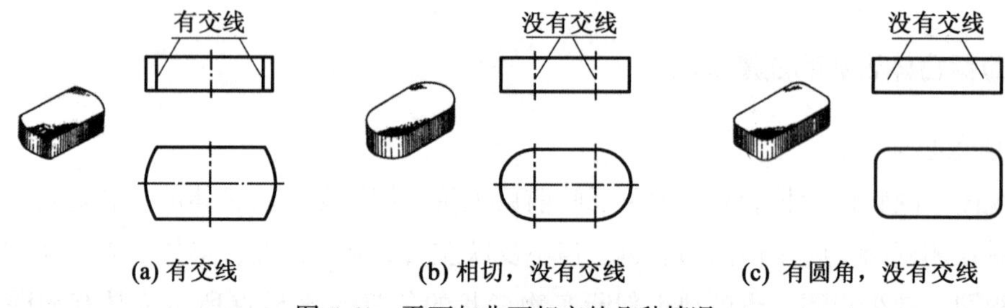

图 5-61　平面与曲面相交的几种情况

(2)组合体中假想的两个基本形体表面“平齐”结合出现不应该有的交线。因为形体分析是假想的，在一个平面中，组合体两个基本形体表面“平齐”结合，实际为一个平面，此时，不存在交线。因此，视图中不得出现假想的交线。图 5-62(b)所示为主视图的错误。

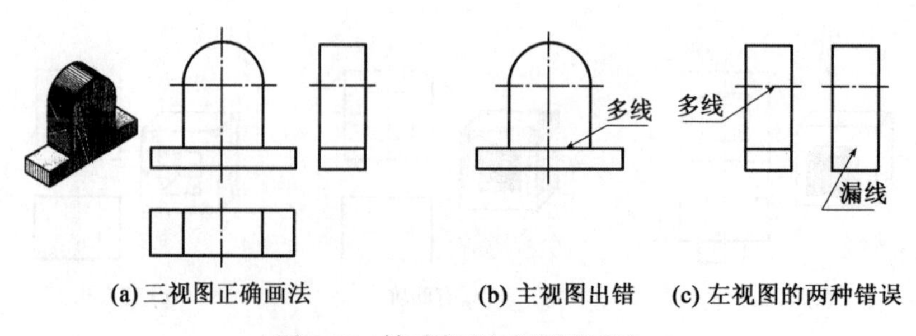

图 5-62　轴承座毛坯视图的画法

三、组合体视图绘制和识图

(一)组合体视图的绘制

组合体视图的绘制大致步骤如下：

(1)形体分析，确定主视图，并按最少原则配置其他视图。确定图幅、比例。

(2)布置视图：确定各中心线、基准线的位置，做到均匀美观。既充分利用图幅的空间又注意适当留有一定余地，以便对可能漏掉的内容进行补加，以及为标注尺寸、文字说明等留下空间。

(3)充分利用作图工具和辅助线，按“三等规则”保持正确的投影关系，同时，快速绘出三个视图的轮廓框架的底稿。注意绘制视图的顺序：先画主视图，后画其他视图；先画可见部分，再画不可见部分；先画圆弧，再画直线。

(4)在轮廓底稿的基础上，按重要性依次逐个绘制结构细节，完成整个图纸的底稿。注意：同一细节的三个视图同时进行，这样做不仅作图方便，而且避免多线、漏线。同样应该遵循先画圆弧，再画直线等一般原则。

(5)检查并擦去所有辅助线，保留应有图形的痕迹，据此进行线条加工，完成视图。

以图 5-39 所示组合体为例，其三视图作图主要过程参见图 5-63。

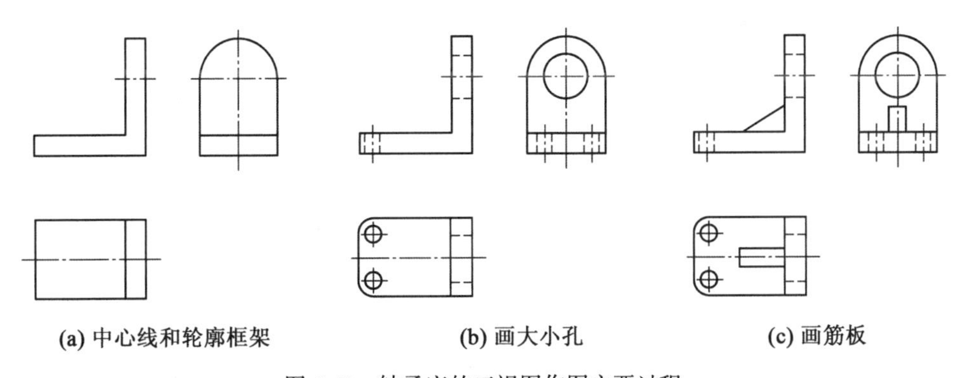

图 5-63　轴承座的三视图作图主要过程

(二)组合体识图的识图

1. 组合体的识图基本方法

组合体视图的识别过程可看成是绘图的逆过程，即从纸平面的视图，通过投影关系，想象出物体的空间形象。识图的过程也是空间想象力的培养、训练过程，因此必须加强实践。

在看图分析过程中，要充分利用投影分析的方法，注意到投影在不同场合的显实性、积聚性和类似性。看图分析中也要熟悉制图有关规定的意义。看图过程是充分利用形体分析的方法，先看整体，将它分解，再看细节。先看主要部分，再看次要部分。先看易确定的部分，获得信息，再分析难确定的部分。最后，综合得出结论。一张视图往往不能确定物体的形状，也不能确定几何要素的位置，因此，不可能从一个视图上得出正确答案，需要将 2~3 个视图联系起来看，通过对应关系，才能确定一些问题。参见图 5-64。

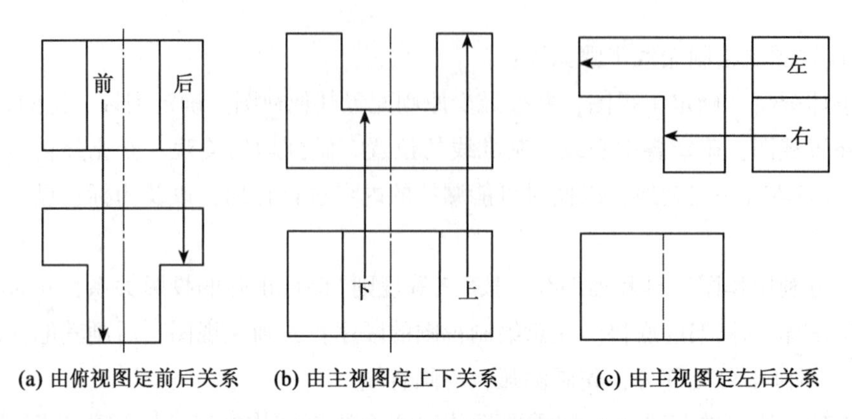

(a) 由俯视图定前后关系　(b) 由主视图定上下关系　(c) 由主视图定左后关系

图 5-64　将视图联系起来确定几何要素的位置

2. 视图中的线

注意视图中的线的含义，它可能表示下列三种情况之一：①形体上垂直于投影面的平面的投影；②形体上的回转面的分界面(轮廓线)的投影；③面与面的交线。

3. 组合体视图中的封闭线框

注意同一视图中的封闭线框的含义。它表示形体上不同位置的一个表面(平面或曲面)。相邻封闭线框表示的两个面必不在同一平面上。大封闭线框内套小线框，表示大面上的凸起或凹下。

以图 5-65 中部分直线和线框为例，进行分析说明如下：

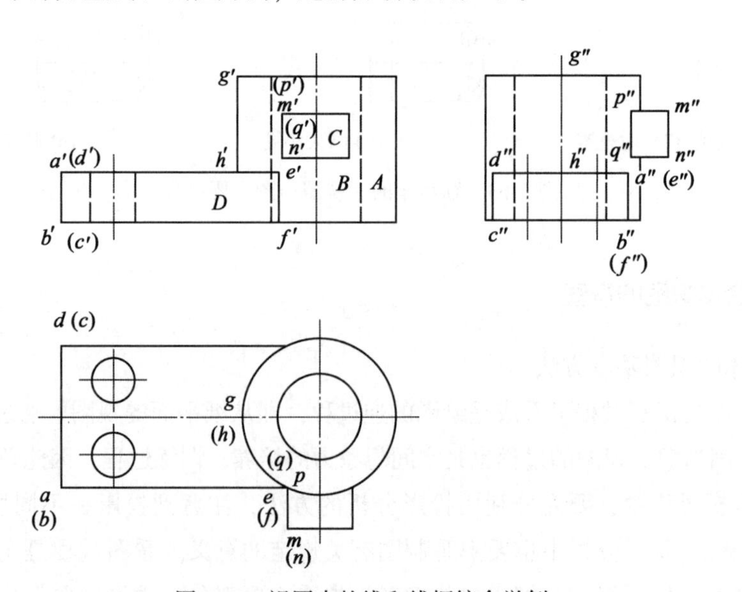

图 5-65　视图中的线和线框综合举例

主视图中部较高的线段($g'h'$)所在图形有中心线，结合另外两个视图，可确定它是圆柱面的转向素线的投影。结合虚线是“不可见”轮廓线特征，以及俯视图投影，说明该直线表示圆筒的外轮廓线。从而确定线框 A 表示圆筒外表面的投影，线框 B 表示圆筒内表面的投影。

主视图左边第一条垂直线 $a'b'$，结合另外两个视图可确定它是一个正垂面的投影积聚，说明该直线表示底板的右端面(相应线框在左视图上)。结合另外两个视图，可以确定主视图左边两条平行线 $a'e'$和 $b'f'$分别表示底板的上底面和下底面的投影积聚。因此，线框 D 则表示底板的正面的投影，其边缘线段也是有关平面的正面投影积聚。结合俯视图不难看出，底板上有两个圆孔，它们的中心线也出现在左视图中相应位置。线框 D 中包含的由两段平行的垂直虚线参入构成的小线框，表示圆孔的圆柱面的投影。

主视图底板右端的线段 $e'f'$，在俯视图中积聚为大圆上的点 e，相应线段 ef 是圆柱体侧面上的一条素线的一部分，说明实物中该线段既在底板正面上，也在圆筒的外表面上，是底板(长方体)和圆筒(圆柱体)的相贯线。结合三视图分析，该线段不在转向素线的位置。俯视图中积聚在大圆上的圆弧(eh 及对称部分)是底板上底面与圆筒外表面的交线的投影，在另外两个视图中，相应的投影积聚为水平直线。

最后，分析主视图中的小线框 C。结合三视图可以看出，它表示与圆筒轴线垂直相贯的一个小四方体的 V 面投影。线框 C 在线框 A 中，它们表示的面不在同一平面上。小四方体与圆筒的相贯线既在四方体表面上，也在圆筒的外表面上。主视图中线框 C 的边缘线段既是四方体有关表面的投影，也是相贯线的投影。俯视图中相贯线的投影是大圆的一段圆弧。左视图中，画到圆筒左边轮廓线以内线段($p''q''$)是该相贯线的一部分。

通过以上对视图中的线段和线框的分析，明白了形体由宽度略小于圆筒、且钻穿两个小圆孔的底板与圆筒相交形成，在与底板成90°角方向上，圆筒上还与一个小四方体相交。这样就看懂了三视图。

第六节　制药设备图

一、制药设备及其零部件

制药设备往往由零部件组成，参见图 5-66。

制药设备及其零部件具有如下特点：①结构比较简单；②机加工零件少、机加工程度不高；大多为铆焊件、大量使用焊接；③结构上多为回转体、具有对称结构；④采取标准化，便于设计、制作或选购。

制药零部件的标准化，分为国家标准和部颁标准。制药零部件的标准化参数主要是：

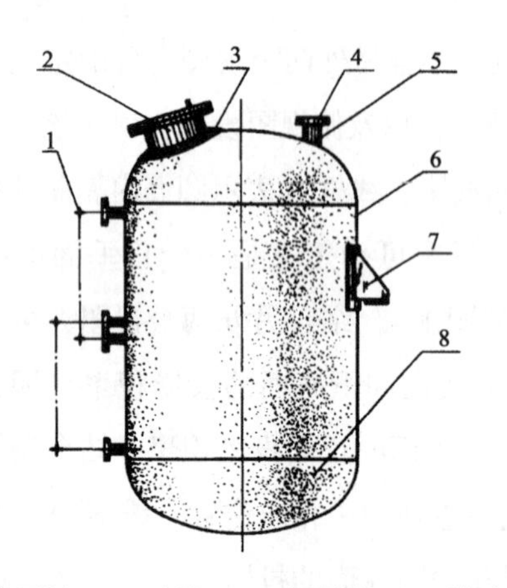

1—液面计；2—人孔；3—加强圈；4—管法兰；
5—接管；6—筒体；7—支座；8—封头

图 5-66　制药设备及其零部件示意图

①公称直径(单位 mm)，代号 DN；②公称压力(单位 MPa)，代号 PN。

下面，对典型制药设备通用零部件进行简单介绍。

(一)筒体

筒体是制药设备的基本部分。在筒体的基础上，安装封头、接管和其他部件，制成形式各种各样、功能不同的制药设备。参见图 5-66 中部件 6。

筒体的标准化参数是公称直径。用钢板卷焊制成的筒体，容器直径较大，其公称直径就等于筒体内径；若容器直径较小，筒体可直接采用无缝钢管制作，此时，公称直径只是以外径为基准，公称直径并不等于筒体外径，其取值范围详见表 5-6。

表 5-6　**压力容器公称直径**　(以外径为基准，单位：mm)

公称直径	150	200	250	300	350	400
外径	168	219	273	325	356	406

筒体标记实例：“DN1000×10，$H=2000$”表示筒体的公称直径 1000、壁厚 10、高度 2000，单位均为 mm。

(二)封头

封头是筒体两端结构部件，与筒体两端焊接或者通过法兰连接，组成容器或设备的外壳。封头常见形式有：椭圆形、蝶形、球冠形、平底形，其类型及代号参见表 5-7。

表 5-7　**常用封头的类型及代号**

名称		代号
半球形封头		HHA
椭圆形封头	以内径为基准	EHA
	以外径为基准	EHB
碟形封头	以内径为基准	THA
	以外径为基准	THB
球冠形封头		SDH
平底形封头		FHA

椭圆形封头最为常用，两端制作成曲面可避免平面两端设备不耐压的弊端。为了与筒体的公称直径相适应，小型封头的公称直径为其外径；大型封头的公称直径为其内径。参见图 5-67。

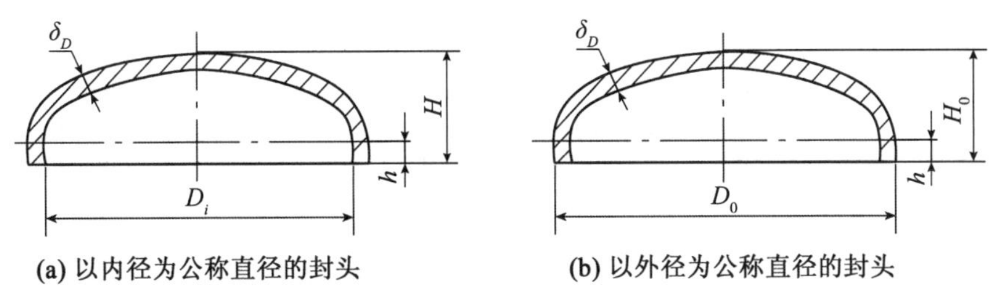

图 5-67　椭圆封头

封头标记实例："EHB 325×12(10.4)-12-Q345R GB/T 25198—2023"，表示封头的直径 325、名义厚度 12、封头最小成形厚度 10.4、材质 Q345R，单位均为毫米，以外径为基准椭圆形封头(封头制造时投料厚度为 12mm)，按标准 GB/T 25198—2023 制作。

(三)法兰

法兰连接是一种可拆连接。法兰连接包括一对法兰盘(亦称法兰)、垫片和螺栓、螺母等零件，参见图 5-68。

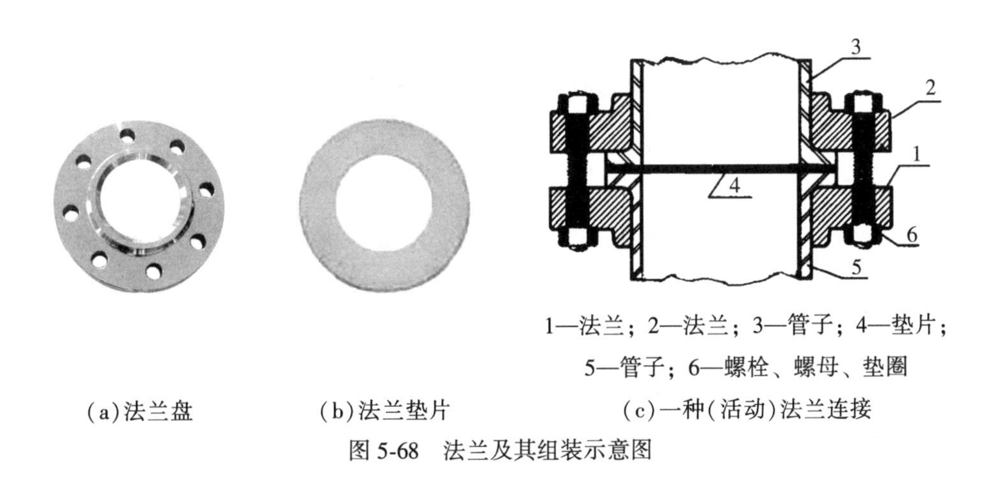

图 5-68　法兰及其组装示意图

法兰的类型比较多，按使用场合，法兰分为管法兰和压力容器法兰(设备法兰)两大类。

1. 管法兰

管法兰用于管道之间或者管道与容器上的接管之间的连接。我国现行的管法兰标准分为两个体系，分别是 PN 系列(欧洲体系)和 Class 系列(美洲体系)。典型的法兰类型及其代号见图 5-69。

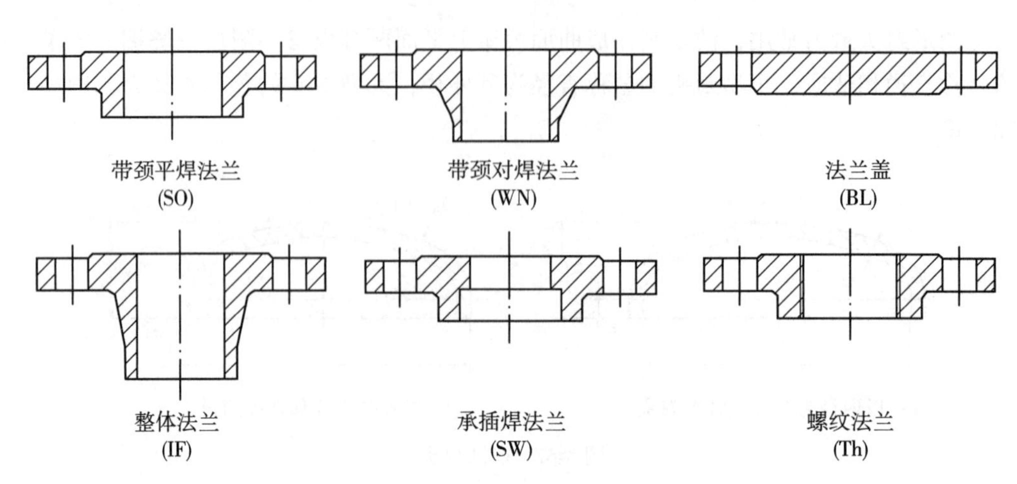

图 5-69　典型的法兰类型及其代号

PN 系列公称压力等级采用 PN 表示，包括以下 9 个等级：PN2.5、PN6、PN10、PN16、PN25、PN40、PN63、PN100、PN160。PN 系列的单位是巴(bar)，每个等级对应不同的压力值，与以帕(Pa)为单位的压强换算关系为：1MPa=10bar。比如，PN10 表示公称压力为 1 兆帕，PN100 表示公称压力为 10 兆帕。

Class 系列公称压力等级采用 Class 表示，包括以下 6 个等级：Class150、Class300、Class600、Class900、Class1500、Class2500。Class 系列的单位是磅力/平方英寸(Psi)，每个等级对应不同的压力值。PN 系列和 Class 系列的压力等级关系见表 5-8。

表 5-8　**法兰的公称压力等级对照表**

Class	PN	Class	PN
Class150	PN20	Class900	PN150
Class300	PN50	Class1500	PN260
Class600	PN110	Class2500	PN420

管法兰的密封面类型主要有：突面密封(代号 RF)、凹凸面密封(代号分别为 FM 和 M)和榫槽面密封(代号分别为 T 和 G)、全平面密封(代号 FF)和环连接面(RJ)六种型式。参见图 5-70。

管法兰的标记形式实例："HG/T 20615 法兰 SO 300-150 FF 20"表示该法兰为带颈平焊钢制管法兰，公称直径 DN300mm，公称压力 Class150，密封面型式为全平面，钢管壁厚 20mm，按标准 HG/T 20615 制作。

2. 压力容器法兰

压力容器法兰用于筒体和封头之间的可拆连接。压力容器法兰按连接方式分为：平焊

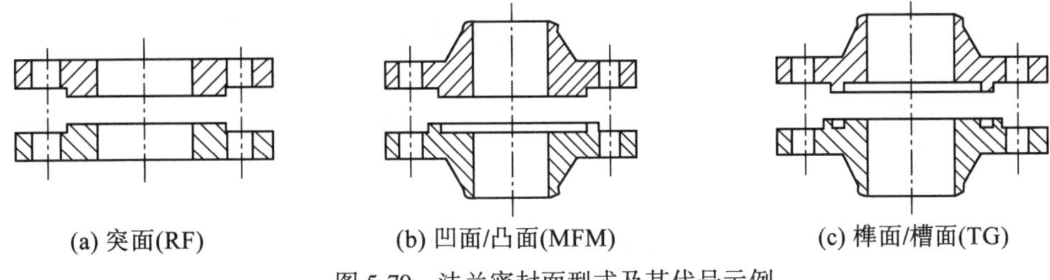

图 5-70　法兰密封面型式及其代号示例

法兰和对焊法兰。其中，平焊法兰又进一步分为甲型平焊法兰和乙型平焊法兰。压力容器法兰密封面的类型分：平面密封(代号 RF)、凹凸面密封(代号分别为 FM 和 M)和榫槽面密封(代号分别为 T 和 G)三种型式。参见图 5-71。

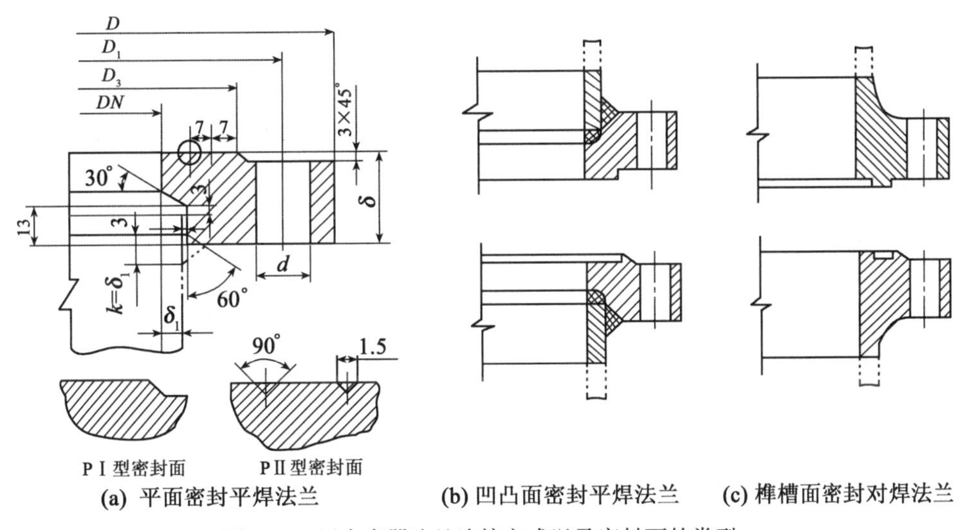

图 5-71　压力容器法兰连接方式以及密封面的类型

压力容器法兰的标记形式实例：“法兰-RF 1000-2. 5/78-155 NB/T 47023—2012”，表示该法兰为一般压力容器法兰，密封面型式为平面密封，公称直径 1000mm，公称压力 2. 5MPa，法兰厚度改为 78mm，法兰总高度仍为 155mm，按标准 NB/T 47023—2012 制作。

3. 垫片

法兰连接中，为了保证密封，在两块法兰盘之间夹有与法兰形状相适应的软垫。法兰垫片也有标准，但一般都是在安装现场自行制作。法兰垫片一般用适当厚度的橡胶石棉板制作，特殊情况下，也有采用紫铜、铝等金属材料制作。

(四)人孔和手孔

人孔和手孔的形式和结构基本相同，均是在设备适当位置，通过接出一段短的筒节、加盖构成，参见图 5-72。手孔用于小型设备，人孔用于大型设备。开设手孔和人孔的目的是便于对设备内部进行安装、检修等必要的操作。手孔和人孔的结构和有关尺寸均已标准化。

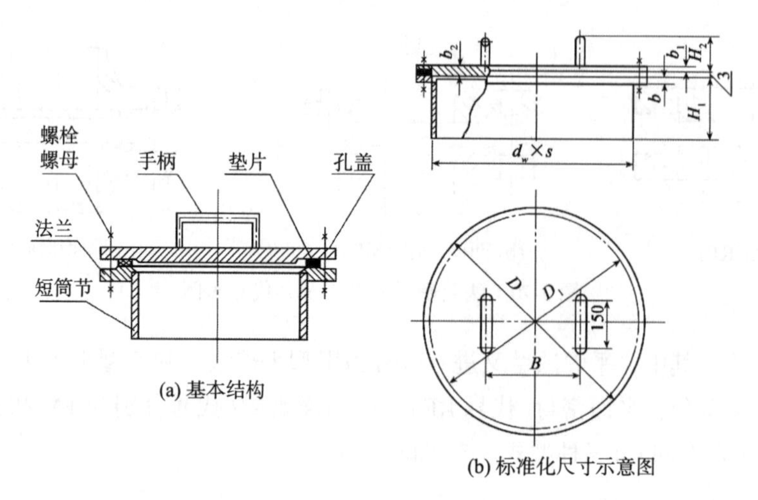

图 5-72 人孔和手孔

手孔和人孔的标记形式实例："人孔 FF Ⅱb(T·A)450 HG/T 21514"表示该人孔的密封面为全平面密封，材质 Q245R，8.8 级六角螺栓，剖切型四氟乙烯全覆盖垫片，公称直径 450，按标准 HG/T 21514 制作。

(五)支座

支座是用来支承设备和固定设备的设备附属部件。支座形式很多，常见的有耳式支座和鞍式支座，参见图 5-73。

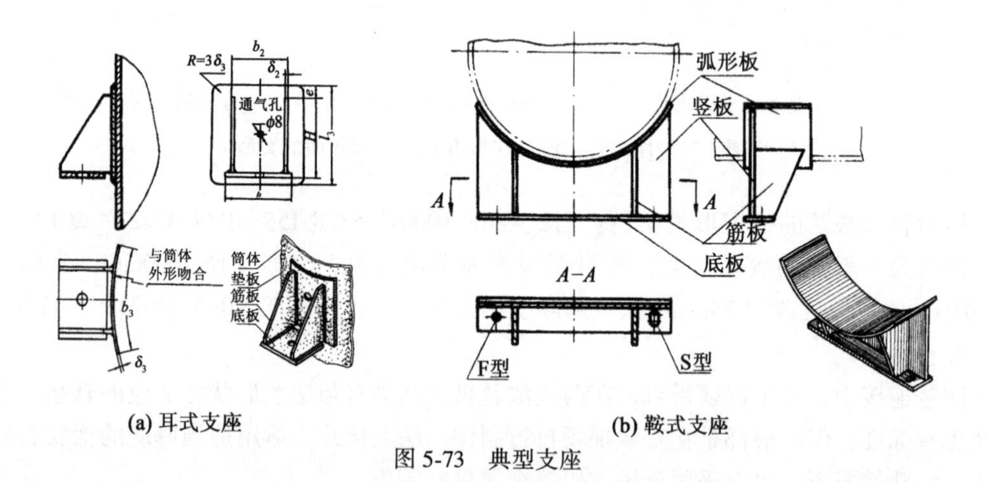

图 5-73 典型支座

耳式支座用于立式设备，是一种悬挂式支座。视设备大小，一般制作 2～4 个耳式支座，均匀布置在设备周围。常见 A 型支座由底板、筋板和垫板通过焊接组成，然后再通过垫板焊接到设备主体上。支座的底板上钻有孔，穿螺栓连接件使设备固定在支架上。

耳式支座标记实例："JB/T 4712.3—2007，耳式支座 A3-1"表示为 A 型 3 号耳式支座，支座材料为 Q235A，垫板材料为 Q235A，按标准 JB/T 4712.3—2007 制作。

鞍式支座标记实例："JB/T 4712.1—2007，鞍座 B V 325-F"，表示该鞍式支座的工程直径为 325mm，120°包角，重型不带垫板的标准尺寸的弯制固定式鞍座，鞍座材料为 Q235A，按标准 JB/T 4712.1—2007 制作。

二、制药设备装配图

(一)概述

制药设备装配图是表达制药设备的形状、组成和连接关系、结构、大小、性能和制造、安装等技术要求的工程图样。制药设备图中除了按照《机械制图》有关标准规定以外，还有自身特有的规定及内容。

制药设备装配图的基本内容包括：①一组图形；②必要的尺寸；③技术要求；④零件编号、明细表；⑤标题栏；⑥接管表；⑦接管方位图；⑧技术特性表；⑨其他表格。前五项是与一般机械装配图相同的内容，其余项是制药设备图的特殊内容。制药设备图按照装配图绘制，因此，主要采取剖视方式配置视图，参见图 5-74。

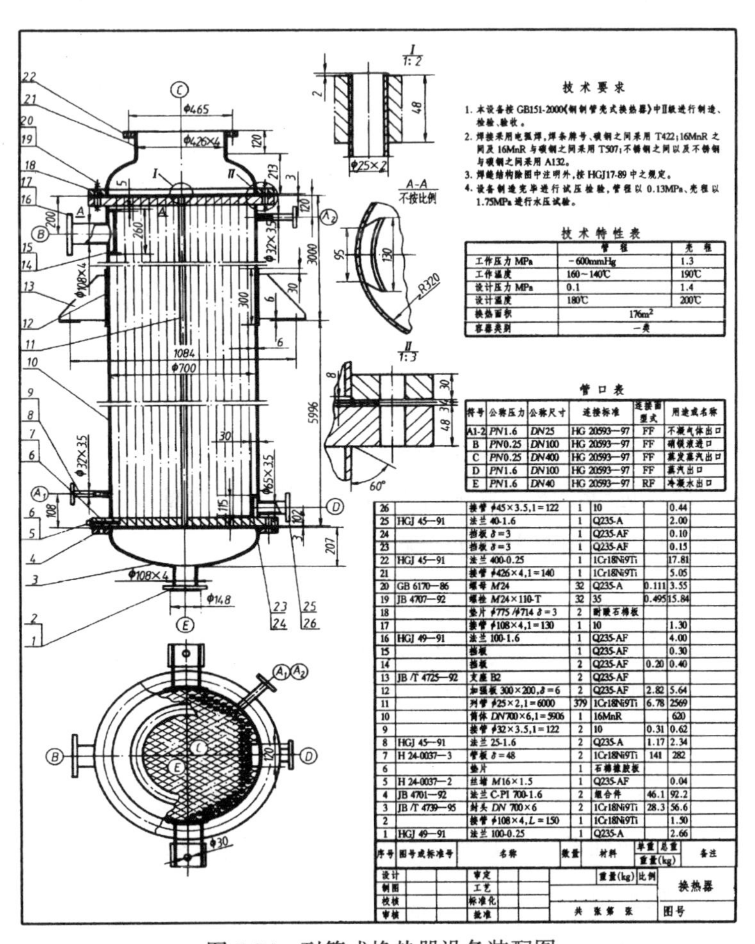

技术要求

1. 本设备按 GB151-2000《钢制管壳式换热器》中Ⅱ级进行制造、检验、验收。
2. 焊接采用电弧焊，焊条牌号、碳钢之间采用 T422；16MnR 之间及 16MnR 与碳钢之间采用 T507；不锈钢之间以及不锈钢与碳钢之间采用 A132。
3. 焊缝结构除图中注明外，按 HGJ17-89 中之规定。
4. 设备制造完毕进行试压检验，管程以 0.13MPa、壳程以 1.75MPa 进行水压试验。

技术特性表

	管程	壳程
工作压力 MPa	−600mmHg	1.3
工作温度	160～140℃	190℃
设计压力 MPa	0.1	1.4
设计温度	180℃	200℃
换热面积	176m²	
容器类别	一类	

管口表

符号	公称压力	公称尺寸	连接标准	连接面型式	用途或名称
A1-2	PN1.6	DN25	HG 20593—97	FF	不凝气体出口
B	PN0.25	DN100	HG 20593—97	FF	硝镁液进口
C	PN0.25	DN400	HG 20593—97	FF	蒸发蒸汽出口
D	PN1.6	DN100	HG 20593—97	FF	蒸汽出口
E	PN1.6	DN40	HG 20593—97	RF	冷凝水出口

序号	图号或标准号	名称	数量	材料	单重 重量(kg)	总重 重量(kg)	备注
26		接管 ϕ45×3.5,1=122	1	10		0.44	
25	HGJ 45—91	法兰 40-1.6	1	Q235-A		2.00	
24		挡板 δ=3	1	Q235-AF		0.10	
23		挡板 δ=3	1	Q235-AF		0.15	
22	HGJ 45—91	法兰 400-0.25	1	1Cr18Ni9Ti		17.81	
21		接管 ϕ426×4,1=140	1	1Cr18Ni9Ti		5.05	
20	GB 6170—86	螺母 M24	32	Q235-A	0.111	3.55	
19	JB 4707—92	螺栓 M24×110-T	32	35	0.495	15.84	
18		垫片 ϕ775/ϕ714 δ=3	2	耐酸石棉板			
17		接管 ϕ108×4,1=130	1	10		1.30	
16	HGJ 49—91	法兰 100-1.6	1	Q235-AF		4.00	
15		挡板	1	Q235-AF		0.30	
14		挡板	2	Q235-AF	0.20	0.40	
13	JB/T 4725—92	支座 B2	2	Q235-AF			
12		加强板 300×200,δ=6	2	Q235-AF	2.82	5.64	
11		列管 ϕ25×2,1=6000	379	1Cr18Ni9Ti	6.78	2569	
10		筒体 DN700×6,1=5906	1	16MnR		620	
9		接管 ϕ32×3.5,1=122	2	10	0.31	0.62	
8	HGJ 45—91	法兰 25-1.6	2	Q235-A	1.17	2.34	
7	H 24-0037—3	管板 δ=48	2	1Cr18Ni9Ti	141	282	
6		垫片	1	石棉橡胶板			
5	H 24-0037—2	丝堵 M16×1.5	1	Q235-AF		0.04	
4	JB 4701—92	法兰 C-PI 700-1.6	2	组合件	46.1	92.2	
3	JB/T 4739—95	封头 DN 700×6	2	1Cr18Ni9Ti	28.3	56.6	
2		接管 ϕ108×4,L=150	1	1Cr18Ni9Ti		1.50	
1	HGJ 49—91	法兰 100-0.25	1	Q235-A		2.66	

设计			审定				重量(kg)	比例	换热器
制图			工艺						
校核			标准化						
审核			批准			共 张 第 张			图号

图 5-74 列管式换热器设备装配图

（二）制药装配图设备图的绘制特点

1. 制药设备的基本结构特点

常见的典型制药设备有：容器、反应釜、列管换热器和塔。这些设备虽然结构、大小、安装方式各不相同，但其基本形体和制作方法却有以下共同的特点：

(1)壳体以回转体为主，往往由通用零部件构成。

(2)设备的总体尺寸与壳体厚度或其他细节尺寸大小相差悬殊。

(3)设备主体和设备两端有较多的开孔和接管，便于有关操作以及连接管道或者其他设备。

(4)大量采用焊接。

(5)尽量用标准化设计和制作。

2. 制药设备装配图的表达特点

为了适应制药设备的基本结构特点，在制药设备装配图的表达方法上，有如下特点：

1)视图

(1)由于制药设备的主体结构为回转体，用主视图加一个基本视图就能清楚地表达其主体结构，因此，视图的基本配置比较简单：立式设备一般采取主视图加俯视图；卧式设备一般采取主视图加左视图。由于图幅限制等原因，俯视图、左视图也可以采取向视图或其他注明的方式来绘制。

(2)允许在制药设备装配图中的适当位置，绘出某些结构简单的零件图和其他视图，并予以注明。

2)夸大画法

由于制药设备的厚度尺寸与长度尺寸相差悬殊，因此，厚度的表达不按比例，采用夸大画法，适当夸大厚度进行绘图，参见图 5-74 中换热器壳体壁厚的表达。其他一些细小结构或较小的零部件也可采用夸大画法，无须注明。

3)简化画法

对于组成设备的通用零部件，往往采用简化画法，只画出零部件的大致轮廓，对简单零件、标准件甚至只画其中心线，参见图 5-74 中对列管的表达。

4)局部放大

按总体尺寸选定的绘图比例，无法绘制细节。因此，制药设备装配图中大量采用局部放大图来表达和标注结构细节。局部放大需要标明。参见图 5-74 中换热器列管和管板连接细节的 I 部放大等放大图。

5)断开画法和分段画法

对于塔、换热器等过高或过长的制药设备，可采用断开画法，即用双点画线将设备轴线方向中重复结构断开，使图形缩短，简化作图。参见图 5-74 中换热器壳体和列管表达中的断开画法。

在不适于用断开画法时，可采用分段的表达方法，即把整个设备分成若干段，以利于图面布置和比例选择，如图 5-75 中塔体的表达。如果因为断开画法和分段画法造成设备总体形象表达不完整，可采用缩小比例、简化画出设备的整体外形图，在整体图标注总高尺寸、各主要零部件的定位尺寸及各管口的标高尺寸。

6）旋转画法

为了在主视图上表达设备壳体上的管口等附件的结构和位置，可使用多次旋转的表达方法，即假想将设备周向分布的接管及其他附件，都旋转到与主视图所在的投影面平行的位置进行绘制。参见图 5-76 中多次旋转的表达画法。为了避免混乱，接管要求进行编号，因此而产生制药设备装配图中的接管表和接管方位图。制药设备装配图中的旋转画法，允许不作任何标注，但必须用接管方位图或其他视图表明这些结构的周向方位。

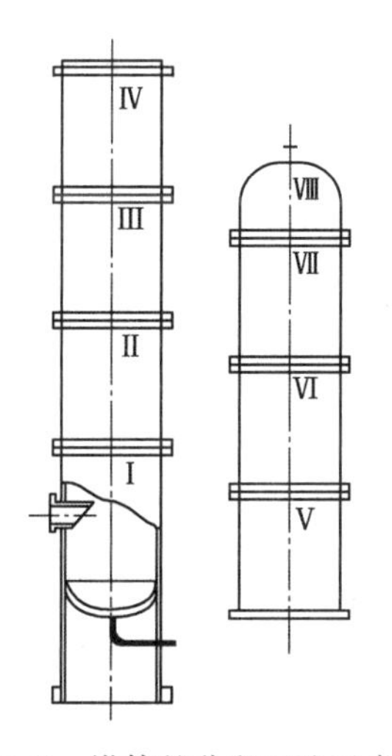

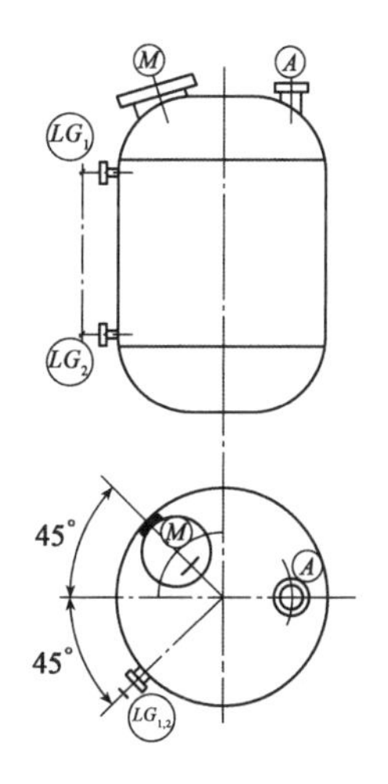

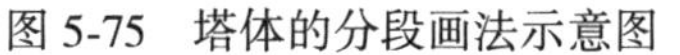

图 5-75　塔体的分段画法示意图　　　图 5-76　容器的多次旋转画法示意图

(三)制药设备装配图的标注

制药设备装配图的尺寸标注涉及：①表达设备性能或规格的特征尺寸；②表达设备外貌的总体尺寸；③设备组成零部件的定位尺寸；④设备安装尺寸及外连接尺寸。对于制药设备，允许出现封闭尺寸链。制药设备装配图的尺寸标注参见图 5-77。

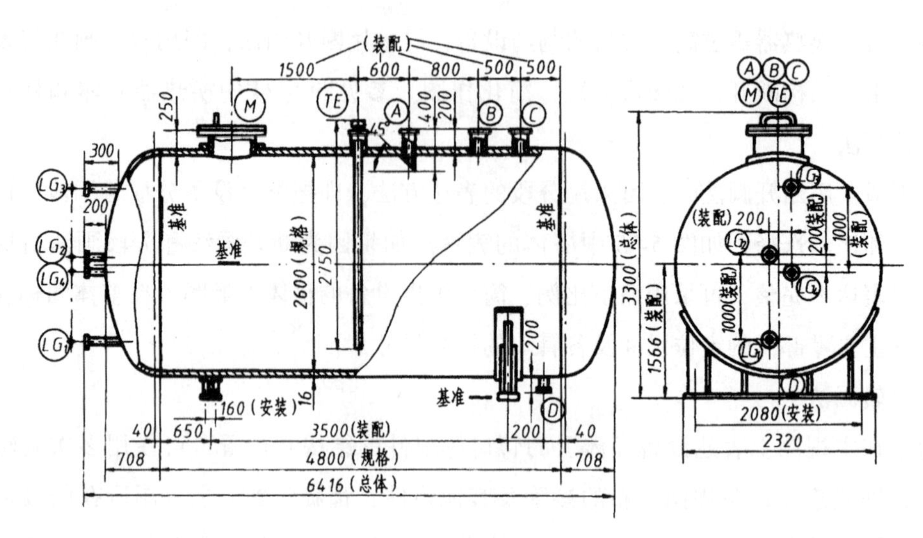

图 5-77　储槽的尺寸标注

(四)管口编号、接管表和管口方位图

1. 管口编号及其标注

设备上的管口一律用直径 8mm 圆圈内的英文大写字母编写管口符号。同一管口在各基本视图上应重复注写，同一管口或附件在不同的视图中编写符号必须相同。规格、用途及连接面型式完全相同的管口可编为同一号，但加注阿拉伯数字下标以示区别。管口符号在图中由主视图左下开始，沿垂直和水平方向有规律地标注。管口符号标注在管口附近，或管口中心线上。参见图 5-74 中管口 *A*、*B*、*C*、*D*、*E* 的表达方式。

2. 管口表

由于设备上管口较多，为了便于读图，在制药设备装配图中的明细栏上方专门绘制一个说明设备上所有管口的名称、规格、用途等情况的表格，称为管口表。管口表边框线为粗实线，其余线条为细实线。参见图 5-74 中明细栏上方的管口表。管口表的填写内容和注意点有：

(1)管口表中的“符号”应与视图中各管口的符号一致，依字母顺序，从上至下填写。

(2)“公称尺寸”和“公称压力”栏中应填写管口公称直径和公称压力。

(3)“连接标准”栏中应填写对外连接管口(包括法兰)的标准号。

(4)“连接面型式”栏填写法兰的密封面的型式，如“平面”“凹面”“槽面”等；螺纹连接填写“内螺纹”、“外螺纹”；公制螺纹连接管口注明“M××”、管螺纹注明“G××”等螺纹代号。不对外连接的管口(人孔、手孔、检查孔等)，不填写此项。

(5)“用途或名称”栏应填写如“进料口”“液面计口”“人孔”等内容。

3. 接管方位图

由于制药设备具有回转特点，主视图就可以充分表明设备的形状。但采取旋转画法且不作旋转标注，设备上管口的周向方位不明确，必须通过其他形式来表达。在不添加其他视图的情况下，仅绘制一个示意图来表明管口在设备的周向方位关系，该图称为接管方位图。它实际上是一个非常简化了的俯视图(或左视图)。

(五)制药设备装配图的其他表格和文字

制药设备装配图中，除了标题栏、明细栏、管口表以外，往往还有技术特性表、表格图、图纸目录、修改表、文字说明等内容。

1. 表格图

表格图是用图形和表格结合的形式表示多个形状相同、尺寸大小不同的零部件的图样。此时，用图形表示零部件的形状，有关尺寸注代号，如长度 L、厚度 b 等；在零件图的附近另外列出表格，表示零部件的类型、各部尺寸、数量等内容。使用表格图可以减轻绘图和识图的工作量，清晰图纸和便于管理。

2. 技术特性表

技术特性表是表明设备重要技术特性指标的表格。在制药设备装配图中，一般将技术特性表画在管口表的上方。技术特性表边框线为粗实线，其余线条为细实线。

技术特性表的格式和内容包括设备的设计压力、设计温度、工作温度、工作压力、物料名称和特殊技术性能等。容器需填写容积和操作容积，搅拌釜应填写搅拌转数、电动机功率等。

3. 零部件序号和明细栏的填写

制药设备装配图的零部件序号和明细栏的填写按一般装配图的要求进行。

明细栏的每一行按要求填写零部件的名称、规格、数量、材料、重量、零部件的图号(或标准号)等内容。对于不需另外绘制零件图的零件，在名称后面附注规格及实际尺寸即可，如："筒体 DN1000×10，$H=2000$"。对于有关问题，必要时在备注栏中进行说明。

4. 技术要求

除了一般要求外，化工设备的制造在防腐涂层等方面可能有特殊要求，可以在技术要求或文字说明中进行表达。

(六)制药设备装配图读图实例

下面以图 5-78 为例，介绍制药设备装配图读图一般步骤和注意点。

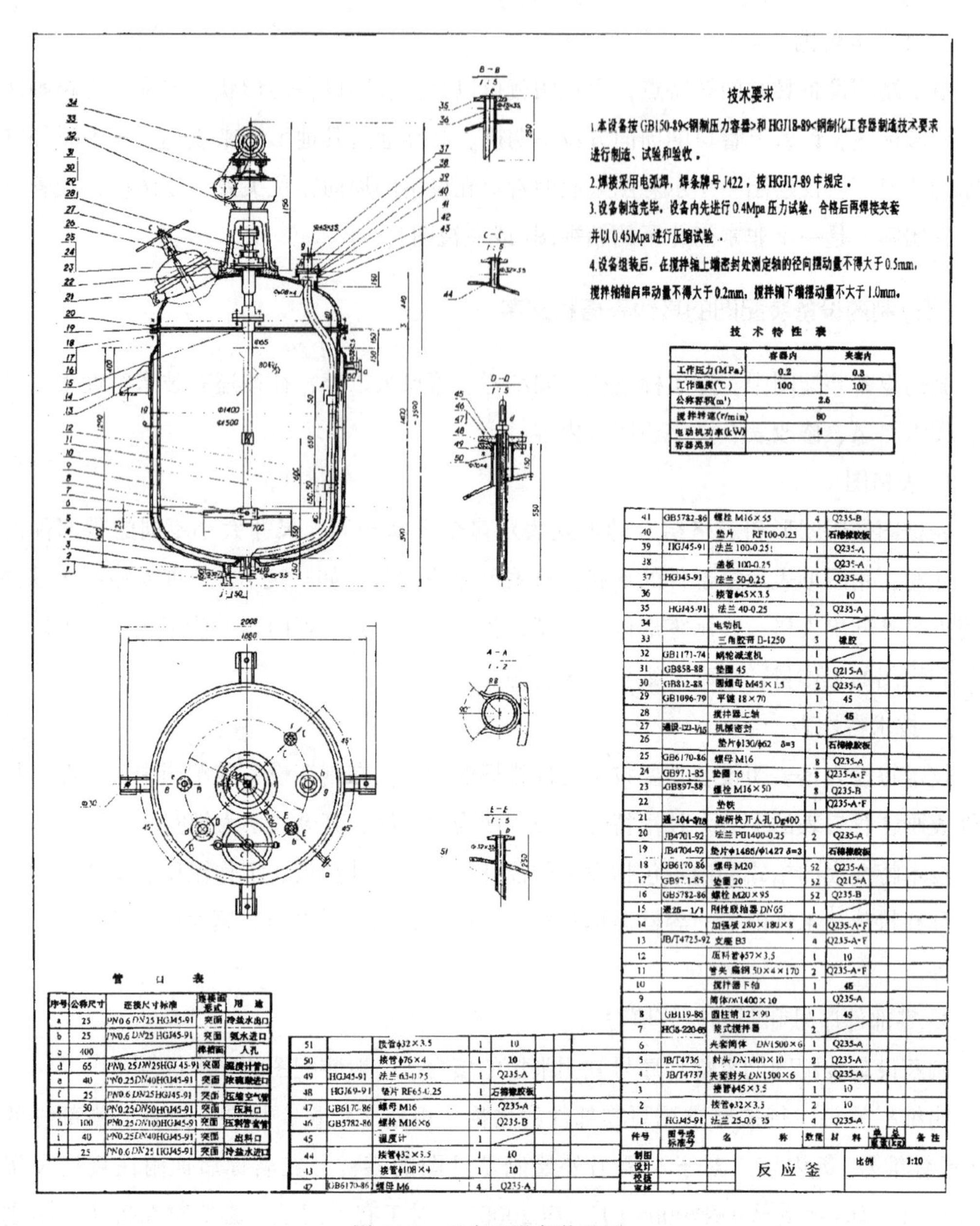

图 5-78 反应釜设备装配图

1. 一般了解

首先从标题栏、明细栏、接管表、技术说明中一般地了解设备：设备名称为反应釜、公称容积 25m³、制作材料以金属为主、绘图比例 1∶10、设备由 51 个零件组成，其中有 10 个接管，以及有关用途、物料、工作压力、工作温度等其他信息。

2. 分析视图

主视图为采取了多次旋转剖切的全剖视图，表达出有夹套、搅拌桨、料管、人孔等组件和结构关系。俯视图采取了拆卸画法，表达清楚了设备上管口方位和支座方位。此外，采取了5个放大图，对 A–A、B–B、C–C、D–D、E–E 被剖切部分进行表达。

3. 分析组成零部件

根据零部件序号，对照明细表，查找各零部件，了解它们在设备中的作用以及制作方面情况。重要零件应对照零件图进行识图和分析。通过明细表搞清楚哪些零件是外购件，哪些零件是需要制作的。

4. 查看细节，分析设备制作连接、装配关系

设备的筒体与下封头采取焊接；筒体与上封头采取法兰连接。搅拌轴分两段，之间通过联轴节进行连接。搅拌轴上端与减速箱按连轴节方式连接；搅拌轴下端与搅拌浆采取销连接，均为可拆连接。通过5个放大图，了解重要管口与设备主体连接的结构细节。

5. 详细阅读技术要求，了解对设备制作和工作状况等的要求

通过本例技术要求的阅读，知道对设备应该先完成本体，在进行压力实验后再焊接夹套。此外，设备安装中对搅拌轴的安装有具体要求，需要精心调试和细心使用。

第七节　制药工艺流程图

一、概述

制药工艺图是表达制药生产过程与联系的图样，制药工艺图的设计和绘制是制药工艺人员进行工艺设计的主要内容，也是进行设备安装和指导生产的重要技术文件，在实际工作中举足轻重。参见图5-79。

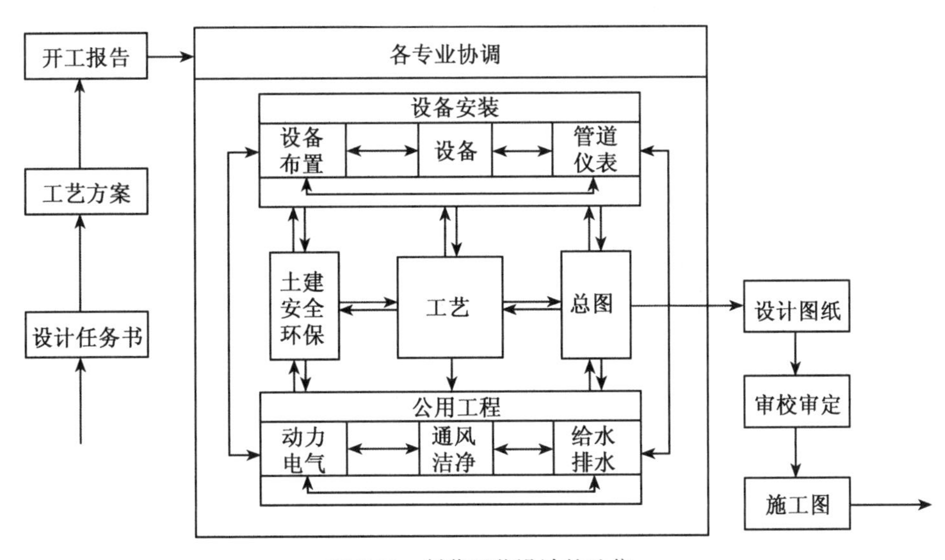

图5-79　制药工艺设计的地位

制药工艺流程图有多种形式，它们的名称尚未严格统一，其详略程度差别很大。复杂的如图 5-80 所示扑热息痛的生产工艺流程图，表明扑热息痛的生产由酸化、还原、酰化和精制四个工段组成。简单的如图 5-81 所示某药物生产工艺流程框图，可表明某药物的生产由缩合环化、酸洗离心、精制和包装四个工段组成。但两张图纸反映的信息量截然不同。

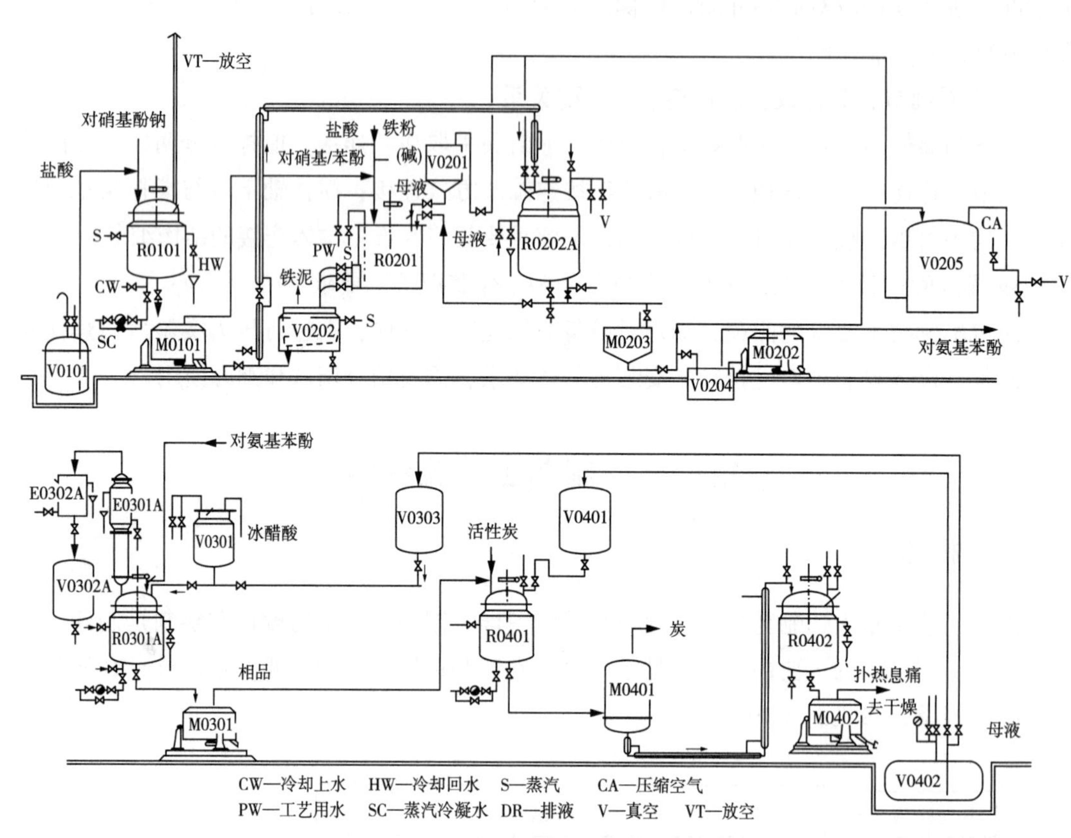

图 5-80　扑热息痛的生产工艺流程图

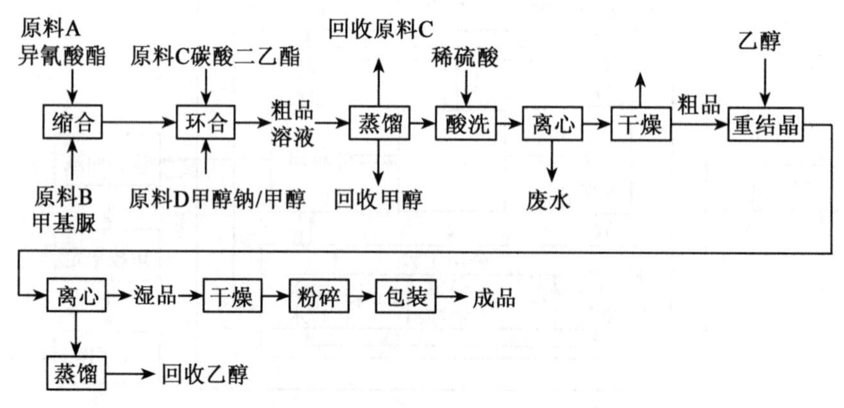

图 5-81　某药物生产工艺流程框图

在工艺设计的不同阶段，工艺流程图分别以工艺流程框图、设备工艺流程、物料流程图、带控制点的工艺流程图等诸种形式出现，以适应不同设计阶段的不同要求。工艺流程框图虽然见于项目报告材料等，能表达生产过程中主要物料从原料到成品或半成品的基本过程，但是，一般认为，这种工艺流程框图只是一种示意图，画法不统一，不属于正规的工艺流程图，也不列入设计文件。然而，工艺流程框图是工艺设计的起点，是设计工作中最早产生的一种流程方案表达形式。随着工作深入，对设计方案逐步具体细化，经过对其不断修改、补充和完善，依次形成设备工艺流程图、物料流程图、带控制点的工艺流程图。不同阶段形成不同形式的工艺流程图，标志着设计工作的深化，最后绘制出施工图，完成设计。工艺流程图的绘制在许多方面不同于机械制图，工艺流程图所表达的具体内容不同，对其绘制相应有比较明确的规定。

二、设备工艺流程图

设备工艺流程图用于工程可行性研究阶段，它是在大致考虑生产过程中原料经过的变化以及所需设备的基础上，提出的工艺方案的定性表达，并不追求流程细节以及对设备具体尺寸和布局的表达。因此，设备工艺流程图是一种正规的工艺方案流程图。

图 5-82 是图 5-81 所示为某药物生产缩合环化工段的设备工艺流程图，液体原料 A 由储槽经泵输送到计量槽后加入反应釜，与固体原料 B 缩合反应后，再从计量槽加入原料 C 和 D，进行环化反应；反应后蒸馏回收部分原料和溶剂，反应产物进入下一工段进行处理。设备工艺流程图比较简单，包括设备、流程两部分，以及必要的标注和说明。

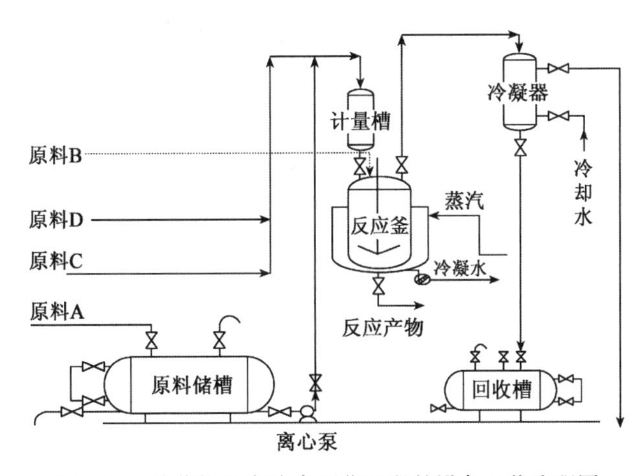

图 5-82　某药物生产缩合环化工段的设备工艺流程图

(一)设备工艺流程图中设备的表达

只要求按流程顺序用细实线画出设备、机器的大致轮廓，反映其相对大小、高低位置及设备重要接口的位置。

(二)设备工艺流程图中物流的表达

只要求将主要物料的工艺流程线绘为粗实线，辅助物料的工艺流程线绘为细实线，并用箭头标明各物料的流向，在流程线的起始和终止位置注明物料的名称、来源和去向。

设备工艺流程图是物料流程图的基础，也是为实现工艺过程而进行的土建、机械、设备、动力、仪表、供水、排水、蒸汽、通风等工作的基础。

三、物料流程图

物料流程图用于工程的初步设计阶段。初步设计阶段进行的工艺设计需要根据设计任务书确定生产方法，进行物料衡算、设备有关计算，进一步选材、选型和规划设备布置。在上述工作基础上，对原始工艺流程进行修订，设计并绘制出具有量化关系的工艺流程图，故称物料流程图(process flow diagram，PFD)。物料流程图是在设备工艺流程图的基础上，增加了物料衡算数据的图样，其形式与设备工艺流程图基本相同。但是，物料流程图更正规，需绘出边框线和标题栏。这种流程图包括设备和物流两大内容，并对其表达有进一步具体的要求。图 5-83 所示为某药物生产缩合环化工段的物料流程图。

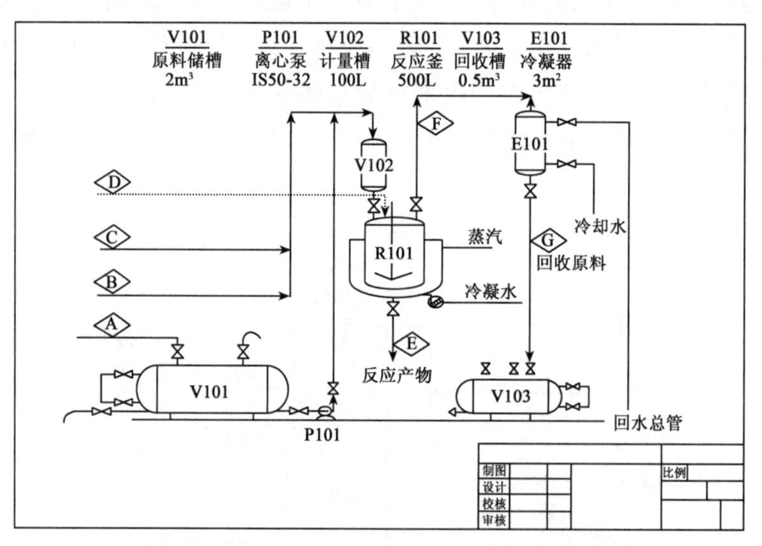

图 5-83 某药物生产缩合环化工段的物料流程图

(一)物料流程图中的设备表达

1. 设备画法

物料流程图中，只需要用细实线按大致比例绘制出设备的外形轮廓，参见图 5-84。

物料流程图只强调表达物料通过设备的顺序，设备可大致按实际相对高度绘出。图中设备接管位置应尽量与实际相对位置一致，多台完全相同的设备，可只画出一台，其数目

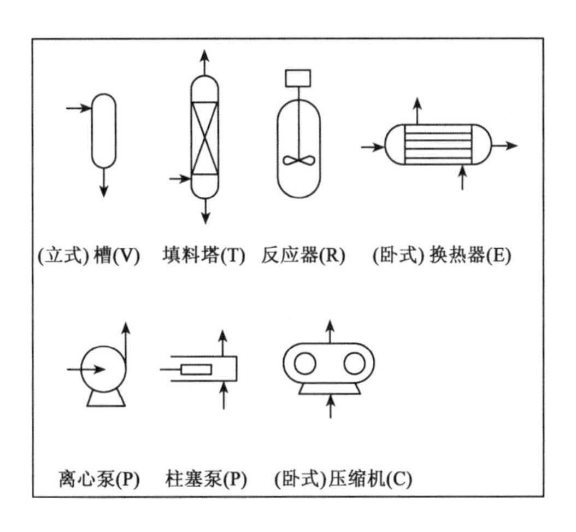

图 5-84　常见制药设备的图例

通过相同设备尾号体现。

2. 设备位号

物料流程图中的各设备需要标注其位号。设备位号包括设备类别代号、设备所在主项的编号、主项内同类设备顺序号和相同设备的数量尾号。例如，P0101A 表示在流程中 01 工段 01 区位的泵，且相同多台泵中的第一台。常用设备类别代号有：C—压缩机、风机；E—换热器；P—泵；R—反应器；T—塔；V—容器(槽、罐)；M—其他机械；X—其他设备。

3. 设备位号的标注

一般要求对同一设备进行两处标注，方法是：除在图中设备轮廓框内或设备近旁标注设备位号外，还要在图纸上方或下方排列一致的位置，在与相应设备大体对正处，标注设备位号和设备名称，参见图 5-85。

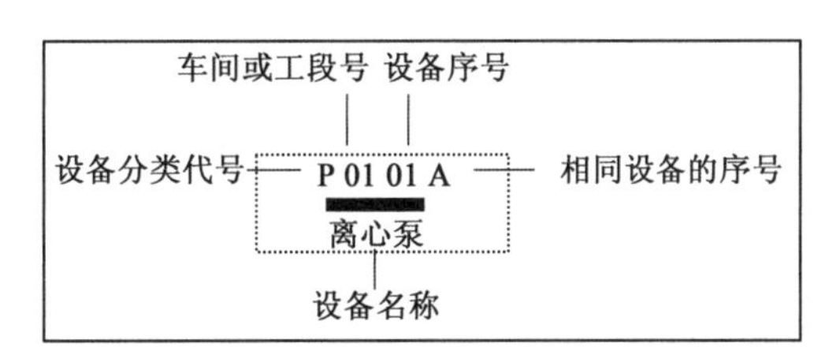

图 5-85　设备标注格式实例

有时候设备名称的下方还标明设备特征参数，如公称容积、换热面积等。

(二)物料流程图中的物流表达

1. 物流线

在物料流程图中，用带箭头的粗实线绘出设备到设备之间，或本张图纸到另一张图纸之间的物流线。不同物料的物流线在图纸上发生交叉时，必须按如图 5-86 所示画法断开一条或者在交叉处绘圆弧来表示。

2. 物流标注

在物料流程的起点、终点以及物料发生变化处，需要标注物流代号并列表注明物料的组成、状态、压力、温度、流量等参数。例如，表明第三种物流，其压力 5MPa、温度 400K、流量 5000kg · h^{-1}液体物料的标注格式参见图 5-87。

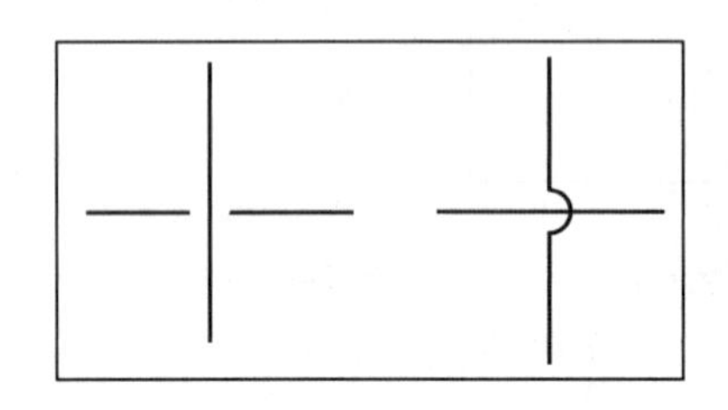

图 5-86　不同物料的物流线交叉时的表示方法

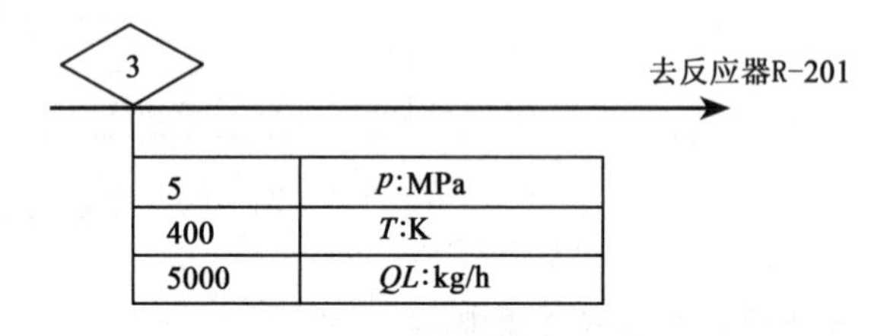

图 5-87　物料的标注格式实例

物流具体数据也可以通过专门列出的“物流表”来表达，以使图样清晰。完整的工艺流程设计过程不仅要求做出物流表，还需要做出设备一览表、材料一览表等，以表达设计结果。

四、带控制点的工艺流程图

带控制点的工艺流程图亦称管道仪表流程图(piping and instrumentation diagram，PID)，用于工程的施工图设计阶段，因此，也称为施工流程图。带控制点的工艺流程图所表达的内容最为详尽，是设计、绘制设备布置图和管道图的基础，又是施工安装和生产操作时的主要依据。带控制点的工艺流程图中除上述对设备和物流要求外，还需标绘出管线、辅助管线、阀门、仪器控制点，体现设备、物流和控制三大要素。参见图 5-88。

以下重点介绍其有关物流和控制方面的规定。

(一)物料管道流程线的表达

1. 管道及管道编号

在带控制点的工艺流程图中，除主要工艺管道外，还包括开车、停车、检测、控制、公用工程等管道。不同管道用不同粗细的水平或者垂直线条来表达(不允许斜线)。参见图 5-89。

施工流程图中绘出的管道流程线都标注有管道编号。管道编号由四个部分组成：管段号(由 3 个单元组成)管径、管道等级和绝热(或隔声)，总称为管道组合号。有关格式参见图 5-90。

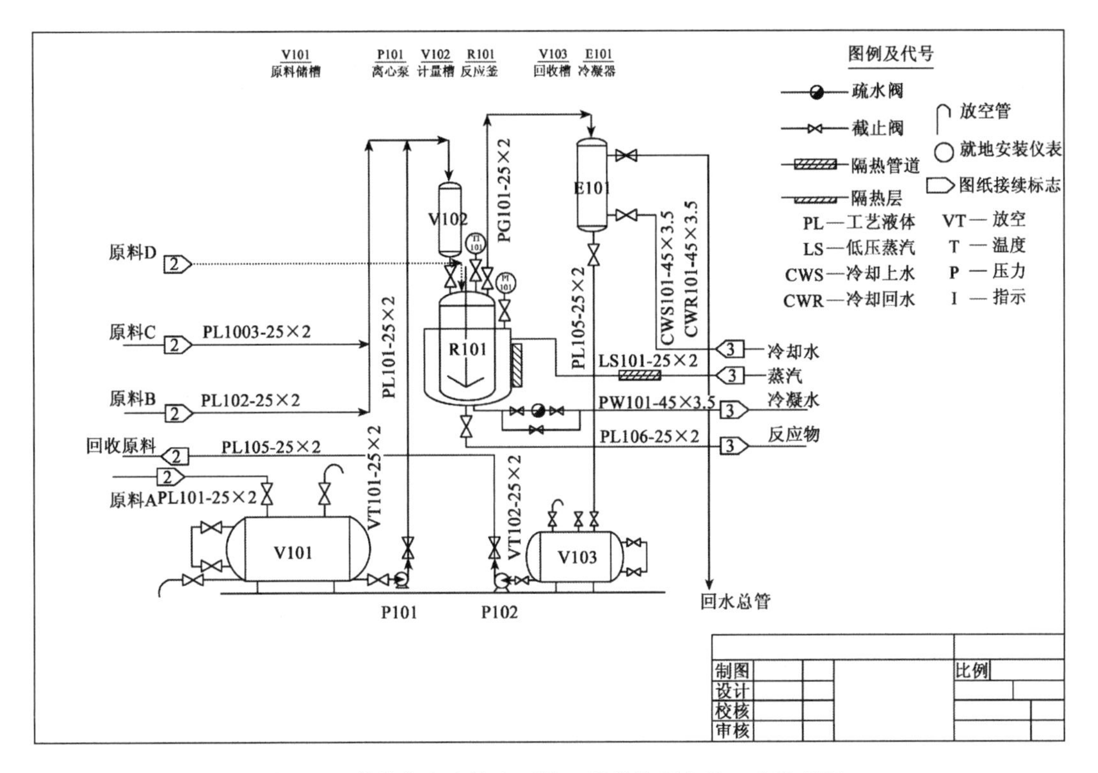

图 5-88　某药物生产缩合环化工段带控制点的工艺流程图

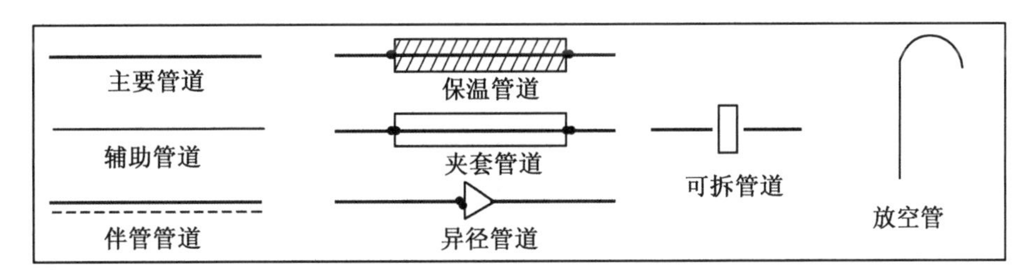

图 5-89　施工流程图中管道表示方法

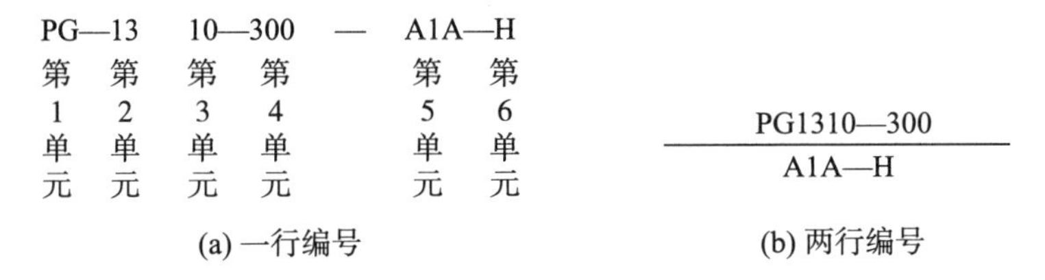

图 5-90　施工流程图中管道编号实例

管段号和管径为一组，用一短横线隔开。管道等级和绝热(或隔声)为另一组，用一短横线隔开，两组间留适当的空隙。水平管道宜平行标注在管道的上方，竖直管道宜平行标注在管道的左侧。在管道密集、无处标注的地方，可用细实线引至图纸空白处水平(竖直)标注。

图 5-90(a)中，第 1 单元为物料代号，常用的物料代号见表 5-9。第 2 单元为主项编

号，按工程规定的主项编号填写，一般采用两位数字，从 01 开始，至 99 为止。第 3 单元为管道序号，相同类别的物料在同一主项内以流向先后为序，顺序编号，一般采用两位数字，从 01 开始，至 99 为止。第 1 单元、第 2 单元、第 3 单元共同组成管段号。第 4 单元为管道规格，一般标注公称直径，以 mm 为单位，只注数字，不注单位，如 DN200 的公制管道，只需标注“200”；2 英寸的英制管道，则表示为“2”。第 5 单元为管道等级。第 6 单元为绝热或隔声代号。

表 5-9　**常用的物料代号表**

物料大类	物料名称	物料代号
工艺物料	工艺气体	PA
	工艺液体	PL
	液固两相流工艺物料	PLS
	工艺水	PW
辅助、公用工程物料	空气	AR
	压缩空气	CA
	高压蒸气	HS
	中压蒸气	MS
	蒸气冷凝水	SC
	锅炉给水	BW
	化学污水	CSW
	循环冷却水回水	CWR
	循环冷却水上水	CWS
	脱盐水	DNW
	热水回水	HWR
	热水上水	HWS
	软水	SW
	生产废水	WW
	冷冻盐水回水	RWR
	冷冻盐水上水	RWS
	放空	VT
	废气	WG

2. 管件符号

施工流程图中，管件均用细实线绘制的图例表示，常见管件图例参见图 5-91。

为了明确起见，有关符号和代号也可以在图纸适当位置专门绘制图例，予以说明。

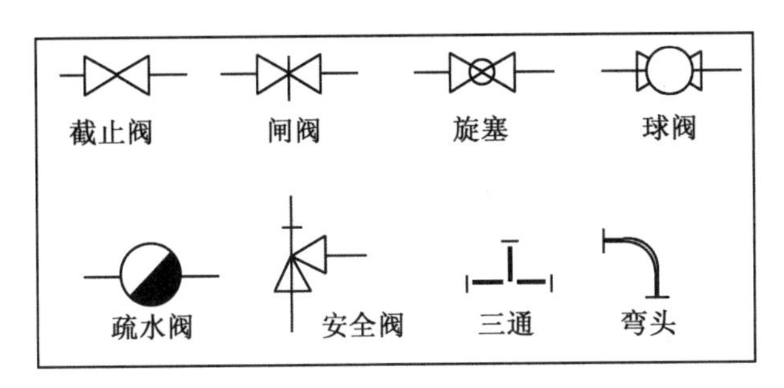

图 5-91　常见管件图例实例

3. 物料管道图纸接续

由于图幅所限，物料管道在一张图纸上往往表达不完，当这种物料管道线到达图纸边框线附近时，绘制出空心箭头，空心箭头内用数字表明接续图纸的图号并注明管道的来源或者去向，参见图 5-92。

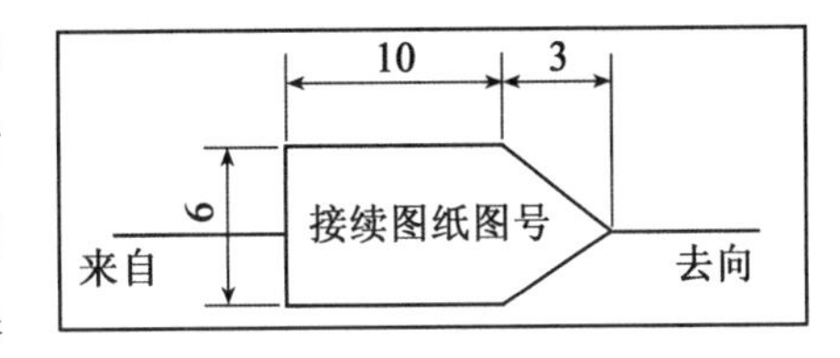

图 5-92　物料管道图纸接续的表达实例

(二)仪表控制点的表达

仪表起检测、显示、控制等作用。带控制点的工艺流程图中，仪表是通过仪表符号来表达。仪表符号包括图形符号、仪表代号、安装方式等内容。

1. 仪表图形符号

仪表图形符号是直径约 10mm 的细实线圆，并用细实线指向管道或设备轮廓线的相应位置、。圆内有仪表代号、数字、安装方式等内容。仪表图形符号格式参见图 5-93。

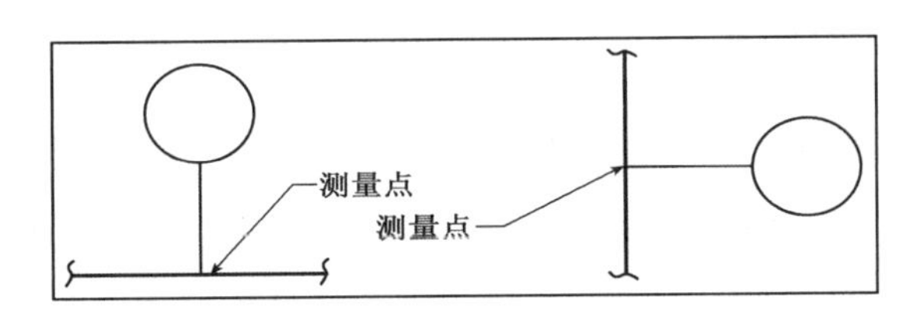

图 5-93　仪表表达的图形符号格式

2. 仪表代号

常用控制参数英文代号有：P—压强；T—温度；F—流量；L—液位。

常用仪表功能英文代号有：I—指示；R—记录；C—控制；Q—累积；A—报警。

3. 仪表安装方式

仪表安装位置的类型及其表达方式参见图 5-94。

例如，某工段集中安装的一台温度指示控制报警仪的表达方式如图 5-95 所示。

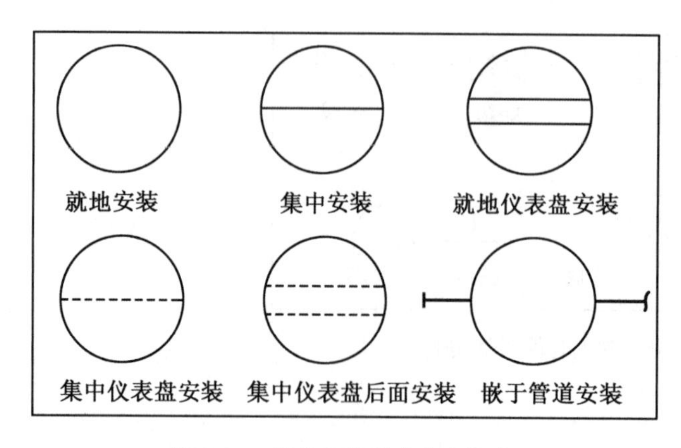

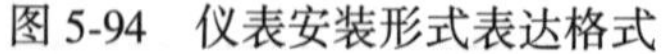
图 5-94　仪表安装形式表达格式

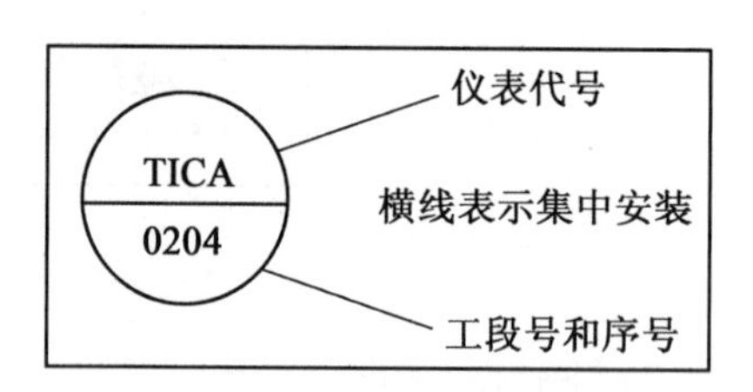

图 5-95　仪表表达实例

工艺设计工作以示意流程图开始，以对其定量、修改、完善，设计出带控制点的工艺流程图而结束。标明工艺条件的带控制点的工艺流程图，可作为工艺设计的最终表达形式。

第八节　制药设备布置图

在充分考虑设备安装、检修、操作、安全等因素的基础上，需要按工艺流程顺序要求，确定各种设备的位置及高度关系等细节，避免管线过多或往返交错，并兼顾整齐、美观、集中，便于管理。设备布置图就是在简化了的厂房建筑图上进行设备的布置，表达各设备之间以及与建筑物之间的位置关系，用来指导设备安装和作为绘制有关管道图的依据。它包括：一组图形、有关尺寸、安装方位、标题栏等内容。

一、有关厂房建筑图简介

厂房建筑图是用于指导建筑施工的图纸。它按正投影的方法准确表示厂房的内外形状、大小及各部分的结构、构造等内容。按专业进一步分类为：①建筑施工图（简称“建施”），包括总平面图、平面图、立面图、剖面图；②结构施工图（简称“结施”），包括结构布置平面图和各构件的节点详图；③设备施工图（简称“设施”），包括给水排水施工图、采暖通风施工图、电气施工图、动力施工图等。这里仅介绍有关的建筑施工图内容简介。

（一）建筑施工图类型

1. 厂房平面图

假想用一水平面通过厂房的窗台（或者上层楼板下方）并将平面以上部分切掉，切面以下部分的水平投影图就形成厂房建筑平面图，参见图 5-96。

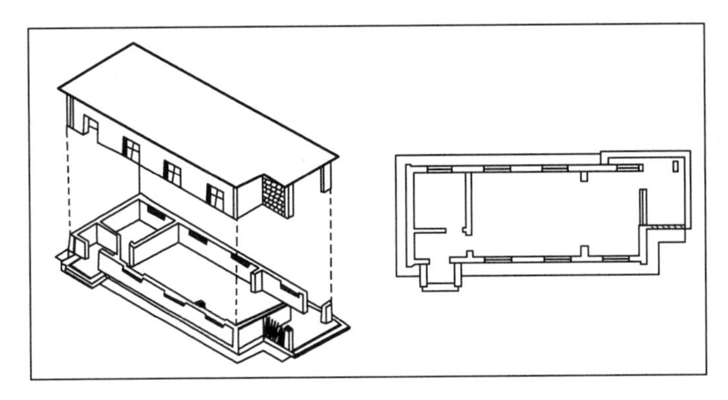

图 5-96　厂房平面图的形成

厂房平面图的基本内容如下：

(1)厂房平面形状、内外车间的平面布置、入口、走道、楼梯等建筑结构形式及其相互关系。

(2)用位于图纸右上角的指北针形状的方向标来标明建筑物的朝向。

(3)用轴线和尺寸线表示建筑物各部分的长宽尺寸和定位尺寸。

(4)注明各层的地面标高。

(5)门窗及其过梁的编号，门的开启方向。

(6)表明有关剖面图、详图等有关位置及其编号。

2. 厂房立面图

厂房建筑的立面图，就是一栋厂房的正立投影图和侧立投影图，可表明建筑物的外形、门窗、阳台、烟囱，及外墙材料及饰面做法等。

3. 厂房剖面图

用途更大的是厂房建筑(垂直)剖面图。应根据图纸的用途或设计深度，在有关平面图上选择能反映构造特征的部位进行剖切。

剖面图的基本内容如下：

(1)用标高及尺寸线表明建筑物总高、各层标高、门窗及窗台高度等各部位的高度。

(2)表明建筑物主要承重梁板的位置及其与墙柱的关系，屋顶的结构型等。

(3)剖面图中不能详细表达的地方，有时引出索引号另画详图表示。

平、立、剖三种图互相配合，才能完整地说明建筑物。在三种图中，凡是被剖切平面剖到的墙、梁、板、柱的截面轮廓和地面线用粗实线表示，其余可见结构用细实线表示。

(二)建筑制图有关特殊图示规定

1. 定位轴线

定位轴线是建筑施工定位、放线以及设备安装定位的重要依据。凡是承重墙、柱等都应画上轴线来确定其位置，并编号。平面图上定位轴线的编号一般标注在图样的下方与左侧。横向编号用阿拉伯数字从左至右、竖向编号用大写拉丁字母从下至上顺序编号。

2. 标高

建筑物各层楼、地面和其他构筑物相对于某一基准面的高度称为标高。标高符号为用细实线绘制的、斜边平放的等腰直角三角形表示，其高度在 3mm 左右，参见图 5-97。注意：标高的数值是以 m 为单位。

3. 方向标

建筑平面图的右上方用直径 25mm 左右的细实线圆绘出方向标，作为建筑物和设备安装的方位基准，绘制格式参见图 5-98。

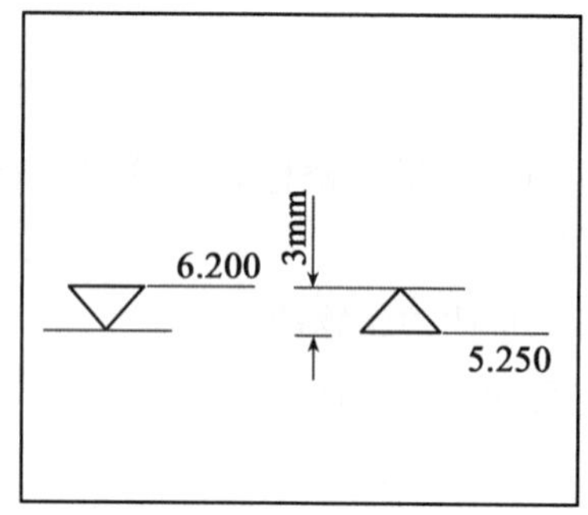

图 5-97　标高符号(未按比例)及其标注格式实例

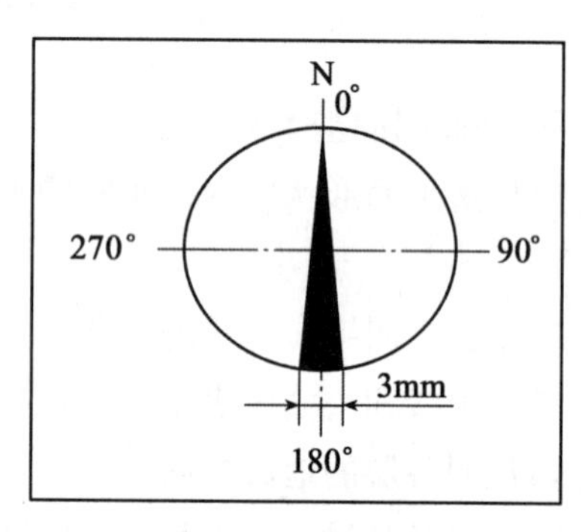

图 5-98　方向标绘制格式(未按比例)

有关厂房建筑图的形式、内容和格式，可进一步参见图 5-99。

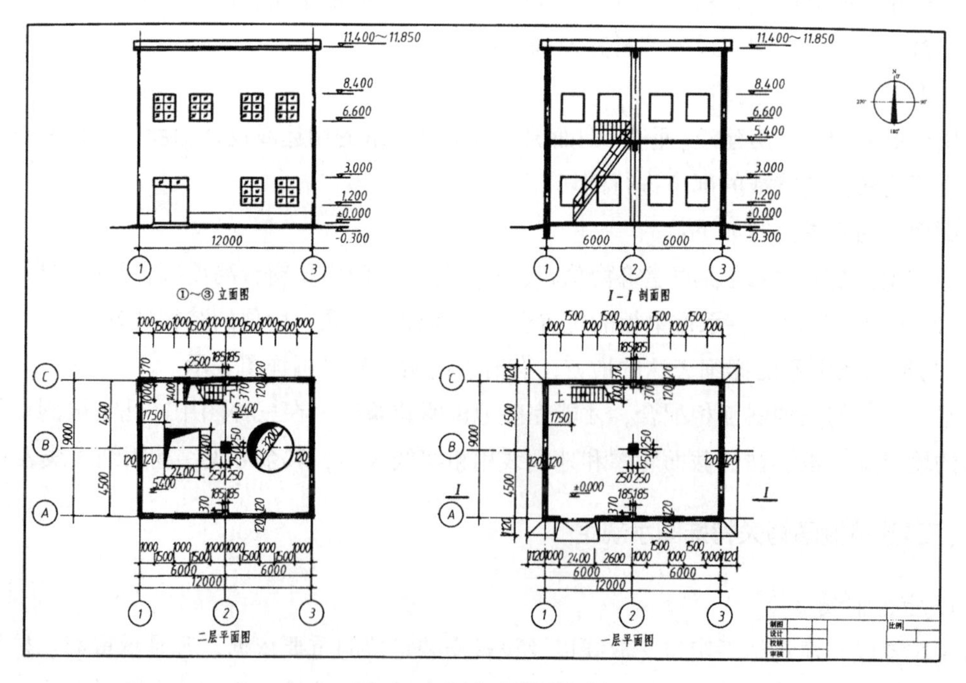

图 5-99　厂房建筑图实例

二、设备布置图

(一)设备布置图的基本图样

设备布置图包括一组设备布置平面图和立面(剖视)图。平面图表达在厂房某楼层上的有关设备的布置情况。对于多层或较复杂的场合，需要按标高绘出多张平面图。各层平面图一般是按在上一层楼板底面进行水平剖切后得到的俯视图。这些各层平面图的图样，可以绘制在一张图纸上，也可以绘制在多张图纸上。当绘制在同一张纸上时，应从最底面的平面图开始，从下到上、从左到右，依次排出，并在各图形下方注明相应的标高。立面图(剖视)表达设备沿厂房高度方向的安装布置情况。立面图和平面图可以绘制在同一图纸上，也可单独绘制。

设备布置图中建筑物及其构件的轮廓线用细实线表示，且只绘出建筑空间大小和内部分割以及与设备安装定位有关的结构。

设备轮廓和安装基础用粗实线绘出。一台设备穿越多层厂房时，在每层平面图上均应示出其位置。涉及剖视的场合，规定设备按不剖绘制。

(二)化工设备布置图的标注

设备布置图不对设备的零部件进行细致表达，也不标注其外形尺寸。它主要是确定设备与建筑物结构、设备间的定位。化工设备布置图上标注如下内容：

(1)厂房建筑定位轴线的编号，建筑物及重要构件的尺寸。

(2)设备必须标注定位尺寸。设备的定位尺寸标注在平面图上，定位基准一般为建筑定位轴线。

(3)必须在剖面图上标注设备及其管口的标高，标高基准一般选择厂房首层室内地面，即±0. 00m 面。

(4)设备布置图中需要注明设备的名称及位号。设备的名称、位号以及注写格式与工艺流程图应一致。

(5)标题栏及其他说明等内容。

三、设备布置图的读图

结合图 5-100 所示缩合环化工段设备布置图实例，下面介绍阅读设备布置图的步骤。

(一)明确视图关系

设备布置图由一组平面图和剖视图组成，这些图样不一定在一张图纸上。看图时，要首先清点设备布置图的张数，明确各张图上平面图和立面图的配置，进一步分析各立面剖视图在平面上的剖切位置，弄清各个视图之间的关系，关联厂房建筑与设备布置位置关系。

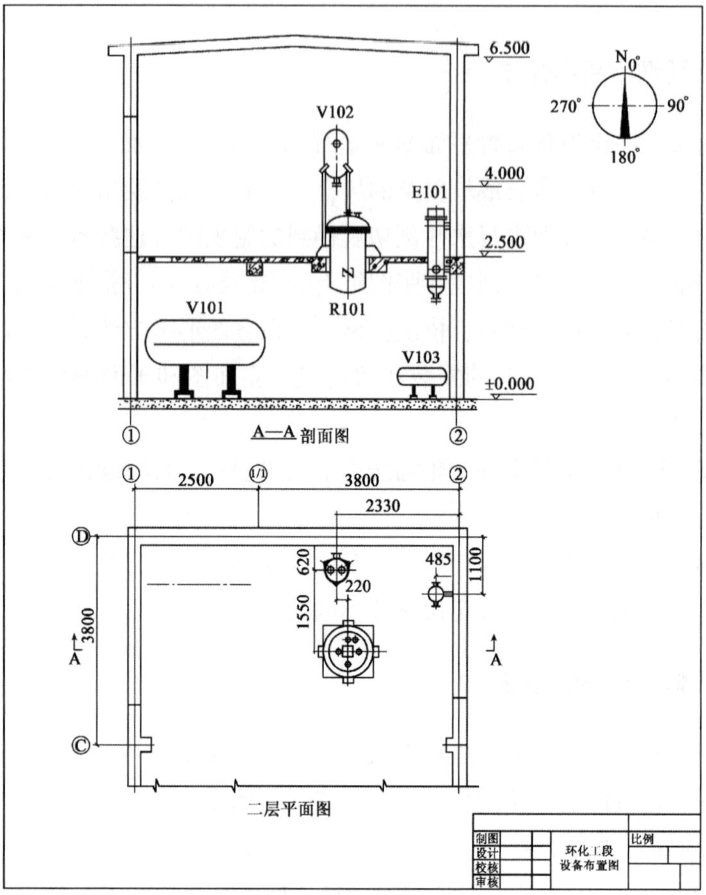

图 5-100　缩合环化工段设备布置图实例

本例设备布置图由立面剖视图和二层平面图组成。从平面图可知，剖视图是按假想剖切平面通过反应器 R101 的轴线剖切形成。

(二)看懂建筑结构

主要是以平面图、立面图分析建筑物的层次，了解厂房建筑各层的标高，每层中的楼板、墙、柱、梁、楼梯、门、窗及操作平台、坑、沟等结构情况，由定位轴线间距确定厂房结构之间的相对位置和大小。

从本例剖视图可知，厂房为二层楼房的一部分，一层楼板标高 2. 5m，厂房顶下方的水平标高 6. 5m；一层放置储槽两个，二层楼板上放置反应器，另外通过支架，放置高位计量槽和冷凝器，这是本工段重要设备的所在处。从平面图可知，厂房东西方向为宽度，1 号轴线和 2 号轴线距离 6. 3m，厂房框架的主要梁之间有辅助梁。厂房向南北方向延伸，本工段 C 号轴线和 D 号轴线距离 3.8m。

(三)分析设备位置

从设备一览表了解设备的种类、名称、位号和数量等，再在设备布置图平面图、立面图找到各设备，并进一步分析各设备的布置细节。从图 5-100 可知，本工段一层放置储槽两个，二层楼板上放置反应器、高位计量槽和冷凝器。一层设备布置图可以另外绘制，也可以较简单省略，以中心线示出。反应器、高位计量槽和冷凝器的水平方向定位尺寸示于二层平面图。反应器和冷凝器嵌入局部加固的楼板预留孔中，反应器的高度以支座接触楼板为准，冷凝器两端与墙壁支架连接固定，高位计量槽的安装高度以其出口接管的标高尺寸 4.0m 为准。按设备上的接口，可以确定其安装方位。至此，本工段设备安装的位置已非常明确。

第九节　管　道　图

管道的布置和设计是以管道仪表流程图、设备布置图及有关土建、仪表、电气、机泵等方面的图纸和资料为依据的。设计时首先应满足工艺要求，使管道便于安装、操作及维修，还应合理、整齐和美观。

管道布置设计的图样包括：①管道平面布置图(管道布置图一般只绘制平面图，必要时才绘制立面剖面图)；②蒸气伴管系统布置图；③管件图和管架图(按机械制图规定)；④管段图(亦称管道轴测图)等。本节只介绍管道布置平面图和管段图。

一、管道布置平面图

(一)管道布置平面图的基本内容

管道布置平面图又称管道安装图或配管图，主要用于表达车间或装置内管道的空间位置、尺寸规格，以及这些管道与设备的连接关系。管道布置图是管道安装施工的重要依据。它包括：

(1)一组按正投影法绘制的视图，用来表达整个车间的建筑物和设备的基本结构(均为细实线)以及管道、管件、阀门、仪表控制点等的安装、布置情况。

(2)尺寸和标注。管道布置图中要求标注管道和部分管件、控制点的平面位置尺寸和标高，还要注写厂房建筑定位轴线的编号、设备的名称及位号、管道代号、控制点代号等。

(3)安装方位标。安装方位标上表示管道安装方位基准的图标，一般放在图面的右上方。

(4)标题栏。标题栏中注写图名、图号、比例、设计阶段等内容。

(二)管道布置平面图的绘制

1. 基本要求

管道布置平面图是表达厂房某楼层上管道布置情况的水平剖视图。当厂房为多层建筑时，需要按楼层或标高分别绘出各层的管道布置平面图。平面图可以绘制在一张图纸上，也可以分画在几张图纸上。

若绘图范围较大而图幅有限，可将各层平面上的管道布置情况分区绘制。分区范围以粗点画线表示。用 BL 表示装置或工序的边界，在边界以内的分区线或拼接线用 ML 表示。在布置图的拼接处，应写出相邻区域的布置图的图号。当在平面图上不能表达高度方向的管道布置情况时，可在平面图的适当部位垂直剖切，绘出立面图或剖面图。剖视图可以与平面图绘制在一张图纸上，也可以单独绘制。有关立面剖视图应按比例画，不需标注尺寸，而只需注标高，但必须在平面图上标注相应的剖切位置。

2. 管道画法

管道是管道布置图中的主要内容。物料管道一般用粗实线，并用箭头示出物料的流动方向。次要管道用中粗实线(b/2)绘制，大直径管道或高压管道等重要管道也可用中粗的双实线绘制。由于涉及的管道较多、情况复杂，有关规定也制定得比较详细。

(1)断裂画法：对于只画出一段的管道，在管子两端用波浪线示出，参见图 5-101。

图 5-101　管道的断裂画法

(2)弯折管道的画法：管道发生不在同一平面的弯折时，参考俯视投影的画法示出，参见图 5-102。

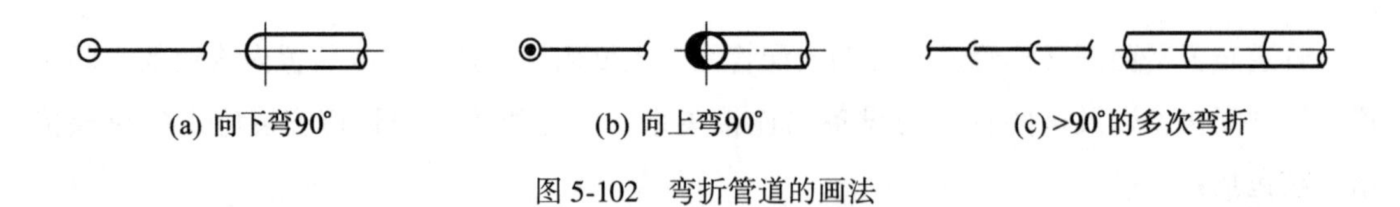

图 5-102　弯折管道的画法

(3)交叉管道的画法：位于同一楼层但不在同一平面的两管道发生交叉时，可以根据实际情况，对其中一条管道采取断裂画法。当采取断裂下方管道时，仅需将下方管道线绘制到交叉处附近，适当留出间隙，表示此部分被遮盖不可见；当采取断裂上方管道时，上方管道线绘制到交叉处附近，并用波浪线绘制出断裂符号，表示此部分断开，可以看到下方情况。参见图 5-103。

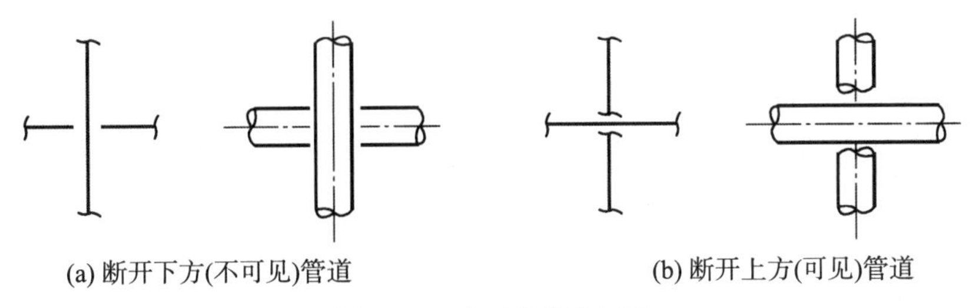

图 5-103　交叉管道的画法

(4)重叠管道的画法：位于同一楼层、但不在同一平面的两管道的投影发生重叠时，将上方管道采取断裂画法，下方管道画到断裂的附近，留有一定间隔；多条管道重叠时，上方管道采取多次断裂，也可以标注代号，参见图 5-104。

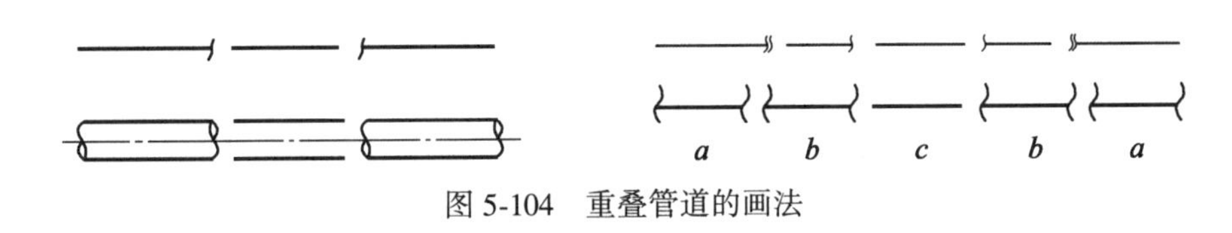

图 5-104　重叠管道的画法

(5)管道连接的画法：两条直管的连接可以通过法兰、螺纹、焊接和承插多种方式，参见图 5-105。

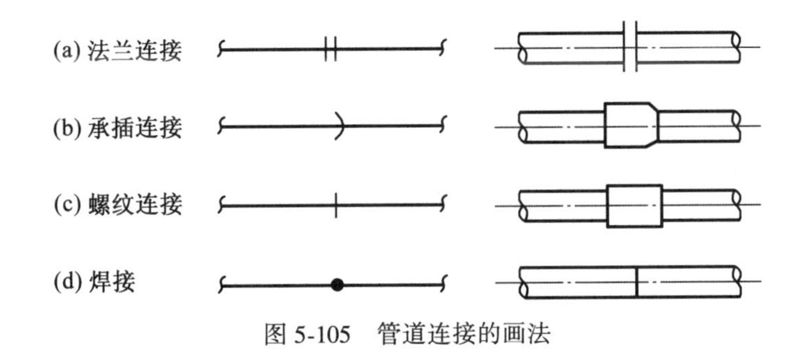

图 5-105　管道连接的画法

两管道通过三通等管件垂直连接的表达方式参见图 5-106。

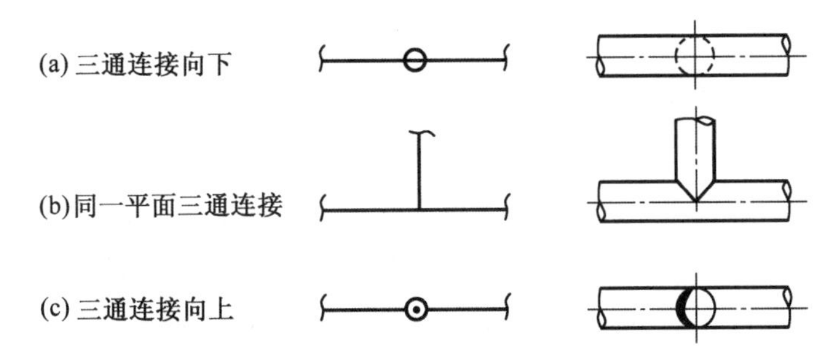

图 5-106　管道通过三通连接的画法

3. 管件画法

管道布置图上的管件按与带控制点的工艺流程图所规定一致的符号画出，一般不标注定位尺寸。对某些有特殊要求的管件，应标注出要求与说明。例如，当管道中阀门类型较多时，应在阀门符号旁注明其编号及公称尺寸。阀门的手柄位置表达方式参见图 5-107。

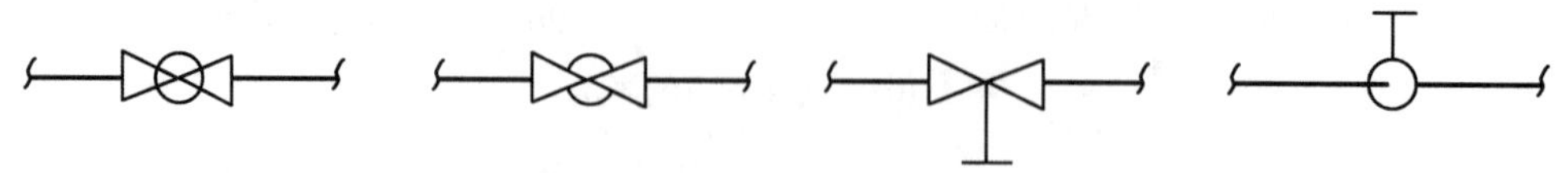

(a) 阀门手柄向上的俯视　(b) 阀门手柄向下的俯视　(c) 阀门手柄向下的正视　(d) 阀门手柄向上的侧视

图 5-107　阀门的手柄位置表达的画法

(三)管道平面布置图的标注

1. 相关内容

管道布置平面图中需要标注厂房建筑定位轴线、设备名称及位号。

2. 管道和阀门的标注

物料管道要求标注管道代号，格式要求与工艺图一致。在管道布置图上，一般要注出管道、阀门、设备管口的标高。管道的标高标注在剖面图上。标高基准一般选择厂房首层室内地面为±0. 00，以确定管道管中心线的标高。标高以 m 为单位，数值取至小数点后两位或者三位。

3. 仪表控制点的标注

管道图中仪表控制点的标注要与施工流程图中的一致。仪表控制点用指引线指引在安装位置处，也可在水平线上写出规定符号。

(四)管道布置图的阅读

管道布置图是在设备布置图上增加了管道布置情况的图样。在阅读管道布置的过程中，可参考工艺流程图、设备布置图、管道轴测图等，以全面了解设备、管道、管件、仪表控制点等的布置情况。

识读管道布置图应抓住的主要问题是：明确视图数量及关系，看懂管道的来龙去脉。一般方法是：根据工艺流程图，从起点设备开始，按流程顺序、管道编号，对照平面图和立面剖视图，参考管道轴测图，逐条弄清投影关系，逐条查明看懂管道走向，以及它们是如何把设备连接起来的。例如，根据流程图以及图 5-108 所示缩合环化工段二层管道布置平面图和管道布置立面图，可以看出，低压蒸汽管道 LS101 是进入反应釜 R101 的夹套，相关蒸汽冷凝水管道为 PW101。

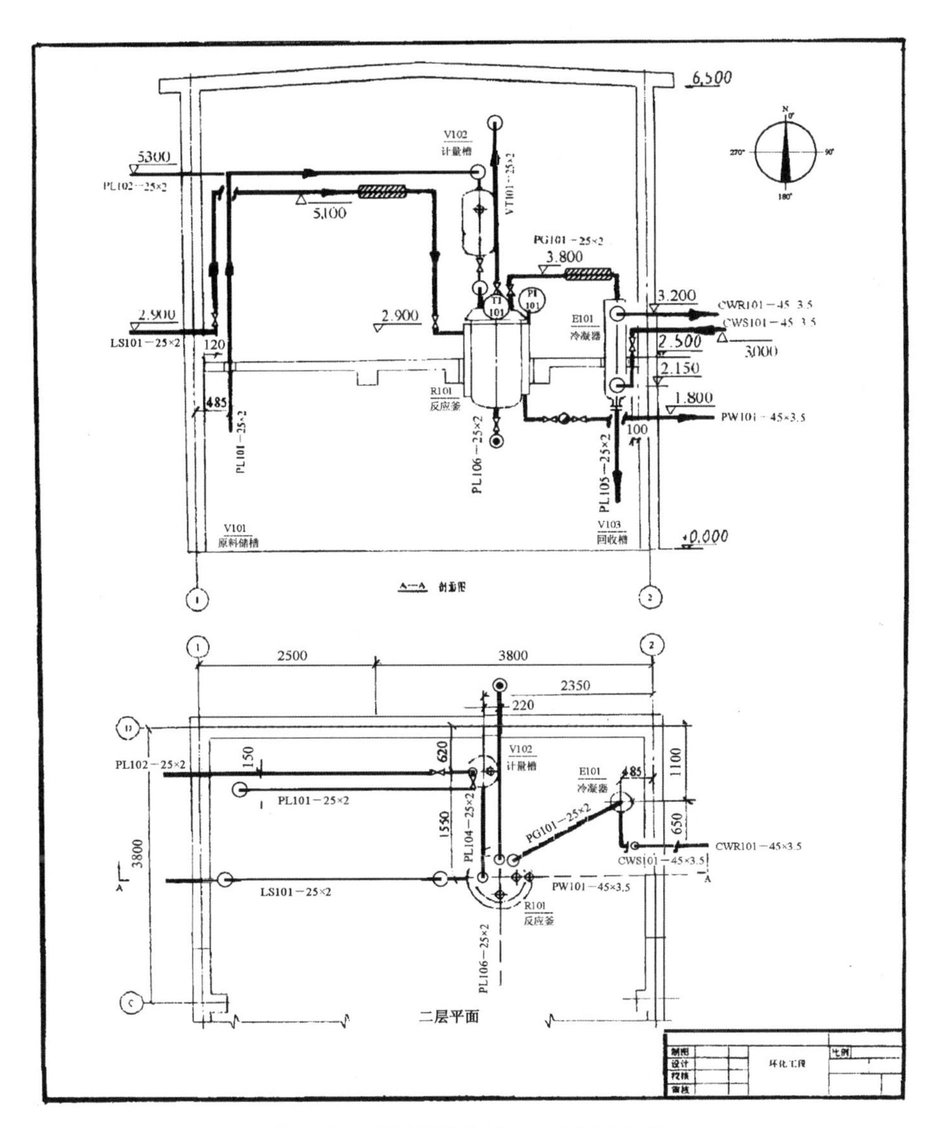

图 5-108 缩合环化工段二层管道布置图

二、管段图简介

管段图是按正等轴测投影绘制的管道布置图，它立体感强，便于阅读，利于管道的预制和安装。管段图可以作为识读管道平面布置图的重要辅助手段。

(一)正等轴测图简介

1. 正等轴测图的形成

采取平行投影法将物体连同确定物体在空间位置的直角坐标系，垂直投影到与直角坐标倾斜相同角度的投影面 P 上，得到能同时反映物体长、宽、高 3 个方向尺寸的正等轴测图。参见图 5-109。由于投影面 P 与直角坐标系的 3 个投影面处于相同的倾斜位置，在投影面 P 的投影就具有“类似性”，即立体感。

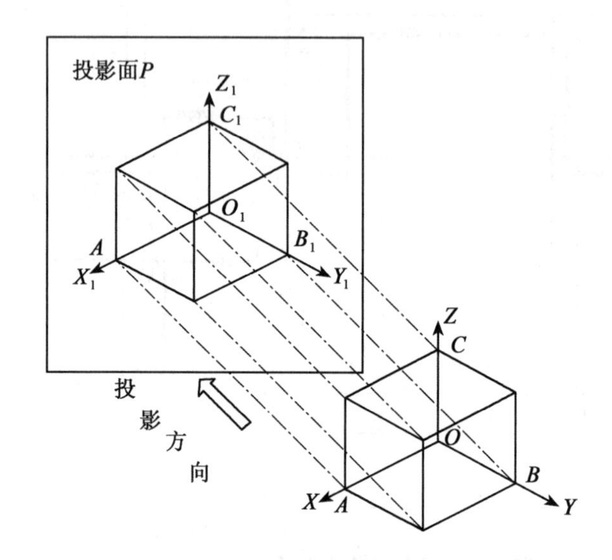

图 5-109　正等轴测图的形成

2. 轴测图与正投影的相同点

(1)由于正等轴测图的形成，也是采取了平行投影法，因此，正等轴测图与正投影图中线段的平行关系相同。即：物体上相互平行的线段，在投影图样中，也相互平行。参见图 5-110。

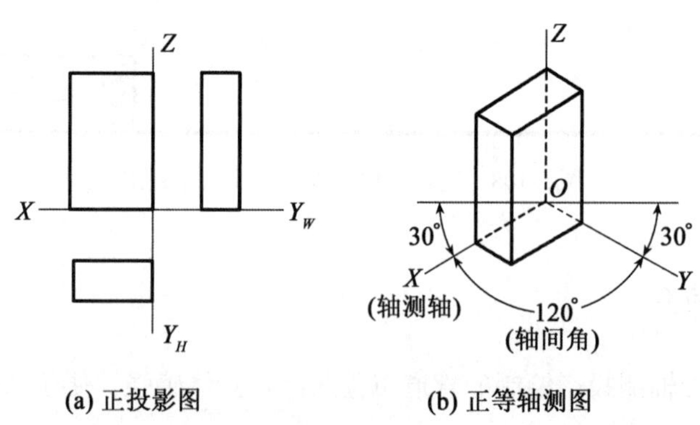

图 5-110　表达长方体的正投影图与正等轴测图的比较

(2)物体上相互平行的两线段的长度比值，在投影图中不变。

3. 轴测图与正投影的不同点

(1)轴测图与正投影的投影轴的方向和角度不同。正等轴测图的三条坐标轴相互成

120°夹角，参见图 5-110(b)。正投影图的 3 条坐标轴相互垂直。参见图 5-110(a)。

(2)轴测图具有立体感，只需单面投影图反映物体全貌。正投影 V 面投影不反映物体前后关系，H 面投影不反映上下关系，W 面投影不反映左右关系。因此，往往正投影需要 2~3 个相关的正投影图，才能完整地表达空间物体全貌。

(二)管段图的基本内容

图 5-111 所示为上述缩合环化工段二层的管段图。管段图一般包括以下内容：

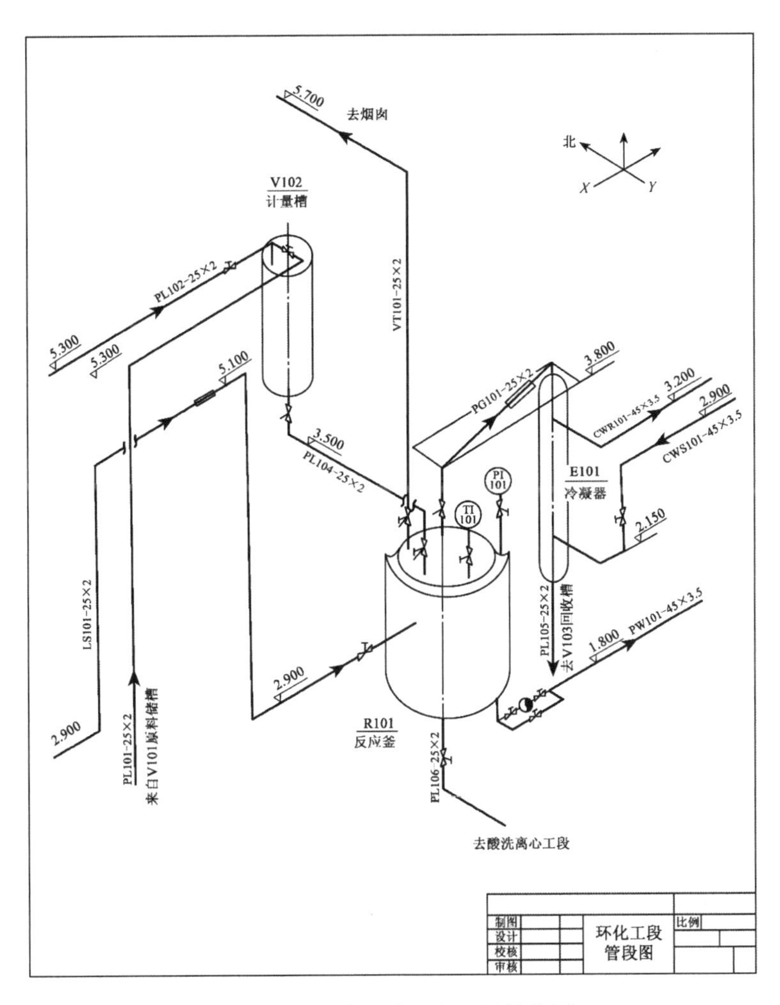

图 5-111 缩合环化工段二层管段图

(1)用正等轴测投影画出的管段及其所附管件、阀门、控制点等图形和符号。

(2)标注管段代号及标高、管段所连接设备的位号及名称和安装尺寸等内容；所有的垂直管道不标注长度尺寸，而通过水平管道的标高来表示。

(3)用来表示安装方位的基准的方向标。北(N)向与设备布置图和管道布置图上的方向标的北向一致，一般以图纸的右上方为北向，右下方为东向。

(4)列出材料表，说明管段所需要的管子的尺寸、规格、材料、数量等内容。

(5)标明图名、图号、签名及日期等内容的标题栏。

绘制管道轴测图可不按比例，但要布置均匀、整齐、美观、合理，各种阀门、管件的大小及在管段中的位置要协调。

(三)管段图形、符号和标注

管段图中的管道一律采用粗实线单线表示，并在管道的适当位置画出流向箭头。当管道为与某两个坐标轴不平行的斜管时，用细实线画出平行四边形来表示管道所在的平面或者立面，参见图5-112。当管道与3个坐标面都不平行时，用细实线画出相应长方体来表示管道不在这些平面内，参见图5-113。

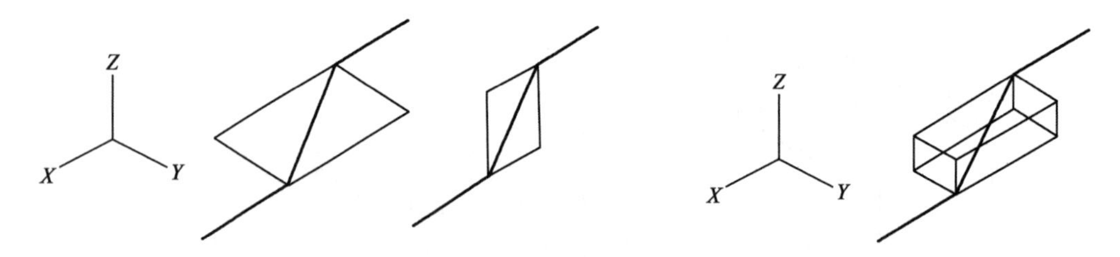

图5-112　管道与两个坐标轴不平行的表达方法　　图5-113　管道与3个坐标轴都不平行的表达方法

管段图中所有管件、阀门均用规定图例符号表示，用细实线绘制。管段图中还应标注管段编号，管段所连接的设备位号，管口号或其他管段号，以及管子、管件、阀门等有关安装所需的全部尺寸。但是，实际施工有很大灵活性，许多问题需要根据实际情况在现场确定。

(四)管段图的阅读

有了比较直观的管道正等轴测图，就容易逐条查明管道走向，看懂图纸。例如，查主要物料的工艺流程，过程如下：

图5-107中，液体物料管道PL101-Φ25×2来自下方储槽，到达标高5.3m后改为由西向东水平架设，到达高位计量槽上方，再由南向北拐弯，与另一条标高也是5.3m的液体物料管道PL102-Φ25×2在高位计量槽接管上方会合，拐弯向下进入计量槽V102。图5-107所示情况比按正投影关系的管道图5-104更直观、清晰，也便于表达管道上阀门的位置。

继续查找可见：液体物料从高位计量槽 V102 下方出来垂直向下，在标 3.5m 位置拐弯向南，经过管道 PL104-$\Phi25\times2$ 到达反应釜加料口接管上方，拐弯向下，进入反应釜。结合工艺，可分析出：反应完成后，将使用蒸气加热，将未反应的辅料和溶剂，通过管道 PG101-$\Phi25\times2$ 蒸出至冷凝器 E101，冷凝后回收到 V103 回收槽。管道 PG101 在标高 3.8m 水平位置按图 5-108 所示格式绘制，说明该段管道没有按常规要求平行坐标轴架设，目的是缩短其长度；此外，从这一段管的画法可看出它是保温管道，其目的同样是为了尽量减少回收物料的回流可能造成的热损失和缩短回收溶剂操作所需要的时间。回收物料和溶剂后，反应液将通过阀门和管道 PL106 放出，进入下一工段。

习　题

5-1　看懂如下三视图，补齐视图中缺少的线条，并按适当比例重新绘制在 A4 图纸中。

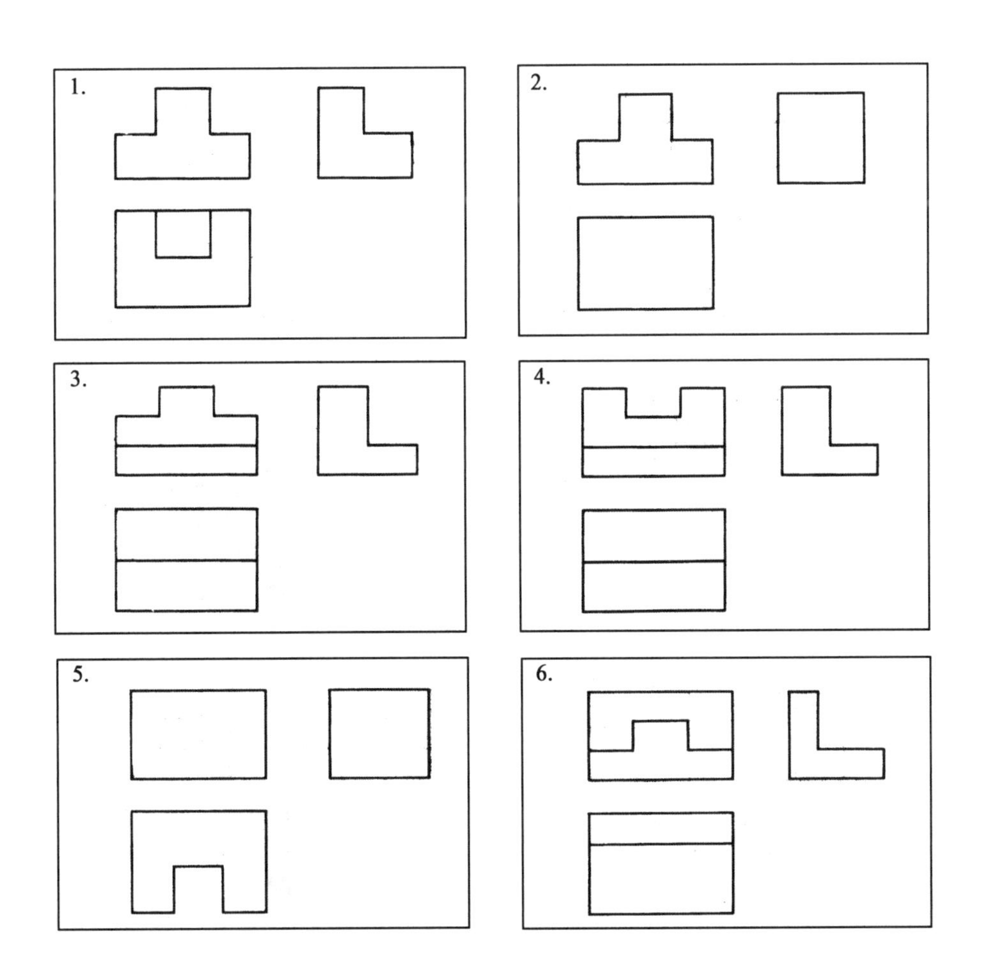

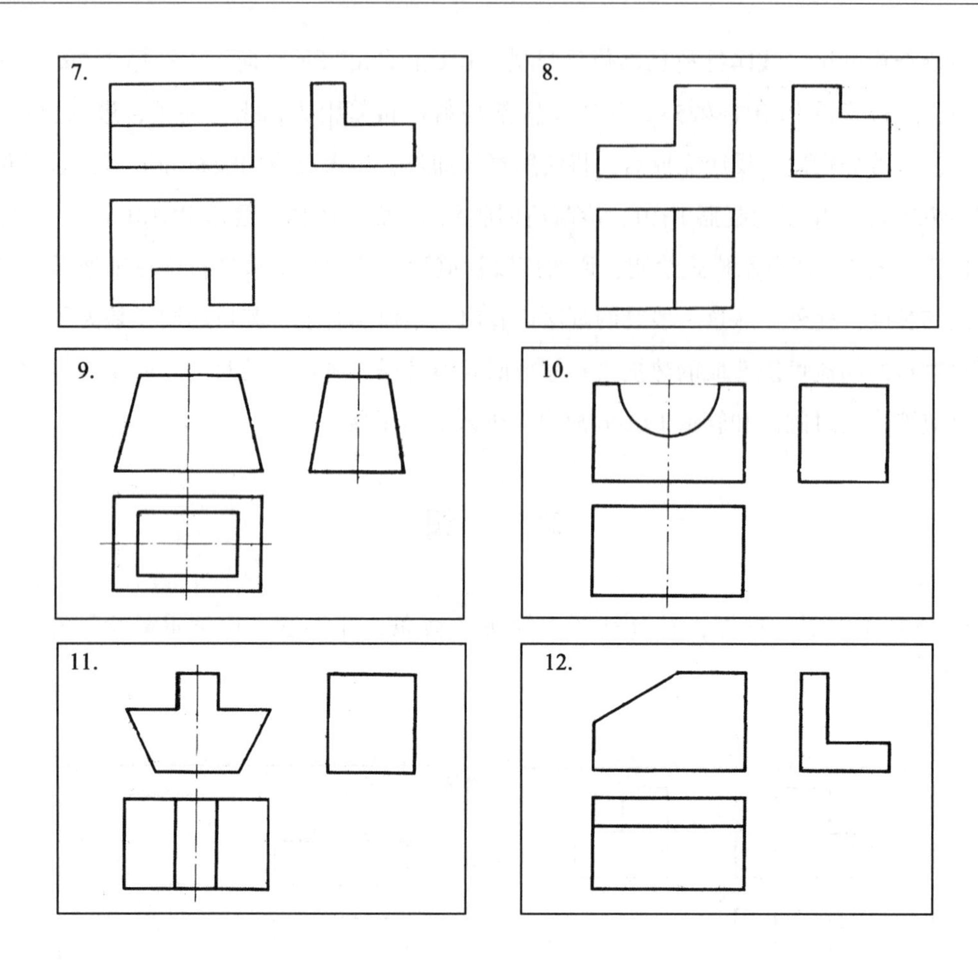

5-2 按适当比例，在 A4 图纸中绘制如下模型的三视图。

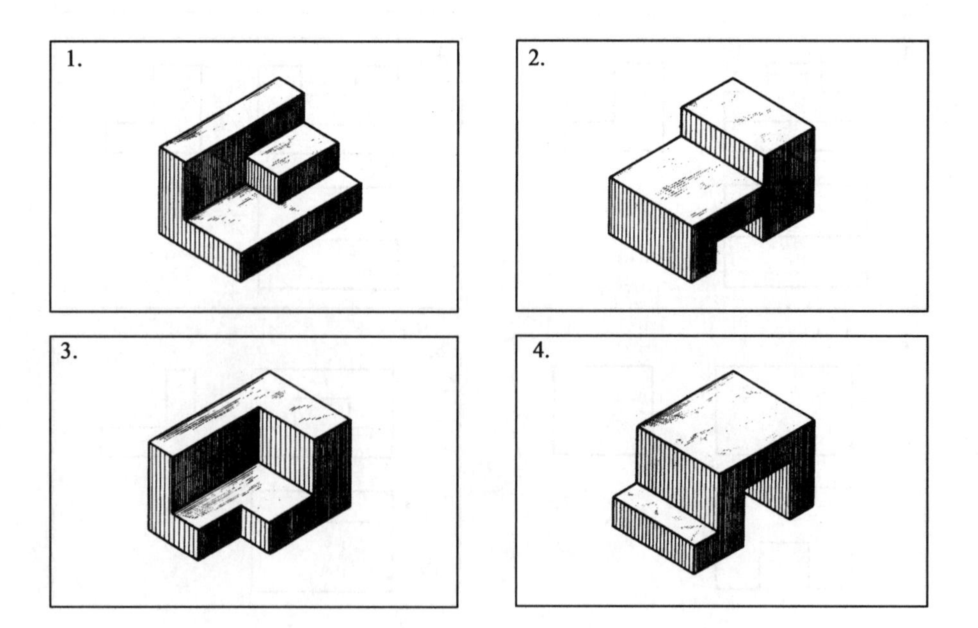

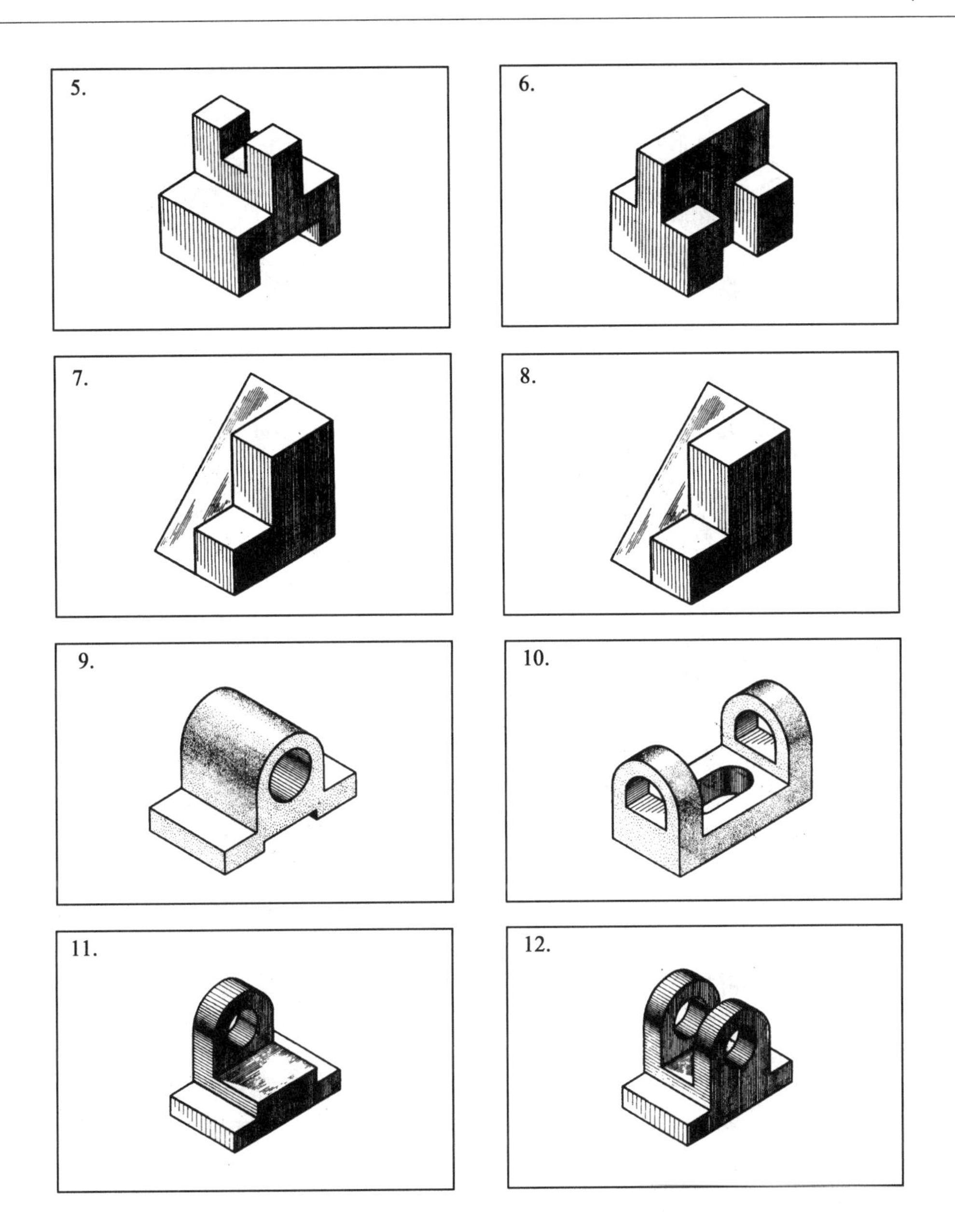

5-3　按适当比例，在 A4 图纸中绘制如下模型的三视图。

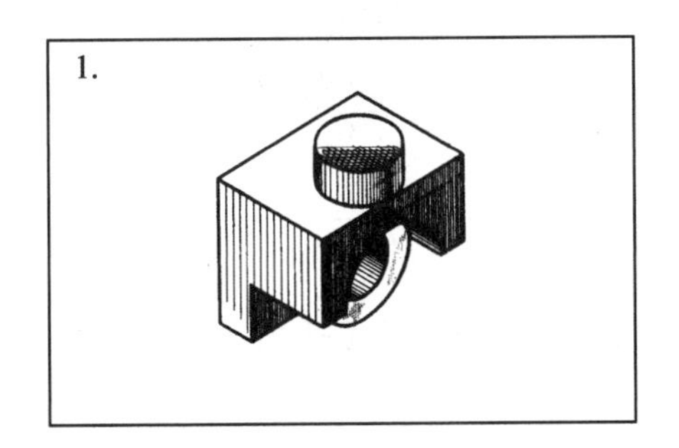

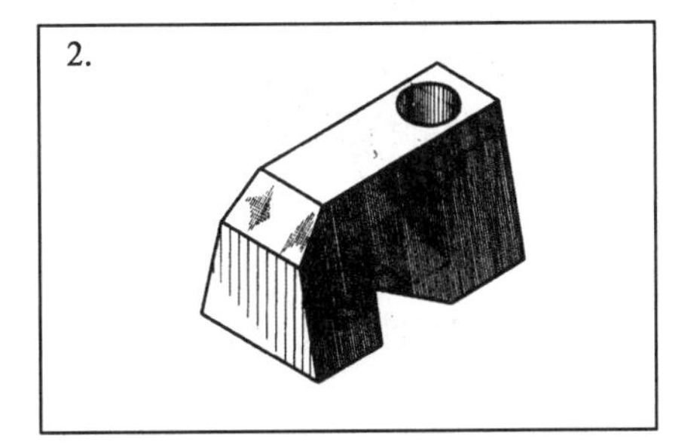

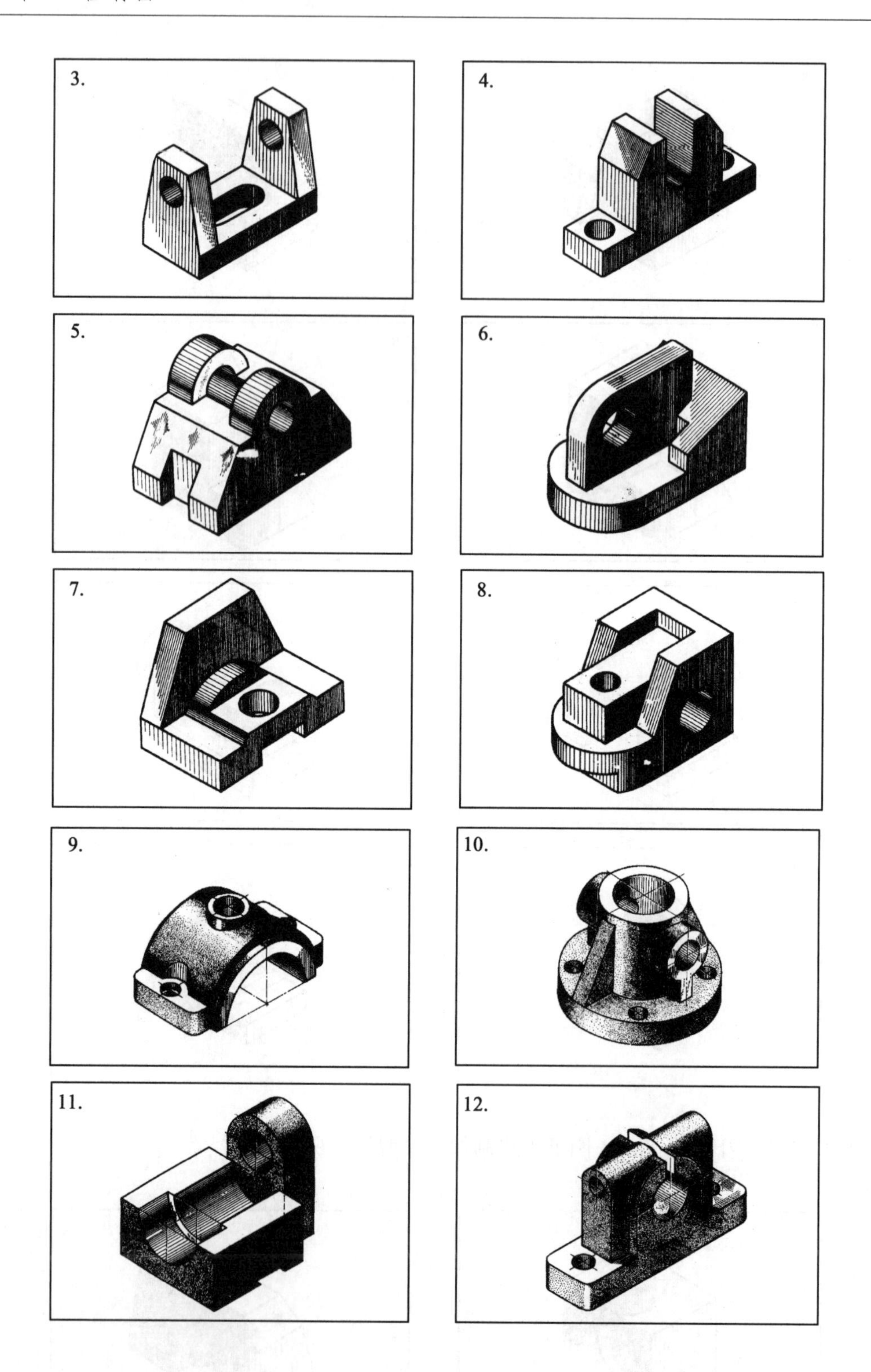

5-4 分析如下视图，想象其空间形体，补画第三视图，并按适当比例重新绘制在 A4 图纸中。

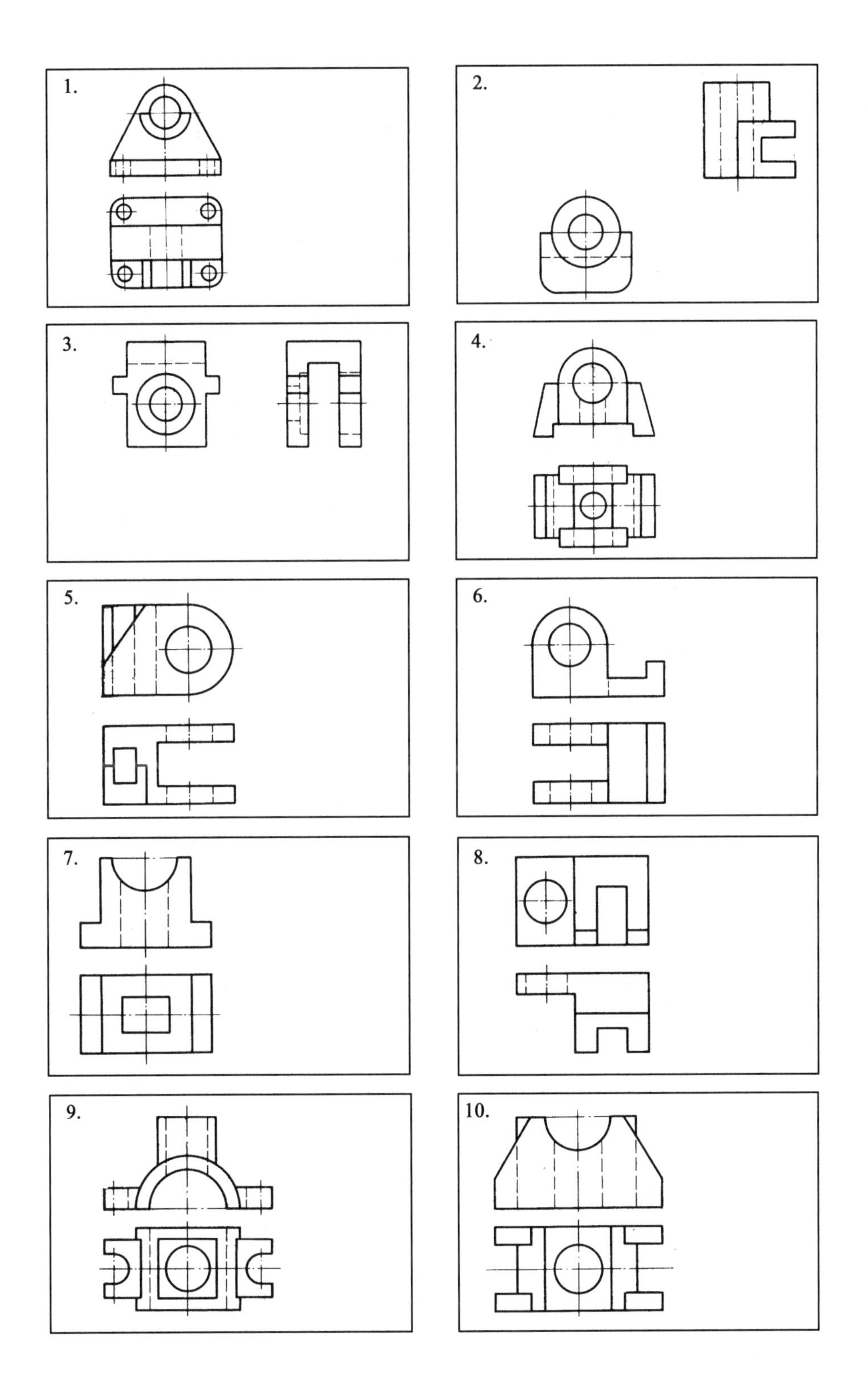
1.
2.
3.
4.
5.
6.
7.
8.
9.
10.

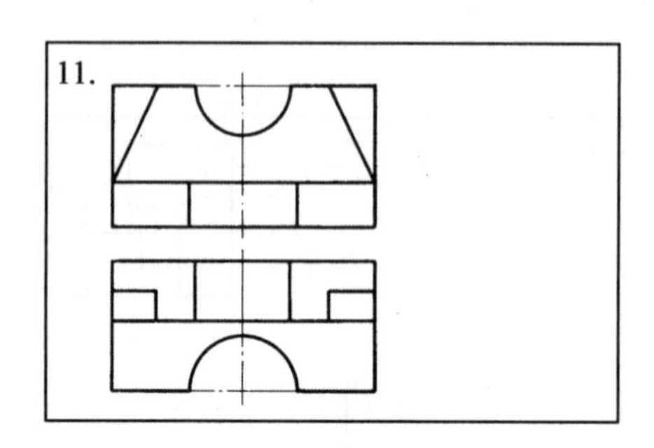

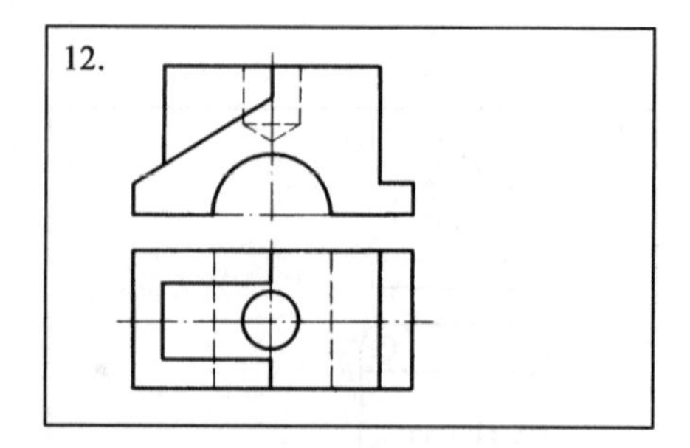

5-5　按适当比例在 A4 图纸中重新绘制如下视图，并根据所表达形体的特征，将主视图改绘成全剖视或者半剖视，补画左视图(如果必要，各视图均可做局部剖视)。

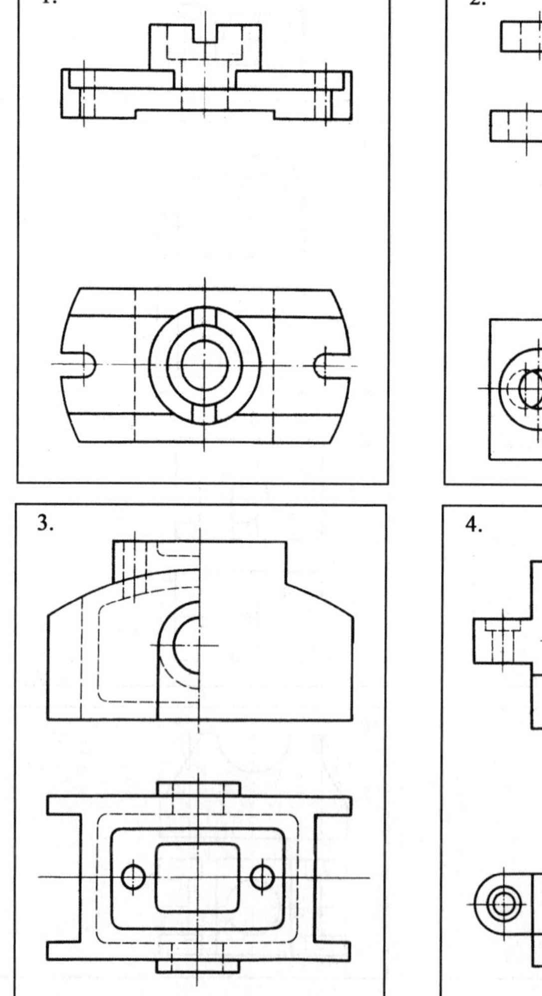

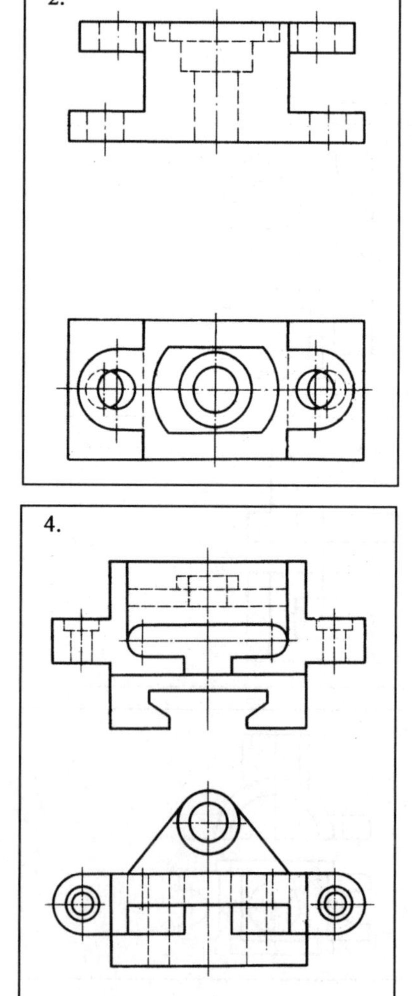

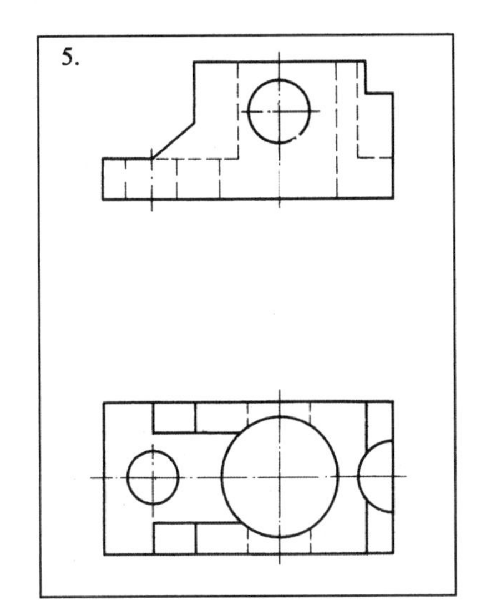

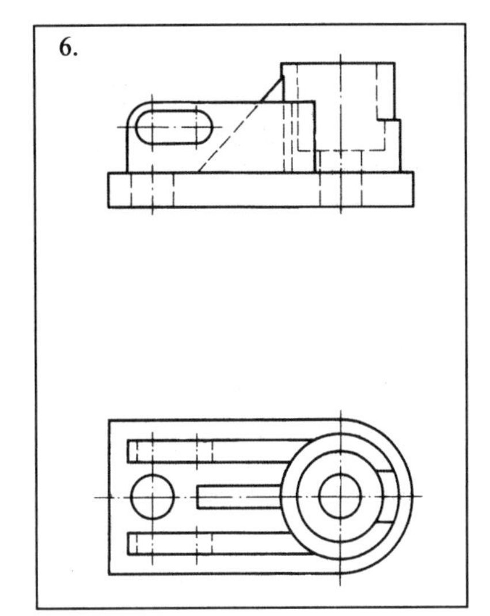

5-6　按适当比例在 A4 图纸中重新绘制如下视图，将主视图改绘成半剖视、俯视图改绘成局部剖视，并按全剖视补画左视图。

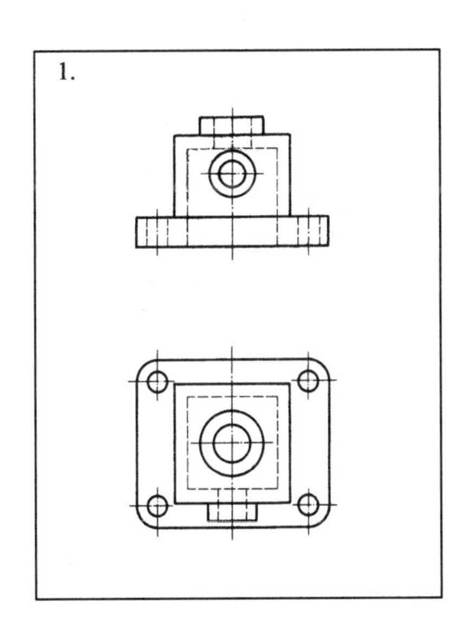

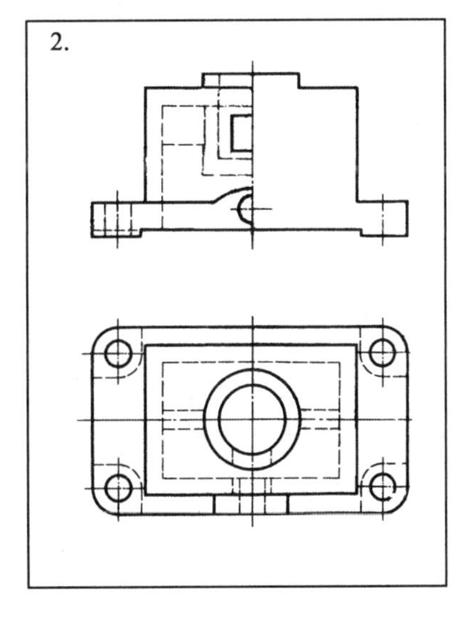

5-7　根据题示，采取适当的剖视手段，添加必要的线条，按适当比例在 A4 图纸中重绘如下视图。

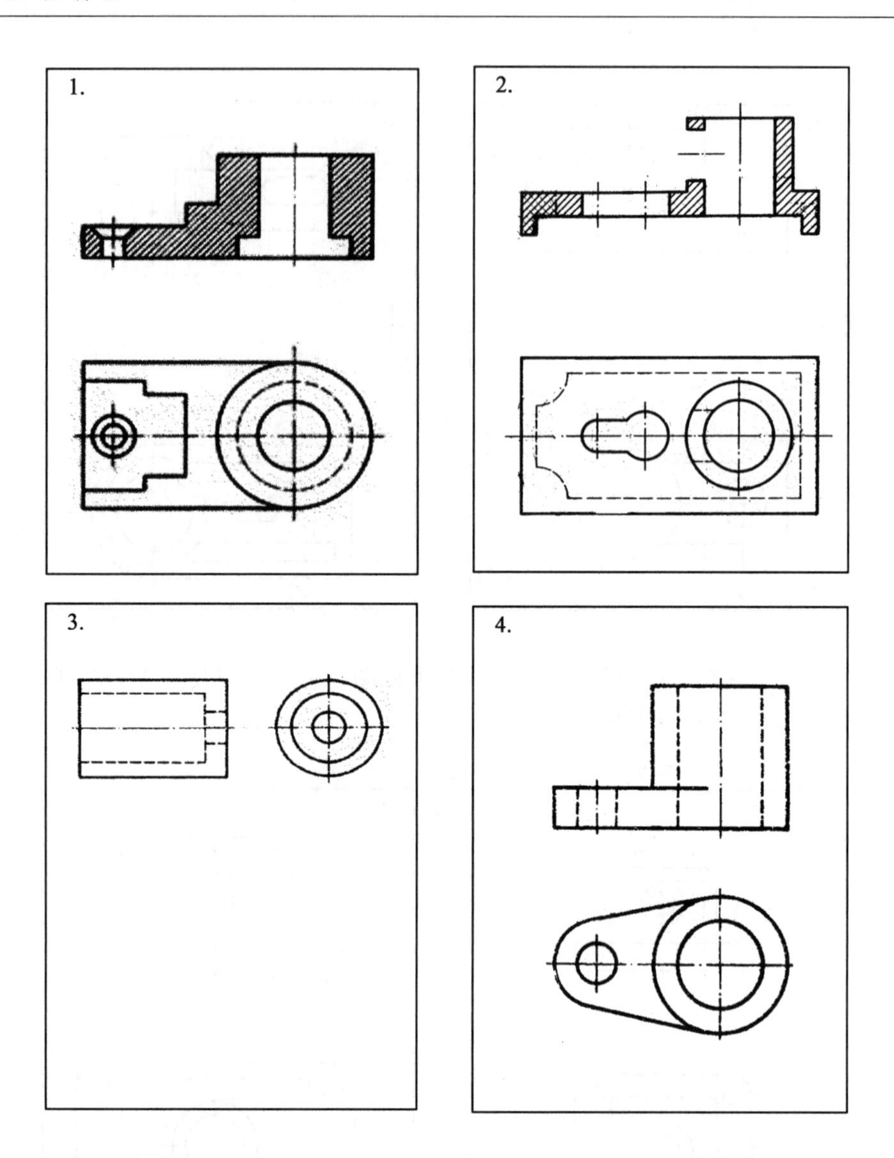
1.
2.
3.
4.

第六章　药物生产设备简介

本章学习要求

(1)了解原料药生产设备及其工作原理；

(2)了解固体药物粉碎、筛分、混合常用设备及其工作原理和特点；

(3)了解片剂、胶囊剂、丸剂、栓剂等固体制剂的生产工艺流程和生产设备；进一步了解片剂和胶囊剂生产设备的工作原理；

(4)了解水溶型注射液生产工艺流程及其生产设备的工作原理。

第一节　典型原料药生产设备

一、搅拌釜

搅拌釜广泛应用于制药工业，多在与物料接触的内表面进行了搪玻璃防腐蚀处理，称为搪玻璃反应釜，俗称搪瓷釜。它既可作为化学反应器，也可作为结晶器、溶解器、提取器等；既可作为均相反应器，也可作为非均相反应器；既可作为间歇反应器，也可作为连续反应器。

搅拌釜由搅拌器和釜体组成。其中，搅拌器包括：传动装置、搅拌轴(含轴封)、叶轮(或搅拌桨)。一般来说，对均相系统，搅拌能使物料的质点相互接触，达到分子尺度的互溶；对非均相系统，搅拌能扩大反应物间的接触面积，从而加速多数化学反应的进行。此外，搅拌还能使体系浓度均匀，消除局部过热和局部反应，防止大量副产物的生成。搅拌还能提高热交换体系的传热系数，提高热量的传递速度。在结晶过程中，搅拌能增加表面吸附作用，造成析出均匀的结晶。在固体物料的溶解过程中，叶轮通过搅拌，把能量传给物料，不断减小物料微团的尺寸，其作用不可或缺。

(一)搅拌釜的性能特征

搅拌釜的性能特征主要有：搅拌釜体积、功率、搅拌速度和叶轮类型。

1. 体积

搅拌釜的体积，也叫搅拌釜的容积，是搅拌釜最基本的性能指标，一般工业搅拌釜的规格为500~5000L，不同的规格形成系列产品。

2. 功率

搅拌釜均按要求配套有电机，电机性能主要由转速和功率两项指标说明。搅拌时克服流体摩擦阻力来产生循环流量，需要能量，称为搅拌功率。由于搅拌釜中液体运动的状况十分复杂，搅拌功率目前尚不能由理论算出，只能通过实验获得它和该系统其他变量之间的经验关联式，然后再按经验关联式来计算。与搅拌功率有关的因素很多，可分为几何因素和物理因素两大类。

影响搅拌功率的物理因素有：搅拌器的转速、液体密度、液体黏度、重力加速度。

影响搅拌功率的几何因素有：①搅拌釜内径 D；②搅拌器叶轮的直径 d(搅拌器的特征尺寸)；③搅拌器叶轮类型、形状、叶片数目、叶片宽度等；④搅拌器叶轮离釜底距离；⑤釜内所装液体深度；⑥釜内壁挡板数目、挡板宽度等。

3. 搅拌速度

搅拌釜的搅拌速度由配套电机及其减速传动装置的性能决定。合适的搅拌速度也与搅拌桨叶轮类型有关。

4. 叶轮类型

叶轮类型和特征对搅拌效果影响甚大，不同的叶轮适合不同黏度的物料。以下将进一步说明。

(二)搅拌和叶轮

搅拌桨和叶轮类型也是搅拌器选型的依据。

在化学制药工业中，按搅拌釜的叶轮类型，常用的搅拌器分为桨式搅拌器、框式和锚式搅拌器、涡轮式搅拌器、推进式搅拌器、鼓泡器等。各类叶轮还可以根据开闭、平折、弯曲等情况进一步分类。参见图6-1。

1. 桨式叶轮的特点和使用场合

桨式叶轮结构简单，制造方便。桨式叶轮适用于黏性小(15Pa·S)、密度达2000kg·m^{-3}液-液互溶系统的混和或者固体悬浮物含量在5%以下的非均一系统液体的搅拌，以及仅需缓和混和的场合。桨式搅拌器在慢转速时的剪切作用不大，轴向运动小，尤其适用于流动

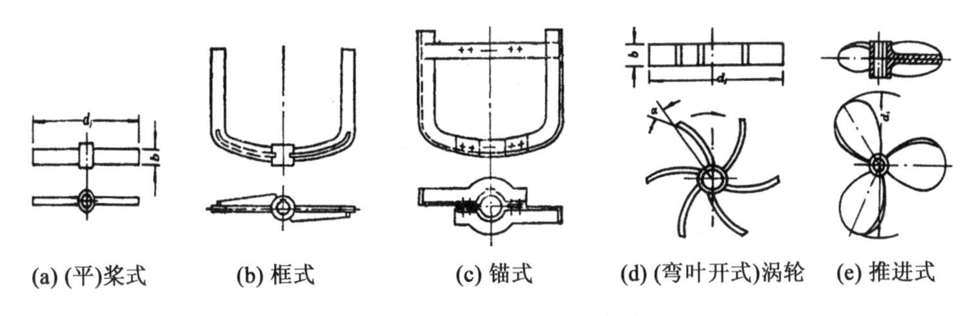

图 6-1　常见叶轮类型(未按比例表示)

性液体的混和，纤维状或结晶状的固体物质的溶解，固体的溶化，保持较轻固体颗粒呈悬浮状态等。

平板桨叶主要造成水平的圆形液流，不易产生轴向液流。为了使液体在容器中上下翻动，可以使桨叶与水平方向形成一定的倾斜角(45°~60°)。

2. 框式叶轮和锚式叶轮的特点和使用场合

框式叶轮和锚式叶轮用在不必太强烈搅拌，但必须涉及全部液体的场合，以及用于搅拌含有相当多固体(固体和液体的比重相差不大)的悬浮物。框式叶轮和锚式叶轮运转时，*Re* 数一般不要超过 1000，否则表面会生成漩涡，对混和不利。因此，框式叶轮和锚式叶轮转速一般低于 60r/min，大型的搅拌器转速一般低于 30r/min。锚式搅拌器能够混合黏度 40Pa · S 的液体，黏度进一步增大时，需采用框式搅拌器。黏度越大，搅拌框中间的间挡应越多。

这两种叶轮的搅拌运动缓慢，搅拌表面积大，外形与釜壁吻合且贴近，可利用其刮壁作用以防止釜壁上静止膜的形成和附着，从而防止局部过热和焦化现象发生。现在已开发螺带式、螺杆式等搅拌叶轮，适于黏度更高的物料。

3. 涡轮式叶轮的特点和使用场合

涡轮式叶轮与桨式叶轮的外形基本相同，区别仅在于其叶数、宽度和直径。直径/宽度为 4、叶片倾角 45°的折叶式叶轮，在低速层流区中使用时可视为桨式，而在高速湍流区中使用时可以视为涡轮式。

涡轮式叶轮和离心泵叶轮相似，高速旋转，液体的径向流速较高，冲击在内壁上，变成沿壁上下流动，形成有规则的循环作用。涡轮式叶轮搅拌液体程度最剧烈，主要应用在搅拌黏度为 2~15Pa · S、密度达 2000kg · m^{-3} 的液体介质，混合比重或黏度相差较大的两种液体以及混和含有较高浓度固体微粒(达 60%)的悬浮液。涡轮式叶轮也适于气体在液体中的扩散过程。涡轮式搅拌器进一步分为闭式与开式两种。开式涡轮结构比较简单，造价较低。平叶圆盘涡轮及弯叶涡轮这两种搅拌器广泛地应用于传热过程、溶解或悬浮操作、抗生素的发酵及其他气-液搅拌。在液位较高的场合，应该采用多层的搅拌器。

4. 推进式叶轮的特点和使用场合

推进式叶轮转速最高，主要产生轴向液流，剪切作用较大，并产生强烈的湍动，容积循环率高。由于它能产生大的液流速度，且能持久而波及远方，因此对搅拌低黏度(可达2Pa·S)而密度达2000kg·m^{-3}的各种液体有良好的效果，但不适用于搅拌高黏度液体。推进式叶轮浆叶与运转水平面间的倾斜角度有向上倾斜及向下倾斜两种。当搅拌的目的是要从器底将沉重的沉淀物搅起时，应使搅拌器靠近器底，并将桨叶安装成大于90°的倾斜角(即向上倾斜)。此时，液体质点在撞击后向上翻转，达到较好的搅拌效果。为了增进搅拌效果，必须增设内部构件来消除推进式搅拌器在高速旋转下产生的漩涡和圆形液流。

(三)搅拌釜的选择

搅拌釜的选择主要依据物料性质、搅拌目的。

1. 物料性质

在影响搅拌状态的物理性质中，液体黏度的影响最大。因此，首先必须根据液体黏度来选型。对于低黏度液体，应选用小直径、高转速的搅拌器，如推进式搅拌器、涡轮式搅拌器。对于高黏度液体，应选用大直径、低转速的搅拌器，如锚式搅拌器、框式搅拌器。

2. 搅拌目的

对于低黏度均相液体的混合，因为体系分子扩散速率很快，控制因素是宏观混合速率，即循环流量。各种搅拌器的循环流量按从大到小顺序排列为：推进式>涡轮式>框式>桨式。因此，应优先选择推进式搅拌器，较好达到微观混合程度要求。对于固体溶解过程，宜优先选择框式搅拌器。对于结晶过程，宜优先选择平桨式搅拌器。

根据不同物料的性质和搅拌操作目的，充分考虑不同叶轮的性能特征来选择搅拌器。不同叶轮类型搅拌釜的功能比较，可以进一步参见表6-1。

表6-1　**不同叶轮类型搅拌釜的功能比较**

叶轮类型	*D/d* 平均值	转速(rpm)	黏度(Pa·S)	主要用途	说　明
平桨	1.4	10~100	<15	易溶块状固体的溶解；粒度较大的结晶	无轴向流
斜桨				增加轴线流	
锚式	1.05	10~60	<40	对搅拌不强，但有刮壁作用，无死角	速度慢，层流
框式		10~30	100	适于易溶块状固体的溶解	物料黏度可加大

续表

叶轮类型	D/d 平均值	转速（rpm）	黏度（Pa·S）	主要用途	说明
涡轮式	3	100~500	<50	漩涡激烈，有较大的循环流量和较强的剪切作用，促使难溶固体溶解和微粒结晶； 适于传热为主的搅拌操作； 适于气液、液液高度分散体系	叶轮形式多、适应不同要求。可以把固体颗粒抬举起来。反应釜底为锥形或半圆形时，应注意选用开启式涡轮搅拌器，避免物料沉积
推进式	3~4	100~800	<2	宏观混合好，湍流，有打旋现象	不适于高黏度物料。把固体颗粒推向釜底，难浮起来

二、中药提取罐

中草药研究和生产中提取工艺所涉及的液-固萃取有关概念和流程在第四章简要介绍，在此，仅从制药化工反应器设备的角度进行补充说明。

中草药研究和小批量生产中，采用的提取设备为简单的可倾斜夹套煎煮锅，参见图6-2(a)。大批量生产中，采用的提取设备为密封式装置，通过蒸汽进行加热，并在提取器底部设置快开门，方便卸渣操作，根据需要安装搅拌桨，强化提取效果，参见图6-2(b)。这种中药提取罐可以看成是化工反应釜的改型。根据生产实践的要求，可以设计、制作不同的提取罐，以满足生产需要。

(a) 夹套煎煮锅外形图

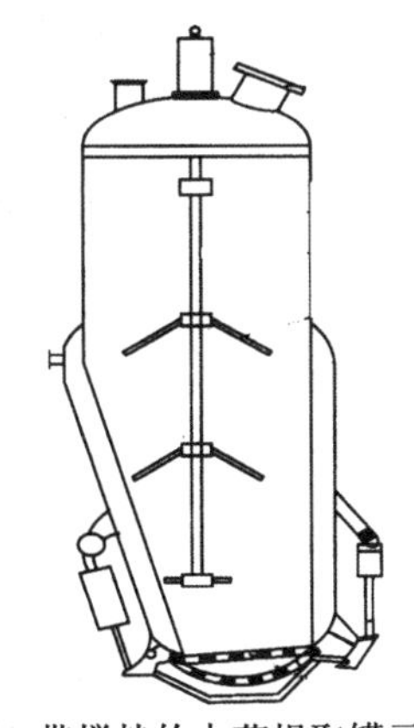

(b) 带搅拌的中药提取罐示意图

图6-2 常见中药提取反应器

图6-3所示为一种新型蘑菇式中药提取罐，它采取外循环工艺代替机械搅拌，进一步改善了提取过程的传质和传热效果，并在顶部设置可旋转的高压清洗球，方便清洗提取罐，保证罐的清洁，符合药物生产要求。

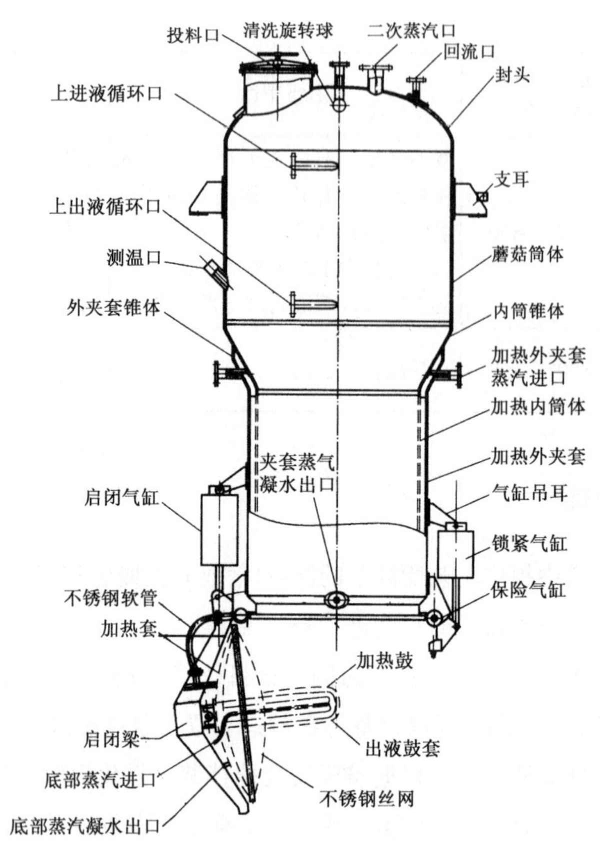

图 6-3　新型蘑菇式中药提取罐

三、发酵罐

制药工业中，发酵是直接利用微生物的机能将原料转化成为所需产品的过程。发酵技术内容极为丰富，几乎涉及生物工程所有分支。目前，抗生素、维生素、激素等药物均通过发酵生产，其他生物制药品种还在不断增加。从理论上说，发酵操作既可以间歇进行，也可以连续进行。但是，现代大多数生物制药产品是通过间歇操作完成的。间歇发酵过程中，微生物的生长分延迟期、对数生长期、稳定期和衰亡期四个阶段，参见图 6-4。温度和供氧是影响发酵的重要因素。

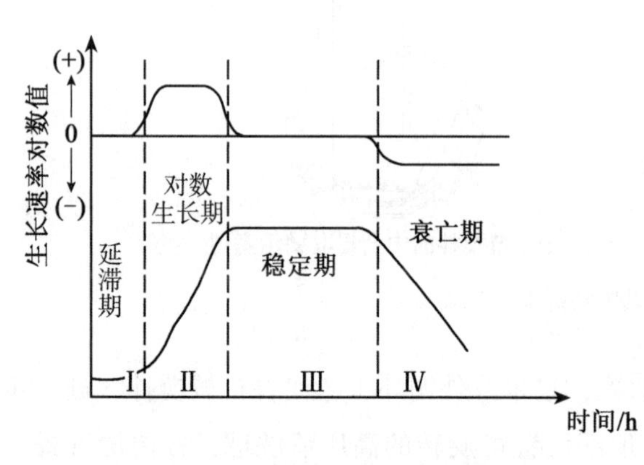

图 6-4　微生物生长的四个阶段

发酵所需要的生化反应器往往称为

发酵罐。发酵罐类型很多，可以采用带圆盘涡轮叶轮的机械搅拌形式，参见图 6-5(a)。也可以通过空气和发酵液的循环来进行搅拌，以简化设备、防止污染和降低对细胞的破坏，参见图 6-5(b)。发酵罐一般都是将气体由液相的底部导入，并必须保证导入的气体均匀分散，不出现短路跑空现象。

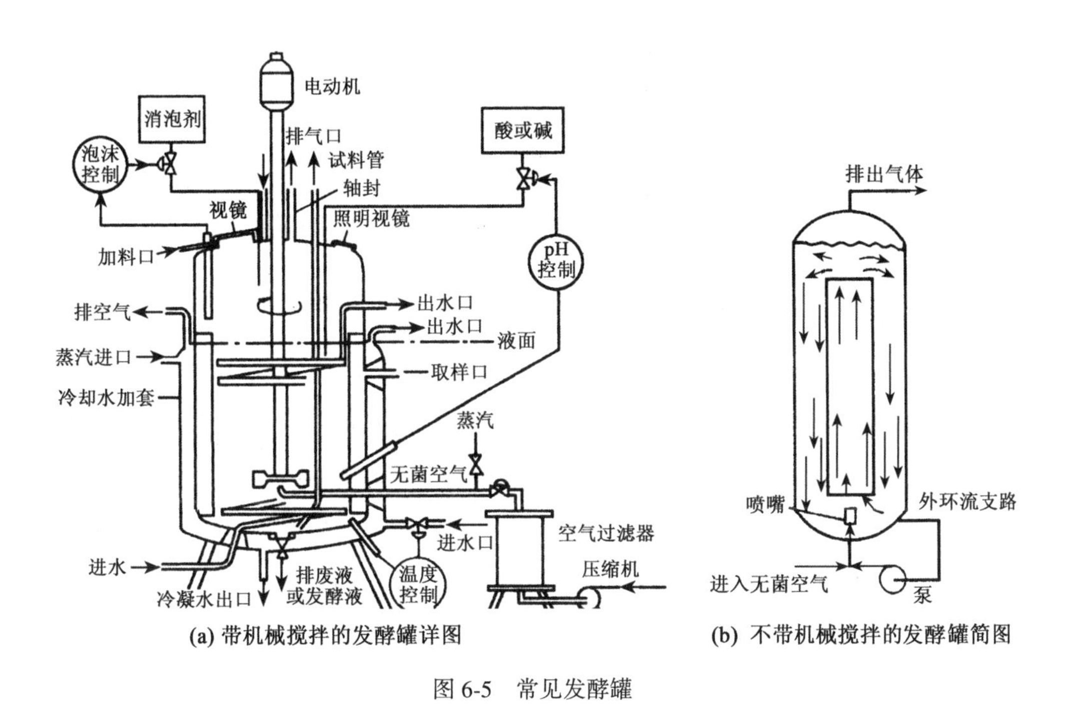

(a) 带机械搅拌的发酵罐详图　　(b) 不带机械搅拌的发酵罐简图

图 6-5　常见发酵罐

发酵往往在常温常压低浓度下进行，因此，反应速率受到限制，需要时间较长；而且产物浓度低，分离纯化过程较复杂。为了提高生产力，工业发酵罐体积往往较大，根据需要，有数立方米到上立方千米不等。

第二节　固体药物处理设备

一、粉碎设备

(一)概述

1. 粉碎的作用

粉碎是利用机械力将大块固体药物制成适宜粒度的碎块或粉末的操作过程。粉碎可增大药物表面积，促进药物的溶解与吸收，提高生物利用度；粉碎后的细颗粒便于混合均匀，有利于制备散剂、片剂、胶囊剂等剂型。

2. 粉碎效果的评价

粉碎效果一般用粉碎比来评价。固体药物在粉碎前后的颗粒直径之比称为粉碎比，即

$$n = \frac{d_1}{d_2} \tag{6-1}$$

式中：n 为粉碎比；d_1 为粉碎前固体药物颗粒的粒径，mm 或 μm；d_2 为粉碎后固体药物颗粒的粒径，mm 或 μm。

粉碎比是衡量粉碎效果的一个重要指标，也是选择粉碎设备的重要依据，粉碎比越大，所得药物颗粒就越小。根据粉碎后颗粒的粒度不同，粉碎可分为粗碎、中碎、细碎和超细碎。一般来说，粗碎的粉碎比为 3~7，中碎的粉碎比为 20~60，细碎的粉碎比在 100 以上，超细碎的粉碎比则高达 200~1000。

3. 粉碎方法的分类

根据被粉碎药物的性质、使用要求等因素，可采用不同的粉碎方法，主要有以下几种：

（1）开路粉碎和循环粉碎。药物从进入粉碎设备到离开粉碎设备的过程中，仅通过粉碎设备一次的工艺过程，称为开路粉碎。开路粉碎适合粗碎或对粒度要求不高的粉碎。药物粉碎后，再经过筛分设备，将未充分粉碎的药物筛出并送回粉碎设备重新粉碎至达到要求的工艺过程，称为循环粉碎。循环粉碎适合粒度要求较高的粉碎。

（2）干法粉碎和湿法粉碎。干法粉碎是使药物在一定条件下干燥后，再进行粉碎的方法。湿法粉碎是在药物中加入适量液体，然后再进行粉碎的方法。药品生产中多采用干法粉碎。湿法粉碎适用于刺激性较强或有毒药物的粉碎。

（3）低温粉碎。对于常温下粉碎有困难的药物，可采用低温粉碎。低温粉碎是在粉碎前或粉碎过程中将药物冷却后再进行粉碎的方法。低温下固体药物的脆性增加，故粉碎易于进行。

（4）混合粉碎。将两种以上的药物同时粉碎的操作称为混合粉碎。混合粉碎常用于处方中相似性质药物的粉碎。

（二）粉碎设备

1. 锤击式粉碎机

锤击式粉碎机由加料器、转子、T 形锤头、衬板、筛网、机壳等组成，参见图 6-6。工作时，固体药物由加料斗加入，并被螺旋加料器送入粉碎室。在粉碎室内，电机驱动转子高速旋转，带动可自由摆动的 T 形锤对固体药物进行强烈锤击，药物在锤头的锤击、切割以及与衬板的撞击等作用下而粉碎。粉碎后的细颗粒通过筛网由出口排出，不能通过筛网的粗颗粒则留在室内继续粉碎。

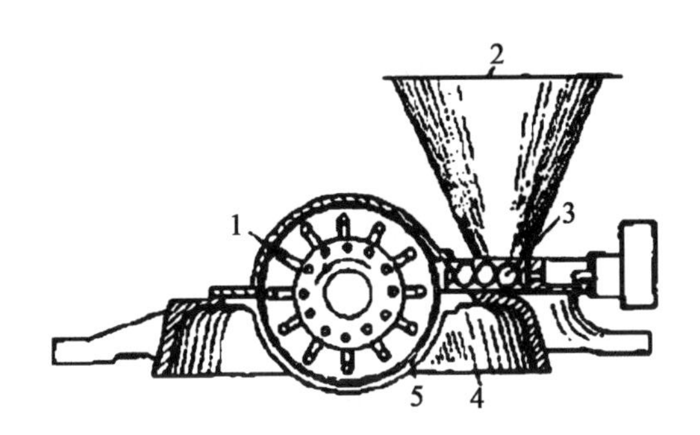

1—T 形锤子；2—加料斗；3—螺旋加料器；4—产品排出口；5—筛板

图 6-6　锤击式粉碎机

锤击式粉碎机具有很高的粉碎比(10~50)，产品粒度小而均匀，生产能力大，能耗小，因此广泛应用于粉碎各种中硬度以下、磨蚀性弱的药物。其缺点是锤头易磨损，筛孔易堵塞，生产过程中易发热。

2. 辊式粉碎机

如图 6-7 所示是双辊式粉碎机示意图。双辊式粉碎机的工作部件为相互平行的两个辊子，其中一个安装在固定轴承上，另一个支撑在活动轴承上，活动轴承与机架之间用弹簧连接。工作时，两个辊子由电动机驱动，转速相等，但方向相反。固体药物进入两个辊子之间后，在药物与辊子间的摩擦力作用下，被挤压而破碎成较小的颗粒，由下部排出。

辊式粉碎机运行平稳，振动较小，辊子表面可分为光面和齿面两种。光面辊子粉碎比通常为 6~10，其耐磨性强。齿面辊子粉碎比通常为 10~15，其抗磨损能力较差。

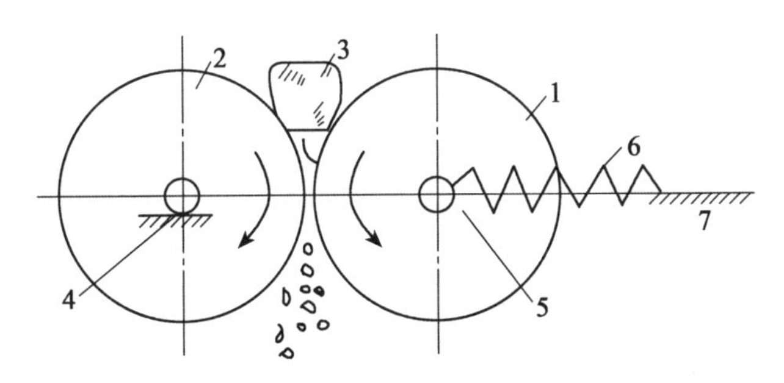

1，2—辊子；3—物料；4—固定轴承；5—活动轴承；6—弹簧；7—机架

图 6-7　双辊式粉碎机示意图

3. 球磨机

如图 6-8 所示，球磨机由圆柱形筒体、端盖、轴承、传动齿轮等部件组成。筒体水平放置，内部装有一些不同大小的钢球或瓷球(作为研磨介质)，装入量为整个筒体有效容积的 25%~45%。工作时，通过齿轮传动，使筒体缓慢转动。固体药物由进料口进入筒体，

并逐渐向出料口运动。在运动过程中，药物在研磨介质的连续撞击、研磨作用下逐渐被粉碎，并由出料口排出。

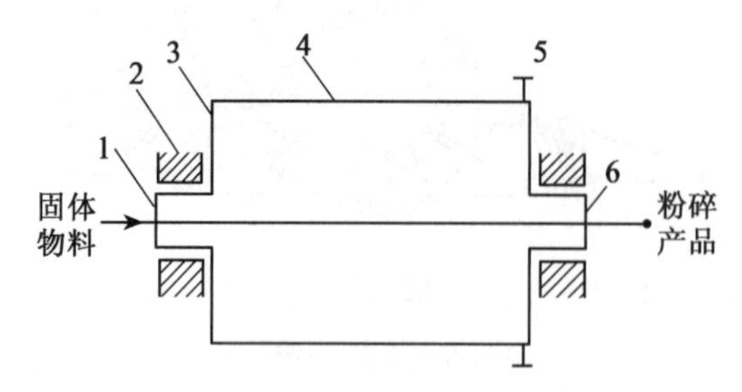

1—进料口；2—轴承；3—端盖；4—圆筒体；5—大齿圈；6—出料口

图 6-8　球磨机结构示意图

影响球磨机粉碎效果的因素有：筒体转速和研磨介质的重量、直径、装量等。其中，筒体转速对粉碎效果影响最为显著。筒体转速过低，研磨介质随筒壁上升一定高度后就会沿筒壁泻落下滑，或只能在原地旋转，此时药物的粉碎主要靠研磨作用，效果较差。当筒体转速提高到一定程度时，研磨介质将连续不断地被提升至一定高度后再向下滑动或滚落，如图 6-9(a)所示，此时粉碎效果最好。转速更高时，一部分研磨介质沿筒壁泻落下滑，另一部分研磨介质在重力与惯性力的作用下沿抛物线轨迹抛落，如图 6-9(b)所示，此时药物的粉碎主要靠撞击和研磨的联合作用，粉碎效果下降，并容易造成研磨介质本身的破碎，且会加剧筒壁的磨损。转速再增大时，离心力将起主导作用，使药物和研磨介质紧贴于筒壁，并随筒壁一起旋转，如图 6-9(c)所示，研磨介质之间以及研磨介质与筒壁之间不再有相对运动，这种状态叫做离心状态，此时药物得不到粉碎。

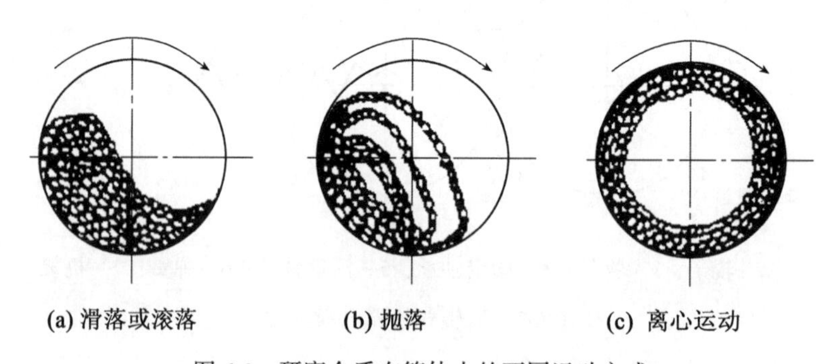

图 6-9　研磨介质在筒体内的不同运动方式

研磨介质开始发生离心运动时的筒体转速称为临界转速。球磨机粉碎效率最高时的转速叫做最佳转速。最佳转速一般为临界转速的 60%~85%。

球磨机结构简单，运行可靠，易于维修，常用于结晶性药物、脆性药物的粉碎。由于其密闭操作时，粉尘较少，可达到无菌的要求，因此也常用于毒性药、贵重药以及吸湿性、易氧化性和对人体有刺激性药物的粉碎。

4. 振动磨

振动磨由筒体、弹簧、主轴、轴承、连轴器、电动机等部件组成，如图 6-10 所示。筒体支承于弹簧上，内部装有钢球或瓷球等研磨介质，研磨介质填充率一般为 60%~70%。工作时，电动机带动主轴快速旋转，在轴上配置的偏心配重作用下，筒体产生快速振动，使研磨介质和药物呈悬浮状态，药物在研磨介质之间以及研磨介质与筒壁之间的撞击、研磨等作用下得到粉碎。

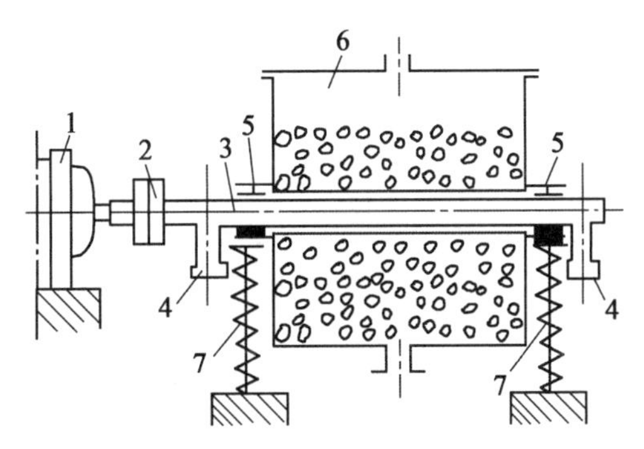

1—电动机；2—联轴器；3—主轴；4—偏心重块；5—轴承；6—筒体；7—弹簧

图 6-10　振动磨

振动磨振动频率高，研磨介质直径小且装填率高，因此研磨效率高；研磨成品的粒径细，平均粒径达 2~3μm，粒径分布均匀，常用于超细粉碎，并可采用完全封闭式和连续化。此外，振动磨还具有占地面积小、操作方便、易于维修等优点。

二、筛分设备

(一)概述

1. 筛分

筛分是借助药筛筛网的作用将不同粒度的药物进行分离的操作，其目的是获得粒度比较均匀的物料，提高混合时的均匀性。药筛可分为编织筛和冲制筛。编织筛用金属丝、尼龙丝、绢丝等材料织成，其优点是单位面积上的筛孔多、筛分效率较高。冲制筛是在金属板上冲压出圆形等筛孔而制成的筛，其优点是筛网的孔径大小均匀、耐磨损、不易堵塞。

2. 分级标准

《中国药典》(2020 年版)选用国家标准的 R40/3 系列，把药筛规定为 9 个筛号，详见

表 6-2；同时，把筛分后的颗粒划分为 6 个等级，见表 6-3。

表 6-2　**《中国药典》(2020 年版) 规定的筛号**

筛　号	筛孔内径(μm，平均值)	目　号
一号筛	2000±70	10
二号筛	850±29	24
三号筛	355±13	50
四号筛	250±9. 9	65
五号筛	180±7. 6	80
六号筛	150±6. 6	100
七号筛	125±5. 8	120
八号筛	90±4. 6	150
九号筛	75±4. 1	200

表 6-3　**《中国药典》(2020 年版) 中粉末的等级划分**

序号	等级	分 级 标 准
1	最粗粉	指能全部通过一号筛，但混有能通过三号筛不超过 20%的粉末
2	粗粉	指能全部通过二号筛，但混有能通过四号筛不超过 40%的粉末
3	中粉	指能全部通过四号筛，但混有能通过五号筛不超过 60%的粉末
4	细粉	指能全部通过五号筛，但混有能通过六号筛不少于 95%的粉末
5	最细粉	指能全部通过六号筛，但混有能通过七号筛不少于 95%的粉末
6	极细粉	指能全部通过八号筛，但混有能通过九号筛不少于 95%的粉末

3. 筛分效果的评价

药物用一定孔径的筛网分级后，如果筛网上颗粒的直径全部大于该筛孔的直径，筛网下颗粒的直径全部小于该筛孔的直径，这种情况为理想分离。实际操作中，不可能达到理想分离，若干小于该筛孔的直径的颗粒理论上应该可以筛下但实际未筛下、仍然停留在筛网上，因此，用筛分效率来评价筛分效果，即

$$\eta = \frac{m_2}{m_1} \times 100\% = \frac{m_1 - m_3}{m_1} \times 100\% \tag{6-2}$$

式中：η 为筛分效率；m_1 为可筛下的药物颗粒总的质量，$m_1 = m_2 + m_3$；m_2 为实际筛下的药物颗粒的质量；m_3 为可以筛下但未筛下的药物颗粒的质量。

4. 影响筛分效果的因素

影响筛分效果的因素主要有：

(1) 被筛分颗粒的性质，如粒度、含水量等物理性质、化学性质；

(2) 筛分装置的参数，如筛孔大小、筛网面积、过筛时间、振动方式、料层厚度等；

(3) 筛网与颗粒的相对运动方式。筛网与粉体颗粒间的运动方式有滑动和跳动两种，滑动可以增加通过筛孔的机会，跳动可避免粉体结团和筛孔堵塞。

(二) 筛分设备

1. 双曲柄摇动筛

双曲柄摇动筛主要由筛网、偏心轮、连杆、摇杆等零部件组成，如图 6-11 所示。筛网通常为长方形，放置时保持水平或略有倾斜。工作时，电动机带动偏心轮作不等速运动，进而通过连杆使筛网作往复摇动。物料由装置的一端加入，细颗粒通过筛网落入筛框底部，留在筛网上的颗粒运动至装置的另一端，分别排出，从而达到分级。双曲柄摇动筛所需功率较小，生产能力和筛分效率都较低，因此常用于小量生产。

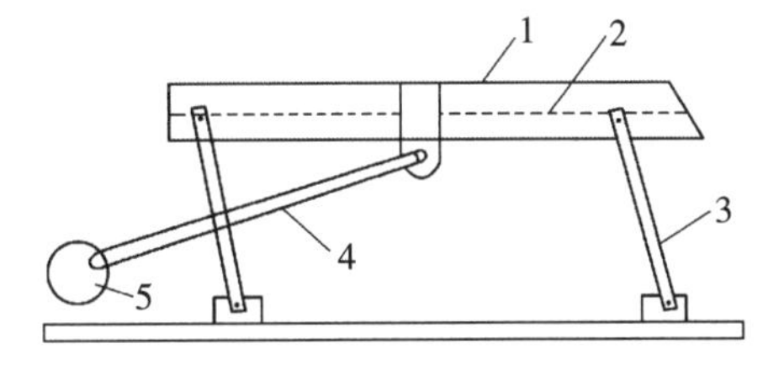

1—筛框；2—筛网；3—摇杆；
4—连杆；5—偏心轮

图 6-11　双曲柄摇动筛结构示意图

2. 悬挂式偏重筛

如图 6-12 所示，悬挂式偏重筛主要由电动机、偏重轮、筛网和接收器等组成。工作时，电动机带动主轴下部的偏重轮高速旋转，由于偏重轮两侧重量不平衡而产生振动，从而使通过筛网的颗粒落入接收器，粗颗粒留在筛网上。悬挂式偏重筛具有体积小、造价低等优点，并可密闭操作。其缺点是间歇操作，生产能力小。

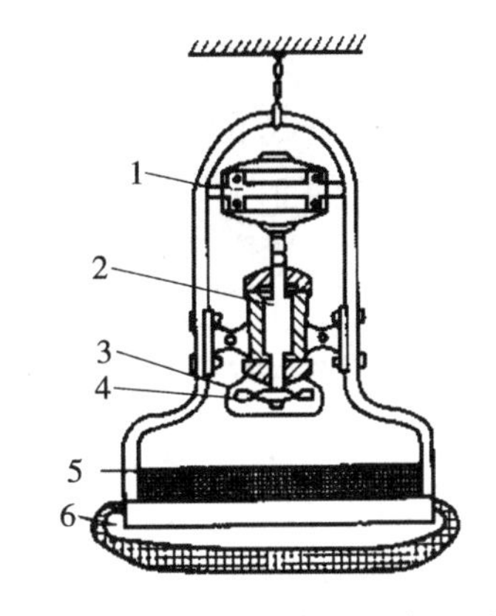

1—电动机；2—主轴；3—保护罩；
4—偏重轮；5—筛网；6—接收器

图 6-12　悬挂式偏重筛结构示意图

3. 振动筛

振动筛是利用机械或电磁方法使筛网产生振动，将物料进行分离的设备。振动筛具有筛分效率高、单位筛面处理能力大、占地面积小、重量轻等优点。振动筛可分为机械振动筛和电磁振动筛。

1) 机械振动筛

旋转式振动筛是机械振动筛的典型实例。如图 6-13 所示，旋转式振动筛主要由筛网、重锤、弹簧、电动机等组成。筛网与电动机的上轴相连，筛框以弹簧支承于底座上。上部重锤使筛网产生水平圆周运动，下部重锤使筛网产生垂直运动。固体药物颗粒加到筛网中心部位后，以一定方式向器壁运动，细颗粒通过筛网落到斜板上，由下部出料口排出，粗颗粒由上部出料口排出。

2) 电磁振动筛

电磁振动筛是利用较高频率与较小振幅往复振荡进行工作的筛分装置，主要由筛网、接触器、电磁铁等组成，如图 6-14 所示。倾斜放置的筛网的一边装有弹簧，另一边装有衔铁。当弹簧将筛拉紧而使接触器相互接触时，电路接通。此时，电磁铁产生磁性而吸引衔铁，使筛向磁铁方向移动。当接触器被拉脱时，电路断开，电磁铁失去磁性，筛又重新被弹簧拉回，如此往复，使筛网振动。由于筛网的振幅较小，频率较高，因而物料在筛网上呈跳动状态，使细颗粒很容易通过筛网。电磁振动筛可用于黏性较强药物的筛分。

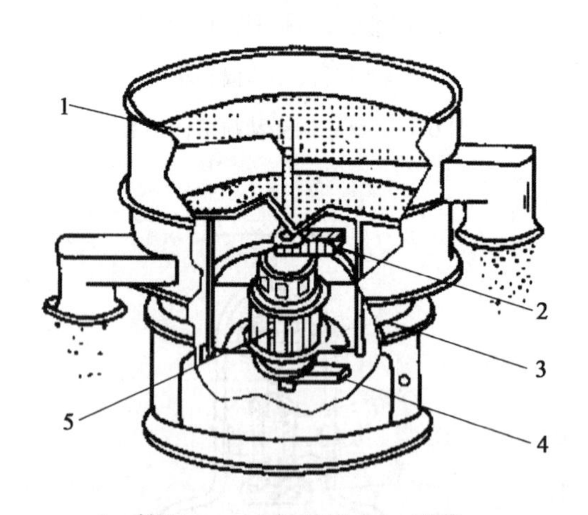

1—筛网；2—上部重锤；3—弹簧；4—下部重锤；5—电动机

图 6-13　旋转式振动筛结构示意图

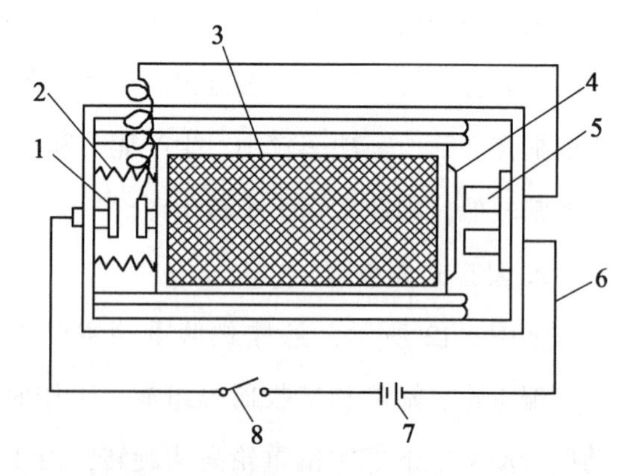

1—接触器；2—弹簧；3—筛网；4—衔铁；5—电磁铁；6—电路；7—电源；8—开关

图 6-14　电磁振动筛工作原理示意图

4) 旋动筛

如图 6-15 所示，旋动筛的筛框一般为正方形或长方形，筛网按一定倾斜度安装。工作时，偏心轴带动筛框在水平面内绕轴心沿圆形轨迹旋转。当筛旋动时，筛网可同时产生高频振动。筛网底部网格内的小球也可撞击筛网底部引起筛网振动，防止堵网。经过筛分后的粗、细颗粒分别自排出口排出。旋动筛可连续操作。

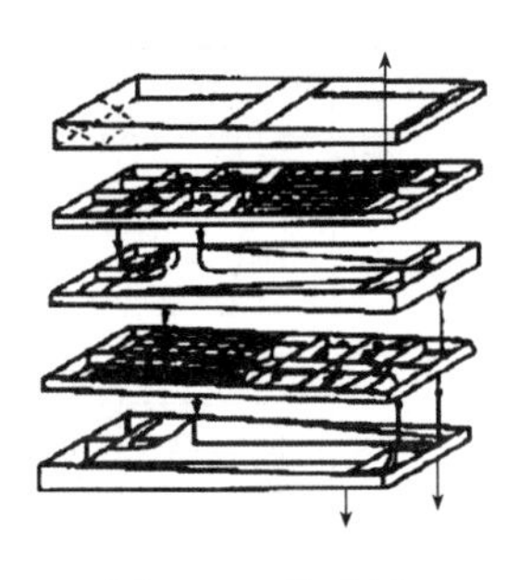

图 6-15　旋动筛

三、混合设备

(一)概述

1. 混合的目的和方式

使两种或两种以上的组分在体系中均匀分布的操作称为混合。按照组分的不同，混合可分为固-固混合、固-液混合、液-液混合等。在此，仅介绍固-固混合。

固体药物在混合机内一般以对流、剪切、扩散三种方式混合，这三种混合方式在实际操作过程中同时发生，只是因混合器的类型、粉体性质、操作条件等不同而存在差异，如水平旋转圆筒混合器以对流混合为主，带搅拌器的混合器以强制对流混合和剪切混合为主。

2. 混合均匀程度的评价

混合度是药物混合均匀程度的评价指标。为表征混合状态，不同研究者提出了不同的表示方法，其中，Lacey 提出的混合度公式最常用，即

$$M = \frac{\sigma_0^2 - \sigma_t^2}{\sigma_0^2 - \sigma_\infty^2} \tag{6-3}$$

式中：σ_0^2 为两组分完全分离状态下的方差；σ_∞^2 为两组分完全均匀混合状态下的方差；σ_t^2 为混合时间 t 时的方差。

由式(6-3)可知，混合前的物料处于完全分离状态，$\sigma_t = \sigma_0$，$M_0 = 0$；物料完全混合均匀时，$\sigma_t = \sigma_\infty$，$M_\infty = 1$。一般情况下，混合度介于 0 和 1 之间。

3. 影响混合效果的因素

影响混合效果的因素主要有：

(1)物性的影响，包括粒径、颗粒形态、颗粒密度等；

(2)操作条件的影响，包括设备转速、物料充填量等。

(二)混合设备

按照操作方式，混合设备可分为连续操作和间歇操作两类；按照混合设备的型式，混合设备可分为固定型、回转型和复合型三类，参见表 6-4。

表 6-4　　混合设备的类型

操作方式	型式	机型举例
间歇混合	回转型	V 型，S 型，双圆锥型，水平圆锥型，倾斜圆锥型，圆筒型
	固定型	螺旋桨型(垂直，水平)，喷流型，搅拌釜型
	复合型	回转容器内装有搅拌器的形式
连续混合	回转型	水平圆锥型，连续 V 型，水平圆筒型
	固定型	螺旋桨型(垂直，水平)，重力流动无搅拌型
	复合型	回转容器吹入气流混合型

1. 回转型混合机

(1)水平圆筒型混合机，其工作原理与球磨机相同。一般来说，水平圆筒型混合机的最佳转速可取临界转速的 70%~90%。参见图 6-16(a)。

(2)V 型混合机，由两个圆筒成 V 型交叉而成。工作时，筒内药物反复地分离与汇合，以达到混合的目的。V 型混合机以对流混合为主，混合速度快，最佳转速可取临界转速的 30%~40%，在实际生产中广泛应用。参见图 6-16(b)。

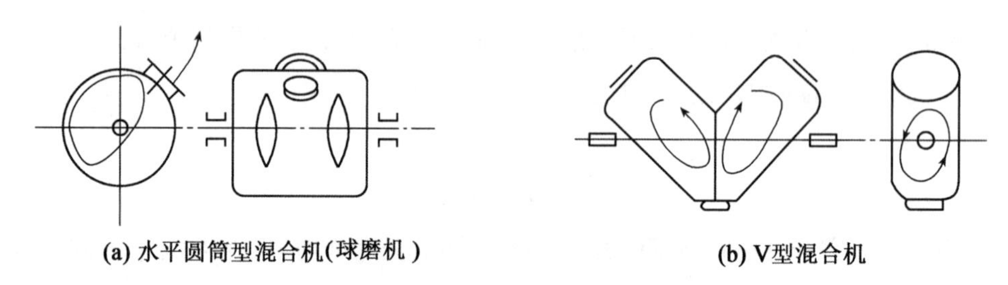

(a) 水平圆筒型混合机(球磨机)　　(b) V型混合机

图 6-16　回转型混合机及筒体内物料的运动情况

2. 固定型混合机

1)槽式混合机

如图 6-17 所示，槽式混合机由混合槽、搅拌器、固定轴等组成。水平安装的螺带式搅拌桨通过轴与驱动装置相连。工作时，搅拌桨旋转推动与其接触的物料沿螺旋方向移动，螺带推力面一侧的物料产生螺旋状的轴向运动，而四周的物料则向螺带中心运动，使混合槽内的物料上下翻滚，以达到混合均匀的目的。槽式混合机结构简单，操作维修方便，在药品生产中广泛应用。

2)锥形混合机

锥形混合机的种类较多，目前常用的为双螺旋锥形混合机。

如图 6-18 所示，双螺旋锥形混合机主要由锥体外壳、螺旋杆、传动装置等组成，两个螺旋杆与锥体壁平行。工作时，两个螺旋杆在传动装置的带动下进行自转和公转。螺旋杆的自转将药物自下而上进行提升，形成两股对称的沿螺旋杆上升的螺旋柱物料流。螺旋杆的公转使筒体内的其他药物进入螺旋柱物料流，从而使得整个筒体内的药物不断发生混渗错位，在锥形体中心汇合后向下流动，促成药物在短时间内混合均匀的效果。锥形混合机可密闭操作并且具有混合效率高、清理方便、无粉尘等优点，在制药工业中广泛应用。

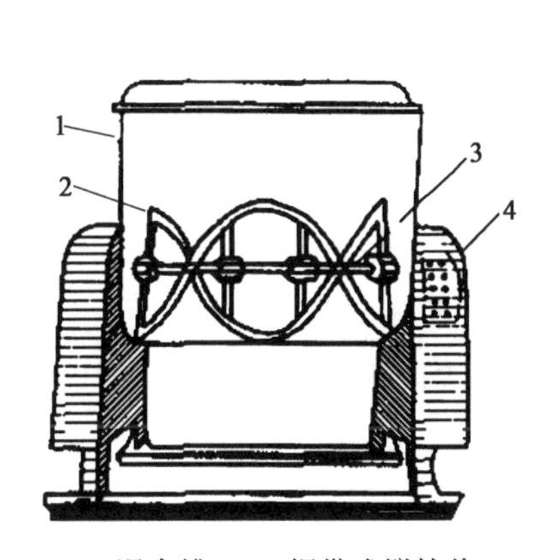

1—混合槽；2—螺带式搅拌桨；
3—固定轴；4—机架
图 6-17　槽式混合机结构示意图

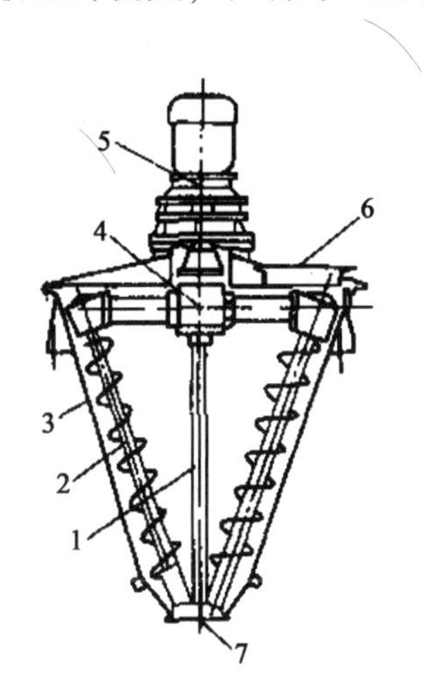

1—拉杆；2—螺旋杆；3—锥形筒体；4—传动装置；
5—减速机；6—进料口；7—出料口
图 6-18　双螺旋锥形混合机结构示意图

第三节　片剂生产设备

片剂是用一种或一种以上的固体药物，配以适当辅料经压制而成的固体制剂。片剂一般加工成圆片状，但也可加工成非圆片的异形片状。按照临床使用途径不同，片剂可分为口服片、含片、舌下片、泡腾片等，其中，以口服片为主。根据需要，片剂可制成素片和包衣片。包衣片的生产工艺过程一般包括制粒、压片、包衣、包装 4 个工序，比素片的生产工艺多一道包衣工序。

一、制粒及其设备

(一)制粒

制粒是将粉末、块状物、溶液、熔融液等物料，经混合并制成大小均一的颗粒的操作。制粒的目的是避免存放和再加工过程中的粉尘飞扬，改善物料的流动性，便于服用等。制粒过程可在制粒机中完成。

(二)制粒设备

1. 摇摆式制粒机

如图 6-19 所示，摇摆式制粒机主要由加料斗、滚筒、筛网和传动装置组成。加料斗底部与一个半圆形的筛网相连。工作时，电动机带动胶带轮转动，并通过曲柄摇杆机构使料斗内靠下的滚筒做往复交替的正反向转动。滚筒上有多根梯形截面的刮刀，在刮刀的挤压与剪切作用下，物料通过筛网制成颗粒。摇摆式颗粒机结构简单，操作容易，但其生产效率低，筛网由于摩擦力较大而易破损。

2. 高效混合制粒机

高效混合制粒机是通过搅拌器混合及高速制粒刀切割而将湿物料制成颗粒的装置，是一种集混合与制粒功能于一体的先进设备。高效混合制粒机通常由盛料筒、搅拌器、制粒刀、电动机和控制器等组成。通过控制电流或电压，可调节制粒速度。

高效混合制粒机的混合制粒时间一般仅需 8～10min，所得颗粒大小均匀，质地结实，烘干后即可直接用于压片。由于采用全封闭操作，故不会产生粉尘。

3. 流化床制粒机

如图 6-20 所示，流化床制粒机主要由鼓风机、空气预热器、压缩机、流化室、喷雾

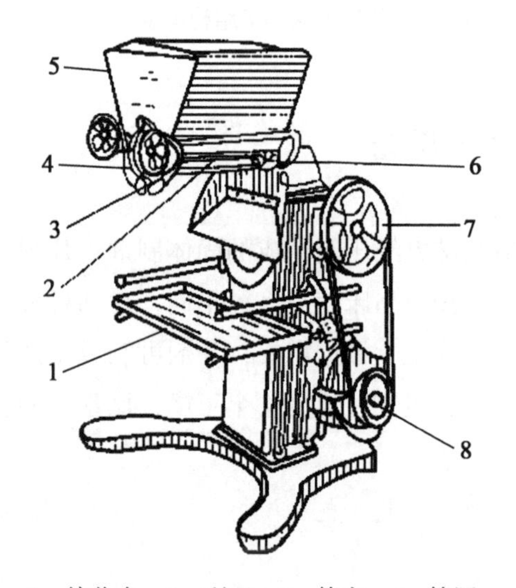

1—接收盘；2—刮刀；3—管夹；4—筛网；5—加料斗；6—滚筒；7—胶带轮；8—电动机

图 6-19　摇摆式制粒机结构示意图

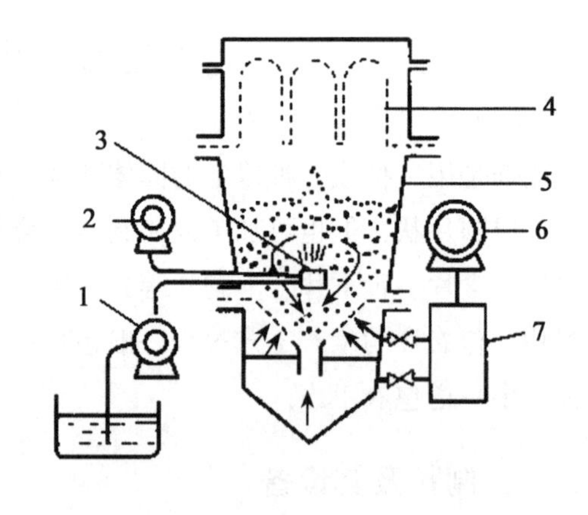

1—输送泵；2—压缩机；3—喷雾装置；4—集尘装置；5—流化室；6—鼓风机；7—空气预热器

图 6-20　沸腾制粒机结构示意图

装置、集尘装置等组成。工作时，滤过的空气经过鼓风机并预热至一定温度后，通过气体分布器进入流化室，使流化室中的物料流化。其间，液态的粘合剂在压缩空气的作用下，由喷雾装置喷出，使物料适当粘合、制粒。湿热空气经集尘装置可防止粉末溢出。由于混合、制粒、干燥可在一套设备内完成，所以，流化床制粒机简化了工序和设备，自动化程度高、效率高，流化数分钟即可完成制粒，得到的颗粒外形圆整，粒度均匀，流动性好，且适于含湿或热敏性物料的造粒。

二、压片及其设备

(一)概述

压片是片剂生产的重要过程，使用的基本设备是压片机。根据一台机器上冲模的多少，压片机分为单冲压片机和旋转式多冲压片机两类。

1. 冲模

压片机的主要部件是冲模，一副冲模包括上冲、中模、下冲3个零部件，如图6-21所示，上、下冲的结构相似，冲头直径相等，并与中模的模孔相配合，可在中模孔中自由滑动，但不得泄漏药粉。

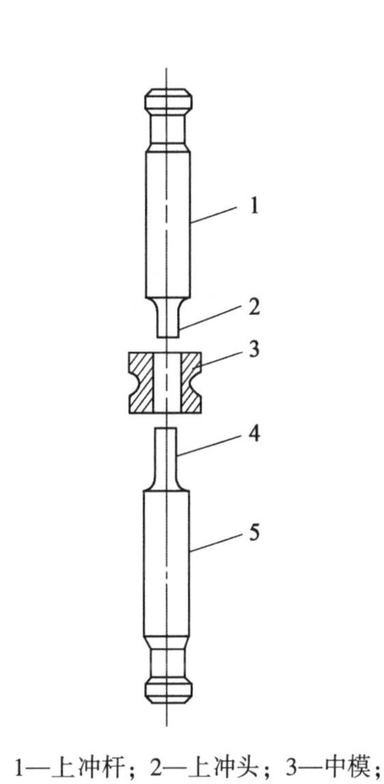

1—上冲杆；2—上冲头；3—中模；
4—下冲头；5—下冲杆
图6-21　冲模结构示意图

2. 压片步骤

压片机的工作步骤为：

(1)下冲的冲头部位由中模孔下端伸入中模孔中，封住中模孔底部；

(2)利用加料器向中模孔中填充药物；

(3)上冲的冲头自中模孔上端落入中模孔，并下行一定行程，将药粉压制成片；

(4)上冲提升出中模孔，下冲上升将药片顶出中模孔，完成一次压片过程；

(5)下冲降到中模孔下端，准备下一次循环。

(二)压片设备

1. 单冲压片机

单冲压片机一般仅有一副冲模，利用凸轮(或偏心轮)连杆机构，使上、下冲产生相对运动，在凸轮(或偏心轮)旋转一周的过程中依次完成填充、压片和出片3个操作。如图6-22所示。其中，出片调节器可调节下冲上升的高度，使下冲的冲头刚好与中模的上缘相平。片重调节器可调节下冲下降的深度，从而调节模孔的容积以调节片重。上冲的上部还安装有压力调节器，用来调节药片的厚度和硬度。单冲压片机的优点是结构简单，操作方便，但是生产效率低，单机产量一般在每分钟100片左右，多用于实验室研究和新产品的试制。

2. 旋转式多冲压片机

旋转式多冲压片机有一个可绕中轴旋转的三层转盘，转盘的上层装着若干上冲，中层与上冲对应的位置有中模，下层的对应位置装有下冲。此外还有可绕自身轴线旋转的上、下压轮及片重调节器、出片调节器、加料器、刮料器等装置，如图6-23所示。

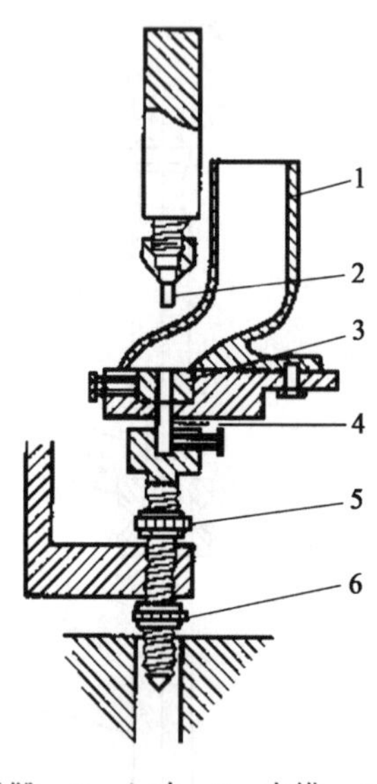

1—饲料靴；2—上冲；3—中模；4—下冲；
5—出片调节器；6—片重调节器

图6-22 单冲压片机结构示意图

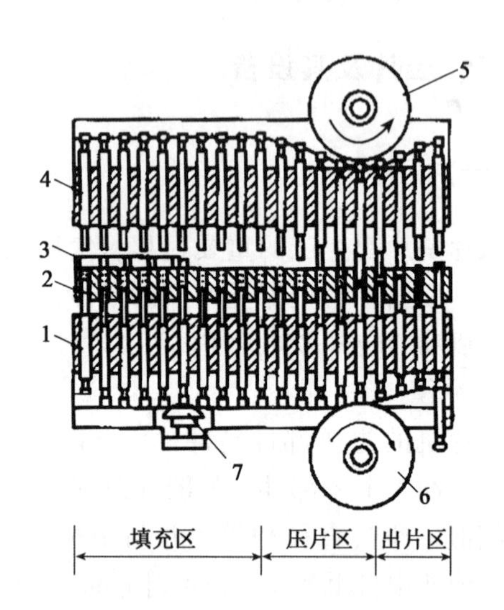

1—下冲；2—中模圆盘；3—加料器；4—上冲；
5—上冲凸轮；6—下冲凸轮；7—片重调节器

图6-23 旋转式多冲压片机的工作原理

工作时，主轴以相同的角速度带动三层转盘转动，由于同步旋转而构成了若干组冲模。根据冲模所处的工作状态，可将工作区沿圆周方向划分为填充区、压片区和出片区。在填充区，加料器向模孔填入过量的颗粒，当下冲运行至片重调节器上方时，调节器的上部凸轮使下冲上升，过量的颗粒被刮料板刮离模孔，并在进入下一填充区时被利用。在压片区，上冲在上压轮的作用下进入模孔，下冲在下压轮的作用下上升，在上、下冲的联合作用下，模孔内的颗粒被挤压成药片。在出片区，压成的药片被下冲顶出模孔，随后被刮片板刮离圆盘并沿斜槽滑入接收器。随后下冲下降，冲模在转盘的带动下，进入下一填充区，开始下一次操作循环。旋转式多冲压片机片具有压成药片的重量差异小，可连续操作，生产效率高的优点，故在生产中广泛应用。

三、包衣及其设备

(一)包衣

包衣就是在片心的外周再均匀包裹上一定厚度的辅助材料。包衣的主要目的是掩盖药物的不良气味，改善片剂的外观，提高药物的稳定性。

(二)包衣设备

1. 简单包衣机

简单包衣机主要由包衣锅、动力系统、加热系统和排风系统组成，如图 6-24 所示。包衣锅一般为荸荠形，其倾斜角和转速均可调节。工作时，包衣锅以适宜的速度旋转，药片在锅内随之翻滚，由人工间歇地向锅内泼洒包衣材料溶液。包裹在片心上的辅助材料被送进的热空气干燥。必要时，还可打开辅助加热器，以提高干燥速度。简单包衣机属于半手工操作的制剂机械，其包衣过程属于间歇操作，辅助材料的加入依靠工人的经验来完成，所以产品质量不稳定。

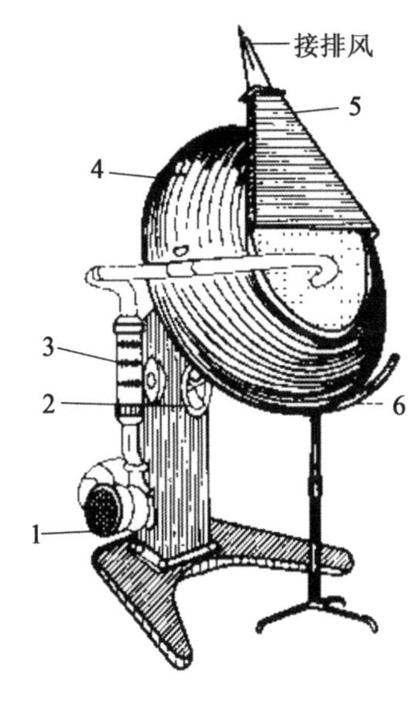

1—鼓风机；2—角度调节器；3—电加热器；4—包衣锅；5—吸尘罩；6—辅助加热器

图 6-24　简单包衣机结构示意图

2. 流化床包衣机

流化床包衣机与流化床制粒机的工作原理基本相同。流化床包衣机主要用于包薄膜衣，包衣速度较快，包衣时不受药片形状限制，但是药片在流化床包衣机内碰撞较强烈，外衣易破碎，颜色也不佳。

3. 高效包衣锅

高效包衣锅是在密封系统中，利用专用的喷雾或淋注装置将预先配制好的薄糊状包衣材料加在包衣锅内，得到的包衣药片圆整度高，干燥质量好，生产效率高。

第四节　胶囊剂生产设备

胶囊剂是将药材用适宜方法加工后，加入适宜辅料，再填充于空心胶囊或密封于软质囊材中的制剂。胶囊剂可分为硬胶囊剂、软胶囊剂(胶丸)和肠溶胶囊等，主要供口服用。

一、硬胶囊剂及其生产设备

(一)概述

填充药物用的空心胶囊由胶囊体和胶囊帽两部分组成，如图 6-25 所示。胶囊体的外径略小于胶囊帽的内径，填充药物后，两者可以套合，利用局部凹陷部位使两者锁紧，也可以利用胶液将套口处粘合，避免体帽脱开而使药物散落。

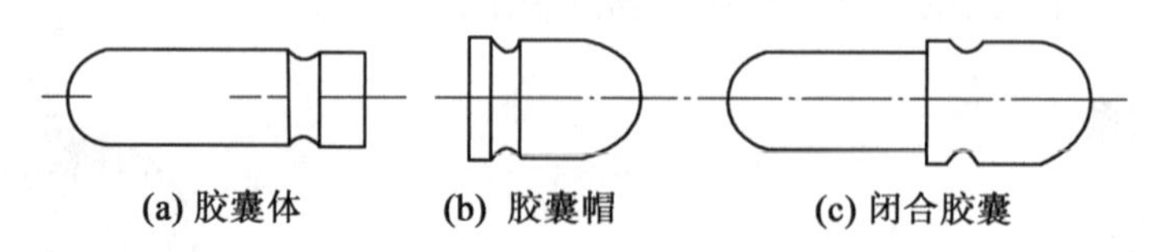

图 6-25　空心胶囊示意图

空心胶囊的规格见表 6-5。

表 6-5　空心胶囊规格

规　格	5	4	3	2	1	0	00	000
装量容积(mL)	0.14	0.21	0.27	0.35	0.48	0.66	0.90	1.37

大胶囊吞咽困难，小胶囊填充药物困难，所以都少用，实际生产中常用的为 0～2 号胶囊。

(二)硬胶囊剂生产设备

硬胶囊剂生产的关键在于药物填充。由于半自动硬胶囊填充机不能满足 GMP 的有关要求，所以，在产量大、品种较单一的硬胶囊剂生产中，多采用全自动硬胶囊填充机。全自动硬胶囊填充机主要由工作台面和动力系统组成。图 6-26 所示为间歇回转式全自动硬胶囊填充机的工作台面上主工作盘的工位示意图。绕轴旋转的主工作盘可带动胶囊板做周向运动。主工作盘上依次设有空心胶囊定向排列装置、拔囊装置、计量填充装置、剔除废囊装置、闭合胶囊装置、出囊装置和清洁装置等。由于每一区域的操作工序均要占用一定的时间，因此，主工作盘是间歇转动的。

1. 空心胶囊定向排列装置

为防止空心胶囊变形，生产出厂的机用空心胶囊均为体帽合一的套合胶囊。在填充药物之前，必须使空心胶囊按照胶囊帽在上，胶囊体在下的方式进行排列。空心胶囊的排列装置如图 6-27 所示。可上下往复运动的排囊板的上部与贮囊盒相通，排囊板内部圆形孔道的数目与主工作盘上囊板孔的数目相对应。排囊板上行时，卡囊簧片将一个空心胶囊卡住。排囊板下行时，卡囊簧片松开卡住的空心胶囊，空心胶囊在重力作用下由下部排出。如此反复，每个圆形孔道每次仅输送出一粒空心胶囊。

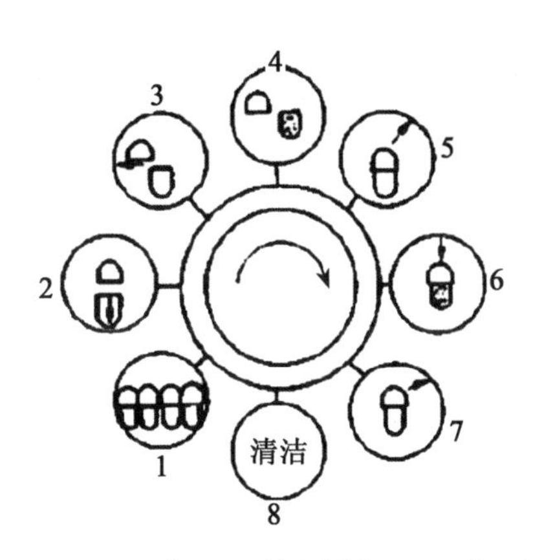

1—排列；2—拔囊；3—体帽错位；4—计量填充；5—剔除废囊；6—闭合；7—出料；8—清洁

图 6-26 间歇回转式全自动硬胶囊填充机主工作盘工位示意图

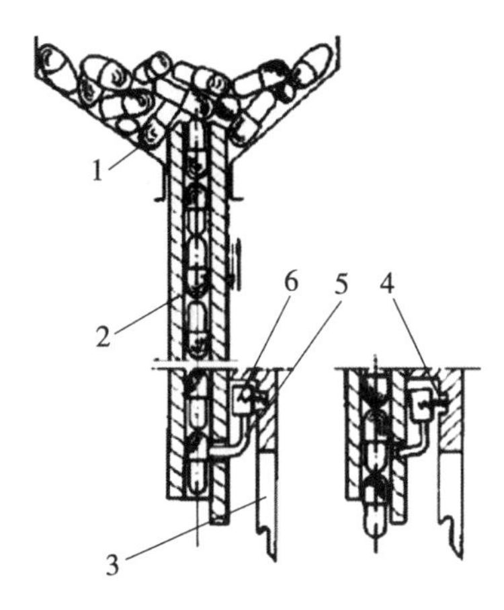

1—贮囊盒；2—排囊板；3—压爪；4—压簧；5—卡囊簧片；6—簧片架

图 6-27 空心胶囊排列装置

如图 6-28 所示，从排囊板下部排出的空心胶囊落入定向囊座滑槽中。定向囊座滑槽中做水平往复运动的推爪始终作用于直径较小的胶囊体的中部。定向囊座的滑槽宽度(垂直纸面方向)略大于胶囊体直径而小于胶囊帽直径。在推爪与滑槽的共同作用下，空心胶囊一直按照胶囊体在前的方式被推爪推到定向囊座的右边缘，垂直运动的压爪使胶囊体翻转 90°，并将其垂直推入囊板孔中。

2. 拔囊装置

拔囊装置的作用是将定向排列后的空心胶囊体、帽分离。拔囊装置由上囊板、下囊板、真空气体分配板和顶杆组成，如图 6-29 所示。空心胶囊被压爪推入囊板孔后，顶杆随气体分配板同步上升并伸入下囊板的孔中。当气体分配板上表面与下囊板的下表面贴严时，真空接通，进行拔囊。上、下囊孔板的孔径不同且都为台阶孔。当囊体被真空吸至下囊板孔中时，上囊板孔中的台阶可挡住囊帽下行，下囊板孔中的台阶也可使囊体下行到一定位置时停止，以免囊体被顶杆顶破。

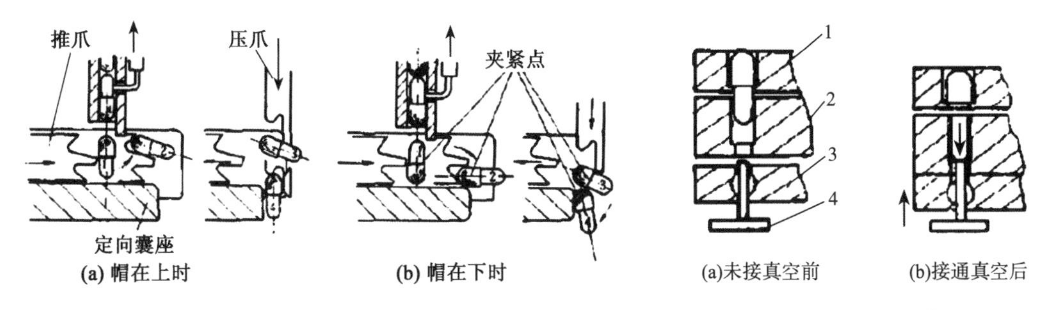

(a) 帽在上时　(b) 帽在下时

图 6-28 空心胶囊定向装置

(a)未接真空前　(b)接通真空后

1—上囊板;2—下囊板;3—真空气体分配板;4—顶杆

图 6-29 空心胶囊拔囊机构

3. 计量填充装置

如图 6-30 所示为空心胶囊模板定量填充装置。药粉盒由计量模板和粉盒圈组成。计量模板沿周向均匀设有若干组模孔，其上方有相对应的剂量冲头。工作时，凸轮机构带动剂量冲头做上下往复运动。剂量冲头上升时，药粉填满模孔。随后，剂量冲头下行，将模孔中的药粉压实。剂量冲头再次上升，药粉盒旋转一定角度，药粉再次将模孔中的空间填满，剂量冲头再次将模孔中的药粉压实。如此反复，最后药粉盒旋转到指定位置，剂量冲杆将模孔中的药粉柱通过托盘上的半圆形缺口推入胶囊体，完成填充操作。

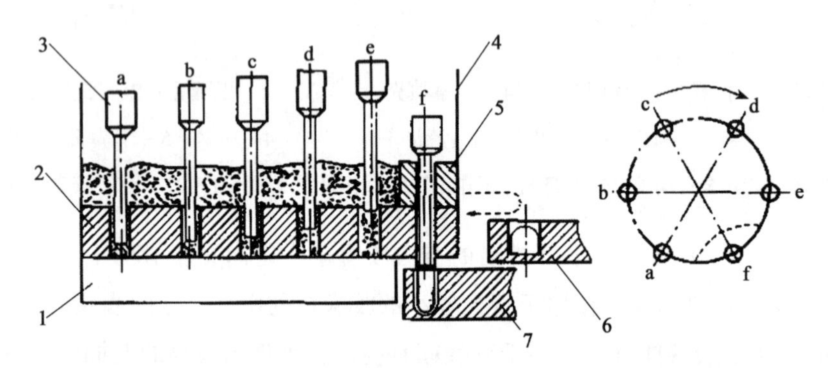

1—底盘；2—定量盘；3—计量冲头；4—粉盒圈；5—刮粉器；6—上囊板；7—下囊板

图 6-30　空心胶囊模板定量填充装置结构与工作原理图

4. 剔除废囊装置

在胶囊闭合前，应将未发生体、帽分离的废囊剔除。废囊剔除装置如图 6-31 所示。上、下囊板转动时，顶杆架停留在下限位置；上、下囊板停止时，顶杆架上行，顶杆伸入上囊板孔中。若上囊板孔中仅有胶囊帽，则上行的顶杆对囊帽不产生影响。若囊板孔中有未拔开的废囊，则上行的顶杆将其顶出囊板孔，顶出的废囊会被压缩空气吹入集囊袋中。

5. 闭合胶囊装置

经过剔除废囊工位后，主工作盘旋转到上、下囊板孔轴线重合的闭合工序，此时，弹性压板下行，将囊帽压住，顶杆上行并伸入下囊板孔中顶住囊体的下部，胶囊体和胶囊帽闭合，锁紧，如图 6-32 所示。

6. 出囊装置

当闭合胶囊来到出囊工位时，下囊板下方的出料顶杆上行，将胶囊成品顶出囊板孔，压缩空气将其吹入出囊滑道中，并被输送至包装工序，参见图 6-33。

7. 清洁装置

上、下囊板孔在生产中可能会受到污染，因此，在进入下一周期的操作循环之前，应通过图 6-34 所示清洁装置进行清洁。囊孔轴线对中的上、下囊板处于清洁工位时，正好与清洁装置的缺口对齐，压缩空气系统接通，囊板孔中的药粉、囊皮屑等污染物被压缩空气由下囊板向上吹出囊板孔，并被上囊板上方的吸尘系统吸入吸尘器。

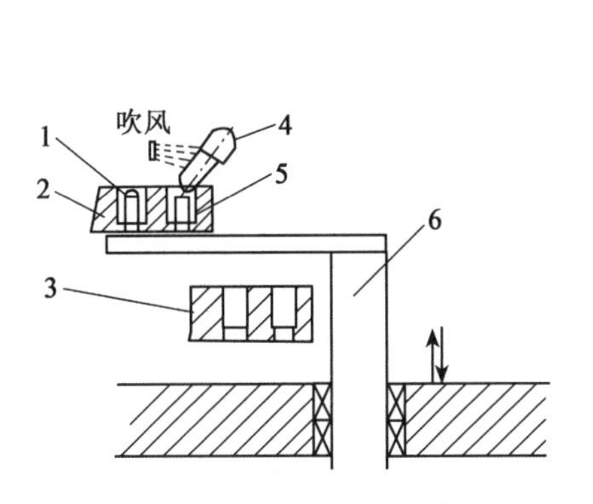

1—下囊板；2—上囊板；3—胶囊帽；
4—未拔开胶囊；5—顶杆；6—顶杆架

图 6-31 废囊剔除机构

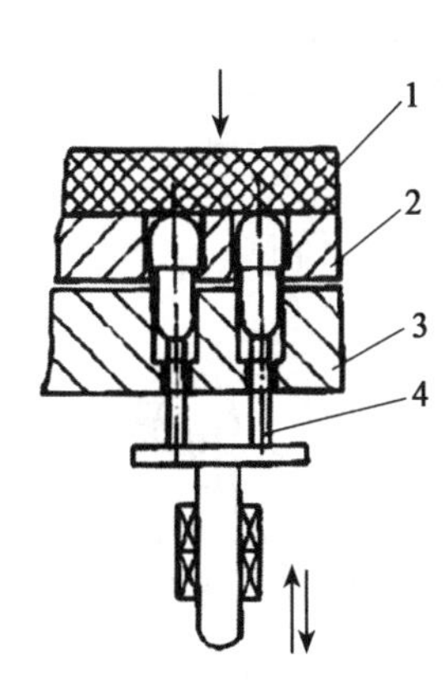

1—弹性压板；2—上囊板；
3—下囊板；4—顶杆

图 6-32 胶囊闭合机构

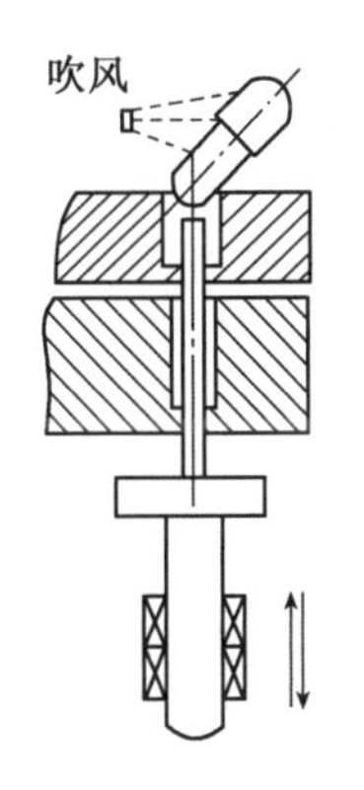

图 6-33 出囊装置

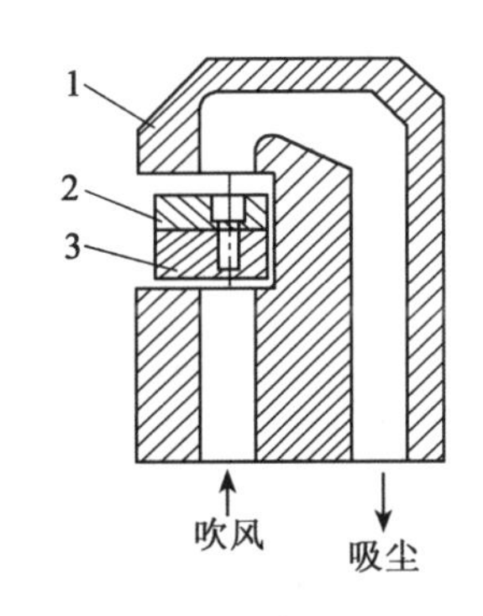

1—清洁室；2—上囊板；3—下囊板

图 6-34 囊板孔清洁机构

二、软胶囊剂及其生产设备

软胶囊剂与普通口服液相比，具有携带方便的特点。制备软胶囊剂常用的方法有滴丸法和压制法。

(一) 软胶囊剂滴丸机

软胶囊剂滴丸机是滴制法生产软胶囊剂的专用设备，其结构与工作原理如图 6-35 所示。药液和明胶液通过活塞式计量泵后分别进入严格同心的喷嘴的内层和套管环隙，先后喷出。明胶喷出时间较长，药液喷出过程处于明胶喷出过程的中间时段，依靠明胶的表面张力将药滴完整地包裹起来，随后进入冷却柱。冷却柱中以石蜡作为冷却液，由循环泵输

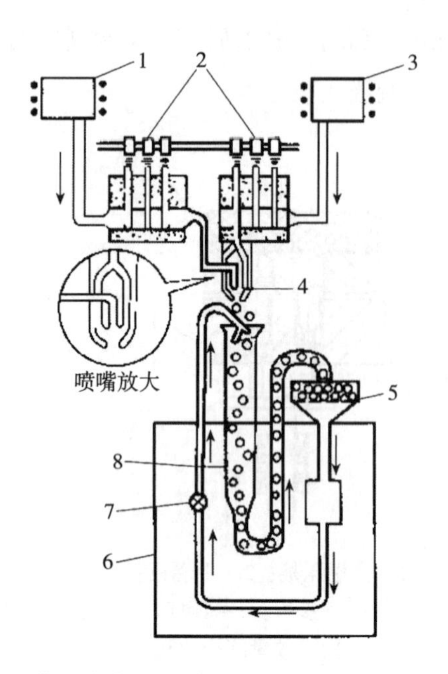

1—药液贮槽；2—计量泵；3—明胶液贮槽；
4—喷嘴；5—过滤器；6—冷却箱；
7—循环泵；8—冷却柱

图 6-35　软胶囊剂滴丸机结构与工作原理示意图

送通过冷却箱，控制其温度为 13～17℃。最后，通过过滤器截留制备好的滴丸。

(二)旋转式自动轧囊机

旋转式自动轧囊机是压制法生产软胶囊的专用设备，其结构与工作原理如图 6-36 所示。工作时，两根输胶管将明胶液涂布于温度为 16～20℃的鼓轮上。随着鼓轮的转动，明胶液在鼓轮上冷却、定型为一定厚度的均匀明胶带，并由胶带导杆和送料轴送入两滚模之间。药液经导管进入温度为 37～40℃的楔形注入器，注到滚模的胶带中。注入的药液体积由计量泵控制。胶带在两滚模的模孔中形成两个含有药液的半囊。此后，滚模继续旋转，将两个半囊压制成一个整体软胶囊。软胶囊随着滚模的继续旋转离开胶带，依次落入导向斜槽和胶囊输送机，由输送机送出。旋转式自动轧囊机自动化程度高，生产能力大，是软胶囊剂生产的常用设备。

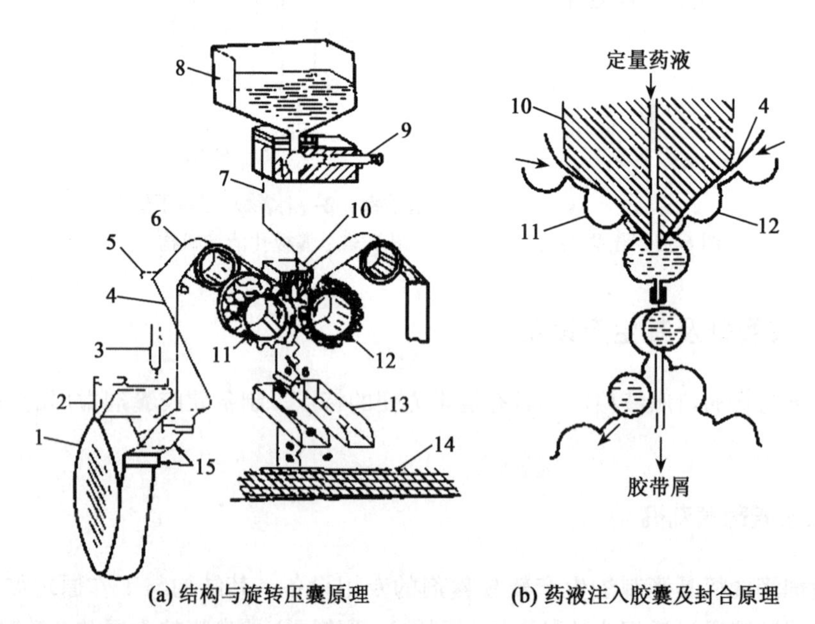

(a) 结构与旋转压囊原理　　(b) 药液注入胶囊及封合原理

1—鼓轮；2—涂胶机箱；3—输胶管；4—胶带；5—胶带导杆；6—送料轴；7—导管；8—药液贮槽；9—计量泵；10—楔形注入器；11、12—滚模；13—导向斜槽；14—胶囊输送机；15—油轴

图 6-36　旋转式自动轧囊机结构与工作原理示意图

第五节　丸剂及其生产设备

一、概述

丸剂是将药物粉末或药材提取物加适宜的胶粘剂或辅料制成的球形或类球形的制剂，一般供口服使用。按照所添加赋形剂的不同，丸剂可分为水丸、蜜丸、水蜜丸、浓缩丸等。丸剂的生产主要有塑制、泛制和滴制三种方法。

二、丸剂生产设备

(一)塑制法

塑制法又叫做丸块制丸法，是由药物细粉或药材提取物加入赋形剂后制成可塑性丸块，再制成丸剂的方法。其生产过程包括制丸块、制丸条、制丸粒等工序。

1. 丸块的制备

一般用如图 6-37 所示的捏合机制备丸块。

捏合机由金属槽和两组强力的 S 形桨叶构成，槽底呈半圆形，两组桨叶的转速不同，旋转方向相对，利用桨叶间的挤压、分裂、搓捏以及桨叶与槽壁间的研磨等作用来制备丸块。

2. 丸条的制备

螺旋式丸条机是制备丸条的常用设备，如图 6-38 所示。工作时，加料漏斗中的丸块在轴上叶片的旋转带动下进入螺旋输送器，然后，被挤出设备，形成丸条。

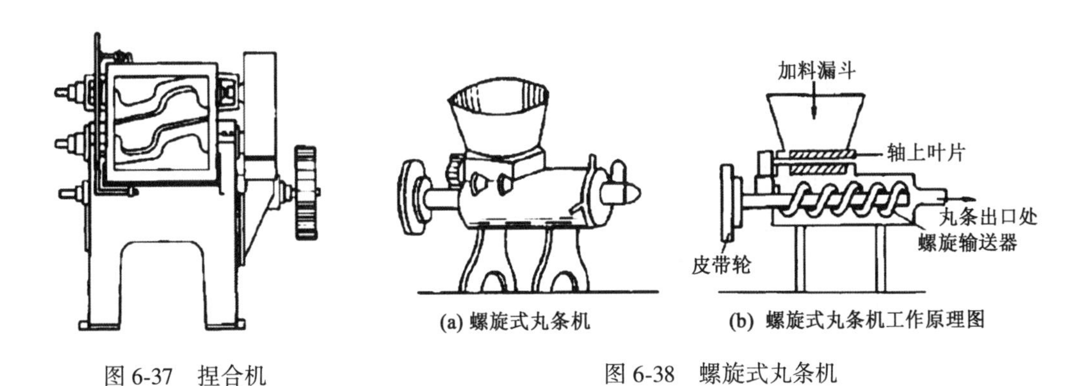

(a) 螺旋式丸条机　(b) 螺旋式丸条机工作原理图

图 6-37　捏合机　　图 6-38　螺旋式丸条机

3. 丸粒制备设备

丸粒的制备一般采用轧丸机。轧丸机有双滚筒式和三滚筒式两种。如图 6-39、图 6-40 所示。各滚筒以不同速度同向旋转，滚筒上的半圆形切丸槽将滚筒间的丸条等量切割成小段，并搓圆，得到成品。

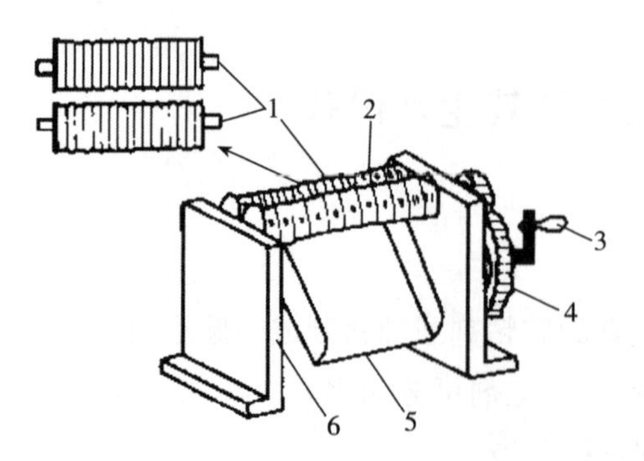

1—滚筒；2—刃口；3—手摇柄；
4—齿轮；5—导向槽；6—机架
图 6-39 双筒式制丸机结构示意图

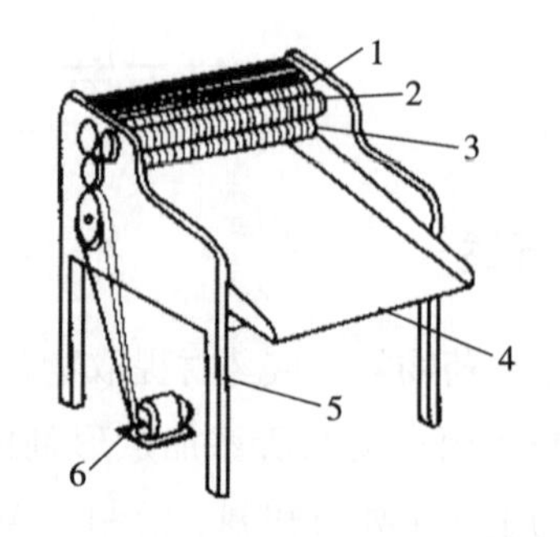

1、2、3—有槽滚筒；4—导向槽；
5—机架；6—电动机
图 6-40 三筒式制丸机结构示意图

4. 联合制丸

采用如图 6-41 所示联合制丸机，可将制丸块、制丸条、制丸粒三步工序集中完成，进行规模化生产。

(二)泛制法

泛制法是将药物粉末与水或其他液体粘合剂交替润湿，使之在容器中不断翻滚、逐层增大的一种制丸方法。泛制法制丸常在包衣锅中完成。

(三)滴制法

滴制法是将药物分散在适宜的熔融基质中，经分散装置形成液滴后进入冷却柱中冷却固化，形成球形颗粒的操作。经过滤器过滤后得到的球形颗粒再经清洗、风干等工序后即得成品。滤除固体颗粒后的冷却液可循环使用。参见图 6-42。

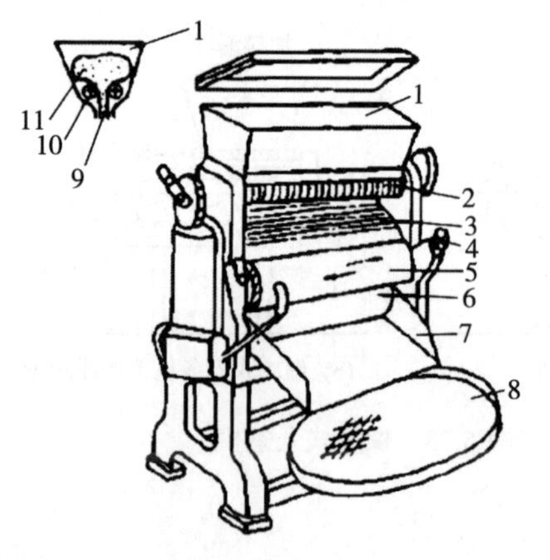

1—加料斗；2—带槽滚筒；3—牙板；4—调节器；
5—搓板；6—大滚筒；7—溜板；8—竹筛；
9—丸条；10—刮板；11—丸块
图 6-41 滚筒式制丸机

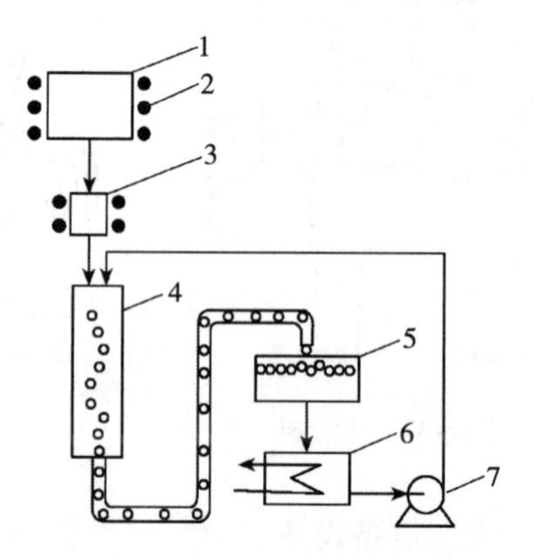

1—物料贮槽；2—电加热器；3—分散装置；
4—冷却柱；5—过滤器；
6—冷却液槽；7—循环泵
图 6-42 丸剂的滴制过程和装置示意图

第六节　栓剂及其生产设备

一、栓剂

栓剂是以药物和适宜的基质配制成的供腔道给药的固体制剂。目前主要使用的栓剂有肛门栓和阴道栓两种。栓剂生产可分为配料、成形和包装三道工序。

二、栓剂生产设备

这里仅简单介绍栓剂成形工序使用的设备，参见图 6-43。QGJ 旋转式栓剂注模机主要由传动机构、注模板、环形轨道、冷却板、气动提升系统、制冷给水系统等组成。8 副注模板均匀分布并通过定位销固定在环形轨道上。工作时，环形轨道带动注模板按照一定的方向间歇旋转。回转停位时，环形轨道下移，出料处的注模板由环形轨道支撑在冷却板的缺口处，其余 7 副注模板落于冷却板上，待完成灌注、冷却、铲削、出料等工序后，利用气缸将环形轨道及注模板同时顶起并使其离开冷却板，然后再转位。冷却成形的栓剂在冷却板上的缺口处出料。环形轨道每旋转一周停位 8 次，使注模依次完成灌装、冷却、铲削、出料等工序。环形轨道的旋转、停位时间可根据基质的冷却速度和生产量进行调节。

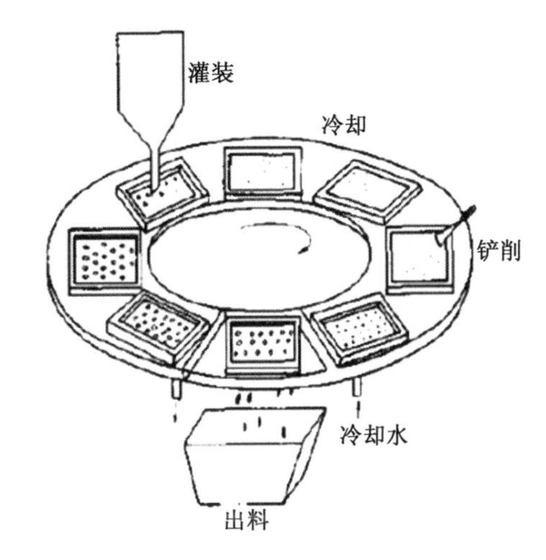

图 6-43　半自动 QGJ 旋转式栓剂注模机工作原理图

第七节　注射剂及其生产设备

注射剂主要分为注射液、注射用无菌粉末。因为注射剂直接进入机体各部位，故其质量要求特别高。

一、注射液

注射液是指药物制成的供注射入机体内用的无菌溶液型注射液、乳状液型注射液或混选型注射液，可用于肌肉注射、静脉注射、静脉滴注等。其中，供静脉滴注用的大体积注射液也称静脉输液。水溶液型注射液是目前在临床上应用最广泛的一类注射剂，在此，仅介绍水溶液型注射液的生产设备。

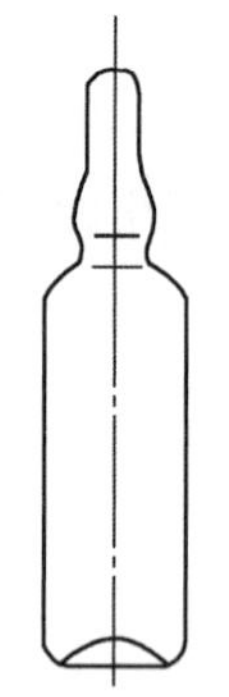

图 6-44　曲颈易折安瓿

(一)小容量水溶液型注射液生产设备

小容量水溶液型注射液多为单剂量装，容器为安瓿。所用的安瓿为曲颈易折安瓿(GB/T 2637—2016 规定)，如图 6-44 所示，其规格有 1mL、2mL、3mL、5mL、10mL、20mL、25mL 和 30mL 八种。小容量水溶液型注射液的生产一般包括安瓿的处理、原料液的处理和灌装等工序。下面对这些工序及其有关机械进行简单介绍。

1. 安瓿处理

1)安瓿的冲洗

安瓿作为盛放注射药品的容器，在制造及运输过程中难免会有微生物及不溶性尘埃粘带于瓶内，为此在灌装针剂药液前必须进行洗涤。图 6-45 所示为安瓿冲淋机示意图，它由供水及传送系统构成，安瓿在安瓿盘内一直处于口朝上的状态，在传送带上逐一通过各组喷头下方；冲淋水压 0.12~0.2MPa，并通过喷头上直径 Φ1~3mm 的小孔喷出，具有足够的冲淋力量将瓶内外的污尘冲净，并将瓶内注满水。

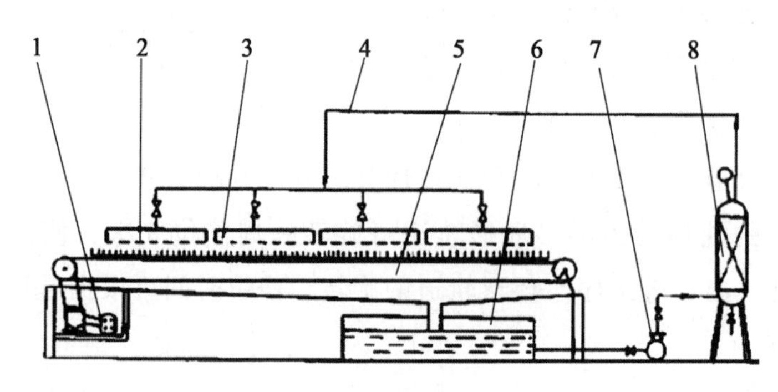

1—电机；2—安瓿盘；3—淋水喷管；4—进水管；5—传送带；6—集水箱；7—泵；8—过滤器

图 6-45　安瓿冲淋机

2)安瓿的干燥灭菌

安瓿经过淋洗只能去除稍大的菌体、尘埃及杂质粒子，还需干燥灭菌和消除热原。常规工艺是将洗净的安瓿置于 350~450℃温度下，保温 6~10min，达到杀灭细菌和热原的目的，同时也可使安瓿干燥。工业上常用的干燥灭菌设备有连续隧道式远红外烘箱和连续电热隧道灭菌烘箱两种。如图 6-46 所示，连续隧道式远红外烘箱由远红外发生器、传送带和保温排气罩组成。瓶口朝上的盘装安瓿由隧道的一端用链条传送带送进烘箱。隧道加热分为三段：预热段、中间段和降温段。预热段内安瓿由室温升至100℃左右，大部分水分在这里蒸发，中间段为高温干燥灭菌区，温度达300~450℃，残余水分进一步蒸干，灭菌并消除热原，降温区的温度由高温降至100℃左右，而后安瓿离开隧道。隧道顶部的强制抽风系统可及时将湿热空气排出，保证箱内的干燥速率。

如图6-47所示，连续电热隧道灭菌烘箱由传送带、加热器、层流箱和隔热机架组成。

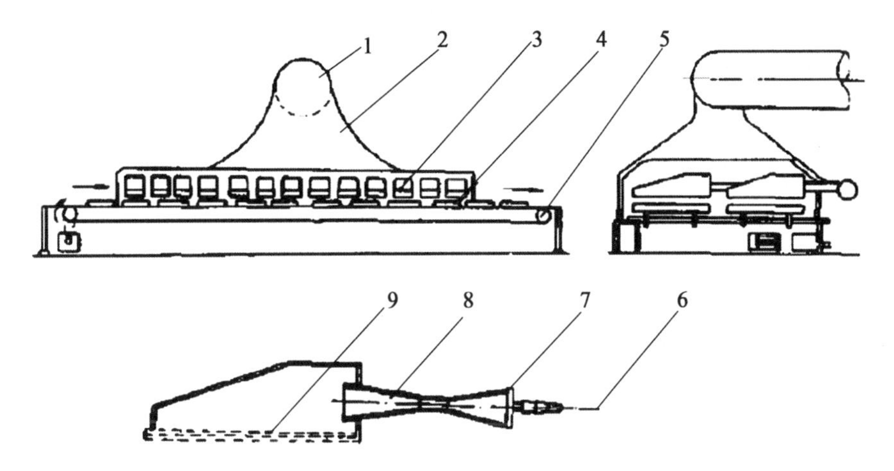

1—排风管；2—罩壳；3—远红外发生器；4—盘装安瓿；5—传送链；

6—煤气管；7—调风板；8—喷射器；9—铁铬铝网

图6-46　连续隧道式远红外烘箱

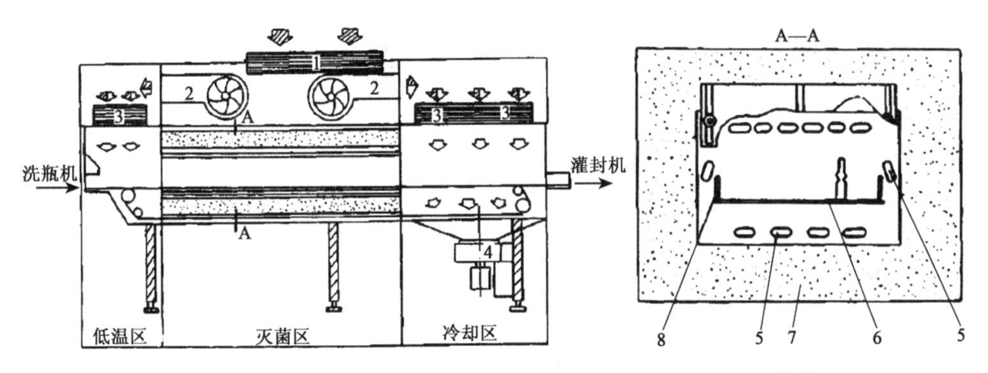

1—过滤器；2—送风机；3—精密过滤器；4—排风机；5—电热管；

6—水平网带；7—隔热材料；8—竖直网带

图6-47　连续电热隧道烘箱结构示意图

2. 药液的精制

根据无菌净化的要求，药液精制的主要途径是过滤，即用物理方法截留滤除微生物、病毒及其他不溶物，保证药液的组成和化学性能不变。针对药液品种及不同要求，需要采取相应的药液过滤元件。

1) 板框式压滤机

板框式压滤机是由多块滤板与滤框相间重叠排列而成，是水针注射液粗滤、半精滤的常见设备，其结构和工作原理如图 6-48 所示。

药液经泵输送加压引入，板与框上预先开有药液通道，这些通道与滤框内侧的小孔相通，故药液可同时并行进入各滤框与其两侧的过滤介质所构成的滤室中。经过滤介质过滤后的药液在滤板的沟槽中汇集并流入滤板底部与药液通道相通的小孔，然后由滤液通道引出。

2) 垂熔玻璃过滤器

以均匀的玻璃细粉高温熔合成具有均匀孔径的滤板，再将此滤板粘接于玻璃漏斗，制成垂熔玻璃漏斗，如图 6-49 所示。垂熔玻璃化学性能稳定，对药液无吸附作用，且与药液不起化学作用。在过滤过程中，无碎渣脱落，滞留的药液少，易于洗涤。垂熔玻璃的孔径较为均匀，常在精滤处理时使用。

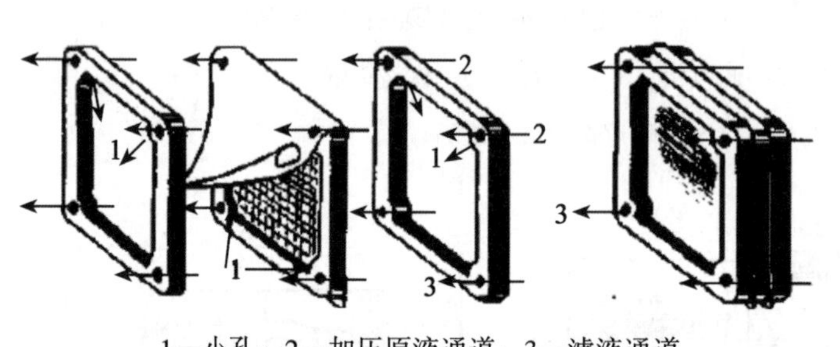

1—小孔；2—加压原液通道；3—滤液通道

图 6-48　板框式压滤机的结构和过滤原理

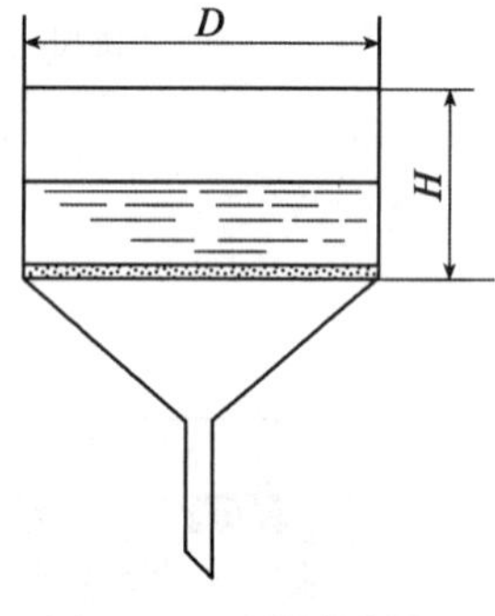

图 6-49　垂熔玻璃漏斗

3. 灌封

灌封是注射剂生产中最重要、最关键的工序。注射剂的灌封利用灌封机来完成，如图 6-50 所示。安瓿灌封一般包括安瓿的排整、灌注、充氮、封口等工序。目前，水溶性注射剂的灌封采用洗灌封联动，从安瓿的洗涤、干燥、灭菌到药液的灌注、安瓿的熔封都在一台机器上完成。洗灌封联动具有效率高、能耗低的特点。图 6-51 所示为我国自制的 ACSD 型安瓿洗灌封联动机。该机由 CAX 型超声液安瓿洗涤机、SMH 型隧道烘箱和 DLAG 型多针安瓿拉丝灌封机三台单机组成，既可单机独自运转，也可三机同步联动，适合 1mL、2mL、3mL、5mL、10mL、20mL、25mL 和 30mL 安瓿的灌封。

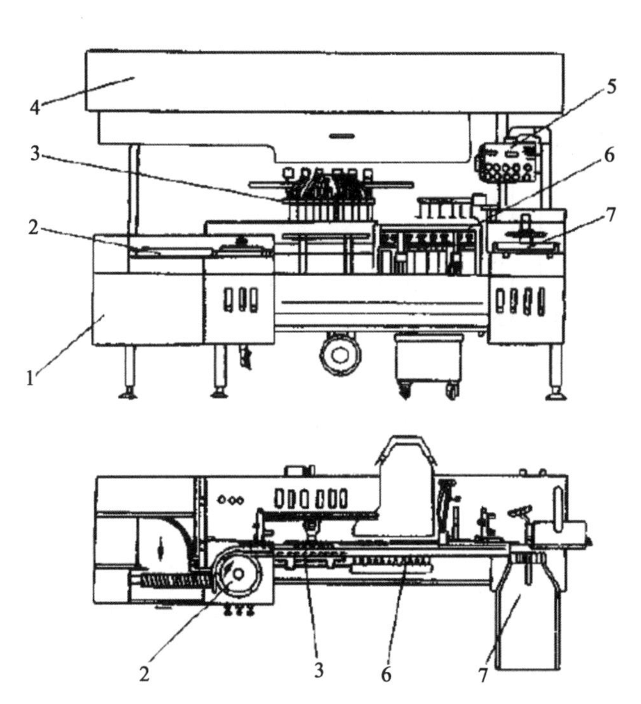

1—机架；2—排瓶机构；3—灌注、充氮机构；4—层流罩；5—控制器；6—封口喷嘴；7—出瓶板

图 6-50　安瓿灌封机结构示意图

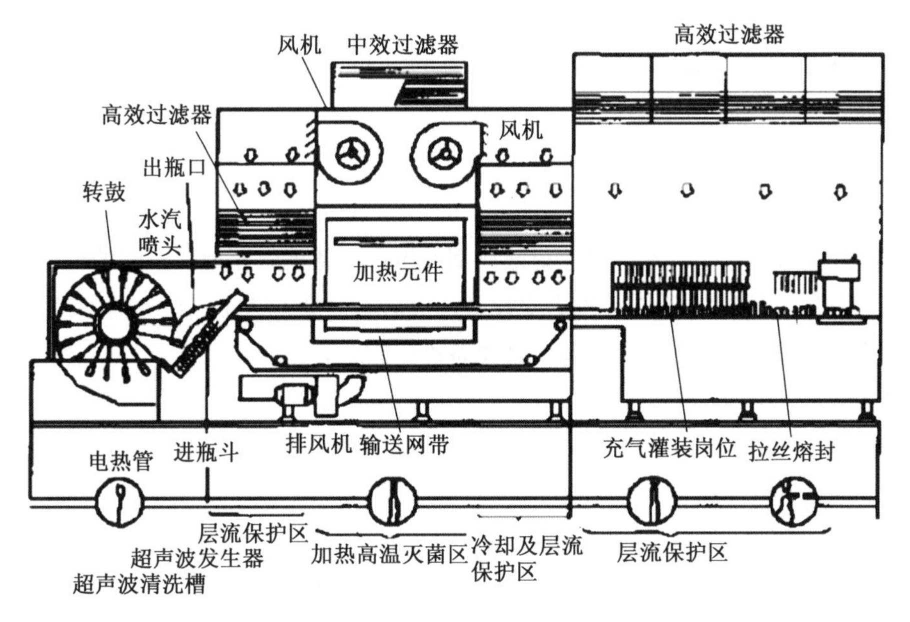

图 6-51　安瓿洗灌封联动机

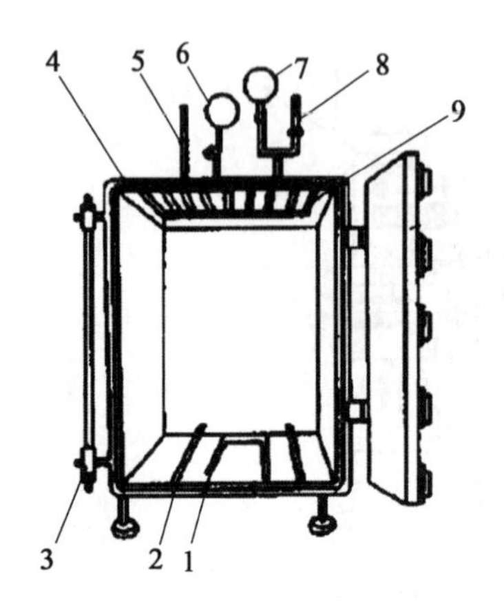

1—蒸汽管；2—导轨；3—液位计；4—密封圈；5—温度计；6—真空泵；7—压力表；8—安全阀；9—淋水槽

图 6-52　卧式热压灭菌箱结构示意图

4. 灭菌、检漏设备

目前，国内注射剂生产多采用湿热灭菌。湿热灭菌是利用饱和水蒸气或沸水来杀灭细菌。一般情况下，1～5mL 注射剂可用 100℃ 流通蒸汽灭菌 30min，10～20mL 注射剂则采用 100℃ 流通蒸汽灭菌 45min。真空检漏步骤为：将安瓿置于 0.09MPa 真空度的真空密闭容器中至少 15min，然后，向容器内灌注有色溶液，将安瓿全部浸没，有色溶液将渗入封口不严密的安瓿内部，使药液染色，从而检出不合格的安瓿。目前多采用大型卧式热压灭菌箱，如图 6-52 所示，在一台设备中同时完成灭菌和检漏。

5. 澄明度检查

澄明度检查可采用人工或光电设备进行。

(1)人工灯检：要求灯检人员视力不低于 0.9，使用 40W 日光灯，工作台及背景为不反光的黑色。检查时，将待检安瓿置于检查灯下距光源约 200mm 处，轻轻摇动安瓿，目测药液内有无异物微粒，按照国家药典的有关规定剔除不合格的安瓿。

(2)光电设备检查：安瓿光电设备检查机械的工作原理是：利用旋转的安瓿带动药液一起旋转，在安瓿突然停止转动的瞬间，以一束光照射安瓿，此时药液由于惯性还会旋转一段时间，光电系统采集的结果经过处理后就可得到药液中不溶物的大小和数量，从而剔除不合格的安瓿。

(二)大容量注射液

大容量注射液和水溶性小容量注射液使用的生产设备大致相似，不同的地方在于生产规模以及注射用水的制备、容器的清洗设备。大容量注射液生产中，注射液容器为玻璃瓶，在这里仅对容器的理瓶、洗瓶等清洗设备进行简单介绍。

1. 理瓶机

理瓶机的作用是将拆包取出来的瓶子按顺序排列起来，并逐个输送给洗瓶机。常见的理瓶机有圆盘式和等差式两种。

1)圆盘式理瓶机

圆盘式理瓶机的圆盘低速旋转，固定的拨杆将运动着的瓶子拨向转盘周边，经由周边的固定围沿将瓶子引导至输送带上，参见图 6-53。

2)等差式理瓶机

等差式理瓶机第Ⅰ、Ⅱ带以较低速度运行，第Ⅲ带的速度是第Ⅰ带的 1.18 倍，第Ⅳ

带的速度是第Ⅰ带的1.85倍。差速的目的是使得瓶子引出机器的时候不致于形成堆积，从而保持将瓶子逐个输入洗瓶机。第Ⅴ带与第Ⅰ带的速度比为0.85，并且与第Ⅰ、Ⅱ、Ⅲ、Ⅳ带的传动方向相反，其目的是把卡在出瓶口的瓶子迅速带走，参见图6-54。

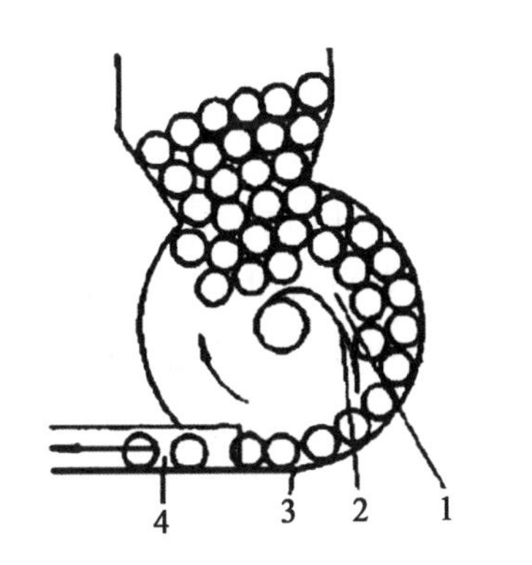

1—转盘；2—拨杆；3—围沿；4—输送带

图6-53　圆盘式理瓶机

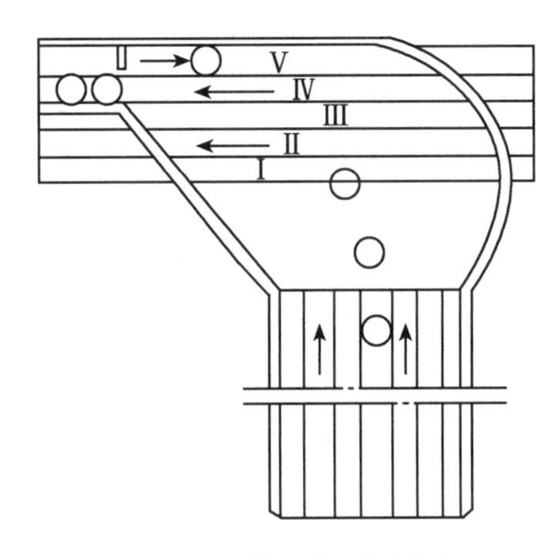

图6-54　等差式理瓶原理

2. 外刷瓶机

外刷瓶机如图6-55所示。其毛刷由机架下部的传动系统带动同向旋转，毛刷与瓶子间的摩擦使输送带上的瓶子边前进边旋转。传送带上方的淋水冲刷瓶体并将可能存在的脏污带走。

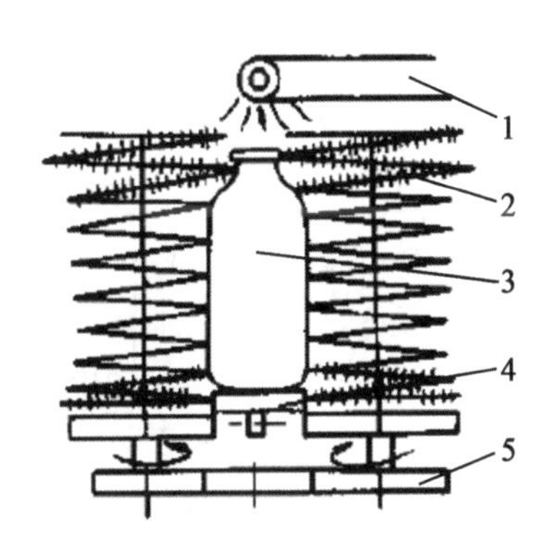

1—喷淋管；2—毛刷；3—输液瓶；4—输送带；5—传动齿轮

图6-55　外刷瓶机

3. 内刷瓶机

玻璃瓶在进入封闭箱式刷瓶机轨道之前是瓶口朝上的，利用一个翻转轨道将瓶口翻转向下，并落入瓶盒内。瓶盒在传送带上间歇移动前进，各工位喷嘴对准瓶口喷射，旋转毛刷探入瓶口清刷瓶内壁。玻璃瓶沥干后，再一次利用翻转轨道脱开瓶盒，落入净化室平台上完成清洗。

二、注射用无菌粉末

注射用无菌粉末是指供临用前配制成澄清溶液或均匀混悬液的无菌粉末或无菌块状物。注射用无菌粉末便于储存、运输和保证药品质量，其生产工艺过程包括准备、分装和包装等工序。

(一)准备工序

准备工序包括原料药粉的干燥、粉碎、筛分、混合等过程，以及玻璃瓶和胶塞的消毒灭菌。

(二)分装工序

分装是粉针剂生产的关键工序，一般来说，装粉和盖塞在同一装置上先后进行，参见图 6-56，这样在装粉后及时盖塞，防止药品再污染。粉针剂分装机工作时水平位置的送瓶转盘低速旋转，弧形拨杆使盘上散乱的玻璃瓶逐渐靠近周边固定的围墙并最终纳入进瓶输送带。进瓶输送带的前进线速度与主工作盘的速度相适应，从而保证主盘凹槽中不会有缺瓶现象。当玻璃瓶转位至装粉工位时，其上部将有相应的装粉计量装置，将药粉装入瓶中。随后经过压胶塞工位盖塞。最后，由出瓶输送带送出，完成整个分装工序。

(三)包装工序

包装工序包括贴瓶签、装盒、封盒、装箱、打包等工作。

至此，完成了药品的生产。

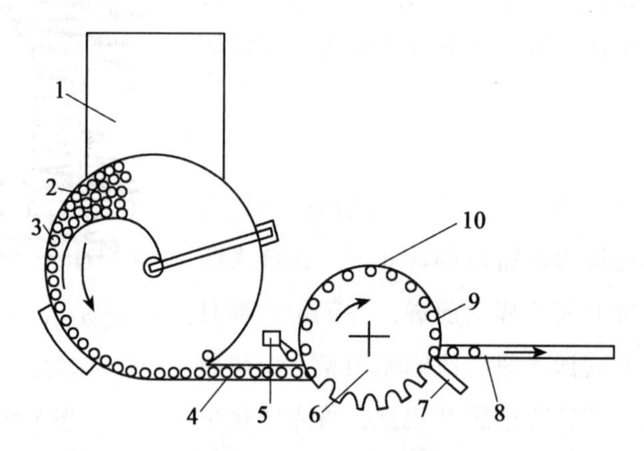

1—贮瓶盒；2—送瓶转盘；3—弧形拨杆；4—进瓶输送带；5—行程开关；6—主工作盘；7—落瓶轨道；8—出瓶输送带；9—压胶塞工位；10—分装工位

图 6-56　粉针剂分装机总体平面图

第七章　药品生产中的有关特殊要求

本章学习要求

(1)了解制药工业不同于一般化学工业的特殊性;

(2)了解GMP的产生和发展过程，国内GMP的发展情况;

(3)了解洁净的有关概念和措施;

(4)了解GMP对生产设备和管道布置的特殊要求;

(5)了解制药用水的分类，各类用水的制备方法，以及制药用水的运输和贮存方法。

第一节　制药工业不同于一般化工生产的特殊性

从历史发展关系来看，制药工业是化学工业的重要组成部分。制药工业，尤其是原料药生产过程中，涉及单元操作；所用到的设备基本上和化工生产相同。而且，制药工业和化学工业生产的最终产品都是商品，具有一般商品的特征。但是，药品关系到人的生死存亡和人类的种族繁衍，所以，不能将药物简单地作为一般商品对待。因此，在产品质量体系方面，制药工业不能照搬化工生产的质量体系，必须对药品生产进行严格控制，以保障药品的质量。制药工业和一般化学工业相比，主要有以下的特殊性：

(1)生产过程的特殊性。药品生产过程中必须严格执行《药品生产质量管理规范》，保证药品质量。药品质量体现在从原料到销售的全过程中，各个环节都要进行严格的管理与控制，进行全方位的监督管理。

(2)产品的特殊性。药品只有合格品与不合格品之分。一些药厂制定的所谓优级品标准只是企业内部的标准。

从药理学的角度来讲，药品具有两重性，在防病治病的同时，也可能发生某些不良反应。此外，用药过量也会发生危险。

药品都有有效期，所有药品必须在有效期内使用，超过有效期的药品应予报废。

第二节　药品生产质量管理规范

根据《中华人民共和国药品管理法》《中华人民共和国药品管理法实施条例》，制定了《药品生产质量管理规范》(简称《规范》或 GMP)。GMP 是在药品生产全过程中的科学管理方法，形成涉及人员、厂房、设备、生产过程、质量管理、工艺卫生、包装材料、标签，直至成品的贮存与销售的一整套保证药品质量的管理体系。GMP 适用于药品制剂生产的全过程和原料药生产中影响成品质量的关键工序。GMP 的基本出发点是避免抽检的局限性和降低药品的质量风险，防止在药品生产过程中混批、混杂、污染、交叉污染和人为差错。

一、GMP 的产生和发展

GMP 是医药实践经验教训的总结和人类智慧的结晶。在人类社会发展的过程中，经历了十多次较大的药物灾难，最近的一次是发生在 20 世纪的“反应停”事件。20 世纪 50 年代后期，前西德格仑南苏制药厂生产了一种用于治疗妊娠反应的药物——Thalidomide (沙利度胺，又称“反应停”)。该药在市场销售 6 年，导致了成千上万例畸形胎儿。造成这场药物灾难的原因是：“反应停”在投入市场前未经过严格的临床试验，而且格仑南苏制药厂隐瞒了已经收到的 100 多例关于“反应停”毒性反应的报告。这次灾难波及世界各地，特别是欧洲，而美国是少数几个幸免的国家之一。美国没有受到严重灾害的原因是：美国食品药品管理局(Food and Drug Administration，FDA)官员在审查“反应停”时，发现该药缺乏美国药品监督管理法律法规所要求的临床试验资料，所以没有批准该药物进口。这场灾难虽然没有波及美国，但在美国社会激起了对药品监督和药品法规的普遍重视，并促使美国国会在 1962 年对《食品、药品和化妆品法》进行了重大修改。1962 年由美国 FDA 组织坦普尔大学 6 名教授编写制定 GMP 并在 1963 年由美国国会第一次颁布成为法令，世界上第一部 GMP 由此诞生。

世界卫生组织(World Health Organization，WHO)在 1967 年出版的《国际药典》附录中对美国的 GMP 进行了收录，并在 1969 年第 22 届世界卫生大会上首次向各成员国推荐 GMP。1975 年 11 月 WHO 正式公布自己的 GMP。1977 年第 28 届世界卫生大会时 WHO 再次向成员国推荐 GMP，并确定为 WHO 的法规。WHO 的 GMP 的出现标志着 GMP 的理论和实践已经基本成熟，GMP 开始成为国际公认的医药生产法规，对全世界的药品生产产生了深远的影响。一些国家和地区根据自身的实际情况，分别制订了自己的 GMP，GMP

开始在全世界范围内推广。

二、我国 GMP 的形成和发展

20 世纪 70 年代末，随着我国对外开放和出口药品的需要，药品质量问题越来越受到各方面的重视，许多企业借鉴国外的方法与经验，从产品的设计、试制、生产、销售到售后服务的全过程实施系统的、科学的管理方法，而且要求企业全体职工也参与管理，开始探索我国 GMP 的路子。1982 年由当时负责行业管理的中国医药工业公司制定了《药品生产管理规范(试行本)》，并于 1985 年修订为《药品生产管理规范》，作为行业的 GMP，要求正式执行。

1984 年，当时的卫生部药政管理局委托天津市药检所举办了为期一个月的《药品生产管理规范》讲习班，聘请专家讲授和介绍 WHO 及发达国家的 GMP 规定内容和要求。随后对我国在药品生产和质量管理方面做得较好的药厂进行调研，了解我国药厂的人员、厂房、设备、原料、工艺、质量、卫生、包装、销售等生产和质量管理的现状和水平，提出了 GMP 可行性调研报告，并以 WHO 的 GMP 为基础，正式起草了我国的《药品生产质量管理规范(草案)》。1988 年 3 月 17 日，原卫生部以(88)卫药字第 20 号文件《关于颁布〈药品生产质量管理规范〉的通知》下达了我国法定的 GMP。1992 年 12 月 28 日，以原卫生部第 27 号令颁布修订版 GMP。1993 年中国医药工业公司颁布了修订的《药品生产管理规范实施指南》。1999 年 6 月 18 日国家药品监督管理局以第 9 号令颁布《药品生产质量管理规范(1998 年修订)》。目前，我国执行的是原卫生部以第 27 号令颁布的《药品生产质量管理规范》(2010 年修订)。

三、GMP 的类型

世界上现行的 GMP 可大体分为三类：

(1)国际组织的 GMP，如世界卫生组织的 GMP、北欧七国自由贸易联盟制定的 GMP(或 PIC，Pharmaceutical Inspection Convention)、东南亚国家联盟的 GMP、欧洲经济共同体的 GMP 等。这类 GMP 一般原则性较强，内容较为概括，但无法定强制性。

(2)各国政府的 GMP，如美国 FDA 制定的 GMP、中华人民共和国卫生部制定的 GMP 等。各国政府制定的 GMP 一般原则性较强，内容较为具体，具有法定强制性。

(3)行业组织的 GMP，如美国制药工业联合会制定的 GMP、中国医药工业公司制定的 GMP 及其实施指南等，甚至还包括药厂或公司自己制定的 GMP。行业组织的 GMP 一般指导性较强，内容较为具体，但无法定强制性。

四、GMP 的中心指导思想和基本目标要素

GMP 的中心指导思想是：任何药品质量形成是设计和生产出来的，而不是检验出来的。因此必须强调预防为主，在生产过程中建立质量保证体系，实行全面质量保证，确保药品质量。虽然 GMP 在具体的细节内容上有一些差异，但是，GMP 的基本要素却是一致的，即：①要把影响药品质量的人为因素减少到最低程度；②要防止一切对药品的污染和交叉污染，防止产品质量下降；③要建立和健全完善的质量保证体系，确保 GMP 的有效实施。

五、我国 GMP 的内容

与世界上所有的 GMP 的基本内容相似，我国 GMP 涉及人员、厂房、设备、卫生条件、起始原料、生产操作、包装和贴签、质量控制系统、自检、销售记录、用户意见和不良反应报告等方面。总体来看，这些内容分为硬件和软件两大部分，硬件包括人员、厂房、设备等，软件包括制度、工艺、卫生标准、记录等。

我国现行的 GMP(2010 年版)主要是参照欧盟 GMP 并结合国内的实际情况进行修订的，在吸收国际先进经验并结合我国国情的基础上，按照“软件硬件并重”的原则，贯彻质量风险管理和药品生产全过程管理的理念。GMP(2010 年版)的基本内容共 14 章、313 条，篇幅相对 GMP(1998 年版)大量增加，条款内容更加具体，各项要求更加细化，指导性和可操作性更强，达到了与世界卫生组织 GMP 的一致性，其最突出的特点是对软件建设和无菌药品生产的要求显著提高。我国的 GMP(2010 年版)保留了 GMP(1998 年版)的附录，陆续修订并发布了无菌药品、原料药、生物制品、血液制品和中药制剂等 13 个附录，作为对 GMP 基本内容的有效补充说明。

第三节　GMP 对药厂生产厂房和环境的特殊要求

一、药厂选址和总体布局

药厂厂区一般设置在大气含尘、含菌浓度低、自然环境较好的区域，远离铁路、码头、机场、交通要道以及散发大量粉尘和有害气体的工厂、仓储、堆场，远离严重空气污染、水质污染、振动或噪声干扰的区域。不能远离以上区域时，应位于其全年最小频率风向的下风侧。兼有原料药和制剂生产的药厂，原料药生产区应位于制剂生产区全年最小频率风向的上风侧。三废处理、锅炉房等有较严重污染的区域，应位于厂区全年最小频率风

向的上风侧。青霉素类等高致敏性药品的生产厂房，应位于其他医药生产厂房全年最小频率风向的上风侧。多条生产线、多个生产车间组合布置的联合厂房，应合理组织人流、物流的走向，同时满足生产工艺流程和消防安全的要求。厂区内设动物房时，动物房宜位于其他医药工业洁净厂房全年最小频率风向的上风侧。

厂区的总平面布置符合国家有关工业企业总平面设计要求并满足环境保护的要求，同时避免交叉污染。厂区按使用功能可分为生产、行政、生活和辅助区等，各区的总体布局合理，不得互相妨碍。

厂区和厂房内的人流、物流走向合理，厂区内主要道路的设置应符合人流、物流分流的原则，生产、贮存和质量控制区不应当作为非本区工作人员的直接通道。

如图 7-1 所示是某制药企业厂区总体布局示例。该总体布局充分考虑该地区主导风向为东南风，将废水处理和原料药车间布置在下风侧；办公区、生活区、生产区分区布置；人流、物流分流，无交叉污染；考虑了工厂未来发展预留。

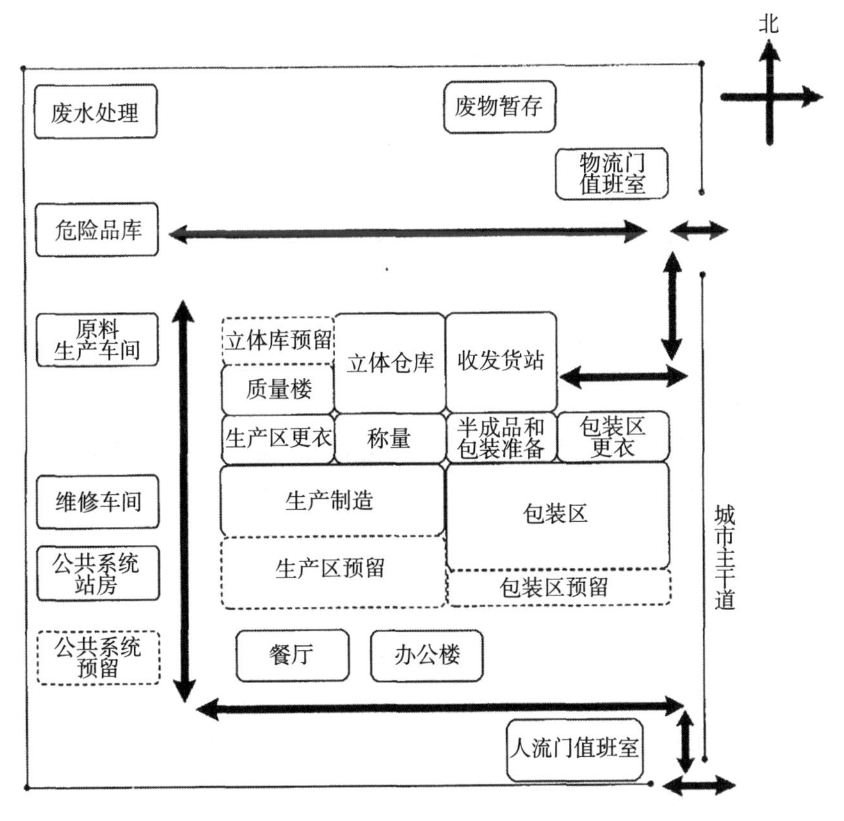

图 7-1　某制药企业厂区总体布局示例

二、GMP(2010年版)对厂房设施的要求

药厂厂房的选址、设计、布局、建造、改造和维护必须符合药品生产要求，能够最大限度地避免污染、交叉污染、混淆和差错。药厂厂房所处的环境应能够最大限度地降低物料或产品遭受污染的风险。

GMP(2010年版)在第四章“厂房与设施”中对可能影响药品质量的生产区、仓储区、质量控制区和辅助区进行了详细说明。

(一)生产区

传统意义上的生产区是指直接从事药品生产的区域，GMP(2010年版)的生产区除了直接从事药品生产的区域外，还包含与药品生产相关的区域，如贮存区(不同于仓储区)、称量室、包装区、中间控制区。

为降低污染和交叉污染的风险，应当综合考虑药品的特性、工艺和预定用途等因素，确定厂房、生产设施和设备多产品共用的可行性。但是，在生产特殊性质的药品时，厂房、生产设施和设备等需要严格遵守相关规定。高致敏性药品(如青霉素类)或生物制品(如卡介苗或其他用活性微生物制备而成的药品)必须采用专用和独立的厂房、生产设施和设备；青霉素类药品产尘量大的操作区域应当保持相对负压，排至室外的废气应当经过净化处理并符合要求，排风口应当远离其他空气净化系统的进风口；生产β-内酰胺结构类药品、性激素类避孕药品必须使用专用设施(如独立的空气净化系统)和设备，并与其他药品生产区严格分开；生产某些激素类、细胞毒性类、高活性化学药品应当使用专用设施(如独立的空气净化系统)和设备，特殊情况下，如采取特别防护措施并经过必要的验证，其药品制剂则可通过阶段性生产方式共用同一生产设施和设备。生产上述药品时所使用的空气净化系统，其排风应当经过净化处理。药品生产厂房不得用于生产对药品质量有不利影响的非药用产品。

产尘操作间(如干燥物料或产品的取样、称量、混合、包装等操作间)应当保持相对负压或采取专门的措施，防止粉尘扩散、避免交叉污染并便于清洁。

生产区和贮存区应当有足够的空间，确保有序地存放设备、物料、中间产品、待包装产品和成品，避免不同产品或物料的混淆、交叉污染，避免生产或质量控制操作发生遗漏或差错。

制剂的原辅料称量通常应当在专门设计的称量室内进行。产尘量大的称量操作应具有粉尘控制的措施。称量室的空气洁净度级别应与生产环境相同。

用于药品包装的厂房或区域应当合理设计和布局，以避免混淆或交叉污染。包装车间

的设置邻近生产车间和仓储区。如同一区域内有数条包装线，应当有隔离措施。

生产区内可设中间控制区域，但中间控制操作不得给药品带来质量风险。

（二）仓储区

仓储区应当有足够的空间，确保有序存放待验、合格、不合格、退货或召回的原辅料、包装材料、中间产品、待包装产品和成品等各类物料和产品。如采用单独的隔离区域贮存待验物料，待验区应当有醒目的标识，且只限于经批准的人员出入。不合格、退货或召回的物料或产品应当隔离存放，如果采用其他方法替代物理隔离，则该方法应当具有同等的安全性。高活性的物料或产品以及印刷包装材料应当贮存于安全的区域。

生产过程中的物料储存区的设置靠近生产单元，面积合适。可根据生产需要，分散或集中设置。

接收、发放和发运区域应当能够保护物料、产品免受外界天气(如雨、雪)的影响。接收区的布局和设施应当能够确保到货物料在进入仓储区前可对外包装进行必要的清洁。

仓储区对保存环境的温度和湿度要求见表 7-1，当贮存物品有特殊要求时，应按物品性质确定环境的温度、湿度参数。

表 7-1 **仓储区对温度和湿度的要求**

类别	温度	相对湿度
常温保存	10～30℃	35%～75%
阴凉保存	≤20℃	
凉暗保存	≤20℃，避免直射阳光	
低温保存	2～10℃	

仓储区内应单独设置原辅料取样区，取样环境的空气洁净度级别应与被取样物料的生产环境相同。如在其他区域或采用其他方式取样，应当能够防止污染或交叉污染。无菌物料的取样应满足无菌生产工艺的要求，并应设置相应的物料净化用室和人员净化用室。特殊药品的取样区应专用。

（三）质量控制区

质量控制区可与生产区位于同一建筑内分区设置，也可位于独立的建筑，但临近生产区。质量控制区中设置有各种实验室，其中，无菌检查、微生物检查、抗生素微生物检定、放射性同位素检定和阳性对照实验室等应分开设置。无菌检查实验应在 B 级背景下的A级单向流洁净区域完成，或在D级背景下的隔离器中进行。微生物限度检查实验应在D级背景下的B级单向流洁净区域进行。阳性对照试验和抗生素微生物检定试验应根据所处理对象的危害程度分类及其生物安全要求，在相应等级的生物安全实验室内进行。

必要时，质量控制区应当设置专门的仪器室，使灵敏度高的仪器免受静电、颤动、潮湿或其他外界因素的干扰。如有需要，实验动物房也设置在质量控制区里，但要与其他区域严格分开，并设有独立的空气处理设施以及动物的专用通道。

质量控制实验室的设计应当确保其适用于预定的用途，并能够避免混淆和交叉污染，应当有足够的区域用于样品处置、留样和稳定性考察样品的存放以及记录的保存。各微生物实验室应根据各自的空气洁净度要求，设置相应的人员净化和物料净化设施，并应有效避免互相干扰。

(四)辅助区

辅助区包括休息室、更衣室、盥洗室和维修间。休息室的设置不应当对生产区、仓储区和质量控制区造成不良影响。更衣室和盥洗室应当方便人员进出，并与使用人数相适应。盥洗室不得与生产区和仓储区直接相通。维修间应当尽可能远离生产区。存放在洁净区内的维修用备件和工具，应当放置在专门的房间或工具柜中。

三、药品生产环境的分区

根据生产工艺和药品质量的要求，药品生产环境通常分为室外区、一般区和保护区、洁净区、无菌区4个区域。

室外区是厂区内部或外部无生产活动和更衣要求的区域。通常与生产区不连接的办公室、机修加工车间、动力车间、化工原料储存区、餐厅、卫生间等在此区域。

一般区和保护区是厂房内部产品外包装操作和其它不将产品或物料明显暴露操作的区域，如外包装区、QC实验区、原辅料和成品储存区等。虽然一般区和保护区都属于没有产品直接暴露或没有直接接触产品的设备和包材内表面直接暴露的环境，但二者还是有明显的区别。在一般区中，环境对产品没有直接或间接的影响，环境控制只考虑生产人员的舒适度，如无特殊要求的外包装区域；而在保护区中，该区域环境或活动可能直接或间接影响产品，如有温湿度要求的外包装区域、原辅料及成品库房、更衣等。

洁净区是厂房内部非无菌产品生产的区域和无菌药品灭(除)菌及无菌操作以外的生产区域。非无菌产品的原辅料、中间产品、待包装产品，以及与工艺有关的设备和内包材能在此区域暴露。如果在内包装与外包装之间没有隔离，则整个包装区域应归入此等级的区域。

无菌区是无菌产品的生产场所。

洁净区、无菌区是医药工业洁净厂房的核心区域。医药工业洁净厂房应布置在厂区内环境清洁，且人流、物流不穿越或少穿越的地段，并应根据药品生产特点布局。医药工业洁净厂房净化空气调节系统的新风口与交通主干道近基地侧道路红线之间的距离宜大于50m。医药工业洁净厂房周围应进行绿化处理。

第四节 洁净度及洁净措施

一、洁净度及其分级

空气洁净度是指洁净环境中的空气含尘埃和微生物的程度。其程度高则洁净度低，其程度低则洁净度高。空气洁净度的高低具体用空气洁净度级别来区分。空气洁净度级别按每立方米空气中的最大允许悬浮粒子数和微生物数来确定。

洁净室(区)是指制剂、原料药、药用辅料和包装材料生产中有空气洁净度要求的区域。洁净室(区)的有效建立是GMP硬件建设中最关键的内容，是预防药品生产中质量受到污染的重要环节与主要措施。洁净室(区)主要的特征就是该环境内的空气是经过净化后进入并达到与生产工艺流程相适应的洁净级别。GMP(2010年版)附录1“无菌药品”中列出了洁净室(区)空气洁净度级别表，见表7-2，洁净室(区)每立方米空气中的最大允许悬浮粒子数要求达到静态和动态的标准。同时也列出了相应级别洁净室(区)的微生物监测限度，见表7-3。

表7-2 **医药洁净室空气洁净度级别**

洁净度级别	悬浮粒子最大允许数(m^3)			
	静态		动态	
	≥0.5μm	≥5.0μm	≥0.5μm	≥5.0μm
A级	3520	20	3520	20
B级	3520	29	352000	2900
C级	352000	2900	3520000	29000
D级	3520000	29000	不作规定	不作规定

表 7-3 **医药洁净室环境微生物监测的动态标准**

洁净度级别	浮游菌(cfu/m^3)	沉降菌(ϕ90mm)(cfu/4 小时)[2]	表面微生物	
			接触(ϕ55mm) cfu/碟	5 指手套 cfu/手套
A 级	<1	<1	<1	<1
B 级	10	5	5	5
C 级	100	50	25	—
D 级	200	100	50	—

洁净室(区)对环境的温度、湿度、压差、照度、噪声等参数也有要求。当药品生产工艺及产品对医药洁净室的温度和湿度有特殊要求时，应根据工艺及产品要求确定；当药品生产工艺及产品对医药洁净室的温度和湿度无特殊要求时，按表 7-4 设置。不同空气洁净度级别的医药洁净室之间以及洁净室与非洁净室之间的空气静压差不应小于 10Pa，医药洁净室与室外大气的静压差不应小于 10Pa。必要时，相同洁净度级别的不同功能区域(操作间)之间也应当保持适当的压差梯度。医药洁净室(区)的照明应根据生产要求设置，主要工作室一般照明的照度值宜为 300Lx，辅助工作室、走廊、气锁、人员净化和物料净化用室的照度值宜为 200Lx，对照度有特殊要求的生产岗位可根据需要局部调整。非单向流医药洁净室(区)的噪声级(空态)不应大于 60dB(A)，单向流和混合流医药洁净室(区)的噪声级(空态)不应大于 65dB(A)。洁净区的内表面(墙壁、地面、天棚)应当平整光滑、无裂缝、接口严密、无颗粒物脱落，避免积尘，便于有效清洁，必要时应当进行消毒。

表 7-4 **医药洁净室的温度和湿度**

洁净度级别	洁净室温度(℃)	洁净室相对湿度(%)
A 级	20~24	45~60
B 级	20~24	45~60
C 级	20~24	45~60
D 级	18~26	45~65
人员净化及生活用室	26~30(夏季) 16~20(冬季)	

同一生产工艺流程中，其生产工序可能是相同的空气洁净度级别，也可能是不同的空气洁净度级别；同一生产操作，可能是在同一空气洁净度级别下进行，也可能是在不同的

空气洁净度级别下进行。空气洁净度级别的确定取决于品种、剂型、工序等方面的质量特性和技术要求及方法，详见书末附录四。

二、空气净化

(一)气流流型和送风量

医药洁净室内有多种工序时，根据生产工艺要求，采用相应的空气洁净度级别。医药洁净室的气流流型根据空气洁净度级别确定，满足空气洁净度级别的要求。气流流型是指空气的流动形态和分布状态，分为单向流和非单向流。单向流是指通过洁净区整个断面、风速稳定，大致平行的受控气流。非单向流是指送入洁净区的空气以诱导方式与区内空气混合的一种气流分布。单向流和非单向流组合的气流常称为混合流。

空气洁净度为 A 级时，气流采用单向流流型；空气洁净度为 B 级、C 级、D 级时，气流采用非单向流流型，非单向流气流流型应减少涡流区。在混合气流的医药洁净室内，气流流向从该空间洁净度较高一端流向略低一端。医药洁净室气流分布应均匀。

为达到节能的目的，医药洁净室常采用回风式空调系统将新风和室内回风混合后经净化处理再送回医药洁净室。医药洁净室气流的送风、回风方式见表 7-5。上侧送下侧回仅适用于在高大房间顶送下侧回不能满足送风要求时。散发粉尘或有害物质的医药洁净室不应采用走廊回风，且不宜采用顶部回风。

表 7-5　**医药洁净室气流的送风、回风方式**

医药洁净室空气洁净度级别	气流类型	送风、回风方式
A 级	单向流	水平、垂直
B 级	非单向流	顶送下侧回、上侧送下侧回
C 级	非单向流	顶送下侧回、上侧送下侧回
D 级	非单向流	顶送下侧回、上侧送下侧回、顶送顶回

根据送风、回风方式的不同，单向流洁净室分为垂直单向流洁净室与水平单向流洁净室。垂直单向流洁净室如图 7-2 所示，其天棚上满布高效过滤器，可通过侧墙下部回风口或整个格栅地板回风，空气吹过操作人员和工作台时，可将污染物带走。垂直单向流的全部工作位置均可达到 A 级的洁净度。水平单向流洁净室如图 7-3 所示，其一面墙上满布高效过滤器，作为送风墙，对面墙上满布回风格栅，作为回风墙，洁净空气沿水平方向均匀地从送风墙流向回风墙，离高效过滤器最近的工作位置洁净度可达到 A 级，随后洁净度逐渐降低。

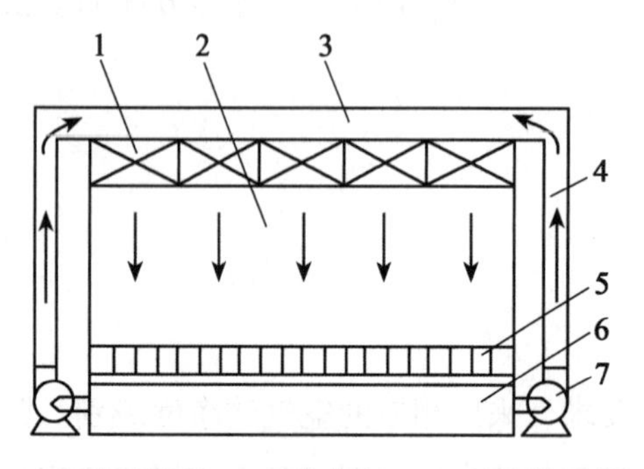

1—高效过滤器；2—洁净室；3—送风静压箱；4—循环风道；5—格栅地板及中效过滤器；6—回风静压箱；7—循环风机

图 7-2　垂直单向流洁净室结构示意图

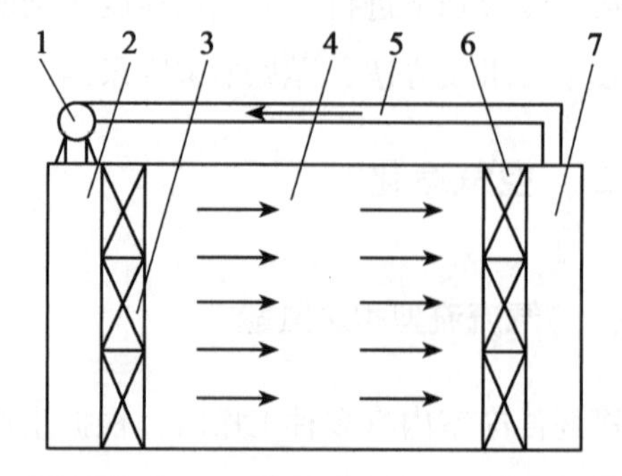

1—循环风机；2—送风静压箱；3—高效过滤器；4—洁净室；5—循环风道；6—中效过滤器；7—回风静压箱

图 7-3　水平单向流洁净室结构示意图

非单向流洁净室(图 7-4)在部分天棚或侧墙上装高效过滤器，作为送风口，气流方向是变动的，存在涡流区，故比单向流洁净室的洁净度低。但它具有构造简单，初投资和运行费用低、改建扩建容易等优点，在医药生产中普遍应用。非单向流洁净室内换气次数越多，洁净度级别也越高。

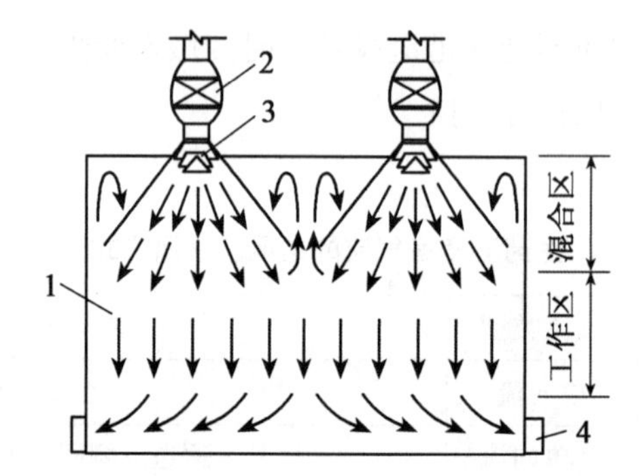

1—洁净室；2—高效过滤器；3—散流器；4—回风口

图 7-4　非单向流洁净室结构示意图

医药洁净室内各种设施的布置，除应满足气流流型和空气洁净度级别的要求外，尚应符合下列规定：①单向流区域内不宜布置洁净工作台，在非单向流医药洁净室内设置单向流洁净工作台时，其位置宜远离回风口；②易产生污染的工艺设备附近应设置排风口；③有局部排风装置或需排风的工艺设备，宜布置在医药洁净室下风侧；④有发热量大的设备时，应有减少热气流对气流分布影响的措施；⑤余压阀宜设置在洁净空气流的下风侧。

虽然利用回风可以降低能耗，但下列生产场所的空气不应循环使用：①生产中使用有机溶媒，且因气体积聚可构成爆炸或火灾危险的工序；②三类(含三类)危害程度以上病原体操作区；③放射性药品生产区。

质量控制区内实验室空气调节系统应与药品生产区分开。放射性同位素检定室不应利用回风，室内空气应经过滤后直接排至室外。无菌检查室、微生物限度检查室、抗生素微生物检定室当各自单独设置空调系统时可各自单独回风；若合用空气调节系统时，微生物限度检查室、抗生素微生物检定室需直排，不应回风。阳性对照室不宜利用回风。

中药生产中参照洁净区管理的工序，其空气调节和通风设计应符合下列规定：①应采取通风措施或设置空气调节系统；②送入生产区域的空气应经过粗效、中效空气过滤器两级过滤，室内应保持微正压；③生产过程中散发粉尘、有害物的房间应设置除尘或排风系统。

医药洁净室的送风量应取下列各项计算所得的最大值：①维持洁净度级别要求所需的送风量。送风量根据室内产生的微粒数计算确定；②维持洁净度级别所需的“恢复时间”确定的送风量；③根据室内热、湿负荷计算确定的送风量；④向医药洁净室内供给的新鲜空气量。医药洁净室内的新鲜空气量，应取下列两项中最大值：①补偿室内排风量和保持室内正压所需新鲜空气量之和；②保证供给室内每人新鲜空气量不小于 40m^3/h。

一般来说，为满足生产工艺、空气洁净度级别和人体卫生的要求，达到相应的送风量，空气洁净度为 A 级的单向流洁净室，单向流的风速为 0. 36～0. 54m/s；B 级洁净室的换气次数为 50～60 次/h，C 级洁净室的换气次数为 15～25 次/h，D 级洁净室的换气次数为 10～15 次/h。

(二)净化空气调节系统

医药洁净室内净化空气调节系统的设置应符合下列规定：①净化空气调节系统与一般空气调节系统应分开设置；②无菌与非无菌生产区的净化空气调节系统应分开设置；③含有可燃、易爆或有害物质的生产区应独立设置；④运行班次或使用时间不同时宜分开设置；⑤对温度、湿度参数控制要求差别大时，宜分开设置。

净化空气调节系统的核心是空气过滤器。空气过滤器是指采用过滤、黏附或荷电捕集等方法清除气流中悬浮颗粒物和某些气相污染物的过滤器。医药洁净室空气净化处理应根据空气洁净度级别要求合理选用空气过滤器。空气过滤器按效率级别分为粗效过滤器、中效过滤器、高中效过滤器、亚高效过滤器、高效过滤器和超高效过滤器，代号分别为 C、Z、GZ、YG、G 和 CG。其中粗效过滤器分为粗效 1 型、粗效 2 型、粗效 3 型和粗效 4 型，代号分别为 C1、C2、C3 和 C4；中效过滤器分为中效 1 型、中效 2 型和中效 3 型，代号分别为 Z1、Z2 和 Z3；高效空气过滤器分为 35、40、45 三类；超高效空气过滤器分为 50、55、60、65、70、75 六类。各空气过滤器在额定风量下的效率见表 7-6。

表 7-6　　　　　　　　　　　　**空气过滤器额定风量下的效率**

过滤器类型	效率级别	代号	额定风量下的效率 E(%)	
粗效过滤器	粗效 1	C1	标准试验尘计重效率	$20 \leqslant E<50$
	粗效 2	C2		$E \geqslant 50$
	粗效 3	C3	计数效率（粒径≥2. 0μm）	$10 \leqslant E<50$
	粗效 4	C4		$E \geqslant 50$
中效过滤器	中效 1	Z1	计数效率（粒径≥0. 5μm）	$20 \leqslant E<40$
	中效 2	Z2		$40 \leqslant E<60$
	中效 3	Z3		$60 \leqslant E<70$
高中效过滤器	高中效	GZ		$70 \leqslant E<95$
亚高效过滤器	亚高效	YG		$95 \leqslant E<99.9$
高效空气过滤器	35		计数效率（粒径 0. 1~0. 3μm）	$E \geqslant 99.95$
	40			$E \geqslant 99.99$
	45			$E \geqslant 99.995$
超高效空气过滤器	50		计数效率（粒径 0. 1~0. 3μm）	$E \geqslant 99.999$
	55			$E \geqslant 99.9995$
	60			$E \geqslant 99.9999$
	65			$E \geqslant 99.99995$
	70			$E \geqslant 99.99999$
	75			$E \geqslant 99.999995$

在净化空气调节系统中，粗效过滤器、中效过滤器、高中效过滤器常作为预过滤器，保护其后的各种部件的功能并保护高效过滤器和超高效过滤器。为保护下一级过滤器或末端过滤器，一般会在送风系统中设置预过滤器。高效过滤器和超高效过滤器一般将设置在系统的末端，其功能和作用是保证生产工艺对环境所要求的洁净度等级。如图 7-5 所示。

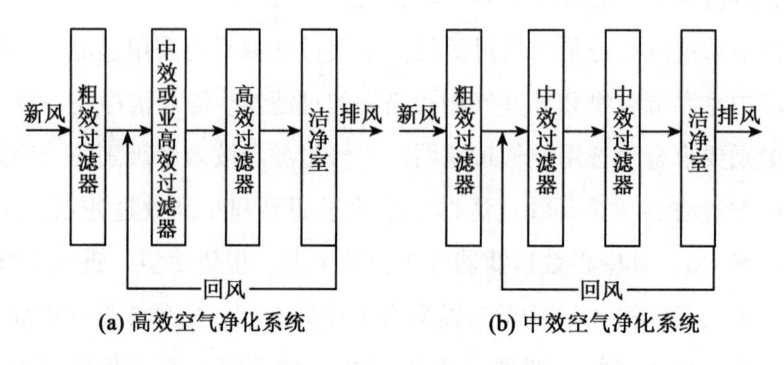

图 7-5　空气过滤器组合系统

末端高效过滤器使用寿命的长短主要取决于通风系统过滤段的设计。预过滤器的效率高低对洁净室的洁净度影响有限，但预过滤器的过滤效率决定着受保护过滤器的使用寿命。影响过滤器净化效率和使用寿命的主要因素有：①化学过滤器设计、加工的优劣，使用过滤介质(如活性炭、改性活性炭等)的有效性、装填密度等；②确定污染气体品种和浓度后，合理的选用充填介质的配方及配比，会取得较好的净化效果；③污染源的随机和不确定性，会严重影响吸附效率；④直接穿过过滤器的风量增大则会降低效率，缩短寿命；⑤相对湿度在一定程度上影响过滤器的效率，一般在相对湿度70%以下影响不明显，但当相对湿度超过70%～80%时，吸附效率快速下降；⑥气体浓度增加，使用寿命迅速降低；⑦在其他吸附参数不变的情况下，复合污染气体效率达不到单一气体的高度，化学性质相差较大时尤为严重。

在医药洁净室中，空气过滤器的选用和布置方式还应符合下列规定：①中效空气过滤器宜集中设置在净化空气处理机组的正压段；②服务于无菌药品生产的净化空气调节系统空气过滤器应设置在系统的末端；③在回风和排风系统中，高效空气过滤器及作为预过滤的中效过滤器应设置在系统的负压段；④空气过滤器应按小于或等于额定风量选用；⑤设置在同一医药洁净室内的高效过滤器运行时的阻力、效率宜相近；⑥高效过滤器的安装位置与方式应密封、可靠，易于检漏和更换。

当医药洁净室的消毒灭菌方式需利用净化空气调节系统作为通风设施时，净化空气调节系统应配置相应的消毒排风设施。

(三)排风系统

医药洁净室的排风系统应符合下列规定：①对于甲类、乙类生产区的排风系统，应采取防火、防爆措施；②当废气中有害物浓度超过国家或地方排放标准时，废气排入大气前应采取处理措施；③特殊性质药品生产区排风系统的空气均应经高效空气过滤器过滤后排放，宜采用袋进袋出安全型高效过滤器。

不同净化空气调节系统的排风系统、散发粉尘或有害气体区域的排风系统宜单独设置。下列情况的排风系统应单独设置：①排放介质毒性为《职业性接触毒物危害程度分级》中规定的中度危害以上的区域；②排放介质混合后会加剧腐蚀、增加毒性、产生燃烧和爆炸危险性或发生交叉污染的区域；③排放可燃、易爆介质的甲类、乙类生产区域。

医药洁净室的送风、回风和排风的启闭应连锁。正压洁净室连锁程序为先启动送风机，再启动回风机和排风机；关闭时连锁程序应相反。

(四)压差控制

医药洁净室与周围的空间应按生产工艺要求维持相应的正压差或负压差。下列医药洁净室应与相邻医药洁净室保持相对负压：①生产过程中散发粉尘的医药洁净室；②生产过程中使用有机溶媒的医药洁净室；③生产过程中产生大量有害物质、热湿气体和异味的医药洁净室；④青霉素类等特殊性质药品的精制、干燥、包装室及其制剂产品的分装室；⑤三类(含三类)危害程度以上的病原体操作区；⑥放射性药品生产区。

(五)特殊性质药品医药洁净室

服务于下列特殊性质药品生产的净化空气调节系统应独立设置，其排风口应位于其他药品净化空气调节系统进风口全年最小频率风向的上风侧，并应高于该建筑物屋面和净化空气调节系统的进风口：①青霉素类等高致敏性药品；②卡介苗类和结核菌素类生物制品、血液制品；③β-内酰胺结构类药品；④性激素类避孕药品；⑤放射性药品；⑥某些激素类药品、细胞毒性类药品、高活性化学药品；⑦强毒微生物和芽孢菌制品等有菌(毒)操作区。

特殊性质药品生产区排风系统的空气均应经高效空气过滤器过滤后排放，宜采用袋进袋出安全型高效过滤器。

三、人员净化

根据研究，人员是所有污染源中最大的污染源，因此，进入洁净室(区)的人员必须经过一定的净化措施和程序。医药工业洁净厂房内人员净化用室一般设置在生产区域入口处，根据药品生产工艺和空气洁净度级别要求设置，不同空气洁净度级别的医药洁净室的人员净化用室宜分别设置。

人员净化用室应送入与医药洁净室净化空气调节系统相同的洁净空气。人员净化用室应符合下列规定：①人员净化用室之间应保持合理的压差梯度，除有特殊要求外，应确保气流从洁净区经人员净化用室流向非洁净区的空气流向；②人员净化用室后段静态级别应与其相应洁净区的级别相同。前段应有适当的洁净级别，换鞋和更换外衣可以设在清洁区；③人员净化用室应有足够的换气量。

人员净化用室应设置存雨具、换鞋、存外衣、洗手、更换洁净工作服等设施。

人员净化用室入口处应设置净鞋设施。存外衣区域应单独设置，存衣柜应根据设计人数每人一柜。人员净化用室应按气锁设计，脱外衣和穿洁净衣的区域应分开。必要时，可将进入和离开医药洁净室的更衣间分开设置。

医药工业洁净厂房内盥洗室、休息室等生活用室可根据需要设置，但不得对药品生产造成不良影响。厕所和浴室不得设置在医药洁净室内，且不得与生产区和仓储区直接相通。

特殊性质药品生产区，为阻断生产区空气外泄，人员净化用室中应按需要设置正压或负压气锁。青霉素等高致敏性药品、某些甾体药品、高活性药品及其他有毒有害药品的人员净化用室，应采取防止有毒有害物质被人体带出人员净化用室的措施。

医药工业洁净厂房内人员净化用室和生活用室的面积，应根据不同生产工艺要求和工作人员数量确定。

对非无菌生产洁净室和无菌生产洁净室，人员净化基本程序如图 7-6、图 7-7 所示。

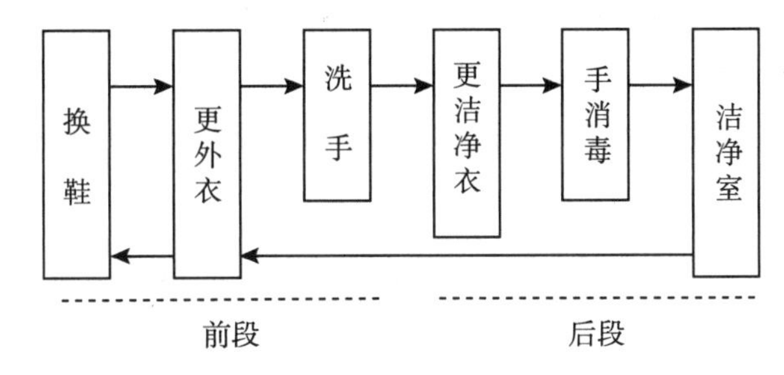

图 7-6　医药洁净室人员净化基本程序(非无菌生产洁净室)

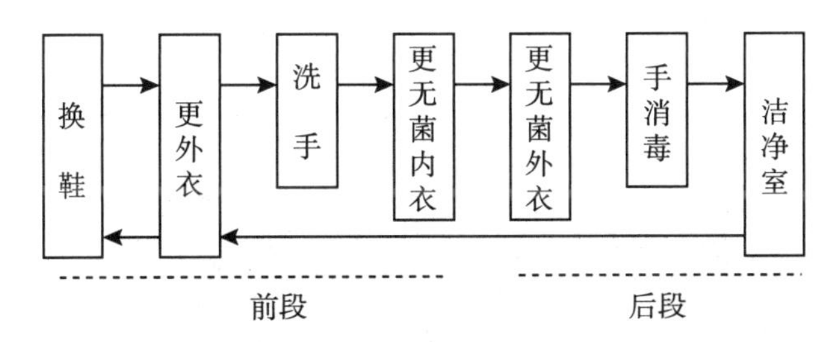

图 7-7　医药洁净室人员净化基本程序(无菌生产洁净室)

四、物料净化

医药洁净室的原辅料、包装材料和其他物品出入口，应设置与生产区洁净级别相适应的独立的物料净化用室和设施。物料出入口处应与人员出入口处分开设置。物料净化用室的布置应防止净化后物料在传递过程中被污染。

进入无菌生产洁净室的原辅料、包装材料和其他物品，除在出入口设置物料净化用室和设施外，还应在出入口设置供物料、物品灭菌用的灭菌室和灭菌设施。

物料清洁室或灭菌室与医药洁净室之间应设置气锁或传递柜。气锁的静态净化级别应与其相邻高级别医药洁净室一致。传递柜应密闭良好，并应易于清洁。两边的传递门应有防止同时被开启的措施。传递柜的尺寸和结构应满足传递物品的要求。传送至无菌生产洁净室的传递柜应有相应的净化设施。

医药洁净室产生的废弃物应有传出通道。易产生污染的废弃物应设置单独的出口。具有活性或毒性的生物废弃物应灭活后传出。

五、洁净室(区)的布局

对空气洁净度有要求的房间，布局时应考虑以下方面：

(1)工艺布置合理紧凑，合理确定各生产工序的洁净度。同一室内有不同洁净度的各种工序时，要分别采用不同的净化措施。

(2)洁净室内只布置必要的工艺设备，洁净室的面积应限制在最小。

(3)空气洁净度高的洁净室布置在上风侧，靠近洁净区入口处宜布置洁净度等级较低的工作室。有窗厂房一般将洁净度级别较高的房间布置在内测或中心部位。

(4)空气洁净度级别相同的房间或区域宜相对集中。

(5)在满足工艺要求的条件下，应尽量采用局部净化，降低造价和运转费用。

如图 7-8 所示。

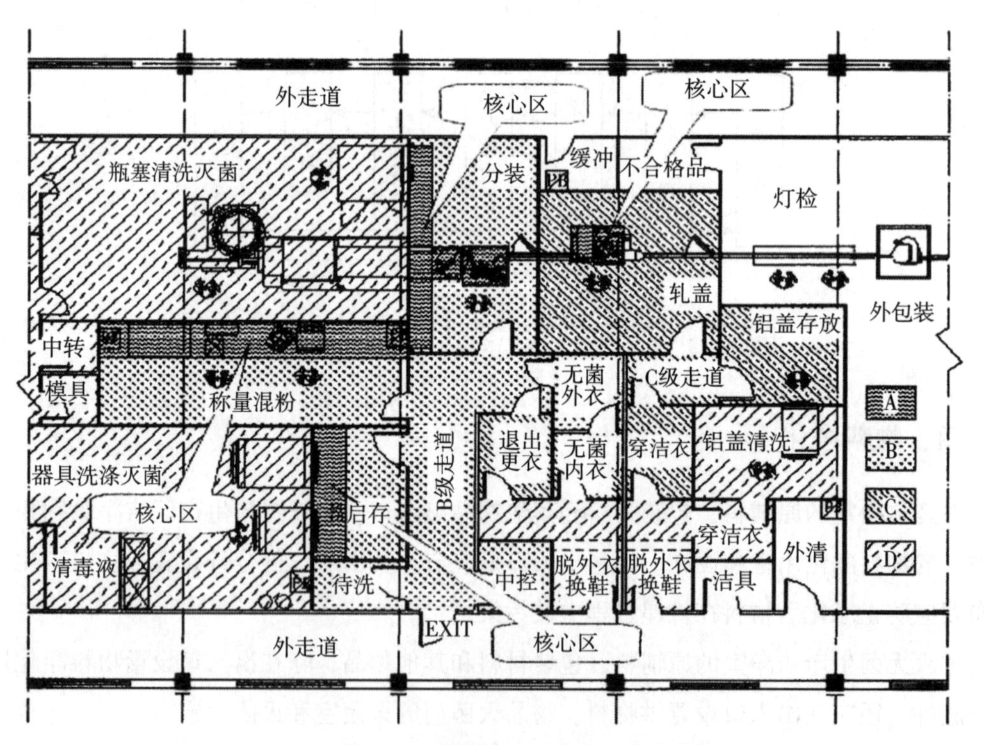

图 7-8　核心区(无菌设施)环境级别划分举例

第五节　GMP 对药厂生产设备和管道布置的特殊要求

一、GMP 对药厂生产设备的特殊要求

在当前国内制药工业飞速发展的时代，制药设备越来越向密闭、高效、多功能、连续化、自动化方向发展。密闭和多功能化，除可提高生产效率、节约能源、节约投资外，更主要的是符合 GMP 要求。GMP 对制药生产设备的要求主要有：

(1)制药设备的生产能力应与其生产批量相适应。

(2)设备的设计、选型、安装、改造和维护必须符合预定用途，应尽可能降低产生污染、交叉污染、混淆和差错的风险，便于操作、清洁、维护，以及必要时进行的消毒和灭菌。

(3)制药设备上的仪器仪表应计量准确，精度应符合要求，调节控制应稳定。

(4)当设备在不同洁净度级别的医药洁净室之间安装时，应采用密封隔断措施。空气洁净度 A/B 级的医药洁净室内使用的传送带不得穿越较低级别区域，除非传送带本身能连续灭菌。

(5)用于成品包装的机械应性能可靠、操作方便、不易产生差错。当出现不合格、异物混入或性能故障时，应有报警、纠偏、剔除、调整等功能。

(6)除符合以上要求外，医药洁净室内使用的制药设备和设施应具有防尘和防微生物污染的措施，无菌洁净室内的设备还应满足灭菌的需要。

(一)设备的设计和选用

生产设备不得对药品质量产生任何不利影响。制药设备应结构合理、表面光洁、易于清洁。装有物料的制药设备应密闭。与药品直接接触的生产设备表面应当平整、光洁、易清洗或消毒、耐腐蚀，不得与药品发生化学反应、吸附药品或向药品中释放物质。生产无菌药品的设备、容器、工器具等应采用优质不锈钢，或其他不会对药品质量产生影响的材料。

制药设备的传动部件应密封，并应采取防止润滑剂、冷却剂等泄漏的措施。制药设备所使用的润滑剂、冷却剂等不得对药品或容器造成污染，应当尽可能使用食用级或级别相当的润滑剂。

需清洗和灭菌的制药设备零部件应易于拆装，不便移动的制药设备应便于进行在线清洗和在线灭菌。

药液过滤材料不应与药液发生化学反应，不应吸附药液或向药液内释放物质而影响药品质量。不得使用石棉材料。

对生产中发尘量大的制药设备应设置捕尘装置，排风应设置气体过滤和防止空气倒灌及粉尘二次污染的措施。

与药品直接接触的干燥用空气、压缩空气、惰性气体等均应设置净化装置。经净化处理后，气体所含的微粒和微生物数量应符合药品生产环境空气洁净度级别的规定。直接排至室外的设备出风口应有防止空气倒灌的装置。

甲类、乙类火灾危险场所的制药设备、压力容器应符合相关规定。

医药洁净室内设备的安装方式应确保不影响洁净室的清洁、消毒，不存在物料积聚或无法清洁的部位。

制药设备应设置满足有关参数验证要求的测试点。直接接触无菌药品的生产设备应满足灭菌的要求。

特殊药品的生产设备应符合下列规定：

(1)青霉素类等高致敏性药品、β-内酰胺结构类药品、放射性类药品、卡介苗、结核菌素、芽孢杆菌类等生物制品、血液或动物脏器、组织类制品等的生产设备专用；

(2)生产甾体激素类、细胞毒性类药品制剂，当无法避免与其他药品交替使用同一设备时，应采取防护和清洁措施，并应进行圣杯清洁验证。

难以清洁的特殊药品的生产设备应专用。

(二)设备的安装

生产设备的安装，应以符合生产要求，易于清洗、消毒和灭菌、便于生产操作和维修保养，并能预防减少污染和差错为基本要求，设备的安装应遵循以下原则：

(1)设备的安装布局要与生产工艺流程、生产区域的洁净级别相适应。

(2)设备的安装应考虑操作人员的使用和维护，保持控制部分与设备的适当距离，控制部分(工作台)的设计应符合人类工程学原理。设备的安装还应考虑维修和保养的方式与位置，清洁、消毒、灭菌的可操作性与效果。

(3)设备应尽量安装成可移动性的半固定式，便于设备的清洗、维修以及可能的搬迁或更新。除特殊要求外，一般不宜设地脚螺栓。

(三)设备的使用和清洁

生产设备应当在确认的参数范围内使用。主要生产和检验设备都应当有明确的操作规程。生产设备应当有明显的状态标识，标明设备编号和内容物(如名称、规格、批号)；没有内容物的设备，应当标明清洁状态。不合格的设备，如有可能，应当搬出生产和质量控制区，未搬出前，应当有醒目的状态标识。主要固定管道应当标明内容物名称和流向。

药品生产设备的清洁、维修与与保养有两方面的含义：一是保证设备不得对药品产生污染；二是设备本身不能对生产环境产生不良影响。应当按照详细规定的操作规程清洁生产设备。生产设备清洁的操作规程应当规定具体而完整的清洁方法、清洁用设备或工具、清洁剂的名称和配制方法、去除前一批次标识的方法、保护已清洁设备在使用前免受污染的方法、已清洁设备最长的保存时限、使用前检查设备清洁状况的方法，使操作者能以可重现的、有效的方式对各类设备进行清洁。如需拆装设备，还应当规定设备拆装的顺序和方法；如需对设备消毒或灭菌，还应当规定消毒或灭菌的具体方法、消毒剂的名称和配制方法。必要时，还应当规定设备生产结束至清洁前所允许的最长间隔时限。已清洁的生产设备应当在清洁、干燥的条件下存放。

(四)设备的校准

计量校准是量值溯源的一种方式，是指在规定的条件下，为确定计量器具的示值与对应的计量标准提供的量值之间关系的活动。

在制药生产过程中，应当按照操作规程和校准计划定期对生产和检验用衡器、量具、仪表、记录和控制设备以及仪器进行校准和检查，校准的量程范围应当涵盖实际生产和检验的使用范围。

衡器、量具、仪表、用于记录和控制的设备以及仪器应当有明显的标识，标明其校准有效期。不得使用未经校准、超过校准有效期、失准的衡器、量具、仪表以及用于记录和控制的设备、仪器。在生产、包装、仓储过程中使用自动或电子设备的，应当按照操作规程定期进行校准和检查，确保其操作功能正常。校准和检查应当有相应的记录。

(五)设备的管理

根据GMP要求，设备的管理主要由企业工程设备管理部门负责，药品生产企业必须配备专职设备管理人员，负责设备的基础管理工作，建立健全相应的设备管理制度。

(1)建立设备档案并由专人管理，保存设备采购、安装、确认的文件和记录。所有设备、仪器仪表、衡器必须登记造册，登记的内容包括生产厂家、型号、规格、生产能力、技术资料(说明书、设备图纸、装配图、易损件、备品清单等)等。

(2)用于药品生产或检验的设备和仪器，应当有使用日志，记录内容包括使用、清洁、维护和维修情况以及日期、时间、所生产及检验的药品名称、规格和批号等。

(3)设备校准记录，应当标明所用计量标准器具的名称、编号、校准有效期和计量合格证明编号，确保记录的可追溯性。

(4)建立设备使用、清洁、维护和维修的操作规程，并保存相应的记录。指定专人制定设备、仪器的标准操作规程及安全注意事项，并对有关员工开展正确使用设备的知识和技能的培训和考核(包括设备结构、性能、安全知识、清洁要求、保养方法等)。制订每类(台)设备的保养规程、保养计划、检修规程(包括维修保养职责、检查内容、保养方法、计划、记录等)，定期对所有设备进行检查、保养、校正、更换、维修和评价。

(5)生产模具的采购、验收、保管、维护、发放及报废应当制定相应操作规程，设专人专柜保管，并有相应记录。

(6)在生产现场配备专职设备管理工作人员，负责对设备使用人员进行指导并处理疑难问题。

二、GMP 对药厂管道的特殊要求

药品生产中的水、蒸汽以及各种流体物料通常用管道输送，因此，管道是制药生产中必不可少的重要部分，管路布置是否合理，不仅影响装置的基建投资，而且与装置建成后的生产管理、安全和操作费用密切相关。

(一)管道布置的一般原则

由于制药厂的产品品种繁多，操作条件不一，输送介质的性质复杂，官路的布置难以统一规定，必须根据具体的生产特点并结合设备布置、建筑物和构筑物的情况等综合考虑。在满足正常生产，保证安全，方便操作和检修的前提下，管道布置应尽量缩短管道、降低成本并使布局整齐、美观。管道的敷设有明线和暗线两种，为了便于安装，检修及操作，一般管道多用明线敷设。但对于洁净度要求较高的房间，管线必须暗设或明暗兼顾。管道布置的一般原则：

(1)工艺管道的干管应敷设在技术夹层或技术夹道中。需要拆洗和消毒的管道应明敷。可燃、易爆、有毒、有腐蚀性的物料管道应明敷，当需穿越技术夹层时，应采取可靠的安全措施。工艺管道不宜穿越与其无关的医药洁净室。

(2)工艺管道在设计和安装时，不应出现使输送介质滞留和不易清洁的部位。在满足工艺要求的前提下，工艺管道宜短。工艺管道系统应设置吹扫口、放净口和取样口。

(3)输送可燃、易爆、有毒、有腐蚀性介质的工艺管道，应根据介质的理化性质控制物料的流速，并符合下列要求：存放及使用可燃、易爆、有毒、有腐蚀性介质设备的放散管应引至室外，并应设置相应的阻火装置、过滤装置和防雷保护设施；

可燃气体管道的末端或最高点应设置放散管，引至室外的放散管应采取防雨和防异物侵入的措施。

(4)与药品直接接触的工业气体净化装置应根据气源和生产工艺对气体纯度的要求选择。气体终端净化装置的设置应靠近用气点。

(5)医药工业洁净厂房内不得使用压缩空气输送可燃、易爆介质。各种气瓶应集中设置在医药洁净室外。当日用气量不超过一瓶时，气瓶可设置在医药洁净室内，但应有气体泄漏报警和消防等安全措施。

管道安全的特殊要求见表 7-7。

表 7-7　**管道安全的特殊要求**

特殊要求	示　例
设置导除静电的接地设施	输送甲类、乙类可燃、易爆介质的管道
设置与可燃、易爆介质报警装置连锁的事故排风装置	1. 甲类、乙类介质的入口室； 2. 管廊、技术夹层或技术夹道内有甲类、乙类介质的易积聚处； 3. 医药工业洁净厂房内使用甲类、乙类介质的场所

(二)洁净厂房内的管道布置原则

洁净厂房内的管道布置原则除了遵守管道布置的一般原则外，还应遵守以下原则：

(1)除了公用工程中的煤气管道采用明线安装外，空气净化系统管线、净化水系统管线、物料系统管线、其余公用工程管线等系统主管应采用暗线方式布置在技术夹层、技术夹道或技术竖井中。系统主管上的阀门、法兰和螺纹接头以及吹扫口、放净口和取样口应设在技术夹层、技术夹道或技术竖井之外。

(2)各种给水管道宜竖向布置，在靠近用水设备附近横向引入。从竖管上引出支管的距离一般不宜超过支管直径的 6 倍。排水竖管不应穿过洁净度要求高的房间，必须穿过时，竖管上不得设置检查口，排水总管顶部应设排气罩，设备排水口及地漏应设水封装置。

(3)引入非无菌室的支管可明敷，引入无菌室的支管应暗敷。尽量减少洁净区中支管、管件、阀门的数量。管道尽量减少连接处。

(4)输送无菌介质的管道应有灭菌措施，管道不得出现无法灭菌的盲区。

(三)管道布置的具体要求

(1)管道一般应平行敷设，明线敷设管道尽量沿墙或柱安装，避开门窗并不妨碍操作，并应避免通过电动机、仪表盘、配电盘上方；管件与阀门应错开安装，便于启闭，不易混错。

(2)按所输送物料性质安排管道，管道应集中敷设：垂直排列时，热介质管在上，冷介质管在下；无腐蚀性介质管在上，有腐蚀性介质管在下；气体管在上，液体管在下；不经常检修管在上，检修频繁管在下；高温管在上，低温管在下；保温管在上，非保温管在下；高压介质管路在上，低压介质管路在下；金属管在上，非金属管在下。水平排列时，粗管靠墙，细管在外；低温管靠墙，热管在外，不耐热管应与热管避开；无支管的管在内，支管多的管在外；不经常检修的管在内，经常检修的管在外；高压管在内，低压管在外。

(3)根据物料性质的不同，管道应有一定坡度。除蒸汽管路的坡度与介质流动方向相反外，其余介质的坡度方向一般为顺介质流动方向。输送含固体结晶或粘度较大的物料的管路的坡度大于或等于0.01，气体和易流动的物料的坡度可在0.001~0.005之间选择。

(4)管与管间及管与墙间的距离以能容纳活接头或法兰，便于检修为度。管路的最突出部分一般距墙不少于100mm；两管道的最突出部部分间距，中压管道为40~60mm，高压管道为70~90mm。并排管路上并排安装手轮操作的阀门时，手轮间距约为100mm。管道以90°角拐弯时，可用一端塞住的三通代替弯头，以便清理或添设支管。

(5)管道通过人行道时，最低点离地面高度不少于2m；通过公路时不小于4.5m；通过工厂主要交通干道时一般应为5m。

(6)长距离输送蒸汽的管道，在一定距离处应安装冷凝水排除装置；长距离输送液化气体的管道，在一定距离处应安装垂直向上的膨胀器；输送易燃液体或气体时，应可靠接地，防止产生静电。

(7)管道上的阀门(截止阀、闸阀等)的高度一般为1.2m，安全阀高度为2.2m，温度计和压力计的高度约为1.5m。

(四)管道材料、阀门和附件

管道、管件和阀门等应根据所输送物料的理化性质和使用工况选用。采用的材料和阀门应满足工艺要求，不应吸附和污染物料。

输送无菌介质的管道材料应采用内壁抛光的优质不锈钢或其他不污染物料的材料。输送工艺物料的干管不宜采用软性管道，不得采用铸铁、陶瓷、玻璃等脆性材料。当采用塑性较差的材料时，应有加固和保护措施。引入医药洁净室的明敷管道，应采用外抛光不锈钢，或其他不污染环境、外表不易积尘的材料。

工艺管道上的阀门、管件材质，应与所连接的管道材质相适应。医药洁净室内工艺管道上的阀门、管件除应满足工艺要求外，尚应采用拆卸、清洗和检修方便的结构形式。

管道与设备宜采用金属管材连接。采用软管连接时，应采用金属软管。

(五)管道的安装和保温

工艺管道的连接应采用焊接连接，不锈钢管应采用对接氩弧焊。

管道与阀门连接宜采用焊接连接，也可采用法兰、螺纹或其他密封性能优良的连接件。接触工艺物料的法兰和螺纹的密封圈应采用不易污染物料的材料。

穿越医药洁净室墙、楼板、顶棚的管道应敷设套管，套管内的管段不应有焊缝、螺纹和法兰。管道与套管之间应有密封措施。医药洁净室内的管道应排列整齐，宜减少阀门、管件和管道支架的设置。管道支架应采用不易锈蚀、表面不易脱落颗粒性物质的材料。

医药洁净室内管道的绝热方式应根据所输送介质的温度确定。冷保温管道的外壁温度不得低于环境的露点温度。为防止烫伤，热管道保温后，保温层外表面温度不得高于60℃，具体以现场要求为准。医药洁净室内的管道绝热保护层表面应平整光滑，无颗粒性物质脱落。医药洁净室内的各类管道，均应设置指明输送物料名称及流向的标志。

为了方便识别各个管路的功能，制药企业的管路一般都标识出不同的颜色，各种颜色代表的意义见表7-8。

表7-8　**管道油漆颜色**

介质	颜色	介质	颜色	介质	颜色
一次用水	深绿色	冷凝水	白色	真空	黄色
二次用水	浅绿色	软水	翠绿色	物料	深灰色
清下水	淡蓝色	污下水	黑色	排气	黄色
酸性下水	黑色	冷冻盐水	银灰色	油管	橙黄色
蒸汽	白底红圈色	压缩空气	深蓝色	生活污水	黑色

第六节　制 药 用 水

水是药物生产中用量大、使用广的一种辅料，用于生产过程和药物制剂的制备。药品生产过程中需要大量的水，水的洁净在药品生产中是保证药品质量的关键因素，尤其是输液生产中工艺用水显得更为重要。但是，制药用水有别于其他原辅料等的按批检验、合格放行，其通过管道连续流出，随时取用，有可能出现使用后若干天才知道制药用水检测指标不合格的情况，因此，制药用水质量的稳定性和一致性已成为各国药品监管部门和制药企业共同关注的重大问题。

一、制药用水的分类

GMP(2010年版)第九十六条规定，制药用水应适合其用途，并符合《中华人民共和国药典》的质量标准及相关要求。制药用水至少应当采用饮用水。

《中国药典》(2020年版)四部通则中所收载的制药用水，因其使用的范围不同而分为饮用水、纯化水、注射用水和灭菌注射用水，见表7-9。一般应根据各生产工序或使用目的与要求选用适宜的制药用水。药品生产企业应确保制药用水的质量符合预期用途的要求。制药用水质量检查项目见表7-10。

表7-9　　**制药用水应用范围**

类别	应用范围
饮用水	可作为药材净制时的漂洗、制药用具的粗洗用水。 除另有规定外，也可作为饮片的提取溶剂。
纯化水	可作为配制普通药物制剂用的溶剂或试验用水； 可作为中药注射剂、滴眼剂等灭菌制剂所用饮片的提取溶剂； 口服、外用制剂配制用溶剂或稀释剂； 非灭菌制剂用器具的精洗用水。 也用作非灭菌制剂所用饮片的提取溶剂。 纯化水不得用于注射剂的配制与稀释。
注射用水	可作为配制注射剂、滴眼剂等的溶剂或稀释剂及容器的精洗。
灭菌注射用水	主要用于注射用灭菌粉末的溶剂或注射剂的稀释剂。

表7-10　　**制药用水检查项目**

检查项目	纯化水	注射用水	无菌注射用水
酸碱度	符合要求	—	—
pH值	—	5.0~7.0	5.0~7.0
氯化物、硫酸盐与钙盐	—	—	符合要求
二氧化碳	—	—	符合要求
硝酸盐	<0.000006%	<0.000006%	<0.000006%
亚硝酸盐	<0.000002%	<0.000002%	<0.000002%

续表

检查项目	纯化水	注射用水	无菌注射用水
氨	<0.00003%	<0.00002%	<0.00002%
电导率	不同温度有不同电导率。	不同温度有不同电导率。	调节温度至25℃，使用离线电导率仪进行测定。标示装量≤10mL时，电导率限度为25μS/cm；标示装量>10ml时，电导率限度为5μS/cm
总有机碳	<0.50mg/L	<0.50mg/L	—
易氧化物	符合要求	—	符合要求
不挥发物	<1mg/100mL	<1mg/100mL	<1mg/100mL
重金属	<0.00001%	<0.00001%	<0.00001%
细菌内毒素	—	<0.25EU/100mL	<0.25EU/100mL
微生物限度	<100cfu/100mL	<10cfu/100mL	—

注：纯化水总有机碳和易氧化物两项可选做一项。

（一）饮用水

制药用水的原水通常为饮用水。饮用水为天然水经净化处理所得的水，其质量必须符合《生活饮用水卫生标准》（GB 5749—2022）。该标准对饮用水的38项指标作出了规定，例如，菌落总数<100CFU/mL，这说明符合饮用水标准的水仍然存在微生物污染。

饮用水可作为制药用水的原水，但不得用于制剂生产，其储存和输送应符合相关规定。

（二）纯化水

纯化水为饮用水经蒸馏法、离子交换法、反渗透法或其他适宜的方法制备的制药用水。不含任何添加剂，其质量应符合纯化水项下的规定。纯化水有多种制备方法，应严格监测各生产环节，防止微生物污染。

（三）注射用水

注射用水为纯化水经蒸馏所得的水，应符合细菌内毒素试验要求。注射用水必须在防止细菌内毒素产生的设计条件下生产、贮藏及分装。其质量应符合注射用水项下的规定。

为保证注射用水的质量，应减少原水中的细菌内毒素，监控蒸馏法制备注射用水的各生产环节，并防止微生物的污染。应定期清洗与消毒注射用水系统。注射用水的储存方式和静态储存期限应经过验证确保水质符合质量要求，例如可以在80℃以上保温或70℃以上保温循环或4℃以下的状态下存放。

(四)灭菌注射用水

灭菌注射用水为注射用水按照注射剂生产工艺制备所得。不含任何添加剂。其质量应符合灭菌注射用水项下的规定。

灭菌注射用水灌装规格应与临床需要相适应，避免大规格、多次使用造成的污染。

二、制药用水的制备

制药用水制备的一般步骤参见图7-9。

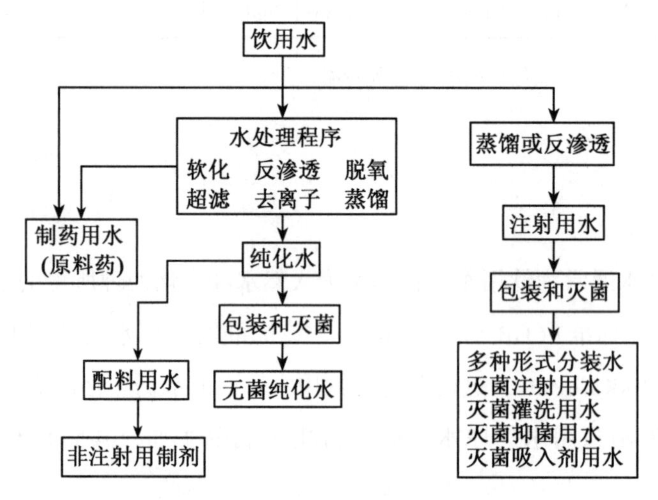

图7-9 制药用水制备的一般步骤

(一)纯化水的制备

纯化水的制备是以饮用水为原水，经逐级提纯，使之符合生产要求的过程。用离子交换法、反渗透法、超滤法等非热处理得到的纯化水为去离子水，用蒸馏法制备的纯化水称为蒸馏水。各国对纯化水的具体指标也不一致。目前制药工业主要通过控制纯化水电阻率的方法控制离子含量，纯化水的电阻率(25℃)应大于0.5MΩ·cm。纯化水具有极高的溶解性，极易受污染而降低纯度。为了保证纯化水水质稳定，需定期清洗设备管道、更换有关材料或再生离子活性，并定期检测纯化水水质。

1. 离子交换法制备纯化水

离子交换法所用的设备为离子交换柱。离子交换柱的外壳圆筒为有机玻璃、玻璃钢或者不锈钢，内部树脂层高度约占圆筒高度的60%。离子交换柱分阳离子交换柱和阴离子交换柱，一般都是配合使用或者混床使用。原水进入阳离子交换柱后，与阳离子交换树脂充分接触，水中的阳离子和树脂上的 H^+ 进行交换，然后再进入阴离子交换柱，利用树脂除去水中的阴离子，得到纯化水。离子交换法的交换容量大，水流阻力小，便于再生，利用对不同离子吸附的选择来达到除盐、提纯的目的。但离子交换法占地面积大，运行费用高，再生时使用大量酸、碱，对环境造成严重污染，操作中存在劳动保护及安全问题。

2. 膜法制备纯化水

目前，在制药工业中用来制备纯水的膜技术主要有：电渗析、反渗透、微滤和超滤。

(1)电渗析。电渗析器由离子交换膜、隔板、电极等部件组成，其结构原理参见图7-10。

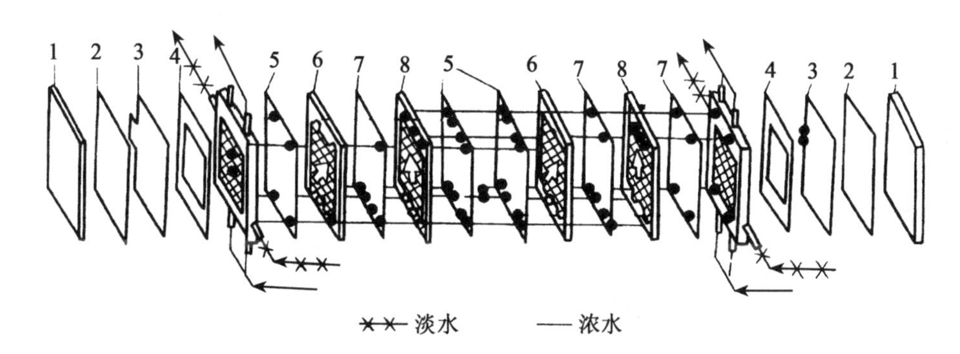

1—压紧板；2—垫板；3—电极；4—垫圈；5—阳膜；6—纯水隔板；7—阴膜；8—浓水隔板

图7-10　电渗析结构原理图

离子交换膜可分为异相、均相(均质)和半均相膜。纯化水用膜都用异相膜，膜厚一般为0.5mm。

电渗析是在外加直流电场作用下，利用离子交换膜对溶液中离子的选择透过性，使溶液中阴、阳离子迁移分别通过阴、阳离子交换膜，而达到除盐类的目的。电渗析器的组装方式用“级”或“段”表示，一对电极为一级，水流方向相同的若干隔室为一段。增加段数可增加流程长度，所得水质较好。级数和段数的组合由产水量及水质确定。

(2)反渗透。反渗透装置主要有管式反渗透装置、中空纤维式反渗透装置。所采用的反渗透膜孔径 $\leqslant 10\times10^{-10}$ m，不仅可以截留细菌、病毒、热原、高分子有机物，还可以阻挡盐类及糖类等小分子。常用的半透膜有醋酸纤维素膜(又称CA膜)和聚酰胺膜等。

(3)微滤与超滤。大多数超滤膜是高分子材料制成的不对称结构的多孔膜，用于制备纯化水的超滤膜膜孔为0.2~10nm，能截留溶液中大分子溶质(分子量为1200~2000000)，而让较小分子溶质(无机盐等)通过。因而选择适当孔径的膜可制得无菌、无热原的纯化水。超滤膜对大分子杂质的截留机理主要是筛分作用，决定截留效果的主要是膜表面活性层上孔的大小和形状。超滤系统的过滤采用切向相对运动技术，即错流技术。错流过滤便于反向清洗，能够延长滤膜的使用寿命，并且有相当的再生性和连续可操作性。微滤所用滤膜的微孔对微粒的截留机理是筛分作用，决定膜分离效果的是膜的物理结构、孔的大小与形状。常用的微滤膜材料有醋酸纤维素，聚绊胺，聚四氟乙烯，聚偏氟乙烯等。

微滤属于精密过滤，微滤具有过滤精度高、孔隙率高、流速快、吸附少、无介质脱落等优点，在输液生产中应用广泛。微滤技术的缺点是颗粒容量少，易于堵塞。

3. 蒸馏法制备纯水

蒸馏法是通过加热蒸发、汽液分离和冷凝等过程，除去水中的细菌和热原，降低水的电阻率，从而制备纯化水的方法。由于制备过程中有相变化，能耗比较大，所以应用较少。

(二)注射用水的制备

1. 从纯化水制备注射用水

以纯化水为进料用水，用蒸法制备注射用水，为各国药典所收载。蒸馏法能有效地除去水中大于1mm的所有不挥发性物质和大部分0.09~1mm的水溶性小分子无机盐。本法最大的优点是可以去除热原，但不能完全除去挥发性(如氨)的杂质。

1)塔式蒸馏水器

塔式蒸馏水器主要由蒸发锅、隔沫装置和冷凝器三部分组成，参见图7-11。蒸发锅内的蒸馏水被来自锅炉的蒸汽经蛇管加热汽化，通过隔沫装置后进入第一冷凝器冷凝并落入收集器，然后由收集器的出口流至第二冷凝器，进一步冷却降温后即得注射用水。塔式蒸馏水器因结构不合理，热效率低，能耗高，已逐步被淘汰。

2)热压式蒸馏水器

热压式蒸水器是利用压缩气体能增加其温度的物理现象，将饮用水经换热器、除雾器等部件，在换热器和冷凝器内循环并进行热交换，只需补充少量的热量就能维持系统内的热量平衡，参见图7-12。该机的主要优点是充分利用热交换和回收热能，整个生产过程不需冷却水和蒸汽锅炉，进水质量要求低，产量大，能达到无菌、无热原的要求。缺点是能耗和运转噪音大，调节系统复杂。

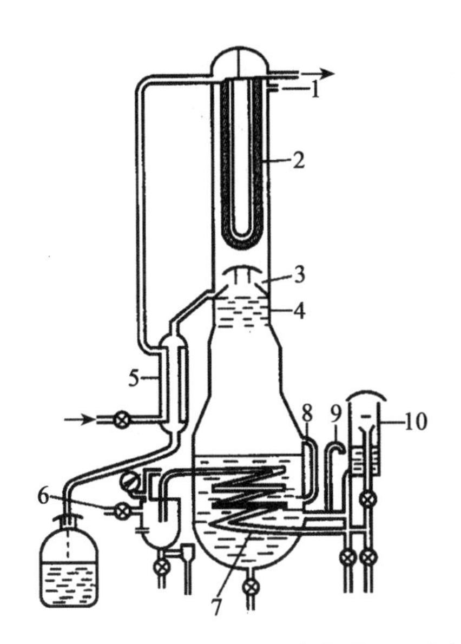

1—排气孔；2—第一冷凝器；3—收集器；4—隔沫装置；
5—第二冷凝器；6—汽水分离器；7—加热蛇管；
8—水位管；9—溢流管；10—废气排出器

图 7-11　塔式蒸馏水器结构示意图

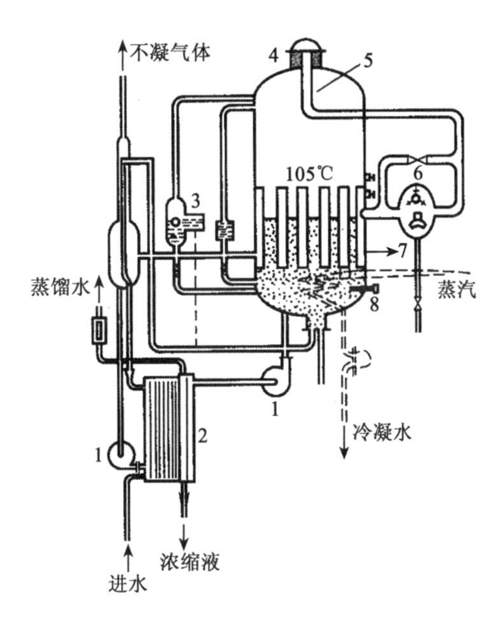

1—泵；2—换热器；3—液位控制器；
4—除雾器；5—蒸发室；6—压气机；
7—冷凝器；8—电加热器

图 7-12　热压式蒸馏水器结构示意图

3) 多效蒸水器

为了节约加热蒸汽，可利用多效蒸发原理来制备注射用水。多效蒸水器由多个蒸馏水器串接而成，各蒸流水器可水平串接，也可垂直串接。图 7-13 为三效水平串接蒸馏水器原理图。第一效蒸馏器利用外来的蒸汽加热，以后的蒸馏器都是以前一效产生的二次蒸汽作为后一效的加热蒸汽，前一效的浓缩水作为后一效蒸馏器的原水。每一效的二次蒸汽通道上均装有除沫装置。收集第三效的二次蒸汽、第二效和第一效的冷凝水即得到注射用水。多效蒸馏水器的性能取决于效数和加热蒸汽的压力。效数越多，热能利用率越高；压力越大，注射用水的产量越大。

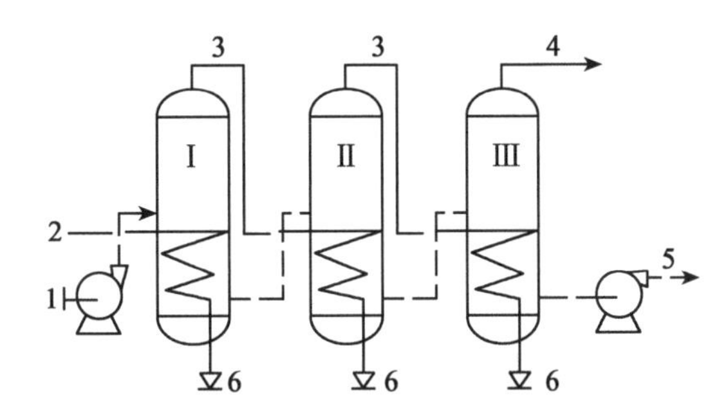

1—泵；2—加热蒸汽；3—二次蒸汽；4—注射用水；5—浓缩水；6—冷凝水出口

图 7-13　三效水平串接蒸馏水器原理图

2. 从自来水制备注射用水

如图 7-14 所示，以自来水为进料水，利用反渗透—离子交换系统来除盐，从而制备注射用水的方法，大大降低了制水成本，而且在水源上也有更多选择。该法除盐及除热原的效率高，又比较经济。《美国药典》从 2019 版已收载反渗透法制备注射用水。

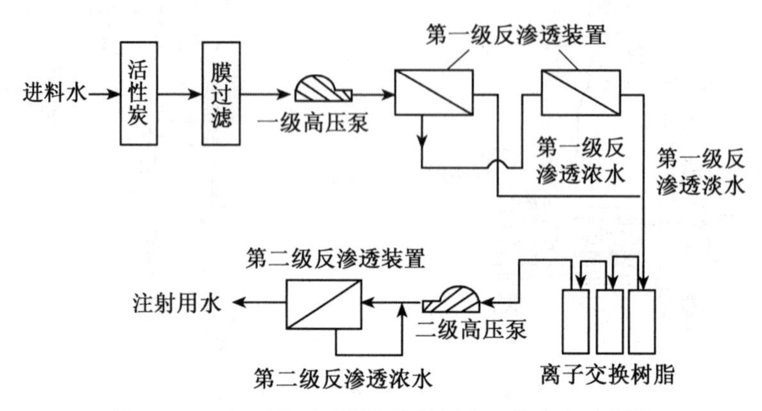

图 7-14　二级反渗透法制备注射用水工艺流程示意图

三、制药用水的输送和储存

制药用水的制备从系统设计、材质选择、制备过程、储存、分配和使用均应符合 GMP 的要求。制水系统应经过验证，并建立日常监控、检测和报告制度，有完善的原始记录备查。制药用水系统应定期进行清洗与消毒，消毒可以采用热处理或化学处理等方法，采用的消毒方法以及化学处理后消毒剂的去除应经过验证。

纯化水和注射用水极易被微生物及其他杂质污染，对其输送和储存都有特殊的要求。纯化水和注射用水宜采用易拆卸清洗、消毒的不锈钢泵输送。在需用压缩空气或氮气压送纯化水和注射用水的场合，压缩空气和氮气必须净化处理。

(1)输送纯化水的管道应符合下列规定：

①用于纯化水储存和输送的储罐、管道、管件的材料，应无毒、耐腐蚀、易于消毒，并应采用内壁抛光的优质不锈钢或其他不污染纯化水的材料。储罐的通气口应安装不脱落纤维的疏水性过滤器。

②纯化水输送管道系统宜采取循环方式。设计和安装时，不应出现使水滞留和不易清洁的死角。循环干管的回水流速不宜小于 1m/s，不循环支管长度不宜大于支管管径的 3 倍。纯化水终端净化装置的设置应靠近使用点。

③纯化水储存和输送系统应有清洗和消毒措施。

(2)输送注射用水的管道应符合下列规定：

①用于注射用水储罐和输送管道、管件等的材料应无毒、耐腐蚀、耐高温灭菌，并应采用内壁抛光的优质不锈钢或其他不污染注射用水的材料。储罐的通气口应安装不脱落纤维的疏水性除菌过滤器。

②注射用水输送管道系统应采取循环方式。设计和安装时，不应出现使水滞留和不易清洁的死角。循环干管的回水流速不应小于 1m/s，循环温度可保持在 70℃以上，不循环支管长度不宜大于支管管径的 3 倍，注射用水终端净化装置的设置应靠近使用点。

③注射用水储存和输送系统应设置在线清洗、在线消毒设施。

一般规定：纯化水的储存周期不宜大于 24 小时，注射用水的储存周期不宜大于 12 小时。

如图 7-15 所示为按照 GMP 要求建立的一中注射用水系统配置图。

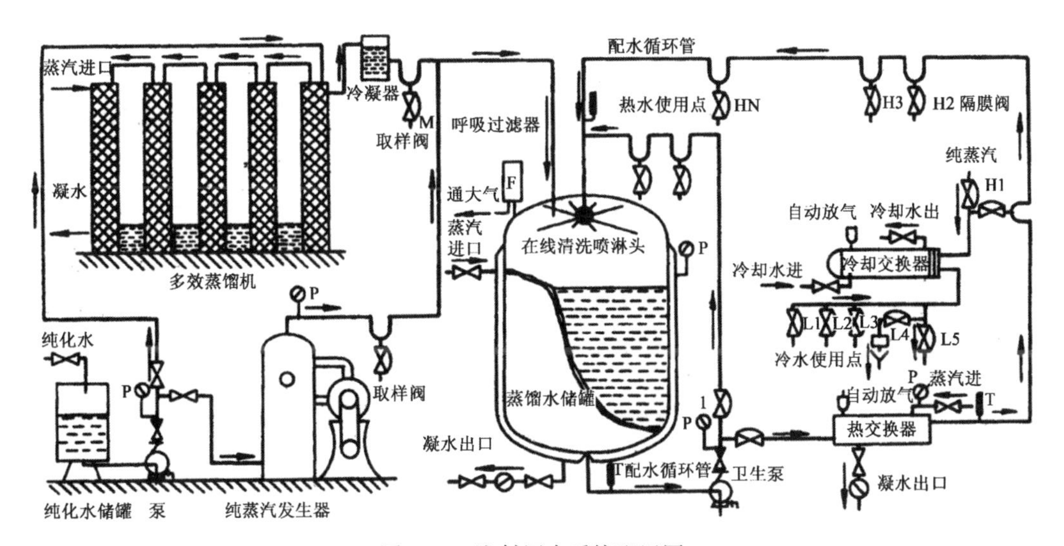

图 7-15 注射用水系统配置图

四、制药工艺用蒸汽

蒸汽在制药生产过程中主要用于能量传递、加湿、消毒灭菌等方面，按照纯净度要求可分为工业蒸汽、工艺蒸汽和纯蒸汽。

工业蒸汽主要用于厂房、工艺过程等的能量传递及作为热动力。普通工业蒸汽由市政用水软化后制备，用于非直接接触产品工艺的加热。经过适当处理的普通工业蒸汽可用于空气加湿、非直接接触产品工艺设备的灭菌、废料废液的灭活等。

工艺蒸汽主要用于最终灭菌产品的加热和灭菌，其冷凝水最少应该满足饮用水标准。

纯蒸汽也称高质量蒸汽、清洁蒸汽等，一般由纯化水或注射用水经蒸馏法制得，其冷凝水应达到注射用水标准。纯蒸汽主要用于无菌生产设备、器具、管道等的灭菌。

第八章　生产安全

本章学习要求

(1)了解安全色及其使用方法，了解安全标志的分类及使用规则；

(2)通过化学品的“一书一签”，了解化学品的安全信息；了解国家对化学品的分级分类管理模式；了解制药工业“三废”的主要来源及对人体和环境的危害；

(3)了解化学反应安全评估的方法；

(4)了解火灾分类、火灾危险性分类，认识消防安全标志；了解灭火器的分类、选用和配置；

(5)了解压力容器的分类，压力管道系统的安全信息标记，以及安全阀和爆破片安全装置的分类和选用；

(6)了解基本用电常识，以及静电的成因、危害及预防措施；

(7)了解危险化学品企业特殊作业及相应的安全措施。

2022年10月16日，习近平总书记在中国共产党第二十次全国代表大会上的报告中指出：“坚持安全第一、预防为主，建立大安全大应急框架，完善公共安全体系，推动公共安全治理模式向事前预防转型。推进安全生产风险专项整治，加强重点行业、重点领域安全监管。提高防灾减灾救灾和重大突发公共事件处置保障能力，加强国家区域应急力量建设。”安全生产工作必须坚持“安全第一、预防为主、综合治理”的方针。“预防为主”必须要提升安全生产意识，意识是行动的先导，据统计，大约90%的生产安全事故的发生是由人的不安全行为引起的，因而，在安全生产中必须把提升人的安全意识摆在重要位置。

第一节　安全色和安全标志

一、安全色

安全色是指传递安全信息含义的颜色，包括红、蓝、黄、绿四种颜色。红色传递禁止、停止、危险或提示消防设备、设施的信息，常用于各种禁止标志，交通禁令标志，消防设备标志，机械的停止按钮、刹车及停车装置的操纵手柄，机械设备转动部件的裸露部位，仪表刻度盘上极限位置的刻度，各种危险信号旗等。蓝色传递必须遵守规定的指令性信息，常用于各种指令标志，道路交通标志和标线中指示标志等。黄色传递注意、警告的信息，常用于各种警告标志，路交通标志和标线中警告标志，警告信号旗等。绿色传递安全的提示性信息，常用于各种提示标志，机器启动按钮，安全信号旗，急救站、疏散通道、避险处、应急避难场所等。

安全色一般不单独使用，常以对比色作为反衬色，以使安全色更加醒目。对比色包括黑、白两种颜色，黑色用于安全标志的文字、图形符号和警告标志的几何边框，白色用于安全标志中红、蓝、绿的背景色，也可用于安全标志的文字和图形符号。安全色与对比色同时使用时，按表 8-1 规定搭配使用。

表 8-1　**安全色的对比色**

安全色	对比色
红色	白色
蓝色	白色
黄色	黑色
绿色	白色

安全色与对比色相间使用时，安全色与对比色相间的条纹宽度应相等，即各占 50%，宽度一般为 100mm，但可根据设备大小和安全标志位置的不同，采用不同的宽度，在较小的面积上其宽度可适当缩小，每种颜色不能少于两条。安全色与对比色相间条纹倾斜使用时，斜度与基准面成 45°。如图 8-1 所示。

图 8-1　相对运动棱边上条纹的倾斜方向示意图

红色与白色相间条纹表示禁止或提示消防设备、设施位置的安全标记，应用于交通运输等方面所使用的防护栏杆及隔离墩、液化石油气汽车槽车的条纹、固定禁止标志的标志杆上的色带等。黄色与黑色相间条纹表示危险位置的安全标记，应用于各种机械在工作或移动时容易碰撞的部位，如移动式起重机的外伸腿、起重臂端部、起重吊钩和配重、剪板机的压紧装置、冲床的滑块等有暂时或永久性危险的场所或设备、固定警告标志的标志杆上的色带(图 8-2)等。蓝色与白色相间条纹表示指令的安全标记，传递必须遵守规定的信息，应用于道路交通的指示性导向标志、固定指令标志的标志杆上的色带等。绿色与白色相间条纹表示安全环境的安全标记，应用于固定提示标志杆上的色带等。

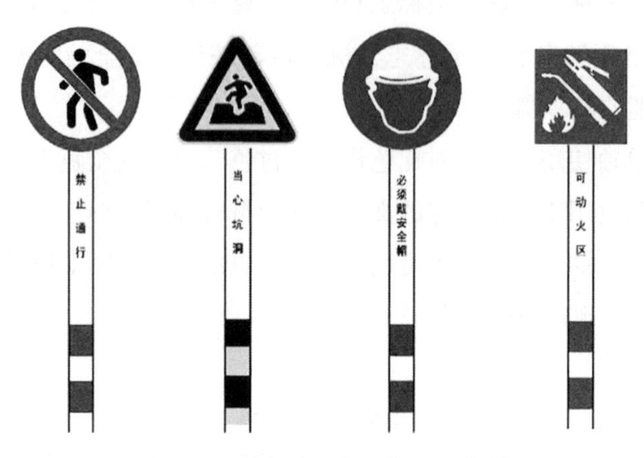

图 8-2　固定的安全标志杆上的色带

二、安全标志

安全标志是用以表达特定安全信息的标志，由图形符号、安全色、几何形状(边框)或文字构成。安全标志的作用是使影响安全与健康的对象或环境能够迅速引起人们的注意，并使特定信息获得快速理解。安全标志应仅用于与人身安全及健康相关的指令。安全标志分为禁止标志、警告标志、指令标志和提示标志四大类型。

禁止标志是禁止人们不安全行为的图形标志，基本形式是带斜杠的圆边框。警告标志是提醒人们对周围环境引起注意，以避免可能发生危险的图形标志，基本型式是正三角形边框。指令标志是强制人们必须做出某种动作或采用防范措施的图形标志，基本型式是圆形边框。提示标志是向人们提供某种信息(如标明安全设施或场所等)的图形标志，基本型式是正方形边框。药厂常见安全标志如图 8-3 所示(详见书末附录五)。

图 8-3　安全标志示例

如图 8-4 所示，提示标志提示目标的位置时要加方向辅助标志。按实际需要指示左向时，辅助标志应放在图形标志的左方；如指示右向，则应放在图形标志的右方。

安全标志常与文字辅助标志配合使用。文字辅助标志的字体为黑体字，基本型式是矩形边框。文字辅助标志有横写和竖写两种形式。横写时，文字辅助标志写在标志的下方，可以和标志连在一起，也可以分开。禁止标志、指令标志为白色字；警告标志为黑色字。禁止标志、指令标志衬底色为标志的颜色，警告标志衬底色为白色，如图 8-5 所示。竖写时，文字辅助标志写在标志杆的上部，禁止标志、警告标志、指令标志、提示标志均为白色衬底，黑色字，标志杆下部色带的颜色应和标志的颜色相一致，如图 8-2 所示。

图 8-4　应用方向辅助标志示例

图 8-5　文字辅助标志横写时的使用图例

安全标志牌应设在与安全有关的醒目地方，并使大家看见后，有足够的时间来注意它所表示的内容。安全标志牌应设置在明亮的环境中，设置的高度应尽量与人眼的视线高度相一致，不应设在门、窗、架等可移动的物体上，以免安全标志牌随母体物体相应移动，影响认读。安全标志牌前不得放置妨碍认读的障碍物，多个安全标志牌在一起设置时，应按警告、禁止、指令、提示类型的顺序，先左后右、先上后下地排列。安全标志牌的固定方式分附着式、悬挂式和柱式三种。悬挂式和附着式的固定应稳固不倾斜，柱式的标志牌和支架应牢固地连接在一起。

第二节　化学品安全

目前，对于化学品并没有一个明确且规范的定义，可以认为，由各种化学元素组成的天然或人造的单质、化合物和混合物都属于化学品的范畴，厨房用的洗洁精、实验室用的化学药品、制药化工企业用的各种原辅料等都是化学品。对于制药企业来说，使用的化学品种类繁多，而且用量也很大，了解所有化学品的危害性是安全生产的最基本要求。

一、化学品危害性分类

GB 13690 将化学品危害性分为理化危险、健康危险和环境危险三类，每一类又细分为若干品类，详见表 8-2。但是，对于大多数化学品来说，其危险性是由多种因素决定的，所以一种化学品的危害性可能是多种多样的。比如甲醇，在理化危险中属于易燃液体，甲醇对人体健康危害也是众所周知的，含有甲醇的废水可使水体的COD值升高，对水生环境产生危害。因此，了解化学品的安全信息是非常有必要的。

表8-2 化学品危害性分类

危害性分类	品类
理化危险	爆炸物，易燃气体，易燃气溶胶，氧化性气体，压力下气体，易燃液体，易燃固体，自反应物质或混合物，自燃液体，自燃固体，自热物质和混合物，遇水放出易燃气体的物质或混合物，氧化性液体，氧化性固体，有机过氧化物，金属腐蚀剂
健康危险	急性毒性；皮肤腐蚀/刺激；严重眼损伤/眼刺激；呼吸或皮肤过敏；生殖细胞致突变性；致癌性；生殖毒性；特异性靶器官系统毒性-一次接触；特异性靶器官系统毒性-反复接触；吸入危险
环境危险	对水生环境有危害(急性水生毒性，慢性水生毒性)；对臭氧层有危害

二、化学品的“一书一签”

化学品安全技术说明书和化学品安全标签，也就是通常所说的“一书一签”，可以准确提供化学品的安全信息。

(一)化学品安全技术说明书

化学品安全技术说明书(safety data sheet for chemical products，SDS)，在一些国家也被称为物质安全技术说明书(material safety data sheet，MSDS)，提供了化学品在安全、健康和环境保护等方面的信息，推荐了防护措施和紧急情况下的应对措施。化学品安全技术说明书是化学品的供应商向下游用户传递化学品基本危害信息(包括运输、操作处置、储存和应急行动信息)的一种载体，同时化学品安全技术说明书还可以向公共机构、服务机构和其他涉及该化学品的相关方传递这些信息。每份化学品安全技术说明书提供16条与该化学品相关的信息，每部分的标题、编号和前后顺序不能随意变更。

如表8-3所示，化学品安全技术说明书可以分为4个部分。第1部分包括1~3条，简单介绍该化学品，含有哪些成分、有什么危害。第2部分包括4~6条，介绍危险发生时，该如何处置，主要为急救、消防和泄漏应急处置。第3部分包括7~10条，详细介绍化学品操作、储存中的注意事项及个体防护，以及理化性质。第4部分包括11~16条，介绍关于化学品安全的一些其他信息。

表 8-3　　化学品安全技术说明书信息列表

编号	标　题	编号	标　题
1	化学品及企业标识	9	理化特性
2	危险性概述	10	稳定性和反应性
3	成分/组成信息	11	毒理学信息
4	急救措施	12	生态学信息
5	消防措施	13	废弃处置
6	泄漏应急处理	14	运输信息
7	操作处置与储存	15	法规信息
8	接触控制和个体防护	16	其他信息

(二)化学品安全标签

化学品安全标签是用于标示化学品所具有的危险性和安全注意事项的一组文字、象形图和编码组合，其标签要素包括化学品标识、象形图、信号词、危险性说明、防范说明、应急咨询电话、供应商标识、资料参阅提示语等。

化学品标识要求用中文和英文分别标明化学品的化学名称或通用名称，要醒目清晰，位于标签的上方，名称应与化学品安全技术说明书中的名称一致。

象形图由图形符号及其他图形要素，如边框、背景图案和颜色组成，是表述特定信息的图形组合。如图 8-6 所示。

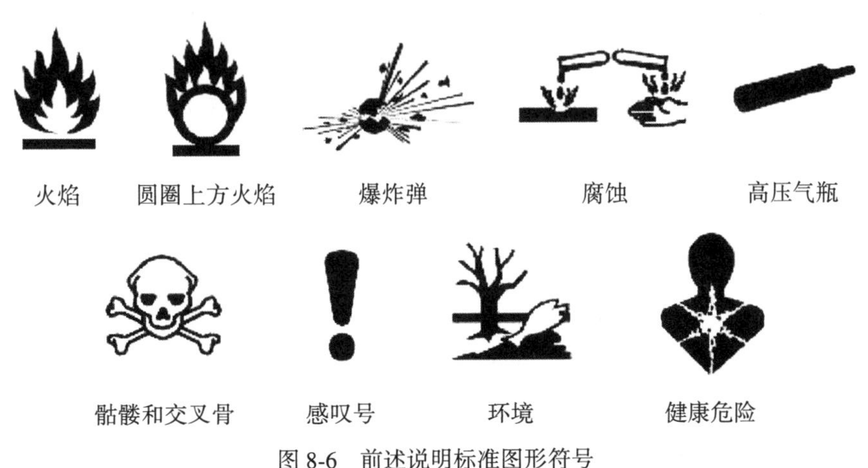

图 8-6　前述说明标准图形符号

信号词是标签上用于表明化学品危险性相对严重程度和提醒接触者注意潜在危险的词语，根据化学品的危险程度和类别，用“危险”“警告”两个词分别进行危害程度的警示，信号词位于化学品名称的下方，要求醒目、清晰。

危险性说明是对危险种类和类别的说明，描述某种化学品的固有危险，必要时包括危险程度。

象形图、信号词、危险性说明，可根据 GB 30000.1～GB 30000.29 的要求来选择使用。

防范说明用于表述化学品在处置、搬运、储存和使用作业中所必须注意的事项和发生意外时简单有效的救护措施等，要求内容简明扼要、重点突出，包括安全预防措施、意外情况(如泄漏、人员接触或火灾等)的处理、安全储存措施及废弃处置等内容。

供应商标识应提供供应商名称、地址、邮编和电话等。应急咨询电话需填写化学品生产商或生产商委托的 24 小时化学事故应急咨询电话，国外进口化学品安全标签上应至少有一家中国境内的 24 小时化学事故应急咨询电话。

资料参阅提示语一般提示化学品用户应参阅化学品安全技术说明书。

当某化学品具有两种及两种以上的危险性时，安全标签的象形图、信号词、危险性说明的先后顺序规定如下：

(1)象形图先后顺序。根据 GB 12268 中的主次危险性确定物理危险象形图的先后顺序，未列入 GB 12268 的化学品，以下危险性类别的危险性总是主危险：爆炸物、易燃气体、易燃气溶胶、氧化性气体、高压气体、自反应物质和混合物、发火物质、有机过氧化物，其他主危险性的确定按照联合国《关于危险货物运输的建议书规章范本》危险性先后顺序确定方法确定。

对于健康危害，按照以下先后顺序：如果使用了骷髅和交叉骨图形符号，则不应出现感叹号图形符号；如果使用了腐蚀图形符号，则不应出现感叹号来表示皮肤或眼睛刺激；如果使用了呼吸致敏物的健康危害图形符号，则不应出现感叹号来表示皮肤致敏物或者皮肤/眼睛刺激。

(2)信号词先后顺序。存在多种危险性时，如果在安全标签上选用了信号词“危险”，则不应出现信号词“警告”。

(3)危险性说明先后顺序。所有危险性说明都应当出现在安全标签上，按物理危险、健康危害、环境危害顺序排列。如图 8-7 所示。

对于小于或等于 100mL 的化学品小包装，为方便标签使用，安全标签要素可以简化，包括化学品标识、象形图、信号词、危险性说明、应急咨询电话、供应商名称及联系电话、资料参阅提示语即可。如图 8-8 所示。

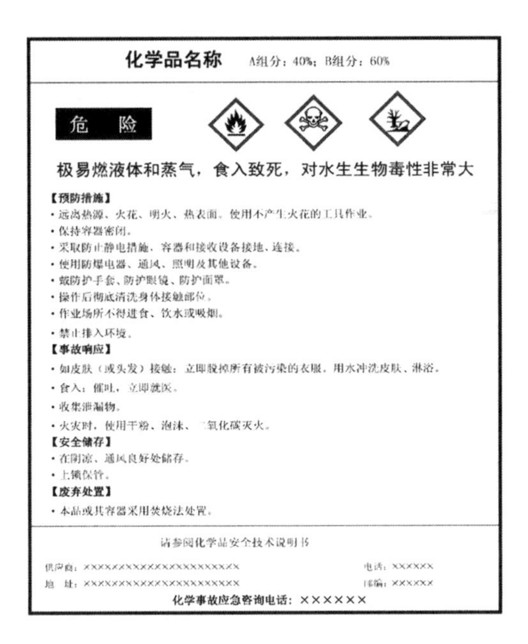

图 8-7　化学品安全标签样例

图 8-8　简化化学品标签样例

化学品安全标签应由生产企业在货物出厂前粘贴、挂栓或喷印在化学品包装或容器的明显位置。若要改换包装，则由改换包装单位重新粘贴、挂栓或喷印标签。盛装危险化学品的容器或包装，在经过处理并确认其危险性完全消除之后，方可撕下安全标签，否则不能撕下相应的标签。

三、危险化学品

2015 年 8 月 12 日，位于天津市滨海新区天津港的瑞海公司危险化学品仓库发生火灾爆炸事故，直接经济损失巨大，是一起特别重大生产安全责任事故。危险化学品安全是安全生产的重中之重，危险化学品的生产、储存、使用、运输危险性大，若安全风险管控不到位，易引发群死群伤事故，为此，国家专门制定《危险化学品安全管理条例》，规范危险化学品的管理。

《危险化学品安全管理条例》是我国危险化学品安全管理的基础，其中明确规定，危险化学品是指具有毒害、腐蚀、爆炸、燃烧、助燃等性质，对人体、设施、环境具有危害的剧毒化学品和其他化学品。任何单位和个人不得生产、经营、使用国家禁止生产、经营、使用的危险化学品。国家对危险化学品的使用有限制性规定的，任何单位和个人不得违反限制性规定使用危险化学品。生产、储存危险化学品的单位，应当对其铺设的危险化学品管道设置明显标志，并对危险化学品管道定期检查、检测。进行可能危及危险化学品管道安全的施工作业，施工单位应当在开工的7日前书面通知管道所属单位，并与管道所属单位共同制定应急预案，采取相应的安全防护措施。管道所属单位应当指派专门人员到现场进行管道安全保护指导。生产、储存危险化学品的单位，应当在其作业场所和安全设施、设备上设置明显的安全警示标志，并在其作业场所设置通信、报警装置，并保证处于适用状态。

2015年，根据《危险化学品安全管理条例》，国务院安全生产监督管理部门会同国务院工业和信息化、公安、环境保护、卫生、质量监督检验检疫、交通运输、铁路、民用航空、农业主管部门，联合发布最新版《危险化学品目录》，共包含2828个条目，其中，包含148个剧毒化学品条目。《危险化学品安全管理条例》规定，剧毒化学品是指具有剧烈急性毒性危害的化学品，包括人工合成的化学品及其混合物和天然毒素，还包括具有急性毒性易造成公共安全危害的化学品，同时，也给出剧烈急性毒性判定界限：急性毒性类别1，即满足下列条件之一：大鼠实验，经口 $LD_{50} \leqslant 5mg/kg$，经皮 $LD_{50} \leqslant 50mg/kg$，吸入(4h) $LC_{50} \leqslant 100mL/m^3$(气体)或0.5mg/L(蒸气)或0.05mg/L(尘、雾)。经皮 LD_{50} 的实验数据，也可使用兔实验数据。

(一)危险化学品重大危险源

大量事实表明，造成重大工业事故的可能性和严重程度，既与危险品的固有性质有关，又与设施中实际存在的危险品数量有关。长期或临时地生产、储存、使用和经营危险化学品，且危险化学品的数量等于或超过临界量的单元(包括场所和设施)，即构成危险化学品重大危险源。GB 18218明确了危险化学品临界量的确定方法，并采用单元内各种危险化学品实际存在量与其相对应的临界量比值，经校正系数校正后的比值之和 R 作为危险化学品重大危险源的分级指标。危险化学品重大危险源根据其危险程度，分为一级、二级、三级和四级，一级为最高级别。参见表8-4。

表 8-4 **重大危险源级别和 R 值的对应关系**

重大危险源级别	R 值
一级	$R\geqslant100$
二级	$100>R\geqslant50$
三级	$50>R\geqslant10$
四级	$R<10$

《危险化学品重大危险源监督管理暂行规定》(国家安全生产监督管理总局令(第 40 号))指出，危险化学品单位应当对重大危险源的管理和操作岗位人员进行安全操作技能培训，使其了解重大危险源的危险特性，熟悉重大危险源安全管理规章制度和安全操作规程，掌握本岗位的安全操作技能和应急措施。危险化学品单位应当在重大危险源所在场所设置明显的安全警示标志，写明紧急情况下的应急处置办法。危险化学品单位应当将重大危险源可能发生的事故后果和应急措施等信息，以适当方式告知可能受影响的单位、区域及人员。

(二)重点监管的危险化学品

由于《危险化学品名录》中危险化学品品种繁多，每种化学品危险特性差异很大，发生事故后的危害和对社会造成的影响也大不一样。因此，对危险性较大的危险化学品实施重点监管，已成为各国化学品安全管理的共识。2011 年，国家安全监管总局发布《关于公布首批重点监管的危险化学品名录的通知》(安监总管三〔2011〕95 号)，在综合考虑 2002 年以来国内发生的化学品事故情况、国内化学品生产情况、国内外重点监管化学品品种、化学品固有危险特性和近四十年来国内外重特大化学品事故等因素的基础上，从《危险化学品名录》中筛选出 60 种危险化学品，编制了《首批重点监管的危险化学品名录》。同时，通知还明确指出，在温度 20℃和标准大气压 101. 3kPa 条件下属于以下类别的危险化学品也纳入重点监管的危险化学品：

(1)易燃气体类别 1(爆炸下限≤13%或爆炸极限范围≥12%的气体)；

(2)易燃液体类别 1(闭杯闪点<23℃并初沸点≤35℃的液体)；

(3)自燃液体类别 1(与空气接触不到 5 分钟便燃烧的液体)；

(4)自燃固体类别 1(与空气接触不到 5 分钟便燃烧的固体)；

(5)遇水放出易燃气体的物质类别 1(在环境温度下与水剧烈反应所产生的气体通常显示自燃的倾向，或释放易燃气体的速度等于或大于每千克物质在任何 1 分钟内释放 10L 的任何物质或混合物)；

(6)三光气等光气类化学品。

生产、储存重点监管的危险化学品的企业，应根据本企业工艺特点，装备功能完善的自动化控制系统，严格工艺、设备管理。对使用重点监管的危险化学品数量构成重大危险源的企业的生产储存装置，应装备自动化控制系统，实现对温度、压力、液位等重要参数的实时监测。

2013 年，国家安全监管总局发布《关于公布第二批重点监管危险化学品名录的通知》，新增 14 种重点监管的危险化学品。并指出，生产、储存、使用重点监管的危险化学品的企业，应当积极开展涉及重点监管危险化学品的生产、储存设施自动化监控系统改造提升工作，高度危险和大型装置要依法装备安全仪表系统(紧急停车或安全联锁)。

重点监管危险化学品清单详见书末附录六。

(三)特别管控危险化学品

2020 年，为认真贯彻落实《危险化学品安全综合治理方案》，深刻吸取事故教训，加强危险化学品全生命周期管理，强化安全风险防控，有效防范遏制重特大事故，应急管理部、工业和信息化部、公安部、交通运输部联合制定了《特别管控危险化学品目录》(第一版)。特别管控危险化学品是指固有危险性高、发生事故的平安风险大、事故后果严重、流通量大，需要特别管控的危险化学品。特别管控危险化学品目录见书末附录六。

制定《特别管控危险化学品目录》(第一版)的出发点是筛选出固有危险性高、发生事故的安全风险大、事故后果严重、流通量大的化学品，尤其是发生过重特大事故的化学品，引起社会和公众的特别注意，提出管控要求，引导各地区、各部门和各单位制定针对性管控措施。通过对国内外危险化学品事故的研究和分析，易燃、有毒、爆炸是造成重特大事故最为重要的危险特性。因此，确定爆炸性化学品(包括强氧化剂)、有毒化学品、易燃气体和液体，是需要特别管控的危险化学品类别。在具体名单确定时，综合考虑了化学品的固有危险性、国内外危险化学品重特大事故及后果、国内的生产使用情况、当前国内重点管理的情况等多种因素，通过对列入《危险化学品目录》的危险化学品进行筛选和综合评估确定最终名单。第一批共确定了 20 种特别管控危险化学品，其中爆炸性化学品 4 种、有毒化学品 6 种、易燃气体 5 种、易燃液体 5 种。

《特别管控危险化学品目录》(第一版)对甲醇、乙醇和硝酸铵等化学品的适用范围进行了特殊规定。由于甲醇、乙醇属于大宗化工产品，用途非常广泛，涉及面非常广，且当前的主要风险点在于运输环节，因此为了降低对社会的影响，规定甲醇、乙醇的管控措施仅限于强化运输管理。硝酸铵作为民用爆炸品，其销售、购买过程的管理与其它危险化学品不同，且已有特殊的管理规定，因此为了避免与现行的特殊管理方式产生冲突，规定硝酸铵的销售、购买审批管理环节按民用爆炸物品的有关规定进行管理。

《特别管控危险化学品目录》(第一版)和《重点监管的危险化学品名录》(2013 年完整版)的区别在于：《特别管控危险化学品目录》(第一版)考虑了危险化学品在各个环节中的风险，需要引起全社会的广泛关注；而《重点监管的危险化学品名录》(2013 年完整版)主要考虑了危险化学品的生产、储存风险，关注的领域主要集中在化工(危险化学品)行业企业。

(四)易制爆危险化学品

《易制爆危险化学品治安管理办法》第三条明确规定，易制爆危险化学品是指列入公安部确定、公布的易制爆危险化学品名录，可用于制造爆炸物品的化学品。易制爆危险化学品名录共包含 9 类 75 个条目，详见书末附录七。

《易制爆危险化学品治安管理办法》第四条明确规定，易制爆危险化学品从业单位，是指生产、经营、储存、使用、运输及处置易制爆危险化学品的单位。

易制爆危险化学品从业单位应当建立易制爆危险化学品信息系统，并实现与公安机关的信息系统互联互通。公安机关和易制爆危险化学品从业单位应当对易制爆危险化学品实行电子追踪标识管理，监控记录易制爆危险化学品流向、流量。

依法取得危险化学品安全生产许可证、危险化学品安全使用许可证、危险化学品经营许可证的企业，凭相应的许可证件购买易制爆危险化学品。民用爆炸物品生产企业凭民用爆炸物品生产许可证购买易制爆危险化学品。严禁个人购买易制爆危险化学品。

销售、购买、转让易制爆危险化学品应当通过本企业银行账户或者电子账户进行交易，不得使用现金或者实物进行交易。易制爆危险化学品销售、购买单位应当在销售、购买后五日内，通过易制爆危险化学品信息系统，将所销售、购买的易制爆危险化学品的品种、数量以及流向信息报所在地县级公安机关备案。

易制爆危险化学品使用单位不得出借、转让其购买的易制爆危险化学品；因转产、停产、搬迁、关闭等确需转让的，应当向有资质的单位转让。双方应当在转让后五日内，将有关情况报告所在地县级公安机关。

易制爆危险化学品应当按照国家有关标准和规范要求，储存在封闭式、半封闭式或者露天式危险化学品专用储存场所内，并根据危险品性能分区、分类、分库储存。构成重大危险源的易制爆危险化学品，应当在专用仓库内单独存放，并实行双人收发、双人保管制度。教学、科研、医疗、测试等易制爆危险化学品使用单位，可使用储存室或者储存柜储存易制爆危险化学品，单个储存室或者储存柜储存量应当在 50 千克以下。

易制爆危险化学品从业单位应当建立易制爆危险化学品出入库检查、登记制度，定期核对易制爆危险化学品存放情况。发现易制爆危险化学品丢失或被盗的，应当立即向当地公安机关报告。

四、管制化学品

(一)易制毒化学品

易制毒化学品是指国家规定管制的可用于制造毒品的化学品，可分为前体和配剂。前体是指化学品在制毒过程中成为制成毒品的主要成分；配剂是指在制毒过程中参与反应或不参与反应，其成分不构成毒品最终产品成分。

易制毒化学品分为三类。第一类是可以用于制毒的主要原料，共19种；第二类、第三类是可以用于制毒的化学配剂，其中，第二类11种，第三类8种。参见表8-5。

表8-5 **易制毒化学品分类**

分类	品　　种
第一类	1-苯基-2-丙酮；3，4-亚甲基二氧苯基-2-丙酮；胡椒醛；黄樟素；黄樟油；异黄樟素；N-乙酰邻氨基苯酸；邻氨基苯甲酸；麦角酸；麦角胺；麦角新碱；麻黄素、伪麻黄素、消旋麻黄素、去甲麻黄素、甲基麻黄素、麻黄浸膏、麻黄浸膏粉等麻黄素类物质；羟亚胺；1-苯基-2-溴-1-丙酮；3-氧-2-苯基丁腈；邻氯苯基环戊酮；N-苯乙基-4-哌啶酮；4-苯胺基-N-苯乙基哌啶；N-甲基-1-苯基-1-氯-2-丙胺
第二类	苯乙酸；醋酸酐；三氯甲烷；乙醚；哌啶；溴素；1-苯基-1-丙酮；α-苯乙酰乙酸甲酯；α-乙酰乙酰苯胺；3，4-亚甲基二氧苯基-2-丙酮缩水甘油酸；3，4-亚甲基二氧苯基-2-丙酮缩水甘油酯
第三类	甲苯；丙酮；甲基乙基酮；高锰酸钾；硫酸；盐酸；苯乙腈；γ-丁内酯

国家对易制毒化学品的生产、经营、购买、运输和进口、出口实行分类管理和许可制度。禁止走私或者非法生产、经营、购买、转让、运输易制毒化学品。禁止使用现金或者实物进行易制毒化学品交易。但是，个人合法购买第一类中的药品类易制毒化学品药品制剂和第三类易制毒化学品的除外。

申请生产、经营第一类中的药品类易制毒化学品的，由省、自治区、直辖市人民政府药品监督管理部门审批；申请生产、经营第一类中的非药品类易制毒化学品的，由省、自治区、直辖市人民政府安全生产监督管理部门审批。第一类中的药品类易制毒化学品药品单方制剂，由麻醉药品定点经营企业经销，且不得零售。

申请购买第一类中的药品类易制毒化学品的，由所在地的省、自治区、直辖市人民政府药品监督管理部门审批；申请购买第一类中的非药品类易制毒化学品的，由所在地的省、自治区、直辖市人民政府公安机关审批。持有麻醉药品、第一类精神药品购买印鉴卡的医疗机构购买第一类中的药品类易制毒化学品的，无须申请第一类易制毒化学品购买许可证。个人不得购买第一类、第二类易制毒化学品。购买第二类、第三类易制毒化学品的，应当在购买前将所需购买的品种、数量，向所在地的县级人民政府公安机关备案。个人自用购买少量高锰酸钾的，无须备案。

生产、经营、购买、运输和进口、出口易制毒化学品的单位，应当建立单位内部易制毒化学品管理制度。

（二）麻醉药品和精神药品

根据《麻醉药品和精神药品管理条例》，麻醉药品和精神药品是指列入《麻醉药品目录》《精神药品目录》的药品和其他物质。精神药品分为第一类精神药品和第二类精神药品。

国家对麻醉药品药用原植物以及麻醉药品和精神药品实行管制。除《麻醉药品和精神药品管理条例》另有规定的外，任何单位、个人不得进行麻醉药品药用原植物的种植以及麻醉药品和精神药品的实验研究、生产、经营、使用、储存、运输等活动。

国家对麻醉药品和精神药品实行定点生产制度。定点生产企业生产麻醉药品和精神药品，应当依照药品管理法的规定取得药品批准文号，未取得药品批准文号的，不得生产麻醉药品和精神药品。麻醉药品定点生产企业应当将麻醉药品原料药和制剂分别存放。麻醉药品和精神药品的标签应当印有国务院药品监督管理部门规定的标志。

国家对麻醉药品和精神药品实行定点经营制度。药品经营企业不得经营麻醉药品原料药和第一类精神药品原料药。但是，供医疗、科学研究、教学使用的小包装的上述药品可以由国务院药品监督管理部门规定的药品批发企业经营。全国性批发企业和区域性批发企业可以从事第二类精神药品批发业务。全国性批发企业应当从定点生产企业购进麻醉药品和第一类精神药品。区域性批发企业可以从全国性批发企业购进麻醉药品和第一类精神药品；经所在地省、自治区、直辖市人民政府药品监督管理部门批准，也可以从定点生产企业购进麻醉药品和第一类精神药品。

麻醉药品和第一类精神药品不得零售。禁止使用现金进行麻醉药品和精神药品交易，但是个人合法购买麻醉药品和精神药品的除外。第二类精神药品零售企业应当凭执业医师出具的处方，按规定剂量销售第二类精神药品，并将处方保存 2 年备查；禁止超剂量或者无处方销售第二类精神药品；不得向未成年人销售第二类精神药品。

麻醉药品和第一类精神药品的使用单位应当设立专库或者专柜储存麻醉药品和第一类精神药品。专库应当设有防盗设施并安装报警装置；专柜应当使用保险柜。专库和专柜应当实行双人双锁管理。

麻醉药品药用原植物种植企业、定点生产企业、全国性批发企业和区域性批发企业、国家设立的麻醉药品储存单位以及麻醉药品和第一类精神药品的使用单位，应当配备专人负责管理工作，并建立储存麻醉药品和第一类精神药品的专用账册。药品入库双人验收，出库双人复核，做到账物相符。专用账册的保存期限应当自药品有效期期满之日起不少于5年。第二类精神药品经营企业应当在药品库房中设立独立的专库或者专柜储存第二类精神药品，并建立专用账册，实行专人管理。专用账册的保存期限应当自药品有效期期满之日起不少于5年。

五、制药工业“三废”

GB/T 4754中规定的医药制造业包括：化学药品原料药制造、化学药品制剂制造、中药饮片加工、中成药生产、兽用药品制造、生物药品制品制造、卫生材料及医药用品制造、药用辅料及包装材料制造。制药工业的“三废”是指制药生产过程中产生的废液、废气和废渣(废固)。统计数据表明，废水污染物的主要指标，如化学需氧量、氨氮、总氮、总磷，化学原料和化学制品制造业均位列工业行业排放量前三；化学原料和化学制品制造业产生的废气污染物主要是挥发性有机物，其排放量在工业行业排放量中排名第二；化学原料和化学制品制造业的一般工业固体废物产生量在工业行业中相对较小，而且综合利用率高；化学原料和化学制品制造业的工业危险废物产生量在工业行业排名第一，但其利用处置率同样排名第一。制药工业的危险废物分类见书末附录八。由此可见，医药制造业的污染源主要是废液和废气。

制药工业“三废”的危害性主要表现为环境污染和人体伤害。

(一)制药工业“三废”的环境污染

党的二十大报告在“推动绿色发展，促进人与自然和谐共生”中明确指出：“大自然是人类赖以生存发展的基本条件。尊重自然、顺应自然、保护自然，是全面建设社会主义现代化国家的内在要求。必须牢固树立和践行绿水青山就是金山银山的理念，站在人与自然和谐共生的高度谋划发展。”“深入推进环境污染防治。坚持精准治污、科学治污、依法治污，持续深入打好蓝天、碧水、净土保卫战。加强污染物协同控制，基本消除重污染天气。统筹水资源、水环境、水生态治理，推动重要江河湖库生态保护治理，基本消除城市黑臭水体。加强土壤污染源头防控，开展新污染物治理。”“全面实行排污许可制，健全现代环境治理体系。严密防控环境风险。”

《固定污染源排污许可分类管理名录(2019年版)》规定，国家根据排污单位污染物产生量、排放量、对环境的影响程度等因素，实行排污许可重点管理、简化管理和登记管理。对污染物产生量、排放量或者对环境的影响程度较大的排污单位，实行排污许可重点管理；对污染物产生量、排放量和对环境的影响程度较小的排污单位，实行排污许可简化管理；对污染物产生量、排放量和对环境的影响程度很小的排污单位，实行排污登记管理。该名录共收录 112 类行业，其中，第 22 类为医药制造业，具体管理管理方式见表 8-6。

表 8-6　**医药制造业排污许可分类管理**

行业类别	重点管理	简化管理	登记管理
化学药品原料药制造	全部	—	—
化学药品制剂制造	化学药品制剂制造(不含单纯混合或者分装的)	—	单纯混合或者分装的
中药饮片加工，药用辅料及包装材料制造	涉及通用工序重点管理的	涉及通用工序简化管理的	其他
中成药生产	—	有提炼工艺的	其他
兽用药品制造	兽用药品制造(不含单纯混合或者分装的)	—	单纯混合或者分装的
生物药品制品制造	生物药品制品制造，基因工程药物和疫苗制造，以上均不含单纯混合或者分装的	—	单纯混合或者分装的
卫生材料及医药用品制造	—	—	卫生材料及医药用品制造

2022 年 12 月 28 日，生态环境部发布《环境监管重点单位名录管理办法》，化学需氧量、氨氮、总氮、总磷中任一种水污染物近三年内任一年度排放量大于设区的市级生态环境主管部门设定的筛选排放量限值的工业企业，列为水环境重点排污单位；二氧化硫、氮氧化物、颗粒物、挥发性有机物中任一种大气污染物近三年内任一年度排放量大于设区的市级生态环境主管部门设定的筛选排放量限值的工业企业，列为大气环境重点排污单位；有色金属矿采选、有色金属冶炼、石油开采、石油加工、化工、焦化、电镀、制革行业规模以上企业，列为土壤污染重点监管单位；年产生危险废物 100 吨以上的企业，可以列为环境风险重点管控单位；排污许可分类管理名录规定的实施排污许可重点管理的企业事业单位，应当列为重点排污单位。

制药行业属于重污染行业，制药工业废水属于最难处理的工业废水之一。制药工业废水主要有这样一些特点：①成分复杂，组分变动大。生产过程中没有反应完全的原料、各种溶剂、副产物、发酵残余基质及营养物等，都有可能在洗罐、洗釜的过程中随水流出。生产的品种不同，所采用的原料、溶剂等也不同，这是制药工业废水成分复杂的主要原因。此外，制药生产过程一般采用间歇式生产，由于生产的间歇性和生产周期的差异性，废水的瞬时排放量不断发生变化，导致其组分变动大。②有机污染物浓度高。制药工艺中大量使用有机物质，这些有机物质进入水体后，会导致其五日生化需氧量(BOD_5)、化学需氧量(COD_{Cr})远高于一般污水，可生化性差，难以进行常规的生化处理。外源有机物是造成黑臭水体的重要原因，也是地下水污染的重要因素。③色度高，异味重，无机盐含量高，悬浮物浓度高。④pH值偏酸性或碱性。酸性或碱性废水会导致土壤酸化或碱化，减少土壤养分的有效性，破坏土壤结构，抑制土壤微生物的活性，不利于作物生长。

长期以来，制药行业没有全国统一的污水排放标准，一直执行的是《污水综合排放标准》(GB 8978—1996)。2008 年 8 月 1 日，国家环保部发布制药工业水污染物排放系列标准，根据行业来源，细分为 6 个标准，这是国家首个专门针对制药工业废水排放发布的环境新标准。考虑到发酵类制药工业使用原料种类多、数量大，但原材料利用率低，原料总耗有的达 10kg/kg 产品以上，高的超过 200kg/kg 产品，2014 年 10 月 24 日，国家环保部发布《发酵类制药工业废水治理工程技术规范》，规范发酵类制药行业的废水治理。标准名称见表 8-7。

表 8-7　**制药工业水污染物排放标准**

标准代码	标准名称
GB 21903—2008	发酵类制药工业水污染物排放标准
GB 21904—2008	化学合成类制药工业水污染物排放标准
GB 21905—2008	提取类制药工业水污染物排放标准
GB 21906—2008	中药类制药工业水污染物排放标准
GB 21907—2008	生物工程类制药工业水污染物排放标准
GB 21908—2008	混装制剂类制药工业水污染物排放标准
HJ 2044—2014	发酵类制药工业废水治理工程技术规范

《中华人民共和国大气污染防治法》第四十八条规定，钢铁、建材、有色金属、石油、化工、制药、矿产开采等企业，应当加强精细化管理，采取集中收集处理等措施，严格控制粉尘和气态污染物的排放。

制药工业排放的大气污染物以挥发性有机物为主，是全国人为挥发性有机物的主要排放源之一。挥发性有机物(volatile organic compounds，VOCs)是指参与大气光化学反应的有机化合物，或者根据有关规定确定的有机化合物。

制药工业大气污染物来源主要有三个：工艺废气、发酵尾气、无组织排放。工艺废气是指制药生产工艺过程中排放的废气，包括配制、合成、提取、结晶、离心、过滤、干燥、精制、包装、溶剂回收等工艺排气，以及真空泵等辅助设备排气等。发酵尾气是指发酵类化学原料药生产过程中，从微生物发酵罐排出的含生物代谢物质的废气，也包括发酵罐清洗、消毒过程中向外排放的含污染物的蒸汽。无组织排放是指大气污染物不经过排气筒的无规则排放，包括开放式作业场所逸散，以及通过缝隙、通风口、敞开门窗和类似开口(孔)的排放等。挥发性有机物无组织排放按源类型的不同，分为设备与管线组件泄漏、有机液体储罐、有机液体装载操作、废水挥发以及工艺过程无组织排放五类源，其中设备与管线组件泄漏、有机液体储罐、有机液体装载操作、废水挥发为通用设施无组织排放源。

挥发性有机物对环境的危害主要有三点：①挥发性有机物普遍具有光化学活性，是形成PM2.5和臭氧的重要前体物质，不少挥发性有机物还能增强温室效应，有些还具有累积性和持久性等特点；②制药工业排放的某些挥发性有机物(如甲醛、苯、二氯甲烷、1，2-二氯乙烷等)对人体具有较大的危害，有些物质是已经确定的致癌物质，有些物质对人体有不可逆的慢性毒性甚至遗传毒性，长期接触会严重影响人体健康；③很大一部分挥发性有机物具有异味，会严重影响人们的生活质量。

2019年以前，制药工业大气污染物排放执行的是《大气污染物综合排放标准》(GB 16297—1996)和《恶臭污染物排放标准》(GB 14554—1993)。这两项标准没有考虑制药行业的生产工艺特点及污染治理的实际状况，行业针对性不强；主要采取末端控制的技术思路，未针对制药工艺污染物的源头控制、产生过程、收集处理等相关技术细节进行具体规定。2019年5月24日，国家生态环境部发布《挥发性有机物无组织排放控制标准》(GB 37822—2019)和《制药工业大气污染物排放标准》(GB 37823—2019)，从清洁生产减排和末端治理两个方面入手，有效削减挥发性有机物等臭氧和PM2.5前体物的排放量，改善环境空气质量，同时也可以在一定程度上减轻药企周边恶臭污染严重的问题。

(二)制药工业“三废”的人体伤害

制药工业“三废”中的化学品可通过呼吸道吸入、皮肤吸收和经口摄入等进入人体，造成刺激、过敏等身体不适，严重的可导致职业病。职业病，是指企业、事业单位和个体经济组织等用人单位的劳动者在职业活动中，因接触粉尘、放射性物质和其他有毒、有害因素而引起的疾病。职业病的分类和目录由国务院卫生行政部门会同国务院劳动保障行政部门制定、调整并公布。

《工作场所有害因素职业接触限值　第1部分：化学有害因素》(GBZ 2.1—2019)依据职业接触限值(occupational exposure limits，OELs)，按照劳动者实际接触化学有害因素的水平将劳动者的接触水平分为五级，与其对应的推荐的控制措施见表8-8。制定工作场所化学有害因素职业接触限值的目的是指导用人单位采取预防控制措施，避免劳动者在职业活动过程中因过度接触化学有害因素而导致不良健康效应。

表 8-8　**职业接触水平及其分类控制**

接触等级	等级描述	推荐的控制措施
0(≤1% OEL)	基本无接触	不需采取行动
Ⅰ(>1%，≤10% OEL)	接触极低，根据已有信息无相关效应	一般危害告知，如标签、SDS 等
Ⅱ(>10%，≤50% OEL)	有接触但无明显健康效应	一般危害告知，特殊危害告知，即针对具体因素的危害进行告知
Ⅲ(>50%，≤OEL)	显著接触，需采取行动限制活动	一般危害告知、特殊危害告知、职业卫生监测、职业健康监护、作业管理
Ⅳ(>OEL)	超过 OELs	一般危害告知、特殊危害告知、职业卫生监测、职业健康监护、作业管理、个体防护用品和工程、工艺控制

2021 年 3 月 12 日，国家卫健委发布《关于公布建设项目职业病危害风险分类管理目录的通知》(国卫办职健发〔2021〕5 号)，将医药制造业中的化学药品原料药制造的职业病危害风险列入“严重”等级。参见表 8-9。

表 8-9　**医药制造业职业病危害风险分类管理目录**

序号	行业编码	类别名称	严重	一般
1	C271	化学药品原料药制造	✓	
2	C272	化学药品制剂制造		✓
3	C273	中药饮片加工		✓
4	C274	中成药生产		✓
5	C275	兽用药品制造		✓
6	C276	生物药品制品制造		✓
7	C277	卫生材料及医药用品制造		✓
8	C278	药用辅料及包装材料制造		✓

存在或者产生职业病危害的工作场所、作业岗位、设备、设施，应当按照《工作场所职业病危害警示标识》(GBZ 158—2003)的规定，在醒目位置设置图形、警示线、警示语句等警示标识和中文警示说明。警示说明应当载明产生职业病危害的种类、后果、预防和应急处置

措施等内容。

存在或者产生高毒物品的作业岗位，应当按照《高毒物品作业岗位职业病危害告知规范》(GBZ/T 203—2007)的规定，在醒目位置设置高毒物品告知卡，告知卡应当载明高毒物品的名称、理化特性、健康危害、防护措施及应急处理等告知内容与警示标识。

用人单位必须采用有效的职业病防护设施，并为劳动者提供个人使用的职业病防护用品。用人单位应当对职业病防护用品进行经常性的维护、保养，确保防护用品有效，不得使用不符合国家职业卫生标准或者已经失效的职业病防护用品。

在可能发生急性职业损伤的有毒、有害工作场所，用人单位应当设置报警装置，配置现场急救用品、冲洗设备、应急撤离通道和必要的泄险区。现场急救用品、冲洗设备等应当设在可能发生急性职业损伤的工作场所或者临近地点，并在醒目位置设置清晰的标识。

化学有害因素控制的优先原则：①消除替代原则。优先采用有利于保护劳动者健康的新技术、新工艺、新材料、新设备，用无害替代有害、低毒危害替代高毒危害的工艺、技术和材料，从源头控制劳动者接触化学有害因素。②工程控制原则。对生产工艺、技术和原辅材料达不到卫生学要求的，应根据生产工艺和化学有害因素的特性，采取相应的防尘、防毒、通风等工程控制措施，使劳动者的接触或活动的工作场所化学有害因素的浓度符合卫生要求。③管理控制原则。通过制定并实施管理性的控制措施，控制劳动者接触化学有害因素的程度，降低危害的健康影响。④个体防护原则。当所采取的控制措施仍不能实现对接触的有效控制时，应联合使用其他控制措施和适当的个体防护用品；个体防护用品通常在其他控制措施不能理想实现控制目标时使用。

第三节　化学反应安全

2017 年，为加强精细化工企业安全生产管理，强化安全风险辨识和管控，提升本质安全水平，提高企业安全生产保障能力，有效防范事故发生，国家安全监管总局监督管理三司发布《国家安全监管总局关于加强精细化工反应安全风险评估工作的指导意见》(安监总管三〔2017〕1 号)，并同时发布《精细化工反应安全风险评估导则(试行)》，指导精细化工反应安全风险评估。2022 年 12 月 30 日，应急管理部制定的国家标准《精细化工反应安全风险评估规范》(GB/T 42300—2022)发布，将《关于加强精细化工反应安全风险评估工作的指导意见》上升为国家标准。

精细化工是指以基础化学工业生产的初级或次级化学品、生物质材料等为起始原料，进行深加工而制取具有特定功能、特定用途、小批量、多品种、附加值高和技术密集的化工产品的工业。根据《国民经济行业分类》(GB/T 4754—2017)，属于生产精细化工产品的企业中反应安全风险较大的有：化学农药、化学制药、有机合成染料、化学品试剂、催化剂以及其他专业化学品制造企业。

精细化工生产中反应失控是发生事故的重要原因，开展精细化工反应安全风险评估、确定风险等级并采取有效管控措施，对于保障企业安全生产意义重大。开展反应安全风险评估也是企业获取安全生产信息，实施化工过程安全管理的基础工作，加强企业安全生产管理的必然要求。当前精细化工生产多以间歇和半间歇操作为主，工艺复杂多变，自动化控制水平低，现场操作人员多，部分企业对反应安全风险认识不足，对工艺控制要点不掌握或认识不科学，容易因反应失控导致火灾、爆炸、中毒事故，造成群死群伤。通过开展精细化工反应安全风险评估，确定反应工艺危险度，以此改进安全设施设计，完善风险控制措施，能提升企业本质安全水平，有效防范事故发生。

精细化工企业中有以下情形之一的，要开展反应安全风险评估：

(1)国内首次使用并投入工业化生产的新工艺、新配方，从国外首次引进且未进行过反应安全风险评估的新工艺；

(2)现有的工艺路线、工艺参数或装置能力发生变更且未开展反应安全风险评估的工艺；

(3)因反应工艺问题发生过生产安全事故的工艺；

(4)属于精细化工重点监管危险化工工艺及金属有机物合成反应(包括格氏反应)；

(5)新建精细化工企业应在编制可行性研究报告或项目建议书前，完成反应安全风险评估。

2009年，国家安全监管总局发布关《关于公布首批重点监管的危险化工工艺目录的通知》(安监总管三〔2009〕116号)，首批重点监管的危险化工工艺共列出了包括硝化、氯化、重氮化在内的15类化工工艺。2013年，国家安全监管总局发布关《关于公布第二批重点监管危险化工工艺目录和调整首批重点监管危险化工工艺中部分典型工艺的通知》，第二批中增加了煤化工工艺、电石生产工艺和偶氮化工艺共三类。

反应安全风险评估由精细化工企业聘请具备相关专业能力的机构组织开展评估工作。从2020年开始，凡列入评估范围，但未进行反应安全风险评估的精细化工生产装置，不得投入运行。

精细化工生产的主要安全风险来自于工艺反应的热风险，反应安全风险评估，就是对反应的热风险进行评估。根据物料分解热评估物料的爆炸危险性，根据反应热、绝热温升等参数评估失控反应的严重度，根据最大反应速率到达时间等参数评估失控反应的可能性，结合相关参数进行多因素危险度评估，确定反应工艺危险度等级。

一、物质分解热评估

分解放热量是物质分解释放的能量，分解放热量大的物质，绝热温升高，潜在较高的燃爆危险性。实际应用过程中，要通过风险研究和风险评估，界定物料的安全操作温度，避免超过规定温度，引发爆炸事故的发生。参见表 8-10。

表 8-10 **物料分解热评估标准**

等级	分解热($J \cdot g^{-1}$)	后果及说明
1	分解热<400	具有潜在爆炸危险性。
2	400≤分解热≤1200	分解放热量较大，潜在爆炸危险性较高。
3	1200<分解热<3000	分解放热量大，潜在爆炸危险性高。
4	分解热≥3000	分解放热量很大，潜在爆炸危险性很高。

二、严重度评估

严重度是指失控反应在不受控的情况下能量释放可能造成破坏的程度。由于精细化工行业的大多数反应是放热反应，反应失控的后果与释放的能量有关。反应释放出的热量越大，失控后反应体系温度的升高情况越显著，容易导致反应体系中温度超过某些组分的热分解温度，发生分解反应以及二次分解反应，产生气体或者造成某些物料本身的气化，而导致体系压力的增加。在体系压力增大的情况下，可能致使反应容器的破裂以及爆炸事故的发生，造成企业财产人员损失、伤害。失控反应体系温度的升高情况越显著，造成后果的严重程度越高。反应的绝热温升是一个非常重要的指标，绝热温升不仅仅是影响温度水平的重要因素，同时还是失控反应动力学的重要影响因素。

绝热温升(ΔT_{ad})是指绝热条件下反应放出的热量完全释放导致物料的温升值。绝热温升与反应热成正比，可以利用绝热温升来评估放热反应失控后的严重度。当绝热温升达到 200K 或 200K 以上时，反应物料的多少对反应速率的影响不是主要因素，温升导致反应速率的升高占据主导地位，一旦反应失控，体系温度会在短时间内发生剧烈的变化，并导致严重的后果。而当绝热温升为 50K 或 50K 以下时，温度随时间的变化曲线比较平缓，体现的是一种体系自加热现象，反应物料的增加或减少对反应速率产生主要影响，在没有溶解气体导致压力增长带来的危险时，这种情况的严重度低。

失控反应严重度评估标准见表 8-11。

表 8-11 **失控反应严重度评估标准**

等级	ΔT_{ad}(K)	后果及说明
1	$\Delta T_{ad} \leqslant 50$ 且无压力影响	在没有气体导致压力增长带来的危险时，将会造成单批次的物料损失
2	$50 < \Delta T_{ad} < 200$	工厂受到破坏
3	$200 \leqslant \Delta T_{ad} < 400$	温升导致反应速率的升高占据主导地位，一旦反应失控，体系温度会在短时间内发生剧烈的变化，造成工厂严重损失
4	$\Delta T_{ad} \geqslant 400$	温升导致反应速率的升高占据主导地位，一旦反应失控，体系温度会在短时间内发生剧烈的变化，造成工厂毁灭性的损失

三、可能性评估

可能性是指由于工艺反应本身导致危险事故发生的概率。利用时间尺度可以对事故发生的可能性进行反应安全风险评估，可以设定最危险情况的报警时间，便于在失控情况发生时，在一定的时间限度内，及时采取相应的补救措施，降低风险或者强制疏散，最大限度地避免爆炸等恶性事故发生，保证化工生产安全。

绝热条件下最大反应速率到达时间(TMR_{ad})是指在绝热条件下，放热反应从起始至达到最大反应速率所需要的时间，即为致爆时间，也是人为控制最坏情形发生所拥有的时间。对于工业生产规模的化学反应来说，如果在绝热条件下失控反应最大反应速率到达时间大于等于 24h，人为处置失控反应有足够的时间，导致事故发生的概率较低。如果最大反应速率到达时间小于等于 8h，人为处置失控反应的时间不足，导致事故发生的概率升高。失控反应可能性评估标准参见表 8-12。

表 8-12 **失控反应可能性评估标准**

等级	TMR_{ad}(h)	后果及说明
1	$TMR_{ad} \geqslant 24$	很少发生。人为处置失控反应有足够的时间，导致事故发生的概率较低
2	$8 < TMR_{ad} < 24$	偶尔发生
3	$1 < TMR_{ad} \leqslant 8$	很可能发生。人为处置失控反应的时间不足，导致事故发生的概率升高
4	$TMR_{ad} \leqslant 1$	频繁发生。人为处置失控反应的时间不足，导致事故发生的概率升高

四、矩阵评估

风险矩阵是以失控反应发生后果的严重度和相应的发生概率进行组合，得到不同的风险类型，从而对失控反应的反应安全风险进行评估，并按照可接受风险、有条件接受风险和不可接受风险，分别用不同的区域表示，具有良好的辨识性。

以最大反应速率到达时间作为风险发生的可能性，失控体系绝热温升作为风险导致的严重程度，通过组合不同的严重度和可能性等级，对化工反应失控风险进行评估。如图8-9所示。

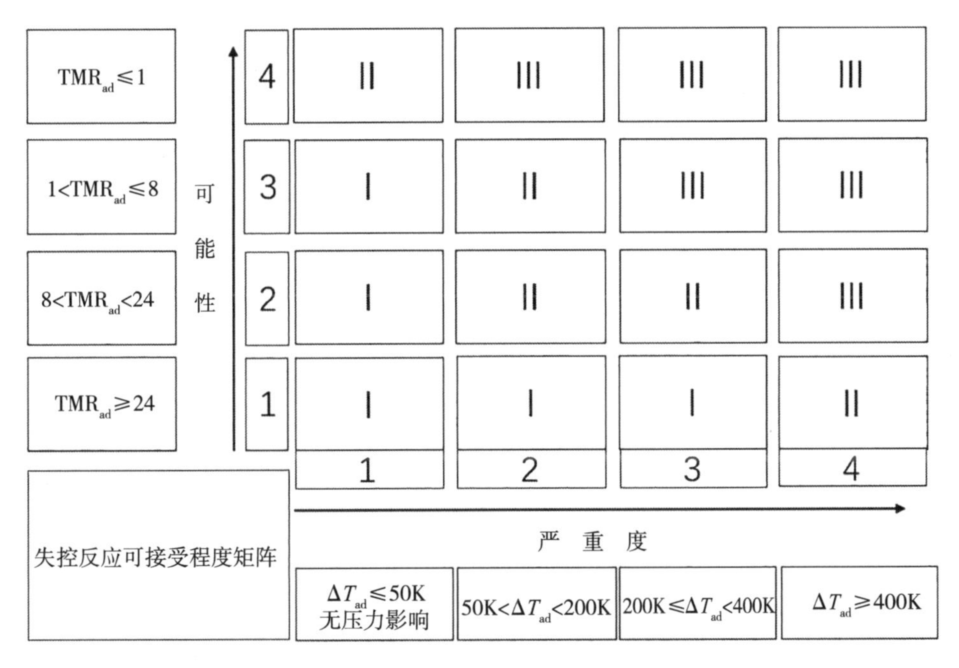

图 8-9　失控反应风险可接受程度评估标准

失控反应安全风险的危险程度由风险发生的可能性和风险带来后果的严重度两个方面决定，风险分级原则如下：

失控反应风险可接受程度为Ⅰ级时，生产过程中按设计要求及规范要求采取控制措施。

失控反应风险可接受程度为Ⅱ级时，生产过程中设计要求及规范要求采取控制措施，保证控制措施的有效性，宜通过工艺优化降低风险等级。

失控反应风险可接受程度为Ⅲ级时，应优先选择通过工艺优化降低风险等级，对于风险高但需开展产业化的项目，生产过程中应按设计要求及规范要求采取控制措施，采取必要的区域隔离，全面实现自动控制。

五、反应工艺危险度评估

反应工艺危险度评估是精细化工反应安全风险评估的重要评估内容。反应工艺危险度指的是工艺反应本身的危险程度，危险度越大的反应，反应失控后造成事故的严重程度就越大。

温度作为评价基准是工艺危险度评估的重要原则。考虑四个重要的温度参数，分别是工艺温度（T_p）、技术最高温度（MTT）、绝热条件下最大反应速率到达时间 TMR_{ad} 为 24 小时对应的温度（T_{D24}），以及工艺反应能够达到的最高温度（MTSR）。工艺温度是指目标工艺操作温度。技术最高温度是指反应体系温度允许的最高值，对于常压反应体系，技术最高温度取设计温度和体系泡点的低值；对于密封反应体系，技术最高温度取体系允许最大压力对应的温度和设计温度的低值。工艺反应能够达到的最高温度是指冷却失效情况下，反应体系温度能够达到的最高值。反应工艺危险度评估标准参见表 8-13。

表 8-13　**反应工艺危险度评估标准**

等级	温度参数关系	后果及说明
1	$T_p \leqslant MTSR < MTT < T_{D24}$	反应危险性较低。MTSR 小于 MTT 和 T_{D24} 时，体系不会引发物料的二次分解反应，也不会导致反应物料剧烈沸腾而冲料。但是，仍需要避免反应物料长时间受热，以免达到 MTT
2	$T_p \leqslant MTSR < T_{D24} < MTT$	潜在分解风险。MTSR 小于 MTT 和 T_{D24}，体系不会引发物料的二次分解反应，也不会导致反应物料剧烈沸腾而冲料。但是，由于 MTT 高于 T_{D24}，如果反应体系持续停留在失控状态，有可能引发二次分解反应的发生，二次分解反应继续放热，最终使反应体系达到 MTT，有可能会引起冲料等危险事故
3	$T_p \leqslant MTT < MTSR < T_{D24}$	存在冲料和分解风险。MTSR 大于 MTT，容易引起反应料液沸腾导致冲料危险的发生，甚至导致体系瞬间压力的升高，但是，MTSR 小于 T_{D24}，引发二次分解反应发生的可能性不大，体系物料的蒸发冷却也可以作为热交换的措施，成为系统的安全屏障。3 级危险度时，反应体系在 MTT 时的反应放热速率快慢对体系安全性影响很大，应充分考虑但不限于紧急减压、紧急冷却风险控制措施，避免冲料和引发二次分解反应，导致爆炸事故

续表

等级	温度参数关系	后果及说明
4	T_p≤MTT<T_{D24}<MTSR	冲料和分解风险较高，潜在爆炸风险。MTSR 大于 MTT 和 T_{D24}，体系的温度可能超过 MTT，引起反应料液沸腾导致冲料危险的发生，并引发二次分解反应的发生。在这种情况下，反应体系在 MTT 时的各种反应的放热速率对整个工艺的安全性影响很大。体系物料的蒸发冷却、紧急减压、紧急冷却措施有一定的安全保障作用；但是，不能完全避免二次分解反应的发生。对于 4 级危险度而言，应建立一个可靠、有效的技术和工程设计措施
5	T_p<T_{D24}<MTSR<MTT T_p<T_{D24}<MTT<MTSR	爆炸风险较高。MTSR 大于 T_{D24}，失控体系很容易引发二次分解反应，二次分解反应不断放热，体系温度很可能超过 MTT，导致反应体系处于更加危险的状态。这种情况下，单纯依靠蒸发冷却和降低反应系统压力措施已经不能满足体系安全保障的需要。因此，5 级危险度是一种非常危险的情形，普通的技术措施不能解决 5 级危险度的情形，应选择工艺优化、区域隔离措施

综合反应安全风险评估结果，考虑不同的工艺危险程度，建立相应的控制措施，在设计中体现，并同时考虑厂区和周边区域的应急响应。

对于反应工艺危险度为 1 级的工艺过程，应配置常规的自动控制系统，对主要反应参数进行集中监控及自动调节(分布式控制系统 DCS 或可编程逻辑控制器 PLC)。

对于反应工艺危险度为 2 级的工艺过程，在配置常规自动控制系统，对主要反应参数进行集中监控及自动调节(DCS 或 PLC)的基础上，应设置偏离正常值的报警和联锁控制；宜根据设计要求及规范设置但不限于爆破片、安全阀；应根据安全完整性等级(SIL)评估要求，设置相应的安全仪表系统。

对于反应工艺危险度为 3 级的工艺过程，在配置常规自动控制系统，对主要反应参数进行集中监控及自动调节的基础上，应设置偏离正常值的报警和联锁控制；宜根据设计要求及规范设置但不限于爆破片、安全阀，设置但不限于紧急终止反应、紧急冷却降温控制设施；应根据 SIL 评估要求，设置相应的安全仪表系统。

对于反应工艺危险度为 4 级和 5 级的工艺过程，尤其是风险高但必须实施产业化的项目，应优先开展工艺优化或改变工艺方法降低风险；应配置常规自动控制系统，对主要反应参数进行集中监控及自动调节；应设置偏离正常值的报警和联锁控制；宜根据设计要求及规范设置但不限于爆破片、安全阀，设置但不限于紧急终止反应、紧急冷却控制设施；

应根据SIL评估要求，设置独立的安全仪表系统。对于反应工艺危险度达到5级并必须实施产业化的项目，在设计时，应设置在防爆墙隔离区域中，并设置完善的超压泄爆设施，实现全面自控，除装置安全技术规程和岗位操作规程中对于进入隔离区有明确规定的，反应过程中操作人员不应进入隔离区域内。

第四节　消防安全

一、火灾的分类和灭火方法

（一）火灾的分类

火灾是指在时间和空间上失去控制的燃烧。燃烧必须具备三个要素：可燃物质、助燃物质和火源。可燃物质也就是可以燃烧的物质，凡是在一定温度和空气条件下，能够发生燃烧反应的物质都可以称为可燃物质，危险化学品目录中的易燃液体、易燃固体、易燃气体等都属于可燃物质。助燃物质通俗地说就是帮助可燃物燃烧的物质，凡能帮助、支持和导致燃烧的物质都属于助燃物质，例如，化学危险物品分类中的氧化剂类物质均为助燃物质。火源是指能够使可燃物质和助燃物质发生燃烧反应的能源，最常见的火源是明火，但是，高温物体、静电、摩擦、撞击等也可能成为燃烧的火源，火源是引起燃烧的直接原因。

根据可燃物质的类型和燃烧特性，可将火灾定义为六个不同的类别：①A类火灾：固体物质火灾。这种物质通常具有有机物性质，一般在燃烧时能产生灼热的余烬。如木材、棉、毛、麻、纸张及其制品等燃烧的火灾。②B类火灾：液体或可熔化的固体物质火灾。如汽油、煤油、柴油、原油、甲醇、乙醇、沥青、石蜡等燃烧的火灾。③C类火灾：气体火灾。如煤气、天然气、甲烷、乙烷、丙烷、氢气等燃烧的火灾。④D类火灾：金属火灾。如钾、钠、镁、钛、锆、锂、铝镁合金等燃烧的火灾。⑤E类火灾：带电火灾。物体带电燃烧的火灾。E类火灾是建筑灭火器配置设计的专用概念，主要是指发电机、变压器、配电盘、开关箱、仪器仪表和电子计算机等在燃烧时仍旧带电的火灾，必须用能达到电绝缘性能要求的灭火器来扑灭。⑥F类火灾：烹饪器具内的烹饪物（如动植物油脂）火灾。

（二）常用灭火方法

燃烧三要素缺少其中任何一个，燃烧就不能发生和维持。因此，在火灾防治中，如果能够阻断燃烧三要素中的任何一个，就可以扑灭火灾。常用的灭火方法有：

(1)冷却灭火法：控制可燃物质的温度，使其降低到燃点以下，以达到灭火的目的。用水进行冷却灭火是最常用的灭火方法。

(2)窒息灭火法：通过阻止空气进入燃烧区或用惰性气体稀释空气中的含氧量，使可燃物质因得不到足够的氧气而停止燃烧。实践证明，可燃物质在没有空气或空气中的含氧量低于14%的条件下是不能燃烧的。窒息灭火法适用于扑救封闭式的空间、生产设备装置及容器内的火灾。火场上运用窒息法扑救火灾时，可采用水蒸气、惰性气体(如二氧化碳、氮气等)充入燃烧区域，也可以利用建筑物上原有的门以及生产储运设备上的部件来封闭燃烧区，阻止空气进入。

(3)隔离灭火法：燃烧实际上就是可燃物质在助燃物质和火源的共同作用下快速发热、发光的化学反应。由此可见，如果能将燃烧三要素中最重要条件之一的可燃物质与空气或火源隔离开来，燃烧就会自动终止。隔离灭火的措施很多，例如，关闭设备、管道等上的阀门以阻止可燃气体、液体流入燃烧区，喷洒灭火剂把可燃物质与空气等隔离开来。

(4)抑制灭火法：燃烧反应的实质是游离基的链锁反应。抑制灭火法就是将化学灭火剂喷入燃烧区参与燃烧反应，使游离基(燃烧链)的链式反应终止，从而使燃烧反应停止。制药工业中所使用的化学灭火剂主要是干粉灭火剂，灭火时，将足够数量的灭火剂准确地喷射到燃烧区内，使灭火剂阻断燃烧反应。

(三)危险化学品灭火方法

危险化学品发生火灾后，首先要弄清楚该危险化学品的性质，然后再正确选用适合扑救该类物质火灾的灭火剂。扑救可燃和助燃气体火灾时，要先关闭管道阀门，并用水冷却其容器、管道，用干粉灭火器、砂土扑灭火焰；扑救易燃和可燃液体火灾时，用泡沫灭火器、干粉灭火器、二氧化碳灭火器扑灭火焰，同时用水冷却容器四周，防止容器膨胀爆炸，需要注意的是，对于酸、醚、酮等溶于水的易燃液体火灾，应选用抗溶性泡沫扑救；扑救易燃和可燃固体火灾，可用泡沫干粉灭火器、干粉干粉灭火器、砂土、二氧化碳干粉灭火器或雾状水；扑救自燃性物质火灾，可用水、干粉灭火器、砂土、二氧化碳干粉灭火器；扑救遇水燃烧物质火灾，可用干粉灭火器、干砂土；扑救氧化剂类的火灾，可用干粉灭火器、水、二氧化碳干粉灭火器。

二、厂房和仓库的火灾危险性分类

根据生产、储存中使用或产生的物质性质及其数量等因素，生产、储存的火灾危险性可分为甲类、乙类、丙类、丁类、戊类。参见表8-14、表8-15。

表 8-14　　　　　　　　　　**生产的火灾危险性分类**

生产的火灾危险性类别	使用或产生下列物质生产的火灾危险性特征
甲类	(1)闪点小于 28℃的液体 (2)爆炸下限小于 10%的气体 (3)常温下能自行分解或在空气中氧化能导致迅速自燃或爆炸的物质 (4)常温下受到水或空气中水蒸气的作用，能产生可燃气体并引起燃烧或爆炸的物质 (5)遇酸、受热、撞击、摩擦、催化以及遇有机物或硫磺等易燃的无机物，极易引起燃烧或爆炸的强氧化剂 (6)受撞击、摩擦或与氧化剂、有机物接触时能引起燃烧或爆炸的物质 (7)在密闭设备内操作温度不小于物质本身自燃点的生产
乙类	(1)闪点不小于 28℃，但小于 60℃的液体 (1)爆炸下限不小于 10%的气体 (3)不属于甲类的氧化剂 (4)不属于甲类的易燃固体 (5)助燃气体 (6)能与空气形成爆炸性混合物的浮游状态的粉尘、纤维、闪点不小于 60℃的液体雾滴
丙类	(1)闪点不小于 60℃的液体 (2)可燃固体
丁类	(1)对不燃烧物质进行加工，并在高温或熔化状态下经常产生强辐射热、火花或火焰的生产 (2)利用气体、液体、固体作为燃料或将气体、液体进行燃烧作其他用的各种生产 (3)常温下使用或加工难燃烧物质的生产
戊类	常温下使用或加工不燃烧物质的生产

表 8-15　　　　　　　　　　**储存物品的火灾危险性分类**

储存物品的火灾危险性类别	使用或产生下列物质生产的火灾危险性特征
甲类	(1)闪点小于 28℃的液体 (2)爆炸下限小于 10%的气体，受到水或空气中水蒸气的作用能产生爆炸下限小于 10%气体的固体物质 (3)常温下能自行分解或在空气中氧化能导致迅速自燃或爆炸的物质 (4)常温下受到水或空气中水蒸气的作用，能产生可燃气体并引起燃烧或爆炸的物质 (5)遇酸、受热、撞击、摩擦、催化以及遇有机物或硫磺等易燃的无机物，极易引起燃烧或爆炸的强氧化剂 (6)受撞击、摩擦或与氧化剂、有机物接触时能引起燃烧或爆炸的物质

续表

储存物品的火灾危险性类别	使用或产生下列物质生产的火灾危险性特征
乙类	(1)闪点不小于28℃，但小于60℃的液体 (2)爆炸下限不小于10%的气体 (3)不属于甲类的氧化剂 (4)不属于甲类的易燃固体 (5)助燃气体 (6)常温下与空气接触能缓慢氧化，积热不散引起自燃的物品
丙类	(1)闪点不小于60℃的液体 (2)可燃固体
丁类	难燃烧物品
戊类	不燃烧物品

对可燃性液体而言，其表面产生的蒸气与空气形成的混合物，与火源接触时，能闪出火花但随即熄灭，这种瞬间燃烧的过程叫闪燃。可燃性液体发生闪燃时的最低温度叫闪点。闪点是表征液体燃烧危险性的重要指标。根据闪点的不同，制药工业使用的易燃液体可以分为4类，参见表8-16。

表8-16　**易燃液体的分类**

类　别	标　准
1	闪点小于23℃且初沸点不大于35℃
2	闪点小于23℃且初沸点大于35℃
3	闪点不小于23℃且不大于60℃
4	闪点大于60℃且不大于93℃

可燃的蒸气、气体或粉尘与空气组成的混合物，遇火源即能发生爆炸的浓度范围(通常是指体积比)，称为爆炸范围。既然是爆炸范围，就会有爆炸下限和爆炸上限。爆炸下限是指可燃的蒸气、气体或粉尘与空气组成的混合物，遇火源即能发生爆炸的最低浓度。低于爆炸范围的最低浓度时，因没有足够的可燃物支持，接触火源时不燃不爆，因此这一最低浓度称为爆炸下限。可燃的蒸气、气体或粉尘的浓度高于爆炸范围的最高浓度时，因没有足够的氧化物(如氧气)支持，接触火源时同样不燃不爆，这一最高浓度称为爆炸上限。可燃气体通常以爆炸下限作为火灾危险性分类指标，爆炸下限小于10%的气体，火灾

危险性分类为甲类；爆炸下限不小于10%的气体，火灾危险性分类为乙类。

同一座厂房或厂房的任一防火分区内有不同火灾危险性生产时，厂房或防火分区内的生产火灾危险性类别按火灾危险性较大的部分确定；当生产过程中使用或产生易燃、可燃物的量较少，不足以构成爆炸或火灾危险时，可按实际情况确定；火灾危险性较大的生产部分占本层或本防火分区建筑面积的比例小于5%，且发生火灾事故时不足以蔓延至其他部位或火灾危险性较大的生产部分采取了有效的防火措施时，可按火灾危险性较小的部分确定。

同一座仓库或仓库的任一防火分区内储存不同火灾危险性物品时，仓库或防火分区的火灾危险性按火灾危险性最大的物品确定。当可燃包装重量大于物品本身重量1/4或可燃包装体积大于物品本身体积的1/2时，丁类、戊类储存物品仓库的火灾危险性按丙类确定。

甲类、乙类生产场所(仓库)不应设置在地下或半地下。甲类厂房、乙类厂房与重要公共建筑的防火间距≥50m，与明火或散发火花地点的防火间距≥30m。有爆炸危险的甲类、乙类厂房独立设置，并采用敞开式或半敞开式结构，其承重结构采用钢筋混凝土或钢框架、排架结构。有爆炸危险的厂房或厂房内有爆炸危险的部位应设置泄压设施，轻质屋面板、轻质墙体和易于泄压的门、窗等都可作为泄压设施。散发较空气轻的可燃气体、可燃蒸气的甲类厂房，宜采用轻质屋面板作为泄压面积。散发较空气重的可燃气体、可燃蒸气的甲类厂房，应采用不发火花的地面，并且采取必要的防静电措施；厂房内不应设置地沟，确需设置时，其盖板应严密，地沟应采取防止可燃气体、可燃蒸气在地沟积聚的有效措施，且在与相邻厂房连通处采用防火材料密封。有爆炸危险的甲类、乙类生产部位，应布置在单层厂房靠外墙的泄压设施或多层厂房顶层靠外墙的泄压设施附近。有爆炸危险的设备宜避开厂房的梁、柱等主要承重构件布置。

有爆炸危险的甲类、乙类厂房的总控制室、分控制室都应独立设置。有爆炸危险区域内的楼梯间、室外楼梯或有爆炸危险的区域与相邻区域连通处，应设置门斗等防护措施。门斗的隔墙应为耐火极限不应低于2h的防火隔墙，门应采用甲级防火门并应与楼梯间的门错位设置。

使用和生产甲类、乙类、丙类液体的厂房，其管、沟不应与相邻厂房的管、沟相通，下水道应设置隔油设施。甲类、乙类、丙类液体仓库应设置防止液体流散的设施。遇湿会发生燃烧爆炸的物品仓库应采取防止水浸渍的措施。甲类、乙类、丙类液体储罐(区)应布置在地势较低的地带。当布置在地势较高的地带时，应采取安全防护设施。桶装、瓶装甲类液体不应露天存放。

三、消防安全标志的分类和设置

（一）消防安全标志的分类

消防安全标志由几何形状、安全色、表示特定消防安全信息的图形符号构成。消防安全标志的几何形状、安全色及对比色、图形符号色的含义见表8-17。

表8-17　　**消防安全标志的几何形状、对比色及安全色、图形符号色的含义**

几何形状	安全色	安全色的对比色	图形符号色	含　义
正方形	红色	白色	白色	标示消防设施（如火灾报警装置和灭火器）
正方形	绿色	白色	白色	提示安全状况（如紧急疏散逃生）
带斜杠的圆形	红色	白色	黑色	表示禁止
等边三角形	黄色	黑色	黑色	表示警告

根据消防安全标志的功能，可以将其分为六类：①火灾报警装置标志；②紧急疏散逃生标志；③灭火设备标志；④禁止和警告标志；⑤方向辅助标志；⑥文字辅助标志。文字辅助标志的用法在“安全标志”中已有描述，这里不再赘述。

1. 火灾报警装置标志

手动火灾报警按钮和固定灭火系统的手动启动器等装置附近必须设置“消防手动启动器”标志，在远离该装置的地方，应与方向辅助标志联合设置。设有火灾报警器或火灾事故广播喇叭的地方应相应地设置“发声警报器”标志。设有火灾报警电话的地方应设置“火警电话”标志。参见表8-18。

表8-18　　**常见火灾报警装置标志**

标志	名称	说　　明
	消防按钮	标示火灾报警按钮和消防设备启动按钮的位置。
	发声报警器	标示发声报警器的位置。

续表

标志	名称	说　明
	火警电话	标示火警电话的位置和号码。
	消防电话	标示火灾报警系统中消防电话及插孔的位置。

2. 紧急疏散逃生标志

紧急出口或疏散通道中的单向门必须在门上设置“推开”标志，在其反面应设置“拉开”标志。需要击碎玻璃板才能拿到钥匙或开门工具的地方或疏散中需要打开板面才能制造一个出口的地方必须设置“击碎板面”标志。参见表 8-19。

表 8-19　**常见紧急疏散逃生标志**

标志	名称	说　明
 	安全出口	提示通往安全场所的疏散出口。根据到达出口的方向，可选用向左或向右的标志。
 	滑动开门	提示滑动门的位置及方向。
	推开	提示门的推开方向。
	拉开	提示门的拉开方向。
	击碎板面	提示需击碎板面才能取到钥匙、工具，操作应急设备或开启紧急逃生出口。
	逃生梯	提示固定安装的逃生梯的位置。

3. 灭火设备标志

各类建筑中的隐蔽式消防设备存放地点应相应地设置“灭火设备”“灭火器”和“消防水

带”等标志。室外消防梯和自行保管的消防梯存放点应设置“消防梯”标志。远离消防设备存放地点的地方应将灭火设备标志与方向辅助标志联合设置。设有地下消火栓、消防水泵接合器和不易被看到的地上消火栓等消防器具的地方，应设置“地下消火栓”“地上消火栓”和“消防水泵接合器”等标志。参见表8-20。

表8-20　**常见灭火设备标志**

标志	名称	说　明
	灭火设备	标示灭火设备集中摆放的位置。
	手提式灭火器	标示手提式灭火器的位置。
	推车式灭火器	标示推车式灭火器的位置。
	消防炮	标示消防炮的位置。
	消防软管卷盘	标示消防软管卷盘、消火栓箱、消防水带的位置。
	地下消火栓	标示地下消火栓的位置。
	地上消火栓	标示地上消火栓的位置。
	消防水泵接合器	标示消防水泵接合器的位置。

4. 禁止和警告标志

紧急出口或疏散通道中的门上应设置“禁止锁闭”标志。疏散通道或消防车道的醒目处应设置“禁止阻塞”标志。存放遇水爆炸的物质或用水灭火会对周围环境产生危险的地方应设置“禁止用水灭火”标志。

在下列区域应相应地设置“禁止烟火”“禁止吸烟”“禁止放易燃物”“禁止带火种”“禁止燃放鞭炮”“当心火灾-易燃物”“当心火灾-氧化物”和“当心爆炸-爆炸性物质”等标志：具

有甲、乙、丙类火灾危险的生产厂区、厂房等的入口处或防火区内；具有甲、乙、丙类火灾危险的仓库的入口处或防火区内；具有甲、乙、丙类液体储罐、堆场等的防火区内。参见表 8-21。

表 8-21　**常见禁止和警告标志**

标志	名称	说　明
	禁止吸烟	表示禁止吸烟。
	禁止烟火	表示禁止吸烟或各种形式的明火。
	禁止放易燃物	表示禁止存放易燃物。
	禁止用水灭火	表示禁止用水作灭火剂或用水灭火。
	禁止阻塞	表示禁止阻塞的指定区域。
	禁止锁闭	表示禁止锁闭的指定部位。
	当心易燃物	警示来自易燃物质的危险。
	当心氧化物	警示来自氧化物的危险。
	当心爆炸物	警示来自爆炸物的危险，在爆炸物附近或处置爆炸物时应当心。

5. 方向辅助标志

方向辅助标志一般与其他消防安全标志联用，用来指示被联用标志所表示意义的方向。消防安全标志远离指示物时，必须联用方向辅助标志。如果消防安全标志与其指示物很近，一眼就可看到消防安全标志的指示物，方向辅助标志可以省略。方向辅助标志的颜色应与联用的消防安全标志的颜色统一。参见表8-22。

表8-22 常见方向辅助标志

标志	名 称	说 明
	疏散方向	指示安全出口的方向。箭头的方向还可为上、下、左上、右上、左下、右下等。
	火灾报警装置或灭火设备的方位	指示火灾报警装置或灭火设备的方位。箭头的方向还可为上、下、左上、右上、左下、右下等。

(二)消防安全标志的设置

消防安全标志应设在与消防安全有关的醒目的位置，正面或其邻近不得有妨碍公共视读的障碍物，大多数观察者的观察角应接近90°。除必须外，消防安全标志一般不应设置在门、窗、架等可移动的物体上，也不应设置在经常被其他物体遮挡的地方。设置消防安全标志时，应避免出现标志内容相互矛盾、重复的现象。尽量用最少的标志把必需的信息表达清楚。方向辅助标志应设置在公众选择方向的通道处，并按通向目标的最短路线设置。

室内疏散通道中，“紧急出口”标志应设置在通道两侧及拐弯处的墙面上，标志牌的上边缘距地面≤1m。也可以把标志直接设置在地面上，上面加盖不燃透明牢固的保护板，标志的间距不应大于20m。袋形走道的尽头离标志的距离不应大于10m。

室内疏散通道出口处，“紧急出口”标志应设置在门框边缘或门的上部。标志牌的上边缘距天花板高≤0.5m。设置在门框边缘的标志牌下边缘距地面的高度≥2m。如果天花板的高度较小，也可以在门两边的位置设置标志，标志的中心点距地面高度应为1.3~1.5m。

悬挂在室内大厅处的疏散标志牌、其他标志牌的下边缘距地面的高度≥2.0m。附着在室内墙面等地方的其他标志牌，其中心点距地面高度应为1.3~1.5m。在室内及其出入口处，消防安全标志应设置在明亮的地方。

室外设置的附着在建筑物上的标志牌，其中心点距地面的高度≥1.3m；用标志杆固定的标志牌的下边缘距地面高度应大于1.2m；设置在道路边缘的标志牌，标志牌所在平面应与行驶方向垂直或成80°~90°角，其内边缘距路面(或路肩)边缘≥0.25m，标志牌下边缘距路面的高度应为1.8~2.5m。

两个或更多的正方形消防安全标志一起设置时，各标志之间至少应留有标志公称尺寸0.2倍的间隙。两个相反方向的正方形标志并列设置时，为避免混淆，两个标志之间至少应留有一个标志的间隙。当疏散标志与灭火设备标志并列设置并且二者方向相同时，应将灭火设备标志放在上面，疏散标志放在下面。两个标志之间的间隙不应小于标志公称尺寸的0.2倍。

两个以上标志牌可以设置在一根标志杆上，但最多不能超过4个，应按照警告标志(三角形)、禁止标志(圆环加斜线)、提示标志(正方形)的顺序先上后下、先左后右地排列。正方形和其他形状的标志牌共同设置时，正方形标志牌与标志杆之间的间隙不应小于标志公称尺寸的0.2倍，其他形状的标志牌与标志杆之间的间隙应不小于5cm。两个或多个三角形(圆形)标志牌或三角形、圆形、正方形标志牌共同设置在同一标志杆时，各标志牌之间的间隙不应小于5cm。两个正方形的标志牌设置在一个标志杆上时，两者之间的间隙不应小于标志公称尺寸的0.2倍。

四、消防设施

消防设施，是指火灾自动报警系统、自动灭火系统、消火栓系统、防烟排烟系统以及应急广播和应急照明、安全疏散设施等。火灾自动报警系统可用于人员居住和经常有人滞留的场所、存放重要物资或燃烧后产生严重污染需要及时报警的场所，其形式可以是区域报警系统、集中报警系统和控制中心报警系统。仅需要报警，不需要联动自动消防设备的保护对象宜采用区域报警系统；不仅需要报警，同时需要联动自动消防设备，且只设置一台具有集中控制功能的火灾报警控制器和消防联动控制器的保护对象，应采用集中报警系统，并应设置一个消防控制室；设置两个及以上消防控制室的保护对象，或已设置两个及以上集中报警系统的保护对象，应采用控制中心报警系统。火灾自动报警系统应设有自动和手动两种触发装置。

用于控火、灭火的消防设施，应能有效地控制或扑救建(构)筑物的火灾；用于防护冷却或防火分隔的消防设施，应能在规定时间内阻止火灾蔓延。消防给水与灭火设施应具有在火灾时可靠动作，并按照设定要求持续运行的性能；与火灾自动报警系统联动的灭火设施，其火灾探测与联动控制系统应能联动灭火设施及时启动。消防给水与灭火设施的性能和防护措施应与防护对象、防护目的及应用环境条件相适应，满足消防给水与灭火设施稳定和可靠运行的要求。

消防给水和消防设施的设置应根据建筑的用途及其重要性、火灾危险性、火灾特性和环境条件等因素综合确定。建筑占地面积大于 300m² 的厂房和仓库应设置室内消火栓系统，但存有与水接触能引起燃烧爆炸的物品的建筑，可不设置室内消火栓系统，但宜设置消防软管卷盘或轻便消防水龙。甲、乙、丙类液体储罐(区)内的储罐应设置移动水枪或固定水冷却设施，并配备泡沫灭火系统。

五、灭火器

灭火器的应用范围很广，各类大、中、小型工业与民用建筑都在使用。灭火器是扑救初起火灾的重要消防器材，轻便灵活，稍经训练即可掌握其操作使用方法，可手提或推拉至着火点附近，及时灭火。在建筑物内正确地选择灭火器的类型，确定灭火器的配置规格与数量，合理地定位及设置灭火器，保证足够的灭火能力(即需配灭火级别)，并注意定期检查和维护灭火器，就能在被保护场所一旦着火时，迅速地用灭火器扑灭初起小火，减少火灾损失，保障人身和财产安全。厂房、仓库、储罐(区)和堆场，均应配置灭火器。

(一)灭火器的分类

常见灭火器有手提式灭火器和推车式灭火器两种。手提式灭火器的总质量不应大于20kg，其中二氧化碳灭火剂的总质量不应大于 23kg。灭火器筒体外表的颜色一般采用红色。

按充装的灭火剂分类，灭火器分为水基型灭火器、干粉型灭火器、二氧化碳灭火器和洁净气体灭火器；按驱动灭火器的压力型式分类，灭火器分为贮气瓶式灭火器和贮压式灭火器。灭火剂分类及代号详见表 8-23。

表 8-23 **灭火剂分类及代号**

分类	灭火剂代号	灭火剂代号含义
水基型灭火器	S	清水或带添加剂的水，但不具有发泡倍数和 25%析液时间要求
	P	泡沫灭火剂，具有发泡倍数和 25%析液时间要求，包括 P、FP、S、AR、AFFF 和 FFFP 等灭火剂
干粉灭火器	F	干粉灭火剂，包括 BC 型和 ABC 型干粉灭火剂
二氧化碳灭火器	T	二氧化碳灭火剂
清洁气体灭火器	J	洁净气体灭火剂，包括卤代烷烃类气体灭火剂、惰性气体灭火剂和混合气体灭火剂等

水基型灭火器中充装的灭火剂主要是水，另外还有少量的添加剂，清水灭火器、强化液灭火器都属于水型灭火器。泡沫灭火器中充装的灭火剂是泡沫液，根据泡沫灭火剂种类的不同，可分为蛋白泡沫灭火器、氟蛋白泡沫灭火器、水成膜泡沫灭火器和抗溶泡沫灭火器等。干粉灭火器内充装的灭火剂是干粉，我国主要生产和开展碳酸氢钠干粉灭火器和磷酸铵盐干粉灭火器，由于碳酸氢钠只适用于扑救 B、C 类火灾，所以碳酸氢钠干粉灭火器又称 BC 干粉灭火器，磷酸铵盐干粉适于扑救 A、B、C 类火灾，所以磷酸铁盐干粉灭火器又称 ABC 干粉灭火器。

为方便快速识别灭火器的型号，统一规定灭火器型号编制方法。例如，MPZ/AR6 表示手提贮压式抗溶性泡沫灭火器，额定充装量为 6L；MPTZ/AR45 表示推车贮压式抗溶性泡沫灭火器，额定充装量为 45L。MF/ABC5 表示手提储气瓶式通用(磷酸铵盐)干粉灭火器，额定充装量为 5kg；MFT/ABC20 表示推车储气瓶式通用(磷酸铵盐)干粉灭火器，额定充装量为 20kg。如图 8-10、图 8-11 所示。

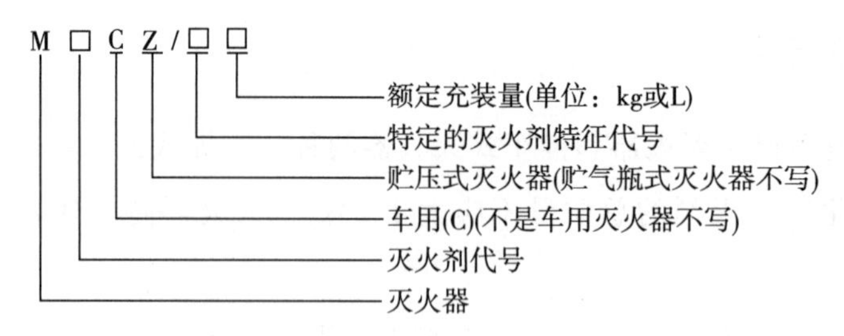

图 8-10 灭火器的型号编制方法

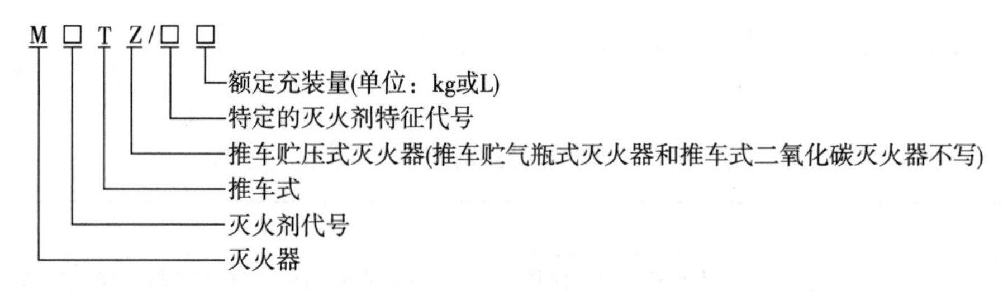

图 8-11 推车式灭火器的型号编制方法

(二)灭火器的选择

存在可燃的气体、液体、固体等物质的场所，都需要配置灭火器。灭火器配置场所的火灾种类应根据该场所内的物质及其燃烧特性进行分类，以便于建筑灭火器配置设计人员能正确判定灭火器配置场所的火灾种类，结合灭火器灭火的特点和灭火器配置设计工作的需求，合理选择与配置灭火器。

灭火器的选择应考虑以下因素：

1. 灭火器的配置类型应与配置场所的火灾种类相适应

根据灭火器配置场所的火灾种类，可判断出应该选用哪一种类型的灭火器。如果选择了不合适的灭火器，不仅有可能灭不了火，而且还有可能引起灭火剂对燃烧的逆化学反应，甚至会发生爆炸伤人事故。如碱金属(如钾、钠)火灾，就不能用水基型灭火器去灭火，因为水与碱金属作用后会生成大量的氢气，氢气与空气中的氧气混合后，容易形成爆炸性气体混合物，导致爆炸事故。不同火灾场所的灭火器选择详见表 8-24。

需要说明的是，由于卤代烷听灭火器对大气臭氧层有一定的破坏作用，一般非必要场所不应配置卤代烷烃灭火器。

从表 8-24 可知，A 类火灾场所应选择同时适用 A 类、E 类火灾的灭火器；B 类火灾场所应选择适用于 B 类火灾的灭火器，B 类火灾场所存在水溶性可燃液体(极性溶剂)且选择水基型灭火器时，应选用抗溶性的灭火器；C 类火灾场所应选择适用于 C 类火灾的灭火器，需要注意的是，在推车式灭火器中，仅仅只有推车式干粉灭火器可以标志具有扑灭 C 类火的能力；D 类火灾场所应根据金属的种类、物态及其特性选择适用于特定金属的专用灭火器；E 类灭灾场所应选择适用于 E 类火灾的灭火器，带电设备电压超过水 1kV 且灭火时不能断电的场所不应使用灭火器带电扑救。

表 8-24　**不同火灾场所的灭火器选择**

火灾类型	灭火器类型
A 类火灾	水型灭火器、磷酸铵盐干粉灭火器、泡沫灭火器或卤代烷灭火器
B 类火灾	可灭 B 类火灾的水型灭火器、碳酸氢钠干粉灭火器、磷酸铵盐干粉灭火器、泡沫灭火器、卤代烷灭火器或二氧化碳灭火器
C 类火灾	磷酸铵盐干粉灭火器、碳酸氢钠干粉灭火器、泡沫灭火器、卤代烷灭火器或二氧化碳灭火器
D 类火灾	金属火灾专用灭火器
E 类火灾	磷酸铵盐干粉灭火器、适用于带电的 B 类火灾的碳酸氢钠干粉灭火器、卤代烷灭火器或二氧化碳灭火器，但不得选用装有金属喇叭喷筒的二氧化碳灭火器

在同一灭火器配置场所，宜选用相同类型和操作方法的灭火器。一是为培训灭火器使用人员提供方便；二是在灭火实战中灭火人员可方便地用同一种方法连续使用多具灭火器灭火；三是便于灭火器的维修和保养。

当在同一灭火器配置场所内存在不同种类的火灾时，应选用通用型灭火器，如可扑灭

A、B、C、E 多类火灾的磷酸铵盐干粉(俗称 ABC 干粉)灭火器。

在同一灭火器配置场所，当选用两种或两种以上类型灭火器时，应采用灭火剂相容的灭火器。有的灭火剂是不相容的，如表 8-25 所示的灭火剂。

表 8-25 **不相容的灭火剂**

类型	不相容的灭火剂	
干粉与干粉	磷酸铵盐	碳酸氢钠、碳酸氢钾
干粉与泡沫	碳酸氢钠、碳酸氢钾	蛋白泡沫、氟蛋白泡沫
泡沫与泡沫	蛋白泡沫、氟蛋白泡沫	水成泡沫

2. 灭火器的配置类型应与配置场所的危险等级相适应

根据其生产、使用、储存物品的火灾危险性、可燃物数量、火灾蔓延速度、扑救难易程度等因素，可将工业建筑灭火器配置场所的危险等级划分为三级：

(1)严重危险级：火灾危险性大，可燃物多，起火后蔓延迅速，扑救困难，容易造成重大财产损失的场所；

(2)中危险级：火灾危险性较大，可燃物较多，起火后蔓延较迅速，扑救较难的场所；

(3)轻危险级：火灾危险性较小，可燃物较少，起火后蔓延较缓慢，扑救较易的场所。

这里所说的工业建筑包括厂房及露天、半露天生产装置区和库房及露天、半露天堆场。

划分灭火器配置场所的危险等级时，首先要考虑的就是工业建筑场所内生产、使用和储存可燃物的火灾危险性。一般来讲，甲、乙类生产场所和储存场所列入严重危险级；丙类生产场所和储存场所列入中危险级；丁、戊类生产场所和储存场所列入轻危险级。

工业建筑场所内可燃物的数量越多，火灾荷载越大，起火后的火灾强度与火灾破坏程度越高，因此，将可燃物数量多的场所划为严重危险级，可燃物数量少的场所定为轻危险级，而居于两者之间的可燃物数量较多的场所则可定为中危险级。

对于蔓延迅速的火灾，有可能在短时间内酿成大火，使灭火器失去作用，因此，在灭火器配置场所中，火灾蔓延速度越迅速，相应的危险等级就高。

一般来说，扑救火灾困难的场所，发生特大火灾或重大火灾的可能性就越大，造成的后果就越严重，其危险等级就越高。

3. 灭火器的配置类型应与灭火器的灭火效能和通用性相适应

适用于扑救同一类火灾的不同类型灭火器，它们在灭火有效程度(包括灭火能力、灭火剂用量和灭火速度等)方面尚有明显的差异。例如，对于同一等级为55B的标准油盘火灾，需用7kg的二氧化碳灭火器才能灭火，而且灭火速度较慢；而改用4kg的干粉灭火器，不但也能成功灭火，而且其灭火时间较短，灭火速度也快得多。这就充分说明，适用于扑救同一种类火灾的不同类型灭火器，在灭火剂用量和灭火速度上有较大的差异，即其灭火有效程度有较大差异。

灭A类火的灭火器和灭B类火的灭火器均以灭火级别表示其扑灭不同种类火灾的效能。灭火级别由表示灭火效能的数字和火灾种类的字母组成，如3A、6A、21B、55B等，数字代表灭火级别，是灭火能力的定量表示，数字越大，灭火级别越高，灭火能力越强；字母代表适于扑救的火灾种类，是灭火能力的定性标识。

4. 灭火器的配置类型应与灭火剂对保护物品的污损程度相适应

为了保护贵重物资与设备免受不必要的污渍损失，灭火器的选择应考虑其对被保护物品的污损程度。例如，在控制室内，要考虑被保护的对象是电子计算机等精密仪表设备，若使用干粉灭火器灭火，肯定能灭火，但其灭火后所残留的粉末状覆盖物对电子元器件则有一定的腐蚀作用和粉尘污染，而且也难以清洁。水型灭火器和泡沫灭火器也有类同的污损作用。而选用气体灭火器去灭火，则灭火后不仅没有任何残迹，而且对贵重、精密设备也没有污损、腐蚀作用。

5. 灭火器的配置类型应与灭火器设置点的环境温度相适应

灭火器设置点的环境温度对灭火器的喷射性能和安全性能均有明显影响。若环境温度过低，则灭火器的喷射性能显著降低；若环境温度过高，则灭火器的内压剧增，灭火器则会有爆炸伤人的危险。

6. 灭火器的配置类型应与使用灭火器人员的体能相适应

灭火器是靠人来操作的，要为某建筑场所配置适用的灭火器，也应对该场所中人员的体能(包括年龄、性别、体质和身手敏捷程度等)进行分析，然后正确地选择灭火器的类型、规格、型式。通常，在工业建筑场所的大车间内，可考虑选用大、中规格的手提式灭火器或推车式灭火器。

(三)灭火器的设置

1. 灭火器的设置位置

灭火器的设置位置应明显、醒目，是为了在平时和发生火灾时，能使人一目了然地知道去何处可取灭火器，减少因寻找灭火器所花费的时间，从而能及时有效地将火扑灭在初起阶段。

灭火器的设置位置应能够便于取用。当发现火情后，要求现场人员在没有任何障碍的情况下，就能够跑到灭火器设置点处方便地取得灭火器并进行灭火。能否及时地取到灭火器，在某种程度上决定了用灭火器灭火的成败。

一个计算单元内配置的灭火器数量不得少于2具。考虑到在发生火灾时，若能同时使用两具灭火器共同灭火，则对迅速、有效地扑灭初起火灾非常有利。同时，两具灭火器还可起到相互备用的作用，即使其中一具失效，另一具仍可正常使用。

2. 灭火器的设置数量

每个灭火器设置点的灭火器配置数量不宜多于5具，这主要是从消防实战考虑，失火后，可能会有许多人同时参加紧急灭火行动，如果同时到达同一个灭火器设置点取用灭火器的人员太多，而且许多人都手提1具灭火器到同一个着火点去灭火，则会互相干扰，使得现场非常杂乱，影响灭火，这样反倒容易贻误战机。

3. 灭火器的最大保护距离

发生火灾后，能否及时、有效地用灭火器扑灭初起火灾，取决于多种因素，而灭火器保护距离的远近，显然是其中的一个重要因素，它实际上关系到人们是否能及时取用灭火器，进而是否能够迅速扑灭初起小火，或者是否会使火势失控成灾等一系列问题。因此，灭火器的最大保护距离问题不得不察。参见表8-26、表8-27。

表8-26 **A类火灾场所的灭火器最大保护距离** （单位：m）

危险等级 \ 灭火器型式	手提式灭火器	推车式灭火器
严重危险级	15	30
中危险级	20	40
轻危险级	25	50

表8-27 **B、C类火灾场所的灭火器最大保护距离** （单位：m）

危险等级 \ 灭火器型式	手提式灭火器	推车式灭火器
严重危险级	9	18
中危险级	12	24
轻危险级	15	30

D类火灾场所的灭火器，其最大保护距离应根据具体情况研究确定。E类火灾场所的灭火器，其最大保护距离不应低于该场所内A类或B类火灾的规定。

第五节　特种设备安全

特种设备，是指对人身和财产安全有较大危险性的锅炉、压力容器(含气瓶)、压力管道、电梯、起重机械、客运索道、大型游乐设施、场(厂)内专用机动车辆，以及法律、行政法规规定的其他特种设备。国家对特种设备实行目录管理。特种设备目录由国务院负责特种设备安全监督管理的部门制定，报国务院批准后执行。特种设备生产、经营、使用单位应当按照国家有关规定配备特种设备安全管理人员、检测人员和作业人员，并对其进行必要的安全教育和技能培训。特种设备安全管理人员、检测人员和作业人员应当按照国家有关规定取得相应资格，方可从事相关工作。特种设备安全管理人员、检测人员和作业人员应当严格执行安全技术规范和管理制度，保证特种设备安全。特种设备生产、经营、使用单位对其生产、经营、使用的特种设备应当进行自行检测和维护保养，对国家规定实行检验的特种设备应当及时申报并接受检验。

工业气体供气模式大致分为四种：瓶装气体、液态气体、现场制气及管道供气。其中，瓶装气体仅适用于需求量较小或者有机动性要求的气体用户。制药过程中使用的工艺气体多为高纯度气体，会影响到产品的质量，即使是用于清洁后管道的吹干和设备吹干的压缩空气，也有洁净度的要求，因此，制药工艺用气多采用现场制气的方式供气。

因此，本节仅介绍与制药工业密切相关的特种设备：压力容器和压力管道，不含气瓶。

一、压力容器

压力容器，是指盛装气体或者液体，承载一定压力的密闭设备，其范围规定为最高工作压力大于或者等于0.1MPa(表压)的气体、液化气体和最高工作温度高于或者等于标准沸点的液体、容积大于或者等于30L且内直径(非圆形截面指截面内边界最大几何尺寸)大于或者等于150mm的固定式容器和移动式容器；盛装公称工作压力大于或者等于0.2MPa(表压)，且压力与容积的乘积大于或者等于1MPa·L的气体、液化气体和标准沸点等于或者低于60℃液体的气瓶；氧舱。这里所说的压力容器是指内压容器，即容器壳体内部压力高于外部压力的压力容器。在前面章节已经讲过，这里的压力实际是指压强，具体而言，是指表压强，也即表压力。制药工业中常见的压力容器一般为固定式压力容器，即安装在固定位置使用的压力容器。

(一)压力容器相关的几个压力概念

与压力容器相关的压力概念包括：工作压力、操作压力、设计压力、试验压力、最高允许工作压力。要注意这几个压力概念之间的关系和区别。

工作压力是指在连续正常操作的生产过程中，压力容器在其规定的设计条件(环境、物料、温度、压力等)范围内正常、安全运行的状态时，容器顶部可能达到的最高压力。工作压力有时亦称操作压力。

设计压力是指设定的容器顶部最高压力，与相应的设计温度一起作为该容器的基本设计条件，其值不低于工作压力。

试验压力是指在进行耐压试验或泄漏试验时容器顶部的压力。

最高允许工作压力是指在指定的相应温度下，容器顶部所允许承受的最大压力。该压力是根据容器各受压元件的有效厚度，考虑了该元件承受的所有载荷而计算得到，且取最小值。指定的相应温度，一般是指某一操作工况条件时的设计温度，也可以是根据需要规定的其他温度，如最低设计金属温度时所对应的最高允许工作压力。当压力容器的设计文件没有给出最高允许工作压力时，如需要，可以认为该容器的设计压力即是最高允许工作压力。

(二)压力容器分类

1. 按安全技术管理分类

压力容器通常在各种介质和环境十分苛刻的条件下操作和运行，如高温、高压、易燃、易爆、有毒和腐蚀等，首先要考虑的就是压力容器中的介质。压力容器的介质分为两组：第一组介质，毒性危害程度为极度、高度危害的化学介质，易爆介质，液化气体；第二组介质，除第一组以外的介质。化学介质虽然储存于容器内，但它的危害性和危险性却主要体现在泄漏于容器外环境所引发的灾难。

介质危害性指压力容器在生产过程中因事故致使介质与人体大量接触，发生爆炸或者因经常泄漏引起职业性慢性危害的严重程度，用介质毒性危害程度和爆炸危险程度表示。

对于毒性介质，综合考虑急性毒性、最高容许浓度和职业性慢性危害等因素，可划分为极度危害介质、高度危害介质、中度危害介质和轻度危害介质。极度危害介质最高容许浓度小于0.1mg/m^3；高度危害介质最高容许浓度为0.1~1mg/m^3；中度危害介质最高容许浓度为1~10mg/m^3；轻度危害介质最高容许浓度大于或者等于10mg/m^3。

易爆介质是指气体或者液体的蒸气、薄雾与空气混合形成的爆炸混合物，并且其爆炸下限小于10%，或者爆炸上限和爆炸下限的差值大于或者等于20%的介质。

介质毒性危害程度和爆炸危险程度按照《压力容器中化学介质毒性危害和爆炸危险程度分类》(HG/T 20660—2017)确定，HG/T 20660 没有规定的，由压力容器设计单位参照《职业性接触毒物危害程度分级》(GBZ 230—2010)的原则确定介质组别。

为方便对压力容器锻件的安全技术监督和管理，根据压力容器发生事故的可能性以及发生事故后的二次危害程度的大小，考虑了设计压力大小、工作介质危害性、容器几何容积大小等因素，将压力容器分为Ⅰ、Ⅱ、Ⅲ类，从安全的角度反映压力容器的重要性和对压力容器的不同要求。设计压力容器时，首先应按照介质分组选择正确的压力容器分类图，再根据设计压力 p(单位 MPa)和容积 V(单位 m^3)，标出坐标点，确定压力容器所属类别。该类别是拟定压力容器制造技术要求的基本依据。当确定的坐标点位于压力容器分类图的分类线上时，按照较高的类别划分。

多腔压力容器，如热交换器的管程和壳程、夹套压力容器等，应当分别对各压力腔进行分类，划分时设计压力取本压力腔的设计压力，容积取本压力腔的几何容积；以各压力腔的最高类别作为该多腔压力容器的类别并且按照该类别进行使用管理，但是，应当按照每个压力腔各自的类别分别提出设计、制造技术要求。当在一个压力腔内有多种介质时，按照组别高的介质对压力容器进行分类。当某一危害性物质在介质中含量极小时，应当根据其危害程度及其含量综合考虑，按照压力容器设计单位确定的介质组别分类，如图 8-12、图 8-13 所示。

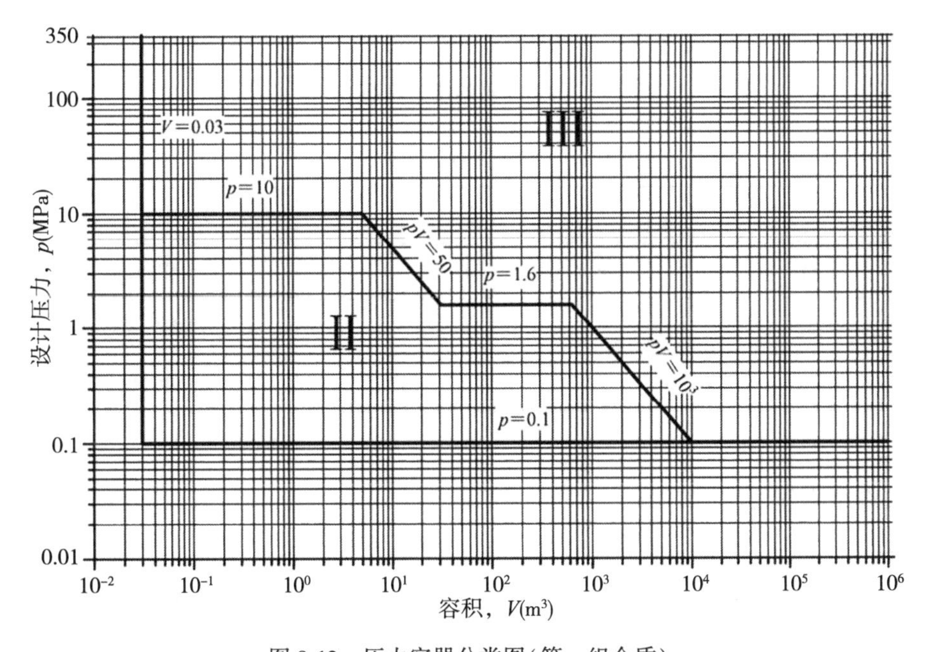

图 8-12　压力容器分类图(第一组介质)

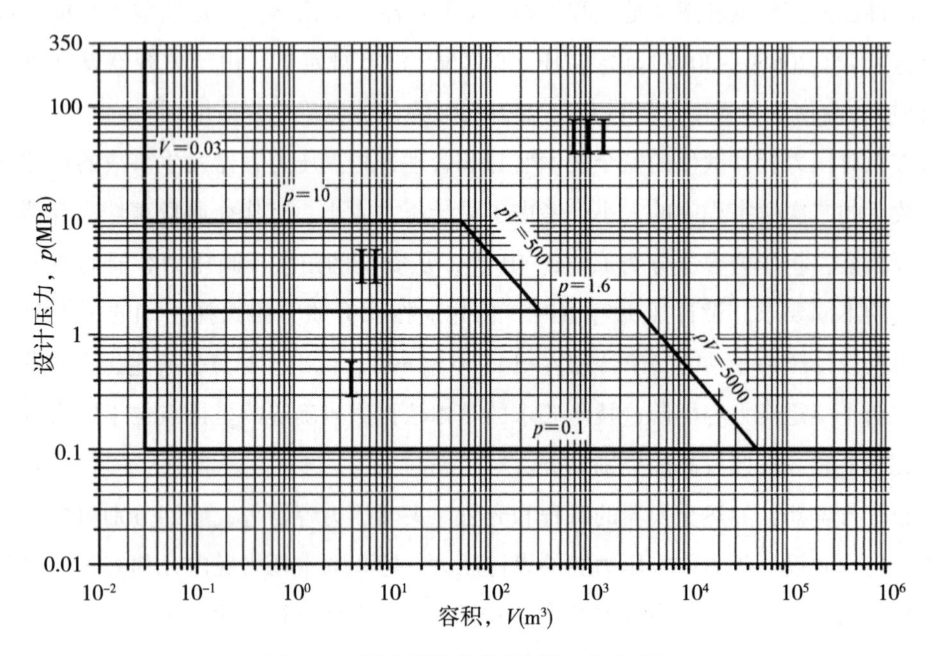

图 8-13　压力容器分类图(第二组介质)

2. 按压力等级分类

根据压力容器的设计压力(p)可将压力容器划分为低压、中压、高压和超高压 4 个压力等级。参见表 8-28。

表 8-28　**压力容器的压力等级**

压力等级	代号	压力范围
低压	L	0. 1MPa≤p<1. 6MPa
中压	M	1. 6MPa≤p<10. 0MPa
高压	H	10. 0MPa≤p<100. 0MPa
超高压	U	p≥100. 0MPa

3. 按作用原理分类

按照在生产工艺过程中的作用原理，压力容器可划分为反应压力容器、换热压力容器、分离压力容器、储存压力容器。在一种压力容器中，当同时具备两个以上的工艺作用原理时，应按照工艺过程中的主要作用来划分。参见表 8-29。

表 8-29　压力容器的作用原理

类别	代号	说　明
反应压力容器	R	主要是用于完成介质的物理、化学反应的压力容器，例如各种反应器、反应釜等
换热压力容器	E	主要是用于完成介质的热量交换的压力容器，例如各种热交换器、冷却器、冷凝器、蒸发器等
分离压力容器	S	主要是用于完成介质的流体压力平衡缓冲和气体净化分离的压力容器，例如各种分离器、过滤器等
储存压力容器	C(球罐代号 B)	主要是用于储存或者盛装气体、液体、液化气体等介质的压力容器，例如各种型式的储罐

二、压力管道

压力管道，是指利用一定的压力，用于输送气体或者液体的管状设备，其范围规定为最高工作压力大于或者等于 0.1MPa(表压)，介质为气体、液化气体、蒸汽或者可燃、易爆、有毒、有腐蚀性、最高工作温度高于或者等于标准沸点的液体，且公称直径大于或者等于 50mm 的管道。公称直径小于 150mm，且其最高工作压力小于 1.6MPa(表压)的输送无毒、不可燃、无腐蚀性气体的管道和设备本体所属管道除外。

(一)压力管道的分级

压力管道包括工艺装置、辅助装置以及界区内公用工程所属的压力管道，按其危害程度和安全等级划分为 GC1 级、GC2 级和 GC3 级。

(1)符合下列条件之一的压力管道划分为 GC1 级：①输送《危险化学品目录(2015 版)》中规定的毒性程度为急性毒性类别 1 介质、急性毒性类别 2 气体介质和工作温度高于其标准沸点的急性毒性类别 2 液体介质的压力管道。②输送 GB 50160—2008、GB 50016—2014 中规定的火灾危险性为甲、乙类可燃气体或甲类可燃液体(包括液化烃)，并且设计压力大于或等于 4MPa 的压力管道。③输送除前两项介质以外的流体，并且设计压力大于或等于 10MPa，或设计压力大于或等于 4MPa 且设计温度高于或等于 400℃的压力管道。

(2)符合下列条件的压力管道(包括制冷管道)划分为 GC2 级：介质毒性或易燃性危险和危害程度、设计压力和设计温度低于 GC1 级的压力管道。

(3)GC2 级管道中列出的并且符合下列条件的压力管道应划分为 GC3 级：输送无毒、不可燃、无腐蚀性液体介质，设计压力小于或等于 1MPa 且设计温度高于-20℃但不高于 185℃的压力管道。

(二)管道系统安全信息标记

管道系统安全信息标记的主要作用是预防事故，也可用于在紧急情况下提供现场救援的辅助信息。通过安全信息标记提供的信息，可以辨认、识别和理解管道的流向以及与管道介质的类型及特性相关的危险。管道系统安全信息标记应按照管道介质的安全数据表(SDS)以综合和统一的方式，准确标示所有管道和物料输送系统中的管道介质以及与管道介质相关联的危险。为了确保能够充分了解与管道介质相关的潜在危险，在某些情形中，管道系统安全信息标记应以完整和清晰易懂的方式提供特定的安全信息，这些信息包括物质的准确性质、温度、毒性以及管道介质发生泄漏时的窒息风险等。管道系统安全信息标记应规范使用多种视觉要素准确传达安全信息。视觉要素包括颜色、文字、交全标志、危险象形图和箭头符号等。管道系统安全信息标记中的各要素应与相邻信息之间保持足够的对比度和区分度，并且应在预期的安全操作或安全控制的观察距离内保持可见性。当管道介质成分中含有毒或有害物质时，管道系统安全信息标记中应包含表达有害物质的独特、明确的视觉要素及相应的安全标志。为了确保安全信息传递的一致性，在管道系统中设置和使用的安全信息标记应具有相同的设计样式。

1. 管道系统安全信息标记的要素

管道系统安全信息标记包含四个关键要素和两个可选要素，四个关键要素是：识别管道介质的颜色代码、管道介质名称、流向指示符、警告标志和(或)危险象形图；两个可选要素是：附加信息和辅助识别色。

1)识别管道介质的颜色代码

管道系统安全信息标记的颜色代码包括基本识别色和用于表示有害物质的黄色安全色。在不需要进一步区分有害物质时，管道系统安全信息标记中可不使用基本识别色而仅使用黄色安全色。参见表8-30。

表8-30　**安全色、基本识别色及其对比色**

颜色	管道介质	颜色	对比色
安全色	有害物质	黄色	黑色
基本识别色	气态或液态的气体	灰色	黑色
	液体和固体物质(粉末、颗粒物)	黑色	白色
	酸	橙色	黑色
	碱	紫罗兰色	白色
	灭火介质	红色	白色
	水	绿色	白色
	空气	蓝色	白色

2) 管道介质名称

管道介质名称可以是介质的实际名称、化学分子式或编号等。管道介质的实际名称以中文为主，必要时可增加其他语言文字，例如英文，在使用英文时，第一个英文单词首字母应大写，其他字母宜小写。管道介质名称中，每一种语言文字不应超过 2 行。管道介质名称中较长的词可以使用缩写或简称形式，所使用的缩写或简称均应规定在相关的安全文件中。管道介质名称的文字应使用相应的对比色居中显示在基本识别色或黄色安全色的颜色区域内。参见图 8-14。

空气

图 8-14　在基本识别色区域内显示管道介质名称的示意

3) 流向指示符

管道系统安全信息标记中使用箭头符号作为流向指示符指示管道介质的流动方向。流动方向一般使用单向箭头表示，在适当情况下(如环形管道)可使用双向箭头表示。流向指示符有两种呈现方式：一是在白色背景色上使用黑色箭头符号；二是在基本识别色或黄色安全色上使用相应对比色的箭头符号。流向指示符的高度不应小于 10mm。

4) 警告标志和危险象形图

警告标志和危险象形图是管道系统安全信息标记的重要构成要素，用于通过符号化的方式传达特定的安全含义。与管道介质相关的警告标志或危险象形图应通过风险评估确定。管道系统安全信息标记中使用的警告标志应从 GB/T 31523. 1 中选取，危险象形图应符合 GB 30000 的规定，警告标志和危险象形图应显示在白色或黄色的背景色中。警告标志和危险象形图的高度不应小于 20mm。

管道系统安全信息标记可使用安全标志或辅助文字来传达某些未列在安全数据表中但通过风险评估所确定的潜在危险，例如管道介质的温度限值、生物危险、电气危险、与加压介质相关的危险等。

5) 附加信息

如果需要，可在管道系统安全信息标记中给出技术性和操作性的附加信息，比如压力、温度、流速或流量，基于管道系统的管道识别码，起点和终点信息，由外形尺寸、产品编码、系统编号等信息组成的管线号，编号和管道分类码，功能或服务的简短描述等。如果需要使用附加安全性信息(例如压力或温度等)，则附加安全信息应紧邻介质名称显示。附加安全信息与介质名称宜使用相同的背景色和对比色。附加安全信息也可使用白色背景色和黑色文字显示。如果需要使用附加技术性信息(例如管道识别码、管道的起点和终点信息、管线号、管道分类码、真空、停用等），则附加技术信息应以白色背景色和黑色文字显示。

6）辅助识别色

图 8-15 辅助识别色的使用示意

如果需要进一步详细说明管道的介质，则应使用辅助识别色。辅助识别色应设在基本识别色区域的两侧。每一侧的辅助识别色的宽度，都应为基本识别色区域宽度的10%。参见图 8-15。

2. 管道系统信息安全标记的设置

管道系统安全信息标记应固定设置在管道上需要查看安全信息的位置。在管道上的关键位置处应设置管道系统安全信息标记，这些关键位置包括：阀门附近；泵、罐等主要设备的连接点两侧；管道的分支点；墙壁、地板或其他类型的区域分隔点的两侧；高架管道临近楼梯或平台的位置；管架的起点和终点；管架下方有交通路口的位置；管道入口和出口处等。

在管道上设置多个管道系统安全信息标记时，两个设置点的间距不应超过 10m，对于室外或较宽阔的高照度区域，考虑到各种可能的观察距离，可使用较大的设置间距。保温管道应在覆层外侧设置管道系统安全信息标记。如果直接设置在管道上可能降低安全信息标记的清晰性，则应在通过支架与管道连接的背板或支撑物上设置管道系统的安全信息标记。对于多条并列的管道，应使用相同方式并列设置管道系统安全信息标记。参见图 8-16。

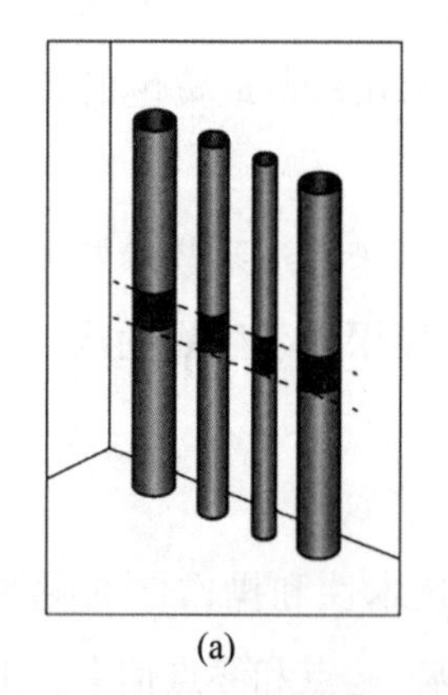

(a)

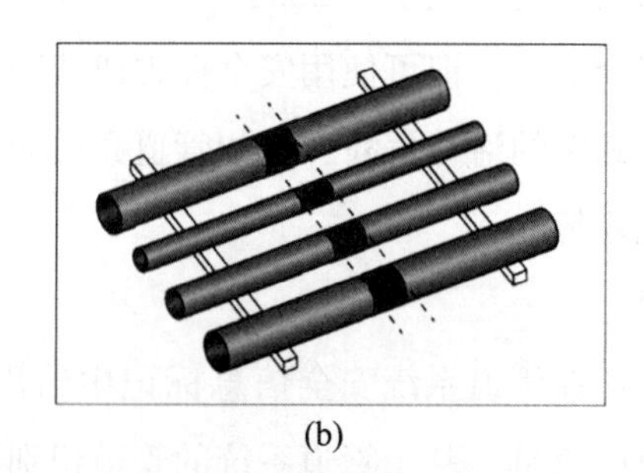

(b)

图 8-16 多条管道并列时安全信息标记设置位置的示意

三、安全泄放装置

安全泄放装置是指在紧急或异常状况时能自动开启，以防止因内部流体介质超压而导致承压设备失效的装置。凡可能存在承压设备最高压力超过设计压力或最高允许工作压力时，承压设备均应设置安全泄放装置。

安全泄放装置的选用与安装，应考虑承压设备类型、使用工况和承载介质类别、毒性、危险特性等因素，还应考虑承压设备失效模式以及安全泄放装置的失效模式。安全泄放装置进出口管路一般不准许设置截断阀，当确需设置截断阀时，应加铅封或锁定，且保证截断阀在全开状态，其压力等级应不低于安全泄放装置进出口管路的压力等级，其进出口的公称尺寸应不小于安全泄放装置相应进出口的公称尺寸。

安全泄放装置排放能力应满足承压设备安全泄放量的需要，并且其连接管路中管子、管件和阀门的口径应满足排放能力要求。安全泄放装置进口管路应避免产生过大的压力损失。

安全阀和爆破片安全装置是最为常用的安全泄放装置。

(一)安全阀

安全阀是指不借助任何外力而利用自身介质的力来排出一定数量的流体，以防止压力超过某个预定安全值的自动阀门。当承压设备中介质压力超过规定值时，安全阀的阀门自动开启，通过向系统外排放介质来降低系统内介质压力，当压力恢复正常后，阀门关闭并阻止介质继续流出。

全启式安全阀结构如图 8-17 所示。

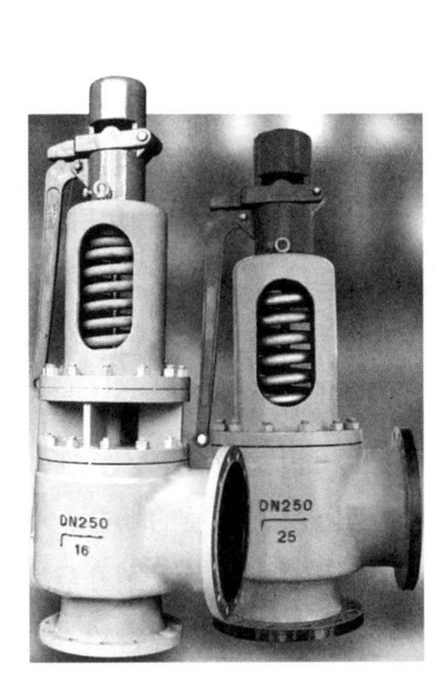

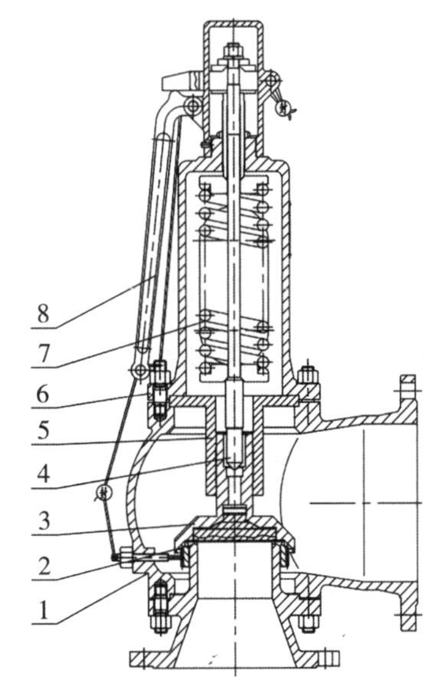

1—阀体；2—阀座；3—阀瓣；4—阀杆；5—导向套；6—阀盖；7—弹簧；8—扳手

图 8-17　全启式安全阀结构示意图

安全阀主要由阀座、阀瓣和加载机构三部分组成。阀座与承压设备连通，它可以和阀体是一个整体，也可以和阀体组装在一起。阀瓣紧扣在阀座上，其通过阀杆与加载机构连接，加载机构的载荷大小可根据实际情况调节。当设备内的压力在设定的工作压力范围之内时，内部介质作用于阀瓣上面的力小于加载机构加在阀上面的力，两者之差构成阀瓣与阀座之间的密封力，使阀瓣紧压着阀座，设备内的介质无法排出。当设备内的压力超过规定的工作压力并达到安全阀的开启压力时，设备内的介质作用于闸瓣上面的力大于加载机构施加在它上面的力，此时，阀瓣离开阀座，安全阀开启，设备内的介质通过阀座排出，设备内的压力逐渐下降。当设备内的压力降至正常工作压力时，内部介质作用于阀瓣上面的力又小于加载机构施加在它上面的力，阀瓣又紧压着阀座，设备内的介质停止排出，设备继续正常运行。

1. 安全阀的分类

安全阀按阀瓣开启高度分为微启式安全阀、全启式安全阀和中启式安全阀。微启式安全阀的开启高度通常为流道直径的1/40～1/20，主要用于液体，有时也用于排放量很小的气体。全启式安全阀的开启高度不小于流道直径的1/4，主要用于气体介质的场合。中启式安全阀的开启高度介于微启式与全启式之间。

安全阀按介质排放方式分为全封闭式安全阀、半封闭式安全阀和敞开式安全阀。全封闭式安全阀的出口侧要求密封，介质全部通过排气管排放，适用于有毒、有害、易燃等介质。半封闭式安全阀排出的气体，一部分通过排气管，另一部分从阀盖与阀杆间的间隙中漏出、多用于介质为不会污染环境的气体。敞开式安全阀的阀盖是敞开的，使弹簧腔室与大气相通，有利于降低弹簧的温度。主要适用于介质为蒸汽，以及对大气不产生污染的高温气体。

安全阀按作用原理分为直接作用式安全阀和非直接作用式安全阀。直接作用式安全阀依靠工作介质压力的作用克服加载机构加于阀瓣的机械载荷使阀门开启，具有结构简单、动作迅速、可靠性好等优点，但因为依靠结构加载，其载荷大小受到限制，不能用于高压、大口径的场合。非直接作用式安全阀又可分为先导式安全阀和带动力辅助装置的安全阀。先导式安全阀依靠从导阀排出的介质来驱动或控制，具有良好的密封性能，其动作很少受背压的影响，但是，先导式安全阀的可靠性同主阀和导阀有关，动作不如直接作用式安全阀迅速、可靠，其结构也较复杂，主要适用于高压、大口径的场合；带动力辅助装置的安全阀借助于动力辅助装置，能在低于正常开启压力的情况下强制开启安全阀，适用于开启压力很接近于工作压力的场合，也适用于需定期开启安全阀进行检查或吹除粘着、冻结的介质的场合，同时，带动力辅助装置的安全阀也提供了一种在紧急情况下强制开启安全阀的手段。

2. 安全阀的选用

安全阀适用于清洁、无颗粒和低黏度的流体介质。当承压设备需要设置安全泄放装置且无特殊要求时，应优先选用安全阀。下列场合不应单独选用安全阀：①流体介质黏稠、含有颗粒或结晶的场合；②压力快速上升或密闭性要求高的场合。

流体介质为气体、蒸汽以及最高工作温度高于或等于其标准沸点的液体时，应选用全启式安全阀。流体介质为液体时，可选用全启式或微启式安全阀。流体介质排放时不准许泄漏至大气的，应选用全封闭式安全阀。

下列工况应考虑并联设置两个或多个安全阀：①为确保承压设备安全运行或需要在保持设备连续运行状态下维护或更换安全阀的，应设置两个安全阀及安全阀快速切换装置，且单个安全阀能满足承压设备所需的安全泄放量要求；②单个安全阀不能满足承压设备的实际泄放工况要求时，应设置两个或多个安全阀；③在特殊工况条件下，安全阀产品本身存在失效风险的，应至少设置两个安全阀。

当安全阀存在背压工况时，安全阀背压超过整定压力的10%且小于或等于整定压力的30%时，宜选用带波纹管的平衡式安全阀；安全阀背压大于整定压力的30%且小于整定压力的80%时，宜选用先导式安全阀。

3. 安全阀的安装

承压设备内存在气、液两相流体介质时，安全阀应安装在承压设备的气相空间或与气相空间相连的管路上。

安装时，安全阀应垂直向上，安装位置尽量靠近被保护的设备或管道，且周围有足够空间，以便于检修和调节。

安全阀入口管路的压力损失应不大于安全阀整定压力的3%，安全阀出口的泄放管路应引至安全地点。

(二)爆破片安全装置

爆破片安全装置是由爆破片(或爆破片组件)和夹持器(或支承圈)等零部件组成的非重闭式压力泄放装置。在设定的爆破温度下，当爆破片两侧压力差达到预定值时，爆破片即刻破裂或脱落并泄放出流体介质。

爆破片组件是由爆破片、背压托架、加强环、保护膜及密封膜等两种或两种以上零件构成的组合件，又称组合式爆破片。

1. 爆破片的分类

爆破片安全装置中的爆破片分为正拱形爆破片、反拱形爆破片、平板形爆破片和石墨爆破片四个类别。正拱形爆破片的凹面处于压力系统的高压侧，动作时因拉伸而破裂；反拱形爆破片的凸面处于压力系统的高压侧，动作时因压缩失稳而翻转破裂或脱落；平板形爆破片动作时，因拉伸、剪切或弯曲而破裂；石墨爆破由浸渍石墨、柔性石墨、复合石墨等以石墨为基体的材料制成，动作时因剪切或弯曲而破裂，如图 8-18 所示。爆破片的每种类别按结构特点的不同，又分为不同的型式，详见表 8-31。

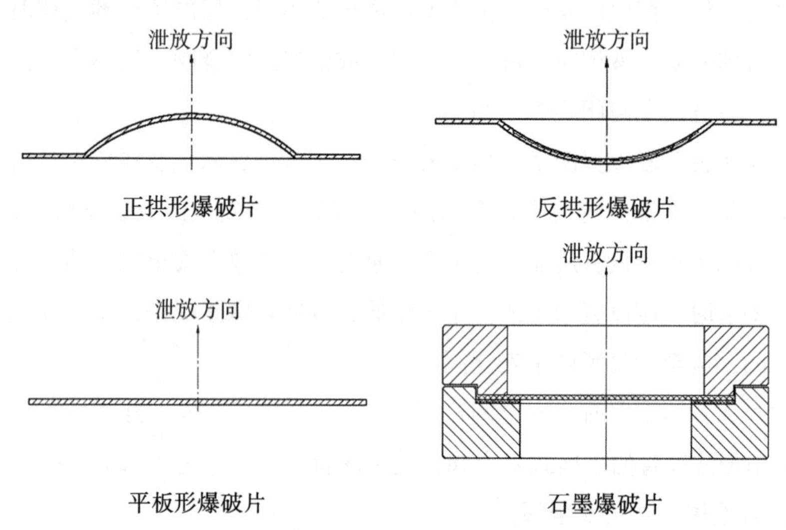

图 8-18　爆破片结构示意图

表 8-31　**爆破片类别代号及型式代号**

爆破片类别	爆破片类别代号	爆破片型式	爆破片型式代号
正拱形爆破片	L	正拱普通型	LP
		正拱开缝型	LF
		正拱带槽型	LC
反拱形爆破片	Y	反拱带槽型	YC
		反拱带刀型	YD
		反拱鳄齿型	YE
		反拱开缝型	YF
		反拱脱落型	YT
平板形爆破片	P	平板带槽型	PC
		平板开缝型	PF
		平板普通型	PP
石墨爆破片	PM	单片可更换型石墨爆破片	PMT
		整体不可更换型石墨爆破片	PMZ

2. 夹持器的分类

爆破片安全装置中的夹持器按安装爆破片类别的不同分为正拱形爆破片夹持器、反拱形爆破片夹持器、反拱带刀型爆破片夹持器、平板形爆破片夹持器和石墨爆破片夹持器五个类别，如图 8-19 所示。每种类别夹持器按夹持器密封面型式的不同，又分为不同的型式，详见表 8-32。

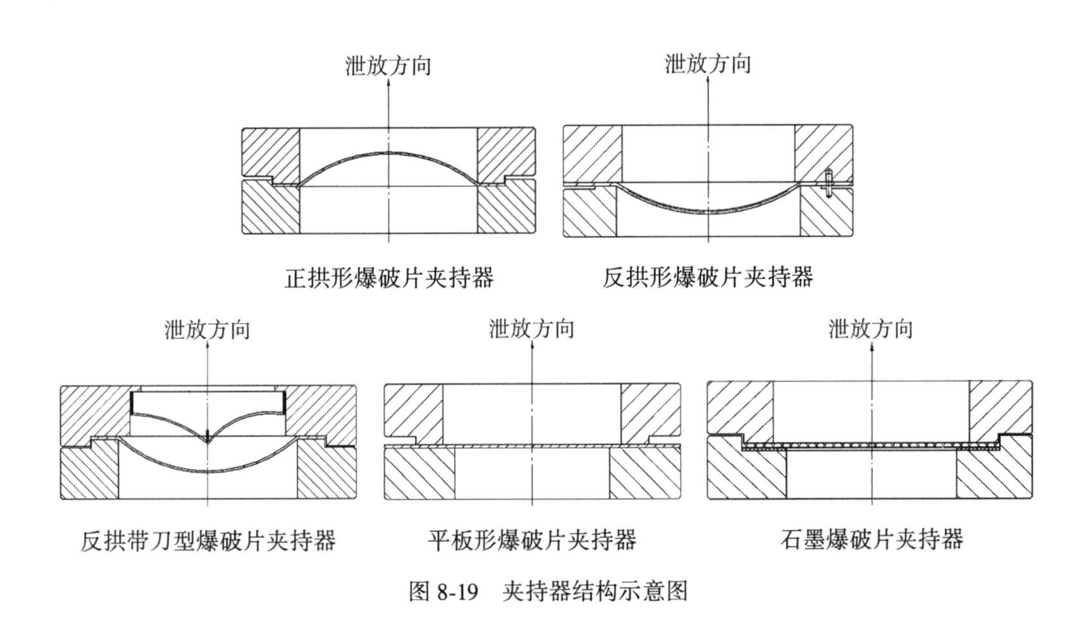

图 8-19 夹持器结构示意图

表 8-32 **夹持器类别代号及型式代号**

夹持器类别	夹持器类别代号	夹持器型式	夹持器型式代号
正拱形爆破片夹持器	LJ	平面	A
		锥面	B
		榫槽面	C
反拱形爆破片夹持器	YJ	平面	A
		榫槽面	C
反拱带刀型爆破片夹持器	YDJ	平面	A
		榫槽面	C
平板形爆破片夹持器	PJ	平面	A
石墨爆破片夹持器	PMJ	平面	A

3. 爆破片安全装置和夹持器代号标记方法

爆破片安全装置代号内容包括：爆破片类别代号、爆破片型式代号、爆破片附件特征代号、爆破片夹持器(夹持器密封面型式)代号、爆破片泄放口径尺寸(mm)、爆破片设计爆破压力(MPa)、爆破片设计爆破温度(℃)和爆破片材料代号。爆破片安全装置代号标记方法见图 8-20。

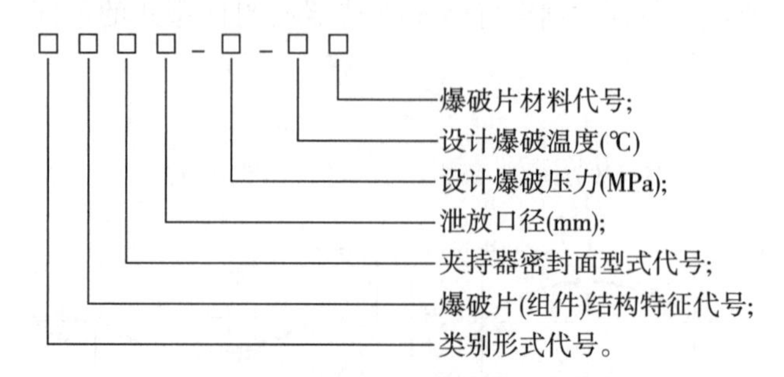

图 8-20 爆破片代号标记方法

例如，爆破片为正拱开缝型：代号 LF，爆破片组件结构特征为带托架：代号 T，夹持器密封面型式：代号 A，泄放口径：100mm；设计爆破压力：0.5MPa，设计爆破温度：80℃，爆破片的标记为：LFTA100-0.5-80。

夹持器安全装置代号内容包括：夹持器类别代号、夹持器密封面型式代号、夹持器泄放口径(mm)和夹持器外径(mm)。夹持器代号标记方法见图 8-21。

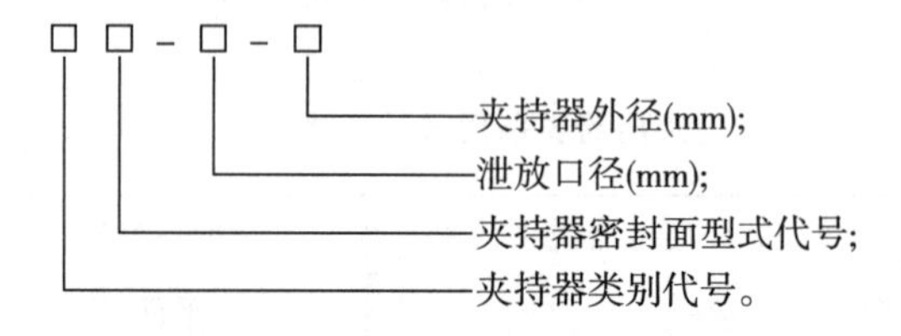

图 8-21 夹持器代号标记方法

例如，夹持器为正拱形爆破片夹持器：代号 LJ，夹持器密封面型式为平面：代号 A，夹持器的泄放口径为：100mm，夹持器的外径为：158mm，夹持器的标记为：LJA-100-158。

4. 爆破片安全装置的选用

符合下列条件之一的被保护承压设备，应优先使用爆破片安全装置作为超压泄放装置：①容器内压力迅速增加，安全阀来不及反应的；②设计上不允许容器内介质有任何微量泄漏的；③容器内介质产生的沉淀物或黏着胶状物有可能导致安全阀失效的；④由于低温的影响，安全阀不能正常工作的；⑤由于泄压面积过大或泄放压力过高(低)等原因导致安全阀不适用的。但是，对于经常超压工况、温度波动较大场合，以及当流体介质毒性为极度高度危害时，不应单独使用爆破片安全装置作为超压泄放装置。

选择爆破片安全装置时，应考虑爆破片安全装置的入口侧和出口侧两面承受的压力及压力差等因素，当被保护承压设备存在真空和超压两种工况时，应选用具有超压和负压双重保护作用的爆破片安全装置，或者选用具有超压泄放和负压吸入保护作用的两个单独的爆破片安全装置。爆破片安全装置的入口侧可能会有物料粘结或固体沉淀的情况下，选择的爆破片类型应与这种工况条件相适应。选用带背压托架的爆破片时，爆破片泄放面积的计算还应考虑背压托架影响。当爆破片的爆破压力会随着温度的变化而变化时，确定该爆破片的爆破压力时也应考虑温度变化的影响。爆破片安全装置用于液体时，应选择适合于全液相的爆破片安全装置，以确保爆破片爆破时系统的动能将膜片充分开启。用于爆炸危险介质的爆破片安全装置，爆破片爆破时不应产生火花。所以，选择爆破片型式时，应综合考虑被保护承压设备的压力、温度、工作介质、最大操作压力比等因素的影响。爆破片的选型可参照书末附录九。

此外，爆破片在实际使用并承受一定的工作压力后，其爆破性能可能会因为温度、压力等因素的影响而发生改变，经过某一特定时间段以后，爆破片的性能将不再符合爆破片出厂时规定的性能要求，且可能在正常工作压力下爆破。为了避免这种情况的出现，有必要确定发生这种情况的可能的时间段并确定更换周期，以保证承压设备的正常安全运转。属于下列情况之一的，应立即更换爆破片：①超过最小爆破压力而未爆破的爆破片应立即更换；②设备检修且拆卸的爆破片应更换；③苛刻条件或重要场合下使用的爆破片应每年定期更换。

5. 爆破片的安装

爆破片安全装置应设置在承压设备的本体或附属管道上，其安装位置应靠近承压设备压力源的位置。若用于气体介质，则应设置在气体空间(包括液体上方的气相空间)或与该空间相连通的管线上；若用于液体介质，则应设置在正常液面以下。爆破片安全装置的安装位置应便于安装、检查及更换。

爆破片及爆破片装置安装时，应注意其泄放方向，避免装反。

爆破片安全装置和承压设备之间的所有管路、管件的截面积应不小于爆破片安全装置的泄放面积，其进口管应尽可能短、直，以免产生过大的压力损失。

爆破片安全装置的排放管应通过大半径弯头从装置中接出，其截面积应大于爆破片安全装置泄放面积。当有两个或两个以上爆破片安全装置采用排放汇集管时，汇集管的截面积应不小于各爆破片安全装置出口管道截面积的总和。在爆破片安全装置排放管的适当部位应开设排泄孔，用于防止凝液等积存在管内。

(三)爆破片安全装置与安全阀组合使用

根据爆破片安全装置与安全阀的连接方式及相对位置的不同，可分为三种组合形式：

①爆破片安全装置串联在安全阀入口侧，见图 8-22(a)；②爆破片安全装置串联在安全阀的出口侧，见图 8-22(b)；③爆破片安全装置与安全阀并联使用，见图 8-22(c)。

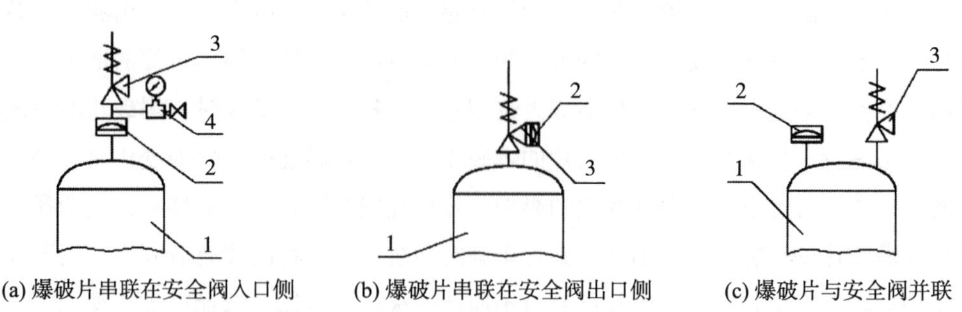

(a) 爆破片串联在安全阀入口侧　(b) 爆破片串联在安全阀出口侧　(c) 爆破片与安全阀并联

1—承压设备；2—爆破片安全装置；3—安全阀；4—指示装置

图 8-22　爆破片安全装置与安全阀组合形式示意图

1. 爆破片安全装置串联在安全阀入口侧

爆破片安全装置串联在安全阀入口侧的主要目的是：①防止影响安全阀性能的工况(如安全阀腐蚀、结垢)出现；②避免因爆破片的破裂而损失大量的工艺物料或盛装介质；③防止安全阀泄漏。爆破片安全装置设置在承压设备和安全阀之间时，安全阀与爆破片之间的腔体应设置排气阀、压力表或其他报警指示，用以检查爆破片是否渗漏或破裂，并及时排放腔体内蓄积的压力，避免因背压而影响爆破片的爆破压力。

当爆破片安全装置安装在安全阀的入口侧时，爆破片安全装置与安全阀组合装置的泄放量应不小于被保护承压设备的安全泄放量，此时，应以安全阀的额定泄放量乘以系数 0. 9 作为组合装置的泄放量。爆破片安全装置公称直径应不小于安全阀入口侧管径，并应设置在距离安全阀入口侧 5 倍管径内，且安全阀入口管线压力损失(包括爆破片安全装置导致的)应不超过其设定压力的 3%。爆破片爆破后的泄放面积应大于安全阀的进口截面积，而且，爆破片爆破时不应产生碎片、脱落或火花，以免妨碍安全阀的正常排放功能。

2. 爆破片安全装置串联在安全阀的出口侧

当安全阀出口侧有可能被腐蚀或存在外来压力源的干扰时，应在安全阀出口侧设置爆破片安全装置，以保护安全阀的正常工作。爆破片安全装置与安全阀之间的腔体应设置压力指示装置、排气口及合适的报警指示器，以防止安全阀和爆破片装置之间形成压力积聚。

当爆破片安全装置设置在安全阀的出口侧时，爆破片安全装置与安全阀组合装置的泄放量应不小于被保护承压设备的安全泄放量。在爆破温度下，爆破片设计爆破压力与泄放管内存在的压力之和应不超过安全阀整定压力、爆破片安全装置与安全阀之间的任何管路或管件的设计压力、被保护承压设备的设计压力三项中的最小一项。爆破片爆破后的泄放面积应足够大，以使流量与安全阀的额定排量相等。在爆破片以外的任何管道不应因爆破片爆破而被堵塞。

3. 爆破片安全装置与安全阀并联使用

为防止在异常工况下被保护的承压设备压力迅速升高或安全阀排放能力不能满足承压设备安全泄放要求，可设置1个或多个爆破片安全装置与安全阀并联使用。此时，安全阀及爆破片安全装置各自的泄放量均应不小于被保护承压设备的安全泄放量，爆破片的设计爆破压力应大于安全阀的整定压力。

第六节　电气安全

电气事故是指由电流、电磁场、雷电、静电和某些电路故障等直接或间接造成建筑设施、电气设备毁坏，人员伤亡，以及引起火灾和爆炸等后果的事件。

一、基本用电常识

在前期课程中，已经学习过电压、电流、电阻的概念以及它们之间的关系，在这里仅做一个简单的回顾。

电压是指移动单位电荷时电场力所做的功，也被称作电势差或电位差。用符号 U 表示，单位为伏特，简称伏(V)。1kV = 1000V，1V = 1000mV，1mV = 1000μV。

电压可分为高电压和低电压。对地电压等于或高于1000伏的电压称为高电压，对地电压小于1000伏的电压称为低电压，其中36伏及以下电压常是安全电压。制药工业中的常用电压为200伏和380伏，属于低电压范畴，因此，制药工业设备属于低压电气设备。

220伏和380伏电压也叫工频，因其频率均为50赫兹，主要用于电力和照明。其中，220伏为单相交流电，380伏为三相交流电。三相交流电也叫动力电，线路由四条线组成，包括三根火线和一根零线，也叫三相四线。零线和每条火线之间的电压为220伏，每两条火线之间的电压为380伏。工业中大部分的设备采用三相交流电，而在日常生活中，多使用单相交流电，因此，单相交流电也称为照明电。当采用照明电供电时，使用三相电其中的一相对用电设备供电，而另外一根线是三相四线之中的第四根线，也就是其中的零线，该零线从三相电的中性点引出。如图8-23所示。

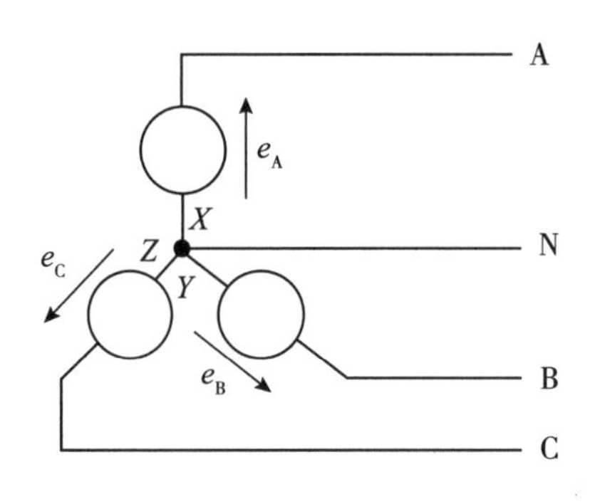

A：火线；N：零线；B：火线；C 火线

图 8-23　三相四线图

电流是指电荷的定性移动形成电流。用符号 I 表示，单位为安培，简称安(A)。1A = 1000mA，1mA = 1000μA。

电阻：物质对电流的阻碍作用。用符号 R 表示，单位为欧姆，简称欧(Ω)。

由欧姆定律可知，在同一电路中，通过某段导体的电流与这段导体两端的电压成正比，与这段导体的电阻成反比。即

$$I = \frac{U}{R}$$

电流可在其中流通的、由导线连接的电路元器件的组合称为电路。电路通常由电源、负载和中间环节三部分组成，对于制药生产而言，生产设备即为电路中的负载。电路有三种状态：通路、断路和短路。如图 8-24 所示。

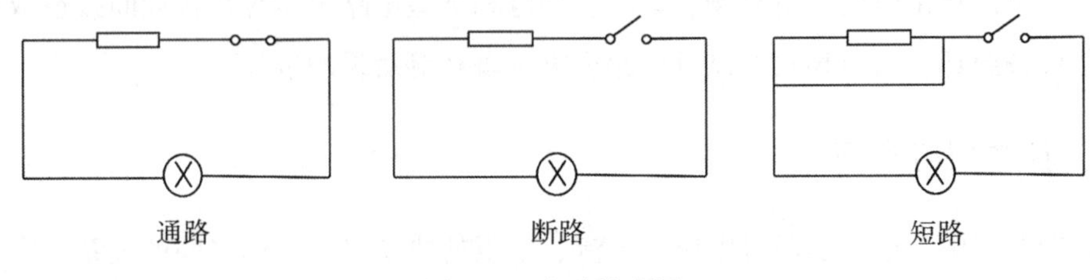

图 8-24　电路状态图

电路连接后，设备能够正常工作的电路称为通路，此时，电路中有电流通过设备。开关未闭合或电线断裂致使线路在某处断开的电路称为断路，此时，设备不能正常工作，电路中没有电流通过设备。由于电路或电路中的一部分被短接，电流不经过设备的电路称为短路，虽然此时设备不工作，但由于短路时电路的电阻很小，此时短路电路中的电流会非常大。

人体是导体，当人体接触设备的带电部分并形成电流通路时，就会有电流流过人体造成触电。触电事故可分为单相触电和两相触电。如图 8-25 所示。

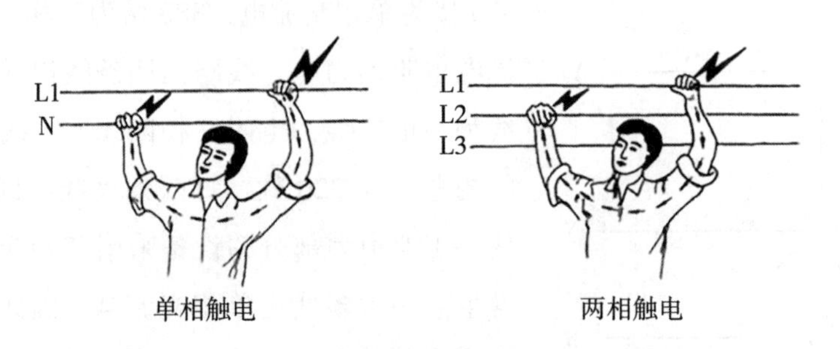

图 8-25　触电事故图

由于电线绝缘破损、导线金属部分外露、导线或电气设备受潮等原因使其绝缘部分的绝缘性变差，导致站在地上的人体直接或间接地与火线接触，电流通过人体经大地回到中

性点而造成单相触电事故。单相触电的危险程度与电压的高低、电网的中性点是否接地、每相对地电容的大小有关，单相触电事故是较常见的一种触电事故。

两相触电是指人体两处同时触及两相带电体(三根火线中的两根)所引起的触电事故。这时，人体承受的是380V电压，危险程度远大于单相触电，轻则导致烧伤或致残，严重时会引起死亡。但是，双手或身体直接接触两根火线的机会很少，所以两相触电事故比单相触电事故少得多。

触电事故中，主要是由于电流流过人体造成伤害。电流对人体的伤害程度与电流大小、电流持续时间、电流的频率有关，也与电流通过人体的部位、人体的状况、人体的电阻有很大关系。

在制药工业生产中，电流对人体的伤害主要有两种：电击和电伤。电击，是指由于电流通过人体而造成人体内部组织的反应和病变破坏，使人出现刺疼、痉挛、麻痹、昏迷、心室颤动或停跳、呼吸困难或停止等现象。电伤，是指电流对人体外部造成的局部伤害，包括电灼伤、电烙印、皮肤金属化等。此外，触电事故发生时，还容易让人因剧烈痉挛而摔倒，导致电流通过全身并造成摔伤、坠落等二次事故。

二、静电

(一)静电的产生

静电是指处于相对静止的电荷，可由物质的接触与分离、静电感应、介质极化和带电微粒的附着等物理过程而产生。由于带电体的静电场作用而引起的静电放电、静电感应、介质极化以及静电力作用等各种物理现象统称为静电现象。日常生活中，用塑料梳子梳头发或脱下合成纤维材质的衣服时，能听到轻微的“噼啪”声，在黑暗中可见到放电的闪光，这些都是静电现象。静电现象是一种常见的带电现象。静电与电的区别见表8-33。

表8-33 **静电与电的区别**

	静 电	直、交流电
现象	相对静止的电荷	流动的电荷
放电时间	瞬间放电(皮秒~毫秒)	持续放电
能量	通常情况下能量很小	能量大
人体感觉	不易感觉，通常情况下2000V以上才能被感觉	36V以上的电压即可对人体构成危害

静电电荷的主要来源是接触产生电荷起电。如果两个之前不带电的物质接触，通常在它们的公共边界会产生电荷转移，分开时，每个表面将携带极性相反的等量电荷。固体与固体之间、液体与液体之间或固体与液体之间都会产生接触起电，气体接触不会起电，但是如果气体中悬浮有固体颗粒或液滴也会接触起电，此时气体就会携带静电电荷。

尽管涉及的电荷数量非常少，但是，因为当接触时电荷间的距离非常小，所以，分离时产生的静电电压会轻松达到几千伏。对于粗糙的实物表面，如果在接触和分离时涉及摩擦，实物的接触面积也会增加，那么电荷数量就会增加，静电电压也会更高。

摩擦通常被认为是反复的接触分离过程，摩擦力越大，产生的静电量就会越大，也就容易产生较高的静电电压，需要特别注意。

在物体分离而起电过程结束之后，静电电荷通过直接接触或接地会很快重新组合，而导体要保留电荷，则需要与其他导体以及大地隔离。许多工业过程中，持续产生的电荷在被隔离的导体上积聚，例如，隔离的金属容器中倒入带电荷的液体或者粉末。正常条件下，纯净的气体是绝缘体，粉尘云或喷雾中悬浮的颗粒，不管导电性如何，悬浮颗粒上的电荷可以保留较长时间。

制药生产过程中，人员的活动、运行的设备和操作过程都有可能导致静电的产生。

1. 人体静电

人体静电主要由自身活动产生，如人穿脱衣服、手套、鞋子等过程中可由摩擦产生静电，人在行走过程中也会因为鞋子与地面的反复接触分离而产生静电，人在工作和生活中取放物品也会产生静电。此外，人体与静电带电体接触、人体接近带电体都会导致人体静电的产生。

影响人体静电电压的因素有很多。人体活动速率越大，起电率越高，静电电压就越高，例如，在相同条件下，穿塑料鞋在化纤地毯上快走时，静电电压可达3000伏以上，而慢走时仅有几百伏；人体泄漏电阻越大，静电电位就会越高，例如，人在干燥地面活动时的静电电压明显高于人在湿地面活动时的静电电压；衣物表面电阻率越大，人体静电电压也会越大，这就是穿棉织物不易产生静电的原因。

2. 运行的设备产生静电

用于传动或运输固体材料的输送带，由于与接触表面(主要是传动轴和传送带)连续分离会产生大量电荷，从而会产生点燃危险。产生的电荷量取决于输送带、传动轴以及滚轴的材质，并且随着输送带速度和张力的提高，接触面宽度的增大而增加。如果输送带耗散性足够，输送带获得的电荷只能通过接地导电滚轴对地安全耗散。通过输送带端部运至料斗或斜槽的物料能够携带大量电荷。

3. 操作过程产生静电

液体通过管道流动时，液体产生电荷，管道壁产生极性相反的等量电荷，导致电荷分离。对于湍流液体，长管道中产生的流动电流基本与速度的平方成正比。如果液体进入管道时不带电荷，液体携带的电荷密度以及形成的流动电流将随着在管道中移动而增大，如果管道足够长，会逐渐接近一个固定值。需要注意的是，在管径发生变化处，由于液体湍动程度发生变化，尤其容易产生静电电荷。

喷雾干燥时，流体从截面很小的喷嘴处喷出，会与喷嘴剧烈摩擦，同时，喷出的流体与热气流接触，快速从流体变为固体粉末，这些固体粉末之间又会相互冲撞，快速地接触和分离，这些过程都会产生大量的静电。沸腾制粒时，粉末粒子在热气流的作用下上下翻腾，与喷雾干燥相似，这些粒子间的相互碰撞也会形成静电，顶部的粘合剂溶液经喷嘴雾化喷入，喷在空间的液体，由于扩展飞散和分离，出现了许多小液滴组成的新的液面，也会产生静电。

固体物料的粉碎、研磨，粉体物料的筛分、输送，口服固体制剂生产中的混合过程，这些都会使正、负电荷发生分离，从而导致物料中静电的积聚。

(二)静电放电

2018 年 4 月 19 日 8 时许，天津市某制药有限公司提取车间员工甲打开中药提取罐的蒸汽阀门加热罐内物料(溶媒为乙醇)，准备进行提取作业。9 时许，员工甲通过中药提取罐观察视镜发现罐内溶媒沸腾(仪表显示罐内温度 70~80℃)。半小时后，员工甲发现罐底出渣口位置出现喷液，随即向员工乙汇报。几分钟后，员工乙赶到现场并要求对设备紧急泄压，员工甲关闭中药提取罐蒸汽阀门并打开罐顶的两个放空阀泄压，其间，罐底出渣口持续喷溅高温液体。操作完成后，员工甲、乙两人退至车间门口处。10 时 06 分 11 秒，中药提取罐区域发生爆炸，造成 3 人死亡、2 人重伤，直接经济损失约 1740. 8 万元(不含事故罚款)。该事故是由于中药提取罐罐底出渣口液体泄漏后高速喷溅产生静电，静电荷积聚放电，引燃提取罐周围的乙醇蒸气与空气混合形成的爆炸气体，发生爆炸。

2020 年 6 月 30 日，由于停电，江西省上饶市某医药化工有限公司 103 车间废气排风系统停止运行，车间集聚了大量的可燃气体。重新启动废气排风系统后，车间各废气吸入口在吸入废气(甲苯蒸汽)的同时也吸入空气，使得废气管道中有大量混合气体存在，塑料废气管道内产生的静电集中释放发生燃爆，瞬间引发存放在二层操作平台上的含有对硝基苄醇和甲苯的 50~60kg 混合物，发生爆炸，造成 1 人死亡，直接经济损失约 83 万元。

2020年9月28日，湖北省天门市某生物科技有限公司在使用压滤试验机对二硝基蒽醌滤料进行压滤作业时，滤料在压力作用下流动，与聚丙烯纤维滤布摩擦产生静电，能量积聚达到滤料的静电爆发临界值后，引发滤料起火分解，压滤试验机内温度和压力急剧升高，从而导致压滤试验机内的二硝基蒽醌爆炸，事故造成6人死亡、1人受轻伤。

上述事故均是由静电释放造成的。物体带静电后，静电最终都是要释放掉的。静电的释放途径有两个：自然逸散和不同形式的静电放电。静电放电(electrostatic discharge，ESD)是指具有不同静电电位的物体，由于直接接触或静电感应所引起的物体之间静电的转移，通常指在静电场的能量达到一定程度之后，击穿其间介质而进行放电的现象。典型静电放电的特点及其相对引燃能力见表8-34。

表8-34 **典型静电放电的特点及其相对引燃能力**

放电种类	发生条件	特点及引燃性
电晕放电	当电极相距较远，在物体表面的尖端或突出部位电场较强处较易发生	有时有声光，气体介质在物体尖端附近局部电离，不形成放电通道。感应电晕单次脉冲放电能量小于20μJ，有源电晕单次脉冲放电能量则较此大若干倍，引燃、引爆能力甚小
刷形放电	在带电电位较高的静电非导体与导体间较易发生	有声光，放电通道在静电非导体表面附近形成许多分叉，在单位空间内释放的能量较小，一般每次放电能量不超过4mJ，引燃、引爆能力中等
火花放电	要发生在相距较近的带电金属导体间	有声光，放电通道一般不形成分叉，电极上有明显放电集中点，释放能量比较集中，引燃、引爆能力很强
传播型刷形放电	仅发生在具有高速起电的场合，当静电非导体的厚度小于8mm，其表面电荷密度大于或等于$2.7\times10^{-4}C/m^2$时较易发生	放电时有声光，将静电非导体上一定范围内所带的大量电荷释放，放电能量大，引燃、引爆能力强

静电放电是一种常见的现象，秋冬季节，手碰到金属物时偶尔会有啪啪声并导致手有刺痛感，此即为日常生活中的静电放电现象，一般来说，由于此时电量有限，不会造成多大伤害。人体静电电压与静电电击程度的关系参见表8-35。

表 8-35 **人体静电电压与静电电击程度的关系**

人体静电电压(kV)	电 击 程 度
1.0	完全无感觉
2.0	手指外侧有感觉，但不疼，发出微弱的放电声
2.5	有针触的感觉，有哆嗦感，但不疼
3.0	有被针刺的感觉，微疼
4.0	有被针深刺的感觉，手指微疼，见到放电的微光
5.0	从手掌到前腕感到疼，指尖延伸出微光
6.0	手指感到剧疼，后腕感到沉重
7.0	手指和手掌感到剧疼，稍有麻木感觉
8.0	从手掌到前腕有麻木的感觉
9.0	手腕感到剧疼，手感到麻木沉重
10.0	整个手感到疼，有电流过的感觉
11.0	手指剧麻，整个手感到被强烈电击
12.0	整个手感到被强烈打击

但是，静电放电是由电能转换成热能的过程，并有可能产生电火花。此时，电火花几乎消耗掉所有的静电能量，而制药生产过程中大量使用液体或固体有机物料，只要静电能量大于或等于这些物料的最小点燃能量(minimum ignition energy，MIE)，静电火花就会成为火灾或爆炸的火源。常见物料的最小点燃能见表 8-36。

表 8-36 **常见物料最小点燃能**

物料名称	最小点火能量(mJ)	物料名称	最小点火能量(mJ)
甲醇	0.215	乙醚	0.49
丙酮	1.15	阿司匹林	25~30
乙酸乙酯	1.42	糊精	40

(三)静电事故预防

制药生产过程中，静电引发火灾或爆炸有几个必不可少的条件。首先是要有静电的产生，而且产生的静电要积聚到一定程度导致静电放电，静电放电过程中产生的电火花需要有足够的能量，达到周围物料的最小点燃能量，放电间隙及周围环境中氧气充足，达到燃烧或爆炸的条件。由此可知，静电事故的最根本原因就是生产过程中静电的产生并积聚到一定量，导致静电放电产生电火花，最终造成事故。

既然静电的产生和积累是不可避免的，那就只能尽量减少静电的产生，或者及时释放生产过程中产生的静电，一般可以从工艺改进、静电接地、改善生产环境三个方面入手。

1. 改进工艺

改进工艺是指从工艺过程、材料选择、设备结构、操作管理等方面采取措施，控制并限制静电的产生和积累，使静电电量降低到危险程度以下，避免静电事故的发生。在满足生产工艺和产品质量的前提下，在生产过程中充分考虑原辅料之间由于摩擦、反复接触分离等产生静电的可能性，优选组合，尽量减少静电的产生。输送固体物料时，传动部分为金属材料时，尽量不采用皮带传动。输送流体时，流体在管道内的流速要稳定，并加以控制，控制流速是减少静电产生的有效办法，此外，减少拐弯和管径变化，也可有效减少静电产生。

2. 静电接地

静电接地是为静电荷提供一条导入大地的通路，是消除静电灾害最简单、最常用的方法。在易燃易爆场所的入口处设置金属接地棒，通过触摸消除人体静电即为最常见的静电接地。静电接地只能消除导体上的静电，对于非导体静电的消除是无效的。所有贮存、运输、加工过程中能产生静电的金属设备和管道，都需要接地，如储罐、物料输送设备、粉碎器、混合器、干燥器、反应器等。不允许设备内部有与地绝缘的金属体。制药生产中的静电接地分为直接接地接和静电跨。

对于金属导体，一般采用直接接地，在静电危险场所存在不止一个金属物体时，则需要将所有金属物体都进行直接接地。对于相距较远的大型设备，必须采用逐个直接接地的方法。对于相距很近的小型金属物件，可将其串联起来，然后再将其中一个物件直接接地，这种连接方式称为跨接。跨接的目的是使导体与导体之间以及导体与大地之间都保持等电位，防止导体之间以及导体与大地之间有电位差导致的静电积聚。参见图 8-26。

3. 改善生产环境

通过改善生产环境来减少静电产生和积聚的方式有很多，调节空气相对湿度和温度是最有效也最常用的方法。

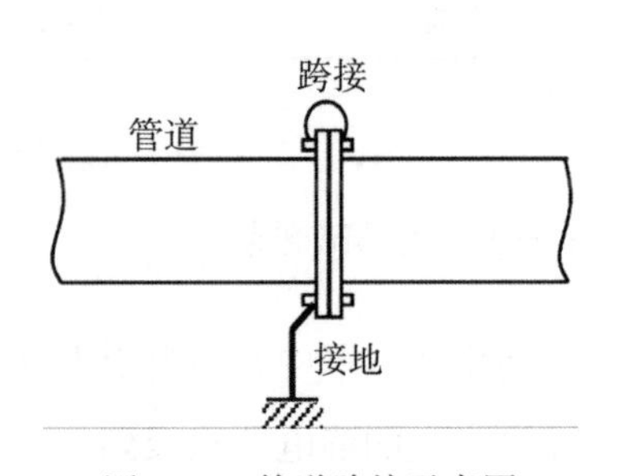

图 8-26　管道跨接示意图

提高空气相对湿度就是提高空气中水蒸气的饱和程度，物体表面就会吸收或吸附一定的水分，从而降低物体表面的电阻系数，有利于静电导入大地。实验研究表明，对于一般的楼房墙壁，当空气相对湿度由

10%增加到60%时，静电泄漏电阻由$10^{10}\Omega$下降到$10^{7}\Omega$，静电泄漏率大大提高，难以形成危险静电源。在实施增湿消除静电时，如果相对湿度在40%~50%，静电不易逸散，有可能形成高静电电位；如果相对湿度在65%~70%以上，物体表面会形成一层极微薄的水膜，水膜溶解空气中的CO_2，使物体表面电阻率大大降低，静电荷就不易积聚，一般相对湿度在70%左右，静电积累会很快减少。此外，提高空气相对湿度不仅有利于静电的导出，而且还能提高易燃易爆物的最小点燃能量，进一步减小发生生产事故的可能性。

静电起电率和静电释放的快慢不仅与空气相对湿度有关，而且与环境温度也有很大关系。温度较低时，很难把空气的含水量提高到生产车间所需的安全湿度要求。所以，在确定生产车间的相对湿度时，常常将温度和湿度一起考虑。不同温度下安全相对湿度参见表8-37。

表8-37　　不同温度下安全相对湿度

温度(℃)	RH ×100	温度(℃)	RH ×100
10	76	25	61
15	70	30	57
20	65	40	52

第七节　危险化学品企业特殊作业安全

2016年7月7日，国务院安委会印发了《涉及危险化学品安全风险的行业品种目录》(安委〔2016〕7号)，对《国民经济行业分类》(GB/T 4754—2011)所有的20个门类、95个大类进行了全面梳理和辨识，其中的15个门类和68个大类涉及危险化学品，分别占国民经济门类的3/4和大类的2/3。其中，医药制造业涉及的典型危险化学品包括：①涉及乙醇、丙酮等作为溶剂和产品，主要安全风险为爆炸、火灾、中毒；②使用光气、环氧乙烷、氨气、氯气、液溴、盐酸、硫酸、氢氧化钠等作为原料，主要安全风险为火灾、爆炸、中毒、腐蚀。

危险化学品企业生产经营过程中的特殊作业包括：动火、进入受限空间、盲板抽堵、高处作业、吊装、临时用电、动土，断路等，这些特殊作业对作业者本人、他人及周围建(构)筑物、设备设施可能造成危害或损毁。据统计，约有40%以上的化工生产安全事故与从事特殊作业有关。动火作业和受限空间内作业是造成事故多发的主要原因之一。

一、动火作业

动火作业是指在直接或间接产生明火的工艺设施以外的禁火区内从事可能产生火焰、火花或炽热表面的非常规作业，包括使用电焊、气焊(割)、喷灯、电钻、砂轮、喷砂机等进行的作业。

固定动火区外的动火作业分为特级动火、一级动火和二级动火三个级别。特级动火作业是指在火灾爆炸危险场所处于运行状态下的生产装置设备、管道、储罐、容器等部位上进行的动火作业(包括带压不置换动火作业)；存有易燃易爆介质的重大危险源罐区防火堤内的动火作业。一级动火作业是指在火灾爆炸危险场所进行的除特级动火作业以外的动火作业，管廊上的动火作业按一级动火作业管理。除特级动火作业和一级动火作业以外的动火作业，都属于二级动火作业。生产装置或系统全部停车，装置经清洗、置换、分析合格并采取安全隔离措施后，根据其火灾、爆炸危险性大小，经危险化学品企业生产负责人或安全管理负责人批准，动火作业可按二级动火作业管理。

动火作业应有专人监护，作业前应清除动火现场及周围的易燃物品，或采取其他有效安全防火措施，并配备消防器材，满足作业现场应急需求。凡在盛有或盛装过助燃或易燃易爆危险化学品的设备、管道等生产、储存设施及相关火灾爆炸危险场所中生产设备上的动火作业，应将设备设施与生产系统彻底断开或隔离，不应以水封或仅关闭阀门代替盲板作为隔断措施。拆除管线进行动火作业时，应先查明其内部介质危险特性、工艺条件及其走向，并根据所要拆除管线的情况制定安全防护措施。动火点周围或其下方如有可燃物、电缆桥架、孔洞、窨井、地沟、水封设施、污水井等，应检查分析并采取清理或封盖等措施；对于动火点周围 15m 范围内有可能泄漏易燃、可燃物料的设备设施，应采取隔离措施；对于受热分解可产生易燃易爆、有毒有害物质的场所，应进行风险分析并采取清理或封盖等防护措施。在有可燃物构件和使用可燃物做防腐内衬的设备内部进行动火作业时，应采取防火隔绝措施。在作业过程中可能释放出易燃易爆、有毒有害物质的设备上或设备内部动火时，动火前应进行风险分析，并采取有效的防范措施，必要时应连续检测气体浓度，发现气体浓度超限报警时，应立即停止作业；在较长的物料管线上动火，动火前应在彻底隔绝区域内分段采样分析。动火期间，距动火点 30m 内不应排放可燃气体；距动火点 15m 内不应排放可燃液体；在动火点 10m 范围内，动火点上方及下方不应同时进行可燃溶剂清洗或喷漆作业；在动火点 10m 范围内不应进行可燃性粉尘清扫作业。使用电焊机作业时，电焊机与动火点的间距不应超过 10m，不能满足要求时应将电焊机作为动火点进行管理。使用气焊、气割动火作业时，乙炔瓶应直立放置，不应卧放使用；氧气瓶与乙炔瓶的间距不应小于 5m，二者与动火点间距不应小于 10m，并应采取防晒和防倾倒措施；乙炔瓶应安装防回火装置。

二、受限空间作业

受限空间是指进出受限，通风不良，可能存在易燃易爆、有毒有害物质或缺氧，对进入人员的身体健康和生命安全构成威胁的封闭、半封闭设施及场所。受限空间分为三类：第一类是密闭或半密闭设备，如储罐、车载槽罐、反应塔(釜)、压力容器、管道、烟道、锅炉等；第二类是地下受限空间，如地下管道、暗沟、污水池(井)、化粪池、下水道等；第三类是地上有限空间，如垃圾站、温室、冷库等。

受限空间作业是指进入或探入受限空间进行的作业。受限空间作业涉及的行业领域非常广泛，如制药、化工、矿山、炼油、冶金、建筑、电力、造纸、造船、建材、食品加工、餐饮、市政工程、城市燃气、污水处理、特种设备等。

受限空间与外界相对隔离，出入口较为狭窄，通风不畅，不利于气体扩散，易造成有毒有害、易燃易爆物质积聚或者氧含量不足，空气中氧气浓度过低会引起缺氧窒息。不同浓度的氧气对人体的影响程度参见表 8-38。

表 8-38　**不同浓度的氧气对人体的影响程度**

氧气浓度(*V/V*)	症　状
19.5%~25.5%	正常氧气浓度、人工作正常
15%~19%	工作能力降低、感到费力
12%~14%	呼吸急促、脉搏加快、协调能力和感知判断能力降低
10%~12%	呼吸减弱、嘴唇变青
8%~10%	神志不清、昏厥、面色土灰、恶心、呕吐
6%~8%	超过 8 分钟：100%死亡 超过 6 分钟：50%死亡 4~5 分钟：有可能恢复
4%~6%	停留 40 秒后昏迷、抽搐、呼吸停止，死亡

受限空间作业中一旦发生事故往往造成严重后果。作业人员中毒、窒息往往发生在瞬间，有的有毒气体中毒后数分钟、甚至数秒钟就会致人死亡，且容易因盲目施救造成伤亡扩大，据统计，受限空间作业事故中，死亡人员有 50%是救援人员，因为施救不当造成伤亡扩大。易燃易爆物质的积聚，极易导致爆炸事故的发生。此外，作业使用的电器漏电等都会给有限空间作业的人员带来潜在的危险。

受限空间作业前和作业中，必须采取足够的安全措施，做好安全准备工作。

(1)受限空间作业前，应对受限空间进行安全隔离。与受限空间连通的、可能危及安全作业的管道应采用加盲板或拆除一段管道的方式进行隔离，不应采用水封或关闭阀门代替盲板作为隔断措施。与受限空间连通的、可能危及安全作业的孔、洞应进行严密封堵。对作业设备上的电器电源，应采取可靠的断电措施，电源开关处应上锁并加挂警示牌。

(2)受限空间作业前，应保持受限空间内空气流通良好。打开人孔、手孔、料孔等与大气相通的设施进行自然通风，必要时，可采用强制通风或管道送风，管道送风前应对管道内介质和风源进行分析确认。在忌氧环境中作业，通风前应对作业环境中与氧性质相抵的物料采取卸放、置换或清洗合格的措施，达到可以通风的安全条件要求。

(3)受限空间作业前，应确保受限空间内的气体环境满足作业要求。受限空间内氧气含量要求为19.5%~21%(体积分数)，在富氧环境下不应大于23.5%(体积分数)。有毒物质允许浓度，可燃气体、蒸气浓度符合相关规定。

作业前30min内，对受限空间进行气体检测，检测分析合格后方可进入。检测人员进入或探入受限空间检测时，应佩戴符合规定的个体防护装备。不应向受限空间充纯氧气或富氧空气。作业中断时间超过60min时，应重新进行气体检测分析。

(4)受限空间作业时，进入受限空间的作业人员应正确穿戴相应的个体防护装备并采取相应的防护措施，在有毒、缺氧环境下不应摘下防护面具，不应携带与作业无关的物品进入受限空间，作业中不应抛掷材料、工器具等物品；接入受限空间的电线、电缆、通气管应在进口处进行保护或加强绝缘，应避免与人员出入使用同一出入口；作业现场应配置移动式气体检测报警仪，连续检测受限空间内可燃气体、有毒气体及氧气浓度，气体浓度超限报警时，应立即停止作业、撤离人员、对现场进行处理，重新检测合格后方可恢复作业；监护人应在受限空间外进行全程监护，不应在无任何防护措施的情况下探入或进入受限空间；停止作业期间，应在受限空间入口处增设警示标志，并采取防止人员误入的措施。受限空间作业期间发生异常情况时，未穿戴规定的个体防护装备的人员严禁入内救援。

(5)受限空间作业结束后，应将所有工器具带出受限空间，防止遗漏在受限空间内。

附　　录

附录一　常见钢管规格

1. 水煤气输送钢管

公称直径		外径	普通管壁厚	加厚管壁厚	公称直径		外径	普通管壁厚	加厚管壁厚
(mm)	(in)	(mm)	(mm)	(mm)	(mm)	(in)	(mm)	(mm)	(mm)
6	$\frac{1}{8}''$	10	2	2.5	40	$1\frac{1}{2}''$	48	3.5	4.25
8	$\frac{1}{4}''$	13.5	2.25	2.75	50	2″	60	3.5	4.5
10	$\frac{3}{8}''$	17	2.25	2.75	70	$2\frac{1}{2}''$	75.5	3.75	4.5
15	$\frac{1}{2}''$	21.25	2.75	3.25	80	3″	88.5	4	4.75
20	$\frac{3}{4}''$	26.75	2.75	3.5	100	4″	114	4	5
25	1″	33.5	3.25	4	125	5″	140	4.5	5.5
32	$1\frac{1}{4}''$	42.25	3.25	4	150	6″	165	4.5	5.5

2. 无缝钢管规格简表

冷拔无缝钢管

外径(mm)	壁厚(mm)		外径(mm)	壁厚(mm)	
	从	到		从	到
6	1.0	2.0	24	1.0	7.0
8	1.0	2.5	25	1.0	7.0
10	1.0	3.5	27	1.0	7.0
12	1.0	4.0	28	1.0	7.0
14	1.0	4.0	32	1.0	8.0
15	1.0	5.0	34	1.0	8.0
16	1.0	5.0	35	1.0	8.0
17	1.0	5.0	36	1.0	8.0
18	1.0	5.0	38	1.0	8.0
19	1.0	6.0	48	1.0	8.0
22	1.0	6.0	51	1.0	8.0

注：壁厚有 1.0、1.2、1.5、2.0、2.5、3.0、3.5、4.0、4.5、5.0、5.5、6.0、7.0、8.0(单位：mm)。

热轧无缝钢管

外径(mm)	壁厚(mm)		外径(mm)	壁厚(mm)	
	从	到		从	到
32	2.5	8	83	3.5	24
38	2.5	8	89	3.5	24
45	2.5	10	102	3.5	28
57	3.0	13	108	4.0	28
60	3.0	14	114	4.0	28
68	3.0	16	121	4.0	32
70	3.0	16	127	4.0	32
73	3.0	19	133	4.0	32
76	3.0	19	140	4.5	35

附录二　常见物质物理性质数据表

1. 水的物理性质

温度 t (℃)	密度 ρ $(kg \cdot m^{-3})$	饱和蒸气压 p (kPa)	比定压热容 c_p $(kJ \cdot kg^{-1} \cdot K^{-1})$	黏度 μ $(10^{-3}Pa \cdot s)$	导热系数 λ $(W \cdot m^{-1} \cdot K^{-1})$	膨胀系数 β $(10^{-4}K^{-1})$	表面张力 σ $(10^{-3}N \cdot m^{-1})$	普兰德准数 P_r
0	999.9	0.61	4.209	1.792	0.551	0.63	75.6	13.67
10	999.7	1.22	4.188	1.305	0.575	0.70	74.2	9.52
20	998.2	2.33	4.180	1.005	0.599	1.82	72.7	7.02
30	995.7	4.24	4.175	0.801	0.618	3.21	71.2	5.42
40	992.2	7.37	4.175	0.656	0.634	3.87	69.7	4.31
50	988.1	12.33	4.175	0.549	0.648	4.49	67.7	3.54
60	983.2	19.92	4.176	0.469	0.659	5.11	66.2	2.98
70	977.8	31.16	4.184	0.406	0.668	5.70	64.4	2.55
80	971.8	47.34	4.192	0.357	0.675	6.32	62.6	2.21
90	965.3	71.00	4.205	0.317	0.680	6.95	60.7	1.95
100	958.4	101.3	4.217	0.282	0.683	7.52	58.9	1.75
110	951.0	143.3	4.230	0.259	0.685	8.08	56.9	1.60
120	943.1	198.6	4.247	0.237	0.686	8.64	54.8	1.47
130	934.8	270.2	4.264	0.218	0.686	9.19	52.9	1.36
140	926.1	361.5	4.284	0.201	0.685	9.72	50.7	1.26
150	917.0	476.2	4.310	0.186	0.684	10.3	48.7	1.17
160	907.4	618.3	4.343	0.174	0.683	10.7	46.6	1.10
170	897.3	792.5	4.377	0.163	0.679	11.3	44.3	1.05
180	886.0	100.4	4.414	0.153	0.675	11.9	41.3	1.00
190	876.0	1255	4.456	0.144	0.670	12.6	40.0	0.96
200	863.0	1554	4.502	0.136	0.663	13.3	37.7	0.93
250	799.0	3978	4.841	0.110	0.618	18.1	26.2	0.86
300	712.5	8593	5.732	0.0912	0.540	29.2	14.4	0.97
350	574.4	16540	9.504	0.0726	0.430	66.8	3.82	1.60
370	450.5	21054	40.319	0.0569	0.337	264	0.47	6.79

2. 饱和水蒸气的物理性质

温度 t (℃)	压强 p (kPa)	密度 ρ ($kg \cdot m^{-3}$)	比体积 v ($m^3 \cdot kg^{-1}$)	液体焓 H_L ($10^6 J \cdot kg^{-1}$)	蒸气焓 H_V ($10^6 J \cdot kg^{-1}$)	汽化焓变 r ($10^6 J \cdot kg^{-1}$)
0	0.6082	0.00484	206.5	0	2.4911	2.4911
10	1.226	0.0094	106.4	0.0419	2.5104	2.4685
20	2.335	0.0172	57.8	0.0837	2.5301	2.4464
30	4.247	0.0304	32.93	0.1256	2.5493	2.4237
40	7.377	0.0511	19.55	0.1675	2.5686	2.4011
50	12.33	0.083	12.054	0.2093	2.5874	2.3781
60	19.92	0.130	7.687	0.2512	2.6063	2.3551
70	31.16	0.198	5.052	0.2931	2.6243	2.3312
80	47.34	0.293	3.414	0.3349	2.6423	2.3074
90	71.00	0.423	2.365	0.3768	2.6598	2.2830
100	101.3	0.597	1.675	0.4187	2.6770	2.2583
105	120.9	0.704	1.421	0.4400	2.6850	2.2450
110	143.3	0.825	1.212	0.4610	2.6933	2.2323
115	169.1	0.964	1.038	0.4823	2.7013	2.2190
120	198.6	1.120	0.893	0.5037	2.7088	2.2051
125	232.2	1.296	0.7715	0.5250	2.7164	2.1914
130	270.2	1.494	0.6693	0.5464	2.7239	2.1775
135	313.1	1.715	0.5831	0.5677	2.7310	2.1633
140	361.5	1.962	0.5096	0.5891	2.7377	2.1486
145	415.7	2.238	0.4469	0.6109	2.7444	2.1335
150	476.2	2.543	0.3933	0.6322	2.7507	2.1185
160	618.3	3.252	0.3075	0.6757	2.7628	2.0871
170	792.5	4.113	0.2431	0.7193	2.7733	2.0540
180	1004	5.145	0.1944	0.7632	2.7825	2.0193
190	1255	6.378	0.1568	0.8076	2.7900	1.8824
200	1554	7.840	0.1276	0.8520	2.7955	1.9435
250	3978	20.01	0.04998	1.0814	2.7900	1.7086
300	8593	46.93	0.02525	1.3525	2.7080	1.3555
350	16540	113.2	0.00884	1.6362	2.5167	0.8805

3. 干空气的物理性质($p=1.01325\times10^5$Pa)

温度 t (℃)	密度 ρ ($kg\cdot m^{-3}$)	黏度 μ ($10^{-5}\cdot Pa\cdot s$)	比定压热容 c_p ($kJ\cdot kg^{-1}\cdot K^{-1}$)	导热系数 λ ($10^{-2}W\cdot m^{-1}\cdot K^{-1}$)	普兰德准数 P_r
-50	1. 584	1. 46	1. 013	2. 04	0. 728
-40	1. 515	1. 52	1. 013	2. 12	0. 728
-30	1. 453	1. 57	1. 013	2. 20	0. 723
-20	1. 392	1. 62	1. 009	2. 28	0. 716
-10	1. 342	1. 67	1. 009	2. 36	0. 712
0	1. 293	1. 72	1. 005	2. 44	0. 707
10	1. 247	1. 77	1. 005	2. 51	0. 705
20	1. 205	1. 82	1. 005	2. 59	0. 703
30	1. 165	1. 86	1. 005	2. 68	0. 701
40	1. 128	1. 91	1. 005	2. 76	0. 699
50	1. 093	1. 96	1. 005	2. 83	0. 698
60	1. 060	2. 01	1. 005	2. 90	0. 696
70	1. 029	2. 06	1. 009	2. 97	0. 694
80	1. 000	2. 11	1. 009	3. 05	0. 692
90	0. 972	2. 15	1. 009	3. 13	0. 690
100	0. 946	2. 19	1. 009	3. 21	0. 688
120	0. 898	2. 29	1. 009	3. 38	0. 686
140	0. 854	2. 37	1. 013	3. 49	0. 684
160	0. 815	2. 45	1. 017	3. 64	0. 682
180	0. 779	2. 53	1. 022	3. 78	0. 681
200	0. 746	2. 60	1. 026	3. 93	0. 680
250	0. 674	2. 74	1. 038	4. 27	0. 677
300	0. 615	2. 97	1. 047	4. 61	0. 674
350	0. 566	3. 14	1. 059	4. 91	0. 676
400	0. 524	3. 31	1. 068	5. 21	0. 678
500	0. 456	3. 62	1. 093	5. 75	0. 687
600	0. 404	3. 91	1. 114	6. 22	0. 699
700	0. 362	4. 18	1. 135	6. 71	0. 706
800	0. 329	4. 43	1. 156	7. 18	0. 713
900	0. 301	4. 67	1. 172	7. 63	0. 717
1000	0. 277	4. 91	1. 185	8. 07	0. 719
1100	0. 257	5. 12	1. 197	8. 50	0. 722
1200	0. 239	5. 35	1. 210	9. 15	0. 724

4. 某些液体的物理性质

物质	分子式	相对分子质量	$p=1.01325\times10^5$ Pa，$T=293.15$ K						$p=1.0325\times10^5$ Pa	
			密度 ρ ($kg\cdot m^{-3}$)	黏度 μ ($mPa\cdot s$)	膨胀系数 β ($10^{-4}K^{-1}$)	表面张力 σ ($mN\cdot m^{-1}$)	比定压热容 c_p ($kJ\cdot kg^{-1}\cdot K^{-1}$)	导热系数 λ ($W\cdot m^{-1}\cdot K^{-1}$)	沸点 T_b (℃)	汽化焓变 r ($kJ\cdot kg^{-1}$)
水	H_2O	18.02	998	1.005	1.82	72.7	4.18	0.599	100	2256.9
盐水(25%)	$NaCl$-H_2O	—	1180	2.3	(4.4)	65.6	3.39	(0.57)	107	—
盐水(25%)	$CaCl_2$-H_2O		1228	2.5	(3.4)	64.6	2.89	0.57	107	—
盐酸(30%)	HCl	36.47	1149	2	—	65.7	2.55	0.42	(110)	—
硝酸	HNO_3	63.02	1513	1.17(10℃)	—	42.7	1.74		68	481.1
硫酸	H_2SO_4	98.08	1813	25.4	5.6	55.1	1.47	0.384	340(分解)	—
甲醇	CH_3OH	32.04	791	0.597	12.2	22.6	2.495	0.212	64.6	110.1
三氯甲烷	$CHCl_3$	119.38	1489	0.58	12.6	27.1	0.992	0.14	61.1	253.7
四氯化碳	CCl_4	153.82	1594	0.97	—	26.8	0.85	0.12	76.5	195
乙醛	CH_3CHO	44.05	780	0.22	—	21.2	1.884	—	20.4	573.6
乙醇	C_2H_5OH	46.07	789	1.200	11.6	22.3	2.395	0.172	78.3	845.2
醋酸	CH_3COOH	60.03	1049	1.31	10.7	27.6	1.997	0.175	117.9	406
乙二醇	$C_2H_4(OH)_2$	62.05	1113	23	—	4.77	2.349	—	197.2	799.7
甘油	$C_3H_5(OH)_3$	92.09	1261	1490	5.3	61.0	2.34	0.593	290(分解)	—
乙醚	$(C_2H_5)_2O$	74.12	714	0.233	16.3	17.0	2.336	0.14	34.5	360
醋酸乙酯	$CH_3COOC_2H_5$	88.11	901	0.455	—	23.9	1.922	0.14	77.1	368.4
戊烷	C_5H_{12}	72.15	626	0.240	15.9	15.2	2.244	0.113	36.1	357.5
糠醛	$C_5H_4O_2$	96.09	1160	1.29	—	43.5	1.59	—	161.8	452.2
己烷	C_6H_{14}	86.17	659	0.326	—	18.4	2.311	0.119	68.7	335.1
苯	C_6H_6	78.11	879	0.652	12.4	28.9	1.704	0.148	80.1	393.9
甲苯	C_7H_8	92.13	867	0.590	10.9	28.4	1.70	0.138	110.6	363.4
邻二甲苯	C_8H_{10}	106.16	880	0.810	—	29.6	1.742	0.142	144.4	346.7
间二甲苯	C_8H_{10}	106.16	864	0.620	10.1	28.5	1.70	0.168	139.1	342.9
对二甲苯	C_8H_{10}	106.16	861	0.648	—	27.5	1.704	0.129	138.4	340

5. 常见固体物质物理性质

名　称	$\rho(kg \cdot m^{-3})$	$\lambda(W \cdot m^{-1} \cdot K^{-1})$	$c_p(kJ \cdot kg^{-1} \cdot K^{-1})$
(1)金属			
钢	7850	45.4	0.46
不锈钢	7900	17.4	0.50
铸铁	7220	62.8	0.50
铜	8800	383.8	0.406
青铜	8000	64.0	0.381
黄铜	8600	85.5	0.38
铝	2670	203.5	0.92
镍	9000	58.2	0.46
铅	11400	34.9	0.130
(2)塑料			
酚醛	1250~1300	0.13~0.26	1.3~1.7
脲醛	1400~1500	0.30	1.3~1.7
聚氯乙烯	1380~1400	0.16	1.84
聚苯乙烯	1050~1070	0.08	1.34
低压聚乙烯	940	0.29	2.55
高压聚乙烯	920	0.26	2.22
有机玻璃	1180~1190	0.14~0.20	
(3)建筑材料、绝热材料、耐酸材料及其他			
干砂	1500~1700	0.45~0.58	0.75(-20~20℃)
黏土	1600~1800	0.47~0.53	
锅炉炉渣	700~1100	0.19~0.30	
黏土砖	1600~1900	0.47~0.67	0.92
耐火砖	1840	1.0(800~1100℃)	0.96~1.00
绝热砖(多孔)	600~1400	0.16~0.37	
混凝土	2000~2400	1.3~1.55	0.84
松木	500~600	0.07~0.10	2.72(0~100℃)
软木	100~300	0.041~0.064	0.96
石棉板	700	0.12	0.816
石棉水泥板	1600~1900	0.35	
玻璃	2500	0.74	0.67
耐酸陶瓷制品	2200~2300	0.9~1.0	0.75~0.80
耐酸砖和板	2100~2400		
耐酸搪瓷	2300~2700	0.99~1.05	0.84~1.26
橡胶	1200	0.16	1.38
冰	900	2.3	2.11

附录三　常见材料一览表

类别	名称		举例及代号	特点和使用场合
黑色金属	灰铸铁		HT15-33	价格低，易铸造，性脆，作为结构材料，不适于承受压力等危险设备。180℃以下耐碱，一般耐中强硫酸、磷酸、有机溶剂、硝酸，不耐醋酸
	球磨铸铁		QT	强度比灰铸铁有所提高，其余同上
	铸钢		ZG	强度进一步提高，耐腐蚀性同上
	普通碳素钢	沸腾钢	A_3F	最高使用温度为530℃，其余同上
		冷轧钢	A_3	性能优于 A_3F
	优质碳素钢		20$^{\#}$钢 45$^{\#}$钢	结构材料，其余同上 结构材料和工具，其余同上
	合金钢		$_{16}Mn$，Cr_{13}等	同上，压力设备等特殊用途
	不锈钢	普通不锈钢	$_{0}Cr_{13}$ $_{1}Cr_{13}$ $_{1}Cr_{18}Ni_{9}Ti^{*}$	最高使用温度800℃，室温下耐一般酸腐蚀，不耐浓硫酸、盐酸，加热下腐蚀极快，100℃不耐醋酸，高温下不耐磷酸
	不锈钢	耐酸不锈钢	$_{1}Cr_{18}Ni_{12}Mo_{2}Ti$	耐酸碱腐蚀性提高，但仍不耐盐酸，不耐沸醋酸
	高温钢	$_{2}Mn_{18}Al_{15}Si_{2}Ti$ $Cr_{19}Mn_{12}Si_{2}N$	最高使用温度800℃ 最高使用温度1050℃	
有色金属	铝		L_4	150℃以下耐浓硝酸、有机酸、硫化氢、二氧化碳，不耐碱、盐酸、盐水、发烟硝酸
	铜		T	弹性好，多用于油管、换热器、补偿器、垫片、仪表，耐有机酸，不耐 NH_3、无机酸
	黄铜		H	同上
	铅		Pb	耐中强硫酸、硝酸、10%以下盐酸、60%以下氢氟酸、80%以下醋酸、85%以下磷酸；不耐浓硫酸、发烟硝酸、盐酸，不耐压，不得用于食品和饮用水装置。
	硬铅		$PbSb_6$	同上
	钛		TA_3	耐有机酸、硝酸、氯化物溶液，耐酸性优于普通钢3倍，价格为其4~5倍

续表

类别	名称	举例及代号	特点和使用场合
无机非金属	高硼硅玻璃		透明，便于观察，性脆，100℃下耐硫酸，稀盐酸，不耐 HF，浓碱
	搪玻璃（于金属胎表面）		耐有机溶剂，150℃下耐稀盐酸、稀磷酸等有机和无机酸。不耐 HF，不耐热碱。
	铸石		导热系数小，机械性能差，耐酸，耐碱，耐磨
	耐酸陶瓷		机械强度大，不易加工，耐硫酸、盐酸、有机溶剂、40%HF
	石墨		使用温度高，耐酸、盐、有机溶剂，不耐强碱
有机非金属	聚氯乙烯	PVC	耐酸、碱，不耐有机溶剂，使用温度-15~60℃，强度差，不易加工
	聚乙烯	PE	耐酸、碱和一般有机溶剂，使用温度-55~80℃
	聚丙烯	PP	耐酸、碱和一般有机溶剂，使用温度-35~100℃
	ABS	ABS	使用温度-40~80℃，不耐有机溶剂
	聚四氟乙烯	PTFE	耐强酸、强碱、氧化剂，耐有机溶剂，使用温度-180~250℃，既可作为结构材料、润滑材料，又可作为涂层
	环氧酚醛玻璃钢		耐 20%HF，不耐有机溶剂
	环氧呋喃玻璃钢		耐无机酸、耐碱，不耐有机溶剂

注：* 不锈钢一般含铬量大于 13%，$_1Cr_{18}Ni_9Ti$ 表示含碳 0.1%~0.15%，含铬 17%~19%，含镍 7%~11%及钛。

附录四 药品生产环境的空气洁净度级别举例

药品分类		生产工序举例				
		A级(背景B级)	A级(背景C级)	B级	C级	D级
无菌药品	最终灭菌无菌药品	—	高污染风险的产品灌装(或灌封)[1]	—	1. 产品灌装(或灌封); 2. 高污染风险[2]产品的配制和过滤; 3. 眼用制剂、无菌软膏剂、无菌混悬剂等的配制、灌装(或灌封); 4. 直接接触药品的包装材料和器具最终清洗后的处理	1. 轧盖; 2. 灌装前物料的准备; 3. 产品配制(指浓配或采用密闭系统的配制)和过滤; 4. 直接接触药品的包装材料和器具的最终清洗
	非最终灭菌无菌药品[3]	1. 处于未完全密封状态下产品的操作和转运，如产品灌装(或灌封)、分装、压塞、轧盖等;[4] 2. 灌装前无法除菌过滤的药液或产品的配制; 3. 直接接触药品的包装材料、器具灭菌后的装配以及处于未完全密封状态下的转运和存放	—	1. 处于未完全密封状态下的产品置于完全密封容器内的转运; 2. 直接接触药品的包装材料、器具灭菌后处于密闭容器内的转运和存放	1. 灌装前可除菌过滤的药液或产品的配制; 2. 产品的过滤	直接接触药品的包装材料、器具的最终清洗、装配或包装、灭菌

续表

药品分类		生产工序举例				
		A级（背景B级）	A级（背景C级）	B级	C级	D级
非无菌药品		—	—	—	—	1. 口服液体药品的暴露工序； 2. 口服固体药品的暴露工序； 3. 表皮外用药品的暴露工序； 4. 腔道用药的暴露工序； 5. 直接接触以上药品的包装材料最终处理工序
原料药	无菌原料药	1. 无菌原料药的粉碎、过筛、混合、分装； 2. 直接接触药品的包装材料、器具灭菌后的装配	—	直接接触药品的包装材料、器具灭菌后处于密闭容器内的转运和存放	—	直接接触药品的包装材料、器具的最终清洗、装配或包装、灭菌
	非无菌原料药	—	—	—	—	1. 精制、烘干、包装的暴露工序； 2. 直接接触药品的包装材料、器具的清洗、装配或包装
生物制品		1. 同非最终灭菌无菌药品各工序； 2. 灌装前不经除菌过滤产品的配制、合并、加佐剂、加灭活剂等	—	同非最终灭菌无菌药品各工序	1. 同非最终灭菌无菌药品各工序； 2. 体外免疫诊断试剂的阳性血清的分装、抗原与抗体的分装	1. 同非最终灭菌无菌药品各工序； 2. 原料血浆的破袋、合并、分离、提取、分装前的巴氏消毒； 3. 口服制剂其发酵培养密闭系统环境（暴露部分需无菌操作）； 4. 酶联免疫吸附试剂等体外免疫试剂的配液、分装、干燥、内包装
中药		浸膏的配料、粉碎、过筛、混合等与其制剂操作区一致				1. 采用敞口方式的收膏、喷雾干燥收料； 2. 中药注射剂浓配前的精制

注：（1）最终灭菌无菌药品在C级背景下的A级保护区的高污染风险操作是指产品容易长菌、灌装速度慢、灌装用容器为广口瓶、容器需暴露数秒后方可密封等状况。

（2）最终灭菌无菌药品在C级背景下的高污染风险操作是指产品容易长菌、配制后需等待较长时间方可灭菌或不在密闭系统中配制等状况。

（3）非最终灭菌无菌药品在轧盖前视为处于未完全密封状态。

（4）根据已压塞产品的密封性、轧盖设备的设计、铝盖的特性等因素，非最终灭菌无菌药品的轧盖操作可选择在C级或D级背景下的A级送风环境中进行。A级送风环境应当至少满足A级区的静态要求。

附录五　药厂常见安全标志

表 1　**药厂常用禁止标志**

序号	图形标志	名称	设置范围和地点
1		禁止吸烟	有甲、乙、丙类火灾危险物质的场所和禁止吸烟的公共场所等
2		禁止烟火	有甲、乙、丙类火灾危险物质的场所
3		禁止带火种	有甲类火灾危险物质及其他禁止带火种的各种危险场所
4		禁止用水灭火	生产、储运、使用中有不准用水灭火的物质的场所
5		禁止放置易燃物	具有明火设备或高温的作业场所
6		禁止堆放	消防器材存放处、消防通道及车间主通道等
7		禁止启动	暂停使用的设备附近
8		禁止合闸	设备或线路检修时，相应开关附近
9		禁止转动	检修或专人定时操作的设备附近
10		禁止靠近	不允许靠近的危险区域
11		禁止入内	易造成事故或对人员有伤害的场所
12		禁止停留	对人员具有直接危害的场所

续表

序号	图形标志	名称	设置范围和地点
13		禁止通行	有危险的作业区
14		禁止穿化纤服装	有静电火花会导致灾害或有炽热物质的作业场所
15		禁止穿带钉鞋	有静电火花会导致灾害或有触电危险的作业场所
16		禁止开启无线移动通讯设备	火灾、爆炸场所以及可能产生电磁干扰的场所

表2　**药厂常用警告标志**

序号	图形标志	名称	设置范围和地点
1		注意安全	易造成人员伤害的场所及设备等
2		当心火灾	易发生火灾的场所
3		当心爆炸	易发生爆炸危险的场所
4		当心腐蚀	有腐蚀性物质的作业地点
5		当心中毒	剧毒品及有毒物质的生产、储运及使用场所
6		当心触电	有可能发生触电危险的电气设备和线路
7		当心碰头	有产生碰头的场所
8		当心高温表面	有灼烫物体表面的场所

表3　　药厂常用指令标志

序号	图形标志	名称	设置范围和地点
1		必须戴防护眼镜	对眼睛有伤害的各种作业场所和施工场所
2		必须戴防尘口罩	具有粉尘的作业场所
3		必须戴防毒面具	具有对人体有害的气体、气溶胶、烟尘等作业场所
4		必须戴防护帽	易造成人体碾绕伤害或有粉尘污染头部的作业场所
5		必须戴防护手套	易伤害手部的作业场所
6		必须穿防护鞋	易伤害脚部的作业场所
7		必须洗手	接触有毒有害物质作业后

表4　　药厂常用提示标志

序号	图形标志	名称	设置范围和地点
1	 	紧急出口	便于安全疏散的紧急出口处，与方向箭头结合设在通向紧急出口的通道、楼梯口等处
2		可动火区	经有关部门划定的可使用明火的地点
3		应急电话	安装应急电话的地点

附录六 重点监管危险化学品名录

表 1 **首批重点监管危险化学品名录**

序号	化学品名称	别名	CAS 号
1	氯	液氯、氯气	7782-50-5
2	氨	液氨、氨气	7664-41-7
3	液化石油气		68476-85-7
4	硫化氢		7783-06-4
5	甲烷、天然气		74-82-8(甲烷)
6	原油		
7	汽油(含甲醇汽油、乙醇汽油)、石脑油		8006-61-9(汽油)
8	氢	氢气	1333-74-0
9	苯(含粗苯)		71-43-2
10	碳酰氯	光气	75-44-5
11	二氧化硫		7446-09-5
12	一氧化碳		630-08-0
13	甲醇	木醇、木精	67-56-1
14	丙烯腈	氰基乙烯、乙烯基氰	107-13-1
15	环氧乙烷	氧化乙烯	75-21-8
16	乙炔	电石气	74-86-2
17	氟化氢、氢氟酸		7664-39-3
18	氯乙烯		75-01-4
19	甲苯	甲基苯、苯基甲烷	108-88-3
20	氰化氢、氢氰酸		74-90-8
21	乙烯		74-85-1
22	三氯化磷		7719-12-2
23	硝基苯		98-95-3
24	苯乙烯		100-42-5
25	环氧丙烷		75-56-9
26	一氯甲烷		74-87-3
27	1，3-丁二烯		106-99-0
28	硫酸二甲酯		77-78-1

续表

序号	化学品名称	别名	CAS 号
29	氰化钠		143-33-9
30	1-丙烯、丙烯		115-07-1
31	苯胺		62-53-3
32	甲醚		115-10-6
33	丙烯醛、2-丙烯醛		107-02-8
34	氯苯		108-90-7
35	乙酸乙烯酯		108-05-4
36	二甲胺		124-40-3
37	苯酚	石炭酸	108-95-2
38	四氯化钛		7550-45-0
39	甲苯二异氰酸酯	TDI	584-84-9
40	过氧乙酸	过乙酸、过醋酸	79-21-0
41	六氯环戊二烯		77-47-4
42	二硫化碳		75-15-0
43	乙烷		74-84-0
44	环氧氯丙烷	3-氯-1，2-环氧丙烷	106-89-8
45	丙酮氰醇	2-甲基-2-羟基丙腈	75-86-5
46	磷化氢	膦	7803-51-2
47	氯甲基甲醚		107-30-2
48	三氟化硼		7637-07-2
49	烯丙胺	3-氨基丙烯	107-11-9
50	异氰酸甲酯	甲基异氰酸酯	624-83-9
51	甲基叔丁基醚		1634-04-4
52	乙酸乙酯		141-78-6
53	丙烯酸		79-10-7
54	硝酸铵		6484-52-2
55	三氧化硫	硫酸酐	7446-11-9
56	三氯甲烷	氯仿	67-66-3
57	甲基肼		60-34-4
58	一甲胺		74-89-5
59	乙醛		75-07-0

续表

序号	化学品名称	别名	CAS 号
60	氯甲酸三氯甲酯	双光气	503-38-8

表 2　**第二批重点监管危险化学品名录**

序号	化学品品名	CAS 号
1	氯酸钠	7775-9-9
2	氯酸钾	3811-4-9
3	过氧化甲乙酮	1338-23-4
4	过氧化(二)苯甲酰	94-36-0
5	硝化纤维素	9004-70-0
6	硝酸胍	506-93-4
7	高氯酸铵	7790-98-9
8	过氧化苯甲酸叔丁酯	614-45-9
9	N，N′-二亚硝基五亚甲基四胺	101-25-7
10	硝基胍	556-88-7
11	2，2′-偶氮二异丁腈	78-67-1
12	2，2′-偶氮-二-（2，4-二甲基戊腈）（即偶氮二异庚腈）	4419-11-8
13	硝化甘油	55-63-0
14	乙醚	60-29-7

附录七　特别管控危险化学品目录

序号	品名	别号	CAS号	UN编号	主要危险性
一、爆炸性化学品					
1	硝酸铵[(钝化)改性硝酸铵除外]		6484-52-2	0222 1942 2426	急剧加热会发生爆炸；与还原剂、有机物等混合可形成爆炸性混合物
2	硝化纤维素（包含属于易燃固体的硝化纤维素）	硝化棉	9004-70-0	0340 0341 0342 0343 2555 2556 2557	干燥时能自燃，遇高热、火星有燃烧爆炸的危险
3	氯酸钾	白药粉	3811-04-9	1485	强氧化剂，与还原剂、有机物、易燃物质等混合可形成爆炸性混合物
4	氯酸钠	氯酸鲁达、氯酸碱、白药钠	7775-09-9	1495	强氧化剂，与还原剂、有机物、易燃物质等混合可形成爆炸性混合物
二、有毒化学品(包含有毒气体、挥发性有毒液体和固体剧毒化学品)					
5	氯	液氯、氯气	7782-50-5	1017	剧毒气体，吸入可致死
6	氨	液氨、氨气	7664-41-7	1005	有毒气体，吸入可引起中毒性肺气肿；与空气能形成爆炸性混合物
7	异氰酸甲酯	甲基异氰酸酯	624-83-9	2480	剧毒液体，吸入蒸气可致死；高度易燃液体。蒸气与空气能形成爆炸性混合物
8	硫酸二甲酯	硫酸甲酯	77-78-1	1595	有毒液体，吸入蒸气可致死
9	氰化钠	山奈	143-33-9	1689 3414	剧毒；遇酸发生剧毒、易燃的氰化氢气体

续表

序号	品名	别号	CAS 号	UN 编号	主要危险性
10	氰化钾	山奈钾	151-50-8	1680 3413	剧毒；遇酸发生剧毒、易燃的氰化氢气体
三、易燃气体					
11	液化石油气	LPG	68476-85-7	1075	易燃气体，与空气能形成爆炸性混合物
12	液化天然气	LNG	8006-14-2	1972	易燃气体，与空气能形成爆炸性混合物
13	环氧乙烷	氧化乙烯	75-21-8	1040	易燃气体，与空气能形成爆炸性混合物，加热时剧烈分解，有着火和爆炸危险
14	氯乙烯	乙烯基氯	75-01-4	1086	易燃气体，与空气能形成爆炸性混合物；火场温度下易发生危险的聚合反应
15	二甲醚	甲醚	115-10-6	1033	易燃气体，与空气能形成爆炸性混合物
四、易燃液体					
16	汽油 （包含甲醇汽油、乙醇汽油）		86290-81-5	1203 3475	极易燃液体，蒸气与空气能形成爆炸性混合物
17	1，2-环氧丙烷	氧化丙烯	75-56-9	1280	极易燃液体，蒸气与空气能形成爆炸性混合物
18	二硫化碳		75-15-0	1131	极易燃液体，蒸气与空气能形成爆炸性混合物；有毒液体
19	甲醇	木醇、木精	67-56-1	1230	高度易燃液体，蒸气与空气能形成爆炸性混合物；有毒液体
20	乙醇	酒精	64-17-5	1170	高度易燃液体，蒸气与空气能形成爆炸性混合物

附录八　易制爆危险化学品名录(2017 年版)

序号	品名	别名	CAS 号	主要的燃爆危险性分类
1 酸类				
1.1	硝酸		7697-37-2	氧化性液体，类别 3
1.2	发烟硝酸		52583-42-3	氧化性液体，类别 1
1.3	高氯酸[浓度>72%]	过氯酸	7601-90-3	氧化性液体，类别 1
	高氯酸[浓度 50%~72%]			氧化性液体，类别 1
	高氯酸[浓度≤50%]			氧化性液体，类别 2
2 硝酸盐类				
2.1	硝酸钠		7631-99-4	氧化性固体，类别 3
2.2	硝酸钾		7757-79-1	氧化性固体，类别 3
2.3	硝酸铯		7789-18-6	氧化性固体，类别 3
2.4	硝酸镁		10377-60-3	氧化性固体，类别 3
2.5	硝酸钙		10124-37-5	氧化性固体，类别 3
2.6	硝酸锶		10042-76-9	氧化性固体，类别 3
2.7	硝酸钡		10022-31-8	氧化性固体，类别 2
2.8	硝酸镍	二硝酸镍	13138-45-9	氧化性固体，类别 2
2.9	硝酸银		7761-88-8	氧化性固体，类别 2
2.10	硝酸锌		7779-88-6	氧化性固体，类别 2
2.11	硝酸铅		10099-74-8	氧化性固体，类别 2
3 氯酸盐类				
3.1	氯酸钠		7775-09-9	氧化性固体，类别 1
	氯酸钠溶液			氧化性液体，类别 3 *
3.2	氯酸钾		3811-04-9	氧化性固体，类别 1
	氯酸钾溶液			氧化性液体，类别 3 *
3.3	氯酸铵		10192-29-7	爆炸物，不稳定爆炸物
4 高氯酸盐类				
4.1	高氯酸锂	过氯酸锂	7791-03-9	氧化性固体，类别 2
4.2	高氯酸钠	过氯酸钠	7601-89-0	氧化性固体，类别 1
4.3	高氯酸钾	过氯酸钾	7778-74-7	氧化性固体，类别 1

续表

序号	品名	别名	CAS 号	主要的燃爆危险性分类
4. 4	高氯酸铵	过氯酸铵	7790-98-9	爆炸物，1. 1 项 氧化性固体，类别 1
5 重铬酸盐类				
5. 1	重铬酸锂		13843-81-7	氧化性固体，类别 2
5. 2	重铬酸钠	红矾钠	10588-01-9	氧化性固体，类别 2
5. 3	重铬酸钾	红矾钾	7778-50-9	氧化性固体，类别 2
5. 4	重铬酸铵	红矾铵	7789-09-5	氧化性固体，类别 2 *
6 过氧化物和超氧化物类				
6. 1	过氧化氢溶液 (含量>8%)	双氧水	7722-84-1	(1)含量≥60% 氧化性液体，类别 1 (2)20%≤含量<60% 氧化性液体，类别 2 (3)8%<含量<20% 氧化性液体，类别 3
6. 2	过氧化锂	二氧化锂	12031-80-0	氧化性固体，类别 2
6. 3	过氧化钠	双氧化钠；二氧化钠	1313-60-6	氧化性固体，类别 1
6. 4	过氧化钾	二氧化钾	17014-71-0	氧化性固体，类别 1
6. 5	过氧化镁	二氧化镁	1335-26-8	氧化性液体，类别 2
6. 6	过氧化钙	二氧化钙	1305-79-9	氧化性固体，类别 2
6. 7	过氧化锶	二氧化锶	1314-18-7	氧化性固体，类别 2
6. 8	过氧化钡	二氧化钡	1304-29-6	氧化性固体，类别 2
6. 9	过氧化锌	二氧化锌	1314-22-3	氧化性固体，类别 2
6. 10	过氧化脲	过氧化氢尿素；过氧化氢脲	124-43-6	氧化性固体，类别 3
6. 11	过乙酸[含量≤16%，含水≥39%，含乙酸≥15%，含过氧化氢≤24%，含有稳定剂]	过醋酸；过氧乙酸；乙酰过氧化氢	79-21-0	有机过氧化物 F 型
	过乙酸[含量≤43%，含水≥5%，含乙酸≥35%，含过氧化氢≤6%，含有稳定剂]			易燃液体，类别 3 有机过氧化物，D 型
6. 12	过氧化二异丙苯[52%<含量≤100%]	二枯基过氧化物；硫化剂 DCP	80-43-3	有机过氧化物，F 型
6. 13	过氧化氢苯甲酰	过苯甲酸	93-59-4	有机过氧化物，C 型

续表

序号	品名	别名	CAS 号	主要的燃爆危险性分类
6.14	超氧化钠		12034-12-7	氧化性固体，类别 1
6.15	超氧化钾		12030-88-5	氧化性固体，类别 1
7 易燃物还原剂类				
7.1	锂	金属锂	7439-93-2	遇水放出易燃气体的物质和混合物，类别 1
7.2	钠	金属钠	7440-23-5	遇水放出易燃气体的物质和混合物，类别 1
7.3	钾	金属钾	7440-09-7	遇水放出易燃气体的物质和混合物，类别 1
7.4	镁		7439-95-4	(1)粉末：自热物质和混合物，类别 1 遇水放出易燃气体的物质和混合物，类别 2 (2)丸状、旋屑或带状： 易燃固体，类别 2
7.5	镁铝粉	镁铝合金粉		遇水放出易燃气体的物质和混合物，类别 2 自热物质和混合物，类别 1
7.6	铝粉		7429-90-5	(1)有涂层：易燃固体，类别 1 (2)无涂层：遇水放出易燃气体的物质和混合物，类别 2
7.7	硅铝		57485-31-1	遇水放出易燃气体的物质和混合物，类别 3
	硅铝粉			
7.8	硫磺	硫	7704-34-9	易燃固体，类别 2
7.9	锌尘		7440-66-6	自热物质和混合物，类别 1；遇水放出易燃气体的物质和混合物，类别 1
	锌粉			自热物质和混合物，类别 1；遇水放出易燃气体的物质和混合物，类别 1
	锌灰			遇水放出易燃气体的物质和混合物，类别 3
7.10	金属锆		7440-67-7	易燃固体，类别 2
	金属锆粉	锆粉		自燃固体，类别 1，遇水放出易燃气体的物质和混合物，类别 1

续表

序号	品名	别名	CAS 号	主要的燃爆危险性分类
7.11	六亚甲基四胺	六甲撑四胺；乌洛托品	100-97-0	易燃固体，类别 2
7.12	1，2-乙二胺	1，2-二氨基乙烷；乙撑二胺	107-15-3	易燃液体，类别 3
7.13	一甲胺[无水]	氨基甲烷；甲胺	74-89-5	易燃气体，类别 1
	一甲胺溶液	氨基甲烷溶液；甲胺溶液		易燃液体，类别 1
7.14	硼氢化锂	氢硼化锂	16949-15-8	遇水放出易燃气体的物质和混合物，类别 1
7.15	硼氢化钠	氢硼化钠	16940-66-2	遇水放出易燃气体的物质和混合物，类别 1
7.16	硼氢化钾	氢硼化钾	13762-51-1	遇水放出易燃气体的物质和混合物，类别 1
8 硝基化合物类				
8.1	硝基甲烷		75-52-5	易燃液体，类别 3
8.2	硝基乙烷		79-24-3	易燃液体，类别 3
8.3	2，4-二硝基甲苯		121-14-2	
8.4	2，6-二硝基甲苯		606-20-2	
8.5	1，5-二硝基萘		605-71-0	易燃固体，类别 1
8.6	1，8-二硝基萘		602-38-0	易燃固体，类别 1
8.7	二硝基苯酚[干的或含水<15%]		25550-58-7	爆炸物，1.1 项
	二硝基苯酚溶液			
8.8	2，4-二硝基苯酚[含水≥15%]	1-羟基-2，4-二硝基苯	51-28-5	易燃固体，类别 1
8.9	2，5-二硝基苯酚[含水≥15%]		329-71-5	易燃固体，类别 1
8.10	2，6-二硝基苯酚[含水≥15%]		573-56-8	易燃固体，类别 1
8.11	2，4-二硝基苯酚钠		1011-73-0	爆炸物，1.3 项

续表

序号	品名	别名	CAS 号	主要的燃爆危险性分类
9 其他				
9.1	硝化纤维素[干的或含水(或乙醇)<25%]	硝化棉	9004-70-0	爆炸物，1.1 项
	硝化纤维素[含氮≤12.6%，含乙醇≥25%]			易燃固体，类别 1
	硝化纤维素[含氮≤12.6%]			易燃固体，类别 1
	硝化纤维素[含水≥25%]			易燃固体，类别 1
	硝化纤维素[含乙醇≥25%]	硝化棉溶液		爆炸物，1.3 项
	硝化纤维素[未改型的，或增塑的，含增塑剂<18%]			爆炸物，1.1 项
	硝化纤维素溶液[含氮量≤12.6%，含硝化纤维素≤55%]			易燃液体，类别 2
9.2	4，6-二硝基-2-氨基苯酚钠	苦氨酸钠	831-52-7	爆炸物，1.3 项
9.3	高锰酸钾	过锰酸钾；灰锰氧	7722-64-7	氧化性固体，类别 2
9.4	高锰酸钠	过锰酸钠	10101-50-5	氧化性固体，类别 2
9.5	硝酸胍	硝酸亚氨脲	506-93-4	氧化性固体，类别 3
9.6	水合肼	水合联氨	10217-52-4	
9.7	2，2-双(羟甲基)1，3-丙二醇	季戊四醇、四羟甲基甲烷	115-77-5	

注：1. 各栏目的含义：

“序号”：《易制爆危险化学品名录》(2017 年版)中化学品的顺序号。

“品名”：根据《化学命名原则》(1980)确定的名称。

“别名”：除“品名”以外的其他名称，包括通用名、俗名等。

“CAS 号”：Chemical Abstract Service 的缩写，是美国化学文摘社对化学品的唯一登记号，是检索化学物质有关信息资料最常用的编号。

“主要的燃爆危险性分类”：根据《化学品分类和标签规范》系列标准(GB 30000.2—2013～GB 30000.29.2013)等国家标准，对某种化学品燃烧爆炸危险性进行的分类。

2. 除列明的条目外，无机盐类同时包括无水和含有结晶水的化合物。

3. 混合物之外无含量说明的条目，是指该条目的工业产品或者纯度高于工业产品的化学品。

4. 标记“*”的类别，是指在有充分依据的条件下，该化学品可以采用更严格的类别。

附录九　制药工业危险废物分类

2020 年 11 月 25 日，生态环境部发布《国家危险废物名录(2021 年版)》，具有下列情形之一的固体废物(包括液态废物)，列入本名录：①具有毒性、腐蚀性、易燃性、反应性或者感染性一种或者几种危险特性的；②不排除具有危险特性，可能对生态环境或者人体健康造成有害影响，需要按照危险废物进行管理的。

废物类别是在《控制危险废物越境转移及其处置巴塞尔公约》划定的类别基础上，结合我国实际情况对危险废物进行的分类。行业来源是指危险废物的产生行业。废物代码是指危险废物的唯一代码，为 8 位数字。其中，第 1~3 位为危险废物产生行业代码(依据《国民经济行业分类(GB/T 4754—2017)》确定)，第 4~6 位为危险废物顺序代码，第 7~8 位为危险废物类别代码。危险特性是指对生态环境和人体健康具有有害影响的毒性(toxicity，T)、腐蚀性(corrosivity，C)、易燃性(ignitability，I)、反应性(reactivity，R)和感染性(infectivity，In)。

废物类别	行业来源	废物代码	危险废物	危险特性
HW02 医药废物	化学药品原料药制造	271-001-02	化学合成原料药生产过程中产生的蒸馏及反应残余物	T
		271-002-02	化学合成原料药生产过程中产生的废母液及反应基废物	T
		271-003-02	化学合成原料药生产过程中产生的废脱色过滤介质	T
		271-004-02	化学合成原料药生产过程中产生的废吸附剂	T
		271-005-02	化学合成原料药生产过程中的废弃产品及中间体	T
	化学药品制剂制造	272-001-02	化学药品制剂生产过程中原料药提纯精制、再加工产生的蒸馏及反应残余物	T
		272-003-02	化学药品制剂生产过程中产生的废脱色过滤介质及吸附剂	T
		272-005-02	化学药品制剂生产过程中产生的废弃产品及原料药	T

续表

废物类别	行业来源	废物代码	危险废物	危险特性
HW02 医药废物	兽用药品制造	275-001-02	使用砷或有机砷化合物生产兽药过程中产生的废水处理污泥	T
		275-002-02	使用砷或有机砷化合物生产兽药过程中产生的蒸馏残余物	T
		275-003-02	使用砷或有机砷化合物生产兽药过程中产生的废脱色过滤介质及吸附剂	T
		275-004-02	其他兽药生产过程中产生的蒸馏及反应残余物	T
		275-005-02	其他兽药生产过程中产生的废脱色过滤介质及吸附剂	T
		275-006-02	兽药生产过程中产生的废母液、反应基和培养基废物	T
		275-008-02	兽药生产过程中产生的废弃产品及原料药	T
	生物药品制品制造	276-001-02	利用生物技术生产生物化学药品、基因工程药物过程中产生的蒸馏及反应残余物	T
		276-002-02	利用生物技术生产生物化学药品、基因工程药物(不包括利用生物技术合成氨基酸、维生素、他汀类降脂药物、降糖类药物)过程中产生的废母液、反应基和培养基废物	T
		276-003-02	利用生物技术生产生物化学药品、基因工程药物(不包括利用生物技术合成氨基酸、维生素、他汀类降脂药物、降糖类药物)过程中产生的废脱色过滤介质	T
		276-004-02	利用生物技术生产生物化学药品、基因工程药物过程中产生的废吸附剂	T
		276-005-02	利用生物技术生产生物化学药品、基因工程药物过程中产生的废弃产品、原料药和中间体	T
HW50 废催化剂	化学药品原料药制造	271-006-50	化学合成原料药生产过程中产生的废催化剂	T
	兽用药品制造	275-009-50	兽药生产过程中产生的废催化剂	T
	生物药品制品制造	276-006-50	生物药品生产过程中产生的废催化剂	T

附录十　爆破片选型指南

类别	型式	操作压力比	抗疲劳性	爆破时有无碎片	是否引起撞击火花	工作相	与安全阀串联
正拱形	正拱普通型	0.7	一般	有(少量)	可能	气、液两相	不推荐
	正拱开缝型	0.8	好	有(少量)	可能性小	气、液两相	不推荐
	正拱带槽型	0.8	好	无	否	气、液两相	可以
反拱形	反拱带刀型	0.9	优	无	可能	气相	可以
	反拱带槽型	0.9	优	无	否	气相	可以
	反拱鳄齿型	0.9	优	无	可能性小	气相	可以
	反拱脱落型	0.9	优	无	可能	气相	不推荐
平板形	平板带槽型	0.5	较差	有(少量)	否	气、液两相	可以
	平板开缝型	0.5	较差	有(少量)	可能性小	气、液两相	不推荐
	平板普通型	0.5	较差	有(少量)	可能性小	气、液两相	不推荐
石墨	石墨爆破型	0.8	较差	有大量碎片	否	气、液两相	不推荐

附录十一　第二至四章习题参考答案

2-1　真空度=80kPa

2-2　3.43×10^5Pa；2573mmHg

2-3　0.196m；1.176m

2-4　p_A=7.16×10^3Pa(表压)，p_B=60.5×10^3Pa（表压）

2-5　0.54

2-6　压强差981Pa；压强降4400Pa

2-7　①95.4 $m^3 \cdot h^{-1}$；②348mm

2-8　① 2.9 $m \cdot s^{-1}$；②82 $m^3 \cdot h$

2-9　①2.89kW；②6.2×10^4Pa(表压)

2-10　①1.49×10^3，层流；②6.4kPa

2-11　①16倍；②32倍

2-12　$2\frac{1}{2}$″水煤气管

2-13　28 $m^3 \cdot h^{-1}$

2-14　3.1kW

2-15　阻力系数法72m盐水柱；当量长度法79m盐水柱

2-16　雷诺准数5.97×10^4，湍流；阻力损失为14.6$J \cdot kg^{-1}$

2-17　600 $m^3 \cdot h^{-1}$

2-18　0.275MPa（表压）

2-19　27~67 $m^3 \cdot h^{-1}$

2-20　储槽液面以下4.2 m

3-1　①减少42.7%；②分别为1.167 $W \cdot m^{-1} \cdot ℃^{-1}$和1.037$W \cdot m^{-1} \cdot ℃^{-1}$

3-2　①126 $W \cdot m^{-1}$；②1.68mm

3-3　①249 $W \cdot m^{-1}$；②13.4mm

3-4　增加比率为1.25

3-5　59 $W \cdot m^{-2} \cdot K^{-1}$

3-6　1.214 $kW \cdot m^{-2} \cdot K^{-1}$

3-7　①4.590 $kW \cdot m^{-2} \cdot ℃^{-1}$；②增加比率1.74

3-8　30℃

3-9　514 W・m^{-2}・K^{-1}

3-10　38℃

3-11　2.9m

3-12　①43℃；②重油的出口温度162℃，原油的出口温度155℃，传热推动力50℃

3-13　①每小时5.7吨；②27.5℃

3-14　①16.59m^2；②1.14 kg・s^{-1}

3-15　①增大比率：K 1.14、Δt_m 1.01、Q 1.14；
　　②增大比率：K 1.005、Δt_m 1.006、Q 1.011

4-1　$p_A=56$kPa；$p_B=32.7$kPa；$p=88.7$kPa；$y_A=0.631$；$y_B=0.369$

4-2　略，根据平衡数据作相图求。

4-3　$D=$ 201.5kmol・h^{-1}；W= 33.5kmol・h^{-1}

4-4　$D=$146.8 kg・h^{-1}；W= 57.2 kg・h^{-1}

4-5　$x_3=0.794$

4-6　不包括塔釜N_T分别为12、6、5；说明回流比加大，传质推动力增大，完成同样分离任务需要的理论塔板数减少。

4-7　图解：①不包括塔釜$N_T=7$；②$y_2=0.91$

4-8　$x_F=0.45$(摩尔分数，下同)；$x_D=0.82$；$x_W=0.08$；$R=3$

4-9　①97%；②2.76

4-10　①0.848；②0.979；③1.667；④$N_{min}=6$

4-11　$N_T=12$

4-12　①7.55；②140

4-13　①$D=$180kmol・h^{-1}；$W=$ 608.6kmol・h^{-1}；
　　②3.72；
　　③$y_{n+1}=0.788x_n+0.201$

4-14　$V=$11.72kmol・h^{-1}

4-15　$q=1.1$；精馏段$L=$1.24kmol・h^{-1}；$V=$1.73kmol・h^{-1}；
　　提馏段$L=$2.33kmol・h^{-1}；$V=$1.85kmol・h^{-1}

4-16　①$y=0.795x+0.193$；②$D=$ 60.9kmol・h^{-1}；$F=$ 210.9kmol・h^{-1}

4-17　①$x_W=6.67\%$；②1.25；③9；④循环的物料量为回流液$L=75$ kmol・h^{-1}

4-18　$E_{MG}=42.5\%$；$E_{ML}=50.5\%$

参考文献

1. 北京大学化学系化学工程基础编写组．化学工程基础[M]. 北京：高等教育出版社，1997.
2. 温瑞媛，严世强，江洪，等. 化学工程基础[M]. 北京：北京大学出版社，2002.
3. 李德华. 化学工程基础[M]. 北京：化学工业出版社，2000.
4. 赵文，王晓红，唐继国，等. 化工原理[M]. 青岛：中国石油大学出版社，2001.
5. 杨国泰，杨继红，等. 化学工程基础学习指导[M]. 北京：化学工业出版社，2003.
6. 林大钧. 简明化工制图[M]. 北京：化学工业出版社，2005.
7. 郑晓梅. 化工制图[M]. 北京：化学工业出版社，2002.
8. 金大鹰. 绘制识读机械图 250 例[M]. 北京：机械工业出版社，2001.
9. 郑穹. 化工过程开发及工业设计基础[M]. 武汉：武汉大学出版社，2003.
10. 王志祥. 制药工程学[M]. 第三版. 北京：化学工业出版社，2015.
11. 张宏斌. 药物制剂工程技术与设备[M]. 第三版. 北京：化学工业出版社，2019.
12. 叶铁林. 化工结晶过程原理及应用[M]. 第三版. 北京：北京工业大学出版社，2020.